CBAC Ffiseg U2

Canllaw Astudio ac Adolygu

Gareth Kelly
Nigel Wood
Iestyn Morris

CBAC Ffiseg U2: Canllaw Astudio ac Adolygu

Addasiad Cymraeg o *WJEC Physics A2 Level Study and Revision Guide* a gyhoeddwyd yn 2017 gan Illuminate Publishing Limited, argraffnod Hodder Education, cwmni Hachette UK, Carmelite House, 50 Victoria Embankment, London EC4Y 0DZ

Cyhoeddwyd dan nawdd Cynllun Adnoddau Addysgu a Dysgu CBAC

Archebion: Ewch i www.illuminatepublishing.com neu anfonwch neges e-bost at sales@illuminatepublishing.com

Data Catalogio Cyhoeddiadau y Llyfrgell Brydeinig

Mae cofnod catalog ar gyfer y llyfr hwn ar gael gan y Llyfrgell Brydeinig

ISBN 978-1-911208-24-2

Argraffwyd gan Ashford Colour Press, UK

03.22

Polisi'r cyhoeddwr yw defnyddio papurau sy'n gynhyrchion naturiol, adnewyddadwy ac ailgylchadwy o goed a dyfwyd mewn coedwigoedd cynaliadwy. Disgwylir i'r prosesau torri coed a chynhyrchu papur gydymffurfio â rheoliadau amgylcheddol y wlad y mae'r cynnyrch yn tarddu ohoni.

Gwnaed pob ymdrech i gysylltu â deiliaid hawlfraint y deunyddiau a atgynhyrchir yn y llyfr hwn. Os cânt eu hysbysu, bydd y cyhoeddwyr yn falch o gywiro unrhyw wallau neu bethau a adawyd allan ar y cyfle cyntaf.

Er bod y deunydd wedi bod drwy broses sicrhau ansawdd CBAC, mae'r cyhoeddwr yn dal yn llwyr gyfrifol am y cynnwys.

Atgynhyrchir cwestiynau arholiad CBAC drwy ganiatâd CBAC.

Dyluniad y clawr a'r testun: Nigel Harriss
Y testun a'i osodiad: Neil Sutton, Cambridge Design Consultants

Cydnabyddiaeth

Mae'r awduron yn ddiolchgar i'r tîm yn Illuminate Publishing am eu cefnogaeth a'u harweiniad drwy gydol y project hwn. Bu'n bleser gweithio mor agos gyda nhw.

Diolch hefyd i Keith Jones am ei awgrymiadau cefnogol niferus ynglŷn â'r testun, ac i weithiwr dienw a wiriodd ein hatebion i'r cwestiynau yn fanwl iawn.

Cynnwys

Sut i ddefnyddio'r llyfr hwn

Rydym wedi ysgrifennu'r canllaw astudio newydd hwn i'ch helpu i fod yn ymwybodol o'r hyn sy'n ofynnol er mwyn llwyddo yn rhan blwyddyn 13 o arholiad U2 Ffiseg CBAC. Mae'r cynnwys wedi'i strwythuro i'ch arwain tuag at y llwyddiant hwnnw.

Mae tair prif adran i'r llyfr hwn:

Gwybodaeth a Dealltwriaeth

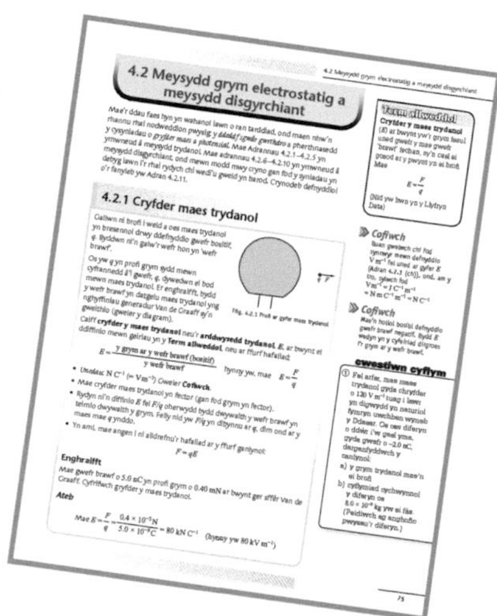

4.2 Meysydd grym electrostatig a meysydd disgyrchiant

4.2.1 Cryfder maes trydanol

Mae'r adran gyntaf yn ymdrin â'r wybodaeth allweddol y mae ei hangen ar gyfer yr arholiad.

Fe welwch nodiadau ar gynnwys y ddwy uned arholiad:

- Uned 3 Osgiliadau a niwclysau
- Uned 4 Meysydd ac opsiynau

gan gynnwys y sgiliau ymarferol a'r sgiliau trin data y bydd angen eu datblygu.

Yn ogystal â hyn, mae yna nifer o nodweddion drwy gydol yr adran hon a fydd yn rhoi cymorth a chyngor ychwanegol i chi wrth i chi ddatblygu eich gwaith:

Cyflwyniad i'r uned

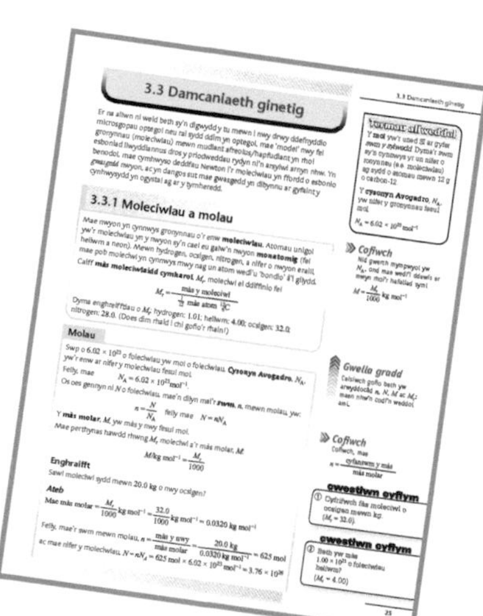

3.3 Damcaniaeth ginetig

3.3.1 Moleciwlau a molau

Rhestrir yr is-adrannau allweddol, ynghyd â rhifau'r tudalennau a'r cwestiynau arholiad cyfatebol. Yna, mae gan bob un grynodeb byr, sy'n rhoi trosolwg hanfodol o'r testun, ynghyd â rhestr wirio ar gyfer eich proses adolygu.

- **Termau allweddol**: mae nifer o'r termau sydd ym manyleb CBAC yn cael eu defnyddio yn sail i gwestiwn, felly rydym wedi amlygu'r termau hynny, ac wedi cynnig diffiniadau.
- **Cwestiynau cyflym**: mae'r rhain wedi'u cynllunio i roi prawf ar eich gwybodaeth a'ch dealltwriaeth o'r deunydd.
- **Cofiwch a Gwella gradd**: mae'r rhain yn cynnig cyngor ychwanegol ar gyfer yr arholiad, a hynny'n seiliedig ar brofiad o'r hyn y mae angen i ymgeiswyr ei wneud i gael y graddau uchaf.
- **Cwestiynau ychwanegol**: mae'r rhain yn ymddangos ar ddiwedd pob testun neu faes astudio, gan roi mwy o gyfle i chi ymarfer ateb cwestiynau sy'n amrywio o ran anhawster.

Sgiliau ymarferol a sgiliau trin data

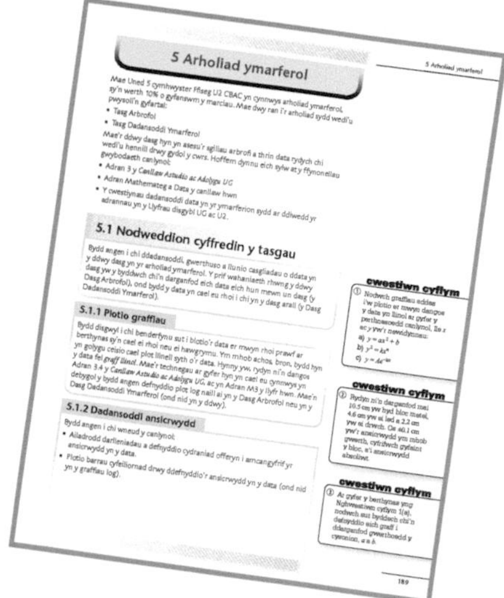
5 Arholiad ymarferol

5.1 Nodweddion cyffredin y tasgau

5.1.1 Plotio graffiau

5.1.2 Dadansoddi ansicrwydd

cwestiwn cyflym

cwestiwn cyflym

cwestiwn cyflym

189

Mae'r adran hon yn ymdrin â'r sgiliau ymarferol a'r sgiliau data y bydd angen i chi eu harddangos ym mhapur Uned 5 (Arholiad Ymarferol), ac ym mhapurau Unedau 3 a 4. Mae'n adeiladu ar y wybodaeth sydd i'w chael yn y Canllaw Astudio ac Adolygu UG.

Arfer a thechneg arholiad

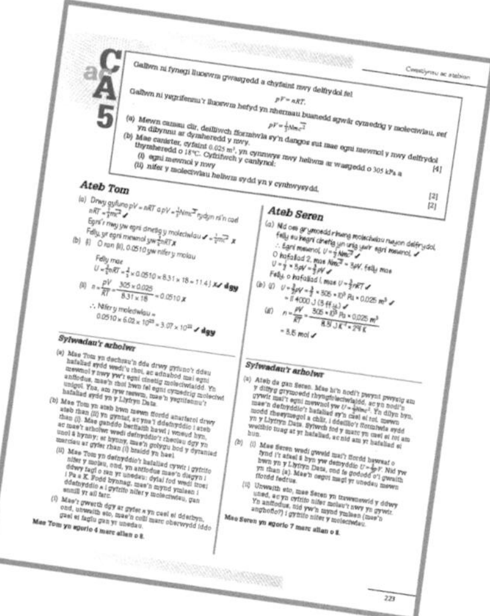
Ateb Tom

Ateb Seren

Sylwadau'r arholwr

Sylwadau'r arholwr

223

Mae trydedd adran y llyfr yn ymwneud â'r sgiliau allweddol y mae eu hangen i lwyddo yn yr arholiad. Mae'n cynnig enghreifftiau sy'n seiliedig ar atebion enghreifftiol awgrymedig i gwestiynau arholiad posibl. Yn gyntaf, cewch eich arwain i ddeall sut mae'r system arholiadau yn gweithio, gydag esboniad o'r Amcanion Asesu a sut i ddehongli geiriad y cwestiynau arholiad, a beth yw eu hystyr o ran atebion arholiad.

Mae amrywiaeth o gwestiynau ymarfer AYE a chwestiynau strwythuredig o bob rhan o'r fanyleb U2, gydag atebion enghreifftiol. Wedyn mae detholiad o gwestiynau arholiad a chwestiynau enghreifftiol, ynghyd ag ymatebion myfyrwyr go iawn. Mae'r rhain yn cynnig arweiniad o ran y safon sy'n ofynnol, a bydd y sylwebaeth yn esbonio pam yr enillodd yr ymatebion farciau penodol.

Y peth mwyaf pwysig yw eich bod chi'n cymryd cyfrifoldeb am eich dysgu eich hun, ac yn peidio â dibynnu ar eich athrawon i roi nodiadau i chi neu ddweud wrthych sut i gael y graddau y mae arnoch eu hangen. Dylech chi chwilio am ddeunydd darllen ychwanegol a mwy o nodiadau i gefnogi eich astudiaethau ffiseg. Mae'n syniad da edrych ar wefan y corff dyfarnu – www.cbac.co.uk – lle gallwch ddod o hyd i fanyleb lawn y pwnc, papurau arholiad enghreifftiol, cynlluniau marcio ac adroddiadau arholwyr ar arholiadau blynyddoedd a aeth heibio.

Pob lwc gyda'r adolygu!

Uned 3 Gwybodaeth a Dealltwriaeth

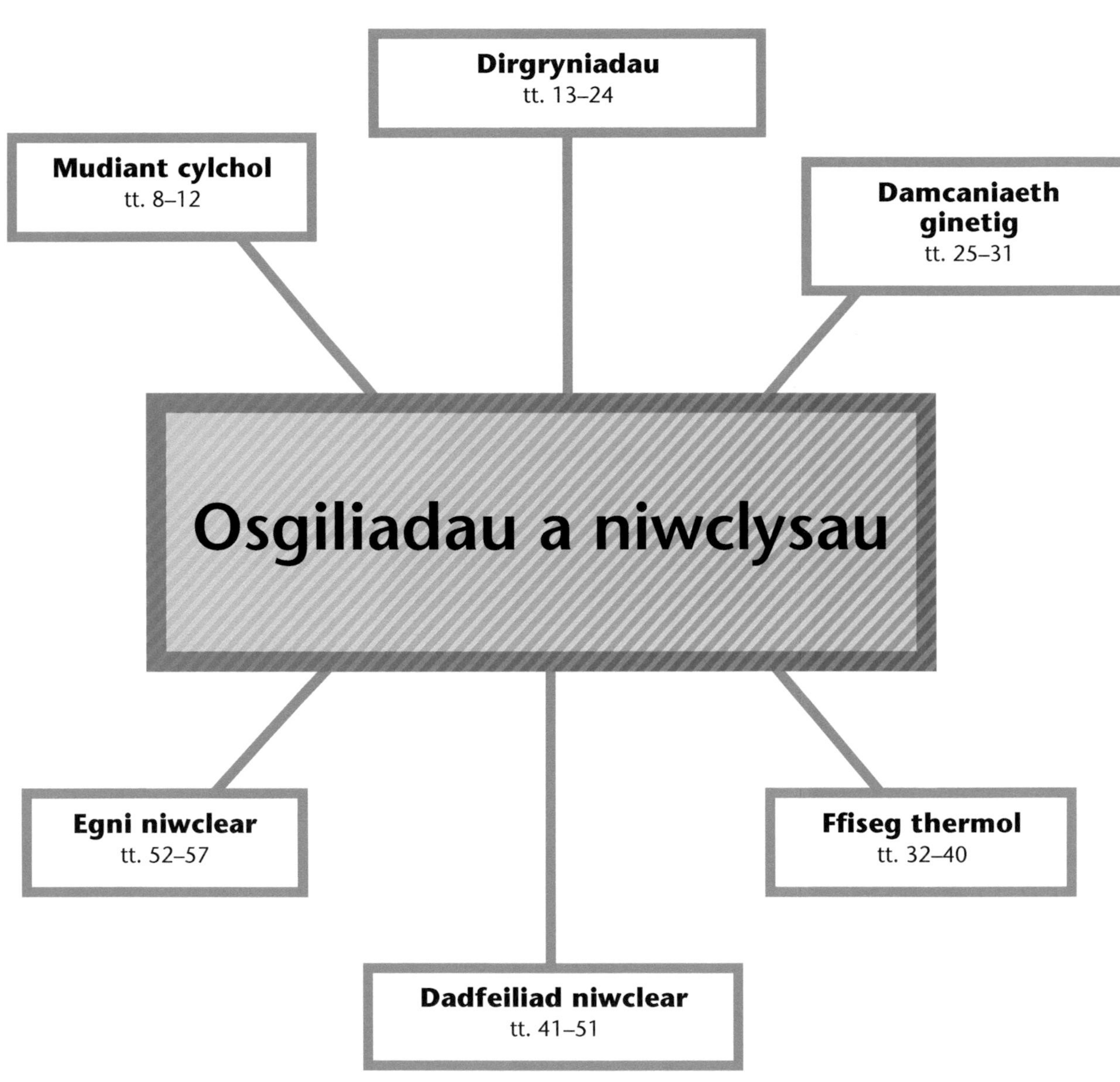

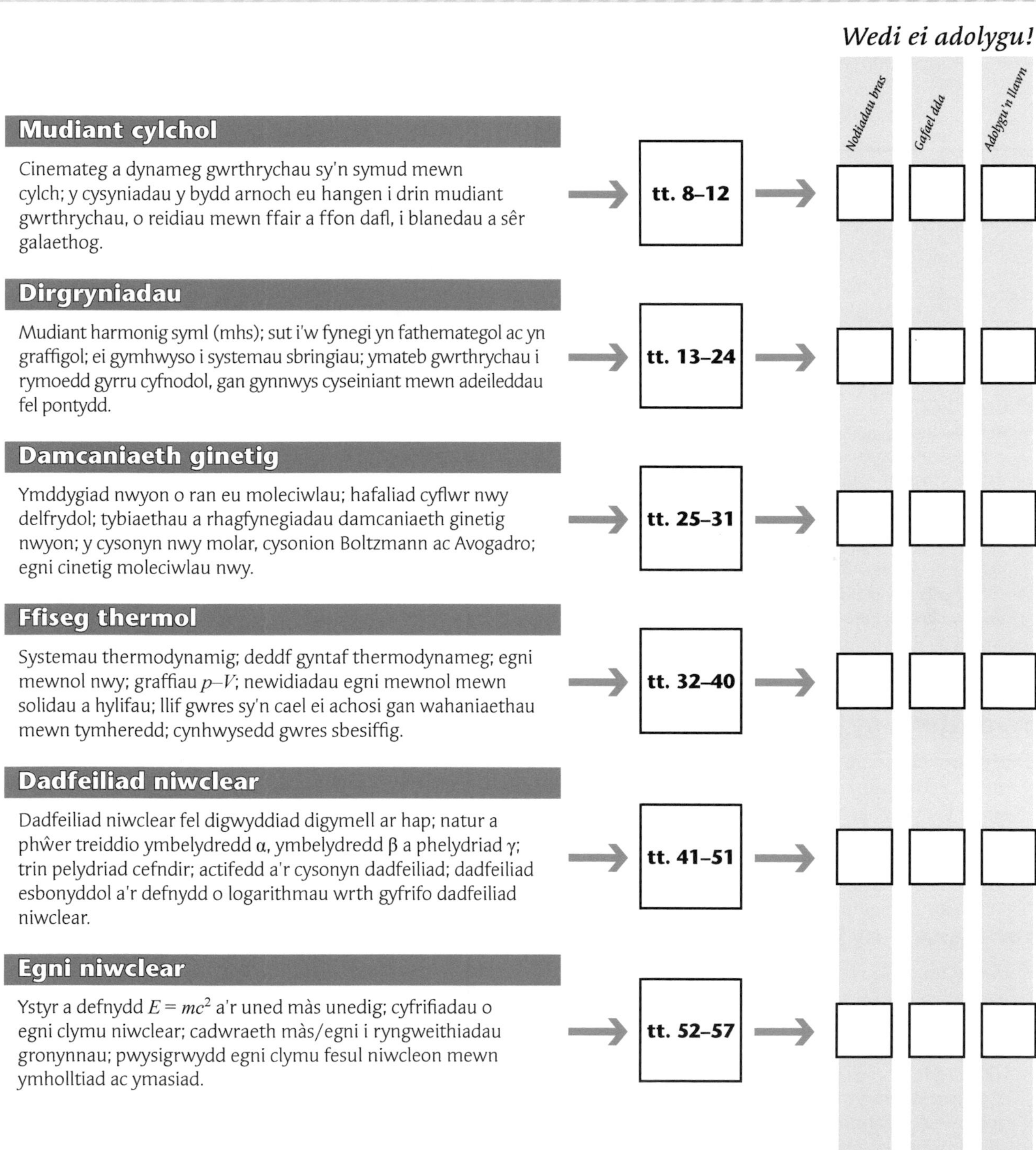

Wedi ei adolygu!

		Nodiadau bras	Gafael dda	Adolygu'n llawn
Mudiant cylchol Cinemateg a dynameg gwrthrychau sy'n symud mewn cylch; y cysyniadau y bydd arnoch eu hangen i drin mudiant gwrthrychau, o reidiau mewn ffair a ffon dafl, i blanedau a sêr galaethog.	tt. 8–12	☐	☐	☐
Dirgryniadau Mudiant harmonig syml (mhs); sut i'w fynegi yn fathemategol ac yn graffigol; ei gymhwyso i systemau sbringiau; ymateb gwrthrychau i rymoedd gyrru cyfnodol, gan gynnwys cyseiniant mewn adeileddau fel pontydd.	tt. 13–24	☐	☐	☐
Damcaniaeth ginetig Ymddygiad nwyon o ran eu moleciwlau; hafaliad cyflwr nwy delfrydol; tybiaethau a rhagfynegiadau damcaniaeth ginetig nwyon; y cysonyn nwy molar, cysonion Boltzmann ac Avogadro; egni cinetig moleciwlau nwy.	tt. 25–31	☐	☐	☐
Ffiseg thermol Systemau thermodynamig; deddf gyntaf thermodynameg; egni mewnol nwy; graffiau p–V; newidiadau egni mewnol mewn solidau a hylifau; llif gwres sy'n cael ei achosi gan wahaniaethau mewn tymheredd; cynhwysedd gwres sbesiffig.	tt. 32–40	☐	☐	☐
Dadfeiliad niwclear Dadfeiliad niwclear fel digwyddiad digymell ar hap; natur a phŵer treiddio ymbelydredd α, ymbelydredd β a phelydriad γ; trin pelydriad cefndir; actifedd a'r cysonyn dadfeiliad; dadfeiliad esbonyddol a'r defnydd o logarithmau wrth gyfrifo dadfeiliad niwclear.	tt. 41–51	☐	☐	☐
Egni niwclear Ystyr a defnydd $E = mc^2$ a'r uned màs unedig; cyfrifiadau o egni clymu niwclear; cadwraeth màs/egni i ryngweithiadau gronynnau; pwysigrwydd egni clymu fesul niwcleon mewn ymholltiad ac ymasiad.	tt. 52–57	☐	☐	☐

3.1 Mudiant cylchol

Yma rydyn ni'n ymdrin â mudiant mewn cylch ar fuanedd cyson, gan gynnwys syniadau am fesur onglau a chyflymder onglaidd, a sut i gymhwyso $F = ma$ i fudiant cylchol unffurf.

3.1.1 Diffinio ongl mewn radianau

Dychmygwch arc cylch, gydag unrhyw radiws, r, a'i ganol yn O (lle mae 'breichiau', OA ac OB, yr ongl yn cyfarfod). Gweler y diagram. Yna, caiff yr ongl θ mewn radianau, ei rhoi gan:

$$\theta \text{ / rad} = \frac{\text{hyd yr arc}}{\text{radiws}}, \quad \text{hynny yw} \quad \theta/\text{rad} = \frac{s}{r}$$

Os yw $s = r$, yna mae $\theta/\text{rad} = 1$, hynny yw, mae $\theta = 1$ radian.

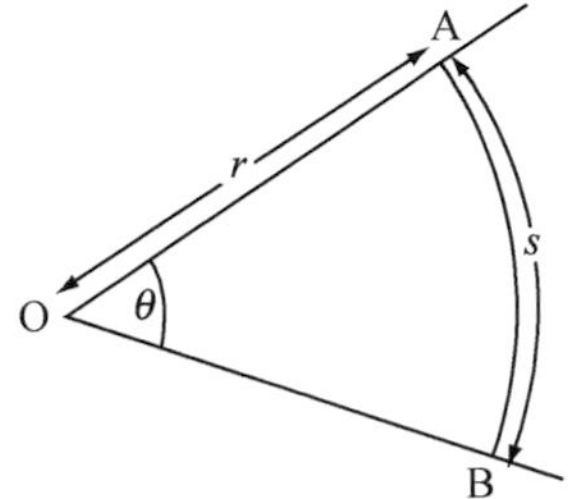

Ffig. 3.1.1 θ mewn radianau

Enghraifft

Mae llong ar y Môr Tawel yn hwylio am 1200 km ar hyd y cyhydedd. Mewn radianau, pa ongl yng nghanol y Ddaear mae'r daith yn ei chynnal? (Tybiwch fod radiws y Ddaear wrth y cyhydedd yn 6380 km.)

Ateb

$$\theta = \frac{\text{hyd yr arc}}{\text{radiws}} = \frac{1200\,\text{km}}{6380\,\text{km}} = 0.188 \text{ rad}$$

Yn ymarferol, mae'n siŵr na fydd rhaid i chi *fesur* hyd arc er mwyn darganfod ongl mewn radianau. Fodd bynnag, mae'n bwysig eich bod chi'n gallu trawsnewid rhwng graddau a radianau – y naill ffordd neu'r llall. Darllenwch ymlaen.

Ar gyfer cylchdro cyflawn, mae $s = 2\pi r$ felly mae $\theta/\text{ rad} = \frac{2\pi r}{r} = 2\pi$.

Felly, mae 2π rad $= 360°$, mae π rad $= 180°$, mae 1 rad $= \frac{180°}{\pi} = 57.3°$ ac mae $1° = \frac{\pi}{180}$ rad

Enghraifft

Beth yw 60° mewn radianau?

Ateb

$60° = 60 \times 1° = 60 \times \frac{\pi}{180} \text{ rad} = \frac{\pi}{3} \text{ rad} = 1.05 \text{ rad}.$

Mae'r uned 'rad' yn aml yn cael ei gadael allan os nad oes unrhyw amwysedd. Er enghraifft, gallech chi ysgrifennu $\theta = \frac{\pi}{3}$, gan olygu $\theta = \frac{\pi}{3}$ rad, ond peidiwch ag ysgrifennu $\theta = 1.05$. Yn rhai o'r fformiwlâu isod, sy'n trafod cyflymder onglaidd, caiff 'rad' ei adael allan.

Term allweddol

Ongl θ mewn radianau (rad)

$\theta \text{ / rad} = \frac{\text{hyd yr arc}}{\text{radiws}} = \frac{s}{r}$

$2\pi \text{ rad} = 360°$

» *Cofiwch*

Beth yw pwynt radianau? Mae gradd yn uned *fympwyol*, gan nad oes rheswm *sylfaenol* dros ddewis 360 gradd mewn cylchdro.
Ar y llaw arall, mae radian yn uned *naturiol*. Mae defnyddio'r radian yn symleiddio nifer o fformiwlâu sy'n ymwneud ag onglau.

cwestiwn cyflym

① Mynegwch y canlynol mewn radianau, gan adael y π yn yr ateb.

180°, 90°, 45°, 30°.

cwestiwn cyflym

② Mae edau, 1.32 m o hyd, yn cael ei throi o amgylch silindr. Hyd un troad yw 0.48 m. Cyfrifwch yr ongl gaiff ei chynnal gan yr edau gyfan yng nghanol y silindr. Mynegwch yr ongl, mewn radianau, fel lluosrif π.

3.1.2 Cyflymder onglaidd

Caiff **cyflymder onglaidd**, ω, pwynt sy'n symud ar gyfradd gyson mewn llwybr cylchol, ac sydd â'i ganol ym mhwynt O, ei ddiffinio fel hyn:

$$\omega = \frac{\text{yr ongl y symudir drwyddi (o amgylch O)}}{\text{yr amser mae'n ei gymryd}},$$

hynny yw, mae $\omega = \frac{\theta}{t}$ UNED: rad s^{-1}

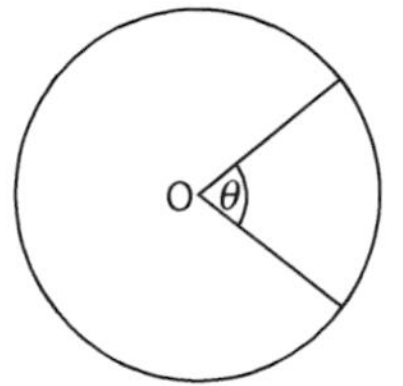

Ffig. 3.1.2 Yr ongl y symudir drwyddi

Ar gyfer un cylchdro cyfan, mae $\theta = 2\pi$, ac mae $t = T$, cyfnod y cylchdro, sef yr amser ar gyfer un cylchdro (un gylchred).

Felly, mae $\omega = \frac{2\pi}{T}$, hynny yw, mae $\omega = 2\pi \times \frac{1}{T}$ ac felly mae $\omega = 2\pi f$,

lle f yw **amledd y cylchdro**: nifer y cylchdroeon, neu gylchredau, fesul uned amser.

Enghraifft

Cyfrifwch gyflymder onglaidd y bys eiliadau ar gloc.

Ateb

$$\omega = \frac{2\pi}{T} = \frac{2\pi}{60\,\text{s}} = 0.105 \text{ rad s}^{-1}$$

Termau allweddol

Cyflymder onglaidd ω

$\omega = \frac{\text{yr ongl y symudir drwyddi}}{\text{yr amser mae'n ei gymryd}} = \frac{\theta}{t}$

UNED: rad s^{-1}

Y **cyfnod cylchdro**, T, yw'r amser ar gyfer un cylchdro. UNED: s

Yr **amledd**, f, yw nifer y cylchdroeon fesul uned amser.

UNED: s^{-1} = hertz (Hz)

$T = \frac{1}{f} = \frac{2\pi}{\omega}$; $f = \frac{1}{T} = \frac{\omega}{2\pi}$

Sgalar neu fector?

Mewn gwaith uwch, caiff ω ei drin fel math ar fector (sy'n pwyntio ar hyd echelin y cylchdro), gan ganiatáu i ni drin y cylchdroeon o amgylch echelinau ar amrywiaeth o onglau. Mewn problemau ar lefel Safon Uwch, byddwn yn ymdrin ag un cyfeiriad yn unig, felly gallwn ystyried bod ω yn sgalar.

cwestiwn cyflym

③ Mae olwyn, diamedr 0.48 m, yn cylchdroi 3000 o weithiau y funud. Darganfyddwch (mewn unedau SI):

a) yr amledd cylchdroi
b) y cyflymder onglaidd
c) buanedd pwynt ar gylchyn yr olwyn.

Buanedd a chyflymder onglaidd

Tybiwch fod corff yn symud o gwmpas llwybr cylchol ar fuanedd v. Mae'n teithio ar hyd arc, hyd $s = vt$ mewn amser t. Ond mae $s = r\theta$,

felly mae $r\theta = vt$, hynny yw, mae $\frac{\theta}{t} = \frac{v}{r}$.

Felly, mae $\omega = \frac{v}{r}$ ac mae $v = r\omega$.

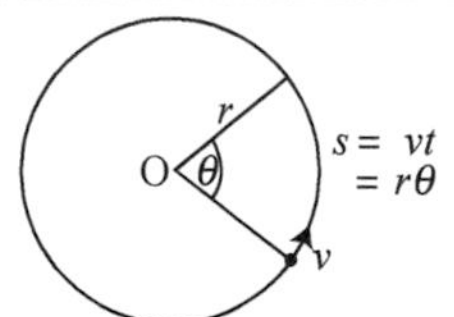

Ffig. 3.1.3 Dau fynegiad ar gyfer s

3.1.3 Cyflymiad mewngyrchol

Mae corff, sy'n symud ar fuanedd cyson ar hyd llwybr cylchol, yn cyflymu oherwydd bod ei gyflymder yn newid drwy'r amser (o ran cyfeiriad).

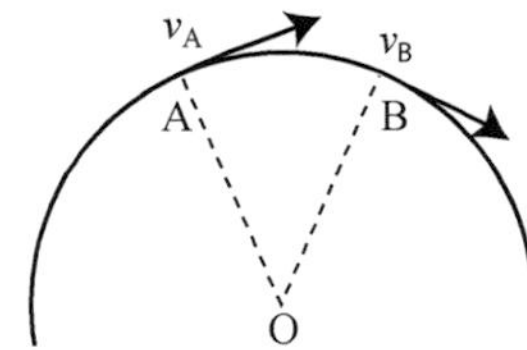

Mae'r newid mewn cyflymder dros yr arc AB yn cael ei ddarganfod drwy ddefnyddio'r diagram fectorau, sy'n seiliedig ar:

y cyflymder yn B – y cyflymder yn A
= y cyflymder yn B + (– y cyflymder yn A)

v_B
$v_B - v_A$
$-v_A$

Ffig. 3.1.4 Y newid mewn cyflymder ar gyfer corff ar lwybr cylchol

Fel mae'r diagram fectorau yn ei awgrymu, mae'r newid yn y cyflymder, ac felly hefyd yn y cyflymiad, yn *fewngyrchol*: wedi'i gyfeirio at ganol y cylch bob amser.

Maint y cyflymiad ar gyfer corff sy'n symud ar fuanedd v (a chyflymder onglaidd ω) mewn cylch, radiws r, yw

$$a = \frac{v^2}{r} \quad \text{neu, yn gywerth,} \quad a = r\omega^2$$

≫ Cofiwch
Gwiriwch mai unedau cyflymiad yw unedau $\frac{v^2}{r}$.

≫ Cofiwch
Drwy ddefnyddio $v = r\omega$, dylech chi ddangos bod $a = \frac{v^2}{r}$ ac $a = r\omega^2$ yn gywerth mewn gwirionedd.

Enghraifft

Mae'r *London Eye* yn olwyn enfawr, sy'n cylchdroi ar gyflymder onglaidd cyson. Mae pob cylchdro yn cymryd 30 munud. Cyfrifwch gyflymiad pwynt ar yr olwyn sydd 60 m o'r canol.

Ateb

$$\omega = \frac{2\pi}{T} = \frac{2\pi}{30 \times 60\,\text{s}}\text{; mae } a = r\omega^2 = 60\,\text{m} \times \left(\frac{2\pi}{30 \times 60\,\text{s}}\right)^2 = 7.3 \times 10^{-4}\,\text{m s}^{-2}$$

cwestiwn cyflym

④ Mae trên yn teithio ar fuanedd o 18.0 m s^{-1} ar ddarn crwm o'r trac. Mae'r troad yn arc cylch, radiws 120 m. Cyfrifwch gyflymiad y trên.

Grym mewngyrchol

Ni all corff symud mewn cylch ar fuanedd cyson, heb fod grym cydeffaith yn gweithredu arno tuag at ganol y cylch, a hynny er mwyn rhoi'r cyflymiad mewngyrchol iddo. Drwy ddefnyddio ail ddeddf Newton, mae

$$F = ma \quad \text{felly, yn yr achos hwn, mae} \quad F = m\frac{v^2}{r} \quad \text{ac mae} \quad F = mr\omega^2$$

cwestiwn cyflym

⑤ Mae gan un o gerbydau'r trên yng Nghwestiwn cyflym 4 fàs o 36000 kg. Darganfyddwch y grym mewngyrchol arno. Pa 'wrthrych' allanol sy'n rhoi'r grym hwn?

Enghraifft

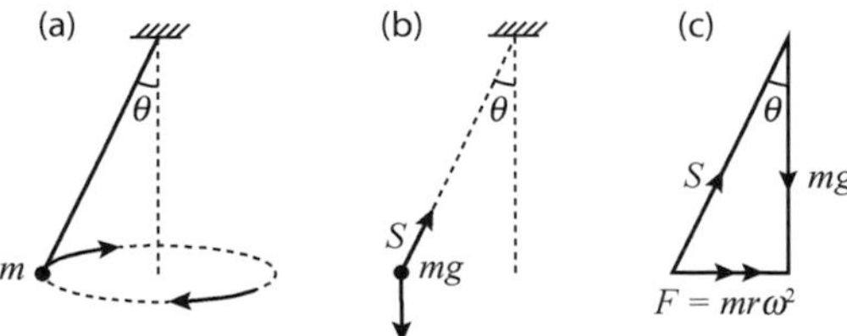

Ffig. 3.1.5 'Pendil conigol' a'r grymoedd sy'n gweithredu ar y bob

Mae pêl, màs 0.100 kg, ynghlwm wrth linyn, ac mae'n cael ei throelli mewn cylch *llorweddol*, radiws 0.30 m, ar gyfradd o 1.1 cylchdro yr eiliad. Mae'r llinyn yn ffurfio siâp côn, fel yn Ffig. 3.1.5 (a). Cyfrifwch yr ongl rhwng y llinyn a'r fertigol, a'r tyniant, S.

Ateb

Y grym cydeffaith ar y bob sy'n rhoi'r cyflymiad mewngyrchol.

Felly, mae $F_{cyd} = mr\omega^2 = 0.100\,\text{kg} \times 0.30\,\text{m} \times (2\pi \times 1.1\,\text{s}^{-1})^2 = 1.43\,\text{N}.$

Rhaid mai hwn yw cydeffaith tyniad, S, y llinyn, a thyniad disgyrchiant, mg, ar y bob. Gweler Ffig. 3.1.5 (b) ac (c). O (c), gallwn ni ddiddwytho bod

$$S = \sqrt{F^2_{cyd} + (mg)^2} = \sqrt{1.43^2 + 0.981^2}\ \text{N} = 1.73\,\text{N}$$

a bod $\theta = \tan^{-1}\left(\dfrac{mr\omega^2}{mg}\right) = \tan^{-1}\left(\dfrac{1.43}{0.981}\right) = 56°$

cwestiwn cyflym

⑥ Mewn 'pendil conigol' (gweler yr enghraifft), mae'r llinyn yn 0.60 m o hyd, ac mae bob amser ar ongl o 30° i'r fertigol. 0.100 kg yw màs y bob. Cyfrifwch y canlynol:

a) y tyniant yn y llinyn (ystyriwch gydrannau'r grym fertigol)
b) radiws llwybr cylchol y bob
c) buanedd y bob.

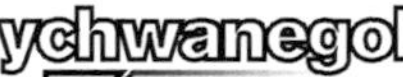

1. Mae Ffig. 3.1.6 yn dangos 'gyriant cadwyn' syml ar feic.

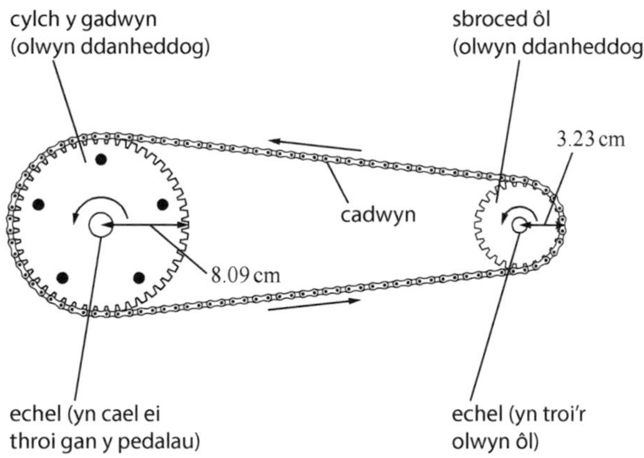

Ffig. 3.1.6 Gyriant cadwyn ar feic

Mae beiciwr yn pedlo er mwyn troi cylch y gadwyn ar gyfradd o 1.50 cylchdro yr eiliad. Cyfrifwch y canlynol:

(a) cyflymder onglaidd cylch y gadwyn
(b) y buanedd mae dolenni'r gadwyn yn cael eu gwneud i symud arno (mewn perthynas â'r beic)
(c) cyflymder onglaidd y sbroced ôl (a'r olwyn ôl)
(ch) buanedd teithio'r beic, os yw diamedr yr olwyn ôl (hyd at wyneb y teiar) yn 0.67 m.

2. Mae drwm gan beiriant golchi (silindr metel, sy'n agored ar un pen ac wedi'i gau ar y pen arall), gyda diamedr 0.51 m, sydd wedi'i osod fel bod ei echel yn llorweddol. Yn ystod y cam troelli-sychu, mae'r silindr yn cylchdroi 1500 cylchdro y **funud**.
   (a) Cyfrifwch gyflymder onglaidd y drwm (mewn unedau SI).
   (b) Cyfrifwch y grym mewngyrchol ar hosan wlyb, màs 0.085 kg, sy'n sownd wrth wal fewnol y drwm.
   (c) *Drwy hynny*, esboniwch pam mai ychydig iawn o effaith mae disgyrchiant yn ei chael ar weithred y sychwr.
   (ch) Mae tyllau bach yn arwyneb crwm y drwm. Esboniwch pam mae diferion o ddŵr o'r hosan yn dianc drwy'r tyllau hyn, yn hytrach nag yn aros yn yr hosan.
3. Mae pendil yn cynnwys bob, màs m, sy'n hongian ar linyn, hyd l, o bwynt sefydlog. Caiff y llinyn ei ddal yn dynn ac yn llorweddol, ac yna caiff y bob ei ryddhau (Ffig. 3.1.7).

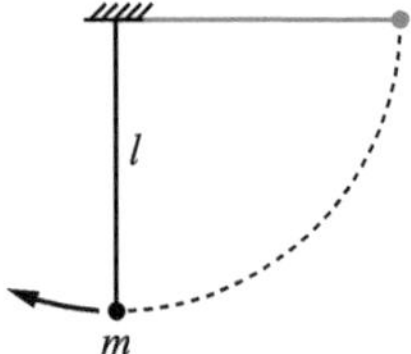

Ffig. 3.1.7 Pendil

   (a) Defnyddiwch *egwyddor cadwraeth egni* i ddangos bod buanedd y bob, ar ei bwynt isaf, yn cael ei roi gan $v = \sqrt{2gl}$.
   (b) Drwy hynny, mynegwch y grym mewngyrchol ar y bob, ar ei bwynt isaf, yn nhermau m a g.
   (c) Cyfrifwch y tyniant yn y llinyn, ar gyfer y bob ar ei bwynt isaf, gan gofio mai cydeffaith *dau* rym ar y bob yw'r grym mewngyrchol.

3.2 Dirgryniadau

Pan fydd gwrthrych yn symud yn ôl ac ymlaen yn rheolaidd, a hynny o gwmpas pwynt sefydlog, dywedwn ei fod yn *dirgrynu* neu'n *osgiliadu*. Byddwn ni'n ymdrin yn bennaf â dwy enghraifft gyfarwydd: gwrthrych ar sbring, a phendil. Gall y ddwy system hyn osgiliadu'n naturiol, mewn **mudiant harmonig syml** (mhs).

3.2.1 Diffinio mudiant harmonig syml

Mae'n haws os oes gennych chi system benodol mewn golwg. Byddwn ni'n ystyried y bloc ar sbring, sydd i'w weld yn Ffig. 3.2.1. Pan fydd y bloc, m, yn cael ei ddadleoli o'i safle ecwilibriwm, ac yna'i ryddhau, bydd yn osgiliadu yn ôl ac ymlaen.

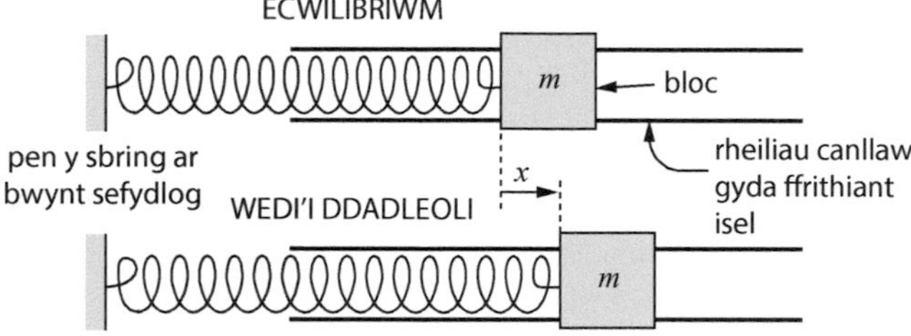

Ffig. 3.2.1 Bloc yn osgiliadu ar sbring

Pan fydd dadleoliad m yn x, bydd estyniad y sbring yn x, ac, yn ôl deddf Hooke, mae'r sbring yn rhoi grym sydd mewn cyfrannedd ag x ar y bloc. Caiff y grym hwn ei roi gan:

$$F = -kx.$$

- Mae'r arwydd minws yno oherwydd bod y grym i'r cyfeiriad dirgroes i x.
- k yw'r **cysonyn sbring**: gweler **Termau allweddol**.

Gan dybio bod y grymoedd gwrtheddol yn ddibwys, cyflymiad y bloc yw:

$a = \frac{F}{m}$ felly mae $a = -\frac{k}{m}x$ sy'n aml yn cael ei ysgrifennu ar y ffurf $a = -\omega^2 x$

lle mae ω yn gysonyn, sy'n cael ei roi gan $\omega = \sqrt{\frac{k}{m}}$.

Yr enw ar osgiliadau sy'n ufuddhau i $a = -\omega^2 x$, hynny yw $a = -$ cysonyn $\times x$, yw *mudiant harmonig syml* (mhs). Caiff y diffiniad hwn ei roi mewn geiriau yn y **Termau allweddol**.

Dangosir y berthynas ar ffurf graff yn Ffig. 3.2.2. A yw'r **osgled**: gwerth mwyaf y dadleoliad.

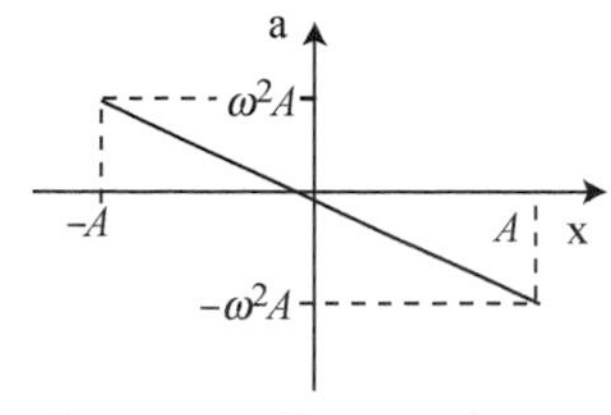

Ffig. 3.2.2 Graff o $a = -\omega^2 x$

Termau allweddol

Mae **mudiant harmonig syml** yn digwydd pan fydd gwrthrych yn symud fel bod ei gyflymiad bob amser i gyfeiriad pwynt sefydlog, a phan fydd y cyflymiad mewn cyfrannedd bob amser â dadleoliad y gwrthrych o'r pwynt hwnnw.

Yn fathemategol, mae:

$a = -\omega^2 x$

Y **cysonyn sbring**, k, yw'r grym sy'n cael ei roi gan sbring fesul uned o estyniad.

UNED: N m^{-1}

Cofiwch

Pan fydd y bloc yn Ffig. 3.2.1 i'r chwith o'r safle ecwilibriwm, mae'r sbring wedi'i gywasgu. Cyn belled nad yw troadau'r sbring yn cyffwrdd, bydd gwerth k yr un peth ar gyfer cywasgiad ac estyniad.

cwestiwn cyflym

① Cyfrifwch raddiant graff a yn erbyn x (gweler Ffig. 3.2.2) ar gyfer corff, màs 0.15 kg, sy'n osgiliadu ar sbring, lle mae $k = 5.4$ N m^{-1}.

cwestiwn cyflym

② Dangoswch mai s^{-1} yw unedau ω. Pa fesur sydd â'r un uned ac sy'n gysylltiedig ag osgiliadau?

Termau allweddol

Osgled osgiliad yw gwerth mwyaf y dadleoliad.

Yr **amser cyfnodol** (neu'r cyfnod), T, yw'r amser ar gyfer un gylchred.

Yr **amledd**, f, yw nifer y cylchredau fesul uned o amser.

UNED: s^{-1} = hertz (Hz).

Gwedd yr osgled, $(\omega t + \varepsilon)$, yw'r ongl sy'n dweud wrthym pa bwynt sydd wedi'i gyrraedd o fewn cylchred yr osgiliad.

Osgiliadau fertigol gwrthrych sy'n hongian ar sbring

Mae'r hafaliad $a = -\omega^2 x$ lle mae $\omega^2 = \frac{k}{m}$ hefyd yn berthnasol i osgiliadau fertigol m yn Ffig. 3.2.3. Mae hwn yn llawer haws i'w osod na'r trefniant yn Ffig. 3.2.1, ond sylwch nad x, sef y dadleoliad o'r safle ecwilibriwm, yw estyniad y sbring bellach. Pam hynny?

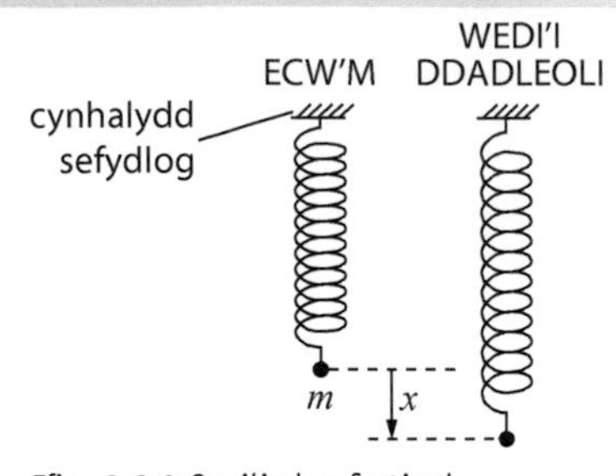

Ffig. 3.2.3 Osgiliadau fertigol

3.2.2 Amrywiad mewn dadleoliad gydag amser ar gyfer corff mewn mhs

Fel byddwn ni'n ei gadarnhau yn ddiweddarach, bydd gan gorff gyflymiad, gaiff ei roi gan $a = -\omega^2 x$, os (a dim ond os) yw ei ddadleoliad yn amrywio gydag amser yn ôl

$$x = A\cos(\omega t + \varepsilon) \qquad \text{(mae } \omega, A \text{ ac } \varepsilon \text{ yn gysonion)}$$

Mae'r mudiant hwn wedi'i gysylltu'n agos â mudiant pwynt, P, sy'n symud gyda chyflymder onglaidd, ω, o amgylch cylch sydd â radiws A. Mewn gwirionedd, x yw *cydran* lorweddol dadleoliad P o ganol y cylch (Ffig. 3.2.4), ac ωt ac ε yw'r onglau a ddangosir.

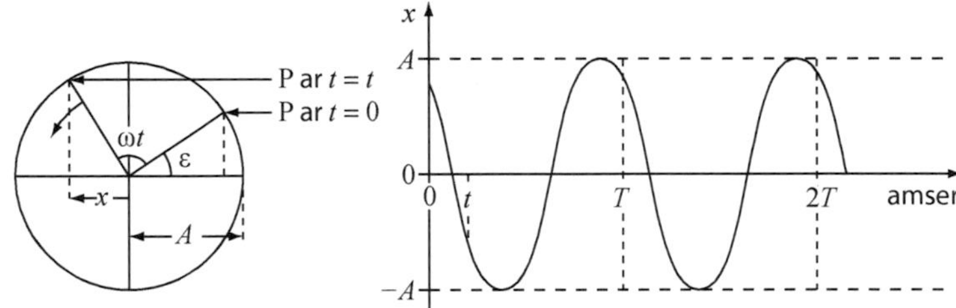

Ffig. 3.2.4 $x = A\cos(\omega t + \varepsilon)$ fel cydran mudiant cylchol

A yw **osgled** y mhs: y dadleoliad mwyaf. Mae'n gysonyn, sy'n cael ei bennu gan y modd caiff y corff ei wneud i symud – er enghraifft, pa mor bell byddwn ni'n ei ddadleoli o'i safle ecwilibriwm cyn ei ryddhau.

Yr **amser cyfnodol**, T, sef yr amser ar gyfer un gylchred o osgiliad, yw'r amser ar gyfer un cylchdro o bwynt P – gweler Ffig. 3.2.4. Felly, o Adran 3.1.2, mae

$$\omega = \frac{2\pi}{T} \quad \text{hynny yw, mae} \quad T = \frac{2\pi}{\omega}.$$

Yn gywerth, gan fod yr **amledd**, $f = \frac{1}{T}$ mae gennym $f = \frac{\omega}{2\pi}$ hynny yw, mae $\omega = 2\pi f$.

- Ar gyfer system màs–sbring, gan fod $\omega = \sqrt{\frac{k}{m}}$, mae gennym $T = 2\pi\sqrt{\frac{m}{k}}$

- Ar gyfer **pendil syml** (sef bob bach yn hongian o gynhalydd sefydlog ar edau ysgafn), sy'n siglo tua 20° ar y mwyaf o'r fertigol, mae cyflymiad y bob yn perthyn i'w ddadleoliad x ar hyd yr arc drwy $a = -\omega^2 x$
- lle mae $\omega = \sqrt{\frac{g}{l}}$, felly mae $T = 2\pi\sqrt{\frac{l}{g}}$.

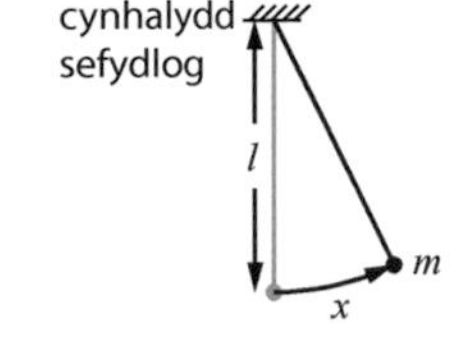

Mae $(\omega t + \varepsilon)$ yn ongl o'r enw **gwedd**. Mae'n dweud wrthyn ni pa gam sydd wedi'i gyrraedd yng nghylchred yr osgiliad ar amser t.

Mae ε yn ongl o'r enw **cysonyn gwedd**. Gallwn ni osod ei werth fel bod amser sero ar unrhyw bwynt rydyn ni'n ei ddewis yng nghylchred y corff ...

Os ydyn ni'n dymuno i $t = 0$ pan fydd $x = A$, rydyn ni'n dewis $\varepsilon = 0$, sy'n rhoi

$x = A\cos(\omega t)$. (Ffig. 3.2.5 (a))

Os ydyn ni'n dymuno i $t = 0$ pan fydd $x = 0$, gydag x ar fin bod yn bositif, rydyn ni'n dewis $\varepsilon = -\frac{\pi}{2}$. Gan fod $\cos\left(\omega t - \frac{\pi}{2}\right) = \sin(\omega t)$, mae gennym

$x = A\sin(\omega t)$. (Ffig. 3.2.5 (b))

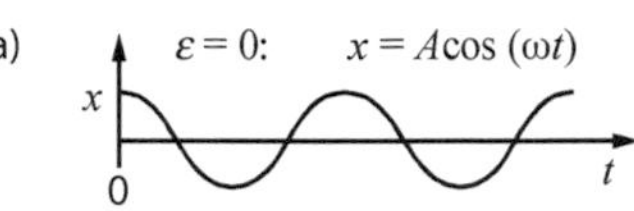

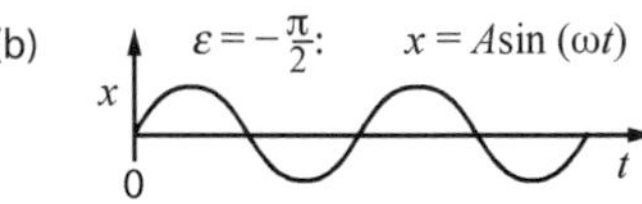

Fig. 3.2.5 Achosion defnyddiol o $x = A\cos(\omega t + \varepsilon)$

»Cofiwch

Mae gwerth y cysonyn, ω, yn cael ei bennu gan y system ei hun (gan k ac m ar gyfer system màs-sbring).
Ond mae A ac ε yn cael eu pennu gan sut mae'r system yn cael ei rhoi i symud a'i hamseru.

»Cofiwch

Prin iawn (diolch byth!) yw'r adegau pan fydd angen unrhyw fersiwn arall o $x = A\cos(\omega t + \varepsilon)$ heblaw am $x = A\cos(\omega t)$ neu $x = A\sin(\omega t)$.

Gwella gradd

Peidiwch ag ofni llunio graffiau $x - t$ bras. Weithiau maen nhw'n hanfodol.

Enghraifft 1

Mae sffêr metel, màs 0.16 kg, yn hongian ar sbring, sydd â chysonyn sbring o 40 N m^{-1}. Caiff y sffêr ei ryddhau o ddisymudedd gyda dadleoliad o +0.030 m. Cyfrifwch gyfnod ei osgiliadau, a'i ddadleoliad 0.55 s ar ôl iddo gael ei ryddhau.

Ateb

$$\omega = \sqrt{\frac{k}{m}} = \sqrt{\frac{40\,\text{N m}^{-1}}{0.16\,\text{kg}}} = 15.8\,[\text{rad}]\,\text{s}^{-1} \quad \text{Felly, mae } T = \frac{2\pi}{\omega} = \frac{2\pi}{15.8\,\text{s}^{-1}} = 0.40\,\text{s}.$$

$A = 0.030\,\text{m}$, oherwydd bydd y dadleoliad yn osgiliadu rhwng $\pm 0.030\,\text{m}$.

Mae $\varepsilon = 0$ os dywedwn ni mai $t = 0$ yw'r amser rhyddhau (o safle'r dadleoliad mwyaf).

Felly, mae $x = A\cos(\omega t) = 0.030\,\text{m} \times \cos(15.8 \times 0.55\,\text{rad}) = -0.022\,\text{m}$.

- I gyfrifo $\cos(15.8 \times 0.55\,\text{rad})$ yn uniongyrchol, mae angen i'ch cyfrifiannell fod yn y modd *radianau* (nid yn y modd graddau).
- Defnyddiwch graff bras i wirio bod yr ateb yn un synhwyrol.

Ffig. 3.2.6 Graff ar gyfer Enghraifft 1

cwestiwn cyflym

③ Mae pêl fetel, màs 0.12 kg, sydd wedi'i chysylltu i bwynt sefydlog gan sbring, yn cyflawni 43 cylchred o osgiliad mewn *munud*. Cyfrifwch y cysonyn sbring.

Enghraifft 2

Mae piston mewn peiriant yn symud gyda mhs, osgled 0.040 m, ac amledd 35 Hz. Ar un pwynt yn y gylchred, mae ei ddadleoliad i fyny o'i safle canol yn 0.024 m, ac yn cynyddu.

(a) Darganfyddwch pa mor hir bydd yn ei gymryd i gyrraedd y pwynt hwn o'i safle canol.

(b) Faint mwy o amser fydd wedi mynd heibio hyd nes i'r dadleoliad hwn ddigwydd eto?

Ateb

(a) Dewiswch $\varepsilon = -\frac{\pi}{2}$, fel bod $t = 0$ pan fydd y piston yn pasio drwy ei safle canol, wrth symud i fyny. (Dywedwn mai tuag i fyny yw'r cyfeiriad $+x$.)

Yna, mae $x = A\sin(\omega t)$, felly mae $\sin(\omega t) = \frac{x}{A} = \frac{0.024\text{ m}}{0.040\text{ m}} = 0.600$

Felly, mae $\omega t = \sin^{-1}(0.600) = 0.644$ rad (gyda'r gyfrifiannell yn y modd radianau!)

Felly, mae $t = \frac{0.644}{\omega} = \frac{0.644}{2\pi f} = \frac{0.644}{2\pi\ 35\text{ s}^{-1}} = 2.93$ ms. I 2 ff.y., mae $t = 2.9$ ms

Gwirio'n gyflym: $\frac{T}{4} = \frac{1}{4} \times \frac{1}{f} = \frac{1}{4} \times \frac{1}{35\text{ s}^{-1}} = 7.14$ ms;

mae 2.93 ms < 7.14 ms; sy'n cadarnhau bod 2.93 ms yn ystod y flaenstroc gyntaf.

(b) Yr unig beth mae ffwythiant y 'sin gwrthdro' ($\sin^{-1}$) ar gyfrifiannell yn ei wneud yw rhoi'r ongl (gyda'r sin penodol) yn yr amrediad $-\frac{\pi}{2}$ i $+\frac{\pi}{2}$. Er mwyn darganfod unrhyw amserau eraill, *ar ôl* 2.9 ms, pan mae $x = 0.024$ m, mae angen i chi lunio diagram cylch, neu graff bras fel sydd i'w weld yma (Ffig 3.2.7), gan ddefnyddio ei gymesuredd.

Gwelwn mai 8.42 ms (8.4 ms i 2 ff.y.) yw'r amser ychwanegol sy'n mynd heibio. Sylwch ein bod yn defnyddio $\frac{T}{4} = 7.14$ ms.

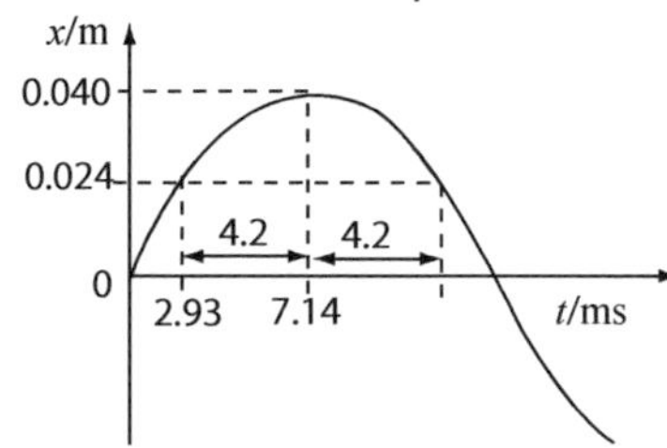

Ffig. 3.2.7 Graff ar gyfer Enghraifft 2 (b)

cwestiwn cyflym

④ ⑤ ⑥ ⑦

Mae pêl fetel yn hongian ar edau hir, fel pendil. Caiff y bêl ei thynnu 0.040 m i un ochr o'i safle gorffwys, yn y cyfeiriad $+x$, ac yna'i rhyddhau. Mae'n cyflawni mhs gyda chyfnod o 2.00 s.

cwestiwn cyflym

④ Cyfrifwch hyd, l, y pendil.

cwestiwn cyflym

⑤ Cyfrifwch ddadleoliad, x, y bêl, 1.20 s ar ôl iddi gael ei rhyddhau.

cwestiwn cyflym

⑥ Darganfyddwch x 1.50 s ar ôl i'r bêl gael ei rhyddhau. [Mae hyn yn rhwydd gyda graff bras!]

cwestiwn cyflym

⑦ Cyfrifwch yr amserau, ar ôl i'r bêl gael ei rhyddhau, pan fydd x yn –0.020 m:

a) am y tro cyntaf
b) am yr ail dro.

3.2.3 Cyflymder corff mewn mhs

Caiff graff dadleoliad–amser (x–t) ei fraslunio (Ffig. 3.2.8 (a)) ar gyfer corff sy'n symud yn ôl yr hafaliad

$$x = A\cos(\omega t + \varepsilon).$$

(a)

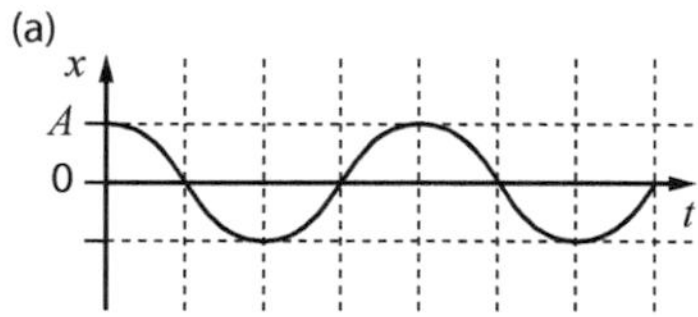

(b)

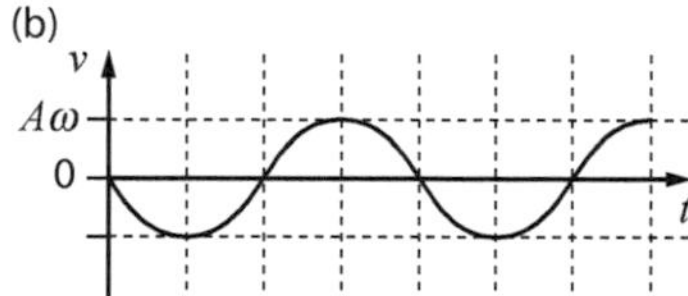

Ffig. 3.2.8 x–t a v–t

I gadw pethau'n syml, mae'r graff wedi'i lunio ar gyfer yr achos pan fydd $\varepsilon = 0$. Mae graddiant y tangiad i'r graff x–t ar unrhyw amser yn rhoi'r cyflymder ar yr amser hwnnw, sy'n egluro siâp y graff cyflymder–amser (Ffig. 3.2.8 (b)). Mewn gwirionedd, mae v yn amrywio gyda t yn ôl

$$v = -A\omega\sin(\omega t + \varepsilon).$$

Mae gwerthoedd sinau (a chosinau) yn amrywio rhwng –1 a +1. Felly, mae'r cyflymder uchaf, v_{mwyaf} yn $-A\omega \times (-1)$. Hynny yw, mae:

$$v_{mwyaf} = A\omega.$$

Enghraifft

(a) Mae pêl fetel, màs 0.10 kg, yn hongian ar sbring sydd â chysonyn sbring o 3.6 N m^{-1}. Pa osgled fydd yn rhoi buanedd mwyaf o 0.21 m s^{-1} i'r bêl?

(b) Ar ba ddadleoliad o'r safle ecwilibriwm y bydd gan y bêl hanner ei buanedd mwyaf?

Ateb

(a) $v_{mwyaf} = A\omega = A\sqrt{\frac{k}{m}}$ Felly, mae $A = v_{mwyaf}\sqrt{\frac{m}{k}} = 0.21\sqrt{\frac{0.10}{3.6}}\,\text{m} = 0.035\,\text{m}$

(b) Drwy dybio bod $\varepsilon = 0$ (er hwylustod), a chofio bod $v_{mwyaf} = A\omega$, mae gennynm $v = -v_{mwyaf}\sin(\omega t)$

Rydyn ni'n defnyddio'r hafaliad hwn i ddarganfod gwerth ωt pan mae $v = -\frac{1}{2}v_{mwyaf}$. (Gallen ni fod wedi dewis $v = +\frac{1}{2}v_{mwyaf}$. Byddai'r ateb terfynol wedi bod yr un peth.)

Drwy hynny, mae $-\frac{1}{2}v_{mwyaf} = -v_{mwyaf}\sin(\omega t)$ felly mae $\omega t = \sin^{-1}(\frac{1}{2}) = \frac{\pi}{6}$.

Felly, mae $x = A\cos(\omega t) = 0.035\,\text{m} \times \cos\frac{\pi}{6} = 0.030\,\text{m}$

Mae graff bras o x yn erbyn t yn dangos y bydd gan y bêl hanner ei buanedd mwyaf *pryd bynnag* bydd $x = \pm 0.30\,\text{m}$ (graddiant $= \pm\frac{1}{2}$ y graddiant mwyaf).

Gwella gradd

Sylwch sut mae'r seroau ar y graff v–t yn cyfateb i raddiant sero ar y graff x–t, a sut mae'r uchafbwyntiau ar y graff v–t yn cyfateb i'r graddiant mwyaf ar y graff x–t. Mae hyn yn golygu gallwn ni fraslunio graff v–t os oes gennym graff x–t, hyd yn oed os nad yw ε yn sero.

Cofiwch

Mae ffactor ω yn $v_{mwyaf} = A\omega$ yn cyd-fynd â chyfradd newid fwy x ar amleddau uwch. Gallwn ni lunio'r hafaliadau gaiff eu dyfynnu ar gyfer v ac a drwy ddifferu $x = A\cos(\omega t + \varepsilon)$ (mewn perthynas â t) yn olynol.

cwestiwn cyflym

⑧ Mae corff yn cyflawni mhs gyda chyfnod o 1.2 s ac osgled o 0.050 m. Cyfrifwch y canlynol:

a) cyflymder mwyaf y corff

b) y cyflymder 0.40 s ar ôl iddo basio drwy ecwilibriwm, wrth symud i'r cyfeiriad $+x$.

Cyflymiad corff mewn mhs

Graddiant y tangiad i'r graff v–t ar unrhyw amser, t, yw'r cyflymiad ar yr amser hwnnw. Hyn sy'n esbonio siâp y graff a–t. Mewn gwirionedd, mae a yn amrywio gyda t yn ôl yr hafaliad

Ffig. 3.2.9 Graff $a-t$

$$a = -A\omega^2 \cos(\omega t + \varepsilon).$$

Ond mae $x = A\cos(\omega t + \varepsilon)$ Felly, mae $a = -\omega^2 x$.

Mae hyn yn cefnogi'n syniad bod dadleoliad sy'n amrywio yn ôl $x = A\cos(\omega t + \varepsilon)$ yn awgrymu mhs, fel caiff ei ddiffinio gan $a = -\omega^2 x$ (gydag ω cyson).

3.2.4 Cyfnewid egni mewn mhs

Gwella gradd

Gwnewch yn siŵr eich bod chi'n gallu braslunio'r graffiau $E_k - t$ ac $E_p - t$.

Cofiwch

Mae'r hafaliad $E_p = \frac{1}{2}mA^2\omega^2$ yn dal yn berthnasol, hyd yn oed os nad yw E_p yn EP elastig, neu os nad yw'n gwbl elastig. Ar gyfer osgiliadau fertigol corff sy'n hongian ar sbring, E_p yw swm yr EPau elastig a disgyrchiant.

Egni potensial, E_p

Ystyriwch ein hachos gwreiddiol: corff sydd ynghlwm wrth sbring llorweddol, ac sy'n cael ei ddadleoli x o'i safle ecwilibriwm. Mae'r sbring yn storio EP elastig (sy'n hafal i'r arwynebedd o dan y graff grym–estyniad), sy'n cael ei roi gan

$E_p = \frac{1}{2}kx^2$. Gan fod $\omega^2 = \dfrac{k}{m}$, gallwn ni ysgrifennu hwn ar y ffurf $E_p = \frac{1}{2}m\omega^2x^2$.

Felly mae'r canlynol yn dilyn:

- mae $E_p = 0$ pan fydd $x = 0$. (Mae hyn yn fater o gonfensiwn.)
- nid yw E_p byth yn negatif.
- mae $E_p = \frac{1}{2}m\omega^2A^2$ pan fydd $x = \pm A$

Mae hyn yn esbonio'r pwyntiau ar y graff E_p–t. Sylwch ein bod wedi rhoi $\varepsilon = 0$ ym mhob graff.

Sinwsoid yw siâp y graff, ond mae wedi'i godi, ac mae ganddo amledd o $2f$.

Mae E_p a t yn perthyn i'w gilydd drwy

$$E_p = \tfrac{1}{2}m\omega^2A^2\cos^2(\omega t + \varepsilon)$$

(a)

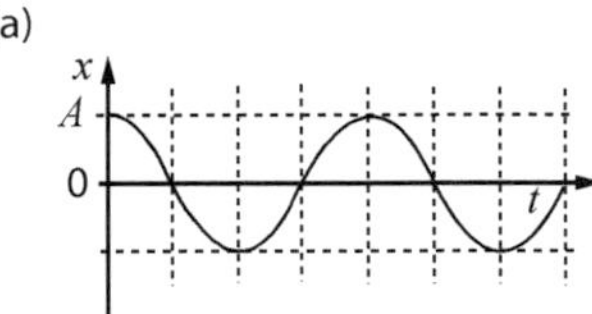

(b)

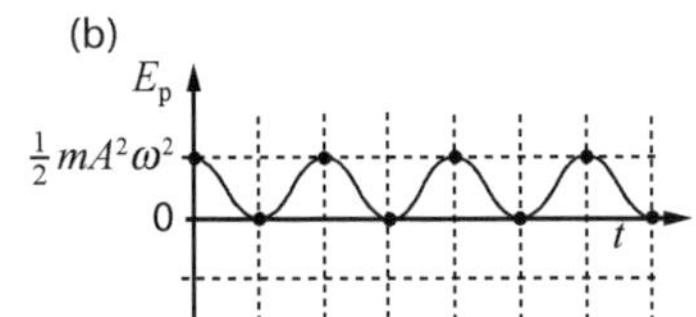

Ffig. 3.2.10 Amrywiad dadleoliad ac EP gydag amser

Egni cinetig, E_k

(a)

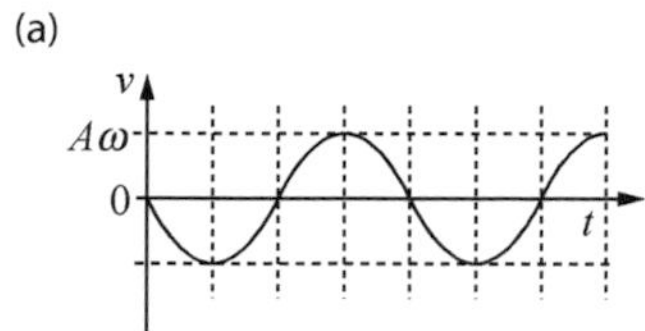

(b)

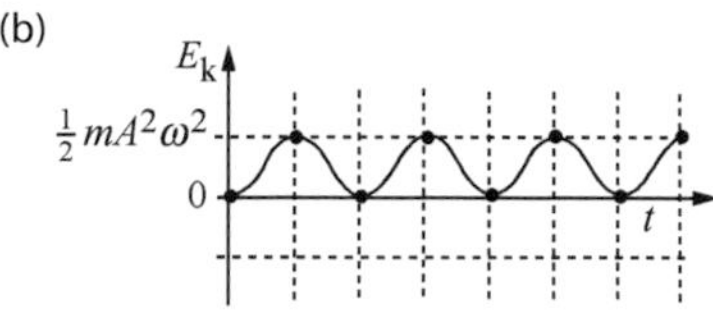

(c)

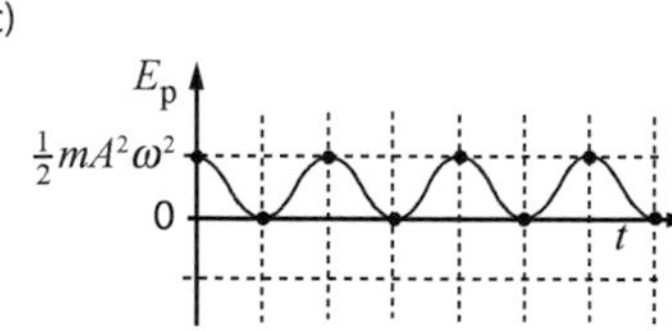

(ch)

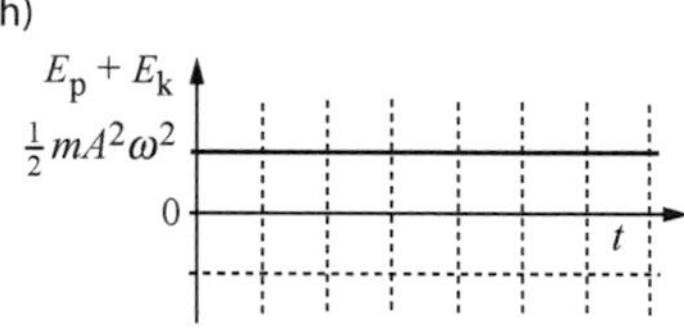

Ffig. 3.2.12 Amrywiad cyflymder, EC, EP a chyfanswm yr egni gydag amser

Mae EC y corff, $E_k = \frac{1}{2}mv^2$. Felly

- mae $E_k = 0$ pan fydd $v = 0$,
- nid yw E_k fyth yn negatif.
- mae $E_k = \frac{1}{2}m\omega^2A^2$ pan fydd $v = \pm v_{mwyaf} = \pm A\omega$.

Mae hyn yn esbonio'r pwyntiau sydd wedi'u plotio ar y graff E_k–t (Ffig. 3.2.12 (b)).

Mae E_k a t yn perthyn i'w gilydd drwy

$$E_k = \frac{1}{2}m\omega^2A^2\sin^2(\omega t + \varepsilon)$$

Mae'r graff yn union yr un peth â'r graff E_p–t, ond mae wedi symud, fel bod E_k yn uchel pan fydd E_p yn isel, ac i'r gwrthwyneb.

Yn wir, gallwn ni ddangos bod

$$E_k + E_p = \frac{1}{2}mA^2\omega^2,$$

felly nid yw *cyfanswm* egni'r system fyth yn newid (Ffig. 3.2.12 (ch)).

Caiff egni ei drosglwyddo o ginetig i botensial, ac i'r gwrthwyneb, ddwywaith bob cylchred wrth i'r system (er enghraifft, pendil, màs ar sbring) osgiliadu – dyma enghraifft wych o gadwraeth egni.

Enghraifft

Cyfrifwch E_p ac E_k ar gyfer system màs–sbring (m = 1.20 kg) mewn mhs, sydd ag amledd o 2.5 Hz ac osgled o 0.060 m, pan fydd $x = 0.030$ m.

Ateb

Mae $E_p = \frac{1}{2}m\omega^2x^2 = \frac{1}{2}1.20\,(2\pi \times 2.5)^2(0.030)^2\text{ J} = 0.133\text{ J}$

Mae *cyfanswm* yr egni yn hafal i'r E_p *mwyaf*. Gallwn ni ddarganfod hwn drwy roi $(0.030)^2$ yn lle $(0.060)^2$, ac felly mae $4 \times 0.133\text{ J} = 0.533\text{ J}$.

Felly, pan fydd $x = 0.030\text{ m}$, mae $E_k = 0.533\text{ J} - 0.133\text{ J} = 0.400\text{ J}$

» *Cofiwch*

Mae hefyd yn bosibl plotio egnïon yn erbyn dadleoliad, fel yn Ffig. 3.2.11. Gwnewch yn siŵr bod y graffiau hyn yn gwneud synnwyr i chi.

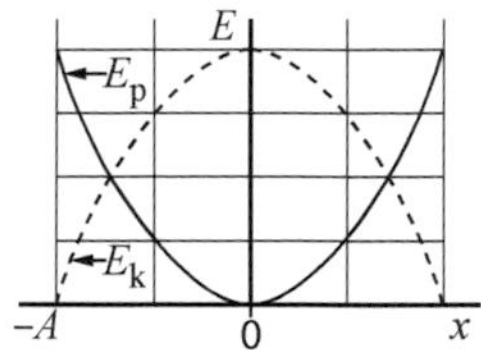

Ffig. 3.2.11 Egni yn erbyn dadleoliad

cwestiwn cyflym

⑨ Mae bob pendil syml, màs 100 g, yn siglo ar gyfnod o 2.00 s ac osgled o 20 mm. Cyfrifwch ei EP a'i EC 0.200 s ar ôl iddo basio drwy'r fertigol.

Termau allweddol

Mae **osgiliadau naturiol (osgiliadau rhydd)** yn digwydd pan fydd system osgiliadol (er enghraifft, pendil neu fàs ar sbring) yn cael ei dadleoli a'i rhyddhau.

Yr enw ar amledd yr osgiliadau rhydd yw **amledd naturiol** y system.

Gwanychiad yw pan fydd osgled osgiliadau rhydd yn lleihau i ddim o ganlyniad i rymoedd gwrtheddol.

Mae **gwanychiad critigol** yn digwydd pan fydd y grymoedd gwrtheddol ar y system yn ddigon mawr – o ychydig – i atal yr osgiliadau rhag digwydd pan gaiff y system ei dadleoli a'i rhyddhau.

Gwella gradd

Cyn braslunio osgiliadau gwanychol, marciwch y raddfa amser ar gyfyngau cyfartal, a lluniwch dywyslinell esbonyddol (doredig).

cwestiwn cyflym

⑩ Yn Ffig. 3.2.13, pa ffracsiwn o (a) yr osgled ar ddechrau cylchred, a (b) cyfanswm yr egni ar ddechrau cylchred, sy'n dal yno ar ddiwedd y gylchred honno?

3.2.5 Osgiliadau gwanychol

Mae **osgiliadau naturiol** gwirioneddol (gweler **Termau allweddol**) yn rhai gwanychol: mae eu hosgled yn lleihau gydag amser. Mae hyn oherwydd y grymoedd gwrtheddol, fel gwrthiant aer, sy'n gweithredu ar y corff osgiliadol i'r cyfeiriad dirgroes i'w gyflymder. Mae mhs yn achos eithafol neu ddelfrydol: mae'r osgled yn gyson pan fydd y grymoedd gwrthiannol yn ddibwys.

Mae'r gwaith gaiff ei wneud gan y corff yn erbyn y grymoedd gwrthiannol yn trosglwyddo egni o'r system i egni hap gronynnau'r corff, ac, yn achos gwrthiant aer, i'r aer amgylchynol. Weithiau, caiff hyn ei alw'n *afradloni* egni. Mae'r aer a'r corff, fel ei gilydd, yn cynhesu ychydig; ar gyfer y system osgiliadol, mae $E_k + E_p$ yn lleihau.

Graff x–t ar gyfer osgiliadau naturiol gwanychol yw Ffig. 3.2.13.

- Mae'r amser cyfnodol yn aros yr un peth drwy gydol y mudiant.
- Mae'r osgled yn **disgyn yn esbonyddol** gydag amser: gyda phob cylchred, mae'n lleihau yn ôl yr un *ffracsiwn*. (Mae hyn yn ei gwneud yn ofynnol i'r grym gwrtheddol fod mewn cyfrannedd â'r buanedd – sy'n aml yn wir.)

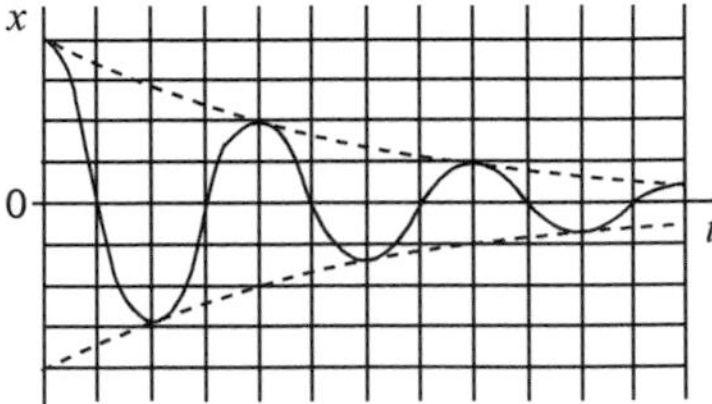

Ffig. 3.2.13 Osgiliadau gwanychol

Mae'r grymoedd gwrtheddol yn cynyddu'r amser cyfnodol. Mae'r effaith hon yn fach iawn oni bai fod y gwanychiad yn drwm iawn. (Hyd yn oed yn yr achos sydd wedi'i fraslunio yn Ffig. 3.2.13, dim ond 0.6% yn hirach yw'r cyfnod na phe bai heb unrhyw wanychiad.)

Os bydd y gwanychiad yn cael ei gynyddu (efallai drwy roi arwynebedd arwyneb mwy a mwy i gorff), yn y pen draw, byddwn ni'n cyrraedd yr hyn gaiff ei alw'n **wanychiad critigol**: nid yw'r corff yn osgiliadu os yw'n cael ei ddadleoli, ond mae'n dychwelyd at ecwilibriwm heb basio'r pwynt ecwilibriwm (Ffig. 3.2.14: graff canol). Os ydyn ni'n cynyddu'r gwanychiad ymhellach, byddai'n dychwelyd yn arafach (heb basio'r pwynt).

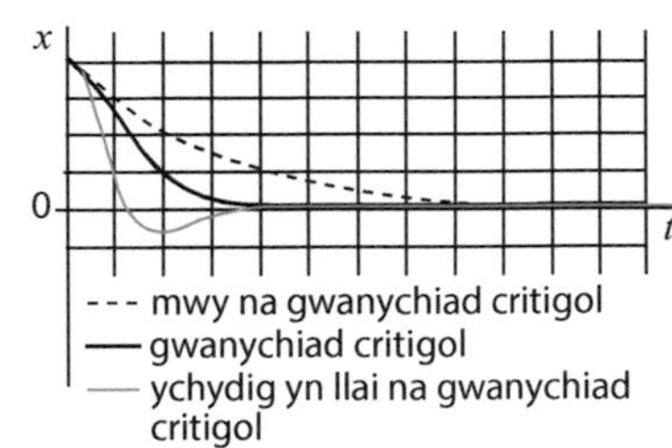

Ffig. 3.2.14 Gwanychiad trwm iawn

Ffyrdd o ddefnyddio gwanychiad critigol

Mae systemau hongiad car yn defnyddio sbringiau sy'n cywasgu pan fydd olwynion yn taro ramp yn y ffordd. Byddai'r car wedyn yn osgiliadu fel màs pen i waered ar sbring, ond mae dyfeisiau gwanychu ('sioc laddwyr') yn rhoi gwanychiad critigol (bron iawn), felly mae'r car yn dychwelyd yn gyflym i uchder ecwilibriwm uwchben y llawr, a hynny heb basio'r pwynt ecwilibriwm o gwbl bron.

Mae rhai mecanweithiau i gau drysau yn defnyddio gwanychiad critigol.

3.2.6 Osgiliadau gorfod

Mae **osgiliadau gorfod** yn digwydd pan fydd *grym gyrru* sy'n amrywio'n sinwsoidaidd yn cael ei roi ar system sy'n gallu osgiliadu'n naturiol.

Yn fuan iawn, mae'r system yn sefydlogi i osgiliadu ar amledd y grym gyrru.

Gallwn ni archwilio osgiliadau gorfod drwy ddefnyddio'r cyfarpar sydd i'w weld ar y chwith yn Ffig. 3.2.15. Y *system osgiliadol* yw'r màs-a'r-sbring. Mae'r grym, sy'n amrywio'n sinwsoidaidd, yn cael ei roi arno gan y pìn sy'n dirgrynu (gydag osgled cyson), a hwnnw wedi'i bweru gan eneradur signalau. O hyn, rydyn ni'n dewis amleddau amrywiol ar gyfer y grym gyrru, ac yn mesur osgled cyflwr sefydlog osgiliadau'r màs drwy ddefnyddio'r raddfa.

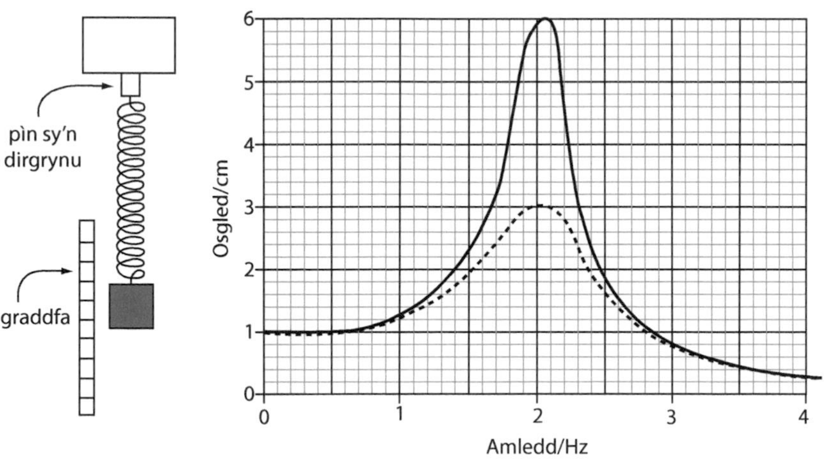

Ffig. 3.2.15 Arbrawf osgiliadau gorfod, a graff cyseiniant

Mae'r graff (llinell solid) o osgled yn erbyn amledd y grym gyrru ar ei fwyaf pan fydd yr amledd hwn (bron iawn) yn hafal i amledd *naturiol* y system màs–sbring. Yr enw ar y brig hwn yw **cyseiniant**. Yr enw ar y gromlin yw 'cromlin cyseiniant' neu 'gromlin ymateb'.

Mae cynyddu'r gwanychiad yn lleihau osgled yr osgiliadau gorfod, ond mae'n ei leihau fesul ffracsiwn llai a llai, wrth i ni symud ymhellach oddi wrth gyseiniant. Felly, nid yw'r gromlin (y llinell doredig) mor *amlwg*. Mae'r brig yn digwydd ar amledd grym gyrru sydd ychydig yn is.

Ffyrdd o ddefnyddio osgiliadau gorfod digyseiniant

Mewn popty microdon, mae'r dŵr (a rhai o'r brasterau) mewn bwyd yn amsugno egni o ficrodonnau. Mae'r maes trydanol eiledol yn y tonnau yn rhoi grymoedd ar yr electronau a'r protonau yn y moleciwlau, gan wneud i'r moleciwlau gylchdroi yn ôl ac ymlaen – mudiant osgiliadol. Mae gwanychiad trwm yn bresennol oherwydd rhyngweithiadau â moleciwlau cyfagos, ac mae egni'n cael ei wasgaru ar hap, fel sy'n cael ei amlygu gan y cynnydd yn y tymheredd. Mae amledd y microdonnau (2.45 GHz) yn bell oddi wrth unrhyw amleddau naturiol yn y moleciwlau.

Termau allweddol

Mae **osgiliadau gorfod** yn digwydd pan fydd grym gyrru, sy'n amrywio'n sinwsoidaidd, yn cael ei roi ar system osgiliadol, gan wneud iddi osgiliadu ar amledd y grym gaiff ei roi.

Mae osgled y dirgryniad ar ei fwyaf pan fydd amledd y grym gyrru yn hafal i amledd naturiol y system. Yr enw ar hyn yw **cyseiniant**.

Gwella gradd

Gwnewch yn siŵr eich bod chi'n gwybod y diffiniadau ar gyfer osgiliadau naturiol (rhydd) ac osgiliadau gorfod, a'ch bod yn eu deall.

cwestiwn cyflym

⑪ Beth yw amledd *naturiol* y system màs-sbring yn Ffig. 3.2.15?

Gwella gradd

Gwnewch yn siŵr eich bod chi'n gallu braslunio cromlin cyseiniant. Sylwch y bydd y system yn dal i osgiliadu, dim ots pa mor isel yw'r amledd gorfodi, felly bydd osgled meidraidd yn bresennol.

Defnyddio cyseiniant

Mewn rhai cylchedau trydanol, mae amleddau naturiol gan yr osgiliadau cerrynt sy'n mynd drwyddyn nhw. Wrth i chi ddewis (neu 'godi') gorsaf radio benodol, rydych chi'n addasu amledd naturiol un o'r cylchedau hyn i gyd-fynd â'r tonnau radio o'r orsaf. Felly, mae ei thonnau yn gorfodi cerrynt llawer mwy drwy'r gylched na thonnau'r gorsafoedd eraill.

Pan fydd rhaid osgoi neu atal cyseiniant

Mae gan bont grog foddau amrywiol o osgiliadau naturiol. Wrth i bobl gerdded drosti, mae eu camau yn rhoi grymoedd gyrru cyfnodol arni. Os yw amledd y grymoedd hyn yn agos at amledd naturiol y bont, gall yr adeiledd wneud osgiliadau gorfod gydag amledd brawychus o uchel. Fel gwelodd pobl ar ddiwrnod agor *Pont y Mileniwm* yn Llundain, mae pobl yn tueddu (heb fwriadu hynny, mae'n siŵr) i gyfateb eu camau gydag unrhyw siglo cynnar yn y bont, gan sicrhau cyseiniant! Cafodd y broblem ei datrys drwy roi mecanweithiau *gwanychu* ar y bont.

» Cofiwch

Gall cyseiniant fod yn niwsans, hyd yn oed pan nad yw'n beryglus. Gall ratlo neu suo ddigwydd pan fydd cyfradd gylchdroi peiriannau yn cyffwrdd amledd naturiol gwrthrych sy'n gallu dirgrynu. Gall cyseiniant o'r fath fod yn amlwg mewn hen gerbydau. Mae cerbydau mwy modern yn cynnwys mwy o ddefnydd gwanychu!

3.2.7 Gwaith ymarferol penodol

(a) Darganfod *g* gyda phendil syml

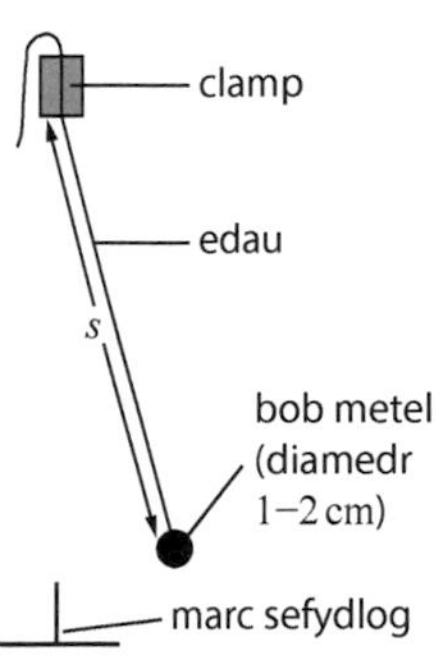

Ffig. 3.2.16 Pendil syml

Drwy ddefnyddio cyfarpar sylfaenol iawn (Ffig. 3.2.16), a gydag ychydig o ofal, gallwn ni ddarganfod *g* gydag ansicrwydd o lai na 5%.

Mae angen i ni ddarganfod yr amser cyfnodol, *T*, ar gyfer pendil o hyd, *l*, penodol.

Er mwyn gwirio'r hafaliad $T = 2\pi\sqrt{\frac{l}{g}}$ rydyn ni'n ailadrodd hyn ar gyfer amrediad o werthoedd *l*, fel arfer rhwng 10 cm a 100 cm.

Caiff hyd y llinyn, *s* (Ffig. 3.2.16), ei fesur â riwl fetr, ac mae diamedr, *d*, y bob yn cael ei fesur â chaliperau fernier. Mae

$$l = s + \frac{d}{2}$$

Caiff *T* ei ddarganfod drwy amseru *n* cylchred o osgiliadau ar un tro, a rhannu ag *n*.

- Ni ddylai'r ongl â'r fertigol fod yn fwy na tua 20°.
- Mae'r bob yn treulio amser cymharol hir yn agos at eithafion ei siglad; mae hyn yn ei gwneud yn anodd barnu pryd *yn union* mae yno. Dyna pam, fel arfer, rydyn ni'n dechrau ac yn gorffen amseru wrth i'r bob groesi'r safle ecwilibriwm (gan symud i'r un cyfeiriad bob tro). Mae hyn yn haws os ydych chi'n defnyddio *marc sefydlog* (Ffig. 3.2.16).
- Dylech chi ddewis *n* fel bod yr ansicrwydd yn *T* yn llai na tua 2%. Os ydych chi am amseru mwy na 50 o sigladau, neu lai na phump, efallai dylech chi ailystyried!

Mae'n bosibl ysgrifennu'r berthynas rhwng T ac l, gaiff ei rhoi uchod, fel hyn:

$$T = \frac{2\pi}{\sqrt{g}}\sqrt{l}$$

Drwy gymharu hyn ag $y = mx + c$, wrth blotio T yn erbyn $\sqrt{l}$ (gweler **Gwella gradd**) dylai hynny roi llinell syth, sydd â graddiant o $\frac{2\pi}{\sqrt{g}}$ drwy'r tarddbwynt. O ganlyniad, cawn werth ar gyfer g.

Dull taclus arall yw *peidio* ag adio $\frac{d}{2}$ at bob gwerth o s, ond plotio s ei hun yn erbyn T^2. Bydd y graddiant yn $\frac{g}{4\pi^2}$, a $\frac{d}{2}$ fydd y rhyngdoriad. Gweler Cwestiwn cyflym 12.

Drwy hynny, cawn werth ar gyfer g, a hefyd ar gyfer diamedr y bob, d, ond gydag ansicrwydd canrannol sylweddol.

(b) Ymchwilio i wanychiad mewn system màs–sbring

Rydyn ni'n defnyddio'r cyfarpar yn Ffig 3.2.3, gyda phren mesur wedi'i glampio'n fertigol, yn agos at osgiliadau i fyny ac i lawr y màs. Dylai'r cyfnod fod yn fwy na tua 1.5 s, er mwyn gallu dilyn yr osgiliadau'n glir (gweler y **Cofiwch** cyntaf). Pan fydd wedi cael ei osod, dylai T gael ei ddarganfod yn gywir drwy amseru nifer o gylchredau mewn un cynnig.

Caiff safle ecwilibriwm pwynt, **P**, ar y màs (neu bwyntydd sydd ynghlwm wrth y màs) ei ddarllen ar y pren mesur. Cofiwch osgoi paralacs! Caiff osgiliadau eu cychwyn drwy dynnu'r màs i lawr, ac yna'i ryddhau, gan nodi safle eithaf **P** ar y pren mesur i ddechrau, yna 5 cylchred yn ddiweddarach, 10 cylchred yn ddiweddarach, ac ati (gweler **Cofiwch**). Drwy hynny, gallwn ni ddarganfod yr osgled cychwynnol, ac ar gyfyngau o 5 cylchred.

Mae disgwyl i'r osgled, A, amrywio gydag amser, t, yn ôl

$$A = A_0 e^{-\lambda t}$$

lle A_0 yw'r osgled cychwynnol (gwerth A pan fydd $t = 0$), ac mae λ yn gysonyn o'r enw *cyfernod gwanychiad*.

Ar ôl n cylchred, mae $t = Tn$, lle T yw'r cyfnod.

Felly, mae $$A = A_0 e^{-\lambda Tn}$$

Er mwyn cael perthynas graff llinell syth, rydyn ni'n cymryd logarithmau (i unrhyw fôn) y ddwy ochr. Drwy ddewis y bôn e, mae

$$\ln(A/\text{mm}) = \ln(A_0/\text{mm}) - \lambda Tn$$

- Mae A ac A_0 yn cynrychioli rhifau wedi'u lluosi ag unedau (e.e. 15 mm). Ond mae A/mm ac A_0/mm yn rhifau pur; er enghraifft, os yw $A = 15$ mm, yna mae $A/\text{mm} = 15\ \text{mm}/\text{mm} = 15$. Dim ond rhifau pur (positif) sy'n gallu bod â logarithmau. Fydd y gyfrifiannell ddrutaf, hyd yn oed, ddim yn gallu rhoi gwerth i chi ar gyfer $\ln(15\ \text{mm})$!

Drwy gymharu'r hafaliad diwethaf ag $y = mx + c$, gwelwn y dylai $\ln(A/\text{mm})$ yn erbyn n fod yn llinell syth, gyda graddiant λT. Mae hyn yn rhoi gwerth λ, o wybod gwerth T.

Efallai byddai'n well gennych chi blotio $\ln(A/\text{mm})$ yn erbyn t, gan gyfrifo t ar gyfer pob gwerth n, o $t = Tn$.

Gwella gradd

Mae plotio p yn erbyn q yn golygu bod p yn mynd ar yr echelin fertigol, a bod q yn mynd ar yr echelin lorweddol. Y mesur gaiff ei enwi gyntaf sy'n mynd ar y fertigol.

cwestiwn cyflym

⑫ Ewch ati i gyfiawnhau'r 'dull taclus arall' sy'n cael ei roi yn y prif destun, drwy ddangos bod $s = \frac{g}{4\pi^2}T^2 - \frac{d}{2}$.

Dechreuwch drwy sgwario dwy ochr $T = 2\pi\sqrt{\frac{l}{g}}$.

cwestiwn cyflym

⑬ Wrth i chi dreialu, beth dylech chi ei wneud i gynyddu cyfnod yr osgiliadau, os yw'n rhy fyr?

Cofiwch

Pam nad ydyn ni'n darganfod yr osgled ar gyfyngau un gylchred? Efallai na fyddai'n bosibl cofnodi'r canlyniadau yn ddigon cyflym. Ond does dim byd yn arbennig am y cyfwng o bum cylchred.

Cofiwch

Gallwn ni estyn ymchwiliad (b) yn hawdd drwy ei ailadrodd gyda mwy o wanychiad. Er enghraifft, byddai'n bosibl gludo disg o bapur o dan y màs fel ei fod yn gwthio allan ychydig cm yr holl ffordd o amgylch y màs. Yn ddelfrydol, yn y fersiwn sydd â llai o wanychiad, dylai'r papur gael ei blygu'n fach cyn ei gysylltu â'r màs. Pam?

ychwanegol

1. Mae màs 0.20 kg yn hongian ar sbring sydd wedi'i glampio ar y top. Caiff y màs ei dynnu i lawr o'i safle ecwilibriwm, a'i ryddhau. Mae graff cyflymiad yn erbyn dadleoliad o'r ecwilibriwm i'w weld ar gyfer ei fudiant ar ôl iddo gael ei ryddhau.
   (a) Esboniwch sut mae'r graff yn Ffig 3.2.17 yn dangos bod mudiant y màs yn fudiant harmonig syml.
   (b) Cyfrifwch y cysonyn sbring, k.
   (c) Cyfrifwch amser cyfnodol y mudiant.
   (ch) Cyfrifwch faint o amser bydd y màs yn ei gymryd i **godi** 0.020 m **o'i bwynt rhyddhau**. [Awgrym: bydd angen darn arall o ddata o'r graff.]

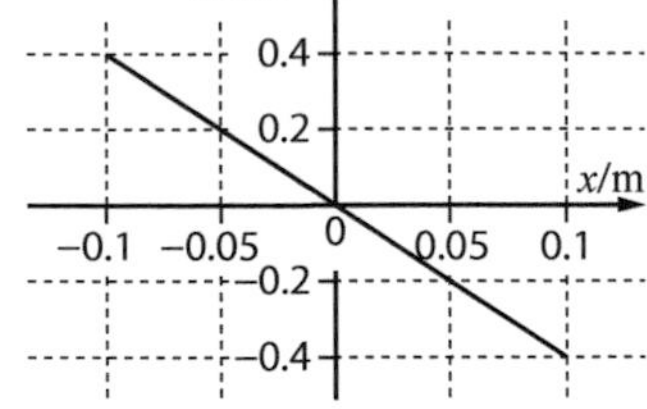

Ffig. 3.2.17 Graff a–x

2. Mae graff x–t i'w weld yn Ffig 3.2.18 (a), a hynny ar gyfer system màs–sbring.
   (a) Darganfyddwch amledd yr osgiliadau.
   (b) Copïwch y grid yn Ffig. 3.2.18 (b), a brasluniwch graff cyflymder–amser arno ar gyfer y màs, gan roi gwerth y cyflymder mwyaf ar yr echelin v.
   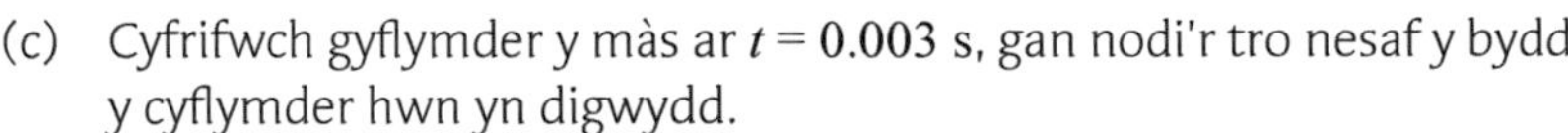
   (c) Cyfrifwch gyflymder y màs ar t = 0.003 s, gan nodi'r tro nesaf y bydd y cyflymder hwn yn digwydd.
   (ch) Cyfrifwch y cyflymder pan fydd x = 0.020 m.

Ffig. 3.2.18 Graff x–t a grid v–t

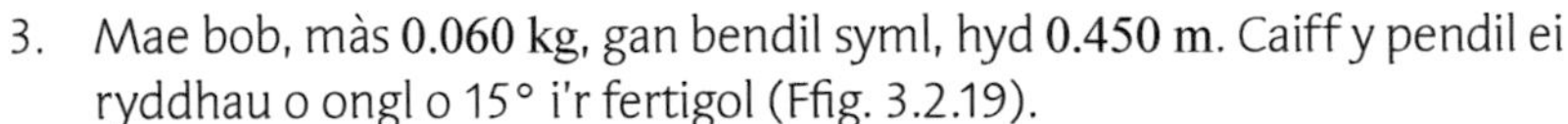

3. Mae bob, màs 0.060 kg, gan bendil syml, hyd 0.450 m. Caiff y pendil ei ryddhau o ongl o 15° i'r fertigol (Ffig. 3.2.19).
   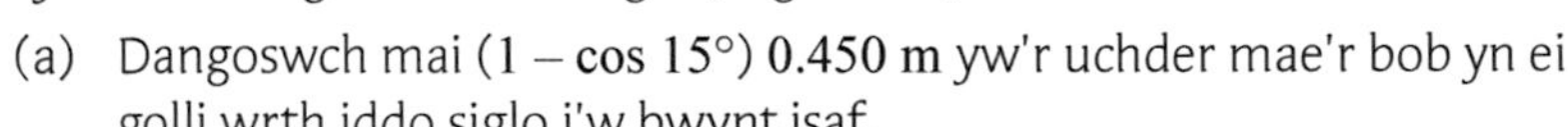
   (a) Dangoswch mai (1 – cos 15°) 0.450 m yw'r uchder mae'r bob yn ei golli wrth iddo siglo i'w bwynt isaf.

   (b) Drwy hynny, a gan ddefnyddio egwyddor cadwraeth egni, cyfrifwch egni cinetig mwyaf y bob.
   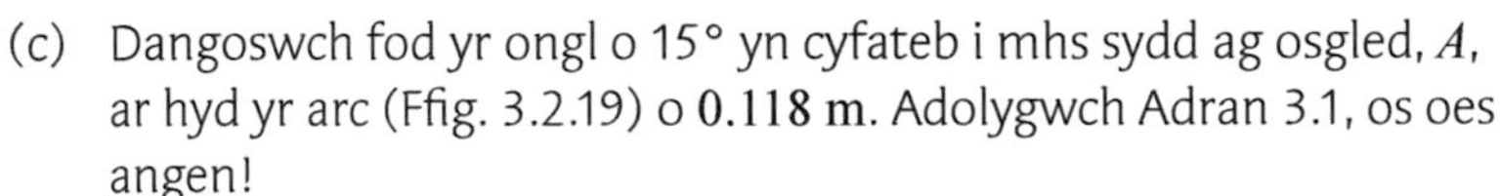
   (c) Dangoswch fod yr ongl o 15° yn cyfateb i mhs sydd ag osgled, A, ar hyd yr arc (Ffig. 3.2.19) o 0.118 m. Adolygwch Adran 3.1, os oes angen!
   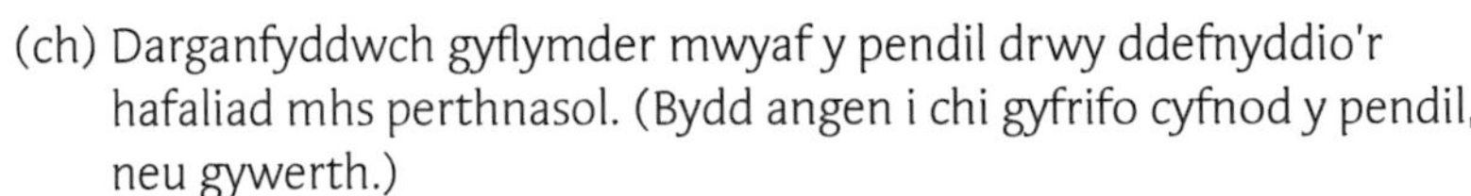
   (ch) Darganfyddwch gyflymder mwyaf y pendil drwy ddefnyddio'r hafaliad mhs perthnasol. (Bydd angen i chi gyfrifo cyfnod y pendil, neu gywerth.)
   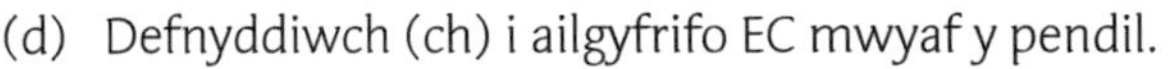
   (d) Defnyddiwch (ch) i ailgyfrifo EC mwyaf y pendil.

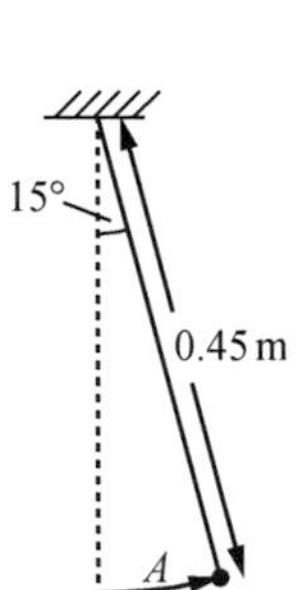

Ffig. 3.2.19 Pendil cychwynnol

4. Mae myfyriwr wedi amseru 30 cylchred pendil syml (gan ailadrodd hefyd), a hynny ar gyfer hyd byrraf a hiraf pendil mae'n bwriadu ei ddefnyddio. Dyma ei ddarlleniadau:

hyd y llinyn/m	amser ar gyfer 30 cylchred/s
0.150 ± 0.001	23.9 ± 0.2
0.750 ± 0.001	52.4 ± 0.2

Mae'r myfyriwr yn brin o amser, ac mae'n methu cymryd rhagor o ddarlleniadau. Mae'n penderfynu ceisio darganfod y gwerth gorau ar gyfer g o'i ganlyniadau. Mae'n plotio dau bwynt, gyda barrau cyfeiliornad, ar graff o T^2 yn erbyn hyd y llinyn, s, ac yn parhau o'r fan hon. Darganfyddwch:

(a) y graddiant mwyaf a lleiaf sy'n cyd-fynd â'r data hyn.
(b) gwerth g mae hyn yn ei roi, a'i ansicrwydd absoliwt.

3.3 Damcaniaeth ginetig

Er na allwn ni weld beth sy'n digwydd y tu mewn i nwy drwy ddefnyddio microsgopau optegol neu rai sydd ddim yn optegol, mae 'model' nwy fel gronynnau (moleciwlau) mewn mudiant afreolus/hapfudiant yn rhoi esboniad llwyddiannus dros y priodweddau rydyn ni'n arsylwi arnyn nhw. Yn benodol, mae cymhwyso deddfau Newton i'r moleciwlau yn ffordd o esbonio *gwasgedd* nwyon, ac yn dangos sut mae gwasgedd yn dibynnu ar gyfaint y cynhwysydd yn ogystal ag ar y tymheredd.

3.3.1 Moleciwlau a molau

Mae nwyon yn cynnwys gronynnau o'r enw **moleciwlau**. Atomau unigol yw'r moleciwlau yn y nwyon sy'n cael eu galw'n nwyon **monatomig** (fel heliwm a neon). Mewn hydrogen, ocsigen, nitrogen, a nifer o nwyon eraill, mae pob moleciwl yn cynnwys mwy nag un atom wedi'u 'bondio' â'i gilydd.

Caiff **màs moleciwlaidd cymharol**, M_r, moleciwl ei ddiffinio fel

$$M_r = \frac{\text{màs y moleciwl}}{\frac{1}{12}\ \text{màs atom}\ ^{12}_{6}\text{C}}$$

Dyma enghreifftiau o M_r: hydrogen: 1.01; heliwm: 4.00; ocsigen: 32.0; nitrogen: 28.0. (Does dim rhaid i chi gofio'r rhain!)

Molau

Swp o 6.02×10^{23} o foleciwlau yw mol o foleciwlau. **Cysonyn Avogadro**, N_A, yw'r enw ar nifer y moleciwlau fesul mol.

Felly, mae $N_A = 6.02 \times 10^{23} \text{mol}^{-1}$.

Os oes gennyn ni N o foleciwlau, mae'n dilyn mai'r ***swm***, n, mewn molau, yw:

$$n = \frac{N}{N_A} \quad \text{felly mae} \quad N = nN_A$$

Y **màs molar**, M, yw màs y nwy fesul mol.

Mae perthynas hawdd rhwng M_r moleciwl a'r màs molar, M:

$$M/\text{kg mol}^{-1} = \frac{M_r}{1000}$$

Enghraifft

Sawl moleciwl sydd mewn 20.0 kg o nwy ocsigen?

Ateb

Mae màs molar $= \frac{M_r}{1000} \text{kg mol}^{-1} = \frac{32.0}{1000} \text{kg mol}^{-1} = 0.0320 \text{ kg mol}^{-1}$

Felly, mae'r swm mewn molau, $n = \frac{\text{màs y nwy}}{\text{màs molar}} = \frac{20.0 \text{ kg}}{0.0320 \text{ kg mol}^{-1}} = 625 \text{ mol}$

ac mae nifer y moleciwlau, $N = nN_A = 625 \text{ mol} \times 6.02 \times 10^{23} \text{ mol}^{-1} = 3.76 \times 10^{26}$

Termau allweddol

Y **mol** yw'r uned SI ar gyfer *swm y sylwedd*. Dyma'r swm sy'n cynnwys yr un nifer o ronynnau (e.e. moleciwlau) ag sydd o atomau mewn 12 g o carbon-12.

Y **cysonyn Avogadro**, N_A, yw nifer y gronynnau fesul mol.

$N_A = 6.02 \times 10^{23} \text{ mol}^{-1}$

Cofiwch

Nid gwerth mympwyol yw N_A, ond mae wedi'i ddewis er mwyn rhoi'r hafaliad syml

$$M = \frac{M_r}{1000} \text{ kg mol}^{-1}$$

Gwella gradd

Ceisiwch gofio beth yw arwyddocâd n, N, M ac M_r: maen nhw'n codi'n weddol aml.

Cofiwch

Cofiwch, mae

$$n = \frac{\text{cyfanswm y màs}}{\text{màs molar}}$$

cwestiwn cyflym

① Cyfrifwch fàs moleciwl o ocsigen mewn kg. (M_r = 32.0).

cwestiwn cyflym

② Beth yw màs 1.00×10^{25} o foleciwlau heliwm? (M_r = 4.00)

Term allweddol

Gwasgedd = $\frac{\text{maint y grym normal}}{\text{yr arwynebedd mae'n gweithredu arno}}$

UNED: N m^{-2} = pascal (Pa)

Cofiwch

Y kelvin (K) yw'r uned SI ar gyfer tymheredd. Sylwch ar y 'K' plaen, o gymharu â °C ar gyfer graddau celsius.

$T/\text{K} = \theta/°\text{C} + 273.15$

Term allweddol

Sero absoliwt, **0 K**, yw'r tymheredd lle mae egni'r gronynnau mewn corff mor isel ag y gall fod.

cwestiwn cyflym

③ Ar gyfer y sampl nwy yn y graffiau, cyfrifwch y gwasgedd ar 300 K pan fydd y cyfaint yn 0.090×10^{-3} m^3. (Defnyddiwch pV = cysonyn.)

cwestiwn cyflym

④ Mae'r llinell solid a'r llinell doredig yn Ffig. 3.3.2 ar gyfer yr un sampl o nwy. Beth yw tymheredd y nwy yn achos y llinell doredig?

3.3.2 Gwasgedd nwy mewn arbrawf

Mae nwy yn rhoi grym ar unrhyw arwyneb mae'n dod i gysylltiad ag ef – a hynny ar ongl sgwâr i'r arwyneb. Diffiniad y **gwasgedd** yw maint y grym hwnnw fesul uned arwynebedd arwyneb. Mae'n sgalar.

(a) Dibyniaeth ar gyfaint y cynhwysydd

Mae'n bosibl gwasgu sampl o nwy i mewn i gyfaint (llawer) llai. Po leiaf yw'r cyfaint, y mwyaf yw'r gwasgedd mae'r nwy yn ei roi. Yn fwy manwl, rydyn ni'n canfod y canlynol ...

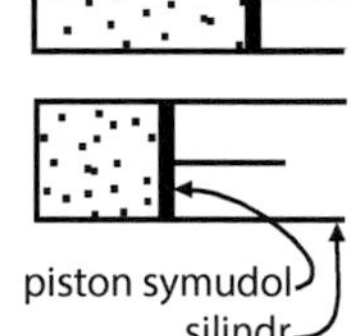

Ffig. 3.3.1 Gwasgu nwy

Deddf Boyle

Ar gyfer màs sefydlog o nwy ar dymheredd cyson, mae'r gwasgedd (p) mae'n ei roi mewn cyfrannedd gwrthdro â'r cyfaint (V) mae'n ei lenwi.

Mae hyn yn golygu bod p yn dyblu os ydyn ni'n haneru V; os ydyn ni'n treblu V, yna mae p yn lleihau yn ôl ffactor o 3, ac ati. (Gwiriwch y naill graff neu'r llall!) Mae hyn yn gywerth â

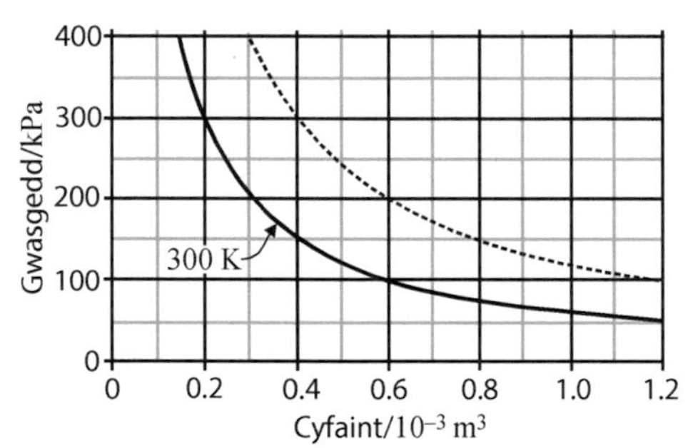

Ffig. 3.3.2 Deddf Boyle

$$pV = \text{cysonyn}$$

ar yr amod na fydd y tymheredd na swm y nwy yn newid.

Deddf arbrofol yw deddf Boyle. Mae'n gweithio'n eithaf da gyda nwyon ar ddwyseddau 'arferol', ond mae'n dod yn fwy a mwy cywir wrth i ddwysedd y nwy agosáu at sero (pan fydd gwahaniad cymedrig y moleciwlau wedi cynyddu). Dywedwn fod y nwy yn agosáu at ymddygiad **nwy delfrydol**.

(b) Dibyniaeth ar y tymheredd

Po uchaf yw'r tymheredd, y mwyaf yw gwerth pV ar gyfer sampl o nwy. Mewn gwirionedd, ar gyfer nwy delfrydol, mae *pV mewn cyfrannedd* â'r tymheredd, T, o'i fesur ar raddfa kelvin. Nid lwc yn unig yw hyn: gallwn ni *ddiffinio* T drwy ddweud ei fod mewn cyfrannedd â pV ar gyfer sampl o nwy (wrth i'w ddwysedd ddynesu at sero)!

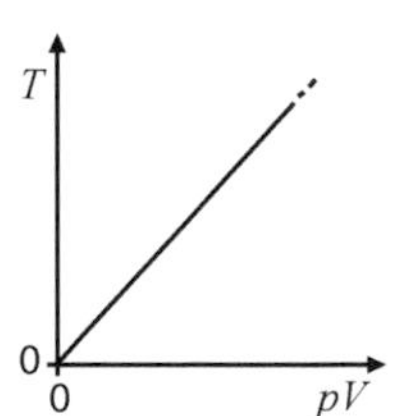

Ffig. 3.3.3 $pV \propto T$

O'i ddiffinio fel hyn, mae T yn **dymheredd absoliwt**: mae ei sero ar **sero absoliwt**, sef y tymheredd lle byddai $pV = 0$ ar gyfer nwy delfrydol. Dyma'r tymheredd isaf posibl, sef y tymheredd pan fydd gan ronynnau o fater yr egni hap lleiaf posibl.

Mae'r manylion ynghylch diffinio graddfa **kelvin** (sydd y tu hwnt i waith Safon Uwch!), yn awgrymu mai 273.2 K yw rhewbwynt dŵr ac mai 373.2 K yw berwbwynt dŵr (ar wasgedd o 101.3 kPa), a hynny i 4 ffigur ystyrlon.

Nawr, gallwn ni *ddiffinio* tymereddau mewn graddau Celsius fel hyn:

$$\theta/°\text{C} = T/\text{K} - 273.15, \quad \text{hynny yw, mae} \quad T/\text{K} = \theta/°\text{C} + 273.15.$$

(c) Dibyniaeth ar nifer y moleciwlau

Yn achos y gwerthoedd a roddir ar gyfer V a T, mae'r gwasgedd mewn cyfrannedd ag N, sef nifer y moleciwlau (neu, yn gywerth, mewn cyfrannedd ag n, sef nifer y molau).

(ch) Hafaliad nwy delfrydol

Mae (a), (b) ac (c) uchod i gyd wedi'u cynnwys yn yr **hafaliad nwy delfrydol** ...

$$pV = nRT \quad \text{neu, yn gywerth, mae} \quad pV = NkT$$

n yw swm y nwy mewn molau.	N yw nifer y moleciwlau.
R yw'r cysonyn nwy molar.	k yw cysonyn Boltzmann.
Mae $R = 8.31\,\text{J}\,\text{mol}^{-1}\,\text{K}^{-1}$.	Mae $k = 1.38 \times 10^{-23}\,\text{J}\,\text{K}^{-1}$

Mae $Nk = nR$ felly, mae $Nk = \frac{N}{N_A}R$ felly, mae $k = \frac{R}{N_A}$

Sylwch fod hafaliad nwy delfrydol yn cynnwys deddf Boyle: pan mae n (neu N) a T yn gyson, mae nRT (neu NkT) yn gyson, felly mae pV yn gyson.

Enghraifft

Mae teiar car yn cynnwys $0.0140\,\text{m}^3$ o nitrogen, ar wasgedd o 320 kPa a thymheredd o 290 K. Cyfrifwch nifer y moleciwlau nitrogen, a màs y nitrogen.

Ateb

$$N = \frac{pV}{kT} = \frac{320 \times 10^3 \times 0.014\,\text{J}}{1.38 \times 10^{-23}\,\text{J}\,\text{K}^{-1} \times 290\,\text{K}} = 1.12 \times 10^{24}$$

$$n = \frac{N}{N_A} = \frac{1.12 \times 10^{24}}{6.02 \times 10^{23}\,\text{mol}^{-1}} = 1.86\,\text{mol};$$

Mae màs molar nitrogen $= \frac{28.0}{1000}\,\text{kg mol}^{-1}$

Felly, mae màs nitrogen $= 1.86\,\text{mol} \times \frac{28.0}{1000}\,\text{kg mol}^{-1} = 0.052\,\text{kg}$

Cofiwch

Unedau pV yw $\text{N m}^{-2} \times \text{m}^3 = \text{Nm} = \text{J}$. Gwiriwch yr unedau a roddir ar gyfer R a k.

cwestiwn cyflym

⑤ Ar gyfer y samplau nwy sydd â'u graffiau p–V wedi'u plotio yn Ffig. 3.3.2, cyfrifwch y maint mewn molau, a nifer y moleciwlau.

cwestiwn cyflym

⑥ Cyfrifwch wasgedd y nwy yn y teiar yn yr enghraifft, os yw ei dymheredd yn codi i 300 K, a'i gyfaint yn codi i $0.0142\,\text{m}^3$. [Tybiwch nad oes unrhyw nwy yn dianc.]

Cofiwch

Dyma'r hafaliadau allweddol:

$pV = nRT$

$pV = NkT$

$k = \frac{R}{N_A}$

3.3.3 Damcaniaeth ginetig nwy delfrydol

Mae nwy yn cynnwys gronynnau (o'r enw moleciwlau), sy'n symud yn gyflym ac ar hap mewn gofod sydd fel arall yn wag. Mae'r moleciwlau'n gwrthdaro'n barhaus yn erbyn ei gilydd ac yn erbyn waliau'r cynhwysydd. Rydyn ni'n tybio bod y canlynol yn wir:

- Mae gwrthdrawiadau rhwng moleciwlau yn rhai elastig (ar gyfartaledd, o leiaf).
- Mae'r moleciwlau eu hunain yn llenwi ffracsiwn dibwys o gyfaint y cynhwysydd.
- Mae'r moleciwlau'n rhoi grymoedd dibwys ar ei gilydd, ac maen nhw'n symud mewn llinellau syth, heblaw pan fyddan nhw'n gwrthdaro.

Mae'r ddwy dybiaeth olaf yn dod yn fwy realistig wrth i ddwysedd y nwy fynd yn llai – hynny yw, wrth i'r nwy agosáu at fod yn nwy delfrydol.

Allwn ni ddim gweld moleciwlau unigol yn symud mewn nwy, hyd yn oed wrth ddefnyddio microsgop arbennig, ond mae'r ddamcaniaeth yn llwyddo oherwydd yr hyn mae'n gallu ei esbonio. Dechreuwch drwy feddwl sut gall nwy gael ei wasgu i gyfaint llai: yn ôl y ddamcaniaeth ginetig, yn syml, rydyn ni'n lleihau'r gofod gwag rhwng moleciwlau!

Er na allwn ni weld y moleciwlau unigol yn symud, drwy ddefnyddio microsgop gallwn ni weld 'mudiant Brown' arafach y gronynnau mwy yn cael eu taro gan y moleciwlau nwy.

Gwiriwch fod yr unedau yr un peth ar ddwy ochr yr hafaliad:

$p = \frac{1}{3}\rho\overline{c^2} = \frac{1}{3}\frac{N}{V}m\overline{c^2}$

Gwella gradd

Gwnewch yn siŵr eich bod chi'n gwybod beth yw ystyr m ac N yn yr hafaliad $pV = \frac{1}{3}Nm\overline{c^2}$.

(a) Damcaniaeth ginetig gwasgedd nwy

Mae gwasgedd nwy yn cael ei achosi gan foleciwlau sy'n peledu (*bombard*) waliau'r cynhwysydd ar hap. Oherwydd bod hyn yn digwydd ar hap, bydd y gwasgedd yr un peth ar unrhyw ran o wal y cynhwysydd, a chaiff ei roi gan

$$\text{gwasgedd} = \frac{\text{maint y grym normal cymedrig ar y wal}}{\text{arwynebedd y wal mae'r grym yn gweithredu arno}}$$

Mae'r grym oherwydd y trawiadau ar hap yn hafal ac yn ddirgroes i gyfradd newid gymedrig momenta'r moleciwlau wrth iddyn nhw daro yn erbyn y wal a bownsio'n ôl. Yma, rydyn ni'n defnyddio ail a thrydedd ddeddf Newton. Os ydyn ni'n cyfrifo'r canlyniadau'n fathemategol, mae hyn yn arwain at yr hafaliad canlynol:

$$pV = \frac{1}{3}Nm\overline{c^2} \quad \text{neu ei ffurf arall,} \quad p = \frac{1}{3}\rho\overline{c^2}.$$

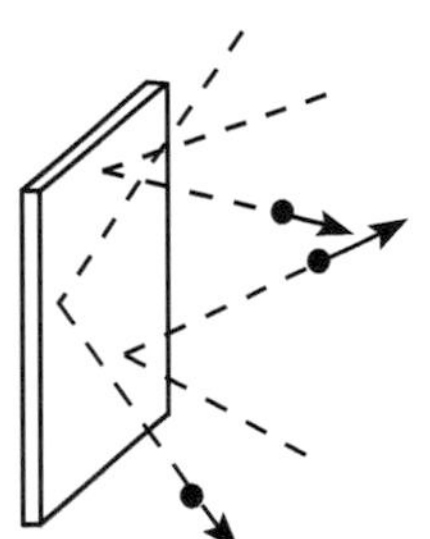

Ffig. 3.3.4 Wal yn cael ei tharo gan foleciwlau

Yn yr hafaliadau hyn, p yw gwasgedd y nwy a V yw cyfaint y cynhwysydd.

N yw nifer y moleciwlau yn y cynhwysydd.

m yw màs un moleciwl.

ρ yw dwysedd y nwy. Gan mai Nm yw cyfanswm màs yr holl foleciwlau yng nghyfaint V, yna mae $\rho = Nm/V$, sef ffurf arall ar hafaliad y ddamcaniaeth ginetig.

$\overline{c^2}$ (neu c_{isc}) yw **buanedd sgwâr cymedrig** y moleciwlau, sy'n cael ei ddiffinio fel hyn:

$$\overline{c^2} = \frac{c_1^2 + c_2^2 \ldots\ldots + c_N^2}{N}$$

lle c_1, c_2 ...... c_N yw buaneddau'r moleciwlau unigol.

Bydd ystod eang o fuaneddau, gan y bydd rhai moleciwlau wedi ennill buanedd uchel iawn mewn gwrthdrawiadau 'lwcus', ac eraill wedi ennill buanedd llawer is.

Rydyn ni'n diffinio **buanedd isradd sgwâr cymedrig (isc)**, c_{isc}, drwy

$$c_{\text{isc}} = \sqrt{\overline{c^2}} = \sqrt{\frac{{c_1}^2 + {c_2}^2 \ldots\ldots + {c_N}^2}{N}}$$

Mae c_{isc} yn arwyddocaol oherwydd pe bai gan bob moleciwl yr un buanedd hwn, byddai gwasgedd y nwy yr un peth ag ar gyfer y buaneddau gwirioneddol (c_1, ... c_N).

Enghraifft

Cyfrifwch c_{isc} ar gyfer 3 moleciwl sydd â'r buaneddau canlynol: $357\,\text{m s}^{-1}$, $401\,\text{m s}^{-1}$ a $532\,\text{m s}^{-1}$.

Ateb

$$\overline{c^2} = \frac{357^2 + 401^2 + 532^2}{3} = 1.90 \times 10^5\ \text{m}^2\,\text{s}^{-2}; \quad c_{\text{isc}} = \sqrt{\overline{c^2}} = 436\ \text{m s}^{-1}.$$

(b) Darganfod buanedd isc moleciwlau

Mae'r hafaliad $p = \frac{1}{3}\rho\overline{c^2}$ yn gadael i ni ddarganfod buanedd isc y moleciwlau – er na allwn ni eu gweld – mewn meintiau cyffredin sy'n hawdd eu mesur.

Enghraifft

Ar dymheredd ystafell a gwasgedd o 101 kPa, mae gan $1.00 \times 10^{-3}\ \text{m}^{-3}$ o nitrogen fàs o 1.17×10^{-3} kg. Darganfyddwch c_{isc}.

Ateb

$$\rho = \frac{\text{màs}}{\text{cyfaint}} = \frac{1.17 \times 10^{-3}\ \text{kg}}{1.00 \times 10^{-3}\ \text{m}^3} = 1.17\ \text{kg m}^{-3}$$

$$c_{\text{isc}} = \sqrt{\overline{c^2}} = \sqrt{\frac{3p}{\rho}} = \sqrt{\frac{3 \times 101 \times 10^3\,\text{N m}^{-2}}{1.17\ \text{kg m}^{-3}}} = 509\,\text{m s}^{-1}$$

3.3.4 Egni cinetig cymedrig moleciwlau

Mae gennyn ni hafaliadau ar gyfer pV yn nhermau meintiau moleciwlaidd, ac yn nhermau tymheredd:

$$pV = \tfrac{1}{3}Nm\overline{c^2} \quad \text{a} \quad pV = NkT.$$

Gan hafalu'r ddau fynegiad ar yr ochr dde ar gyfer pV, mae ...

$$\tfrac{1}{3}Nm\overline{c^2} = NkT \quad \text{felly mae} \quad \tfrac{1}{3}m\overline{c^2} = kT$$

felly, yn olaf, mae $\frac{1}{2}m\overline{c^2} = \frac{3}{2}kT$

$\frac{1}{2}m\overline{c^2}$ yw egni cinetig *trawsfudol* cymedrig moleciwl o nwy, hynny yw, EC symud o amgylch (yn hytrach nag EC cylchdroi, sydd hefyd gan rai moleciwlau). Fel y gwelwn, mae hwn mewn cyfrannedd â T. Felly mae *tymheredd kelvin yn fesur o EC trawsfudol cymedrig moleciwl nwy.*

» Cofiwch

Mae c_{isc} yn fwy na'r buanedd cymedrig, $\bar{c}$ (heblaw bod gan yr holl foleciwlau yr un buanedd!).

cwestiwn cyflym

⑦ Cyfrifwch c_{isc} ar gyfer dau foleciwl sydd â'r buaneddau canlynol: $200\ \text{m s}^{-1}$, $400\ \text{m s}^{-1}$.

Gwella gradd

Er mwyn darganfod c_{isc}, fel arfer mae'n haws defnyddio

$p = \frac{1}{3}\rho\overline{c^2}$ na $pV = \frac{1}{3}Nm\overline{c^2}$.

Weithiau (fel yn rhan (b) yr enghraifft gyntaf yn 3.3.4), fydd y data ddim gennych chi i ddefnyddio'r naill na'r llall. Ond yn yr enghraifft honno, o leiaf, roedd rhan (a) yn rhoi awgrym i chi!

Gwella gradd

Gwnewch yn siŵr eich bod chi'n gallu deillio

$\frac{1}{2}m\overline{c^2} = \frac{3}{2}kT$.

Mae hefyd yn werth dysgu hwn ar eich cof er mwyn gallu'i ddefnyddio yn gyflym.

cwestiwn cyflym

⑧ Mae silindr, cyfaint $0.025\ \text{m}^3$, yn cynnwys 6.1 mol o ocsigen ($M_r = 32.0$) ar wasgedd o 600 kPa. Cyfrifwch y canlynol:

a) màs y nwy
b) y dwysedd
c) buanedd isc y moleciwlau
ch) y tymheredd
d) EC trawsfudol cymedrig y moleciwlau.

cwestiwn cyflym

⑨ Darganfyddwch fuanedd isc moleciwlau ocsigen yn yr aer pan fydd buanedd isc y moleciwlau nitrogen yn 500 m s^{-1}.

Enghraifft

Cyfrifwch (a) egni cinetig trawsfudol cymedrig a (b) buanedd isc moleciwl nitrogen (M_r = 28.0), ar 300 K.

Ateb

(a) $\frac{1}{2}m\overline{c^2} = \frac{3}{2}kT = \frac{3}{2} \times 1.38 \times 10^{-23}\,\text{J}\,\text{K}^{-1} \times 300\,\text{K} = 6.21 \times 10^{-21}\,\text{J}$

(b) $m = \dfrac{\text{màs molar}}{N_A} = \dfrac{0.028\ \text{kg mol}^{-1}}{6.02 \times 10^{23}\ \text{mol}^{-1}} = 4.65 \times 10^{-26}\ \text{kg}$

Ond mae $\frac{1}{2}m\overline{c^2} = 6.21 \times 10^{-21}\,\text{J}$ felly mae $\overline{c^2} = \dfrac{2 \times 6.21 \times 10^{-21}\ \text{J}}{4.65 \times 10^{-26}\ \text{kg}}$

Ac mae $c_{\text{isc}} = \sqrt{\overline{c^2}} = \sqrt{\dfrac{2 \times 6.21 \times 10^{-21}\ \text{J}}{4.65 \times 10^{-26}\ \text{Kg}}} = 517\ \text{m s}^{-1}$

Moleciwlau nwyon gwahanol ar yr un tymheredd

Yn ôl yr hafaliad, $\frac{1}{2}m\overline{c^2} = \frac{3}{2}kT$, ar yr un tymheredd mae gan bob moleciwl nwy yr un egni cinetig trawsfudol cymedrig. Mae hyn yn awgrymu bod gan foleciwlau sydd â màs mwy fuaneddau isc llai, ar yr un tymheredd.

Enghraifft

Dangoswch fod buanedd isc y moleciwlau hydrogen, mewn cymysgedd o nwy hydrogen a nwy ocsigen, bron bedair gwaith buanedd isc y moleciwlau ocsigen.
(M_r: hydrogen (H_2): 2.02, ocsigen (O_2): 32.0.)

Ateb

Gallwn ni dybio bydd y cydrannau mewn cymysgedd o nwyon mewn ecwilibriwm thermol (Adran 3.4.3 (b)) ac y byddan nhw ar yr un tymheredd.

Felly, mae $\frac{1}{2}m_{\text{H2}}\overline{c_{\text{H2}}^{\,2}} = \frac{1}{2}m_{\text{O2}}\overline{c_{\text{O2}}^{\,2}}$

Drwy hynny, mae $\dfrac{\overline{c_{\text{H2}}^{\,2}}}{\overline{c_{\text{O2}}^{\,2}}} = \dfrac{m_{\text{O2}}}{m_{\text{H2}}} = \dfrac{32.0}{2.02}$ felly mae $\dfrac{c_{\text{isc H2}}}{c_{\text{isc O2}}} = \sqrt{\dfrac{\overline{c_{\text{H2}}^{\,2}}}{\overline{c_{\text{O2}}^{\,2}}}} = \sqrt{\dfrac{32.0}{2.02}}$

$= 3.98$

Ond gwnewch yn siŵr nad oes unrhyw wreichion!

ychwanegol

1. Dangoswch fod hafaliad nwy delfrydol yn awgrymu bod cyfeintiau cyfartal o nwyon, ar yr un tymheredd a'r un gwasgedd, yn cynnwys nifer cyfartal o foleciwlau (hyd yn oed os ydyn nhw'n nwyon gwahanol). (Yr enw ar hyn yw *deddf Avogadro*.)
2. (a) Tybiwch fod moleciwl nwy, màs m, yn taro wal cynhwysydd y nwy â chydran cyflymder o u yn normal i'r wal, a'i fod yn bownsio oddi ar y wal â chydran cyflymder normal o $-u$. Defnyddiwch ail a thrydedd ddeddf Newton i ddangos yn glir mai $2fmu$ yw'r grym normal cymedrig ar arwynebedd o'r wal, A, os oes f o drawiadau tebyg yn erbyn yr un arwynebedd o'r wal fesul uned amser. [Os ydyn ni'n datblygu'r ddadl hon ymhellach – rhywbeth sydd y tu hwnt i waith Safon Uwch – bydd yn rhoi i ni $p = \frac{1}{3}\rho\overline{c^2}$.]
   (b) Awgrymwch *ddau* reswm, yn seiliedig ar (a), pam mae nwy yn rhoi mwy o wasgedd ar waliau ei gynhwysydd os yw buanedd cymedrig y moleciwlau yn codi. Awgrym: peidiwch ag anghofio am f.
3. Mae 0.050 mol o nwy heliwm wedi'i ddal mewn silindr, sy'n cynnwys piston sy'n atal unrhyw nwy rhag dianc. Mae'r piston yn symud tuag allan yn araf, gan arwain at yr amrywiad gwasgedd sydd i'w weld yn Ffig. 3.3.5.

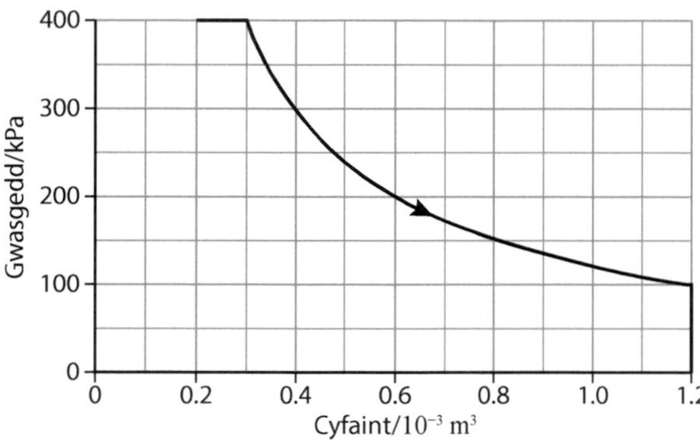

Ffig. 3.3.5 Graff p–V

   (a) Gwiriwch nad yw tymheredd y nwy yn newid, a chyfrifwch y tymheredd hwn.
   (b) Cyfrifwch egni (trawsfudol) cymedrig moleciwl o'r nwy.
   (c) Cyfrifwch fuanedd isc y moleciwlau (M_r heliwm = 4.00).
4. (a) Ar un ennyd, mewn silindr o nwy heliwm, mae gan dri o'r moleciwlau fuanedd o $950\ \text{m s}^{-1}$, $1300\ \text{m s}^{-1}$ a $1650\ \text{m s}^{-1}$. Cyfrifwch fuanedd isc y grŵp hwn o foleciwlau ar yr ennyd hwnnw.
   (b) Esboniwch pam mae buanedd moleciwl nwy yn newid yn aml.
   (c) $5.0 \times 10^{-3}\ \text{m}^3$ yw cyfaint y silindr, ac mae'n cynnwys 8.0×10^{-3} kg o nwy heliwm ar wasgedd o 900 kPa. Cyfrifwch y canlynol:
      (i) nifer y moleciwlau heliwm (M_r = 4.00) yn y silindr
      (ii) buanedd isc yr holl foleciwlau yn y silindr
      (iii) buanedd isc yr holl foleciwlau pe bai'r tymheredd kelvin yn dyblu.

3.4 Ffiseg thermol

Termau allweddol

Egni mewnol, U, system yw swm egnïon cinetig ei gronynnau (mewn perthynas â'i chraidd màs), ac egnïon potensial y rhyngweithiadau rhyngddyn nhw.

Newid isothermol yw newid sy'n digwydd ar dymheredd cyson.

Byddwn ni'n ymdrin yn bennaf â thermodynameg – gan astudio egni mewnol system, a throsglwyddiadau egni, ar ffurf gwaith a gwres, i mewn i'r system ac allan ohoni. Mae deddfau thermodynameg yn berthnasol i lawer o systemau, gan amrywio o fandiau rwber i'r sêr. Y system fwyaf poblogaidd ar lefel U2 yw sampl o nwy delfrydol.

3.4.1 Egni mewnol

Caiff hwn ei ddiffinio yn y **Termau allweddol**. Dyma un enghraifft arwyddocaol ohono.

Egni mewnol nwy monatomig delfrydol

Mae gan nwy delfrydol rymoedd dibwys rhwng ei foleciwlau, heblaw am y cyfnod yn ystod gwrthdrawiadau, felly gallwn ni dybio bod egni potensial rhyngweithiadau yn sero.

Felly, mae U = swm egnïon cinetig N o foleciwlau
= N × egni cinetig cymedrig moleciwl = $N \times \frac{1}{2}m\overline{c^2}$

Ond (gweler Adran 3.3.4) mae $\frac{1}{2}m\overline{c^2} = \frac{3}{2}kT$

Felly mae $U = \frac{3}{2}NkT$ neu, gan fod $N = nN_A$ a bod $k = \frac{R}{N_A}$, mae $U = \frac{3}{2}nRT$

Mae'r hafaliad hwn yn berthnasol i nwyon monatomig fel heliwm, gan mai egni cinetig trawsfudol yn unig sydd gan eu moleciwlau.

Ar gyfer nwyon eraill, rhaid rhoi ffactor mwy yn lle'r $\frac{3}{2}$, ond ar gyfer *pob* nwy sy'n ymddwyn yn ddelfrydol, mae U yn dibynnu ar T yn unig.

cwestiwn cyflym

① Yn Ffig. 3.4.1 (b):

a) awgrymwch sut mae'n bosibl achosi'r newid AB.
b) cyfrifwch y newid yn yr egni mewnol dros AB.

cwestiwn cyflym

② Nodwch ΔU ar gyfer EF yn Ffig. 3.4.1 (b).

3.4.2 Diagramau *p–V* ar gyfer nwy

Byddwn ni'n astudio *newidiadau* i system sy'n cynnwys nwy mewn silindr, gyda phiston sy'n gallu cael ei symud neu ei ddal yn llonydd. Gall y tymheredd gael ei newid. Mae'r diagram *p–V* yn dangos tri math o newid...

- AB: *newid ar gyfaint cyson*: caiff y piston ei ddal mewn un lle; rhaid i T gynyddu, er mwyn i p gynyddu.
- CD: *newid ar wasgedd cyson*: mae'r piston yn symud allan yn erbyn grym gwrthwynebol cyson; rhaid i T gynyddu er mwyn i V gynyddu.
- EF: *newid ar dymheredd cyson (sy'n cael ei alw yn newid* ***isothermol****).* Gwiriwch fod pV yn gyson!

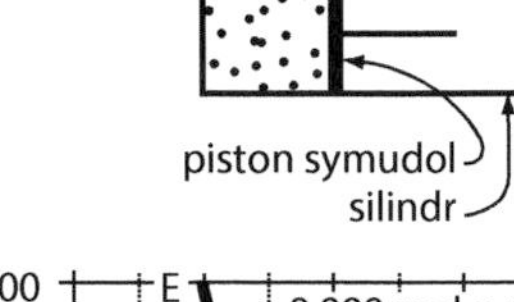

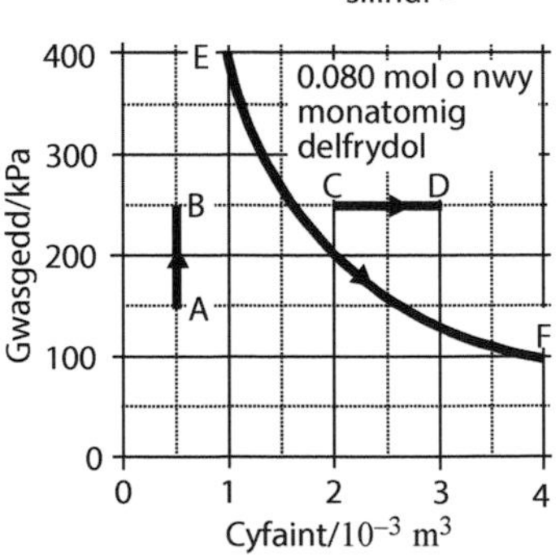

Fig. 3.4.1 (a) Nwy mewn silindr (b) diagram *p–V*

Enghraifft

Cyfrifwch y newid yn yr egni mewnol ar gyfer yr ehangiad CD yn Ffig. 3.4.1.

Ateb

mae $T_D = \frac{p_D V_D}{nR} = \frac{250 \times 10^3 \text{N m}^{-2} \times 3.00 \times 10^{-3} \text{m}^3}{0.080 \text{ mol} \times 8.31 \text{ J mol}^{-1} \text{K}^{-1}} = 1130 \text{K}$; yn yr un modd,

mae $T_C = 750 \text{K}$

Felly, mae $\Delta U = U_D - U_C = \frac{3}{2}nR(T_D - T_C) = 380 \text{J}$ (gweler **Cofiwch**)

3.4.3 Llif egni i mewn i system ac allan ohoni

Rydyn ni'n dosbarthu'r llif hwn yn ddau fath yn unig: *gwres* a *gwaith*.

(a) Gwaith

Mae system yn gwneud gwaith $F \Delta x$ pan fydd yn rhoi grym F sy'n symud pellter Δx i'r un cyfeiriad â'r grym. Hynny yw ...

Mae'r gwaith gaiff ei wneud gan y system, $W = F \Delta x$.

Y system mae gennyn ni ddiddordeb ynddi yw nwy ar wasgedd p mewn silindr. Yn Ffig. 3.4.2, os oes gan y piston arwynebedd A, a'i fod yn symud tuag allan i ehangu'r nwy o gyfaint *bach*, ΔV, yna mae $F = pA$ ac mae $\Delta V = A \Delta x$.

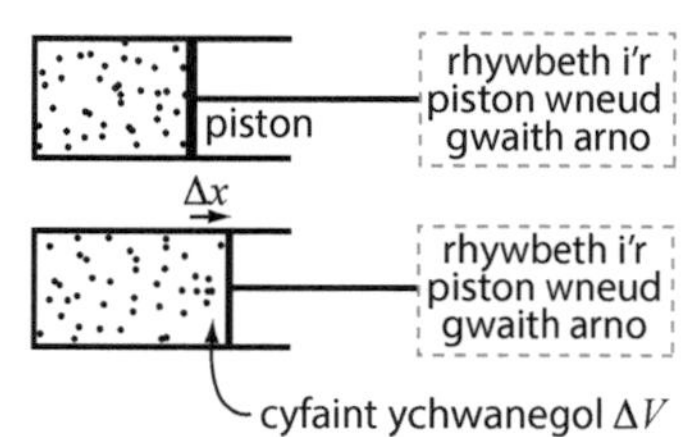

Ffig. 3.4.2 Nwy yn ehangu

Felly...

Mae'r gwaith sy'n cael ei wneud gan y nwy, $W = F \Delta x = p \Delta V$.

Mewn ehangiad *mawr*, gall p newid llawer. Felly mae'n rhaid i ni adio'r holl ddarnau o waith, $p\Delta V$ – hynny yw, arwynebedd yr holl stribedi cul o dan y graff p–V (Ffig. 3.4.3) – o'r cyfaint cychwynnol, V_1, i'r cyfaint terfynol, V_2. Felly...

Mae'r gwaith sy'n cael ei wneud gan y nwy, W = yr arwynebedd o dan y graff p–V.

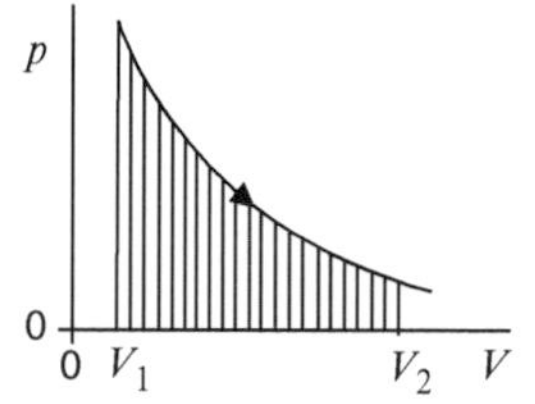

Ffig. 3.4.3 Ehangiad 'mawr'

Enghreifftiau

Yn Ffig. 3.4.4, cyfrifwch y gwaith sy'n cael ei wneud gan y nwy yn ystod y newidiadau AB, CD ac EF (gafodd eu trafod yn Adran 3.4.2).

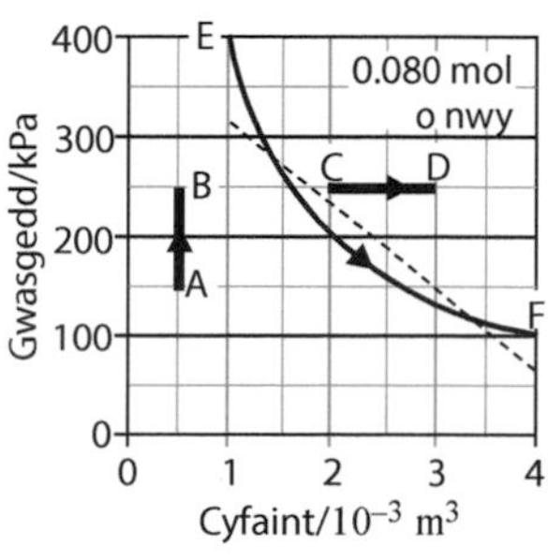

Ffig. 3.4.4 Newidiadau p, V

Atebion

- AB: Mae $\Delta V = 0$ felly mae $W = 0$. Hawdd!
- CD: Gan fod y gwasgedd yn gyson, mae
  $W = p \Delta V$
  $= 250 \times 10^3 \text{N m}^{-2} \times (3.0 - 2.0) \times 10^{-3} \text{ m}^3$
  $= 250 \text{J}$ (mae'r nwy yn gwneud gwaith)

Cofiwch

Ffordd fwy taclus o wneud yr enghraifft hon (a Chwestiwn cyflym 1) yw drwy ysgrifennu $U = \frac{3}{2}nRT$ yn y ffurf $U = \frac{3}{2}pV$. Mae hyn yn eich arbed rhag gorfod cyfrifo T.

Cofiwch

Ar gyfer *pob* newid, mae'r gwaith sy'n cael ei wneud = yr arwynebedd o dan y graff *p*–*V*.

Cofiwch

Os yw cyfaint y nwy yn cyfangu (fel bod tuedd y llinell ar y graff p–V yn mynd o'r dde i'r chwith), mae gwaith yn cael ei wneud ar y nwy, felly mae W yn negatif.

Gwella gradd

Os oes rhywun yn gofyn i chi ddarganfod y gwaith sy'n cael ei wneud yn ystod newid, rhaid i chi nodi a yw'n cael ei wneud *ar* y nwy, neu *gan* y nwy.

cwestiwn cyflym

③ Cyfrifwch y gwaith sy'n cael ei wneud yn yr achosion canlynol:

a) pan fydd cyfaint nwy yn cyfangu o 0.50×10^{-3} m^3 i 0.35×10^{-3} m^3 ar p cyson o 70×10^3 Pa.

b) pan fydd y nwy yn Ffig. 3.4.4 yn ehangu ar hyd EF, o 1.0×10^{-3} m^3, ond dim ond i 3.0×10^{-3} m^3.

Term allweddol

Gwres yw egni sy'n symud o ardal o dymheredd uwch i ardal o dymheredd is, o ganlyniad i'r gwahaniaeth tymheredd.

Gwella gradd

Peidiwch â drysu rhwng *gwres* a *thymheredd*! Byddai hyn yr un peth â drysu rhwng gwefr drydanol a photensial trydanol.

Gwella gradd

Nid yw systemau yn *storio* gwres nac yn *meddu ar* wres. Maen nhw'n meddu ar *egni mewnol*. Egni *sy'n symud* yw gwres, yn union fel gwaith.

cwestiwn cyflym

④ Mae 0.050 mol o nwy monatomig delfrydol yn ehangu ar wasgedd cyson o 100 kPa. Mae'n ehangu o gyfaint o 1.25×10^{-3} m^3 i 1.50×10^{-3} m^3. Cyfrifwch y canlynol:

a) y newid yn y tymheredd

b) y newid yn yr egni mewnol

c) y gwaith sy'n cael ei wneud

ch) llif y gwres.

- EF: Mae angen i ni ddarganfod yr arwynebedd o dan y gromlin EF. Un dull yw drwy lunio llinell syth (y llinell doredig) *â llygad*, fel bod yr arwynebedd oddi tani yn hafal i'r arwynebedd o dan y gromlin. Arwynebedd siâp triongl sy'n eistedd ar betryal yw'r arwynebedd o dan y llinell doredig.

  arwynebedd $= \frac{1}{2}$ sail y triongl × uchder y triongl + sail y petryal × uchder y petryal $= \frac{1}{2}(4.0 - 1.0) \times 10^{-3} \times (310 - 60) \times 10^3$ J $+ (4.0 - 1.0) \times 10^{-3} \times 60 \times 10^3$ J

  $= 375$ J + 180 J. Felly mae'r gwaith sy'n cael ei wneud gan y nwy dros EF = 560 J (2 ff.y.)

(b) Gwres

Caiff *gwres* ei ddiffinio yn y **Termau allweddol**. Mae'r diffiniad yn berthnasol i drosglwyddo egni drwy ddargludiad, darfudiad a phelydriad. Byddwn ni'n trafod dargludiad yn bennaf (drwy waliau cynwysyddion).

Mae Ffig. 3.4.5 yn cymharu llif gwres oherwydd gwahaniaeth tymheredd â llif *gwefr* oherwydd gwahaniaeth potensial.

Mae'n cymryd amser i swm penodol o wres lifo (ond po fwyaf yw graddiant y tymheredd, $(T_1 - T_2)/L$, y mwyaf yw cyfradd y llif).

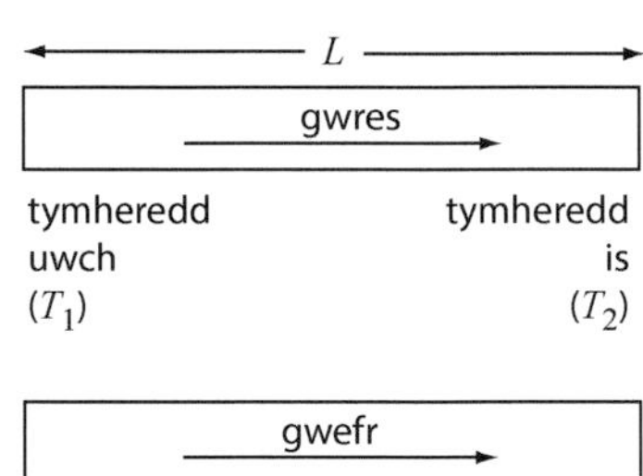

Ffig. 3.4.5 Llif gwres a gwefr

Pan fydd dau gorff neu ddau ranbarth (sydd heb eu hynysu'n thermol rhag ei gilydd) mewn **ecwilibriwm thermol** – hynny yw, nid oes llifoedd gwres net rhyngddyn nhw – rhaid eu bod nhw ar yr un tymheredd.

Ar gyfer *system* sydd ar dymheredd is na'i hamgylchedd, bydd egni yn llifo i mewn drwy ffiniau'r system. *Gwres*, Q, yw'r llif egni hwn. Er enghraifft, bydd gwres yn mynd i mewn i nwy oer drwy waliau'r cynhwysydd os ydyn ni'n rhoi fflam o dan y cynhwysydd! Ar y llaw arall, bydd gwres yn *gadael* y system os yw ei hamgylchedd yn oerach.

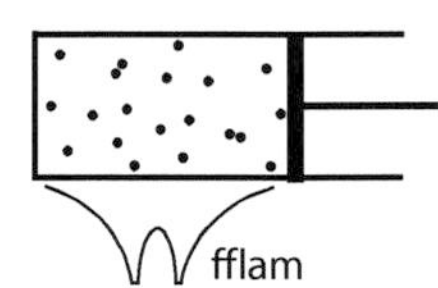

Ffig. 3.4.6 Mewnbwn gwres ($Q > 0$)

3.4.4 Deddf gyntaf thermodynameg

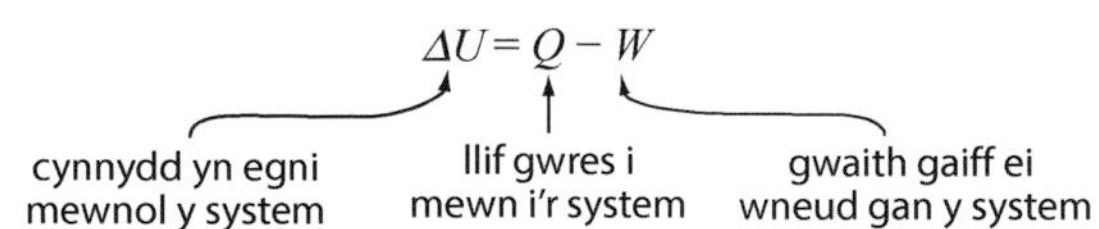

- Mae hwn yn enghraifft o egwyddor cadwraeth egni.
- Newid yn un o briodweddau y system yw ΔU: egni mewnol, U. *Nid* yw Q nac W yn briodweddau'r system, nac yn newid ym mhriodweddau'r system. Egni *sy'n symud* rhwng y system a'r byd y tu allan yw'r ddau.
- Os yw gwres yn llifo *allan* o'r system, mae Q yn negatif. Os caiff gwaith ei wneud *ar* y system, mae W yn negatif.

Enghraifft

Yn ystod proses, mae 600 J o waith yn cael ei wneud ar system, ac mae egni mewnol y system yn disgyn 900 J. Cyfrifwch lif y gwres.

Ateb

Mae $Q = \Delta U + W = (-900\ \text{J}) + (-600\ \text{J}) = -1500\ \text{J}$
Felly, mae 1500 J o wres yn llifo allan o'r system.

Dwy enghraifft o ddefnyddio deddf gyntaf thermodynameg

(a) Ehangiad cyflym nwy delfrydol

Mae newid *cyflym* yn arwyddocaol oherwydd nad oes amser i lawer o wres lifo. Mae $Q = 0$ (bron), felly, drwy ddefnyddio'r *ddeddf gyntaf*, mae: $\Delta U = -W$.

Gan fod y nwy yn gwneud gwaith, mae W yn bositif, felly mae U yn disgyn, a'r tymheredd yn ei sgil. Pan fydd aer wedi cael ei wasgu i mewn i chwistrell, gallwn ni ei deimlo'n oeri pan ydyn ni'n gadael i'r piston symud allan yn gyflym a gwneud gwaith yn erbyn ein llaw (nid dim ond ei ollwng yn rhydd).

Sylwch nad yw'r graff p–V (Ffig. 3.4.7) yn ufuddhau i pV = cysonyn. Gwiriwch hyn!

Mae *cywasgu* nwy yn gyflym yn gwneud i'r tymheredd *godi*. Mewn peiriant diesel, mae'r cynnydd yn y tymheredd oherwydd bod yr aer wedi cael ei gywasgu'n gyflym, yn ddigon i danio'r tanwydd gafodd ei chwistrellu (heb fod angen gwreichion).

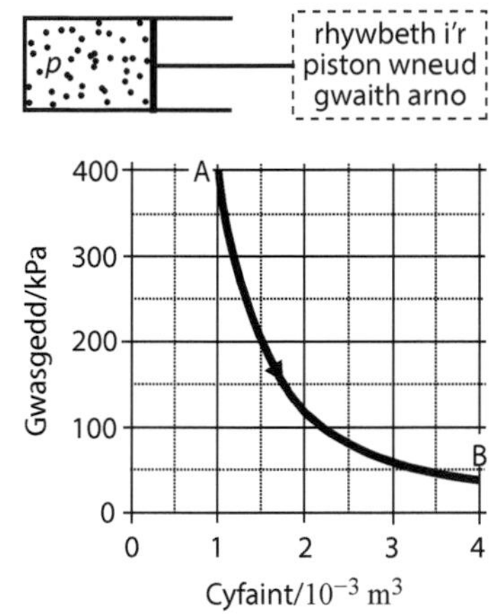

Ffig. 3.4.7 Ehangiad cyflym

(b) Ehangiad araf (isothermol) nwy delfrydol

Y tro hwn, *bydd* amser i wres lifo i mewn. (Mae'n help os yw waliau'r silindr yn dargludo gwres yn dda.) Ni fydd tymheredd y nwy yn gallu disgyn yn is nag ychydig islaw tymheredd ei amgylchedd. Felly, yn sylfaenol, mae'r ehangiad yn *isothermol*: tymheredd cyson. Felly ar gyfer nwy delfrydol, mae $\Delta U = 0$.
Gan ddefnyddio'r *ddeddf gyntaf*, mae:

$0 = Q - W$ hynny yw, mae $Q = W$.

- Yn yr achos hwn, nid yw'r gwres sy'n llifo i mewn i system yn gwneud y system yn boethach!
- Mae'r ehangiad isothermol yn newid gwres yn waith. Mewn egwyddor, gallwn ni ddefnyddio'r gwaith hwn i godi pwysau, cynhyrchu trydan, gyrru cerbyd, ac ati. Er mwyn i'r trosglwyddiad egni hwn beidio â bod yn drosglwyddiad sy'n digwydd unwaith yn unig, mae'n rhaid i ni gymryd y nwy drwy *gylchred* o newidiadau eto ac eto (gweler yr adran nesaf).

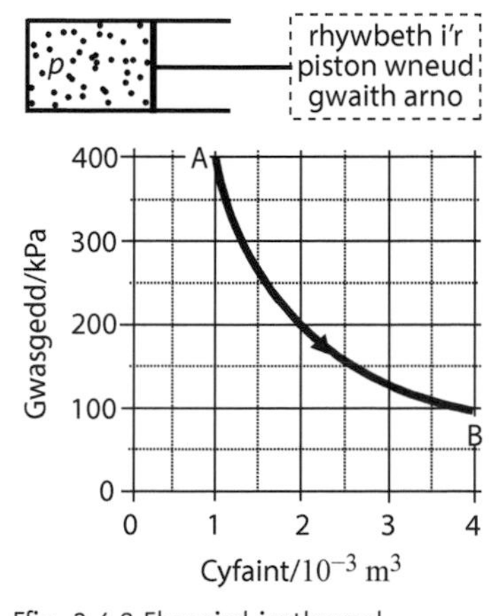

Ffig. 3.4.8 Ehangiad isothermol

cwestiwn cyflym

⑤ Mae'r cwestiwn hwn yn cyfeirio at Ffig. 3.4.7. Cyfrifwch y canlynol:

a) y tymheredd yn B, o wybod ei fod yn 300 K yn A.
b) y newid yn yr egni mewnol, gan dybio bod $U = \frac{3}{2}nRT$.
c) drwy hynny, y gwaith sy'n cael ei wneud gan y nwy o A i B.

cwestiwn cyflym

⑥ Defnyddiwch y dull 'arwynebedd' yn Adran 3.4.3 (a) i wirio eich ateb i Cwestiwn cyflym 5 (c).

cwestiwn cyflym

⑦ Yn fras, sut byddech chi'n defnyddio Ffig. 3.4.8 i ddarganfod llif y gwres i mewn i'r nwy yn yr achos isothermol?

Cofiwch

Mae mwy o wres yn cael ei gymryd i mewn nag sy'n cael ei ryddhau yn ystod cylchred glocwedd, ond *rhaid* bod *rhywfaint* o wres (yn ogystal â gwaith) yn cael ei ryddhau. (Dyma yn sylfaenol yw *ail* ddeddf thermodynameg.)

Cofiwch

Mewn cylchred wrthglocwedd, mae swm net o waith yn cael ei wneud ar y system, ac mae swm net o wres yn gadael.

cwestiwn cyflym

⑧ Mae'r cynnydd yn y tymheredd dros AB yn Ffig. 3.4.10 yn hafal i'r gostyngiad yn y tymheredd dros BC. Pam mae mwy o wres yn cael ei gymryd i mewn dros AB nag sy'n cael ei ryddhau dros BC?

Term allweddol

Cynhwysedd gwres sbesiffig sylwedd yw'r gwres sydd ei angen, fesul kg, fesul °C neu fesul K, i godi ei dymheredd.

UNED: J kg^{-1} K^{-1} neu J kg^{-1} °C^{-1}

3.4.5 Cylchredau newidiadau

Mae ABCDA yn Ffig. 3.4.9 yn cynrychioli cylchred glocwedd o newidiadau ar gyfer nwy, gydag eithafion y cyfaint yn A ac yn C.

- Yn ystod cylchred, mae'r nwy yn dychwelyd i'w p, V ac (felly) T gwreiddiol.

Felly, mae $\Delta U = 0$.

Mae'n dilyn, o'r ddeddf gyntaf, fod

$$0 = Q - W \quad \text{hynny yw, mae} \quad Q = W.$$

Felly, effaith y gylchred yw bod maint net, Q, o wres yn mynd i mewn i'r nwy, a bod maint net hafal o waith yn cael ei wneud gan y nwy.

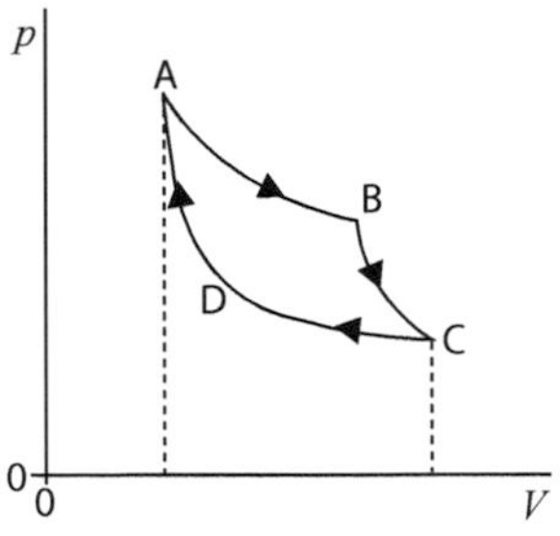

Ffig. 3.4.9 Cylchred

- Y gwaith net sy'n cael ei wneud gan y nwy yn ystod y gylchred ABCDA yw

W = y gwaith sy'n cael ei wneud *gan* y nwy yn ystod ABC – y gwaith sy'n cael ei wneud *ar* y nwy yn ystod CDA

= yr arwynebedd o dan ABC – yr arwynebedd o dan ADC

Felly, mae W = yr arwynebedd y tu mewn i 'ddolen' ABCDA.

Enghraifft

Cyfrifwch y gwres net sy'n cael ei gymryd i mewn yn ystod y gylchred 'sgwâr' sydd i'w gweld.

Ateb

Mae'r gwres net i mewn

= y gwaith net allan

= yr arwynebedd y tu mewn i'r ddolen

$= 2.0 \times 10^{-3} \times 200 \times 10^{3}\,\text{J} = 400\,\text{J}$

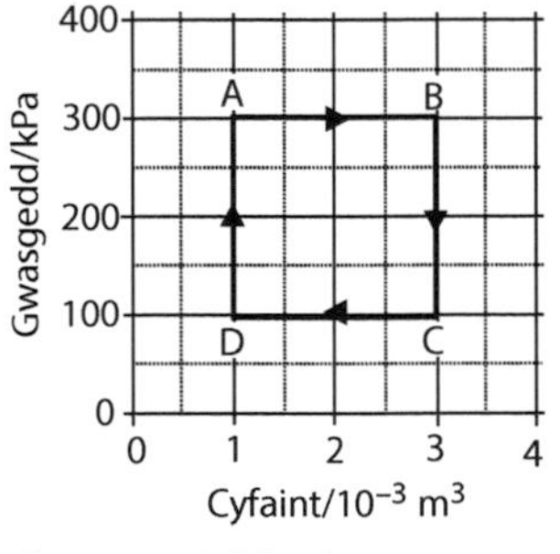

Ffig. 3.4.10 Cylchred sgwâr

(Rhwng popeth, mae 400 joule ychwanegol o wres yn cael eu cymryd i mewn ar hyd AB a DA nag sy'n cael eu rhyddhau i gyd ar hyd BC a CD.)

3.4.6 Solidau a hylifau

Ychydig iawn o newid sydd i gyfaint solidau a hylifau (o gymharu â nwyon), ac felly, fel arfer, mae'r gwaith, W, maen nhw'n ei wneud yn erbyn unrhyw wasgedd allanol yn ddibwys. Felly, yn syml, mae $\Delta U = Q - W$ yn dod yn

$$\Delta U = Q.$$

Mae'r mewnbwn gwres sydd ei angen i roi cynnydd tymheredd $\Delta\theta$ i fàs, m, o solid neu hylif (ar yr amod bod $\Delta\theta$ ddim yn rhy fawr) yn cael ei roi (gweler *Cofiwch*) gan

$$Q = mc\Delta\theta$$

lle mae c yn gysonyn ar gyfer y sylwedd dan sylw, sef **cynhwysedd gwres sbesiffig** (cgs) y sylwedd. UNED: J kg^{-1} °C^{-1} = J kg^{-1} K^{-1}

Enghraifft

Caiff 1.2 kg o ddŵr tap ar 15°C ei wresogi mewn tegell 3 kW am 60 eiliad. Coil o wifren yw'r 'elfen' wresogi, wedi'i amgylchynu gan ddefnydd sy'n dargludo gwres ond sy'n ynysydd trydanol, mewn cas metel.

(a) Trafodwch y trosglwyddiadau egni, yn nhermau *gwaith, gwres ac egni mewnol*, o'r amser pan gaiff y tegell ei droi ymlaen.

(b) Cyfrifwch werth ar gyfer tymheredd terfynol y dŵr, gan esbonio pam mae'r gwerth hwn yn debygol o fod yn rhy uchel. (cgs dŵr: 4180 J kg^{-1} °C^{-1}).

Ateb

(a) (a) Caiff mewnbwn yr egni trydanol i'r elfen wresogi ei ystyried yn fewnbwn *gwaith* i'r wifren. Mewn amser Δt, mae $W = -3000$ J s^{-1} × Δt.

Am y milieiliadau cyntaf ar ôl troi'r tegell ymlaen, mae'r wifren ar yr un tymheredd â'i hamgylchedd fwy neu lai, felly mae $Q = 0$ ac mae $\Delta U = -W$. Hynny yw, mae'r mewnbwn gwaith yn mynd tuag at gynyddu egni mewnol y wifren.

Yn fuan, bydd y wifren gryn dipyn yn boethach na'i hamgylchedd, ac mae gwres yn dechrau cael ei ddargludo oddi wrthi. Ar ôl amser byr iawn, mae'r wifren mor boeth nes bod gwres yn llifo allan ar yr un gyfradd ag mae gwaith trydanol yn cael ei wneud. Felly, nid yw'r wifren yn ennill egni mewnol bellach, a byddwn ni wedi cyrraedd 'cyflwr sefydlog' pan fydd $Q_{\text{gwifren}} = W = -3000$ J s^{-1} × Δt.

Yr allbwn gwres o'r wifren yw'r mewnbwn gwres i'r dŵr, felly, yn y cyflwr sefydlog, ar gyfer y dŵr, mae $\Delta U = Q_{\text{dŵr}} = +3000$ J s^{-1} × Δt. Mae hyn yn anwybyddu'r gwres sy'n mynd i mewn i ddefnydd y tegell ei hun, a'r gwres sy'n dianc i'r aer.

(b) Gan dybio bod yr holl fewnbwn egni yn mynd i'r dŵr ar ffurf gwres, mae

$$\Delta\theta = \frac{Q}{mc} = \frac{3000\ \text{W} \times 60\ \text{s}}{1.2\ \text{kg} \times 4180\ \text{J kg}^{-1}\ {}^\circ\text{C}^{-1}} = 36\ {}^\circ\text{C}$$

Felly, mae tymheredd terfynol y dŵr = 15 °C + 36 °C = 51 °C

Mewn gwirionedd, bydd y tymheredd terfynol ychydig yn is na hyn, yn bennaf oherwydd y canlynol:

- Bydd rhywfaint o egni yn mynd tuag at godi tymheredd elfen wresogi'r tegell a'r tegell ei hun.
- Bydd rhywfaint o wres yn dianc o waliau'r tegell i'r aer o'i amgylch.

» *Cofiwch*

Fel arfer, rydyn ni'n defnyddio'r tymheredd Celsius, θ, wrth drafod solidau a hylifau. Mewn gwirionedd, mae'r K a'r °C yr un maint, felly mae $\Delta\theta = \Delta T$ (er bod $\theta/{}^\circ\text{C} = T/K - 273.2$). Felly, gallen ni ysgrifennu hefyd fod $Q = mc\Delta T$.

» *Cofiwch*

Mae'r ***Ateb*** yn defnyddio $\Delta U = Q - W$ gyda chonfensiynau'r arwyddion ar gyfer Q ac W gaiff eu rhoi yn Adran 3.4.4.

cwestiwn cyflym

⑨ Caiff 3.0 kg o ddŵr (cgs 4200 J kg^{-1} °C^{-1}), ar 80.0°C ei dywallt i sosban, màs 1.5 kg, o ddur gwrthstaen (cgs 500 J kg^{-1} °C^{-1}) sydd ar dymheredd cychwynnol o 20.0°C. Cyfrifwch y tymheredd newydd.

» Cofiwch

Rhaid i'r dŵr fod yn ddigon dwfn i allu amgylchynu'r aer sydd wedi'i ddal hyd yn oed pan fydd wedi ehangu yn ôl traean o'i hyd gwreiddiol.

cwestiwn cyflym

⑩ Beth yw diben rhoi'r gorau i wresogi, ac aros i'r tymheredd sefydlogi, cyn cymryd pâr o ddarlleniadau?

cwestiwn cyflym

⑪ Mynegwch a o $T = al$ yn nhermau arwynebedd trawstoriadol, A, yr aer sydd wedi'i ddal, y swm, n, a'r gwasgedd, p (ac R).

cwestiwn cyflym

⑫ Esboniwch pam bydd yr ansicrwydd yn fawr, hyd yn oed os yw eich gwerth ar gyfer θ_0 yn agos i $-273°C$.

3.4.7 Gwaith ymarferol penodol

(a) Amcangyfrif sero absoliwt tymheredd drwy ddefnyddio'r deddfau nwy

Mae Ffig. 3.4.11 yn dangos ffordd syml o ymchwilio i ehangiad thermol sampl o aer ar wasgedd cyson.

Wrth iddo fynd yn boethach, mae'r aer sydd wedi'i ddal yn gwthio'r belen o asid sylffwrig yn uwch i fyny'r tiwb, gan gadw gwasgedd yr aer fymryn yn uwch na gwasgedd atmosfferig. Mae'r asid sylffwrig crynodedig yn amsugno anwedd dŵr o'r aer sydd wedi'i ddal. **Gwisgwch sbectol ddiogelwch** (er na ddylai'r asid fyth ddianc).

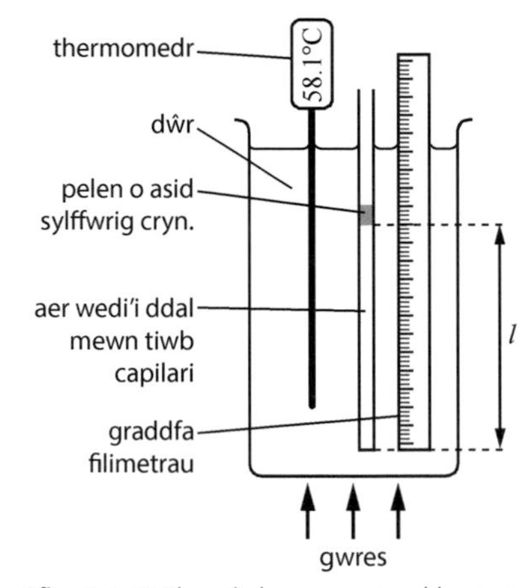

Ffig. 3.4.11 Ehangiad aer ar wasgedd cyson

Cyn gwresogi, darllenwch dymheredd (θ) a hyd (l) yr aer sydd wedi'i ddal, ar ôl i chi droelli ciwbiau iâ yn y dŵr i'w toddi, os oes rhai ar gael. Gwresogwch y dŵr am tua 30 eiliad, a throwch y dŵr nes bod y tymheredd yn sefydlogi cyn iddo ddechrau disgyn. Cymerwch bâr arall o ddarlleniadau. Daliwch i'w wresogi a chymryd darlleniadau, gan geisio codi mewn camau o tua 10° bob tro, hyd at tua 80°C.

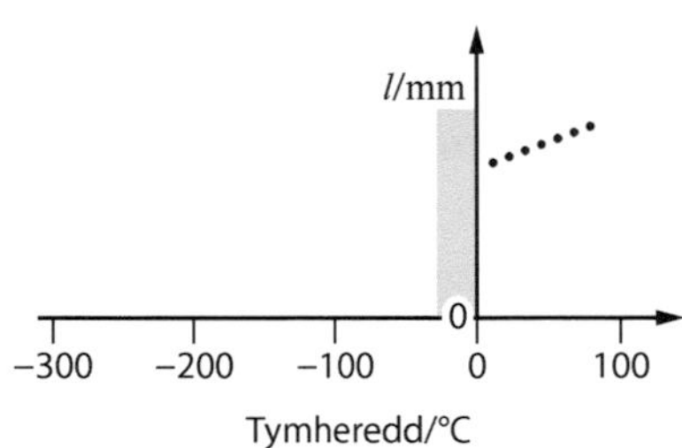

Ffig. 3.4.12 Graddfeydd y graff ar gyfer ehangiad aer

Rydyn ni'n plotio l/mm yn erbyn θ/°C gan ddefnyddio graddfeydd fel y rhai yn Ffig 3.4.12. Rydyn ni'n lluniadu'r llinell syth ffit orau, ac yn ei hallosod (hynny yw, ei hymestyn!) yn ôl nes iddi daro'r echelin tymheredd (yn θ_0).

θ_0 yw ein gwerth (mewn Celsius) ar gyfer sero absoliwt tymheredd. Ar y pwynt hwn, ni fyddai'r aer yn llenwi unrhyw gyfaint.

Rydyn ni'n tybio bod yr aer yn ymddwyn yn ddelfrydol, fel bod y tymheredd kelvin, gaiff ei ddiffinio mewn cyfrannedd â pV ar gyfer nwy delfrydol, mewn cyfrannedd â chyfaint yr aer ar wasgedd cyson. Os felly, mae $T = al$, lle mae a yn gysonyn ar gyfer yr aer sydd wedi'i ddal. Bydd y thermomedr wedi cael ei raddnodi mewn Celsius, gaiff ei ddiffinio gan $\theta/°C = T/K - 273.2$. Os yw $l = 0$, yna mae $T = 0$, felly mae $\theta = -273.2°C$. Dyma werth damcaniaethol θ_0 felly.

(b) Mesur cynhwysedd gwres sbesiffig solid

Yn Ffig. 3.4.13, mae'r thermomedr a'r coil gwresogi wedi'u suddo i dyllau gafodd eu drilio i'r bloc metel dan sylw.

Mae angen gwybod màs, m, y bloc (drwy ddefnyddio clorian gemegol neu ddata'r gwneuthurwr).

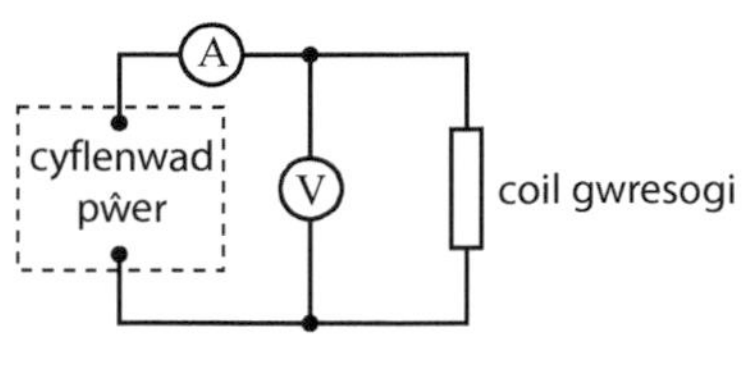

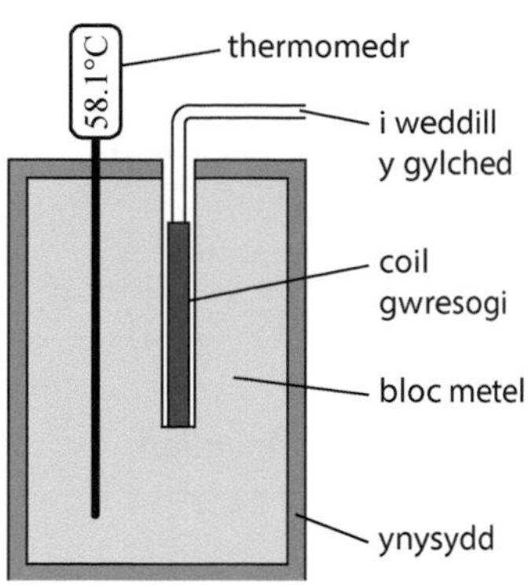

Ffig. 3.4.13 Cyfarpar i ddarganfod cgs metel

Caiff tymheredd cychwynnol (θ_0) y bloc ei ddarllen, yna caiff y pŵer ei droi ymlaen, cyn darllen y cerrynt (I) a'r gp (V). Ar ôl amser wedi'i fesur (t), caiff y pŵer ei ddiffodd, ac arhoswn i'r tymheredd roi'r gorau i godi. Yna rydyn ni'n darllen ei werth uchaf (θ_1).

Gan dybio bod holl allbwn y gwresogydd yn mynd i mewn i'r bloc ar ffurf gwres, mae

$$VIt = mc(\theta_1 - \theta_0)$$

Drwy hynny cawn c, sef cgs y metel. Gweler Adran 3.4.6.

Dull graffigol

Drwy gymryd parau o ddarlleniadau ar gyfer amser, t, a thymheredd, θ, wrth i θ godi o dymheredd ystafell i 90°C (er enghraifft), gallen ni gael gwerth ar gyfer c o raddiant y graff θ yn erbyn t, ar ôl mesur V, I, ac m.

Mae'n bosibl y bydd y dull hwn yn rhoi gwerth llai cywir ar gyfer c na'r dull un cynnig gafodd ei ddisgrifio gyntaf; fydd y bloc ddim ar dymheredd unffurf wrth i'r darlleniadau gael eu cymryd.

cwestiwn cyflym

⑬ Cyfrifwch wrthiant coil gwresogi fydd yn darparu 50 W o gyflenwad 12 V.

cwestiwn cyflym

⑭ Amcangyfrifwch pa mor hir bydd hi'n ei gymryd i godi'r tymheredd 30°C wrth ddefnyddio gwresogydd 50 W. (Màs nodweddiadol y bloc: 1 kg; cgs nodweddiadol y metel: 400 J kg^{-1} $°C^{-1}$).

cwestiwn cyflym

⑮ Ar gyfer arbrawf un cynnig (heb graff) i ddarganfod c, nodwch un fantais ac un anfantais wrth gynyddu'r gwres 70°C yn hytrach nag 20°C.

cwestiwn cyflym

⑯ Rhowch fynegiad, yn nhermau m, c, V ac I, ar gyfer graddiant y graff θ yn erbyn t.

ychwanegol

1. Mae sampl o nwy, sydd ar wasgedd atmosfferig i gychwyn, yn cael ei ddal mewn silindr metel gyda phiston sydd ddim yn gollwng (Ffig 3.4.14).
   (a) Nodwch sut gallech chi gynyddu egni mewnol y nwy *yn ymarferol* drwy'r canlynol:
      (i) gwneud gwaith, gyda llif gwres dibwys
      (ii) gwresogi, heb wneud gwaith.
   (b) Ar gyfer pob ***dull*** yn (a), nodwch pa feintiau sy'n gorfod bod yn bositif, a pha rai, os oes rhai o gwbl, sy'n gorfod bod yn negatif yn yr hafaliad

   $$\Delta U = Q - W$$

      (i) gwneud gwaith (gyda llif gwres dibwys)
      (ii) gwresogi (heb wneud gwaith).

Ffig. 3.4.14 Sampl o nwy

2. Mae rhywfaint o nwy heliwm yn cael ei ddal mewn cynhwysydd gyda phiston sydd ddim yn gollwng. Caiff y piston ei wthio i mewn, gan achosi'r newid **AB** sydd i'w weld yn Ffig. 3.4.15.
   (a) 300 K yw tymheredd y nwy ym mhwynt **A**. Cyfrifwch faint y nwy mewn molau.
   (b) Cyfrifwch dymheredd y nwy yn **B**.
   (c) Mae nwy heliwm yn nwy monatomig. Cyfrifwch y newid yn ei egni mewnol dros **AB**.
   (ch) Cyfrifwch werth ar gyfer y gwaith sy'n cael ei wneud ar y nwy yn ystod **AB**, a hynny'n uniongyrchol o'r graff.
   (d) Beth mae deddf gyntaf thermodynameg yn ei ddweud wrthyn ni am y llif gwres yn ystod **AB**, a beth gallwn ni ei ddiddwytho wrth ystyried pa mor gyflym caiff y piston ei wthio i mewn?

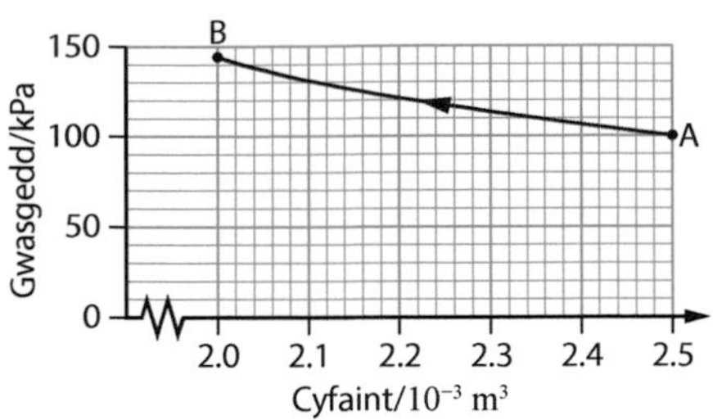

Ffig. 3.4.15 Cywasgu nwy

3. Caiff 0.040 mol o nwy monatomig ei roi drwy'r gylchred o newidiadau sydd i'w gweld yn Ffig. 3.4.16.
   (a) Darganfyddwch y tymheredd yn **A**, **B** ac **C**.
   (b) Cwblhewch y tabl gan ddefnyddio'r mesurau ΔU, W a Q, yn ôl eu diffiniad yn *neddf gyntaf thermodynameg*.

	AB	BC	CA	ABCA
ΔU / J				
W / J		–555		
Q / J				

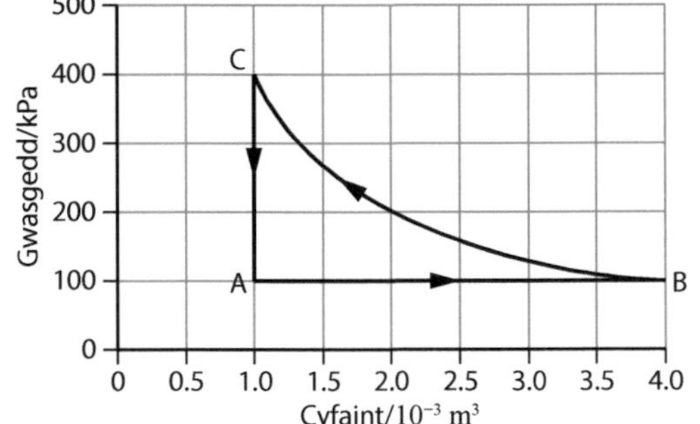

Ffig. 3.4.16 Cylchred ar gyfer nwy

4. Mae myfyriwr yn gwneud yr arbrawf sy'n cael ei ddisgrifio yn Adran 3.4.7 (a). Mae rhestr o'i chanlyniadau isod, ynghyd â'i hamcangyfrifon o'r ansicrwydd.

θ/°C	±0.1 °C	19.2	31.4	42.8	50.5	60.8	69.1	81.3
l / mm	±0.5 mm	48.0	50.0	52.0	53.0	55.0	56.5	58.5

Darganfyddwch y gwerth mae'r canlyniadau hyn yn ei awgrymu ar gyfer sero absoliwt tymheredd mewn °C, ynghyd â'i ansicrwydd absoliwt, fel hyn:
   (a) Gan ddewis graddfeydd addas, plotiwch werthoedd l yn erbyn θ. Dylech chi gynnwys barrau cyfeiliornad. [Nid oes angen cynnwys sero ar gyfer l na θ ar eich graddfeydd.]
   (b) Darganfyddwch hafaliad y llinell fwyaf serth a'r llinell leiaf serth, yn gyson â'r barrau cyfeiliornad, yn y ffurf $l = m + c$.
   (c) Drwy hynny, darganfyddwch hafaliad y llinell ffit orau yn y ffurf $l = (m \pm \Delta m) + (c \pm \Delta c)$.
   (ch) Defnyddiwch eich hafaliadau ar gyfer y llinell fwyaf serth, y llinell leiaf serth, a'r llinell ffit orau i gael y gwerthoedd mwyaf, lleiaf a gorau ar gyfer sero absoliwt tymheredd mewn °C, ynghyd â'r ansicrwydd yn y gwerth gorau.

3.5 Dadfeiliad niwclear

3.5.1 Alffa (α), beta (β) a gama (γ)

Mae'r tri math hyn o ymbelydredd neu belydriad yn belydriad sy'n ïoneiddio. Maen nhw'n ïoneiddio oherwydd eu bod yn taro electronau allan o atomau a moleciwlau. Bydd y gronynnau gaiff eu cynhyrchu wedi ïoneiddio. Byddan nhw'n rhai hynod adweithiol, a byddan nhw'n adweithio â moleciwlau eraill gerllaw. Mewn meinwe fyw, gall hyn arwain at bob math o niwed ar lefel y gell, gan gynnwys niwed i DNA, a gallai hyn, o bosibl, arwain at ganser. Fodd bynnag, mae pelydriad cefndir yn ymosod ar ein cyrff bob munud o'r dydd, ac yn rhyfeddol, nid yw disgwyliad oes pobl yn fyrrach mewn ardaloedd sydd â phelydriad cefndir uchel. Ar y llaw arall, mae dos wedi'i amsugno o ymbelydredd/pelydriad, o ddim ond **8 J** y cilogram, yn ddigon i fod yn angheuol i bobl.

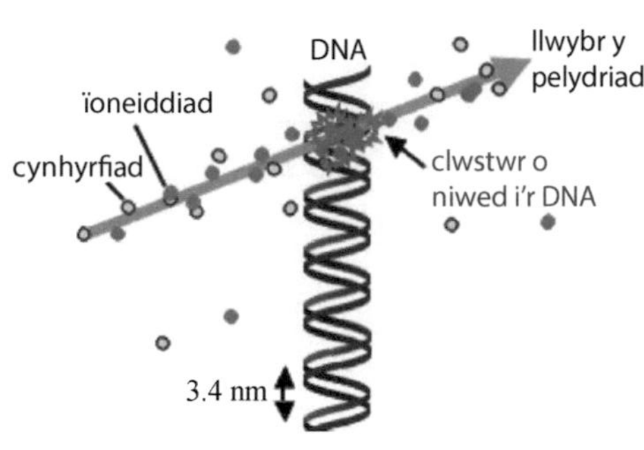

Ffig. 3.5.1 Effaith pelydriad sy'n ïoneiddio ar foleciwlau celloedd

Niwclews heliwm (h.y. $^{4}_{2}\text{He}^{2+}$ neu $^{4}_{2}\alpha$, ond â'r 2+ wedi'i hepgor fel arfer) sy'n symud yn gyflym iawn yw gronyn alffa (α). Mae ei effaith ïoneiddio yn llawer mwy nag ymbelydredd β a phelydriad γ. Ar y llaw arall, mae'r ffaith bod effaith ïoneiddio ymbelydredd α mor fawr yn golygu ei fod yn colli ei egni yn gyflym iawn, a bod ei bŵer treiddio yn isel. Mewn gwirionedd, ychydig gentimetrau yn unig yw amrediad (pellter treiddio) gronynnau α mewn aer, ac maen nhw'n cael eu hamsugno gan ddalen o bapur.

Enghraifft o ddadfeiliad α: $^{238}_{92}\text{U} \rightarrow {}^{234}_{90}\text{Th} + {}^{4}_{2}\text{He}$

Electron sy'n symud yn gyflym iawn yw gronyn beta (β^-), ac, fel arfer, caiff ei ysgrifennu fel $^{0}_{-1}\text{e}$ neu $^{0}_{-1}\beta$. Mae ei effaith ïoneiddio yn fwy na phelydriad γ, ond yn llai nag ymbelydredd α. Yn yr un modd, mae gan β^- bŵer treiddio canolig – fel arfer, bydd ychydig filimetrau o alwminiwm neu ychydig fetrau o aer yn ei atal.

Enghraifft o ddadfeiliad β^-: $^{14}_{6}\text{C} \rightarrow {}^{14}_{7}\text{N} + {}^{0}_{-1}\beta + {}^{0}_{0}\overline{\nu_e}$

Sylwch: Nid yw pob math o ymbelydredd β yn cynnwys electronau. Mae ymbelydredd β^+ yn cynnwys positronau (gwrthelectronau), ac mae'n well ysgrifennu'r rhain fel $^{0}_{1}\beta$ (neu $^{0}_{1}\text{e}$) wrth wneud hafaliadau niwclear.

Enghraifft o ddadfeiliad β^+: $^{39}_{20}\text{Ca} \rightarrow {}^{39}_{19}\text{K} + {}^{0}_{1}\beta + {}^{0}_{0}\overline{\nu_e}$

Ton electromagnetig neu ffoton sydd ag egni uchel a thonfedd isel yw pelydriad γ, sy'n tarddu o niwclews cynhyrfol. Mae ei effaith ïoneiddio yn llai na gronynnau α a β, ond, o ganlyniad, mae'n fwy treiddgar. Mae tua **15 cm** o blwm (Pb), neu tua metr o goncrit, yn atal pelydriad γ.

Enghraifft o ddadfeiliad γ: $^{60}_{28}\text{Ni}^* \rightarrow {}^{60}_{28}\text{Ni} + {}^{0}_{0}\gamma$

Mae'r seren yn dangos bod y niwclews Ni (nicel) gwreiddiol mewn cyflwr cynhyrfol.

» Cofiwch
Mae angen i chi ddysgu beth yw treiddiad y tri math o ymbelydredd/pelydriad.

» Cofiwch
Mae angen i chi wybod hefyd beth yw pwerau ïoneiddio y tri math o ymbelydredd/pelydriad, ond dim ond trefn y treiddiad o chwith yw hyn, h.y. α – pŵer ïoneiddio uchaf, β – pŵer ïoneiddio canolig, a γ – pŵer ïoneiddio isel.

» Cofiwch
Pan fyddwch chi'n gwybod beth yw'r priodweddau treiddio ac ïoneiddio, gallwch esbonio peryglon cymharol yr ymbelydredd/pelydriad, h.y. α – mwyaf peryglus, ond dim ond os yw yn y corff (ni all dreiddio drwy groen), β – perygl canolig, γ – y perygl lleiaf, ond yr anoddaf i amddiffyn rhagddo.

» Cofiwch
Yn yr hafaliadau hyn ar gyfer adweithiau niwclear, cofiwch fod y rhif A a'r rhif Z yn cael eu cadw, h.y. mae cyfansymiau unigol y rhifau A a Z ar yr ochr dde yn hafal i'r cyfanswm ar yr ochr chwith.

cwestiwn cyflym

① Cydbwyswch yr hafaliadau drwy ychwanegu'r rhifau niwcleon a rhifau proton coll.

$^{241}_{95}\text{Am} \rightarrow \text{.....Np} + \text{.....He}$

$^{7}_{4}\text{Be} \rightarrow \text{.....Li} + \text{.....}$

$^{99}_{43}\text{Tc}^* \rightarrow \text{.....Tc} + \text{.....}$

Cofiwch

Mae gan α, β a γ egnïon nodweddiadol o tua ~1 MeV, ac egnïon ïoneiddio atomau a moleciwlau sydd tua ~10 eV. Drwy hynny, mae gan bob gronyn ymbelydrol yr egni i gynhyrchu tua 10^5 o ïonau. Mae gronyn α yn cynhyrchu'r ïonau hyn dros bellter byr, ac felly mae ganddo dreiddiad isel ond pŵer ïoneiddio uchel. Mae pelydryn γ yn gwneud y gwrthwyneb – mae'n cynhyrchu ~100 000 o ïonau dros bellter mawr, felly dywedwn fod ganddo allu ïoneiddio isel (er ei fod yn cynhyrchu tua'r un nifer o ïonau).

3.5.2 Priodweddau ymbelydredd niwclear

(a) Gwahaniaethu yn ôl treiddiad

Mae Ffig. 3.5.2 yn cynrychioli amsugniad cymharol y tri math o ymbelydredd niwclear.

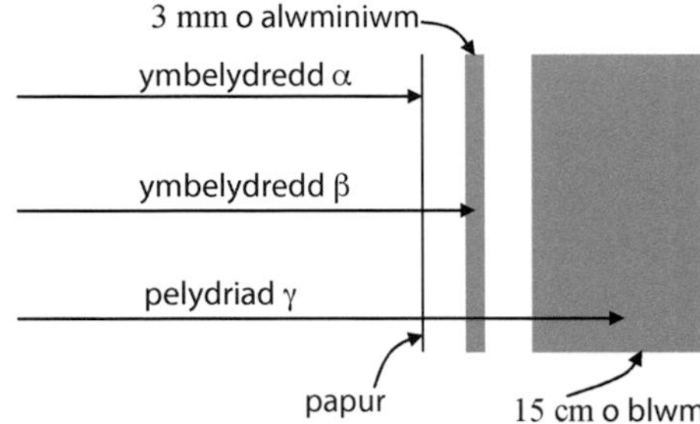

Ffig. 3.5.2 Treiddiad ymbelydredd niwclear

Mae hyn yn arwain yn daclus at arbrawf syml i ymchwilio i ba fath(au) o ymbelydredd sy'n bresennol mewn ffynhonnell ymbelydrol.

Ystyriwch y canlynol:

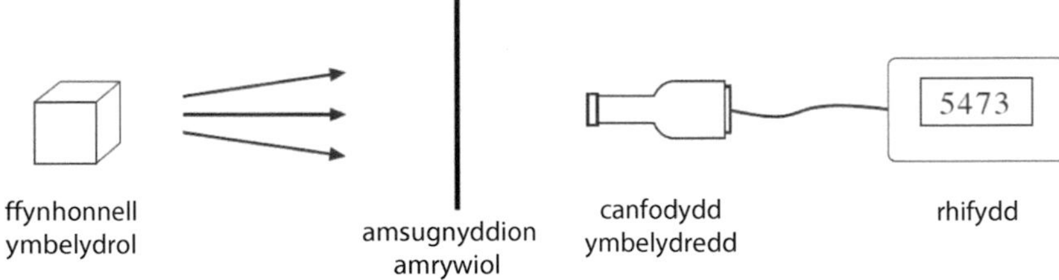

Ffig. 3.5.3 Ymchwilio i amsugniad ymbelydredd

Drwy osod amsugnyddion amrywiol rhwng y ffynhonnell a'r canfodydd, gallwch chi ddarganfod pa ymbelydredd sy'n cael ei allyrru gan y ffynhonnell. Dyma'r camau i'w cymryd:

Gosodwch ddalen o bapur rhwng y ffynhonnell a'r canfodydd. Os yw'r gyfradd cyfrif yn disgyn yn sylweddol (o 5473 i 4000, dyweder), rhaid bod ymbelydredd α yn bresennol. Yna, gosodwch ddarn o alwminiwm, ychydig mm o drwch, rhwng y ffynhonnell a'r canfodydd. Os yw'r gyfradd cyfrif yn disgyn ***ymhellach*** yn sylweddol (i lawr i 2000, dyweder), yna rhaid bod ymbelydredd β yn bresennol hefyd. Rhaid mai pelydriad γ sy'n gyfrifol am unrhyw signal sy'n weddill (uwchlaw pelydriad cefndir o ~0.5 cyfrif s^{-1}). Sylwch na fydd arnoch angen amsugnydd γ i wneud yr arbrawf hwn, oherwydd os oes unrhyw beth arwyddocaol yn weddill ar ôl yr amsugnydd β, rhaid mai pelydriad γ sy'n gyfrifol amdano. Gyda'r canlyniadau sydd wedi'u nodi uchod, byddech chi'n dod i'r casgliad mai **1500 Bq** yw'r gyfradd cyfrif o ganlyniad i ymbelydredd α, mai **2000 Bq** yw'r gyfradd cyfrif o ganlyniad i ymbelydredd β, ac mai **2000 Bq** yw'r gyfradd cyfrif o ganlyniad i belydriad γ.

Enghraifft

Cafodd y canlyniadau sydd i'w gweld yn Nhabl 3.5.1 eu casglu. Esboniwch pa fathau o ymbelydredd sy'n bresennol yn y ffynhonnell ymbelydrol.

Amsugnydd	Cyfradd cyfrif / s^{-1}
Dim	8894
3 dalen o bapur	5473
Dim	8921
0.5 mm o ffoil alwminiwm	5455
Dim	8860
10 cm o blwm	56
Dim	8888

Tabl 3.5.1 Canlyniadau ar gyfer amsugnyddion (1)

Ateb

Mae'r gyfradd cyfrif yn disgyn tua 3500 s^{-1} pan mae tair dalen o bapur yn cael eu defnyddio fel amsugnydd. Mae hyn yn arwydd pendant fod ymbelydredd α yn bresennol. Mae'r gyfradd yn disgyn mewn modd tebyg pan mae 0.5 mm o alwminiwm yn cael ei ddefnyddio, sy'n awgrymu nad oes unrhyw ymbelydredd β (h.y. nid yw'r alwminiwm yn amsugno dim mwy na'r papur).

Ond mae'n rhaid bod pelydriad γ yn bresennol gan fod y gyfradd cyfrif yn uchel ar ôl defnyddio 0.5 mm o alwminiwm. Cawn gadarnhad bod pelydriad γ yn bresennol pan mae'r gyfradd cyfrif yn sylweddol uchel ar ôl defnyddio 10 cm o blwm (mae'n dal i ganfod 56 s^{-1}, sydd dipyn yn fwy na phelydriad cefndir).

Dylech chi fod yn ymwybodol o'r canlynol wrth edrych ar y mathau hyn o ddata:

1 Bydd papur yn amsugno rhywfaint o'r ymbelydredd β.

2 Bydd alwminiwm yn amsugno rhywfaint o'r pelydriad γ.

3 Mae hapgyfeiliornad sylweddol yn rhan o ddarlleniad pob cyfrif ymbelydrol (sylwch ar yr amrywiad yn y gyfradd cyfrif heb unrhyw amsugnydd).

4 Fel arfer, bydd rhaid i chi ystyried y pelydriad cefndir (sy'n 0.5 cyfrif s^{-1}, yn fras, ond mae hynny'n ddibwys yn y canlyniadau uchod).

Wrth ystyried yr holl bethau hyn, rhaid i chi gadw golwg am unrhyw ostyngiad sylweddol yn y gyfradd cyfrif, yn hytrach na gostyngiadau canrannol bach, wrth i amsugnyddion gwahanol gael eu gosod.

cwestiwn cyflym

② Gan ddefnyddio'r data yn Nhabl 3.5.2, esboniwch pa ymbelydredd sy'n bresennol mewn ffynhonnell ymbelydrol.

Amsugnydd	Cyfradd cyfrif / s^{-1}
Dim	9562
Papur	9482
2 mm Al	6723
15 cm Pb	11

Tabl 3.5.2 Canlyniadau ar gyfer amsugnyddion (2)

cwestiwn cyflym

③ Pe baech chi'n llyncu'r ffynhonnell sydd yng Nghwestiwn cyflym 2, esboniwch pam mai ymbelydredd β fyddai'r perygl mwyaf i chi.

cwestiwn cyflym

④ Mae'r ffynhonnell gafodd ei llyncu yn Nghwestiwn cyflym 3 yn pasio drwy eich corff o fewn 24 awr. 89 000 s^{-1} oedd y gyfradd amsugno ar gyfer gronynnau β roedd eich corff yn eu hamsugno yn y cyfnod hwnnw. 1.7 MeV yw egni'r gronynnau β. Cyfrifwch gyfanswm egni'r gronynnau β gafodd eu hamsugno mewn J.

cwestiwn cyflym

⑤ A oes swm sylweddol o ymbelydredd yn pasio drwy'r 15 cm o blwm yng Nghwestiwn cyflym 2, neu ai pelydriad cefndir sy'n gyfrifol am hyn?

» Cofiwch

Nid oes angen i chi wybod sut mae llestri niwl yn gweithio, na gwybod manylion am arbrofion llestri niwl, ond efallai bydd disgwyl i chi ddefnyddio'r hyn rydych chi'n ei wybod am fudiant gronynnau wedi'u gwefru mewn sefyllfa benodol (yn debyg i'r wybodaeth sydd ei hangen am gyflymyddion gronynnau, Adran 4.4).

» Cofiwch

Cofiwch y pedwar peth canlynol am belydriad cefndir:

1. Mae elfennau ymbelydrol naturiol ymhobman.
2. Pelydrau cosmig (o'r Haul a'r gofod).
3. Wedi'u gwneud gan bobl (pelydrau X yn bennaf).
4. Dim ond tua hanner cyfrif yr eiliad.

» Cofiwch

Efallai bydd yn rhaid i chi dynnu pelydriad cefndir o ddarlleniadau cyfraddau cyfrif, er mwyn cael y gwir gyfraddau cyfrif o'r ffynhonnell.

(b) Gwahaniaethu yn ôl allwyriad

Mae meysydd magnetig yn allwyro gronynnau sydd wedi'u gwefru ac yn symud. Os oes gan eich athro lestr niwl, efallai eich bod chi wedi gweld yr effaith hon ar waith (os nad ydych chi wedi'i gweld, mae digon o fideos da ar YouTube o lestri niwl ar waith). Mae Ffig. 3.5.4 yn dangos llun o'r hyn gallech chi ei weld pe bai gennych chi $^{226}_{88}\text{Ra}$ yn ffynhonnell ymbelydrol, a llestr niwl mewn maes magnetig (mae $^{226}_{88}\text{Ra}$ yn allyrru'r tri math o ymbelydredd niwclear, ac mae llestr niwl yn ddyfais glyfar sy'n dangos llwybr anwedd lle mae pelydriad sy'n ïoneiddio wedi bod).

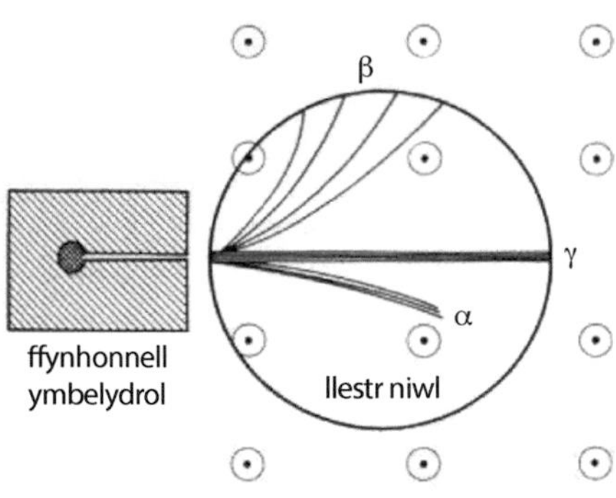

Ffig. 3.5.4 Allwyriad mewn maes magnetig

Er mwyn ymarfer, dylech chi ddefnyddio rheol llaw chwith Fleming i wirio bod cyfeiriadau crymedd yr olion α a β yn gywir. Sylwch hefyd nad yw pelydriad γ yn crymu gan nad yw wedi ei wefru.

Mae'n bosibl cael canlyniadau tebyg iawn drwy ddefnyddio maes trydanol yn lle maes magnetig (Ffig. 3.5.5). Bydd siapiau'r llwybrau ychydig yn wahanol – bydd y maes magnetig yn rhoi arcau cylchoedd, ond bydd y maes trydanol yn rhoi parabolâu.

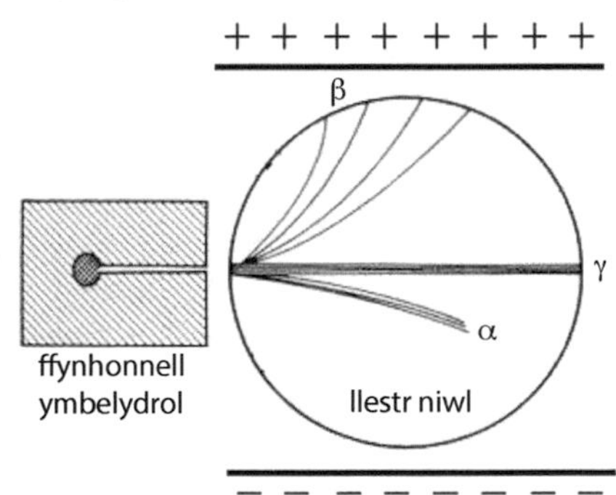

Ffig. 3.5.5 Allwyriad mewn maes trydanol

3.5.3 Pelydriad cefndir

Dyma siart cylch nodweddiadol sy'n esbonio o le daw'r rhan fwyaf o ymbelydredd sy'n ïoneiddio.

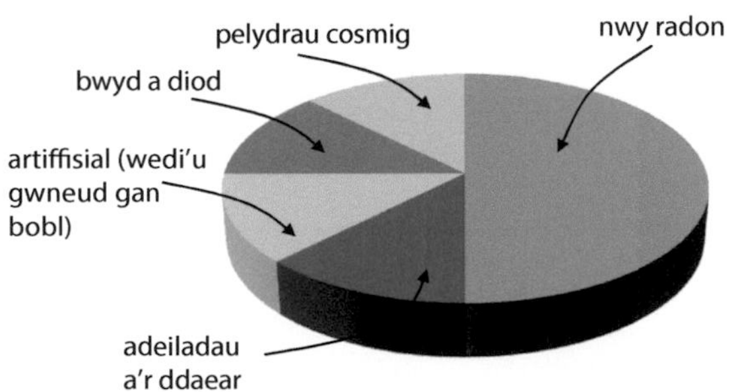

Ffig. 3.5.6 Ffynonellau pelydriad cefndir

Mae tair o'r pum ffynhonnell fwy neu lai yr un peth, gan eu bod yn dod o elfennau naturiol ar y Ddaear. Mae'r nwy radon rydyn ni'n ei anadlu, bwyd a diod, adeiladau a'r ddaear i gyd yn ffynonellau naturiol ddaw'n wreiddiol o elfennau ymbelydrol, fel potasiwm-40, carbon-14, wraniwm a thoriwm. Mae pelydrau cosmig yn hollol wahanol, ac maen nhw'n dod yn bennaf o ronynnau egni uchel sy'n cyrraedd atmosffer y Ddaear o'r Haul. Cael tynnu llun pelydr X sy'n uniongyrchol gyfrifol am y gyfran helaeth o'n dos o ymbelydredd artiffisial, ond mae egni niwclear a phrofi arfau niwclear yn gyfrifol am ganran fechan iawn. Er bod ffynonellau ymbelydredd niwclear ymhobman, ac yn ymddangos yn enfawr, os ydyn ni'n gosod canfodydd ymbelydredd bron yn unrhyw le yn y byd, bydd yn eistedd yn ddistaw, ac yn clicio ar hap ar gyfradd cyfrif gymedrig o tua hanner cyfrif bob eiliad – gan roi gwybod i ni felly nad oes dim i boeni yn ei gylch.

3.5.4 Damcaniaeth ymbelydredd

Mae'r holl ddamcaniaeth fathemategol ganlynol yn seiliedig ar un egwyddor syml – bod ymbelydredd yn broses sy'n digwydd yn gwbl ar hap, a'i bod yn dibynnu'n llwyr ar nifer y niwclysau ymbelydrol sy'n bresennol. Felly, ar gyfer sampl ymbelydrol, mae nifer y niwclysau sy'n dadfeilio fesul eiliad mewn cyfrannedd â nifer y niwclysau sy'n bresennol, h.y. mae

$$\text{dadfeiliadau fesul eiliad} \propto N \text{ (nifer y niwclysau)}$$

Nawr rydyn ni am ddiffinio **cysonyn dadfeilio**, λ (gweler y **Term allweddol**), fel y cysonyn cyfrannol, a bydd λ yn dibynnu ar y niwclews sy'n dadfeilio. Rydyn ni hefyd am ddiffinio'r actifedd, A, yn ôl nifer y dadfeiliadau fesul eiliad (gweler y **Term allweddol**). Mae

$$\text{dadfeiliadau fesul eiliad} = A = \lambda N$$

Ond bob tro bydd niwclews yn dadfeilio, bydd nifer y niwclysau'n gostwng, felly $-\frac{\Delta N}{\Delta t}$ yw nifer y dadfeiliadau fesul eiliad. Mae'r arwydd minws yno oherwydd bod y nifer, N, yn gostwng, a rhaid bod $\frac{\Delta N}{\Delta t}$ yn negatif. Felly, dyma'r hafaliad sy'n sail i holl ddamcaniaeth dadfeiliad niwclear:

$$\frac{\Delta N}{\Delta t} = -\lambda N$$

Os ydych chi'n astudio Mathemateg Safon Uwch, dylech chi allu integru'r hafaliad uchod; ond o safbwynt Ffiseg, mae'n well deall ystyr yr hafaliad, a deall pam mae'r ateb terfynol yn gwneud synnwyr.

Mae'r hafaliad $\frac{\Delta N}{\Delta t} = -\lambda N$ yn dweud wrthych chi fod niwclysau yn cael eu colli ar gyfradd sydd mewn cyfrannedd â nifer y niwclysau sy'n bresennol $\left(\frac{\Delta N}{\Delta t} \propto -N\right)$. Felly, pan fydd gennych chi'r nifer mwyaf o niwclysau (ar y dechrau), bydd yr actifedd ar ei fwyaf, a bydd nifer y niwclysau yn gostwng ar y gyfradd uchaf. Wrth i nifer y niwclysau leihau, bydd yr actifedd yn disgyn, a bydd y niwclysau yn cael eu colli ar gyfradd sy'n gyfraneddol is.

» Cofiwch

Efallai bydd yn rhaid i chi hyd yn oed ychwanegu pelydriad cefndir at gyfrif ffynhonnell er mwyn cael y gwir gyfrif mae'r rhifydd yn ei roi.

cwestiwn cyflym

⑥ Caiff sampl o ddefnydd ei brofi, a chaiff 542 cyfrif eu cofnodi mewn 20 munud. Esboniwch a yw'r sampl yn sylweddol ymbelydrol. (Mae'r pelydriad cefndir tua 0.5 cyfrif s^{-1}.)

Termau allweddol

Becquerel (Bq) = Un dadfeiliad yr eiliad (uned actifedd)

Actifedd = Cyfradd dadfeilio (nifer y dadfeiliadau fesul eiliad) sampl o niwclysau ymbelydrol.

($A = -\frac{\Delta N}{\Delta t} = \lambda N$).

Cysonyn dadfeilio, λ = y cysonyn yn neddf dadfeiliad esbonyddol ($\frac{\Delta N}{\Delta t} = -\lambda N$). Hwn sy'n pennu cyfradd dadfeilio niwclews penodol (po fwyaf yw λ, cyflymaf yw'r gyfradd dadfeilio – sef y tebygolrwydd fesul eiliad y bydd niwclews penodol yn dadfeilio).

cwestiwn cyflym

⑦ Pan mae rhifydd Geiger yn cael ei ddefnyddio i archwilio ffynhonnell ymbelydrol, mae'n cofnodi 1000 o gyfrifon mewn hanner awr. 0.35 cyfrif fesul eiliad yw'r pelydriad cefndir. Cyfrifwch nifer gwirioneddol y dadfeiliadau fesul eiliad mae'r rhifydd Geiger yn eu canfod o ganlyniad i'r ffynhonnell ymbelydrol.

Term allweddol

Hanner oes = Yr amser mae'n ei gymryd i nifer y niwclysau ymbelydrol, N (neu'r actifedd, A), ostwng i hanner y gwerth cychwynnol. Uned: s, ond, yn aml, rydyn ni'n defnyddio munudau/oriau/dyddiau/blynyddoedd.

Cofiwch

Gallwch chi hefyd ddeillio $\lambda = \frac{\ln 2}{T_{1/2}}$ o'r hafaliad $N = N_0 e^{-\lambda t}$. Bydd angen i chi nodi'r amser bydd yn ei gymryd i nifer y niwclysau ddisgyn o N_0 i $\frac{1}{2}N_0$ yn yr hafaliad.

Cofiwch

Yn aml, cyfrifo nifer y niwclysau yw'r rhan sy'n cael ei wneud waethaf. Does dim hafaliad, felly rhaid i chi ddeall y mol neu'r uned màs unedig.

Os ydych chi'n plotio graff o nifer y niwclysau yn erbyn amser, bydd rhaid i'r nifer fynd o werth penodol (N_0, er enghraifft) i sero. Ond rydych chi hefyd yn gwybod bod graddiant y llinell $\left(\frac{\Delta N}{\Delta t}\right)$ bob amser yn lleihau (gan fod $\frac{\Delta N}{\Delta t} \propto -N$).

Mae'n siŵr gallwch chi ddyfalu siâp y graff – dadfeiliad esbonyddol sydd yma. Mae hyn bob amser yn wir pan mae gennych chi newidyn sy'n lleihau ar gyfradd mewn cyfrannedd â'r newidyn ei hun. Yn yr achos hwn, mae nifer y niwclysau yn lleihau ar gyfradd sydd mewn cyfrannedd â nifer y niwclysau ymbelydrol sy'n bresennol. Achos tebyg (i frasamcan da iawn) yw llif dŵr allan o'r bwred – mae cyfradd lleihad uchder y dŵr mewn cyfrannedd ag uchder y dŵr. Yn yr un modd, mewn cynwysyddion, mae cyfradd lleihad y wefr sydd wedi'i storio mewn cyfrannedd â swm y wefr gaiff ei dal. Mae'r enghreifftiau hyn i gyd yn rhoi dadfeiliad esbonyddol.

Dyma'r hafaliad sy'n rhoi amrywiad amser nifer y niwclysau ymbelydrol:

$$N = N_0 e^{-\lambda t}$$

Mae hwn yn dweud wrthych chi fod nifer y niwclysau ymbelydrol, N, yn lleihau'n esbonyddol o nifer cychwynnol o niwclysau. Nesaf, gadewch i ni luosi'r hafaliad â'r cysonyn dadfeilio, h.y. mae

$$\lambda N = \lambda N_0 e^{-\lambda t}$$

ond mae'r actifedd, $A = \lambda N$, ac mae'r actifedd cychwynnol, $A_0 = \lambda N_0$, felly mae:

$$A = A_0 e^{-\lambda t}$$

Felly mae'r actifedd, A, hefyd yn lleihau'n esbonyddol o werth cychwynnol o A_0. Mae'r tri hafaliad hyn ($N = N_0 e^{-\lambda t}$, $A = \lambda N$ ac $A = A_0 e^{-\lambda t}$) yn ymddangos yn Llyfryn Data CBAC, a does dim rhaid i chi eu cofio. Ond mae'r maes llafur yn nodi y dylech chi allu deillio'r hafaliad sy'n cynnwys yr hanner oes (gweler y **Term allweddol**).

Byddwn ni'n defnyddio'r diffiniad o hanner oes a'r hafaliad $A = A_0 e^{-\lambda t}$ i ddeillio mynegiad ar gyfer hanner oes ($T_{1/2}$). Pan fydd yr amser yn cyrraedd $t = T_{1/2}$, bydd yr actifedd yn disgyn o $A_0 = \frac{1}{2}A_0$ (dyma'r diffiniad o $T_{1/2}$). Drwy roi'r gwerthoedd hyn yn yr hafaliad, byddwch chi'n cael

$$\tfrac{1}{2}A_0 = A_0 e^{-\lambda t_{1/2}} \quad \rightarrow \quad \tfrac{1}{2} = e^{-\lambda t_{1/2}} \rightarrow 2 = e^{\lambda t_{1/2}}$$

a, thrwy gymryd logiau, mae:

$\ln 2 = \lambda T_{1/2}$ neu mae $\lambda = \frac{\ln 2}{T_{1/2}}$, fel caiff yr hafaliad ei roi yn y Llyfryn Data.

Enghraifft

Mae gan sampl o garbon-14 fàs o 150 g. Cyfrifwch y canlynol:

(i) nifer y niwclysau sy'n bresennol (14.00 u yw màs atom carbon-14)

(ii) ei gysonyn dadfeilio (5730 o flynyddoedd yw hanner oes carbon-14)

(iii) actifedd cychwynnol y sampl 150 g o garbon-14

(iv) yr actifedd ar ôl 2500 o flynyddoedd

(v) màs y carbon-14 ar ôl 11 460 o flynyddoedd

(vi) yr amser mae'n ei gymryd i actifedd carbon-14 leihau i 10% o'i werth cychwynnol

Ateb

(i) Mae màs atom $= 14.00 \times 1.66 \times 10^{-27} = 2.324 \times 10^{-26}$ kg

Naill ai mae nifer yr atomau $= \dfrac{0.150}{2.324 \times 10^{-26}} = 6.45 \times 10^{24}$

neu mae nifer y molau, $n = \dfrac{150}{14.00} = 10.71$

$\therefore$ mae nifer yr atomau $= N = nN_A = 10.71 \times 6.02 \times 10^{23} = 6.45 \times 10^{24}$ a dyma nifer y niwclysau hefyd.

(ii) Mae $\lambda = \dfrac{\ln 2}{5730 \text{ blwyddyn}} = 1.210 \times 10^{-4} \text{ blwyddyn}^{-1} = 3.84 \times 10^{-12} \text{ s}^{-1}$

(iii) Mae $A = \lambda N = 3.84 \times 10^{-12} \times 6.45 \times 10^{24} = 2.48 \times 10^{13}$ Bq

(iv) Mae $A = A_0 e^{-\lambda t} = 2.48 \times 10^{13} e^{-1.210 \times 10^{-4} \times 2500} = 1.83 \times 10^{13}$ Bq

(v) Haws nag mae'n ymddangos: mae 11 460 yn ddau hanner oes. Felly, bydd y màs yn lleihau i chwarter, h.y. mae'r màs = 37.5 g

(vi) Ychydig yn fwy anodd – rhaid i ni gymryd logiau. Mae:

$$A = A_0 e^{-\lambda t} \rightarrow \frac{A}{A_0} = e^{-\lambda t} \rightarrow \ln\left(\frac{A}{A_0}\right) = -\lambda t$$

Nawr, mae: $\dfrac{A}{A_0} = 10\% = 0.1$

$\therefore$ Mae $t = \dfrac{\ln 0.1}{\lambda} = -\dfrac{\ln 0.1}{1.210 \times 10^{-4} \text{ blwyddyn}^{-1}} = 19\,000$ o flynyddoedd

cwestiwn cyflym

⑧ Mae gan wraniwm-238 hanner oes o 4.47×10^9 o flynyddoedd. Mae gan sampl gychwynnol o U-238 fàs o 25.2 kg. Cyfrifwch y canlynol:

(i) y cysonyn dadfeilio mewn s^{-1}

(ii) nifer y niwclysau o wraniwm – 238 yn y sampl cychwynnol (238 u yw màs atom wraniwm)

(iii) actifedd cychwynnol y sampl

(iv) actifedd y sampl ar ôl 3 hanner oes

(v) actifedd y sampl ar ôl 5.00×10^9 o flynyddoedd

(vi) yr amser (mewn blynyddoedd) i actifedd y sampl ostwng i 30% o'i werth cychwynnol.

3.5.5 Gwaith ymarferol penodol

(a) Cydweddiad ar gyfer dadfeiliad niwclear gan ddefnyddio disiau

Er mwyn cynnal yr arbrawf hwn i fanwl gywirdeb rhesymol, mae angen nifer mawr iawn o ddisiau – byddai tua 1000 yn nifer delfrydol ar gyfer dosbarth o tua 10 disgybl, gyda phob disgybl yn gyfrifol am 100 o ddisiau. Cyn dechrau, rhaid i chi benderfynu pa rif ar y dis sy'n cynrychioli dadfeiliad – mae 6 cystal rhif â dim, ond efallai fod gennych ddisiau sydd â lliw ar un wyneb yn unig.

Yn gyntaf, bydd angen i chi gyfrif eich holl ddisiau – dyma'r nifer cychwynnol o 'niwclysau ymbelydrol'. Yna, taflwch yr holl ddisiau sydd heb ddadfeilio. Gwahanwch, cyfrifwch a chofnodwch yr holl ddisiau sydd wedi 'dadfeilio' o'r tafliad diwethaf. Casglwch y disiau sy'n weddill, a heb ddadfeilio, a'u taflu eto. Ailadroddwch y drefn hon am tua deg tafliad – dylai tua 15% o'r disiau fod ar ôl, ond mae hynny'n amrywio'n fawr, ac yn dibynnu'n helaeth ar siawns.

Term allweddol

Radioisotop = isotop sy'n ymbelydrol (cofiwch fod gan isotopau yr un rhif proton, Z, ond rhif niwcleon, A, gwahanol).

cwestiwn cyflym

⑨ Esboniwch yn fras sut byddech chi'n addasu'r weithdrefn ar gyfer arbrawf y disiau pe baech chi ar eich pen eich hun, a phe bai gennych chi 400 o ddisiau.

cwestiwn cyflym

⑩ Lluniwch dabl gwag i ddangos sut byddech chi'n cyflwyno eich data ar gyfer Cwestiwn cyflym 9.

cwestiwn cyflym

⑪ $\sqrt{N}$ yw'r ansicrwydd mewn cyfrif cyfan o N. Esboniwch pam mae'r ansicrwydd ffracsiynol yn lleihau wrth i nifer y cyfrifon gynyddu.

cwestiwn cyflym

⑫ Ail isradd yr actifedd ei hun yw'r ansicrwydd yng ngwerth yr actifedd. Defnyddiwch hyn i roi barrau cyfeiliornad ar y graff yn Ffig. 3.5.7.

cwestiwn cyflym

⑬ Nawr eich bod chi wedi ychwanegu'r barrau cyfeiliornad at y graff, gwerthuswch a yw'r pwyntiau data yn cytuno â damcaniaeth dadfeiliad esbonyddol.

Y ffordd orau o goladu'r data yw drwy ddefnyddio taenlen, gyda chanlyniadau pob myfyriwr mewn colofn. Mater syml wedyn fydd grwpio'r holl ddata ynghyd i gael gwell canlyniadau. Mae tabl canlyniadau nodweddiadol i'w weld isod (Tabl 3.5.3).

Tafliad	Nifer y disiau										
	M1	M2	M3	M4	M5	M6	M7	M8	M9	M10	Cyfanswm
0	100	100	100	100	100	100	100	100	100	100	1000
1	80	83	86	84	83	83	81	81	85	80	826
2	69	71	74	70	72	70	67	69	72	63	697
3	55	60	65	59	62	61	54	56	57	52	581
4	45	47	57	45	52	54	42	46	45	43	476
5	39	37	49	38	43	45	35	41	38	33	398
6	30	28	37	32	34	37	27	36	29	29	319
7	22	24	29	26	30	33	23	28	21	26	262
8	17	20	23	22	24	29	17	22	16	21	211
9	15	15	20	17	17	24	13	16	11	15	163
10	13	12	17	14	15	20	10	14	8	10	133

Tabl 3.5.3 Canlyniadau nodweddiadol ar gyfer arbrawf y disiau

Gallwn ni ddefnyddio'r golofn olaf i blotio'r hyn ddylai fod yn ddadfeiliad esbonyddol.

Mae'r data sydd i'w gweld wedi'u creu drwy ddefnyddio haprifau, ac maen nhw'n gynrychiadol o set o ddata da a 'lwcus'. Ond drwy blotio actifedd yn erbyn rhif y tafliad (Ffig. 3.5.7), gwelwn fod y data ymhell o fod yn berffaith. Gallwn ni ddarganfod yr 'actifedd' ar gyfer pob tafliad drwy dynnu cyfanswm nifer dilynol y disiau, e.e. $1000 - 826 = 174$ yw'r actifedd cychwynnol.

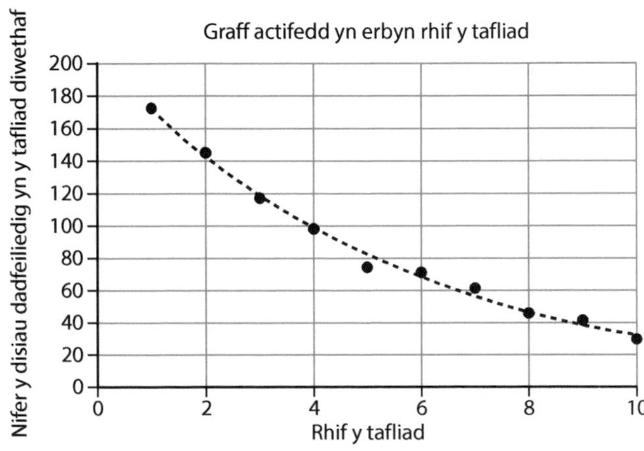

Ffig. 3.5.7 Graff 'actifedd' yn erbyn amser ar gyfer yr arbrawf disiau

Pam mae'r graff actifedd gymaint yn llai llyfn na graff nifer y disiau? Yr ateb syml yw: oherwydd bod y niferoedd yn llai. Pan mae hapgyfeiliornad i'w gael, mae setiau mawr o ddata yn llawer gwell – bydd y canlyniadau'n well os caiff mwy o ddarlleniadau eu cymryd.

Mae sawl ffordd o ddadansoddi'r data. Y ffordd symlaf yw drwy wirio bod yr hanner oes yn gysonyn. Yn y graff cyntaf, mae'n cymryd tua 3.5 tafliad i nifer y disiau haneru o 1000 i 500. Ar ôl 3.5 tafliad arall (cyfanswm o 7), mae nifer y disiau wedi haneru eto i 250. Ar ôl 3 thafliad arall (cyfanswm o 10), mae nifer y disiau bron â haneru eto, sef yr union beth bydden ni'n ei ddisgwyl. Felly, mae'n ymddangos bod y graff yn cyd-fynd yn dda â damcaniaeth dadfeiliad esbonyddol.

Gallwn ni wella hyn drwy gymryd logiau o'r hafaliad

$$N = N_0 e^{-\lambda \times \text{rhif y tafliad}}$$

sy'n rhoi $\ln N = \ln N_0 - \lambda \times \text{rhif y tafliad}$

Felly:

Graff ln (nifer y disiau) yn erbyn rhif y tafliad

Ffig. 3.5.8 Graff ln (nifer y disiau) yn erbyn rhif y tafliad

(b) Amrywiad arddwysedd pelydrau gama gyda phellter

Mewn egwyddor, mae hwn yn ymchwiliad syml iawn, a chyn belled â bod y pellter rhwng y ffynhonnell a'r canfodydd yn fawr o gymharu â maint y ffynhonnell, gallwn ni ddisgwyl i'r canlyniad fod yn berthynas sgwâr gwrthdro, h.y. bod

$$R \propto \frac{1}{d^2}$$

lle *R* yw'r gyfradd cyfrif (wedi'i chywiro gan ystyried pelydriad cefndir), a *d* yw'r pellter rhwng y ffynhonnell a'r canfodydd, sef y gwahaniad. Mae'r drefn yn Ffig. 3.5.9 yn nodweddiadol.

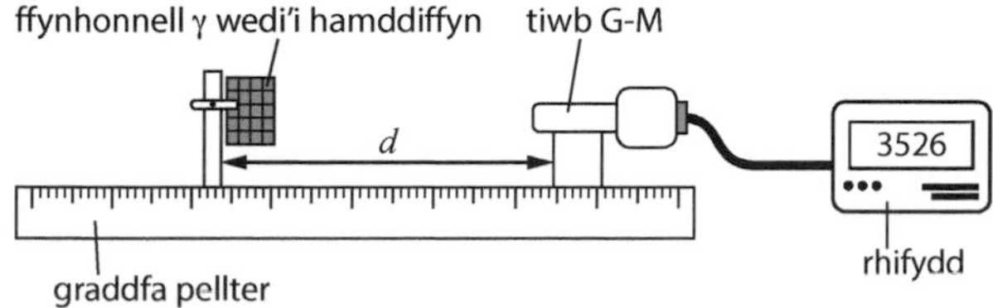

Ffig. 3.5.9 Deddf sgwâr gwrthdro ar gyfer pelydrau γ

Y drafferth yw na allwn ni fesur gwir wahaniad y ffynhonnell (y tu mewn i'r defnydd amddiffyn) ac union safle'r canfodydd (y tu mewn i'r tiwb G–M), h.y. nid *d* yw'r gwir wahaniad. Felly, rhaid i ni ganiatáu ar gyfer hyn.

» Cofiwch

Gallech chi ddisgwyl mai tua 0.167 tafliad^{-1} fydd cysonyn dadfeilio dis. Cofiwch mai'r cysonyn dadfeilio yw'r tebygolrwydd o ddadfeiliad fesul uned amser. Ar gyfer y dis, $\frac{1}{6}$ neu 0.167 yw'r tebygolrwydd o ddadfeiliad ar gyfer pob tafliad.

cwestiwn cyflym

⑭ Mesurwch raddiant y graff yn Ffig. 3.5.8, a chymharwch ei werth â 0.167.

» Cofiwch

Dylai eich gwerth yng Nghwestiwn cyflym 14 fod yn rhy fawr. Er mwyn cael gwir werth disgwyliedig y graddiant, rhaid i chi ddatrys yr hafaliad canlynol (meddyliwch amdano'n ofalus!)

$$\frac{5}{6} = e^{-\lambda \times 1}$$

sy'n rhoi $\lambda = 0.182$.

» Cofiwch

Co-60 yw'r ffynhonnell gama arferol mewn ysgolion a cholegau. Yn anffodus, mae ganddo hanner oes byr o tua 5 mlynedd, felly mae'n colli'i ddefnydd ymhen dim. Un ffordd o ddatrys hyn yw drwy defnyddio ffynhonnell sy'n allyrru ymbelydredd α, β a phelydriad γ, a chysgodi'r α a'r β drwy osod amsugnydd alwminiwm tenau (2–3 mm) rhwng y ffynhonnell a'r tiwb G-M. Caiff Ra-226 (hanner oes 1500 o flynyddoedd) ei ddefnyddio'n aml.

cwestiwn cyflym

⑮ Mewn ysgol yn y De, 21 cyfrif y funud yw'r cyfrif cefndir cymedrig. Gyda ffynhonnell γ yn bresennol, mae'r cyfrif yn 760 dros gyfnod o 5 munud. Cyfrifwch R ac $\frac{1}{\sqrt{R}}$ (gan roi R mewn cyfrifon yr eiliad).

cwestiwn cyflym

⑯ Sut gallwn ni ddarganfod gwerthoedd k ac ε o graff o $\frac{1}{\sqrt{R}}$ yn erbyn d?

Felly, gyda'r offer ar dudalen 49, rydyn ni'n disgwyl bydd y gyfradd cyfrif, R, o ganlyniad i'r ffynhonnell (h.y. wedi'i chywiro gan ystyried pelydriad cefndir), yn dibynnu ar d, yn ôl yr hafaliad canlynol:

$$R = \frac{k}{(d - \varepsilon)^2}$$

lle mae k ac ε yn gysonion, ac mae ε yn gywiriad sy'n caniatáu ar gyfer y safleoedd anhysbys.

Os cymerwn ni ail isradd yr hafaliad a'i wrthdroi, cawn y canlynol:

$$\frac{1}{\sqrt{R}} = \frac{d}{\sqrt{k}} - \frac{\varepsilon}{\sqrt{k}}.$$

Felly, os yw'r ddeddf sgwâr gwrthdro yn ddilys, bydd graff o $\frac{1}{\sqrt{R}}$ yn erbyn d yn llinell syth. Mae'r weithdrefn yn weddol syml, a dyma yw testun C6 yn y cwestiynau ychwanegol.

ychwanegol

1. Esboniwch pa radioisotop, o'r dewisiadau isod, ddylai gael ei ddefnyddio ar gyfer y canlynol:
   (a) Uned sterileiddio ymbelydrol ar gyfer sicrhau bod offer meddygol yn rhydd o ficrobau.
   (b) Ffynhonnell ymbelydrol ar gyfer gwirio trwch papur.
   (c) Halwyn ymbelydrol i'w lyncu er mwyn iddo fynd i mewn i'r aren, lle bydd yn lladd celloedd mewn canser bach (sydd â diamedr o lai na chentimetr).
   (ch) Olinydd ymbelydrol sy'n cael ei osod mewn pibell olew danddaearol i ddarganfod lle mae'r bibell yn gollwng.
   (d) Ffynhonnell ymbelydrol mewn synhwyrydd mwg.
   (dd) 'Gwenwyn' ymbelydrol sy'n angenrheidiol i ladd ysbïwr, a hynny drwy ei osod yn ei ddiod.

   Y dewis o radioisotopau

   A – radioisotop sy'n allyrru gronynnau alffa sydd â hanner oes byr

   B – radioisotop sy'n allyrru gronynnau beta sydd â hanner oes byr

   C – radioisotop sy'n allyrru pelydrau gama sydd â hanner oes byr

   CH – radioisotop sy'n allyrru gronynnau alffa sydd â hanner oes hir

   D – radioisotop sy'n allyrru gronynnau beta sydd â hanner oes hir

   DD – radioisotop sy'n allyrru pelydrau gama sydd â hanner oes hir
2. Esboniwch pam mae gronynnau beta yn crymu llawer mwy mewn maes magnetig (neu drydanol) na gronynnau alffa a phelydrau gama. Awgrym: dylech chi ystyried gwefr, buanedd a màs.

3. Mae gan sampl sy'n cynnwys cobalt-60 (Co-60) actifedd cychwynnol o 5.34 GBq. Mae gan gobalt-60 gysonyn dadfeilio o $4.167 \times 10^{-9}\ s^{-1}$. Cyfrifwch y canlynol:
   (a) ei hanner oes mewn blynyddoedd
   (b) màs y Co-60, a nifer yr atomau ymbelydrol yn y sampl
   (c) yr actifedd ar ôl 8 mlynedd
   (ch) yr actifedd ar ôl 5.22 hanner oes
   (d) yr amser mae'n ei gymryd i'r actifedd ddisgyn i 12.5% o'i actifedd cychwynnol (mae'n haws nag mae'n ymddangos ar yr olwg gyntaf)
   (dd) yr amser mae'n ei gymryd i'r actifedd ddisgyn i 1.34 GBq.

4 Caiff hen goeden ei darganfod mewn mawnog, a chaiff ei hoed ei ganfod drwy ddefnyddio dull dyddio carbon. 1×10^{-12} yw cymhareb naturiol C-14 i C-12, ond mae hyn yn lleihau'n esbonyddol ar ôl i bob organeb farw. Nid yw C-12 yn dadfeilio; mae'n niwclews sefydlog. 5730 o flynyddoedd yw hanner oes C-14 (dyma hefyd yw hanner oes y gymhareb C-14 i C-12). Os 0.221×10^{-12} yw'r gymhareb C-14 i C-12 yn y goeden farw, cyfrifwch, yn lled gywir, y flwyddyn (CCC[1]) pan fu farw.

5 Gallwn ni ddyddio – sef canfod oed – hen greigiau drwy ddefnyddio cymhareb y plwm i'r wraniwm yn y creigiau hyn. Mae U-235 ($^{235}_{92}U$) yn dadfeilio i Pb-207 ($^{207}_{82}Pb$) drwy saith dadfeiliad alffa, a phedwar dadfeiliad beta.
   (a) Dangoswch mai Pb-207 ($^{207}_{82}Pb$) sydd i'w ddisgwyl wedi 7 dadfeiliad alffa a 4 dadfeiliad beta, gan ddechrau o U-235 ($^{235}_{92}U$).
   (b) Sawl dadfeiliad alffa a sawl dadfeiliad beta bydd eu hangen i U-238 ($^{238}_{92}U$) ddadfeilio i Pb-206 ($^{206}_{82}Pb$)?
   (c) 700 miliwn o flynyddoedd yw hanner oes (cyfan) U-235 sy'n dadfeilio i Pb-207. Gan dybio bod y gymhareb Pb-207 i U-235 yn dechrau ar sero, esboniwch pam mai 1.00 yw'r gymhareb Pb-207 i U-235 ar ôl un hanner oes.
   (ch) Pa mor hir bydd hi'n ei gymryd i'r gymhareb Pb-207 i U-235 gyrraedd gwerth o 3.00?

   [Awgrym: 3.00 yw'r gymhareb $\frac{3/4}{1/4}$]

   (d) Cyfrifwch oedran craig sydd â chymhareb o 1.35 ar gyfer Pb-207 i U-235.
   (dd) 4.5 biliwn o flynyddoedd yw hanner oes (cyfan) U-238 sy'n dadfeilio i Pb-206. Cyfrifwch y gymhareb Pb-206 i U-238 yn y graig yn rhan (d).

6. Aeth grŵp o fyfyrwyr ati i ymchwilio i'r ddeddf sgwâr gwrthdro ar gyfer pelydriad gama. Dyma oedd eu mesuriadau:

   Pelydriad cefndir = 105 cyfrif mewn 5 munud

Pellter, d / cm	10	15	20	25	30	50	70
Cyfanswm y cyfrif	780	301	174	249	255	225	310
Amser y cyfrif /mun	1	1	1	2	3	5	10

   (a) Yn nhermau ansicrwydd, awgrymwch pam aethon nhw ati i fesur y cyfrifon dros gyfnodau amser gwahanol.
   (b) Lluniwch dabl arall o gyfrifon y funud, R, wedi'u cywiro ar gyfer pelydriad cefndir.
   (c) Defnyddiwch graff $\frac{1}{\sqrt{R}}$ yn erbyn d, a lluniwch linell ffit orau i gadarnhau bod y ddeddf sgwâr gwrthdro yn ddilys a chyfrifo gwerthoedd k ac ε.

[1] CCC = Cyn y Cyfnod Cyffredin = oedran mewn blynyddoedd – 2018 (ar adeg cyhoeddi'r llyfr).

3.6 Egni niwclear

3.6.1 Cywerthedd màs ac egni, $E = mc^2$

Efallai mai'r hafaliad enwocaf o holl hafaliadau ffiseg yw:

$$E = mc^2$$

sy'n dweud bod perthynas rhwng màs ac egni – dau gysyniad sy'n ymddangos yn gwbl wahanol i'w gilydd. Mae egni niwclear wedi'i seilio ar yr hafaliad hwn, ac mae'n elwa'n fawr ar y ffaith bod c^2 yn rhif mawr (9×10^{16}). Mae hyn yn golygu mai'r egni sy'n cael ei gynhyrchu pan gaiff 1 kg o fater ei 'golli' yw

$$E = mc^2 = 1 \times (3 \times 10^8)^2 = 9 \times 10^{16}\,\text{J (neu 90 000 000 000 000 000 J)}$$

Un ffordd o 'golli' 1 kg o fàs fyddai difodi 0.5 kg o wrthfater gyda 0.5 kg o fater. Yn anffodus, (neu, o bosibl, yn ffodus), dydy'r fath beth â 0.5 kg o wrthfater arunig ddim yn bodoli ar y Ddaear ac, felly, mae'n rhaid canfod dulliau mwy cynnil o ddefnyddio egni niwclear.

Daeth y cadarnhad cyntaf o hafaliad $E = mc^2$ drwy arbrawf Cockcroft a Walton yn 1932, a nhw lwyddodd i 'hollti'r atom' hefyd (enillodd y ddau wobr Nobel yn 1951). Dyma'r adwaith ddefnyddiodd Cockcroft a Walton, a dyma'r canlyniadau gawson nhw:

$${}^{7}_{3}\text{Li} + {}^{1}_{1}\text{H} \rightarrow {}^{4}_{2}\text{He} + {}^{4}_{2}\text{He} + 17.1\,\text{MeV o egni}$$

Aethon nhw ati i beledu niwclysau ${}^{7}_{3}\text{Li}$ â niwclysau hydrogen (protonau), gan gael dau niwclews heliwm (gronynnau α), a swm sylweddol o egni ychwanegol. Yn ôl hafaliad Einstein, rhaid bod yr egni ychwanegol hwn yn dod o fàs 'coll', ond oedd y ffigurau'n gwneud synnwyr?

Dyma fasau'r niwclysau oedd yn yr arbrawf, wedi'u cyflwyno mewn uned newydd – sef uned màs atomig unedig ($1\,\text{u} = 1.66 \times 10^{-27}\,\text{kg}$).

mae màs ${}^{7}_{3}\text{Li} = 7.0144\,\text{u}$ mae màs ${}^{1}_{1}\text{H} = 1.0072\,\text{u}$ mae màs ${}^{4}_{2}\text{He} = 4.0015\,\text{u}$

Mae cyfanswm màs yr ochr chwith $= 7.0144 + 1.0072 = 8.0216\,\text{u}$

Mae cyfanswm màs yr ochr dde $= 4.0015 + 4.0015 = 8.0030\,\text{u}$

h.y. mae'r màs sy'n cael ei golli $= 0.0186\,\text{u}$

Er mwyn defnyddio $E = mc^2$, mae angen $1\,\text{u} = 1.66 \times 10^{-27}\,\text{kg}$ o'r Llyfryn Data. Mae

$$E = 0.0186 \times 1.66 \times 10^{-27} \times (3 \times 10^8)^2 = 2.779 \times 10^{-12}\,\text{J}$$

Er mwyn trosi o J i eV, rhaid rhannu ag e (1.6×10^{-19} C). Mae

$$E = \frac{2.78 \times 10^{-12}\,\text{J}}{1.60 \times 10^{-19}\,\text{J eV}^{-1}} = 1.74 \times 10^7\,\text{eV} = 17.4\,\text{MeV}$$

sy'n agos iawn at ganlyniad Cockcroft a Walton, sef 17.1 MeV.

» Cofiwch

Mae'r gair 'colli' mewn dyfynodau gan nad yw'r màs yn cael ei golli mewn gwirionedd – hwn yw màs yr egni ei hun sy'n cael ei ryddhau.

» Cofiwch

Mae 90 PJ dros 10 000 gwaith cynnyrch egni'r bom gafodd ei ollwng ar ddinas Hiroshima yn Japan ar 6 Awst 1945.

Term allweddol

Mae'r **uned màs atomig unedig**, u = $\frac{1}{12}$ màs atom ${}^{12}_{6}\text{C}$ arunig yn ei gyflwr isaf.

$1\,\text{u} = 1.66 \times 10^{-27}\,\text{kg}$ (3 ff.y.)

cwestiwn cyflym

① Mae 0.542 u o fàs yn cael ei golli mewn adwaith niwclear. Faint o egni MeV sy'n cael ei ryddhau yn yr adwaith?

($1\,\text{u} \equiv 931\,\text{MeV}$)

cwestiwn cyflym

② Troswch y canlynol:

(a) 12.0 u i kg,

(b) 401×10^{-27} kg i u.

» Cofiwch

Wrth gyfrifo egnïon niwclear adweithiau, cofiwch wneud y canlynol bob amser: (màs yr ochr chwith – màs yr ochr dde) × 931, a bydd gennych chi'r ateb mewn MeV. Sylwch, ar gyfer adweithiau sydd ddim yn rhyddhau egni, bydd yr ateb yn sero neu'n negatif.

Mewn gwirionedd, mae ffordd haws o gael yr ateb cywir, oherwydd gallwch chi bob amser ddefnyddio'r cywerthedd 1 u ≡ 931 MeV. Mae hyn yn golygu bod màs o 1 u yn gywerth â 931 MeV o egni. Felly, yr unig beth mae'n rhaid i chi ei wneud yw lluosi'r màs gaiff ei golli mewn u â 931, a bydd gennych chi ateb terfynol mewn MeV, h.y. mae $0.0187 \times 931 = 17.4$ MeV (mae anghysondeb bach oherwydd bod y cysonion i gyd wedi'u rhoi i 3 ff.y. yn unig).

Mae'r uned màs unedig yn uned màs hynod o ddefnyddiol wrth drafod meintiau atomig neu niwclear, a byddwch yn ei gweld yn aml yn yr adran hon. Byddwch chi hefyd yn trosi yn rheolaidd o u i MeV, gan ddefnyddio 1 u ≡ 931 MeV.

cwestiwn cyflym

③ Faint o egni sy'n cael ei ryddhau mewn adwaith niwclear:

(a) pan fydd 0.666×10^{-9} kg o fàs yn cael ei 'golli'?

(b) pan fydd 0.007892 u o fàs yn cael ei 'golli'?

cwestiwn cyflym

④ Cyfrifwch yr egni gaiff ei ryddhau yn yr adwaith niwclear canlynol:

$^{6}_{3}\text{Li} + ^{2}_{1}\text{H} \rightarrow ^{4}_{2}\text{He} + ^{4}_{2}\text{He}$

Dyma fasau'r niwclysau perthnasol:

màs $^{6}_{3}\text{Li} = 6.014$ u

màs $^{2}_{1}\text{H} = 2.013$ u

màs $^{4}_{2}\text{He} = 4.002$ u

3.6.2 Beth sy'n gwneud rhai niwclysau yn sefydlog ac eraill yn ansefydlog?

Mae ateb cyflawn i'r cwestiwn hwn yn amhosibl, ond, ar lefel U2, mae angen i chi allu ei esbonio yn nhermau egni clymu.

Yn gyntaf, gadewch i ni ystyried sefydlogrwydd electronau mewn orbitau. Mae grym atynnol rhwng y niwclews a'r electronau (+if a –if), sy'n dal yr electronau yn eu lle. Mae'r un peth yn wir am niwcleonau yn y niwclews. Mae grym atynnol (grym niwclear cryf) yn dal y niwcleonau ynghyd yn y niwclews (mae'r grym hwn tua 100 gwaith yn fwy na'r gwrthyriad +if +if rhwng y protonau).

Pryd bynnag mae grym atynnol yn bodoli, mae'r gronynnau'n colli egni potensial wrth iddyn nhw agosáu at ei gilydd, a dyma'r egni sy'n gallu cael ei ryddhau. Mewn adwaith cemegol, mae'r electronau yn fwy sefydlog yn y cynhyrchion terfynol, felly maen nhw wedi colli egni potensial, ac mae egni wedi cael ei ryddhau.

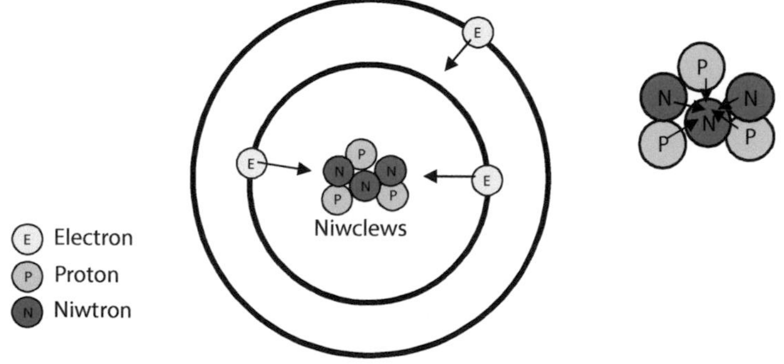

Ffig. 3.6.1 Grymoedd yn yr atom

Mae'n sefyllfa debyg iawn i hyn mewn adweithiau niwclear: wrth i'r niwclysau ddod yn fwy sefydlog, maen nhw'n colli EP, ac yn rhyddhau egni – ond tua miliwn gwaith yn fwy na'r hyn sy'n cael ei ryddhau mewn adweithiau cemegol.

Yr hyn sy'n digwydd yw fod masau ac egnïon potensial y gronynnau yn lleihau wrth iddyn nhw agosáu at ei gilydd. Mae hyn yn wir hyd yn oed mewn adweithiau cemegol – bydd màs y system yn lleihau ar ôl adwaith ecsothermig, ond mae'r newid hwn yn y màs yn anodd ei ganfod.

Term allweddol

Egni clymu = Yr egni sydd ei angen er mwyn gwahanu niwclews i'w niwcleonau cyfansoddol.

Ffordd arall o'i fynegi yw drwy ddweud mai dyma'r egni sy'n cael ei ryddhau (neu'r gostyngiad yn yr EP) wrth i'r niwcleonau cyfansoddol ffurfio'r niwclews.

UNED: J neu MeV

» Cofiwch

Cofiwch mai egni clymu yw egni gaiff ei ryddhau, a bod hynny'n gysylltiedig â cholli màs – **nid egni mae'r niwclews yn meddu arno yw hwn** (neu o'i roi fel arall, dyma egni mae'n rhaid ei ddarparu er mwyn cynyddu'r màs pan fydd niwcleonau yn cael eu tynnu ar wahân).

cwestiwn cyflym

⑤ Drwy ddiffiniad, 12 u (yn union) yw màs atom o C-12.

Cyfrifwch yr egni clymu fesul niwcleon ar gyfer C-12.

Data: $m_{H1} = 1.007\ 825\,u$

$m_n = 1.008\ 665\,u$

cwestiwn cyflym

⑥ Cyfrifwch yr egni clymu fesul niwcleon ar gyfer $^{56}_{26}Fe$.

Data: $m_{Fe56} = 55.934\ 939\,u$

$m_p = 1.007\ 276\ u$

$m_n = 1.008\ 665\ u$

$m_e = 0.000\ 548\ u$

cwestiwn cyflym

⑦ Caiff craig, màs 250 kg, ei chodi uchder o 2.14 m.

(a) Dangoswch mai tua 6×10^{-14} kg yw màs y newid yn egni potensial y system Daear–craig.

(b) Esboniwch pam nad yw màs y system Daear–craig yn cynyddu yn ôl y swm hwn.

Mewn adwaith niwclear, mae'r newid yn y màs filiwn gwaith yn fwy, ac mae'n hawdd ei fesur â sbectromedr màs (hyd yn oed yn 1932, cafodd hyn ei fesur yn eithaf cywir).

Yr enw ar y newid hwn yn yr EP, wrth i niwcleonau gael eu tynnu at ei gilydd i ffurfio niwclews, yw'r **egni clymu**, a chaiff ei ddiffinio'n ffurfiol yn y **Term allweddol**. Mae'n gysyniad defnyddiol, a phan fyddwch chi'n rhannu'r egni clymu â nifer y niwcleonau, mae'n ffordd ardderchog o fesur sefydlogrwydd niwclews unigol.

Enghraifft

Ar gyfer y niwclews ^4_2He, cyfrifwch:

(a) yr egni clymu

(b) yr egni clymu fesul niwcleon.

Data: màs niwclear $^4_2He = 4.001506\,u$, màs proton $(m_p) = 1.007276\,u$, màs niwtron $(m_n) = 1.008665$ ac mae $1\,u \equiv 931\,MeV$

Ateb

(a) Yn gyntaf, rydych chi'n gwybod bod gennych chi 2 broton (o'r rhif atomig), a bod gennych chi 2 niwtron (rhif niwcleon – rhif proton).

Nesaf, adiwch fasau unigol y gronynnau:

$$2 \times m_p + 2 \times m_n = 2 \times 1.007276 + 2 \times 1.008665 = 4.031882\,u$$

Dyma fàs y niwcleonau cyn iddyn nhw ddod ynghyd, a 4.001506 yw eu màs ar ôl iddyn nhw ddod ynghyd (h.y. màs ^4_2He). Y gwahaniaeth yw:

$4.031882 - 4.001506 = 0.030376\,u$ sef y gostyngiad yn y màs.

$$\text{Egni clymu} = 0.030376 \times 931 = 28.28\,MeV$$

(b) Yr unig beth mae'n rhaid i chi ei wneud i gael yr ail ateb yw rhannu â nifer y niwcleonau (h.y. rhannu â 4, oherwydd y 2 niwtron a'r 2 broton)

$$\text{Egni clymu/niwcleon} = 28.28\ /\ 4 = 7.07\ MeV\ /\ \text{niwcleon}$$

Enghraifft synoptig gymhleth

Caiff sbring ei estyn 8.2 cm drwy ddefnyddio grym o 360 N. Cyfrifwch y cynnydd ym màs y sbring.

Ateb

Efallai fod y cwestiwn hwn yn swnio fel nonsens ffuglen wyddonol, ond mewn gwirionedd, mae'n eithaf hawdd ac yn wir.

$$EP = \tfrac{1}{2}Fx = \tfrac{1}{2} \times 360 \times 8.2 \times 10^{-2} = 14.8\,J$$

$$E = 14.8 = mc^2 \quad \rightarrow \quad m = \frac{14.8}{c^2} = 1.6 \times 10^{-16}\,kg$$

Mae'r cynnydd yn y màs yn digwydd oherwydd bod yr atomau'n cael eu tynnu ymhellach ar wahân wrth i'r sbring gael ei estyn ac wrth i'r EP gynyddu.

3.6.3 Graff egni clymu fesul niwcleon yn erbyn rhif niwcleon

Dyma'r graff sy'n dangos sefydlogrwydd niwclysau. Mae hefyd yn dweud wrthych chi pa mor debygol yw'r niwclysau o gyflawni adweithiau ymasiad neu ymholltiad.

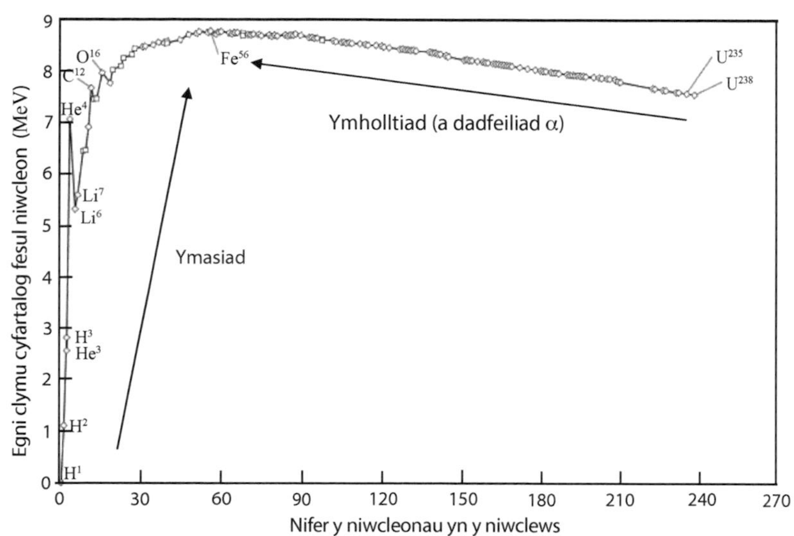

Ffig. 3.6.2 Cromlin egni clymu

Dylech chi sylwi bod $^{4}_{2}$He a $^{56}_{26}$Fe wedi'u plotio'n gywir (os cawsoch chi'r ateb cywir i Gwestiwn cyflym 5). Dylech chi sylwi hefyd fod gan $^{1}_{1}$H egni clymu o 0 fesul niwcleon – mae hynny'n eithaf amlwg, os meddyliwch am y peth. Proton yn unig yw'r niwclews $^{1}_{1}$H, felly ni all feddu ar egni clymu gan nad oes unrhyw beth arall yn y niwclews gydag ef (gweler **Cofiwch**). At hynny, mae $^{56}_{26}$Fe yn agos at uchafbwynt y gromlin, ac mae'n un o'r niwclysau mwyaf sefydlog.

Mae hyn i gyd yn golygu gall niwclysau llai ymasio er mwyn cynyddu eu rhif niwcleon, a symud tuag at ran sefydlog y graff (gweler y saeth ymasiad ar y graff). Bydd ymholltiad neu ddadfeiliad α yn digwydd i niwclysau trwm i leihau eu rhif niwcleon, a symud tuag at sefydlogrwydd.

Enghraifft fwy cymhleth

Dyma un o adweithiau ymholltiad $^{235}_{92}$U (wraniwm-235):

$$^{235}_{92}\text{U} + ^{1}_{0}\text{n} \quad \rightarrow \quad ^{95}_{37}\text{Rb} + ^{137}_{55}\text{Ca} + 4^{1}_{0}\text{n}$$

h.y. mae $^{235}_{92}$U yn cael ei daro gan niwtron, ac yn hollti'n $^{95}_{37}$Rb, $^{137}_{55}$Ca a phedwar niwtron.

màs $^{235}_{92}$U = 235.0439 u, màs $^{95}_{37}$Rb = 94.9293 u,

màs $^{137}_{55}$Ca = 136.9071 u, màs niwtron = 1.0073 u

Cyfrifwch yr egni sy'n cael ei ryddhau yn yr adwaith, ac esboniwch eich ateb o ran egni clymu a sefydlogrwydd.

» Cofiwch

Mewn gwirionedd, mae gan $^{1}_{1}$H egni clymu. 13.6 eV yw'r egni clymu hwn, sef yr egni sydd ei angen i ïoneiddio atom hydrogen. Mae hwn yn llawer rhy fach i'w weld ar raddfa Ffig. 3.6.2.

cwestiwn cyflym

⑧ Esboniwch yn fras pam mae elfennau ysgafnach, yn gyffredinol, yn rhyddhau egni pan fyddan nhw'n cymryd rhan mewn adweithiau ymasiad.

cwestiwn cyflym

⑨ Mae adwaith ymholltiad posibl arall, sy'n cynnwys wraniwm-235, i'w weld isod. Cyfrifwch yr egni sy'n cael ei ryddhau, gan ddefnyddio'r data a roddir.

$^{235}_{92}U + ^{1}_{0}n \rightarrow$

$^{89}_{36}Kr + ^{144}_{56}Ba + 3\,^{1}_{0}n$

màs $^{235}_{92}U = 235.0439\,u$,

màs $^{89}_{36}Kr = 88.9176\,u$,

màs $^{144}_{56}Ba = 143.9230\,u$,

màs niwtron $= 1.0087\,u$

cwestiwn cyflym

⑩ Defnyddiwch werthoedd yr egni clymu fesul niwcleon o'r graff i amcangyfrif yr egni sy'n cael ei ryddhau yn yr 'enghraifft fwy cymhleth', ac ewch ati i gadarnhau bod y gwerth gafwyd yng Nghwestiwn cyflym 9 yn gywir.

Ateb

Mae cyfanswm màs yr ochr chwith $= 235.0439 + 1.0073 = 236.0512\,u$
Mae cyfanswm màs yr ochr dde $= 94.9293 + 136.9071 + 4 \times 1.0073$
$= 234.8656\,u$
Mae'r egni sy'n cael ei golli $= 0.1856\,u$
Yn olaf, mae'r egni sy'n cael ei ryddhau $= 0.1856 \times 931 = 173\,MeV$

O ran yr egni clymu, mae gan y cynhyrchion, $^{137}_{55}Ca$ a $^{95}_{37}Rb$, lai o niwcleonau na $^{236}_{92}U$ ac mae eu hegni clymu fesul niwcleon yn fwy na $^{236}_{92}U$ (h.y. dilynon nhw'r saeth ymholltiad ar y graff). Felly, mae'r cynhyrchion yn fwy sefydlog, mae ganddyn nhw gyfanswm màs llai, ac mae 173 MeV o egni ychwanegol yn cael ei ryddhau.

Pe baech chi wir am roi ateb cyflawn, gallech chi hefyd nodi mai sero yw egni clymu'r niwcleonau rhydd, a'u bod nhw'n dadfeilio i roi proton, electron a gwrthniwtrino sydd â hanner oes o 10 munud (ond fyddai dim disgwyl i chi wneud hynny).

Enghraifft fwy cymhleth fyth

Defnyddiwch werthoedd yr egni clymu fesul niwcleon o Ffig. 3.6.2 i amcangyfrif yr egni gaiff ei ryddhau yn yr adwaith canlynol.

$$^{2}_{1}H + ^{3}_{1}H \rightarrow ^{4}_{2}He + ^{1}_{0}n$$

Ateb

Does dim masau'n cael eu rhoi, felly rhaid i chi ddefnyddio gwerthoedd yr egni clymu fesul niwcleon o'r graff (fel mae'r cwestiwn yn ei nodi). Drwy edrych yn ofalus ar y graff, dylech chi gytuno, yn fras, fod y canlynol yn wir:
Egni clymu ($^{2}_{1}H$) = 1.1 MeV/niwcleon
Egni clymu ($^{3}_{1}H$) = 2.8 MeV/niwcleon
Egni clymu ($^{4}_{2}He$) = 7.1 MeV/niwcleon

Dylech chi allu nodi hefyd mai sero yw egni clymu'r niwtron. Nawr, i gyfrifo cyfanswm yr egni clymu, rhaid i ni luosi'r egnïon clymu fesul niwcleon â'r rhif niwcleon.

Mae cyfanswm egni clymu'r ochr chwith $= 2 \times 1.1 + 3 \times 2.8 = 10.6\,MeV$

Mae cyfanswm egni clymu'r ochr dde $= 4 \times 7.1 = 28.4\,MeV$

Felly, 17.8 MeV yw'r **cynnydd** yn yr egni clymu. O'r diffiniad o egni clymu, dyma'r egni sy'n cael ei ryddhau yn yr adwaith. Neu o'i roi fel arall, mae'r **cynnydd** hwn yn egni clymu'r niwclysau yr un peth â'r **gostyngiad** yng nghyfanswm egni potensial y niwclysau, ac felly dyma'r egni sy'n cael ei **ryddhau** yn yr adwaith.

» Cofiwch

Pan fydd egni clymu yn cael ei **ennill**, bydd egni'n cael ei ryddhau.

» Cofiwch

Pan fydd egni potensial yn cael ei golli, bydd egni'n cael ei ryddhau.

» Cofiwch

Mae'r egni gaiff ei golli mewn adweithiau niwclear fel arfer ar ffurf egni cinetig y cynhyrchion.

ychwanegol

Data i'w defnyddio yn y cwestiynau isod, fel sy'n addas

Data màs atomig (mewn u): $^{1}_{1}H(1.007\,825)$; $^{2}_{1}H(2.014\,102)$; $^{3}_{1}H(3.016\,049)$; $^{3}_{2}He(3.016\,030)$; $^{4}_{2}He(4.002\,604)$; $^{8}_{4}Be(8.005\,305)$; $^{11}_{5}B(11.009\,305)$; $^{11}_{6}C(11.011\,434)$; $^{14}_{6}C(14.003\,241)$; $^{14}_{7}N(14.003\,074)$; $^{56}_{26}Fe(55.934\,937)$; $^{61}_{28}Ni(60.931\,056)$; $^{103}_{40}Zr(102.926\,601)$; $^{93}_{41}Nb(92.906\,378)$; $^{103}_{45}Rh(102.905\,504)$; $^{134}_{54}Xe(133.905\,395)$; $^{137}_{56}Ba(136.905\,827)$; $^{234}_{90}Th(234.043\,601)$; $^{233}_{92}U(233.039\,635)$; $^{238}_{92}U(238.050\,788)$; $^{239}_{94}Pu(239.052\,163)$; $^{244}_{95}Am(244.064\,285)$

Masau gronynnau (mewn u): $^{0}_{-1}e(0.000\,548)$; $^{1}_{0}n(1.008\,665)$; $^{1}_{1}p(1.007\,276)$; $^{0}_{0}\overline{\nu_e}\ (\approx 0)$;

Data eraill: $1\,u = 1.661 \times 10^{-27}\,kg \equiv 931\,MeV$; $c = 3.00 \times 10^{8}\,m\,s^{-1}$; $m_e = 9.11 \times 10^{-31}\,kg$

1. (a) Troswch bob un o'r masau canlynol i'r uned màs unedig (u):

   (i) 2.3 kg (ii) 42 mg (iii) 9.11×10^{-31} kg (iv) 6.0 tunnell fetrig (v) 11.2 fg

   (b) Troswch y masau canlynol i kg:

   (i) 56 u (ii) 4×10^{30} u (iii) 5.8 µg (iv) 1.20×10^{57} u (pa gorff sydd â'r màs hwn?)

2. Defnyddiwch ddata o'r blwch ar waelod t. 56 i gyfrifo màs **niwclews** He-4. Rhowch eich ateb (a) mewn u, (b) mewn kg.

3. Cyfrifwch yr egni'on sy'n cael eu rhyddhau ym mhob un o'r adweithiau canlynol:

   (a) ${}^2_1\text{H} + {}^3_1\text{H} \rightarrow {}^4_2\text{He} + {}^1_0\text{n}$ (gwiriwch eich ateb gyda'r 'Enghraifft fwy cymhleth fyth')

   (b) ${}^{14}_6\text{C} \rightarrow {}^{14}_7\text{N} + {}^{0}_{-1}\text{e} + {}^0_0\overline{\nu_e}$

   (c) ${}^{238}_{92}\text{U} \rightarrow {}^{234}_{90}\text{Th} + {}^4_2\text{He}$

   (ch) ${}^4_2\text{He} + {}^4_2\text{He} \rightarrow {}^8_4\text{Be}$

4. Cyfrifwch yr egni sy'n cael ei ryddhau wrth i gymysgedd o 1 kg o ${}^2_1\text{H}$ a ${}^3_1\text{H}$, yn y gymhareb gywir, adweithio fel yn 3(a). Nodwch fàs y ${}^2_1\text{H}$ sydd ei angen.

5. Cyfrifwch yr egni'on clymu fesul niwcleon ar gyfer y niwclysau canlynol:

   (a) ${}^{11}_5\text{B}$ (b) ${}^{61}_{28}\text{Ni}$ (c) ${}^{244}_{95}\text{Am}$ (ch) ${}^8_4\text{Be}$

6. (a) Defnyddiwch graff yr egni'on clymu fesul niwcleon i esbonio pam mai elfennau trwm yn unig sy'n profi dadfeiliad gronynnau alffa.

   (b) Mae'r adwaith yng nghwestiwn 3(ch) ychydig yn endothermig (mae'n amsugno egni yn hytrach na'i ryddhau). Esboniwch a ddylai'r egni clymu fesul niwcleon gwnaethoch chi ei gyfrifo yn 5(ch) fod yn fwy neu'n llai nag egni clymu ${}^4_2\text{He}$ (7.07 MeV/niwcleon).

   (c) Esboniwch pam mae'n ymddangos bod yr adwaith ${}^3_1\text{H} \rightarrow {}^3_2\text{He} + {}^{0}_{-1}\text{e} + {}^0_0\overline{\nu_e}$ yn mynd yn groes i'r wybodaeth yng nghromlin yr egni clymu fesul niwcleon (Ffig. 3.6.2).

7. Defnyddiwch Ffig. 3.6.2 i amcangyfrif yr egni sy'n cael ei ryddhau yn yr *adwaith alffa triphlyg*, ${}^4_2\text{He} + {}^4_2\text{He} + {}^4_2\text{He} \rightarrow {}^{12}_6\text{C}$, sy'n digwydd yn y cam cawr coch mewn sêr.

8. Mae gan niwclysau ymholltog tua 240 o niwcleonau. Gallwn ni dybio bod gan y cynhyrchion ymholltiad rifau niwcleon o tua 120.

   (a) Defnyddiwch Ffig. 3.6.2 i ddangos mai tua 200 MeV yw'r egni sy'n cael ei ryddhau mewn adwaith ymholltiad arferol.

   (b) Mae gan adweithydd ymholltiad niwclear allbwn thermol cyson o 1.5 GW. Defnyddiwch eich ateb i ran (a) i amcangyfrif màs y tanwydd niwclear mae angen ei adnewyddu bob blwyddyn.

9. Mae adweithyddion niwclear yn cynhyrchu amrediad eang o gynhyrchion ymholltiad. Dyma un adwaith ymholltiad ar gyfer Pu-239:

   ${}^1_0\text{n} + {}^{239}_{94}\text{Pu} \rightarrow {}^{134}_{54}\text{Xe} + {}^{103}_{40}\text{Zr} + 3{}^1_0\text{n}$

   Mae Xe-134 yn sefydlog, ond mae Zr-103 yn dadfeilio mewn cyfres o gamau, i roi Rh-103.

   (a) Nodwch natur y dadfeiliad mae Zr-103 yn ei brofi.

   (b) Cyfrifwch yr egni sy'n cael ei ryddhau (mewn MeV) yn yr adwaith ymholltiad cychwynnol.

   (c) O'r holl egni sy'n cael ei ryddhau, cyfrifwch pa ganran sy'n ganlyniad i ddadfeiliad Zr-103 i Rh-103.

10. Mae wraniwm-233 hefyd yn ymholltog. Dyma adwaith posibl:

    ${}^1_0\text{n} + {}^{233}_{92}\text{U} \rightarrow {}^{137}_{54}\text{Xe} + {}^{93}_{38}\text{Sr} + 4{}^1_0\text{n}$

    Mae dau gynnyrch yr ymholltiad yn ymbelydrol, ac maen nhw'n dadfeilio drwy gyfres o gamau i Ba-137 a Nb-93. Cyfrifwch gyfanswm yr egni sy'n cael ei ryddhau yn y broses gyfan.

Uned 3 Osgiliadau a niwclysau Crynodeb

3.1 Mudiant cylchol

- Mesur onglau mewn radianau
- Cyflymder, cyfnod ac amledd onglaidd $\omega = 2\pi f = \frac{2\pi}{T}$
- Y berthynas rhwng buanedd a buanedd onglaidd $v = r\omega$
- Y cyflymiad mewngyrchol yw'r cyflymiad tuag at y canol, a chaiff ei roi gan $a = r\omega^2 = \frac{v^2}{r}$
- Y grym mewngyrchol yw'r grym cydeffaith sy'n gweithredu ar gorff sy'n symud ar fuanedd cyson mewn cylch; $F = mr\omega^2 = \frac{mv^2}{r}$

3.2 Dirgryniadau

- Diffinio mudiant harmonig syml (mhs): $a = -\omega^2 x$
- Dehongli a defnyddio $x = A\cos(\omega t + \varepsilon)$ a $v = -A\omega\sin(\omega t + \varepsilon)$
- Y termau amledd, osgled a gwedd
- Dehongli a defnyddio $T = 2\pi\sqrt{\frac{m}{k}}$ a $T = 2\pi\sqrt{\frac{l}{g}}$
- EC ac EP yn cyfnewid mewn mhs: graffiau: $E_k - t$, $E_p - t$, $E_k - x$ ac $E_p - x$
- Osgiliadau rhydd, osgiliadau gwanychol; enghreifftiau ymarferol
- Osgiliadau gorfod gyda gwanychiad; graff osgled yn erbyn amledd gyrru
- Cyseiniant

3.3 Damcaniaeth ginetig nwyon

- Yr hafaliad cyflwr ar gyfer nwy delfrydol $pV = nRT$ a $pV = NkT$
- Graddfa dymheredd kelvin
- Tybiaethau damcaniaeth ginetig nwyon
- Gwasgedd wedi'i achosi gan fudiant moleciwlaidd: $p = \frac{1}{3}\rho\overline{c^2} = \frac{1}{3}\frac{N}{V}m\overline{c^2}$
- Y mol, màs molar, M, y màs molar cymharol, M_r, cysonyn Avogadro, N_A, y cysonyn nwy molar, R, a chysonyn Boltzmann, k
- Yr EC trawsfudol cymedrig fesul moleciwl $= \frac{3}{2}kT$, a'i ddeilliant

3.4 Ffiseg thermol

- Systemau thermodynamig; egni mewnol, U, system
- Mae gan systemau leiafswm egni ar sero absoliwt
- Ar gyfer nwy monatomig delfrydol, mae $U = \frac{3}{2}nRT$
- Ecwilibriwm thermol; llif gwres, Q, sy'n cael ei gynhyrchu gan wahaniaeth mewn tymheredd
- Trosglwyddo egni drwy waith; $W = p\Delta V$ ar gyfer y gwaith gaiff ei wneud gan nwy
- Deddf gyntaf thermodynameg, $\Delta U = Q - W$, lle Q yw'r mewnbwn gwres i'r system, ac W yw'r gwaith gaiff ei wneud gan y system
- Ar gyfer solidau a hylifau, mae W fel arfer yn ddibwys, felly mae $Q = \Delta U$
- Cynhwysedd gwres sbesiffig ar gyfer solid neu hylif; $Q = mc\Delta\theta$

3.5 Dadfeiliad niwclear

- Hapnatur dadfeiliad
- Priodweddau ymbelydredd α, β a phelydriad γ; hafaliadau trawsnewidiadau niwclear, gan ddefnyddio'r nodiant ${}^{A}_{Z}X$
- Gwahaniaethu rhwng ymbelydredd α, β a phelydriad γ; y cysylltiadau rhwng natur, treiddiad a phellter treiddio ymbelydredd niwclear
- Ymchwilio i ddadfeiliad niwclear; caniatáu ar gyfer pelydriad cefndir
- Actifedd, A, y cysonyn dadfeilio, λ, a'r berthynas $A = \lambda N$
- Y cysyniad o hanner oes, $T_{\frac{1}{2}}$
- Y perthnasoedd esbonyddol $N = N_0 e^{-\lambda t}$ ac $A = A_0 e^{-\lambda t}$ neu $N = \frac{N_0}{2^x}$ ac $A = \frac{A_0}{2^x}$ lle x yw nifer yr hanner oesau (nid cyfanrif, o reidrwydd)
- Defnyddio graffiau logiau i ymchwilio i ddadfeiliad ymbelydrol; deillio a defnyddio $\lambda = \frac{\ln 2}{T_{\frac{1}{2}}}$

3.6 Egni niwclear

- Arwyddocâd cywerthedd màs-egni, $E = mc^2$, a defnyddio'r cywerthedd hwn
- Defnyddio $E = mc^2$, gan gynnwys defnyddio cywerthedd $1\,\text{u} \equiv 931\,\text{MeV}$
- Cyfrifo egni clymu niwclear, a'r egni clymu fesul niwcleon, a hynny o ddata am fasau gronynnau
- Defnyddio cadwraeth màs-egni mewn rhyngweithiadau rhwng gronynnau, yn enwedig ymholltiad, ymasiad a dadfeiliad niwclear
- Graff egni clymu fesul niwcleon, a'i berthnasedd i adweithiau ymholltiad ac ymasiad niwclear

Gwaith ymarferol penodol

- Mesur g â phendil
- Ymchwilio i wanychiad sbring
- Amcangyfrif sero absoliwt drwy ddefnyddio'r deddfau nwy
- Mesur cynhwysedd gwres sbesiffig solid
- Ymchwilio i ddadfeiliad ymbelydrol – cydweddiad disiau
- Ymchwilio i amrywiad arddwysedd pelydriad gama gyda phellter

Uned 4 Gwybodaeth a Dealltwriaeth

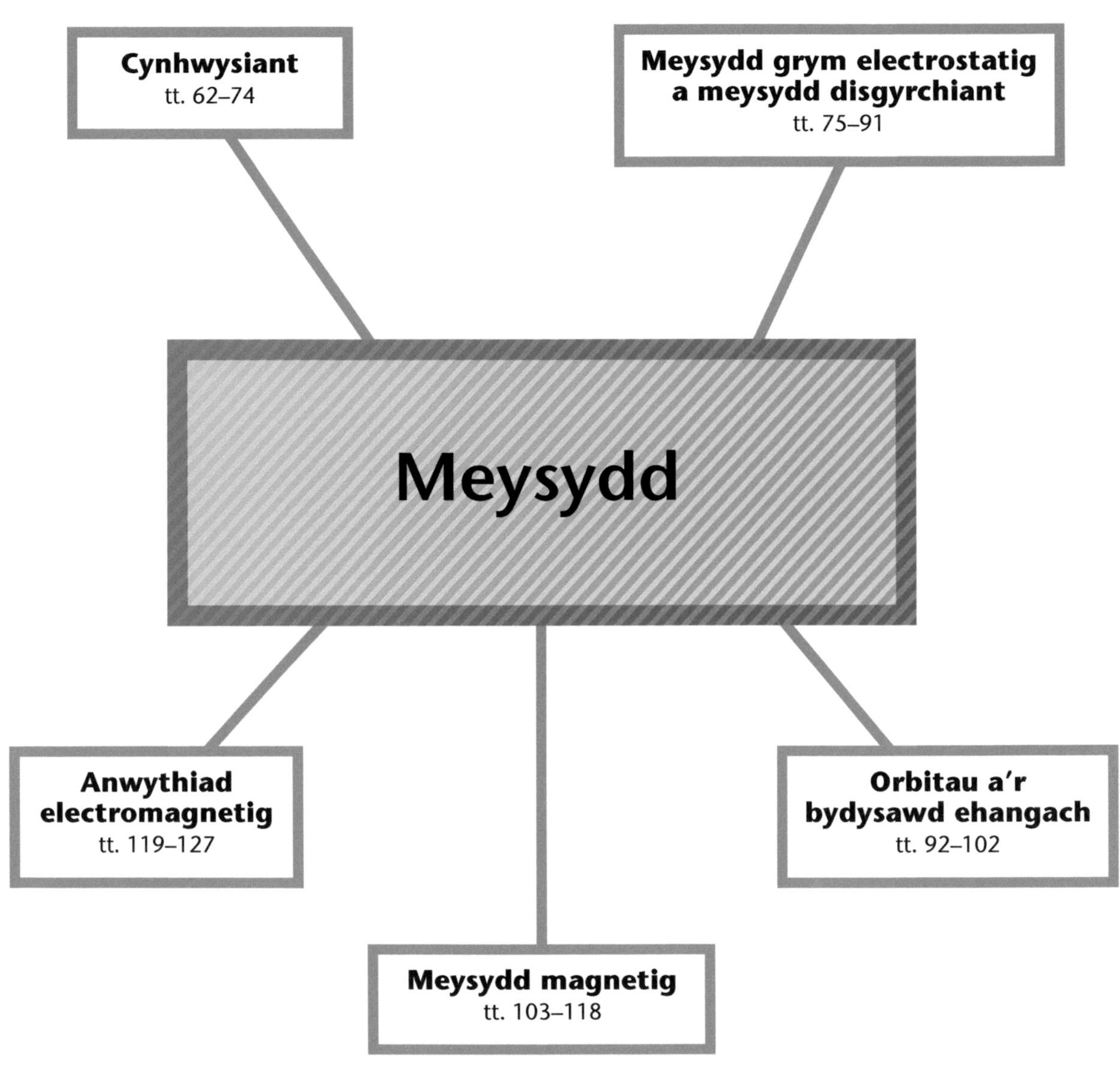

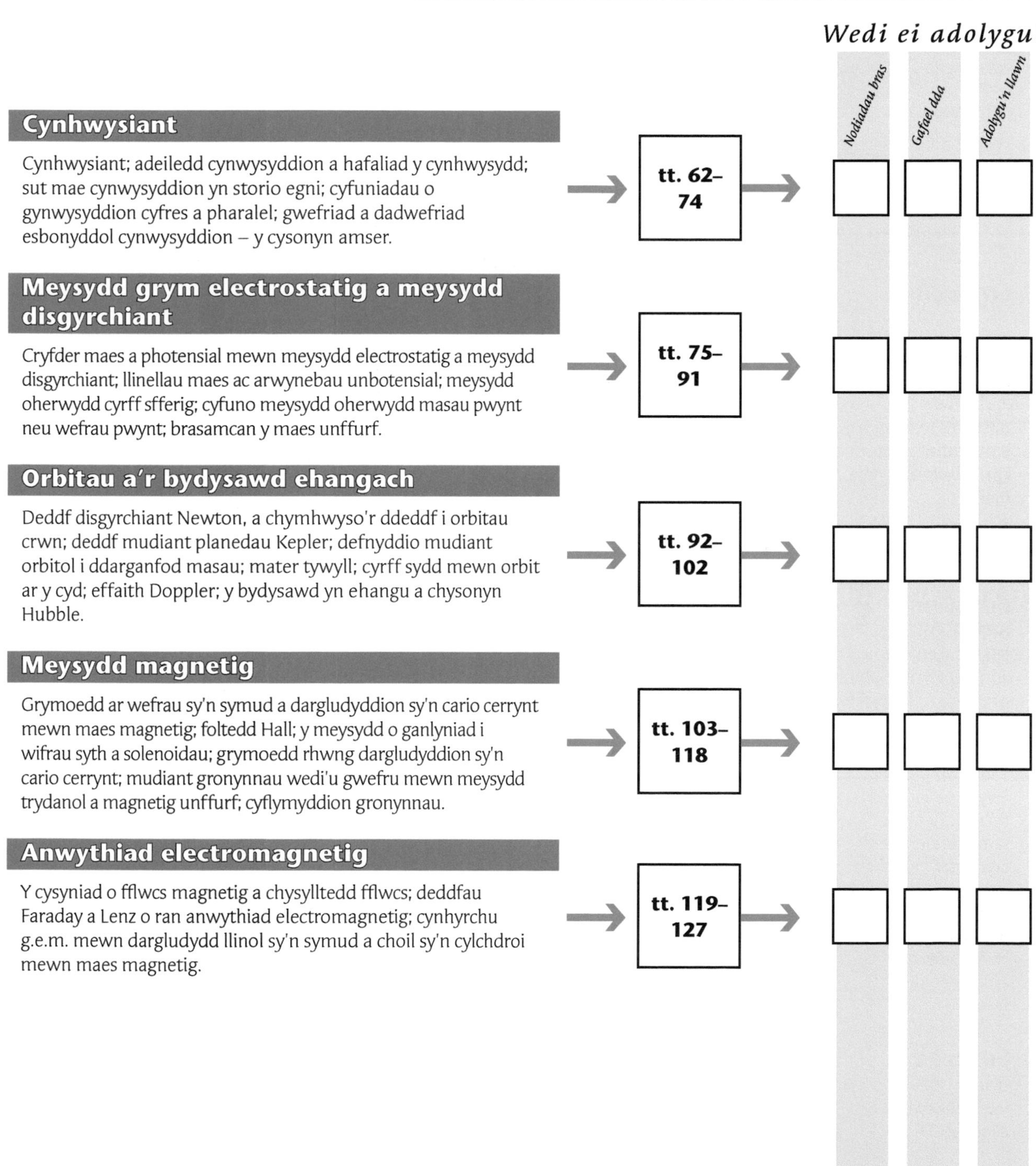

Wedi ei adolygu!

		Nodiadau bras	Gafael dda	Adolygu'n llawn

Cynhwysiant

Cynhwysiant; adeiledd cynwysyddion a hafaliad y cynhwysydd; sut mae cynwysyddion yn storio egni; cyfuniadau o gynwysyddion cyfres a pharalel; gwefriad a dadwefriad esbonyddol cynwysyddion – y cysonyn amser.

→ **tt. 62–74** → ☐ ☐ ☐

Meysydd grym electrostatig a meysydd disgyrchiant

Cryfder maes a photensial mewn meysydd electrostatig a meysydd disgyrchiant; llinellau maes ac arwynebau unbotensial; meysydd oherwydd cyrff sfferig; cyfuno meysydd oherwydd masau pwynt neu wefrau pwynt; brasamcan y maes unffurf.

→ **tt. 75–91** → ☐ ☐ ☐

Orbitau a'r bydysawd ehangach

Deddf disgyrchiant Newton, a chymhwyso'r ddeddf i orbitau crwn; deddf mudiant planedau Kepler; defnyddio mudiant orbitol i ddarganfod masau; mater tywyll; cyrff sydd mewn orbit ar y cyd; effaith Doppler; y bydysawd yn ehangu a chysonyn Hubble.

→ **tt. 92–102** → ☐ ☐ ☐

Meysydd magnetig

Grymoedd ar wefrau sy'n symud a dargludyddion sy'n cario cerrynt mewn maes magnetig; foltedd Hall; y meysydd o ganlyniad i wifrau syth a solenoidau; grymoedd rhwng dargludyddion sy'n cario cerrynt; mudiant gronynnau wedi'u gwefru mewn meysydd trydanol a magnetig unffurf; cyflymyddion gronynnau.

→ **tt. 103–118** → ☐ ☐ ☐

Anwythiad electromagnetig

Y cysyniad o fflwcs magnetig a chysylltedd fflwcs; deddfau Faraday a Lenz o ran anwythiad electromagnetig; cynhyrchu g.e.m. mewn dargludydd llinol sy'n symud a choil sy'n cylchdroi mewn maes magnetig.

→ **tt. 119–127** → ☐ ☐ ☐

4.1 Cynhwysiant

4.1.1 Hanfodion cynwysyddion

Term allweddol

Cynhwysiant = $\frac{\text{y wefr ar y naill blât neu'r llall}}{\text{y gp rhwng y platiau}}$

UNED: F (ffarad) [= C V^{-1}]

Dyfeisiau syml sy'n storio gwefr yw cynwysyddion. Maen nhw wedi'u gwneud o ddau blât metel paralel sydd wedi'u gwahanu gan ynysydd. Ar gyfer cyfrifiadau Safon Uwch, aer neu wactod fydd rhwng y platiau fel arfer. Yn ymarferol, bydd gan gynwysyddion ynysyddion eraill (o'r enw deuelectrynnau) rhwng y platiau. Mae deuelectrynnau yn cynyddu cynhwysiant, ac mae rhai yn gallu cynyddu cynhwysiant yn ôl ffactor o filoedd.

» Cofiwch

Gallwch chi hefyd ddiffinio cynhwysiant drwy roi'r hafaliad $C = \frac{Q}{V}$ a diffinio'r termau, h.y.
C = cynhwysiant
Q = y wefr ar y naill blât neu'r llall
V = y gp ar draws y platiau.

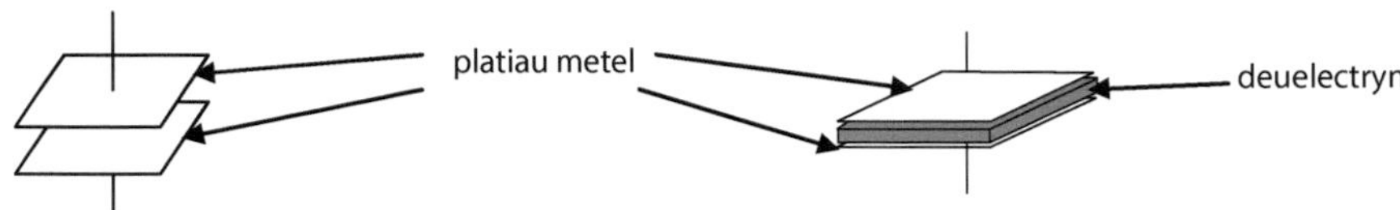

Ffig. 4.1.1 Adeiledd cynhwysydd

Pan fydd gp yn cael ei roi ar gynhwysydd, caiff gwefr ei throsglwyddo o amgylch y gylched gan y cyflenwad pŵer. Mae'r platiau wedyn yn cario gwefr hafal a dirgroes (gyda'r wefr net yn sero, yn unol â chadwraeth gwefr o Adran 2.3 yn y *Canllaw Astudio ac Adolygu UG*).

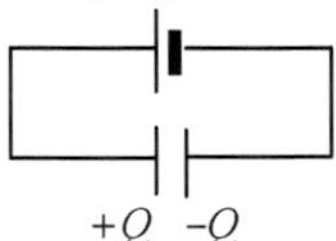

Ffig. 4.1.2 Gwefrau ar blatiau cynhwysydd

Term allweddol

Deuelectryn = ynysydd rhwng platiau cynhwysydd, sydd hefyd yn achosi i'r cynhwysiant fod yn fwy na phe bai dim ond gofod gwag rhwng y platiau.

Mae maint y wefr, Q, ar bob plât yn dibynnu ar y gp gaiff ei roi, yn ogystal â maint y cynhwysydd. Mewn gwirionedd, mae maint y wefr mewn cyfrannedd â'r ddau beth hyn.

$$Q = CV$$

Yn y Llyfryn Data, byddwch chi'n gweld $C = \frac{Q}{V}$, a chaiff hyn ei ddefnyddio i ddiffinio cynhwysiant.

Camdybiaeth yw meddwl bod cynhwysydd yn debyg i gell. Nid yw hyn yn wir. Mae'n deillio o gamddefnyddio termau wrth ddweud bod cell wedi'i 'gwefru' ac wedi'i 'dadwefru' – nid ffisegydd oedd y person benderfynodd ddweud bod celloedd neu fatrïau wedi'u 'gwefru'! Dylech chi ystyried mai 'pwmp' yw cell sy'n gallu darparu llif o wefr hyd nes iddi golli ei hegni cemegol. Ar y llaw arall, mae'n rhaid defnyddio gp i wefru cynhwysydd.

4.1.2 Cynhwysiant

Dyma'r hafaliad bydd angen i chi ei ddefnyddio i gyfrifo cynhwysiant cynwysyddion plât metel go iawn:

$$C = \frac{\varepsilon_0 A}{d}$$

lle A yw arwynebedd y platiau, d yw'r pellter rhwng y platiau, ac ε_0 yw permitifedd gofod rhydd – byddwch chi hefyd yn dod ar draws hwn yn Adran 4.2. Mae tri pheth i'w nodi yma:

1 Mae cynhwysiant mewn cyfrannedd ag arwynebedd y plât.

2 Mae cynhwysiant mewn cyfrannedd gwrthdro â gwahaniad y platiau.

3 Dim ond ar gyfer cynwysyddion sydd ag aer neu wactod rhwng y platiau bydd yn rhaid i chi wneud cyfrifiadau, felly gallwch chi ddefnyddio ε_0 (8.85×10^{-12} F m^{-1}, sydd i'w weld ar flaen y Llyfryn Data).

Enghraifft – cwestiwn cychwynnol syml nodweddiadol ar gynwysyddion:
Mae cynhwysydd yn cynnwys dau blât metel sgwâr, 12.0 cm o hyd, sydd 0.078 mm ar wahân.

Cyfrifwch y canlynol:

(i) cynhwysiant y cynhwysydd

(ii) y wefr sy'n cael ei storio ar y cynhwysydd pan gaiff ei wefru gan gell 14.3 V.

Ateb

(i) $C = \frac{\varepsilon_0 A}{d} = \frac{8.85 \times 10^{-12} \times 0.12 \times 0.12}{0.078 \times 10^{-3}} = 1.63 \times 10^{-9}$ F (neu 1.63 nF)

(ii) $Q = CV = 1.63 \times 10^{-9} \times 14.3 = 2.33 \times 10^{-8}$ C (neu 23.3 nC)

Y peth anoddaf am y math hwn o gwestiwn yw trosi'r unedau'n gywir, a chael y pwerau 10 yn gywir.

cwestiwn cyflym

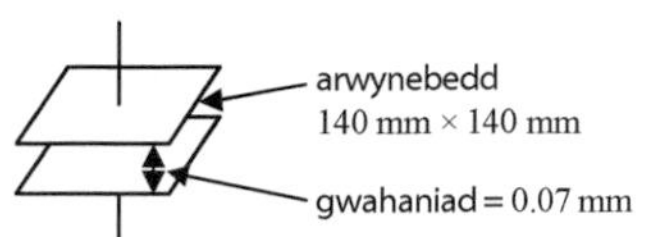

① Cyfrifwch:
i) y cynhwysiant
ii) y gp sydd ei angen i storio gwefr o 211 nC.

cwestiwn cyflym

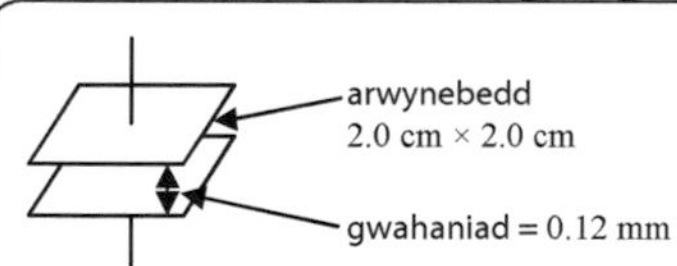

② Cyfrifwch y wefr sy'n cael ei dal gan y cynhwysydd pan fydd wedi cael ei wefru gan gell â g.e.m. o 1.6 V.

4.1.3 Egni cynhwysydd

Caiff yr egni sy'n cael ei storio gan gynhwysydd (neu ei egni mewnol, U) ei roi gan yr hafaliad:

$$U = \tfrac{1}{2}QV$$

Dyma'r hafaliad sy'n ymddangos yn y Llyfryn Data, ond gallwn ni ei gyfuno â $Q = CV$ i greu dau hafaliad arall:

$$U = \tfrac{1}{2}QV = \tfrac{1}{2}CV^2 = \tfrac{1}{2}\frac{Q^2}{C}$$

cwestiwn cyflym

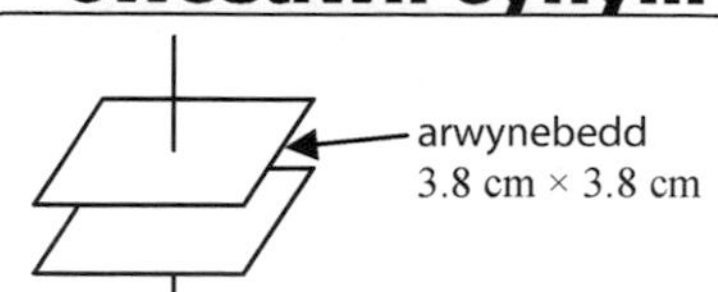

③ Caiff y cynhwysydd ei wefru gan gyflenwad pŵer o 12 V, ac mae'n storio gwefr o 84 nC. Cyfrifwch wahaniad y platiau.

cwestiwn cyflym

④ Caiff cynhwysydd 470 μF ei wefru drwy ddefnyddio cell sydd â g.e.m. o 9.52 V. Yna, caiff ei ddadwefru drwy wrthydd 0.24 Ω. Cyfrifwch:

i) y wefr gaiff ei storio yn y cynhwysydd wedi'i wefru
ii) yr egni gaiff ei storio yn y cynhwysydd wedi'i wefru
iii) y cerrynt cychwynnol pan fydd y cynhwysydd yn dechrau dadwefru.

Dyma ffordd gyflym o ddangos y wefr a'r egni mae cynhwysydd yn gallu eu storio. Yn gyntaf, ewch ati i wefru cynhwysydd mawr (~1000 μF) gan ddefnyddio cell 9 V. Yna, datgysylltwch y gell. Sylwch fod yn rhaid i'r wefr mae'r cynhwysydd yn ei dal aros yno ar ôl iddo gael ei ddatgysylltu, gan nad oes unrhyw le i'r wefr fynd. Yna, cyffyrddwch ddwy goes y cynhwysydd yn ei gilydd i'w ddadwefru (cylched fer). Dylech chi weld gwreichionen fach o ganlyniad i'r cerrynt dadwefru mawr. Faint o wefr ac egni oedd yn cael eu storio yn y cynhwysydd 1000 μF?

Mae $Q = CV = 1000 \times 10^{-6} \times 9 = 0.0090\,\text{C}$ neu $9.0\,\text{mC}$

ac mae $U = \frac{1}{2}CV^2$

$$U = \frac{1}{2} \times 1000 \times 10^{-6} \times 9^2 = 0.0405\,\text{J}$$

Nid yw'r rhain yn rhifau mawr iawn, er bod 1000 μF (1 mF) yn gynhwysydd mawr ar gyfer electroneg. Ond mae'r cerrynt yn fater cwbl wahanol. Pan fydd coesau'r cynhwysydd yn creu cylched fer, nid oes unrhyw wrthiant yn y gylched – dim gwrthiant mewnol cell hyd yn oed (gweler Adran 2.3 yn y *Canllaw Astudio ac Adolygu UG*). Yr unig wrthiant sy'n bresennol yw gwrthiant yr ychydig gentimetrau o wifren â thun arni sy'n dod allan o'r cynhwysydd, sef ~0.01 Ω. Gyda gp cychwynnol o 9 V, mae hyn yn rhoi cerrynt cychwynnol o

$$I = \frac{V}{R} = \frac{9}{0.01} = 900\,\text{A}.$$

Cofiwch

Caiff cysyniad y maes trydanol ei ddatblygu yn Adran 4.2. O ran y testun hwn, gallwn ni feddwl amdano fel y graddiant potensial, h.y. y gp fesul uned o bellter. Mae hyn yn esbonio'r uned, sef V m^{-1}.

4.1.4 Maes trydanol rhwng platiau cynhwysydd

Cysyniad cymhleth arall yw'r maes trydanol, neu'r maes *E* (**gweler Cofiwch**). Mae'r maes *E* yn unffurf rhwng platiau cynhwysydd, a chaiff ei roi gan yr hafaliad $E = \frac{V}{d}$.

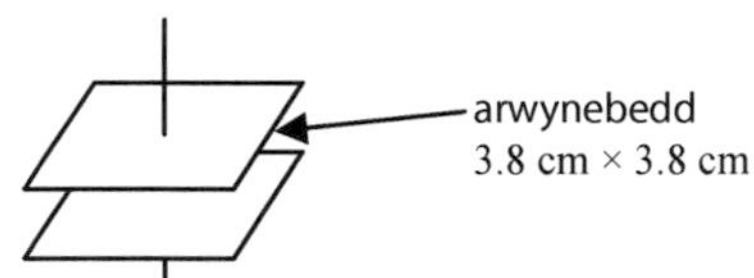

Ffig. 4.1.3 Maes trydanol rhwng platiau cynhwysydd

Nid oes llawer o gwestiynau gall arholwr eu gofyn am y maes trydanol mewn cynhwysydd, ond dyma un fydd yn tanio'r dychymyg. Mae'n ymwneud â'r ffaith y bydd yr aer ei hun, os yw mewn maes trydanol sy'n fwy na $3 \times 10^6\,\text{V}\,\text{m}^{-1}$, yn 'dadelfennu', a bydd gwreichionen yn neidio ar draws bwlch y maes (dyma sy'n digwydd hefyd yn achos mellt).

cwestiwn cyflym

⑤ Cyfrifwch y gwahaniad rhwng platiau cynhwysydd o wybod bod gwreichionen yn neidio ar draws y platiau pan mae $V = 1650\,\text{V}$.

(Mae gwerth 'dadelfennol' *E* mewn aer = $3 \times 10^6\,\text{V}\,\text{m}^{-1}$)

Enghraifft

Mae gan gynhwysydd plât paralel blatiau siâp sgwâr ac aer rhyngddynt. Caiff y gp ei gynyddu ar draws y platiau nes bod y cynhwysydd yn dadwefru drwy wreichionen pan mae'r gp yn 540 V. Y wefr sydd wedi'i storio yn y cynhwysydd yn union cyn i'r wreichionen ymddangos yw 8.7 μC. Beth yw dimensiynau'r cynhwysydd?

Ateb

Yn gyntaf, darganfyddwch wahaniad y platiau drwy ddefnyddio'r hafaliad ar gyfer y maes:

$$E = \frac{V}{d} \rightarrow d = \frac{V}{E} = \frac{540\,\text{V}}{3 \times 10^6\,\text{V}\,\text{m}^{-1}} = 1.8 \times 10^{-4}\,\text{m}\ (0.18\,\text{mm})$$

Gallwch chi gyfrifo'r cynhwysiant hefyd:

$$C = \frac{Q}{V} = \frac{8.7 \times 10^{-6}\,\text{C}}{540\,\text{V}} = 1.61 \times 10^{-8}\,\text{F}\ (16.1\,\text{nF})$$

Nawr gallwch chi gyfrifo arwynebedd y platiau:

$$C = \frac{\varepsilon_0 A}{d} \rightarrow A = \frac{Cd}{\varepsilon_0} = \frac{1.61 \times 10^{-8}\,\text{F} \times 1.8 \times 10^{-4}\,\text{m}}{8.85 \times 10^{-12}\,\text{F}\,\text{m}^{-1}} = 0.327\,\text{m}^2$$

Felly, gan fod y cwestiwn wedi nodi bod y platiau'n sgwâr,
mae hyd ochrau'r platiau = $\sqrt{0.327} = 0.572$ m (neu 57.2 cm)
Felly, 572 × 572 × 0.18 yw dimensiynau'r cynhwysydd (mewn mm).

4.1.5 Cyfuno cynwysyddion

Fel yn achos gwrthyddion, gallwn ni gyfuno cynwysyddion naill ai mewn paralel neu mewn cyfres. Er bod y fformiwlâu ar gyfer cyfuno cynwysyddion yr un peth, **mae'r hafaliadau ar gyfer yr achosion paralel a chyfres yn cael eu cyfnewid**.

(a) Cynwysyddion mewn cyfres

Ar gyfer trefniant o dri chynhwysydd mewn **cyfres**, fel sydd i'w weld isod, caiff y cynhwysiant cyfan, *C*, ei roi gan

$$\frac{1}{C} = \frac{1}{C_1} + \frac{1}{C_2} + \frac{1}{C_3}$$

sydd ar yr un ffurf â'r hafaliad ar gyfer gwrthyddion mewn paralel. Mae hyn yn golygu bod y cynhwysiant cyfan bob amser yn llai na'r cynhwysydd lleiaf, h.y. mewn cyfuniad cyfres, ni allwch storio cymaint o wefr – gallwch chi feddwl am hyn fel 'cynyddu' gwahaniad y platiau, a lleihau'r cynhwysiant cyfan.

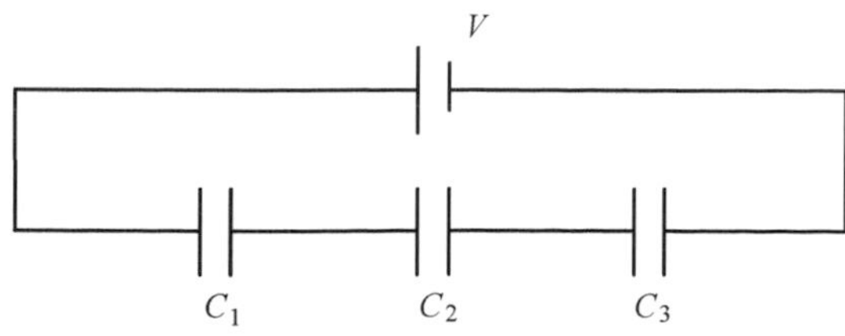

Ffig. 4.1.4 Cynwysyddion mewn cyfres

cwestiwn cyflym

⑥ 4.2 J yw'r egni sydd wedi'i storio yn y cynhwysydd yng Nghwestiwn cyflym 5, yn union cyn iddo gynhyrchu gwreichionen. Cyfrifwch y cynhwysiant ac arwynebedd y platiau. A yw'n bosibl ail-greu'r gwahaniad hwn, ac arwynebedd y platiau, yn eich labordy chi drwy ddefnyddio papur ffoil?

Gwella gradd

Ar gyfer cynwysyddion mewn cyfres, mae'r gp wedi'i rannu rhyngddyn nhw, yn union fel mae'r gp wedi'i rannu rhwng gwrthyddion mewn cyfres. Ond mae'r gp wedi'i rannu mewn cyfrannedd gwrthdro â'r cynhwysiant (oherwydd os oes gennych chi hanner y cynhwysiant, mae angen dwywaith y gp i ddal yr un wefr).

Cofiwch

Oherwydd cadwraeth gwefr, rhaid i bob cynhwysydd mewn **cyfres** ddal **yr un wefr yn union.**

Gwella gradd

Fel yn achos gwrthyddion mewn paralel, mae'r canlynol yn hafaliad da i'w gofio ar gyfer dau gynhwysydd mewn cyfres:

$$C = \frac{C_1 C_2}{C_1 + C_2}.$$

Rhybudd: dim ond ar gyfer **dau** gynhwysydd mae hwn yn gweithio.

» Cofiwch

Ar gyfer cynwysyddion mewn paralel, mae'r gp ar draws pob un o'r canghennau paralel yr un peth yn union – yn debyg i wrthyddion mewn paralel. Ond mae'r wefr sy'n cael ei storio mewn cyfrannedd â chynhwysiant y gangen baralel (oherwydd bod $Q = CV$ a bod V yn gysonyn ar gyfer pob cangen).

Gwella gradd

Wrth gyfuno cynwysyddion (mewn cyfres a pharalel), nid oes angen trosi'r µF neu'r nF i F (cyn belled â bod yr un unedau gan bob un ohonyn nhw). Bydd yr ateb yn cael ei roi yn yr un unedau hyn.

cwestiwn cyflym

⑦ Cyfrifwch y cynhwysiant cyfan.

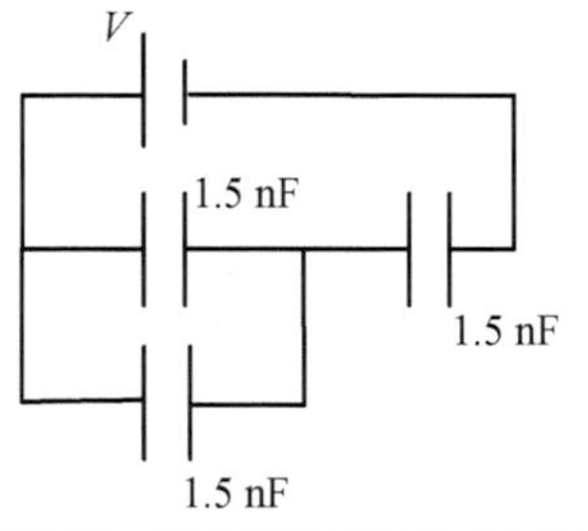

» Cofiwch

Ffordd arall o weithio ar gyfer Enghraifft (ii)

$$C = \frac{C_1 C_2}{C_1 + C_2} = \frac{6.2 \times 4.7}{6.2 + 4.7}$$

$= 2.7$ nF

(rhowch gynnig arni!)

(b) Cynwysyddion mewn paralel

Ar gyfer trefniant o dri chynhwysydd mewn paralel, fel sydd i'w weld isod, mae'r cynhwysiant cyfan, C, yn cael ei roi gan $C = C_1 + C_2 + C_3$

Mae hyn yr un peth ag ydyw ar gyfer gwrthyddion mewn cyfres; yn syml, rydych chi'n adio pob cynhwysiant unigol i gael y cynhwysiant cyfan. Ffordd dda o edrych ar hyn yw fod y cynwysyddion paralel, mewn ffordd, yn un cynhwysydd mawr sydd ag arwynebedd mwy. Felly, mae'r cynhwysiant yn cynyddu, a gallwch chi storio mwy o wefr.

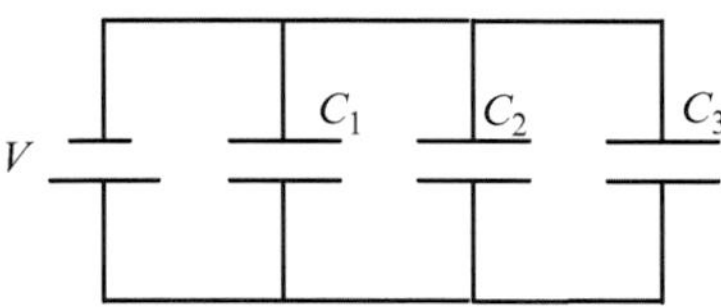

Ffig. 4.1.5 Cynwysyddion mewn paralel

Enghraifft

Cyfrifwch gynhwysiant cyfan y ddau gyfuniad isod:

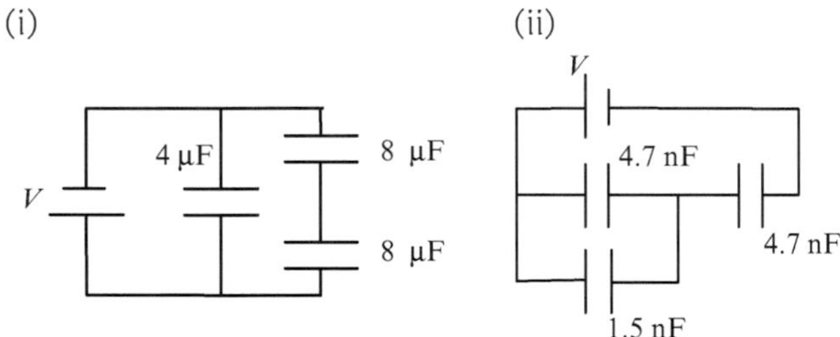

Ffig. 4.1.6 Cyfuniadau o gynwysyddion mewn cyfres ac mewn paralel

Ateb

(i) Mae'r **8 µF** mewn cyfres â'r **8 µF** arall yn rhoi **4 µF** (does dim angen cyfrifiannell; dylech chi weld bod hyn yr un peth â dau wrthydd cyfartal mewn paralel). Nawr mae gennych chi ddau gynhwysydd **4 µF** mewn paralel, sy'n rhoi **8 µF** (byddai cael un cynhwysydd **8 µF** yn y lle cyntaf wedi gwneud mwy o synnwyr).

(ii) Yn gyntaf, mae'r **4.7 nF** mewn paralel â'r **1.5 nF** yn fater rhwydd; rydych chi'n adio'r ddau i gael cynhwysiant cyfan o **6.2 nF**. Yna, mae angen i chi gyfrifo'r cynhwysiant cyfan ar gyfer **6.2 nF** mewn cyfres â **4.7 nF**.

$$\frac{1}{C} = \frac{1}{C_1} + \frac{1}{C_2} = \frac{1}{6.2} + \frac{1}{4.7} = 0.374 \quad \rightarrow \quad C = \frac{1}{0.374} = 2.7 \text{ nF}$$

(gweler **Cofiwch**).

4.1.6 Dadwefru cynhwysydd drwy wrthydd

(a) Sut mae'r gylched yn gweithio

Mae'r gylched safonol ar gyfer gwefru a dadwefru cynhwysydd i'w gweld yn Ffig. 4.1.7. Pan mae'r switsh i fyny, mae'r cynhwysydd yn cael ei wefru. Pan mae'r switsh i lawr, mae'r cynhwysydd yn dadwefru drwy'r gwrthydd. Mae'r cynhwysydd wedi'i wefru yn darparu gp ar draws y gwrthydd, sy'n rhoi cerrynt.

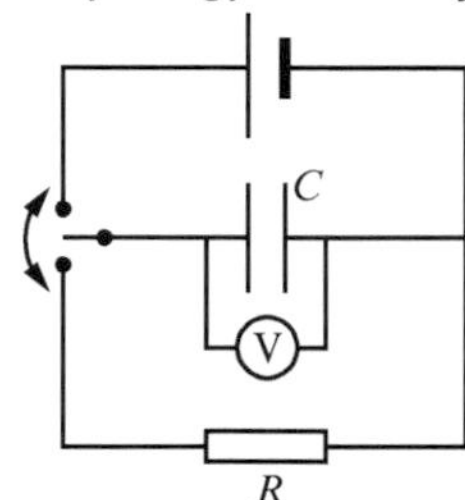

Ffig. 4.1.7 Cylched ar gyfer dadwefru cynhwysydd

$\frac{\Delta Q}{\Delta t}$ yw'r cerrynt drwy'r gwrthydd, ac o safbwynt y cynhwysydd, dyma'r gyfradd mae'n **colli** gwefr arni. Ar gyfer y cynhwysydd, gallwch chi ysgrifennu:

$$\frac{\Delta Q}{\Delta t} = -\text{ cerrynt} = -\frac{V}{R} = -\frac{Q}{RC} \qquad \text{oherwydd bod } V = \frac{Q}{C}$$

Mae'r hafaliad $\frac{\Delta Q}{\Delta t} = -\frac{Q}{RC}$ yn dweud wrthych chi fod y cynhwysydd yn colli gwefr ar gyfradd sydd mewn cyfrannedd â'r wefr ar y cynhwysydd $\left(\frac{\Delta Q}{\Delta t}\right) \propto -Q$. Felly, pan fydd y cynhwysydd wedi'i wefru'n llawn, bydd yn colli gwefr yn gyflym. Wrth i'r wefr leihau, mae'r cynhwysydd wedyn yn colli gwefr ar gyfradd arafach.

Os ydych chi'n plotio graff o'r wefr ar y cynhwysydd yn erbyn amser, rhaid bod y wefr yn mynd o werth penodol (Q_0, er enghraifft) i sero. Ond rydych chi hefyd yn gwybod bod graddiant y llinell $\left(\frac{\Delta Q}{\Delta t}\right)$ yn lleihau o hyd (oherwydd bod $\frac{\Delta Q}{\Delta t} \propto -Q$.). Mae'n siŵr gallwch chi ddyfalu siâp y graff – mae'n ddadfeiliad esbonyddol. Mae hyn bob amser yn wir os oes gennych chi newidyn sy'n lleihau ar gyfradd sydd mewn cyfrannedd â'r newidyn ei hun. Yn yr achos hwn, mae'r wefr yn lleihau ar gyfradd sydd mewn cyfrannedd â swm y wefr sy'n cael ei dal. Mae llif dŵr allan o'r bwred yn achos tebyg (o fewn brasamcan rhesymol) – mae cyfradd lleihau uchder y dŵr mewn cyfrannedd ag uchder y dŵr. Yn yr un modd, mewn dadfeiliad ymbelydrol mae cyfradd lleihad nifer y niwclysau ymbelydrol mewn cyfrannedd â nifer y niwclysau ymbelydrol sy'n bresennol. Mae'r enghreifftiau hyn i gyd yn rhoi dadfeiliadau esbonyddol.

cwestiwn cyflym

⑧ Cyfrifwch y cynhwysiant cyfan.

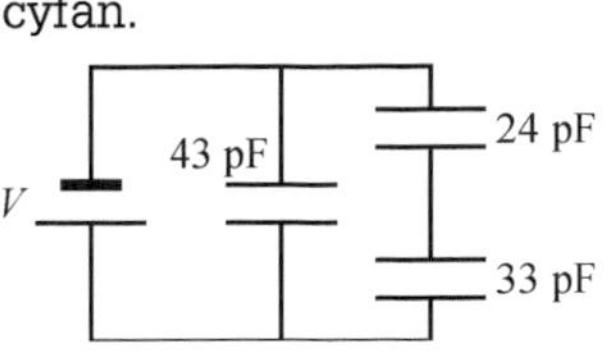

Gwella gradd

Cofiwch y gylched ar gyfer gwefru a dadwefru cynhwysydd – mae'n ddefnyddiol. Gall ymddangos mewn papurau theori yn ogystal ag yn eich gwaith ymarferol.

Cofiwch

Os ydych chi'n astudio Mathemateg Safon Uwch, dylech chi allu integru'r hafaliad hwn, ond o safbwynt Ffiseg, mae'n bwysicach deall ystyr yr hafaliad, a deall pam mae'r ateb terfynol yn gwneud synnwyr.

cwestiwn cyflym

⑨ Mae cynhwysydd sy'n dadwefru yn colli gwefr ar gyfradd o 15 mA (h.y. 15 mC s^{-1}) os yw'n storio gwefr o 1.0 C. Beth fydd ei gyfradd dadwefru (drwy'r un gwrthydd) pan fydd yn storio (a) 0.5 C (b) 1.0 mC?

Gwella gradd

Dechreuwch arfer â defnyddio'r hafaliad esbonyddol – mae'n ymddangos yn aml yn y cwrs Safon Uwch (dadwefru, ymbelydredd, mesuriadau biolegol, ac mewn gwaith ymarferol). Bydd angen i chi allu cymryd logiau o'r hafaliad esbonyddol er mwyn cyfrifo amser hefyd.

Cofiwch

Neu: $\frac{18\,\mu\text{C}}{12\,\text{V}} = 1.5\,\mu\text{F}$

Nid oes angen trosi i F yma.

Term allweddol

Mae'r **cysonyn amser** ar gyfer cynhwysydd sy'n gwefru neu'n dadwefru = RC.

Mewn un cysonyn amser, mae'r cynhwysydd yn colli 63% o'i wefr, h.y. mae 37% ar ôl.

cwestiwn cyflym

⑩ Gwnewch ran (ii) o'r enghraifft drwy gyfrifo 37% o 18 μC, ac yna darllenwch y cysonyn amser (RC) oddi ar y graff. Hafalwch y gwerth hwn i RC er mwyn darganfod gwerth ar gyfer R.

(b) Yr hafaliad a'r graff dadwefru

Yr hafaliad ar gyfer dadwefru cynhwysydd yw $Q = Q_0 e^{-\frac{t}{RC}}$, ac mae'r graff ar gyfer un cyfuniad RC penodol i'w weld yn Ffig. 4.1.8.

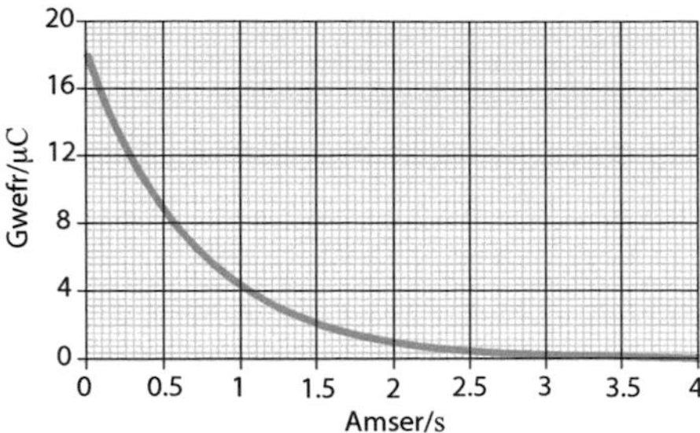

Ffig. 4.1.8 Cromlin dadwefru cynhwysydd

Enghraifft

Yn y graff dadwefru uchod, 12.0 V oedd y gp gafodd ei ddefnyddio i wefru'r cynhwysydd. Defnyddiwch werthoedd o'r graff i gyfrifo gwerth y canlynol:

(i) y cynhwysiant, C

(ii) y gwrthiant, R

(iii) y cysonyn amser, RC.

Ateb

(i) O'r graff, 18 μC yw'r wefr gychwynnol ar y cynhwysydd.

Yna, mae $C = \frac{Q}{V} = \frac{18 \times 10^{-6}\,\text{C}}{12\,\text{V}} = 1.5 \times 10^{-6}\,\text{F}$

(ii) Yn gyntaf, aildrefnwch rywfaint fel bod: $Q = Q_0 e^{-\frac{t}{RC}} \rightarrow \frac{Q}{Q_0} = e^{-\frac{t}{RC}}$

yna cymerwch logiau $\ln \frac{Q}{Q_0} = \ln e^{-\frac{t}{RC}} = -\frac{t}{RC}$

Nawr, yr unig beth mae angen i chi ei wneud yw amnewid rhai symbolau am rifau:

Mae $Q_0 = 18\,\mu\text{C}$, yna mae angen Q a t o'r graff. Does dim dewis amlwg, ond mae $t = 1.0$ s a $Q = 4.4\,\mu\text{C}$ yn rhoi:

$$R = \frac{-1}{1.5 \times 10^{-6} \times \ln(4.4/18)} = 4.73 \times 10^5\,\Omega \text{ (neu 470 k}\Omega\text{)}$$

Roedd hynny'n dipyn o algebra dim ond i ddarganfod y gwrthiant, ond peidiwch â phoeni – y math hwn o driniaeth yw'r mwyaf anodd gewch chi ar lefel Safon Uwch.

(iii) Mae hwn yn haws o lawer:

Cysonyn amser = $RC = 4.73 \times 10^5\,\Omega \times 1.5 \times 10^{-6}\,\text{F} = 0.71\,\text{s}$

Gallwch chi wirio'n gyflym fod y cysonyn amser yn gywir, oherwydd ar ôl un cysonyn amser, dylai'r cynhwysydd fod wedi'i ddadwefru 63% (mae pawb sy'n gweithio ym maes electroneg yn cofio hyn).

Edrychwch yn ofalus ar y graff: mae'r wefr tua 6.5 μC ar ôl 0.71 s. Fel canran o 18 μC, mae hyn yn $\frac{6.5}{18} \times 100 = 36\%$

Hynny yw, mae'r cynhwysydd wedi'i ddadwefru (100 – 36) = 64%, sy'n ddigon agos i 63%, o ystyried maint y graff. Pe baech chi wedi gwybod hyn am y cysonyn amser cyn ceisio ateb rhan (ii), gallech chi fod wedi arbed tipyn o amser ac ymdrech (gweler **Cwestiwn cyflym 10**).

4.1.7 Gwefru cynhwysydd drwy wrthydd

Mae cylched ar gyfer gwefru cynhwysydd drwy wrthydd i'w gweld yn Ffig. 4.1.9. Mae'r cynhwysydd yn dechrau gwefru cyn gynted ag y bydd y switsh yn cael ei gau.

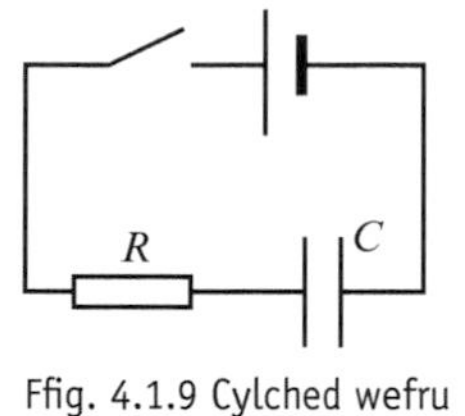

Ffig. 4.1.9 Cylched wefru

(a) Y gromlin wefru

I gychwyn, mae'r cerrynt yn fawr oherwydd bod holl g.e.m. y gell ar draws y gwrthydd – nid yw'r cynhwysydd yn dal unrhyw wefr i gychwyn, ac felly mae ei gp yn sero. Wrth i'r wefr ar blatiau'r cynhwysydd gynyddu (oherwydd y cerrynt), mae ei gp yn cynyddu, ac mae'r gp ar draws y gwrthydd yn lleihau. Gan fod y gp ar draws y gwrthydd yn lleihau, mae'r cerrynt hefyd yn lleihau. Yna, mae'r cerrynt yn dal i leihau nes bod y cynhwysydd wedi'i wefru'n llawn, y gp i gyd ar draws y cynhwysydd, a'r cerrynt wedi disgyn i sero (Ffig. 4.1.10).

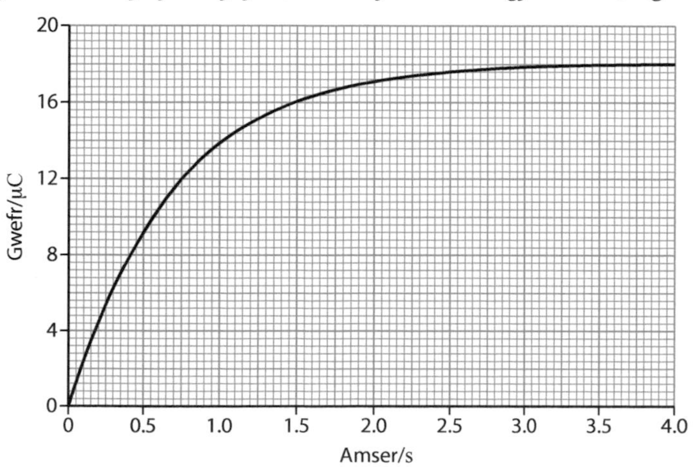

Ffig. 4.1.10 Cromlin gwefru cynhwysydd

cwestiwn cyflym

⑪

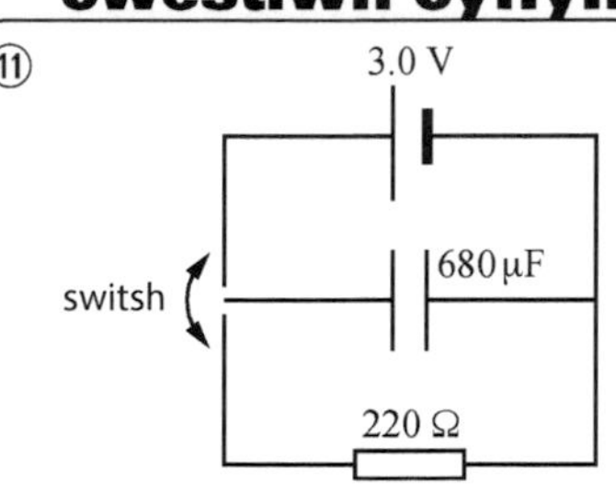

i) Yn y gylched, sut rydych chi'n gwefru ac yna'n dadwefru'r cynhwysydd?
ii) Cyfrifwch y cysonyn amser ar gyfer dadwefru.
iii) Cyfrifwch y wefr gychwynnol ar y cynhwysydd.
iv) Cyfrifwch yr amser mae'r cynhwysydd yn ei gymryd i golli hanner ei wefr.
v) Pa ganran o egni'r cynhwysydd sy'n weddill pan fydd wedi colli hanner ei wefr?

cwestiwn cyflym

⑫ Esboniwch pam mae'r cynhwysydd yng Nghwestiwn cyflym 11 yn gwefru'n gyflym iawn (dylech chi gyfeirio at y cysonyn amser yn eich ateb).

Gwella gradd

Cofiwch fod $e^0 = 1$ fel bod $e^{-\frac{t}{RC}}$ bob amser yn 1 pan fydd $t = 0$. Mae hyn hefyd yn golygu bod $1 - e^{-\frac{t}{RC}}$ bob amser yn 0 pan fydd $t = 0$.

Gwella gradd

Cofiwch fod $e^{-\infty} = 0$ fel bod $e^{-\frac{t}{RC}}$ yn 0 ar ôl i amser hir fynd heibio, a bod $Q = Q_0$ felly.

cwestiwn cyflym

⑬ Caiff cynhwysydd, sydd heb ei wefru i gychwyn, ei wefru drwy wrthydd 28 kΩ, gan ddefnyddio batri sydd â g.e.m. o 9.5 V. Cyfrifwch y canlynol:

a) y cysonyn amser
b) y gp ar draws y cynhwysydd ar ôl 1 cysonyn amser
c) y gp ar draws y cynhwysydd ar ôl 90 μs
ch) yr amser mae'n ei gymryd i'r cynhwysydd storio 32 nJ.

cwestiwn cyflym

⑭ Yn Ffig. 4.1.11, ysgrifennwch yr hafaliad ar gyfer amrywiad y cerrynt yn y gwrthydd.

Dyma'r hafaliad sy'n rhoi amrywiad amser y wefr ar y cynhwysydd sy'n gwefru:

$$Q = Q_0\left(1 - e^{-\frac{t}{RC}}\right)$$

Mae siâp y graff yr un peth ag ydyw ar gyfer dadwefru, ond ei fod â'i ben i waered! Mae RC yn dal i roi'r cysonyn amser, ond y tro hwn mae'n dynodi'r amser i'r cynhwysydd gael ei **wefru** i 63% (yn lle cael ei ddadwefru).

(b) Amrywiad y gp a'r cerrynt gwefru gydag amser

Os ydych chi'n rhannu'r hafaliad uchod â chynhwysiant y cynhwysydd, rydych chi'n cael:

$$\frac{Q}{C} = \frac{Q_0}{C}\left(1 - e^{-\frac{t}{RC}}\right)$$

Gyda lwc, byddwch chi'n cofio bod $V = \frac{Q}{C}$, sy'n rhoi:

$$V = V_0\left(1 - e^{-\frac{t}{RC}}\right)$$

Mae hyn yn golygu bod y gp ar draws y cynhwysydd yn dilyn yr un siâp yn union â'r wefr, a'r un cysonyn amser yn union. Sylwch mai V_0 fydd g.e.m. y gell.

Ond nid yw'r cerrynt yn y gylched yn dilyn yr un patrwm. Mae'r cerrynt yn dechrau ar ei werth mwyaf ac yn disgyn i sero. Dylai unrhyw un sy'n astudio Mathemateg Safon Uwch fod yn gallu cael $\frac{dQ}{dt}$ o'r hafaliad Q i roi'r canlynol:

$$I = I_0 e^{-\frac{t}{RC}}$$

Er syndod, efallai, mae'r cerrynt yn dilyn yr un patrwm, dim ots os yw'r cynhwysydd yn gwefru neu'n dadwefru. Unwaith eto, bydd I_0 yn cael ei roi gan $\frac{V_0}{R}$, neu gallwn ni ei ysgrifennu hefyd ar y ffurf $\frac{Q_0}{RC}$.

4.1.8 Gwaith ymarferol penodol

(a) Ymchwilio i wefru a dadwefru cynhwysydd er mwyn darganfod y cysonyn

Y ffordd hawsaf, efallai, o wneud yr arbrawf hwn yw drwy ddefnyddio'r gylched sydd i'w gweld yn Ffig. 4.1.11 i ddadwefru cynhwysydd. Er mwyn cymryd darlleniadau ar gyfradd synhwyrol, mae angen cysonyn amser, RC, o 30 s o leiaf. Mae hyn yn golygu bod yn rhaid i'r gwrthydd fod tua 150 kΩ neu fwy, a'r cynhwysydd tua 220 μF neu fwy.

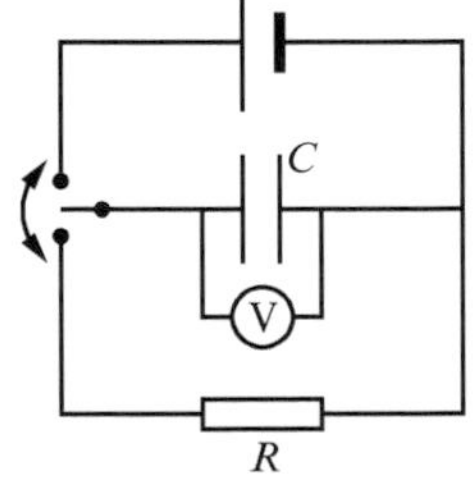

Ffig. 4.1.11 Darganfod y cysonyn amser

Dull:

- Gosodwch y cyfarpar fel caiff ei ddangos yn y diagram cylched, **gan sicrhau bod y cynhwysydd wedi'i gysylltu +if â +if** (fel arall, gallai ffrwydro).
- Gwthiwch y switsh i fyny i wefru'r cynhwysydd.
- Gwthiwch y switsh i lawr, a dechreuwch y stopwatsh ar yr un pryd.
- Cofnodwch werthoedd y gp o'r foltmedr ar gyfyngau amser rheolaidd (e.e. 10 s – 30 s).
- Daliwch i wneud hyn nes bod tua 3 cysonyn amser wedi mynd heibio (pan fydd 12.5% o'r wefr yn parhau).
- Ailadroddwch yr arbrawf er mwyn amcangyfrif ansicrwyddau hap, cael gwerthoedd cymedrig, gwirio am anomaleddau, ac ati.

Theori

$V = V_0 e^{-\frac{t}{RC}}$ fydd yn rhoi'r gp ar draws y cynhwysydd wrth iddo ddadwefru. Mae cymryd logiau naturiol yn rhoi

$$\ln V = \ln V_0 - \frac{t}{RC}$$

Felly, dylai'r graff o $\ln V$ yn erbyn t fod yn llinol, gyda graddiant o $-\frac{1}{RC}$, a rhyngdoriad o $\ln V_0$ ar yr echelin $\ln V$. Mae Ffig 4.1.12 yn dangos graff nodweddiadol. Felly, minws cilydd y graddiant yw'r cysonyn amser.

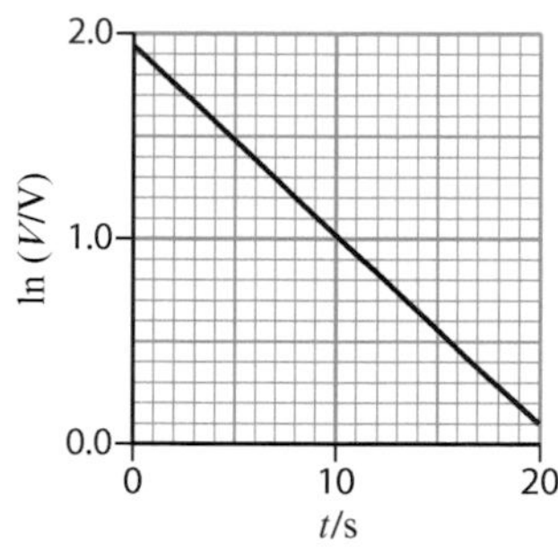

Fig. 4.1.12 Graff $\ln V$ yn erbyn t

Cylchedau eraill

Gall y cylchedau yn Ffig. 4.1.13 hefyd gael eu defnyddio i ddarganfod y cysonyn amser ar gyfer dadwefru cynhwysydd. Edrychwch yn ofalus arnyn nhw, a gwnewch yn siŵr eich bod chi'n gwybod sut i'w defnyddio.

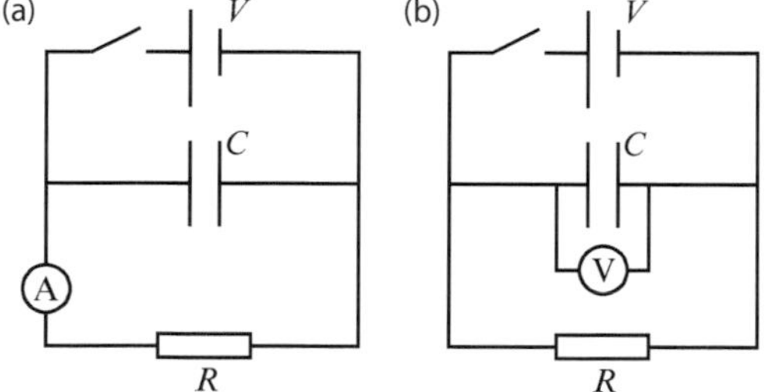

Ffig. 4.1.13 Cylchedau eraill ar gyfer dadwefru cynhwysydd

Cylchedau gwefru

Mae'n bosibl defnyddio'r cylchedau canlynol i ymchwilio i'r broses o wefru cynhwysydd.

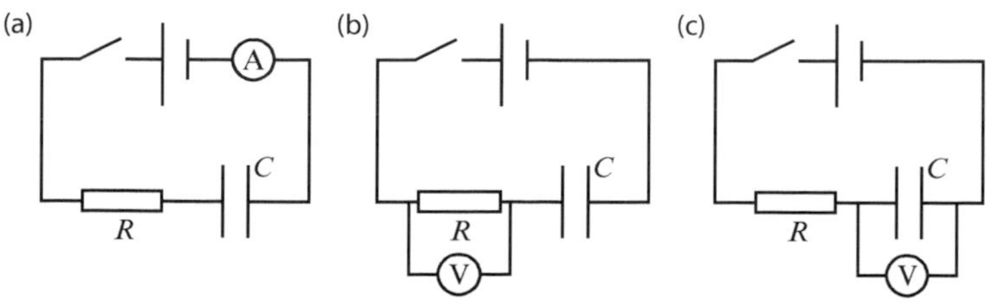

Ffig. 4.1.14 Cylchedau eraill ar gyfer ymchwilio i'r broses o wefru cynhwysydd

CYNGOR MATHEMATEGOL

Edrychwch yn Adran M.3 i weld sut i ddefnyddio logiau a dangos perthnasoedd esbonyddol fel graffiau llinol.

cwestiwn cyflym

⑮ 1.5 kΩ yw gwerth y gwrthydd yn y gylched ddadwefru. Mae'r graff $\ln V$ yn erbyn t i'w weld yn Ffig. 4.1.12. Cyfrifwch y canlynol:

a) g.e.m. y cyflenwad pŵer

b) y cysonyn amser

c) y cynhwysiant.

cwestiwn cyflym

⑯ Ysgrifennwch y berthynas rhwng I a t ar gyfer cynhwysydd sy'n dadwefru. Ar gyfer Ffig. 4.1.13 (a), pa bryd mae $I = 0$ yn yr hafaliad rydych chi wedi'i ysgrifennu?

cwestiwn cyflym

⑰ Beth yw gwerthoedd V_0 ac I_0 yn y cylchedau yn Ffig. 4.1.13 (b) ac (a), yn y drefn honno?

cwestiwn cyflym

⑱ Yn yr arbrawf gwefru, sut byddech chi'n dadwefru'r cynhwysydd i gael darlleniadau gaiff eu hailadrodd?

Mae cylched (a) yn creu'r berthynas gyfarwydd $I = I_0 e^{-\frac{t}{RC}}$, er na allwn ni fesur y cerrynt cychwynnol, I_0 mewn gwirionedd, oherwydd amser ymateb yr amedr. Mae'r dadansoddiad yr un peth ar gyfer y gylched ddadwefru.

Ar gyfer cylched (c), $V = V_0\left(1 - e^{-\frac{t}{RC}}\right)$ yw'r berthynas, fel rydyn ni wedi'i weld. Yr unig ffordd o ddarganfod y cysonyn amser, RC, yw drwy blotio graff o V yn erbyn t, a darganfod yr amser mae'n ei gymryd i'r gp ddisgyn i 37% o'i werth cychwynnol.

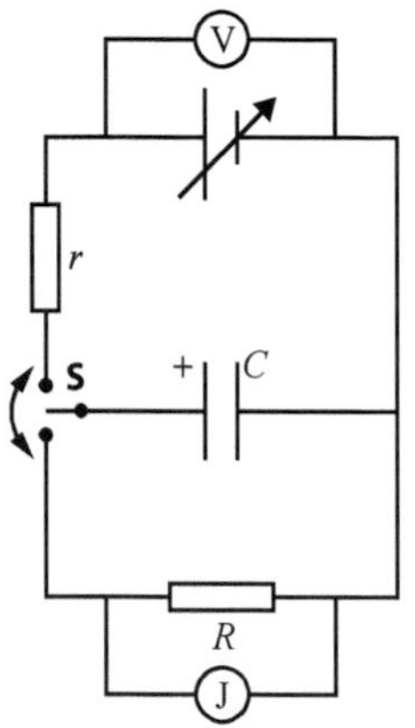

Ffig. 4.1.15 Ymchwilio i'r egni sy'n cael ei storio mewn cynhwysydd

(b) Ymchwilio i'r egni, U, gaiff ei storio mewn cynhwysydd

Y dull symlaf o wneud hyn yw defnyddio cyflenwad CU amrywiol 'llyfn', a mesurydd egni – sydd hefyd yn cael ei alw'n fesurydd joule (Ffig. 4.1.15).

Dull

1. Cysylltwch y gylched fel sy'n cael ei ddangos, gan ofalu eich bod yn cyd-fynd â pholaredd y cynhwysydd, C.
2. Gosodwch y cyflenwad pŵer ar gp isel addas (e.e. 2 V), ac yna ewch ati i wefru'r cynhwysydd drwy'r gwrthydd, R, gan symud y switsh, **S**, i'r safle uchaf.
3. Ewch ati i ddadwefru'r cynhwysydd drwy'r gwrthydd, R, yna arhoswch i'r darlleniad ar y mesurydd joule sefydlogi*, a chofnodwch y darlleniad hwn.
4. Ailadroddwch hyn 2–3 gwaith ar y gp hwn.
5. Ailadroddwch gamau 2–4 ar gyfer cyfres o gpau gwahanol, e.e. fesul camau o 2 V hyd at 12 V, gan ofalu peidio â mynd heibio i gp uchaf y cynhwysydd.

*Bydd yr amser mae'r darlleniad yn ei gymryd i sefydlogi a chyrraedd ei werth terfynol yn dibynnu ar y cysonyn amser, RC. Mae 10 cysonyn amser yn amcangyfrif synhwyrol (gweler Cwestiwn cyflym 19). Rôl y gwrthydd gwefru, R, yw atal ymchwydd rhy fawr o gerrynt wrth wefru. Yma hefyd, dylech chi ufuddhau i'r rheol 10 cysonyn amser.

Dadansoddiad

Rydyn ni'n disgwyl mai $U = \frac{1}{2}CV^2$ fydd y berthynas, felly dylai graff o U yn erbyn V^2 fod yn llinell syth drwy'r tarddbwynt, gyda graddiant o $\frac{1}{2}C$.

cwestiwn cyflym

⑲ Defnyddiwch y rheol '10 cysonyn amser' i amcangyfrif yr amser mae'n ei gymryd i'r mesurydd joule sefydlogi pan fyddwch chi'n defnyddio cynhwysydd wedi'i labelu â 56 μF, a gwrthydd 10 Ω.

ychwanegol

1. Mae cynhwysydd wedi'i wneud o ddau blât metel petryal, sy'n mesur 32.0 cm × 22.0 cm, ac wedi'u gwahanu gan fwlch aer o 0.22 mm. Cyfrifwch y canlynol:
   (a) (i) y cynhwysiant
   (ii) y wefr, Q, mae'r cynhwysydd yn ei dal pan gaiff gp o 44 V ei roi ar ei draws
   (iii) yr egni, U, mae'r cynhwysydd yn ei storio pan gaiff gp o 44 V ei roi ar ei draws
   (iv) y wefr fwyaf gall y cynhwysydd hwn ei dal, gan dybio mai 3×10^6 V m^{-1} yw'r maes trydanol mwyaf.
   (b) Mae'n bosibl amrywio gwahaniad platiau'r cynhwysydd. Esboniwch pam nad yw'r wefr fwyaf gall y cynhwysydd ei dal yn rhywbeth sy'n ddibynnol ar y gwahaniad (gan dybio mai 3×10^6 V m^{-1} yw'r maes trydanol mwyaf).

2. Cyfrifwch gynhwysiant y cyfuniadau o gynwysyddion sydd i'w gweld isod.

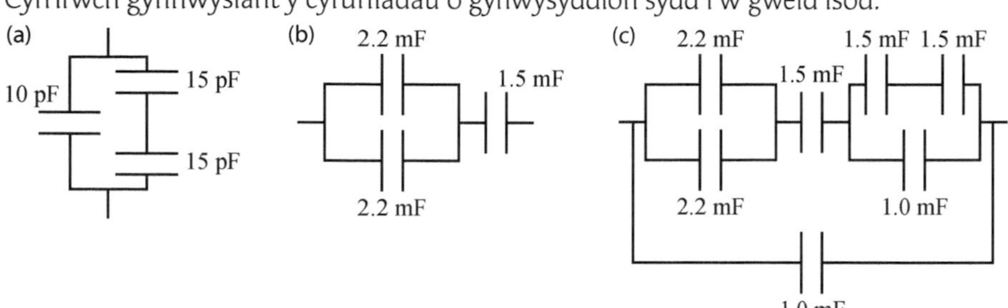

[Awgrym: Gallwch chi arbed amser yn rhan (c) drwy ddefnyddio eich atebion i (a) a (b)]

3. Caiff cynhwysydd 2.7 µF ei wefru, ac yna'i ddadwefru, gan ddefnyddio'r gylched sydd i'w gweld ar y dde. 50 µA yw'r cerrynt dadwefru cychwynnol, I_0. Cyfrifwch y canlynol:

6.0 V
2.7 µF
R

(a) y wefr sy'n cael ei dal gan y cynhwysydd ar ôl i'r switsh gael ei wthio i fyny

(b) y gwrthiant, *R*

(c) cysonyn amser y gylched sy'n dadwefru

(ch) y wefr mae'r cynhwysydd yn ei dal ar ôl iddo ddadwefru am 300 ms

(d) yr amser mae'n ei gymryd i'r cynhwysydd golli 85% o'i wefr.

4. Mae cynhwysydd, *C*, yn cael ei wefru drwy wrthydd, *R*. Mae amrywiad y wefr sy'n cael ei storio a'r gp gydag amser i'w weld yn y ddau graff.

Defnyddiwch y graffiau i gyfrifo'r canlynol:

(a) gp y cyflenwad, *V*

(b) cysonyn amser y gylched

(c) y gwrthiant, *R* (defnyddiwch dangiad addas)

(ch) y cynhwysiant, *C*.

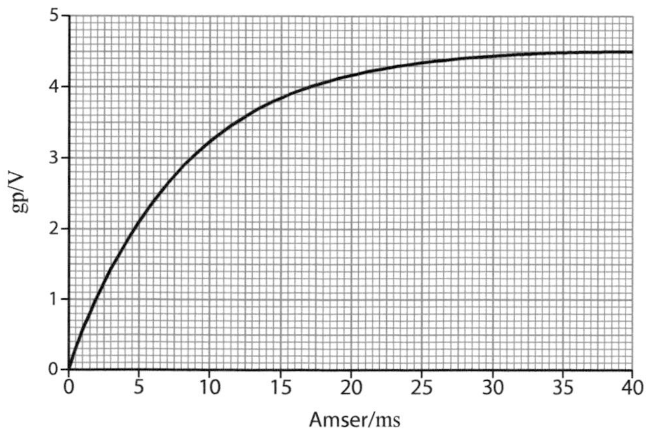

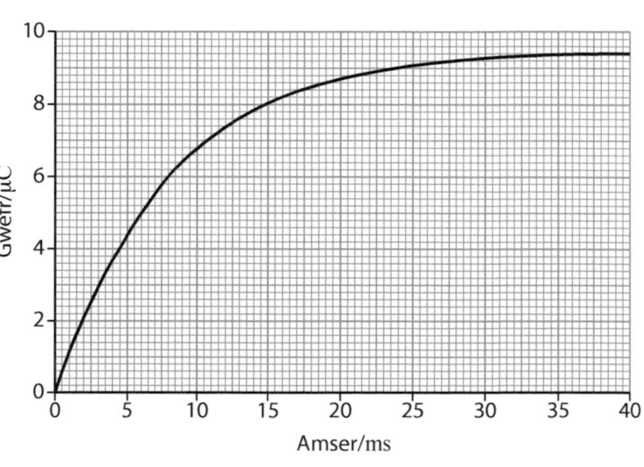

5. Caiff cynhwysydd ei wefru a'i ddadwefru gan ddefnyddio'r gylched sydd i'w gweld ar y dde.

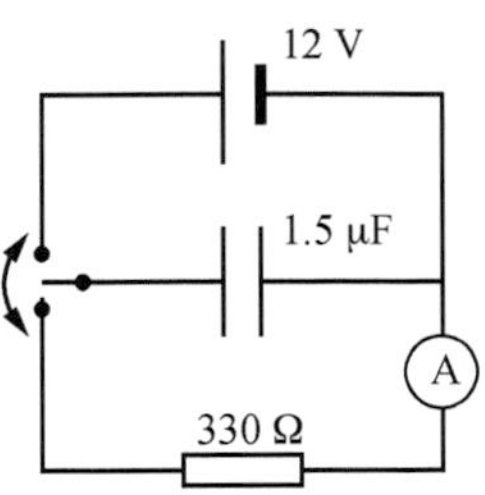

   (a) Esboniwch pam mae'r cysonyn amser ar gyfer gwefru yn (agos at) sero.

   (b) Dangoswch mai tua hanner microeiliad yw'r cysonyn amser ar gyfer dadwefru.

   (c) Cyfrifwch y gp sy'n weddill ar y cynhwysydd wedi iddo gael ei ddadwefru drwy'r gwrthydd am (i) 1 μs, (ii) 10 μs, (iii) 0.5 ms.

   (ch) Gall tonnau sain orfodi'r switsh i osgiliadu i fyny ac i lawr.

   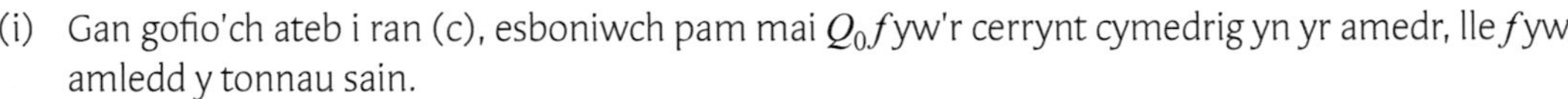

      (i) Gan gofio'ch ateb i ran (c), esboniwch pam mai $Q_0 f$ yw'r cerrynt cymedrig yn yr amedr, lle f yw amledd y tonnau sain.

      (ii) Cyfrifwch y cerrynt cymedrig gaiff ei ganfod gan yr amedr pan fydd tonnau sain ag amledd o 1 kHz yn taro'r switsh.

   (d) Caiff y math hwn o gylched ei ddefnyddio i drawsnewid amledd i gerrynt. Esboniwch pam mae ymddygiad y ddyfais hon yn dechrau mynd yn aflinol ar amledd o tua 1 MHz.

   (dd) Brasluniwch graff o gp ar draws y cynhwysydd pan fydd tonnau uwchsain, sydd ag amledd o 1 MHz, yn taro'r switsh.

6. Mae myfyriwr yn ymchwilio i'r egni wedi'i storio mewn cynhwysydd, fel sy'n cael ei ddisgrifio yn Adran 4.1.8 (b). Mae'n defnyddio cynhwysydd wedi'i labelu â 47 mF, gyda goddefiant o 20%, a gwrthydd dadwefru 10 Ω (gallwn ni anwybyddu goddefiant y gwrthydd).

   (a) Gan ddefnyddio'r wybodaeth uchod, amcangyfrifwch gysonyn amser y dadwefru.

   (b) (0.028 ± 0.002) J V^{-2} oedd graddiant y graff U yn erbyn V^2. Esboniwch a yw hyn yn gyson â'r wybodaeth uchod.

   (c) Aeth y myfyriwr ati i ddefnyddio'r rheol 10 cysonyn amser, yn seiliedig ar labeli'r cydrannau. Cyfrifwch ffracsiwn yr egni gafodd ei gofnodi ar yr adeg hon, a rhowch sylwadau am sut bydd hyn yn effeithio ar y gwerth mae'r myfyriwr wedi'i gyfrifo ar gyfer y cynhwysiant.

4.2 Meysydd grym electrostatig a meysydd disgyrchiant

Mae'r ddau faes hyn yn wahanol iawn o ran tarddiad, ond maen nhw'n rhannu rhai nodweddion pwysig: y *ddeddf sgwâr gwrthdro* a pherthnasedd y cysyniadau o *gryfder maes* a *photensial*. Mae Adrannau 4.2.1–4.2.5 yn ymwneud â meysydd trydanol. Mae adrannau 4.2.6–4.2.10 yn ymwneud â meysydd disgyrchiant, ond mewn modd mwy cryno gan fod y syniadau yn debyg iawn i'r rhai rydych chi wedi'u gweld yn barod. Crynodeb defnyddiol o'r fanyleb yw Adran 4.2.11.

4.2.1 Cryfder maes trydanol

Gallwn ni brofi i weld a oes maes trydanol yn bresennol drwy ddefnyddio gwefr bositif, q. Byddwn ni'n galw'r wefr hon yn 'wefr brawf'.

Os yw q yn profi grym sydd mewn cyfrannedd â'i gwefr, q, dywedwn ei bod mewn maes trydanol. Er enghraifft, bydd y wefr brawf yn datgelu maes trydanol yng nghyffiniau generadur Van de Graaff sy'n gweithio (gweler y diagram).

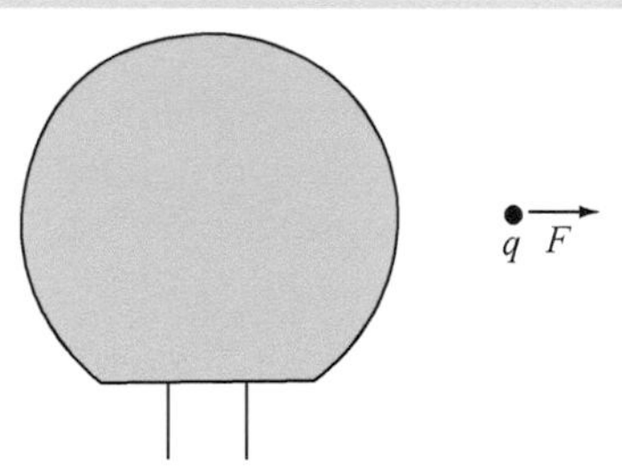

Ffig. 4.2.1 Profi ar gyfer maes trydanol

Caiff **cryfder y maes trydanol** neu'r **arddwysedd trydanol**, E, ar bwynt ei ddiffinio mewn geiriau yn y **Term allweddol**, neu ar ffurf hafaliad:

$$E = \frac{\text{y grym ar y wefr brawf (bositif)}}{\text{y wefr brawf}} \quad \text{hynny yw, mae} \quad E = \frac{F}{q}$$

- *Unedau*: N C^{-1} ($= \text{V m}^{-1}$) Gweler **Cofiwch**.
- Mae cryfder maes trydanol yn fector (gan fod grym yn fector).
- Rydyn ni'n diffinio E fel F/q oherwydd bydd dwywaith y wefr brawf yn teimlo dwywaith y grym. Felly nid yw F/q yn dibynnu ar q, dim ond ar y maes mae q ynddo.
- Yn aml, mae angen i ni aildrefnu'r hafaliad ar y ffurf ganlynol:

$$F = qE$$

Enghraifft

Mae gwefr brawf o $5.0\ \text{nC}$ yn profi grym o $0.40\ \text{mN}$ ar bwynt ger sffêr Van de Graaff. Cyfrifwch gryfder y maes trydanol.

Ateb

$$\text{Mae } E = \frac{F}{q} = \frac{0.4 \times 10^{-3}\ \text{N}}{5.0 \times 10^{-9}\ \text{C}} = 80\ \text{kN C}^{-1} \quad (\text{hynny yw } 80\ \text{kV m}^{-1})$$

Term allweddol

Cryfder y maes trydanol (E) ar bwynt yw'r grym fesul uned gwefr y mae gwefr 'brawf' fechan, sy'n cael ei gosod ar y pwynt yn ei brofi. Mae

$$E = \frac{F}{q}$$

(Nid yw hwn yn y Llyfryn Data)

Cofiwch

Buan gwelwch chi fod synnwyr mewn defnyddio V m^{-1} fel uned ar gyfer E (Adran 4.2.3 (ch)), ond, am y tro, sylwch fod $\text{V m}^{-1} = \text{J C}^{-1}\ \text{m}^{-1} = \text{N m C}^{-1}\ \text{m}^{-1} = \text{N C}^{-1}$

Cofiwch

Mae'n hollol bosibl defnyddio gwefr brawf negatif. Bydd E wedyn yn y cyfeiriad dirgroes i'r grym ar y wefr brawf.

cwestiwn cyflym

① Fel arfer, mae maes trydanol gyda chryfder o $120\ \text{V m}^{-1}$ tuag i lawr yn digwydd yn naturiol fymryn uwchben wyneb y Ddaear. Os oes diferyn o ddŵr i'w gael yma, gyda gwefr o $-2.0\ \text{nC}$, darganfyddwch y canlynol:

a) y grym trydanol mae'n ei brofi

b) cyflymiad cychwynnol y diferyn os $8.0 \times 10^{-9}\ \text{kg}$ yw ei fàs. (Peidiwch ag anghofio pwysau'r diferyn.)

Enghraifft

Cyfrifwch gyflymiad ïon positif, màs 4.65×10^{-26} kg a gwefr 3.20×10^{-19} C, sydd wedi'i osod ar yr un pwynt ag yn yr enghraifft flaenorol. (Tybiwch fod unrhyw rymoedd, heblaw am y grym o'r maes trydanol, yn ddibwys.)

Ateb

Mae'r grym ar yr ïon = màs × cyflymiad

Felly, mae $qE = ma$

Felly, mae $a = \frac{qE}{m} = \frac{3.20 \times 10^{-19}\,\text{C} \times 80 \times 10^3\,\text{N C}^{-1}}{4.65 \times 10^{-26}\,\text{kg}} = 5.5 \times 10^{11}\,\text{m s}^{-2}$

4.2.2 Deddf Coulomb

Mae dwy 'wefr bwynt' (gwefrau cryno), Q_1 a Q_2, sydd wedi'u gwahanu gan bellter, r, mewn gwactod (neu aer), yn rhoi grymoedd ar ei gilydd, fel sy'n cael ei ddangos. Drwy arbrawf, rydyn ni'n darganfod bod:

$$F = \frac{1}{4\pi\varepsilon_0}\frac{Q_1Q_2}{r^2}.$$

Gwefrau â'r un arwyddion

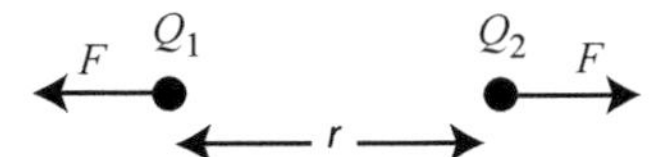

Gwefrau ag arwyddion dirgroes

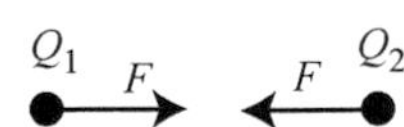

Ffig. 4.2.2 Mae gwefrau tebyg yn gwrthyrru, mae gwefrau dirgroes yn atynnu

Mae'r ddibyniaeth ar $1/r^2$ yn golygu mai 'deddf sgwâr gwrthdro' yw'r berthynas hon.

Cysonyn yw ε_0, o'r enw **permitifedd gofod rhydd**. Mae hefyd yn ymddangos yn hafaliad y cynhwysydd, $C = \frac{\varepsilon_0 A}{d}$, (gweler Adran 4.1).

$\varepsilon_0 = 8.85 \times 10^{-12}\,\text{C}^2\,\text{m}^{-2}\,\text{N}^{-1} = 8.85 \times 10^{-12}\,\text{F m}^{-1}$ (gweler Cwestiwn cyflym 2)

» *Cofiwch*

Gallwn ni ysgrifennu deddf Coulomb ar y ffurf ganlynol:

$$F = \frac{1}{4\pi\varepsilon_0}\frac{Q_1Q_2}{r^2}$$

lle mae $\varepsilon_0 = 8.85 \times 10^{-12}\,\text{F m}^{-1}$.

Sylwch fod $\frac{1}{4\pi\varepsilon_0} = 8.99 \times 10^9\,\text{F}^{-1}\,\text{m}$

cwestiwn cyflym

② Dechreuwch drwy roi F mewn unedau SI mwy sylfaenol, a dangoswch fod

$\text{F m}^{-1} = \text{C}^2\,\text{m}^{-2}\,\text{N}^{-1}$.

Enghraifft

Mae dwy wefr gryno hafal, 0.30 m ar wahân mewn aer, yn gwrthyrru ei gilydd â grymoedd o 7.8 μN. Cyfrifwch y gwefrau.

Ateb

Os Q yw gwefr y ddwy yn unigol, yna mae $F = \frac{1}{4\pi\varepsilon_0}\frac{Q^2}{r^2}$.

Drwy aildrefnu, mae:

$$Q = \sqrt{4\pi\varepsilon_0 r^2 F} = \sqrt{4\pi \times 8.85 \times 10^{-12}\,\text{C}^2\,\text{m}^{-2}\,\text{N}^{-1} \times (0.30\,\text{m})^2 \times 7.8 \times 10^{-6}\,\text{N}}$$

$Q = 8.8$ nC

Naill ai mae'r ddwy wefr yn bositif neu mae'r ddwy wefr yn negatif.

E oherwydd gwefr bwynt

Yn neddf Coulomb, gallwn ni ddewis rhoi $Q_1 = Q$, ac ystyried mai'r wefr hon yw ffynhonnell maes trydanol. Gallwn ni ystyried bod Q_2 yn wefr brawf, q.

Felly, mae $F = \dfrac{1}{4\pi\varepsilon_0}\dfrac{Qq}{r^2}$, hynny yw, mae $\dfrac{F}{q} = \dfrac{1}{4\pi\varepsilon_0}\dfrac{Q}{r^2}$

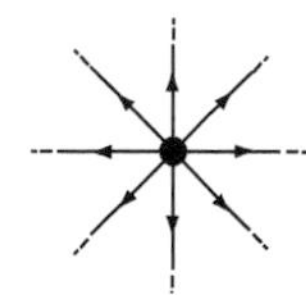

Felly, ar bellter r oddi wrth Q, mae $E = \dfrac{1}{4\pi\varepsilon_0}\dfrac{Q}{r^2}$.

Mae cyfeiriad y maes ger Q yn rheiddiol tuag allan (fel sydd i'w weld) os yw Q yn bositif, ac yn rheiddiol tuag i mewn os yw Q yn negatif.

Enghraifft

Mae graff E–r (y llinell solid) wedi'i blotio ar gyfer gwefr bwynt, Q. Darganfyddwch Q.

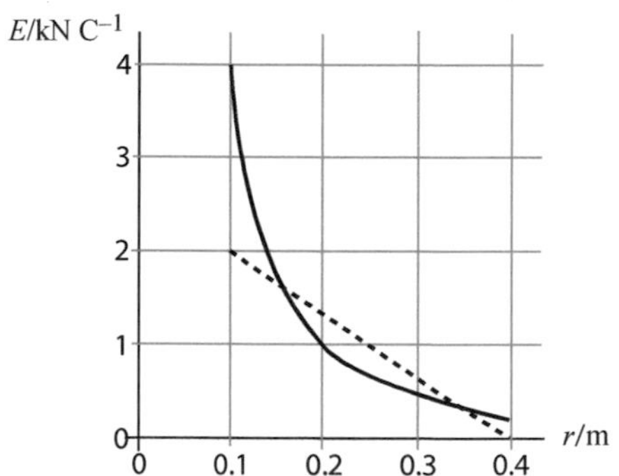

Ffig. 4.2.3 E–r ar gyfer gwefr bwynt

Ateb

Gan ddefnyddio pwynt y graff ar $r = 0.10$ m...

Mae $Q = 4\pi\varepsilon_0 r^2 E$

$= 4\pi \times 8.85 \times 10^{-12}\ \text{C}^2\ \text{m}^{-2}\ \text{N}^{-1} \times (0.10\ \text{m})^2 \times 4000\ \text{N C}^{-1}$

$= 4.45$ nC

Cofiwch

Sylwch nad yw presenoldeb y maes trydanol oherwydd Q yn dibynnu ar gael q yn ei lle i brofi amdano!

cwestiwn cyflym

③ Sylwch ar y ddeddf sgwâr gwrthdro sydd i'w gweld yn Ffig. 4.2.3. Beth sy'n digwydd i E bob tro mae r yn dyblu?

cwestiwn cyflym

④ Cyfrifwch E pan mae 0.30 m oddi wrth wefr o 4.45 nC.

cwestiwn cyflym

⑤ Mae gan faes trydanol werth cyson o 30 kN C^{-1} i'r Dwyrain dros ranbarth. Cyfrifwch y canlynol:

a) y gp trydanol rhwng pwynt A a phwynt B, sydd 0.20 m i'r Gorllewin o A, gan nodi ai A neu B sydd ar y potensial uchaf

b) y newid yn EP trydanol gwefr o –0.90 nC sy'n mynd o A i B.

» *Cofiwch*

Er mwyn gweld pam mae'r arwynebedd o dan y graff *E–x* yn rhoi'r gp, dylech chi feddwl amdano fel cyfanswm sawl arwynebedd o stribedi fertigol tenau iawn. Dros bob un o'r rhain, dydy *E* ddim yn newid o gwbl bron, felly mae arwynebedd y stribed yn agosáu mewn gwirionedd at y gwerth $E\Delta x$ wrth i led y stribedi agosáu at sero.

4.2.3 Gwahaniaeth potensial trydanol a photensial trydanol

Dim ond i feysydd trydanol sy'n deillio o wefrau disymud mae'r cysyniadau hyn yn berthnasol. Rydyn ni'n delio yma ag *electrostateg*.

(a) Gwahaniaeth potensial trydanol

Ystyriwch fod gwefr brawf, q, yn symud bellter bach, Δx, i gyfeiriad E (Ffig. 4.2.4). Yna ...

Mae'r newid yn EP q = – y gwaith sy'n cael ei wneud ar q gan y maes

Felly, mae $\Delta(EP) = -\text{y grym ar } q \times \Delta x$

Felly, mae $\dfrac{\Delta(EP)}{q} = -\dfrac{(\text{y grym ar } q)}{q} \times \Delta x$

Ffig. 4.2.4 gwaith gaiff ei wneud gan E ar q

Mewn geiriau eraill, mae $\Delta V = -E\Delta x$

ΔV, wedi'i ddiffinio fel $\dfrac{\text{y newid yn EP trydanol } q}{q}$, yw'r **gwahaniaeth potensial (gp)** rhwng A a B.

Rydyn ni'n dweud bod A ar *botensial uwch* na B.

UNED: J C^{-1} = folt (V)

Tybiwch fod E yn amrywio gydag x, fel yn Ffig. 4.2.5 er enghraifft. Os ydyn ni eisiau darganfod y gwahaniaeth potensial rhwng pwyntiau x_1 ac x_2, sydd gryn bellter ar wahân, fel arfer allwn ni ddim defnyddio $\Delta V = -E\Delta x$ mewn un tro. Mae hyn oherwydd bod E yn newid wrth i ni symud rhwng x_1 ac x_2. Yn yr achos hwn, mae:

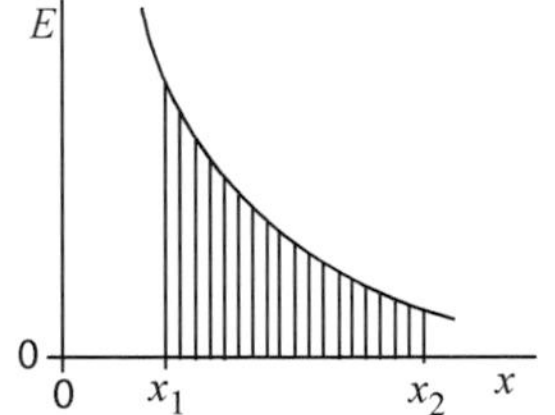

Ffig. 4.2.5 Yr arwynebedd o dan y graff *E–x*

ΔV = yr arwynebedd o dan y graff *E–x* rhwng x_1 ac x_2.

Enghraifft

Gan ddefnyddio Ffig. 4.2.3, amcangyfrifwch y gwahaniaeth yn y potensial rhwng pwyntiau sydd 0.10 m a 0.40 m o bellter oddi wrth wefr o 4.45 nC.

Ateb

Â'r llygad, mae'r arwynebedd (trionglog) o dan y llinell doredig yr un peth *yn fras* â'r arwynebedd o dan y gromlin.

Felly mae $\Delta V = \frac{1}{2}\text{sail} \times \text{uchder} = \frac{1}{2} \times 0.3\,\text{m} \times 2000\,\text{V m}^{-1} = 300\,\text{V}$.

Y pwynt sydd ar 0.10 m fydd ar y potensial uchaf (gan y bydd y maes yn gwneud gwaith ar wefr brawf bositif sy'n mynd o 0.10 m i 0.40 m).

(b) Potensial trydanol

Caiff **EP trydanol** q ar bwynt P mewn maes trydanol ei ddiffinio gan ...

EP q = y gwaith sy'n cael ei wneud gan y maes ar q wrth i q fynd o P i anfeidredd.

Caiff y **potensial** trydanol (V neu V_E) yn P ei ddiffinio fel $V = \frac{(EP\ q \text{ ar } P)}{q}$, felly mae

$$V = \frac{\begin{pmatrix}\text{y gwaith sy'n cael ei wneud gan y maes} \\ \text{ar wefr } q \text{ wrth i } q \text{ fynd o } P \text{ i anfeidredd}\end{pmatrix}}{q}$$

Sgalar. UNED: J C^{-1} = folt (V)

- Wrth sôn am anfeidredd, rydyn ni'n golygu 'pell iawn i ffwrdd oddi wrth y wefr/gwefrau sy'n achosi'r maes'.
- Yn ôl y diffiniad o V, os yw P *ar* anfeidredd, yna sero yw'r potensial. Mae'r arfer o ddiffinio V fel y gp rhwng anfeidredd a P (a dyma rydyn ni wedi'i wneud!) wedi arwain at y *confensiwn* bod V yn sero ar anfeidredd.
- E yw'r *grym* fesul uned gwefr brawf. Yn yr un modd, V yw'r EP fesul uned gwefr brawf, ac mae EP trydanol $q = qV$

Term allweddol

Y **Potensial trydanol** (V neu V_E) ar bwynt P yw'r gwaith sy'n cael ei wneud gan y maes trydanol ar wefr q, fesul uned gwefr, wrth i q fynd o P i anfeidredd.

(Neu'r gwaith sy'n cael ei wneud fesul uned gwefr gan rym allanol wrth ddod â q o anfeidredd i P.)

(c) Potensial trydanol oherwydd gwefr bwynt, Q

Mae'r *potensial* ar bellter r o wefr bwynt Q yn hafal i'r arwynebedd o dan y graff E–r o r hyd at anfeidredd. Drwy ddefnyddio mathemateg (integru), gwelwn fod hyn yn:

$$V = \frac{Q}{4\pi\varepsilon_0 r}$$

Yn ôl yr hafaliad hwn, wrth i r fynd yn fawr iawn, mae V yn agosáu at sero, yn unol â'r confensiwn uchod.

Mae V wedi'i blotio yn erbyn r yn Ffig. 4.2.6. qV yw egni potensial q ar bellter r oddi wrth Q, felly mae

$$E_p = \frac{Qq}{4\pi\varepsilon_0 r}$$

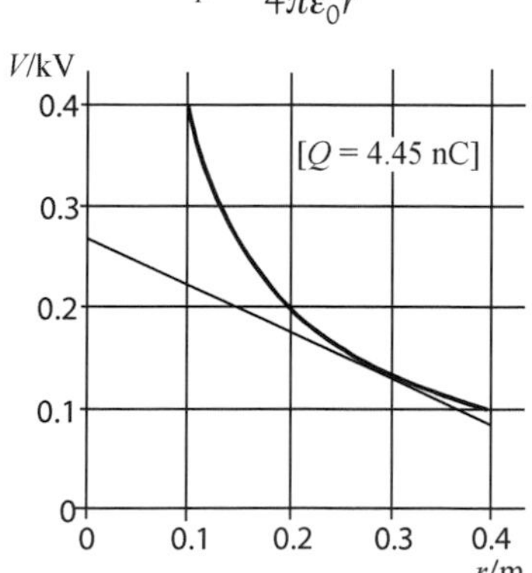

Ffig. 4.2.6 V–r ar gyfer gwefr bwynt

Er ei bod hi'n ddefnyddiol ystyried Q fel 'ffynhonnell y wefr' a q fel 'gwefr brawf', gallem yr un mor hawdd ystyried dwy wefr ar wahân fel 'system' gydag EP. Mae'r hafaliad EP sydd yn yr ymyl yn cyd-fynd â'r naill safbwynt a'r llall.

Cofiwch

Rhowch werthoedd y gwefrau, a'u harwyddion, yn yr hafaliadau

$$V = \frac{Q}{4\pi\varepsilon_0 r},\ E_p = \frac{Qq}{4\pi\varepsilon_0 r}$$

Bydd hyn wedyn yn rhoi V a/neu E_p i chi, gyda'r arwydd(ion) cywir.

Cofiwch

Mae $V = \frac{Q}{4\pi\varepsilon_0 r}$ yn awgrymu bod V *mewn cyfrannedd gwrthdro ag* r. Cymharwch siâp y gromlin yn Ffig. 4.2.6 â'r siâp yn Ffig. 4.2.3 (E yn erbyn r).

cwestiwn cyflym

⑥ Cyfrifwch y buanedd *mwyaf* mae'r ïon yn yr enghraifft yn ei gyrraedd.

cwestiwn cyflym

⑦ Darganfyddwch E 0.20 m oddi wrth wefr o 4.45 nC drwy ddefnyddio tangiad i'r graff V–r yn Ffig. 4.2.6 (Fydd dim angen i chi *lunio'r* tangiad!)

Gwiriwch eich ateb, yn syml, drwy ddarllen E pan mae $r = 0.20$ m yn Ffig. 4.2.3.

Enghraifft

Caiff ïon, sydd â gwefr o $+3.20 \times 10^{-19}$ C a màs o 4.66×10^{-26} kg, ei ryddhau o ddisymudedd ym mhwynt A. Mae pwynt A 0.10 m i ffwrdd o wefr, Q, o +10 nC. Mae'n symud ymhellach ac ymhellach i ffwrdd oddi wrth Q. Cyfrifwch y canlynol:

(a) egni potensial (EP) trydanol yr ïon yn A

(b) EP trydanol yr ïon ym mhwynt B, sydd 0.30 m o Q

(c) buanedd yr ïon yn B.

Ateb

(a) Mae'r potensial yn A = $V_A = \dfrac{1}{4\pi\varepsilon_0}\dfrac{Q}{r_A} = 8.99 \times 10^9 \times \dfrac{10 \times 10^{-9}}{0.10\,\text{m}}\,\text{V} = 899\,\text{V}$

Mae EP yr ïon yn A = $q \times V_A = 3.2 \times 10^{-19}\,\text{C} \times 899\,\text{V} = 2.88 \times 10^{-16}\,\text{J}$

(b) Mae'r potensial oherwydd Q mewn cyfrannedd gwrthdro â'r pellter oddi wrth Q, felly mae EP yr ïon yn B = $\frac{1}{3} \times 2.88 \times 10^{-16}\,\text{J} = 0.96 \times 10^{-16}\,\text{J}$

(c) Mae (EC + EP) yr ïon yn A = (EC + EP) yr ïon yn B

Felly, mae $0 + 2.88 \times 10^{-16}\,\text{J} = \frac{1}{2}mv^2 + 0.96 \times 10^{-16}\,\text{J}$

Felly, mae $v = \sqrt{\dfrac{2 \times (2.88 - 0.96) \times 10^{-16}\,\text{J}}{m}} = \sqrt{\dfrac{2 \times 1.92 \times 10^{-16}\,\text{J}}{4.66 \times 10^{-26}\,\text{kg}}}$

$= 9.1 \times 10^4\,\text{m s}^{-1}$

(ch) Graddiant potensial trydanol

Gallwn ni ysgrifennu'r berthynas $\Delta V = -E\Delta x$ ar y ffurf $E = -\dfrac{\Delta V}{\Delta x}$

Yr enw ar $\dfrac{\Delta V}{\Delta x}$ yw'r graddiant potensial. V m^{-1} (= N C^{-1}) yw ei unedau.

Mae'r hafaliad yn awgrymu bod minws graddiant y tangiad i graff E–x (neu, ar gyfer maes rheiddiol, graff E–r) ar bwynt yn rhoi E ar y pwynt hwnnw.

Enghraifft

Darganfyddwch E ar bellter o 0.30 m oddi wrth wefr o 4.45 nC, gan ddefnyddio Ffig. 4.2.6.

Ateb

Wedi i chi lunio'r tangiad sydd i'w weld, mae

$$E = -\frac{\Delta V}{\Delta x} = -\frac{(0.27 - 0.09)\,\text{kV}}{(0 - 0.40)\text{m}} = -(-0.45\,\text{kV m}^{-1}) = 0.45\,\text{kV m}^{-1}$$

Mae E yn bositif, felly mae'r maes yng nghyfeiriad r: yn rheiddiol tuag allan.

4.2.4 *E* a *V* o ganlyniad i nifer o wefrau

(a) Cryfder maes trydanol, *E*

Rydyn ni'n darganfod E ar bwynt, P, oherwydd nifer o wefrau pwynt cyfagos, drwy adio fectorau cryfderau'r meysydd trydanol yn P oherwydd gwefrau unigol.

Enghraifft

Darganfyddwch gryfder y maes trydanol yn P yn Ffig. 4.2.7 (a).

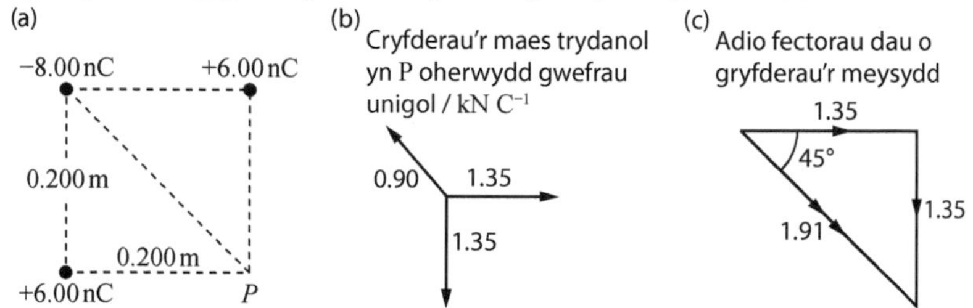

Ffig. 4.2.7 Cryfder y maes trydanol (a'r potensial) yn P oherwydd tair gwefr

Ateb

Yn gyntaf, cyfrifwch feintiau E yn P o ganlyniad i'r gwefrau unigol.

Ar gyfer y ddwy wefr 6 nC, $E = \frac{1}{4\pi\varepsilon_0}\frac{Q}{r^2} = 8.99 \times 10^9\,\text{N}\,\text{C}^{-2}\,\text{m}^2\,\frac{6.00 \times 10^{-9}\,\text{C}}{(0.200\,\text{m})^2}$

$= 1.35\,\text{kN}\,\text{C}^{-1}$.

Ar gyfer y wefr −8 nC, mae $E = 8.99 \times 10^9\,\text{N}\,\text{C}^{-2}\,\text{m}^2\,\frac{8.00 \times 10^{-9}\,\text{C}}{(0.200\,\text{m})^2 + (0.200\,\text{m})^2}$

$= 0.90\,\text{kN}\,\text{C}^{-1}$

Mae *cyfeiriadau'r* meysydd hyn ym mhwynt P i'w gweld yn Ffig. 4.2.7 (b).

Nesaf, rydyn ni'n adio'r meysydd oherwydd y gwefrau 6 nC at ei gilydd. Mae hyn wedi'i wneud yn y diagram fectorau (Ffig. 4.2.7 (c)), sy'n nodi bod

$\sqrt{1.35^2 + 1.35^2} = 1.91$.

Felly, mae cyfanswm E yn P, sydd bellach yn cynnwys E oherwydd y wefr −8 nC, fel hyn:

$1.91\,\text{kN}\,\text{C}^{-1}$ i'r De Ddwyrain + $0.90\,\text{kN}\,\text{C}^{-1}$ i'r Gogledd Orllewin = $1.0\,\text{kN}\,\text{C}^{-1}$ i'r De Ddwyrain.

(b) Potensial trydanol, *V*

Mae hwn yn llawer haws ei gyfrifo nag E, gan fod potensial yn fesur sgalar. Felly, yn syml, rydyn ni'n cymryd potensialau ar bwynt P oherwydd gwefrau unigol, ac yn adio'r rhain ar ffurf *rhifau*, gan gofio ystyried unrhyw arwyddion minws!

Enghraifft

Darganfyddwch y potensial ar bwynt P yn Ffig. 4.2.7 (a).

cwestiwn cyflym

⑧ Caiff gwefrau o +0.80 nC eu gosod ar ddau o fertigau (corneli) triongl hafalochrog, sef A a B, sydd ag ochrau 0.070 m o hyd. Cyfrifwch gryfder y maes trydanol ar y trydydd fertig, C. Rhowch ei gyfeiriad, yn ogystal â'i faint.

cwestiwn cyflym

⑨ Ailadroddwch y Cwestiwn cyflym diwethaf, ond gyda gwefr o +0.80 nC yn A, a gwefr o −0.80 nC yn B.

cwestiwn cyflym

⑩ Cyfrifwch y potensial yn C yng Nghwestiwn cyflym 8.

cwestiwn cyflym

⑪ Cyfrifwch y potensial yn C yng Nghwestiwn cyflym 9.

Ateb

Yn gyntaf, cyfrifwch y potensialau yn P oherwydd pob un o'r gwefrau unigol.

Ar gyfer pob gwefr 6 nC, mae $V = \frac{1}{4\pi\varepsilon_0}\frac{Q}{r} = 8.99 \times 10^9\ \text{N C}^{-2}\ \text{m}^2$ $\frac{6.00 \times 10^{-9}\ \text{C}}{0.200\ \text{m}} = +270\ \text{V}$.

Ar gyfer y wefr −8 nC, mae $V = 8.99 \times 10^9\ \text{N C}^{-2}\ \text{m}^2 \frac{-8.00 \times 10^{-9}\ \text{C}}{\sqrt{(0.200\ \text{m})^2 + (0.200\ \text{m})^2}}$ $= -254\ \text{V}$.

Felly, mae cyfanswm y potensial yn $P = 2 \times 270\ \text{V} + (-254\ \text{V}) = 286\ \text{V}$

4.2.5 Llinellau maes trydanol ac unbotensialau

(a) Llinellau maes trydanol

Term allweddol

Llinell maes trydanol yw llinell lle mae'r cyfeiriad ar bob pwynt ar ei hyd yn rhoi cyfeiriad y maes ar y pwynt hwnnw.

Caiff y rhain eu diffinio yn y **Term allweddol**, a dyma'r llinellau llawn, sydd â phennau saethau arnynt, yn y diagramau isod. (Caiff y llinellau toredig eu hesbonio'n ddiweddarach.)

Ar gyfer gwefrau 'arunig', mae'r llinellau maes yn rheiddiol.

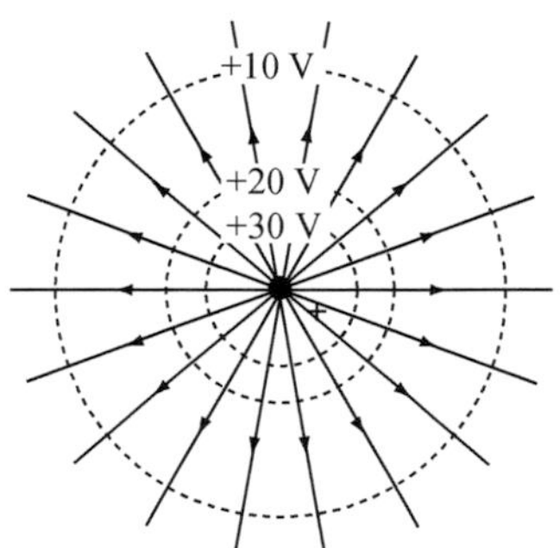

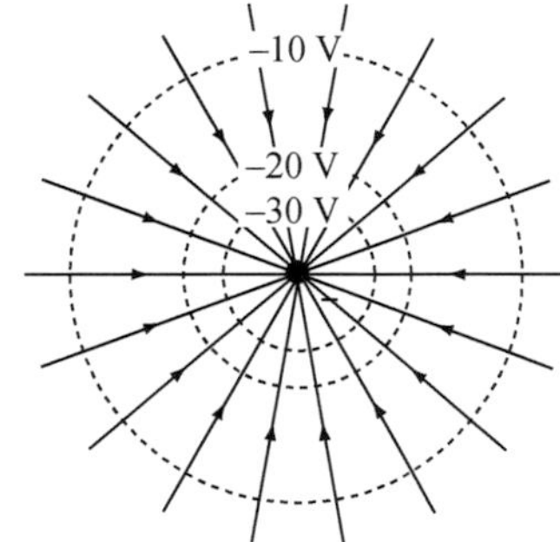

Ffig. 4.2.8 Llinellau maes ac unbotensialau ar gyfer gwefrau 'arunig'

Cofiwch

Ni fydd disgwyl i chi lunio Ffig. 4.2.9 o'ch cof.

Gwella gradd

I roi hwb i'ch hyder, dewiswch bwynt yn Ffig. 4.2.9 sydd ddim yn y canol. Ystyriwch feintiau a chyfeiriadau cryfderau'r meysydd oherwydd y gwefrau unigol, a brasluniwch ddiagram adio fectorau. A yw cyfeiriad y maes cydeffaith yn cyd-fynd yn fras â chyfeiriad y llinell faes?

- Mae'r llinellau'n dechrau ar wefrau positif, ac yn diweddu ar wefrau negatif (er mai un pen yn unig o bob llinell sydd i'w weld yn y diagramau uchod).
- Mae gan y llinellau briodwedd 'fonws' gan eu bod nhw'n dangos maint *cryfder* y maes: yr agosaf yw'r llinellau at ei gilydd, y cryfaf yw'r maes.
- Ni fydd llinellau maes trydanol fyth yn croesi nac yn cyfarfod – hynny yw, yn croestorri. Tybiwch, er enghraifft, ein bod ni'n symud dwy wefr 'arunig' at ei gilydd. Ar bob pwynt, nid dau faes trydanol ar wahân fydd yno, ond un maes cydeffaith – a gallwn ni ei ddarganfod drwy adio fectorau'r meysydd o ganlyniad i'r gwefrau unigol.

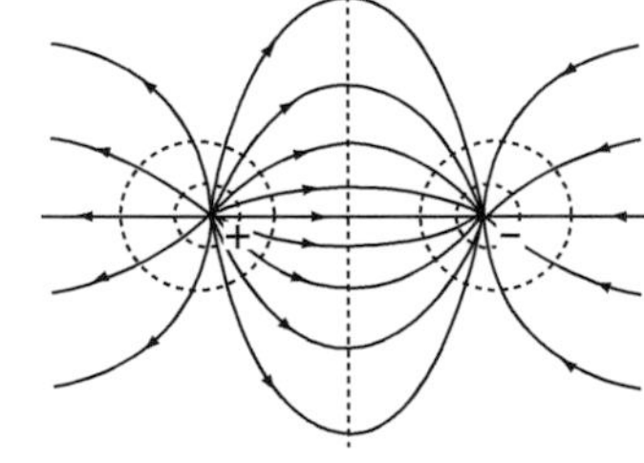

Ffig. 4.2.9 Gwefrau hafal a dirgroes

Cofiwch

Dylai hi fod yn glir mai sero yw potensial yr unbotensial canol yn Ffig. 4.2.9.

(b) Unbotensialau

Caiff y rhain eu diffinio yn y **Term allweddol**. Yn Ffigurau 4.2.8 a 4.2.9, maen nhw i'w gweld (mewn trawstoriad) ar ffurf llinellau toredig. Mae'r rhain yn debyg i gyfuchlinau ar fap, sy'n cysylltu pwyntiau o'r un uchder.

- Mae unbotensialau a llinellau meysydd trydanol yn croesi ar onglau sgwâr i'w gilydd.
- Yn Ffigurau 4.2.8 a 4.2.9, mae'r unbotensialau wedi'u lluniadu â gwahaniaethau potensial sydd fwy neu lai yn hafal rhyngddyn nhw. Mae hyn yn golygu mai po agosaf yw'r unbotensialau, y cryfaf yw'r maes – oherwydd bod graddiant y potensial yn fwy (Adran 4.2.3 (ch)).

Term allweddol

Unbotensial yw arwyneb lle mae pob pwynt ar yr un potensial.

4.2.6 Cryfder maes disgyrchiant, g

Maes disgyrchiant yw rhanbarth lle mae màs (sy'n cael ei alw'n fàs prawf), m, yn profi grym sydd mewn cyfrannedd ag m.

Caiff **cryfder y maes disgyrchiant**, g, ar bwynt ei ddiffinio fel hyn:

$$g = \frac{\text{y grym ar } m}{m} \quad \text{hynny yw, mae} \quad g = \frac{F}{m}.$$

- Mae g yn fesur fector. N kg^{-1} (neu m s^{-2}, credwch neu beidio!) yw ei unedau.
- Os caiff màs prawf ei ryddhau mewn maes disgyrchiant, a bod y grymoedd eraill sydd arno yn ddibwys, yna, drwy ddefnyddio $F = ma$, dyma yw ei gyflymiad:

$$a = \frac{F}{m} = \frac{mg}{m} = g.$$

- Felly, beth bynnag yw màs, m, y màs prawf, mae ei gyflymiad wrth ddisgyn yn rhydd yn hafal i gryfder y maes disgyrchiant!

Enghraifft

Pan gaiff màs prawf o 4.00 kg ei hongian oddi ar fesurydd grym ar arwyneb y Lleuad, 6.50 N yw'r darlleniad. Cyfrifwch gryfder y maes disgyrchiant, a nodwch gyflymiad y màs prawf pe bai'n cael ei adael i ddisgyn.

Ateb

Mae $g = \frac{F}{m} = \frac{6.50\,\text{N}}{4.00\,\text{kg}} = 1.63\ \text{N kg}^{-1}$ Cyflymiad $= 1.63\ \text{m s}^{-2}$

Term allweddol

Cryfder y maes disgyrchiant, g, ar bwynt yw'r grym fesul uned màs y mae màs 'prawf' bach, wedi ei osod ar y pwynt, yn ei brofi.

$$g = \frac{F}{m} \quad \text{(fector)}$$

UNEDAU: $\text{N kg}^{-1} = \text{m s}^{-2}$

» Cofiwch
Nid yw'n bosibl defnyddio deddf disgyrchiant Newton yn fanwl gywir mewn rhanbarthau lle mae g yn uchel iawn (er enghraifft, yng nghanol sêr, neu yn agos iawn atyn nhw).

cwestiwn cyflym

⑫ Mae dau electron 1.00 mm ar wahân i'w gilydd. Cyfrifwch y canlynol:

a) y grym gwrthyrru trydanol rhyngddyn nhw

b) y grym disgyrchiant rhyngddyn nhw.

($e = 1.60 \times 10^{-19}$ C, $m_e = 9.11 \times 10^{-31}$ kg)

» Cofiwch
Dylai'r Cwestiwn cyflym diwethaf esbonio pam rydyn ni'n dweud fel arfer fod disgyrchiant yn rym gwan iawn.

cwestiwn cyflym

⑬ 6.37×10^6 m yw radiws cymedrig y Ddaear, ac mae $g = 9.81$ N kg^{-1}. Cyfrifwch fàs y Ddaear.

cwestiwn cyflym

⑭ Drwy hynny, cyfrifwch ddwysedd cymedrig y Ddaear.

4.2.7 Deddf disgyrchiant Newton

Mae pob gronyn yn atynnu pob gronyn arall, a hynny â grym sydd mewn cyfrannedd â lluoswm eu masau, M_1 ac M_2, ac mewn cyfrannedd gwrthdro â sgwâr eu gwahaniad, r.

Yn fathemategol, mae, $F = (-)G\frac{M_1M_2}{r^2}$.

Cysonyn disgyrchiant Newton (neu'r 'G fawr') yw'r enw ar G. Drwy arbrawf, mae $G = 6.67 \times 10^{-11}$ N kg^{-2}m^2 = 6.67×10^{-11} kg^{-1} m^3 s^{-2}

- Mae M_1 ac M_2 bob amser yn bositif. Mae'r grym bob amser yn atynnol; weithiau, caiff hyn ei ddangos gan arwydd minws (gweler uchod).
- Mae'r ddeddf yn berthnasol i ronynnau ('masau pwynt'). Nid yw sêr a phlanedau yn ronynnau, ond maen nhw bron yn *sfferig gymesur*: sfferig, gyda'r màs wedi'i ddosbarthu'n gyfartal drwyddyn nhw. Cymerodd Newton y grymoedd mae pob un o ronynnau un o'r cyrff hyn yn ei roi ar bob un o ronynnau corff arall, ac adio'r rhain (ar ffurf fectorau!) at ei gilydd. Cafodd ateb twt iawn: *mae pob corff yn ymddwyn fel pe bai ei holl fàs wedi'i grynhoi yn ei ganol.*

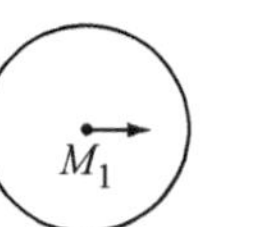

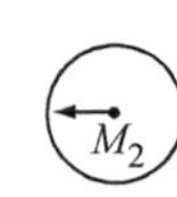

Ffig. 4.2.10 Sfferau'n atynnu

g oherwydd màs pwynt, neu fàs sfferig cymesur

Yn neddf Newton, gallwn ni ddewis rhoi $M_1 = M$, ac ystyried M yn ffynhonnell maes disgyrchiant. Gallwn ni ystyried M_2 yn fàs prawf, m.

Felly, mae $F = (-)G\frac{Mm}{r^2}$ hynny yw, mae $\frac{F}{m} = (-)G\frac{M}{r^2}$

felly, mae $g = (-)\frac{GM}{r^2}$.

Dyma gryfder y maes y tu allan i wrthrych sfferig cymesur, màs M, bellter r o'i ganol. Mae g wedi'i gyfeirio *tuag at* ganol M; caiff hyn ei ddangos weithiau gan yr arwydd minws (uchod).

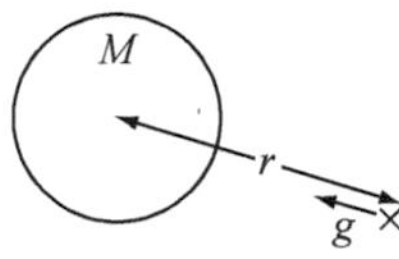

Ffig. 4.2.11 g y tu allan i sffêr

Enghraifft

1.74×10^6 m yw radiws y Lleuad, ac mae $g = 1.62$ N kg^{-1} ar ei harwyneb. Cyfrifwch ei màs.

Ateb

$$M = \frac{r^2g}{G} = \frac{(1.74 \times 10^6\,\text{m})^2 \times 1.62\,\text{N kg}^{-1}}{6.67 \times 10^{-11}\,\text{N kg}^{-2}\text{m}^2} = 7.4 \times 10^{22}\,\text{kg}$$

4.2.8 EP disgyrchiant, potensial a gwahaniaeth potensial

Mae'r diffiniadau a'r hafaliadau yn yr adran hon yn debyg iawn i'r rhai ar gyfer meysydd trydanol yn adran 4.2.3, ond byddwn ni'n eu cyflwyno mewn modd mwy cryno. Cofiwch am yr arwydd minws (gorfodol) mewn rhai hafaliadau.

(a) EP disgyrchiant a photensial disgyrchiant

Caiff EP màs prawf, m, ar bwynt, P, mewn maes disgyrchiant ei ddiffinio gan ...

EP m = y gwaith sy'n cael ei wneud gan y maes ar m wrth i m fynd o P i anfeidredd.

Mae hwn bob amser yn negatif oherwydd bod y grym (o'r cyrff sy'n achosi'r maes) yn y cyfeiriad dirgroes i daith y màs.

Caiff y **potensial disgyrchiant**, V neu V_g, ar bwynt, P, mewn maes g ei ddiffinio gan ...

$$V = \frac{\begin{pmatrix}\text{y gwaith sy'n cael ei wneud gan y maes} \\ \text{ar fàs } m \text{ wrth i } m \text{ fynd o } P \text{ i anfeidredd}\end{pmatrix}}{m}$$

Sgalar. UNED: $\text{J kg}^{-1} = \text{m}^2\ \text{s}^{-2}$

- Ystyr 'anfeidredd' yma yw 'pell iawn i ffwrdd o'r cyrff sy'n achosi'r maes'.
- Mae'r diffiniad yn cadw at y confensiwn bod V yn sero ar anfeidredd.
- Bydd V bob amser yn negatif, ac eithrio ar anfeidredd.
- V yw'r egni potensial disgyrchiant fesul uned màs prawf. Yn yr un modd, g yw'r *grym* fesul uned màs prawf, ac mae EP disgyrchiant $m = mV$.

(b) Potensial disgyrchiant y tu allan i gorff sfferig cymesur

Caiff hwn ei roi gan $V = -\dfrac{GM}{r}$ [mae'r arwydd minws yn hanfodol]

$E_p = mV = -\dfrac{GMm}{r}$ yw EP m, bellter r o M.

Cymharwch y graffiau g–r a V–r (Ffig. 4.2.12) ar gyfer seren, màs 6.00×10^{30} kg. Sylwch ein bod ni'n cynnwys yr arwydd minws yn yr hafaliad ar gyfer g, gan fod g yn mynd i'r cyfeiriad dirgroes i'r cyfeiriad lle mae r yn cynyddu.

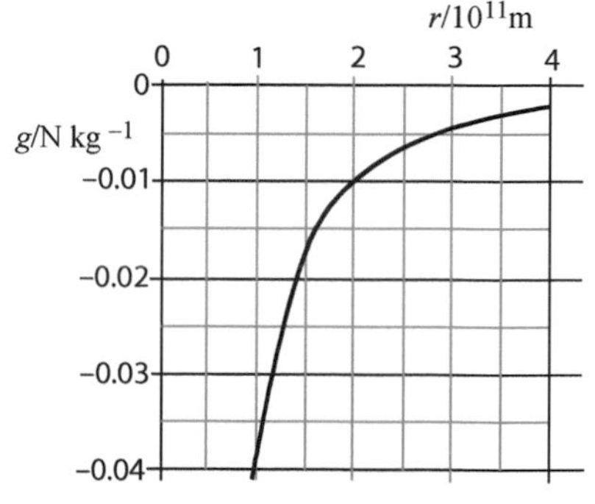

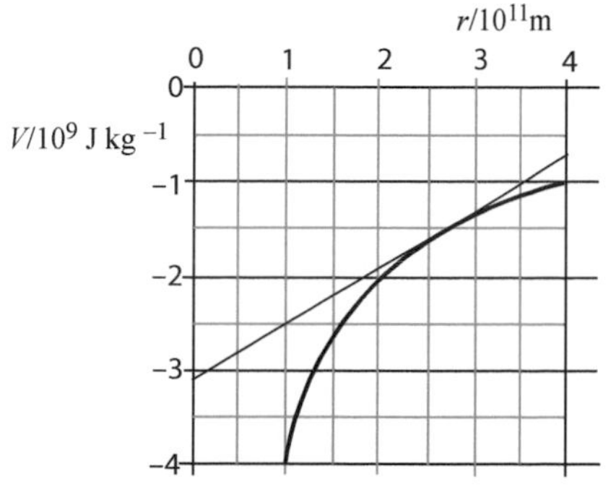

Ffig. 4.2.12 Graffiau g–r a V–r ar gyfer seren, màs 6.00×10^{30} kg

Term allweddol

Y **potensial disgyrchiant** (V neu V_g) ar bwynt, P, yw'r gwaith sy'n cael ei wneud fesul uned màs gan y maes disgyrchiant ar fàs, m, wrth i m fynd o P i anfeidredd.

(**Neu** y gwaith sy'n cael ei wneud fesul uned màs gan rym allanol wrth ddod ag m o anfeidredd i P.)

cwestiwn cyflym

⑮ Gan ddefnyddio data o'r graffiau yn Ffig. 4.2.12, cyfrifwch y canlynol:

a) cryfder y maes

b) y potensial, ar bellter 8.0×10^{11}m oddi wrth seren, màs 6.00×10^{30} kg.

» Cofiwch

Sylwch ar yr arwydd minws yn yr hafaliadau

$$V_g = -\frac{GM}{r}$$

ac

$$E_p = -\frac{GMm}{r}$$

» Cofiwch

Gweler yr adran ar feysydd *trydanol* i gael esboniadau mwy manwl.

» Cofiwch

Os caiff m ei symud bellter bach, h, *yn erbyn* maes g, mae $\Delta x = -h$, felly mae $\Delta(EP) = mgh$
Mae'r hafaliad cyfarwydd hwn yn berthnasol, er enghraifft, i gynnydd mewn uchder uwchlaw arwyneb y Ddaear, ond dim ond os yw $h << r_{\text{Daear}}$. Fel arfer, nid hwn fydd yr hafaliad cywir i'w ddefnyddio ar gyfer cwestiynau ar ddisgyrchiant!

» Cofiwch

Yn yr enghraifft, pan mae $r = 2.5 \times 10^{11}$ m mae g yn hafal i $\frac{V}{r}$ ar y radiws hwnnw. Mae hyn yn gweithio dim ond os yw'r maes yn digwydd oherwydd corff unigol sydd â chymesuredd sfferig. Mae'r dull tangiad yn gyffredinol.

(c) Gwahaniaeth potensial disgyrchiant a graddiant potensial

Pan fydd màs prawf, m, yn symud bellter bach, Δx, i'r un cyfeiriad â'r maes disgyrchiant lleol, bydd yn colli EP sy'n hafal i swm y gwaith sy'n cael ei wneud arno. Felly mae

$$\Delta(EP) = -mg\Delta x$$

Drwy rannu dwy ochr yr hafaliad ag m, gwelwn fod y **gwahaniaeth potensial disgyrchiant**, ΔV neu ΔV_g, sy'n cael ei ddiffinio gan $\frac{\Delta(\text{EP } m)}{m}$, dros bellter bach, Δx i gyfeiriad g, fel hyn:

$$\Delta V = -g\Delta x \quad \text{felly, mae} \quad g = -\frac{\Delta V}{\Delta x}.$$

Hyd yn oed pan fyddwn ni'n symud yn ddigon pell fel bod g yn amrywio'n sylweddol, caiff newidiadau yn y potensial disgyrchiant eu cynrychioli gan arwynebeddau o dan y graff g–x (neu g–r). Graddiant y graff V–x (neu V–r) ar bwynt penodol yw g ar y pwynt hwnnw (y '**graddiant potensial disgyrchiant**').

Enghraifft

Defnyddiwch y graff V–r yn Ffig. 4.2.12 i ddarganfod cryfder y maes disgyrchiant 2.5×10^{11} m o ganol seren, màs 6.00×10^{30} kg.

Ateb

Drwy ddefnyddio'r tangiad sydd wedi'i luniadu, mae

$$g = -\frac{\Delta V}{\Delta r} = -\frac{[-0.7 - (-3.1)] \times 10^9 \text{ J kg}^{-1}}{[4.0 - 0] \times 10^{11} \text{ m}} = -6.0 \times 10^{-3} \text{ N kg}^{-1}$$

Mae hyn yn cyd-fynd â'r gwerth gafodd ei ddarllen o'r graff g–r.

4.2.9 Cadwraeth egni mewn maes disgyrchiant

Pan fydd llongau gofod, lloerenni a phlanedau yn symud mewn meysydd disgyrchiant, gallwn ni ddefnyddio egwyddor cadwraeth egni ar y ffurf ganlynol:

$$(\text{EP+EC disgyrchiant})_1 = (\text{EP+EC disgyrchiant})_2$$

Yma, mae'r isysgrifau yn cyfeirio at unrhyw bwyntiau ar hyd y daith.

Enghraifft

7.35×10^{22} yw màs y Lleuad, ac 1.74×10^6 m yw ei radiws. Cyfrifwch pa mor bell bydd roced yn codi os caiff ei lansio'n fertigol o arwyneb y Lleuad ar fuanedd o 2000 m s^{-1}.

cwestiwn cyflym

⑯ Pa ffurf arall ar egni (ar wahân i egni cinetig a photensial disgyrchiant) dylen ni (yn ddelfrydol) ei hystyried ar gyfer cyrff sy'n teithio drwy atmosffer y Ddaear?

Ateb

Bydd y roced yn cyrraedd y pwynt pellaf – gallwn ni alw hwn yn r_2 – o ganol y Lleuad pan fydd yr EC wedi dod i ben.

Ond mae (EP + EC) yn union ar ôl lansio = (EP + EC) ar y pwynt pellaf.

Felly mae $-m\dfrac{GM}{r_1} + \frac{1}{2}mv_1^{\,2} = -m\dfrac{GM}{r_2} + 0$

Drwy rannu'r cyfan â màs y roced, m, amnewid ffigurau i mewn, a gadael yr unedau allan, cawn y canlynol:

$$-\frac{6.67 \times 10^{-11} \times 7.35 \times 10^{22}}{1.74 \times 10^{6}} + \tfrac{1}{2}2000^2 = -\frac{6.67 \times 10^{-11} \times 7.35 \times 10^{22}}{r_2} + 0$$

Felly, mae $-2.82 \times 10^{6} + 2.00 \times 10^{6} = -\dfrac{4.90 \times 10^{12}}{r_2}$

Felly, mae $r_2 = \dfrac{-4.90 \times 10^{12}}{-0.82 \times 10^{6}} = 6.0 \times 10^{6}\ \mathrm{m}$

Mae un cam olaf i'w wneud, er ei bod yn hawdd anghofio hwn. Y pellter mae'r roced yn ei godi o arwyneb y Lleuad yw $r_2 - r_1 = (6.0 - 1.7) \times 10^{6}\,\mathrm{m} = 4.3 \times 10^{6}\,\mathrm{m}$.

Buanedd dianc

Caiff hwn ei ddiffinio yn y **Term allweddol**.

Mae 'buanedd lleiaf' (yn y diffiniad) yn awgrymu nad oes gan y corff unrhyw EC yn weddill ar anfeidredd. Yn ôl confensiwn, bydd yr EP hefyd yn sero ar anfeidredd.

Enghraifft

Cyfrifwch y buanedd dianc ar gyfer corff ar y Ddaear, o wybod mai 5.97×10^{24} kg yw màs y Ddaear, ac mai 6.37×10^{6} m yw ei radiws cymedrig.

Ateb

Mae gennyn ni (EP + EC) yn union ar ôl lansio = (EP + EC) ar anfeidredd

Felly, mae $-m\dfrac{GM}{r_1} + \frac{1}{2}mv_{\text{dianc}}^{\,2} = +0 + 0$

Felly, mae $v_{\text{dianc}} = \sqrt{\dfrac{2GM}{r_1}} = \sqrt{\dfrac{2 \times 6.67 \times 10^{-11}\,\mathrm{N\,kg^{-2}\,m^2} \times 5.97 \times 10^{24}\,\mathrm{kg}}{6.37 \times 10^{6}\,\mathrm{m}}}$

$= 11.2\ \mathrm{km\,s^{-1}}$

cwestiwn cyflym

⑰ Cyfrifwch y buanedd dianc ar gyfer corff ar y Lleuad.

(màs: 7.35×10^{22} kg

radiws: 1.74×10^{6} m).

cwestiwn cyflym

⑱ Cyfrifwch y gymhareb ar gyfer

$$\frac{\text{buanedd dianc o'r blaned Iau}}{\text{buanedd dianc o'r blaned Mawrth}}$$

Defnyddiwch y data canlynol:

$M_I = 1.90 \times 10^{27}$ kg

$M_M = 6.42 \times 10^{23}$ kg

$r_I = 69.9 \times 10^{6}$ m

$r_M = 3.39 \times 10^{6}$ m

Term allweddol

Y **buanedd dianc** (neu'n fras, y **cyflymder dianc**) yw'r buanedd lleiaf sydd ei angen er mwyn i gorff ddianc mor bell ag rydyn ni'n ddymuno (neu 'i anfeidredd') oddi wrth bwynt ar arwyneb seren, planed neu loeren.

4.2.10 *g* a *V* o ganlyniad i fwy nag un corff

cwestiwn cyflym

⑲ Cyfrifwch y potensialau mewn dau safle ar y llinell EM yn Ffig. 4.2.13, ar y pellterau hyn o E:

3.14×10^8 m

3.64×10^8 m

Dylai eich atebion gefnogi'r honiad bod gwerth mwyaf V yn P.

Y cryfder maes cydeffaith ar bwynt yw cyfanswm *fector* cryfderau'r meysydd oherwydd pob corff. Y potensial cydeffaith yw swm *sgalar* y potensialau oherwydd pob corff.

Enghraifft

(a) Rhowch sylwadau ar y graffiau bras o gryfder maes a photensial ar hyd y llinell sy'n cysylltu'r Ddaear (E) â'r Lleuad (M), a darganfyddwch bwynt P.

(Màs y Ddaear = 5.97×10^{24} kg, màs y Lleuad = 7.35×10^{22} kg, pellter EM = 3.82×10^8 m.)

(b) Cyfrifwch y potensial yn P.

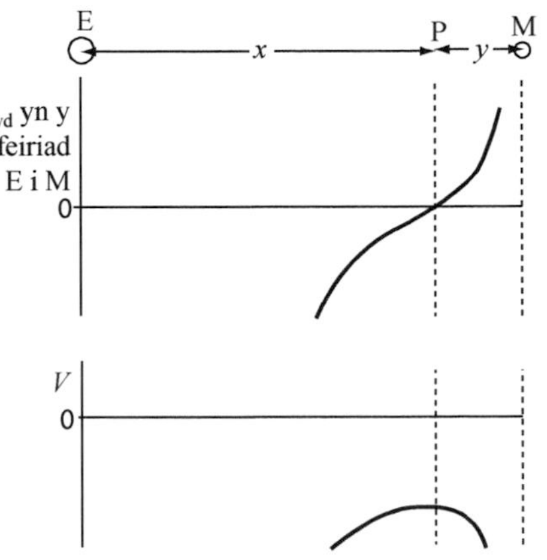

Ffig. 4.2.13 E a V rhwng y Ddaear (E) a'r Lleuad (M)

Ateb

(a) Rhwng E a P, maes y Ddaear (tuag at E) sydd gryfaf, ond rhwng P ac M, maes y Lleuad sydd gryfaf. P yw'r man lle mae swm fectorau'r meysydd yn sero.

Felly, mae $\frac{GM_M}{y^2} - \frac{GM_E}{x^2} = 0$, hynny yw, mae $\frac{M_M}{y^2} = \frac{M_E}{x^2}$.

Felly, mae $\frac{x}{y} = \sqrt{\frac{M_E}{M_M}} = \sqrt{\frac{5.97 \times 10^{24}\text{ kg}}{7.35 \times 10^{22}\text{ kg}}} = 9.01$ hynny yw, mae $x = 9.01\,y$

Ond, mae $x + y = 3.82 \times 10^8$ m

Felly, mae $10.01y = 3.82 \times 10^8$ m ac mae $y = \frac{3.82 \times 10^8\text{ m}}{10.0}$

Felly, mae $y = 0.38 \times 10^8$ m, ac mae $x = 9.01y = 3.44 \times 10^8$ m

O ran y potensial disgyrchiant, rydyn ni'n gwybod ei fod bob amser yn negatif, ac y bydd ar ei fwyaf negatif yn agos at E ac M. Bydd y gwerth mwyaf (lleiaf negatif) yn P, oherwydd bod $g = 0$ yma, felly mae $\frac{\Delta V}{\Delta r} = 0$ yn P (mae'r tangiad i'r graff V–r yn llorweddol)

(b) Y potensial yn P yw swm sgalar y potensialau oherwydd E ac M.

Felly, mae $V = -\frac{GM_E}{x} + \left(-\frac{GM_M}{y}\right)$

$$= -6.67 \times 10^{-11}\text{ N m}^2\text{ kg}^{-2} \times \left(\frac{5.97 \times 10^{24}\text{ kg}}{3.44 \times 10^8\text{ m}} + \frac{7.35 \times 10^{22}\text{ kg}}{0.38 \times 10^8\text{ m}}\right)$$

$= -1.29$ MJ

4.2.11 Tabl crynhoi, wedi'i addasu o'r fanyleb Ffiseg

MEYSYDD TRYDANOL	MEYSYDD DISGYRCHIANT
Cryfder y maes trydanol, E, ar bwynt yw'r grym fesul uned gwefr ar wefr brawf bositif fach sy'n cael ei rhoi ar y pwynt hwnnw.	Cryfder y maes disgyrchiant, g, ar bwynt yw'r grym fesul uned màs ar fàs prawf bach sy'n cael ei roi ar y pwynt hwnnw.
Dyma'r ddeddf sgwâr gwrthdro ar gyfer y grym rhwng dwy wefr drydanol: $F = \frac{1}{4\pi\varepsilon_0}\frac{Q_1Q_2}{r^2}$ (Deddf Coulomb) mae $\frac{1}{4\pi\varepsilon_0} = 9.0 \times 10^9\ \text{m}^{-1}\text{F}$ yn dderbyniol	Dyma'r ddeddf sgwâr gwrthdro ar gyfer y grym rhwng dau fàs (pwynt): $F = G\frac{M_1M_2}{r^2}$ (Deddf disgyrchiant Newton)
Gall F atynnu neu wrthyrru	Mae F yn gallu atynnu yn unig
$E = \frac{1}{4\pi\varepsilon_0}\frac{Q}{r^2}$ yw cryfder y maes o ganlyniad i wefr bwynt mewn gofod rhydd (gwactod) neu aer	$g = \frac{GM}{r^2}$ yw cryfder y maes o ganlyniad i fàs pwynt
Y potensial, V neu V_E, ar bwynt yw'r gwaith gaiff ei wneud fesul uned gwefr wrth ddod â gwefr brawf o anfeidredd i'r pwynt hwnnw. $V_E = \frac{1}{4\pi\varepsilon_0}\frac{Q}{r}$ $\text{EP} = \frac{1}{4\pi\varepsilon_0}\frac{Q_1Q_2}{r}$	Y potensial, V neu V_g, ar bwynt yw'r gwaith gaiff ei wneud fesul uned màs wrth ddod â màs prawf o anfeidredd i'r pwynt hwnnw. Mae hwn bob amser yn negatif. $V_g = -\frac{GM}{r}$ $\text{EP} = -\frac{GM_1M_2}{r}$
Ar gyfer gwefr, q, mewn maes trydanol oherwydd gwefrau disymud, mae $\Delta(\text{EP}) = q\Delta V_E$	Ar gyfer màs, m, mewn maes disgyrchiant, mae $\Delta(\text{EP}) = m\Delta V_g$
Mae cryfder maes ar bwynt yn cael ei roi gan E = –**graddiant y graff** V_E–r ar y pwynt hwnnw	Mae cryfder maes ar bwynt yn cael ei roi gan g = –**graddiant y graff** V_g–r ar y pwynt hwnnw

ychwanegol

1. Mae tair gwefr bwynt yn y safleoedd sefydlog sydd i'w gweld yn Ffig. 4.2.14 (a).

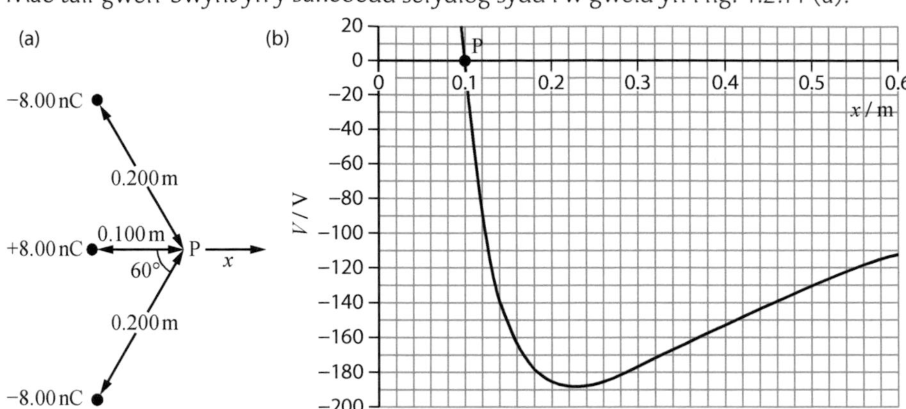

Ffig. 4.2.14 Tair gwefr a graff potensial yn erbyn pellter

(a) Cyfrifwch y canlynol o Ffig. 4.2.14 (a):

(i) Cryfder y maes yn P.

(ii) Cyflymiad cychwynnol gronyn, gwefr $+3.33 \times 10^{-15}$ C a màs 3.50×10^{-9} kg, sy'n cael ei rhyddhau o ddisymudedd yn P (gan anwybyddu unrhyw effeithiau disgyrchiant).

(iii) Y potensial yn P.

(b) Mae Ffig. 4.2.14 (b) yn dangos sut mae'r potensial yn amrywio ar hyd rhan o'r llinell lorweddol drwy P yn Ffig. 4.2.14 (a). Caiff y pellter, x, ei fesur o'r wefr +8 nC.

(i) O'r graff, darganfyddwch werth x (a'i alw'n x_0) pan mae E yn sero, gan nodi eich rheswm yn fras.

(ii) Esboniwch yn fras sut mae'r graff yn dangos bod E yn mynd i'r cyfeiriad $+x$ ar gyfer $x < x_0$, ond yn mynd i'r cyfeiriad $-x$ ar gyfer $x > x_0$.

(iii) Beth gallwn ni ei ddweud am E pan mae $0.3\text{ m} \leq x \leq 0.4\text{ m}$?

(iv) Esboniwch, ar gyfer x mawr iawn (sydd ymhell y tu hwnt i amrediad y graff), pam mae'r potensial bron yn cael ei roi gan

$$V = \frac{Q}{4\pi\varepsilon_0 x} \text{ lle mae } Q = -8.00\text{ nC}.$$

(c) Disgrifiwch sut mae cyflymder y gronyn yn (a)(ii) yn newid yn ystod ei daith ar ôl iddo gael ei ryddhau. Mae pob grym, ac eithrio grymoedd electrostatig, yn ddibwys. Nid oes angen cyfrifiadau, ond mae eich atebion i (a)(iii) a (b) yn berthnasol.

2. Dangosodd Newton y byddai plisgyn sfferig unffurf (sffêr gwag, tebyg i bêl tennis bwrdd) yn cynhyrchu maes disgyrchiant sy'n cyd-fynd â'r canlynol, yn ôl y ddeddf sgwâr gwrthdro:
   - ym mhob pwynt y tu mewn iddo: sero
   - ym mhob pwynt y tu allan iddo: yr un peth â phe bai ei holl fàs wedi'i grynhoi yn ei ganol.

   (a) Ysgrifennwch fynegiadau ar gyfer y *potensial* oherwydd plisgyn sfferig, màs M a radiws r_s, ar bellter r o'i ganol, ar gyfer

   (i) $r \geq r_s$

   (ii) $r < r_s$ (Awgrym: rydych chi'n gwybod beth yw V pan mae $r = r_s$, ac yn gwybod bod $\Delta V = -g\Delta r$.)

   (b) Meddyliwch am sffêr solid unffurf (radiws a a màs M) fel plisg sfferig wedi'u nythu yn ei gilydd, yn debyg i nionyn/winwnsyn. Dangoswch mai $g_r = \frac{r}{a} g_a$, lle mae $g_a = (-)\frac{GM}{a^2}$, yw cryfder y maes oherwydd y sffêr, ar bellter r o'i ganol, y *tu mewn* i'r sffêr ($r < a$).

   (Awgrym: efallai byddai'n syniad i chi dybio dwysedd, ρ. Gallwch chi gael gwared ar hwn ar y diwedd, drwy ei fynegi yn nhermau M ac a.)

3. 1.99×1030 kg yw màs yr Haul, a 6.96×10^8 m yw ei radiws cymedrig.

   (a) Dangoswch mai 620 km s^{-1} yw'r buanedd dianc oddi ar arwyneb yr Haul.

   (b) Cyfrifwch y pellter mwyaf gallai corff ei deithio pe bai'n cael ei fwrw oddi ar arwyneb yr Haul ar fuanedd o 310 km s^{-1}.

   (c) Dros 200 mlynedd yn ôl, awgrymodd y Parchedig John Michell na fyddai hyd yn oed golau yn gallu dianc o sêr dwys eithriadol. Roedd Michell yn ystyried golau yn nhermau gronynnau, neu 'gorffilod' fel roedd ef yn eu galw nhw. Defnyddiwch yr un hafaliad ar gyfer buanedd dianc ag oedd yn (a) er mwyn darganfod gwerth ar gyfer radiws lleiaf posibl yr Haul fyddai'n dal i ganiatáu i olau Haul ddianc rhag maes disgyrchiant yr Haul.

   [Sylwch nad yw *deilliant* yr hafaliad yn gweithio yn achos golau, nac yn achos y gwerthoedd eithriadol o fawr sy'n berthnasol i gryfder maes, ond mae'r hafaliad yn digwydd rhoi'r gwerth cywir ar gyfer y radiws Schwarzchild. Mae'n rhaid i seren grebachu i faint llai na'r radiws hwn er mwyn mynd yn dwll du.]

» Cofiwch

Mae gan elips ddau *ffocws*. Mae'r Haul ar un ffocws i orbit planed; mae'r ffocws arall yn wag – gweler Ffig. 4.3.1 (a), sydd hefyd yn dangos *echelin fwyaf* yr orbit (AB). Yr enw ar $\frac{1}{2}$AB yw'r hanner echelin hwyaf. Mae Ffig. 4.3.1 (b) yn esbonio ail ddeddf Kepler (K2).

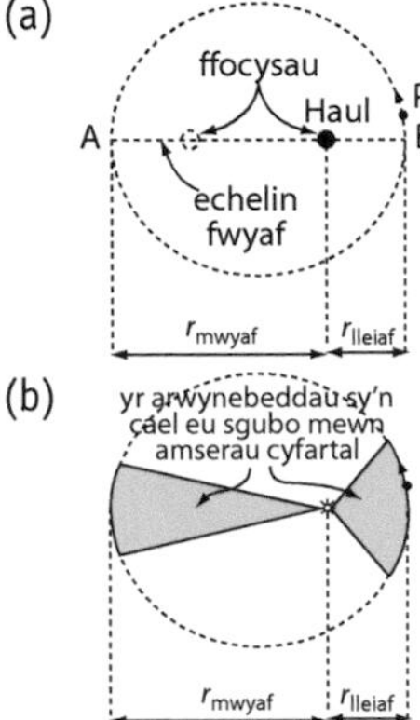

Ffig. 4.3.1 Deddfau Kepler

4.3 Orbitau a'r bydysawd ehangach

Rydyn ni'n crynhoi sut gall deddf disgyrchiant Newton gael ei defnyddio gyda lloerenni sydd mewn orbit o amgylch planedau, planedau sydd mewn orbit o amgylch sêr, a sêr sydd mewn orbit o amgylch meintiau enfawr o fater mewn galaethau. Ar y ffordd, byddwn ni'n cael ein hatgoffa am 'fater tywyll', a'r defnydd o dechnegau Doppler i fesur cyflymderau 'rheiddiol' sêr. Mae Adran 4.3 yn cloi gydag ymdriniaeth fer o ddeddf Hubble, a'r hyn gallai fod yn ei ddweud wrthyn ni am oedran y bydysawd.

4.3.1 Deddfau mudiant planedau Kepler

Cafodd y deddfau eu darganfod drwy *arsylwi*.

1. Mae pob planed yn symud mewn elips, gyda'r Haul wedi'i leoli ar un ffocws.
2. Mae'r llinell sy'n cysylltu'r Haul â'r blaned yn sgubo arwynebedd cyfartal mewn amser cyfartal. Gallwn ni ddyfalu o hyn fod planed mewn orbit yn symud yn gyflymach po agosaf yw hi at yr Haul.
3. Ar gyfer y planedau gwahanol yng Nghysawd yr Haul, mae'r cyfnod^2 mewn cyfrannedd â'r hanner echelin hwyaf^3.

   h.y. mae $T^2 \propto r^3$

   lle $r = \dfrac{r_{mwyaf} + r_{lleiaf}}{2}$ yw'r hanner echelin hwyaf.

Dangosodd Newton y byddai'r planedau'n symud yn unol â'r union ddeddfau hyn pe bai grym atynnol, deddf sgwâr gwrthdro, yn dod o'r Haul.

cwestiwn cyflym

① Pe bai planed newydd yn cael ei darganfod mewn orbit crwn sydd 9 gwaith radiws orbit y Ddaear, beth fyddai ei chyfnod yn nhermau blynyddoedd y Ddaear?

4.3.2 Orbitau crwn mewn maes disgyrchiant

Nid yw orbitau'r rhan fwyaf o blanedau yn 'echreiddig' (*eccentric*) iawn: maen nhw'n agos iawn at fod yn grwn – felly hefyd yn achos orbit y Lleuad, ac orbitau lloerenni artiffisial.

Nesaf gallwn ni ganolbwyntio ar orbitau crwn (sy'n achos arbennig o orbitau eliptigol, lle mae $r_{lleiaf} = r_{mwyaf}$).

Ffig. 4.3.2 Orbit crwn

Mae Ffig. 4.3.2 yn dangos corff, màs m, mewn orbit o amgylch corff, màs M. Tybiwn fod $M \gg m$, felly mae M yn aros yn ddisymud.

Mae tyniad disgyrchiant M yn rhoi cyflymiad mewngyrchol i m. Rydyn ni'n defnyddio $F = ma$ i ddarganfod hafaliad ar gyfer T, mewn dwy ffordd gwerth (adolygwch Adran 3.1!) ...

Mae $\dfrac{GMm}{r^2} = mr\omega^2$ neu, mae $\dfrac{GMm}{r^2} = m\dfrac{v^2}{r}$

Drwy rannu'r cyfan ag m, mae: Drwy rannu'r cyfan ag m, mae:

$\dfrac{GM}{r^2} = r\omega^2$ neu, $\dfrac{GM}{r^2} = \dfrac{v^2}{r}$

» Cofiwch

Yn Adran 4.3.2, mae'n amlwg mai'r deilliant ar yr ochr chwith yw'r un byrraf, os y berthynas *T–r* yw'r unig beth mae arnon ni ei eisiau. Mae'r deilliant ar yr ochr dde yn mynd drwy $v^2 = \dfrac{GM}{r}$, sy'n bwysig ynddo'i hun. Dysgwch y ddau!

Ond mae $\omega = \frac{2\pi}{T}$ felly mae $\frac{GM}{r^2} = r\frac{4\pi^2}{T^2}$ Drwy aildrefnu, mae: $v^2 = \frac{GM}{r}$

Ond mae $T^2 = \frac{4\pi^2 r^3}{GM}$ Ond mae $v = \frac{2\pi r}{T}$ felly mae $T = \frac{2\pi r}{v}$

Felly, mae $T^2 = \frac{4\pi^2 r^2}{v^2} = \frac{4\pi^2 r^3}{GM}$

Felly, o leiaf yn achos orbitau crwn, rydyn ni wedi dangos bod trydedd ddeddf Kepler yn dilyn o ddeddf disgyrchiant.

(a) Defnyddio damcaniaeth orbitau ar gyfer lloerenni a phlanedau

Enghraifft 1

Lloeren sydd wedi'i gwneud gan ddyn yw lloeren geosefydlog, ac mae ganddi orbit crwn sydd ym mhlân y cyhydedd ac sydd â chyfnod o 24 awr, fel ei bod bob amser uwchben un pwynt ar y cyhydedd. Gan ddechrau â deddf disgyrchiant Newton, darganfyddwch uchder y lloeren uwchben arwyneb y Ddaear. [Mae màs y Ddaear = 5.974×10^{24} kg, ac mae radiws y Ddaear = 6.37×10^6 m]

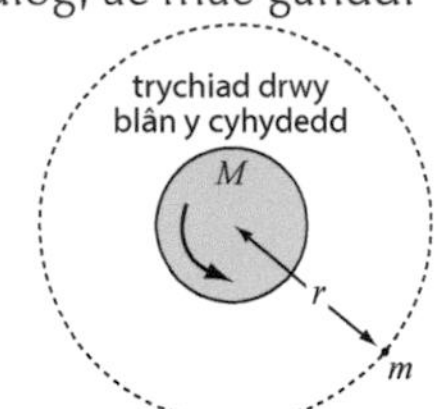

Ffig 4.3.3 Lloeren mewn orbit crwn

Ateb

Mae tyniad disgyrchiant y Ddaear yn rhoi grym mewngyrchol ar y lloeren,

felly mae $\frac{GMm}{r^2} = mr\omega^2$ hynny yw, mae $GM = r^3\omega^2$

Ond mae $\omega = \frac{2\pi}{T}$ felly mae $GM = r^3\frac{4\pi^2}{T^2}$ hynny yw, mae $r^3 = \frac{GMT^2}{4\pi^2}$

Felly mae $r = \sqrt[3]{\frac{GMT^2}{4\pi^2}} = \left(\frac{6.67 \times 10^{-11} \times 5.97 \times 10^{24} \times (24 \times 3600)^2}{4\pi^2}\right)^{\frac{1}{3}}$

$= 42.2 \times 10^6$ m

Yn olaf: mae'r uchder uwchben y Ddaear $= r - 6.34 \times 10^6\,\text{m} = 35.8 \times 10^6\,\text{m}$.

Enghraifft 2

Mae'r Ddaear (E) 1.50×10^{11} m oddi wrth yr Haul, ac mae'r blaned Iau (J) 7.78×10^{11} m oddi wrth yr Haul. Cyfrifwch hyd blwyddyn Iau yn nhermau blynyddoedd y Ddaear.

Ateb

Rydyn ni'n defnyddio trydedd ddeddf Kepler. Does dim angen enrhifo'r cysonyn, na newid y blynyddoedd yn eiliadau – os ydyn ni'n gwneud ychydig o algebra yn gyntaf.

Mae $\frac{T^2}{r^3}$ = cysonyn felly mae $\frac{T_J^2}{r_J^3} = \frac{T_E^2}{r_E^3}$ felly mae $\frac{T_J^2}{T_E^2} = \frac{r_J^3}{r_E^3} = \left(\frac{r_J}{r_E}\right)^3$

Drwy hynny, mae $T_J = T_E\left(\frac{r_J}{r_E}\right)^{\frac{3}{2}} = 1.00 \text{ blwyddyn} \times \left(\frac{7.78 \times 10^{11}\,\text{m}}{1.50 \times 10^{11}\,\text{m}}\right)^{\frac{3}{2}}$
$= 11.8$ o flynyddoedd

» Cofiwch

Gallwn ni ysgrifennu'r berthynas T–r ar y ffurf $T = \frac{2\pi}{\sqrt{GM}} r^{3/2}$

cwestiwn cyflym

② 3.84×10^8 m yw radiws orbit y Lleuad, a 27.3 diwrnod yw cyfnod ei horbit. Cyfrifwch werth ar gyfer màs y Ddaear.

cwestiwn cyflym

③ Defnyddiwch y data am y Ddaear o **Enghraifft 2** i ddarganfod gwerth ar gyfer màs yr Haul.

» Cofiwch

Ystyr ail israddio yw codi rhif i'r pŵer $\frac{1}{2}$; ystyr trydydd israddio yw codi rhif i'r pŵer $\frac{1}{3}$. Hynny yw, mae $\sqrt[2]{a} = a^{\frac{1}{2}}$ ac mae $\sqrt[3]{a} = a^{\frac{1}{3}}$ ac, er enghraifft, mae $\sqrt{a^3} = a^{\frac{3}{2}}$.

Cofiwch

Mae'r hafaliad $v = \sqrt{GM/r}$ ar gyfer buanedd cylchdroi gronyn, m, yn ein galaeth. Mae'r hafaliad yn tybio bod y màs wedi'i ddosbarthu'n sfferig gymesur rhwng m a chanol yr alaeth. Nid yw hyn yn hollol gywir, gan fod yr alaeth, er ei bod yn chwyddedig yn agos at y canol, yn fwy tebyg i ddisg ymhellach allan.

cwestiwn cyflym

④ Pam mae'r graffiau v–r yn codi o sero i'w gwerthoedd mwyaf?

cwestiwn cyflym

⑤ Beth gallwn ni ei ddweud am rv^2 ar gyfer y graff toredig (damcaniaethol) tu hwnt i tua 0.3×10^{21} m?

cwestiwn cyflym

⑥ Enrhifwch y gymhareb $\left(\dfrac{v_{\text{llinell solid}}}{v_{\text{llinell doredig}}}\right)^2$ ar 1.5×10^{21} m, a nodwch beth yw arwyddocâd y gymhareb hon (gan dybio, yn fras, fod yma gymesuredd sfferig).

(b) Galaethau a mater tywyll yn cylchdroi

Mae galaeth droellog yn gasgliad enfawr o sêr, nwy a llwch, sydd wedi'u dosbarthu'n fras ar ffurf disg, ac sy'n cylchdroi o amgylch ei chanol.

Gallwn ni ddefnyddio deddf disgyrchiant Newton i ragfynegi buanedd cylchdroi gronyn, màs m, ar bellter r o ganol yr alaeth.

Mae $\dfrac{GMm}{r^2} = m\dfrac{v^2}{r}$ hynny yw, mae $v^2 = \dfrac{GM}{r}$ ac mae $v = \sqrt{\dfrac{GM}{r}}$

M yw màs y defnydd sydd rhwng y gronyn a chanol yr alaeth. Rydyn ni wedi tybio'n fras fod yr alaeth yn sfferig gymesur (gweler **Cofiwch**).

Gall astroffisegwyr amcangyfrif rhywbeth o'r enw màs 'baryonig', M_B, gweladwy yr alaeth drwy arsylwi'r pelydriad electromagnetig (e-m) mae'n ei allyrru, a'r pelydriad e-m mae cymylau nwy yn ei amsugno. Mae'r rhan fwyaf o'r màs hwn wedi'i grynhoi yn 'chwydd canolog' yr alaeth.

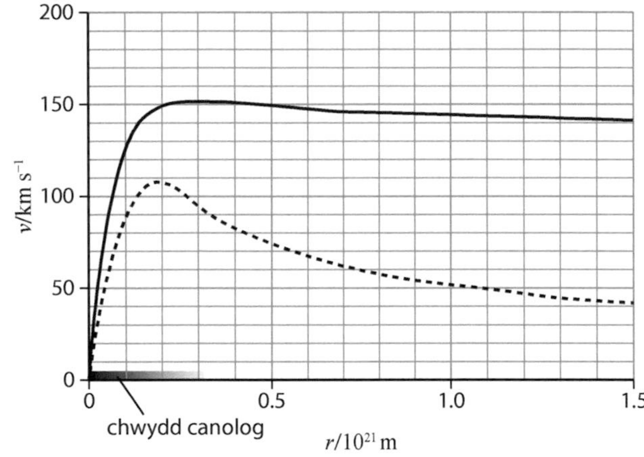

Ffig 4.3.4 Cromliniau cylchdro galaethol ar gyfer NGC3198: wedi'i arsylwi (llinell lawn) a 'disgwyliedig' (llinell doredig)

Y tu allan i'r chwydd canolog, mae hyn yn golygu mai ychydig iawn bydden ni'n disgwyl i M newid, fel ei fod yn hafal yn fras i M_B. O ganlyniad i hyn, cawn y graff damcaniaethol (toredig). *Y tu allan i'r chwydd canolog*, mae hwn wedi'i luniadu i ddilyn $v = \sqrt{GM/r}$, gyda gwerth cyson ar gyfer M sy'n hafal i M_B, fel sy'n cael ei amcangyfrif ar gyfer galaeth NGC3198.

Enghraifft

Darganfyddwch werth M – mae'r llinell doredig wedi'i seilio ar hwn.

Ateb

Gan ddewis y pwynt yn $r = 0.5 \times 10^{21}$ m:

$$M = \frac{rv^2}{G} = \frac{0.50 \times 10^{21}\,\text{m} \times (74 \times 10^3\,\text{m s}^{-1})^2}{6.67 \times 10^{-11}\,\text{N kg}^{-2}\,\text{m}^2} = 3.0 \times 10^{45}\,\text{kg}$$

Ar gyfer rhai galaethau, gallwn ni *fesur* v ar bellteroedd amrywiol, r, gan ddefnyddio techneg *dadleoliad Doppler*. (Gweler Adran 4.3.4.) Y llinell solid ar y graff yw'r v *mesuredig*, sydd wedi'i blotio yn erbyn r ar gyfer NGC3198. Gallwn ni ddod i'r casgliad canlynol:

- Mae'r màs yn yr alaeth yn ymestyn ymhell y tu hwnt i'r chwydd canolog (gan nad yw v yn dod i ben gydag r yn ôl y disgwyl).
- Mae màs cyffredinol yr alaeth yn fwy nag M_B, yn ôl rhywbeth tebyg i ffactor o 10.

Mae'r anghysondebau hyn yn rhy fawr o lawer i ddigwydd o ganlyniad i wallau *mesur*. Yn hytrach, y ddamcaniaeth fwyaf tebygol yw fod galaethau yn cynnwys **mater tywyll**. Yn wahanol i fater baryonig, nid yw mater tywyll yn rhyngweithio â thonnau electromagnetig, ac felly mae'n 'anweledig' i seryddwyr, dim ots pa donfedd o belydriad e-m maen nhw'n ei harchwilio, os yw'n belydriad sy'n cael ei allyrru neu'n cael ei amsugno.

Mae natur mater tywyll yn dal yn ddirgelwch. Am flynyddoedd, roedd pobl yn credu mai WIMPau, sef *gronynnau masfawr sy'n rhyngweithio'n wan* (*weakly interacting massive particles*), oedd yn gyfrifol am fater tywyll. Mae damcaniaethau ffiseg ronynnol sy'n trafod 'uwchgymesuredd' yn rhagfynegi presenoldeb WIMPau, ond mae'n anodd iawn cadarnhau drwy arbrawf eu bod nhw'n bodoli. Awgrym mwy diweddar yw fod mater tywyll, efallai, yn deillio o rai o'r ffyrdd mae'r boson Higgs enwog yn dadfeilio...

Term allweddol

Mater tywyll yw mater na allwn ni ei ganfod drwy unrhyw fath o belydriad e-m, ond rydyn ni'n tybio ei fod yn bodoli oherwydd ei effaith ddisgyrchol.

4.3.3 Systemau dwbl

Bydd ein system yn cynnwys dau gorff, masau M_1 ac M_2 (er enghraifft dwy seren, neu seren a phlaned fawr), lle mae'r ddau fàs yn ddigon mawr i effeithio ddigon ar fudiant y llall fel ein bod yn gallu canfod a mesur hynny.

Bydd M_1 ac M_2 mewn orbit o amgylch yr un pwynt, C, sef **craidd màs** y system, ar yr un cyflymder onglaidd â'i gilydd. Byddwn ni'n tybio bod yr orbitau yn *grwn*. Caiff safle C ei roi (gweler Ffig. 4.3.5) gan

$$r_1 = \frac{M_2}{M_1 + M_2} d \quad \text{ac} \quad r_2 = \frac{M_1}{M_1 + M_2} d$$

Ffig. 4.3.5 System ddwbl

Gwiriwch y canlynol am ar yr hafaliadau hyn yn sydyn:

- mae $r_1 + r_2 = d$.
- mae $M_1 r_1 = M_2 r_2$ gan fod $M_1 r_1 \omega^2 = M_2 r_2 \omega^2$

(Yn syml, mae hyn yn hafalu meintiau màs × cyflymiad ar gyfer M_1 ac M_2 – gan eu bod nhw'n rhoi grymoedd hafal a dirgroes ar ei gilydd.)

Cofiwch

Os yw $M_2 \ll M_1$, efallai fod C y tu mewn i M_1, fel sy'n wir yn achos y system Daear-Lleuad.

Trydedd ddeddf Kepler ar gyfer systemau dwbl

Mae gan y ddau gorff amser cyfnodol o $T = 2\pi\sqrt{\frac{d^3}{G(M_1 + M_2)}}$.

Cofiwch

Mae buaneddau'r cyrff yn yr un gymhareb â radiysau eu horbitau, gan fod

$$\frac{v_1}{v_2} = \frac{r_1\omega}{r_2\omega} = \frac{r_1}{r_2}$$

» Cofiwch

Dyma sut rydyn ni'n cael

$$T = 2\pi\sqrt{\frac{d^3}{G(M_1 + M_2)}}.$$

Defnyddiwch $F = ma$ gydag M_1, a rhannwch ddwy ochr yr hafaliad ag M_1, i roi

$$\frac{GM_2}{d^2} = r_1\omega^2.$$

Yna, mynegwch r_1 yn nhermau d, ac ω yn nhermau T, ac aildrefnwch. Ewch amdani!

cwestiwn cyflym

⑦ Mae dwy seren, y naill a'r llall â'r un màs â'r Haul, yn ffurfio system ddwbl (orbitau crwn) sydd â chyfnod o 1.00 blwyddyn Ddaear. Cyfrifwch d_{SS}/d_{SE}, lle d_{SS} yw'r gwahaniad rhwng canol y sêr, a lle mae d_{SE} yr un peth â radiws orbit y Ddaear. [Defnyddiwch hafaliad Kepler 3 ar gyfer y system newydd ac ar gyfer y Ddaear.]

Enghraifft

Mae gan seren ddwbl (Delta Capricorni A a B) gyfnod orbitol o 8.83×10^4 s (ychydig dros ddiwrnod). 9.25×10^4 m s^{-1} yw buanedd orbitol A, a 20.6×10^4 m s^{-1} yw buanedd orbitol B. Cyfrifwch fasau A a B.

Ateb

Yn gyntaf, gadewch i ni gyfrifo r_A ac r_B, drwy ddefnyddio'r buaneddau a'r cyfnodau. Mae

$$v_A = \frac{2\pi r_A}{T}, \text{ felly mae } r_A = \frac{v_A T}{2\pi} = \frac{9.25 \times 10^4 \text{ m s}^{-1} \times 8.83 \times 10^4 \text{ s}}{2\pi}$$
$$= 1.30 \times 10^9 \text{ m}$$

$$\text{ac mae } r_B = \frac{20.6 \times 10^4 \text{ m s}^{-1} \times 8.83 \times 10^4 \text{ s}}{2\pi} = 2.89 \times 10^9 \text{ m}$$

Nawr gallwn ni ddarganfod $M_A + M_B$ drwy aildrefnu hafaliad 'Kepler 3'.

$$\text{Mae}\quad M_A + M_B = \frac{4\pi^2 d^3}{T^2 G} = \frac{4\pi^2(1.30 \times 10^9 \text{m} + 2.89 \times 10^9 \text{m})^3}{(8.83 \times 10^4 \text{s})^2 \times 6.67 \times 10^{-11} \text{N kg}^{-2} \text{m}^2}$$
$$= 5.58 \times 10^{30} \text{kg}$$

$$\text{Ond mae}\quad r_A = \frac{M_B}{M_A + M_B} d \quad \text{felly mae} \quad M_B = (M_A + M_B)\frac{r_A}{d}$$
$$= 5.58 \times 10^{30} \text{kg} \frac{1.30 \times 10^9 \text{ m}}{4.19 \times 10^9 \text{ m}}$$

$$\text{Felly, mae}\quad M_B = 1.7 \times 10^{30} \text{kg} \quad \text{ac mae} \quad M_A = (5.58 - 1.74) \times 10^{30} \text{kg}$$
$$= 3.9 \times 10^{30} \text{kg}$$

4.3.4 Mesur cyflymder drwy ddadleoliad Doppler

Hon yw'r dechneg allweddol yn ddiweddar wrth ddarganfod planedau y tu allan i gysawd yr Haul, tyllau duon, a màs ychwanegol mewn galaethau.

(a) Yr effaith Doppler ar gyfer golau

Os yw ffynhonnell golau ac arsylwr yn symud ymhellach oddi wrth ei gilydd, mae amledd y don gaiff ei arsylwi yn lleihau (oherwydd bod gan 'frig' pob ton ddilynol fwy o bellter i'w deithio). Gan fod $\lambda = c/f$, mae'r donfedd gaiff ei harsylwi yn cynyddu; dywedwn fod 'dadleoliad Doppler tuag at y coch' (rhuddiad). Os yw'r ffynhonnell a'r arsylwr yn symud yn nes at ei gilydd, mae 'dadleoliad tuag at y glas'.

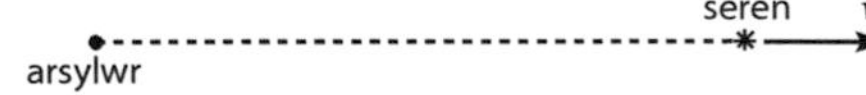

Ffig 4.3.6 Seren ac arsylwr yn symud ymhellach oddi wrth ei gilydd

Caiff y newid, $\Delta\lambda$, yn nhonfedd llinell sbectrol ei roi gan $\frac{\Delta\lambda}{\lambda} = \frac{v_r}{c}$, lle λ yw'r donfedd heb ei symud, a v_r yw'r cyflymder rheiddiol. Y **cyflymder rheiddiol** yw cydran cyflymder y seren (neu ffynhonnell arall), ar hyd ein llinell weld, mewn perthynas â ni. Caiff gwerth negatif o v_r ei roi i ffynhonnell sy'n dod tuag aton ni, fel bod $\Delta\lambda$ yn negatif, sy'n gywir. (Mae'r hafaliad yn un bras, ond pan mae $v_r \ll c$, fel yn yr achosion isod, mae bron yn fanwl gywir.)

(b) Y dull Doppler o ddarganfod cyflymder orbitol seren

Y seren 51 Pegasi (51 Peg) fydd ein henghraifft ni. Mae gan linellau yn sbectrwm y seren hon ddadleoliad Doppler sy'n newid yn rheolaidd. Ar gyfer un llinell amsugno, sef llinell hydrogen â thonfedd labordy o 656.281 nm, y symudiadau eithaf yw -7.36486×10^{-11} m a -7.38982×10^{-11} m. Felly dyma'r cyflymderau rheiddiol eithaf:

$$v_{mwyaf} = c\frac{\Delta\lambda}{\lambda} = 2.99792 \times 10^8\,\text{m s}^{-1} \times \frac{-7.36486 \times 10^{-11}\,\text{m}}{656.281\,\text{m}} = -33\,643\,\text{m s}^{-1}$$

$$v_{lleiaf} = c\frac{\Delta\lambda}{\lambda} = 2.99792 \times 10^8\,\text{m s}^{-1} \times \frac{-7.38982 \times 10^{-11}\,\text{m}}{656.281\,\text{m}} = -33\,757\,\text{m s}^{-1}$$

Mewn gwirionedd, mae'r cyflymder rheiddiol, wedi'i blotio yn erbyn amser, yn amrywio fel sydd i'w weld yn Ffig. 4.3.7 (a).

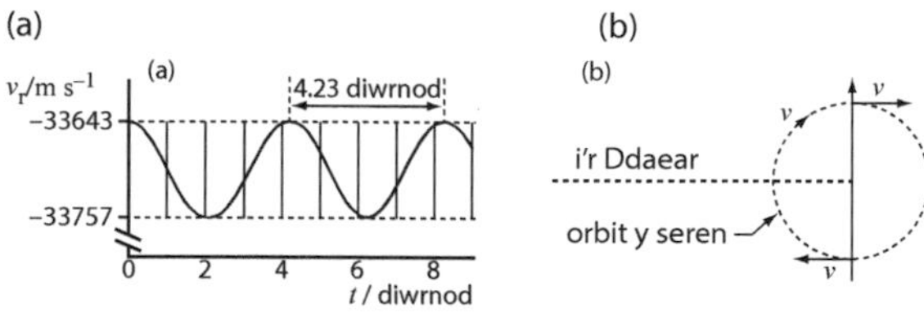

Ffig 4.3.7 Cyflymder rheiddiol 51 Peg wedi'i blotio yn erbyn amser

Amrywiad sinwsoidaidd yn v_r yw'r union beth bydden ni'n ei ganfod ar gyfer seren mewn orbit crwn. I ganfod y buanedd orbitol, v, gan dybio ein bod yn edrych ar yr orbit o'r ymyl (Ffig. 4.3.7 (b)), mae $v_{mwyaf} = v$ ac mae $v_{lleiaf} = -v$, felly mae $v_{mwyaf} - v_{lleiaf} = v - (-v) = 2v$. Mae'r sinwsoid ar y graff wedi ei ddadleoli 'i lawr'. Mae hyn yn dangos bod cydran cyflymder mawr, cyson tuag aton ni, yn ogystal â'r mudiant orbitol. Ond bydd $v_{mwyaf} - v_{lleiaf} = 2v$ yn dal i fod yn wir. Felly, ar gyfer 51 Peg, mae:

Buanedd orbitol $= \frac{1}{2}(v_{mwyaf} - v_{lleiaf}) = \frac{1}{2}(33\,757 - 33\,643)\,\text{m s}^{-1} = 57\,\text{m s}^{-1}$

Term allweddol

Cyflymder rheiddiol, v_r, seren neu alaeth: cydran ei chyflymder (neu, ar gyfer galaeth, ei chyflymder cymedrig), ar hyd ein llinell weld, mewn perthynas â ni ar y Ddaear. Caiff v_r ei gyfrifo drwy ddefnyddio $\frac{v_r}{c} = \frac{\Delta\lambda}{\lambda}$

Gwella gradd

Peidiwch ag anghofio rhoi'r arwyddion cywir i werthoedd v_{lleiaf} a v_{mwyaf} yn hafaliad y cyflymder orbitol $v = \frac{1}{2}(v_{mwyaf} - v_{lleiaf})$

cwestiwn cyflym

⑧ Cyfrifwch gyflymder rheiddiol cymedrig 51 Peg, sef cyflymder rheiddiol craidd màs y system 51 Peg.

cwestiwn cyflym

⑨ Mae golau, tonfedd 510 nm, o seren Tau Boötes yn dangos dadleoliad Doppler amrywiol sydd rhwng -291.5×10^{-13} m a -275.5×10^{-13} m, gyda chyfnod o 3.31 diwrnod. Cyfrifwch fuanedd orbitol a radiws orbitol y seren.

4.3.5 Darganfod system ddwbl drwy orbit un corff

Os ydyn ni'n darganfod, drwy fesuriadau Doppler, fod seren mewn mudiant orbitol, ac os gallwn ni fesur ei chyflymder orbitol, v, a'i chyfnod, T, yna, cyn belled ag y gallwn ni amcangyfrif màs y seren (o'r pelydriad mae'n ei allyrru efallai), gallwn ni gyfrifo màs a radiws orbitol ei chymar hefyd!

Y ffordd orau o ddangos hyn yw drwy enghraifft (ac esboniad).

Enghraifft

Ar gyfer seren 51 Pegasi, mae $v = 57.0\ \text{m s}^{-1}$, ac mae $T = 4.23$ **diwrnod** (gweler Adran 4.3.4). O wybod ei sbectrwm a'i goleuedd, gallwn ni amcangyfrif bod 51 Pegasi, màs $M_S = 2.1 \times 10^{30}$ kg, yn seren sy'n debyg i'r Haul. Cyfrifwch fàs a radiws orbitol ei chymar.

Ateb

1. Yn gyntaf, rydyn ni'n darganfod radiws orbitol y seren drwy ddefnyddio $2\pi r_s = vT$

   Mae $r_s = \dfrac{vT}{2\pi} = \dfrac{57.0\,\text{m s}^{-1} \times 4.23 \times 86\,400\,\text{s}}{2\pi} = 3.32 \times 10^6\,\text{m}$

   Tua hanner radiws y Ddaear yw hyn. Mae orbit serol bach fel hwn, sy'n aml yn cael ei alw'n 'siglad', yn arwydd bod cymar yn bresennol, gan ffurfio system ddwbl. Mae cymar 51 Pegasi yn anweledig, ac (a barnu oddi wrth ei effaith fach ar y seren) mae ei fàs yn llai o lawer na màs y seren – mae'n siŵr mai planed yw'r cymar.

2. Nawr gallwn ni ddarganfod gwahaniad, *d*, y seren (S) a'r blaned (P), drwy ddefnyddio

   $$T = 2\pi\sqrt{\frac{d^3}{G(M_S + M_P)}} \quad \text{felly mae} \quad d = \left[\frac{T^2 G(M_S + M_P)}{4\pi^2}\right]^{\frac{1}{3}}.$$

   Yn ôl ein dadl ni, mae'r blaned yn yr achos hwn yn llai o lawer na'r seren (mae $M_P < 0.01M_S$), felly fydd rhoi M_S yn yr hafaliad yn lle $M_S + M_P$ ddim yn gwneud llawer o wahaniaeth.

   $$\text{Felly mae} \quad d = \left[\frac{T^2 G M_S}{4\pi^2}\right]^{\frac{1}{3}}$$

   $$= \left[\frac{(4.23 \times 86\,400)^2 \times 6.67 \times 10^{-11} \times 2.1 \times 10^{30}\,\text{m}^3}{4\pi^2}\right]^{\frac{1}{3}}$$

   Felly mae $d = 7.8 \times 10^9\,\text{m}$. Ond mae $r_S = 3.32 \times 10^6\,\text{m}$, felly mae $r_P = d - r_S = 7.8 \times 10^9\,\text{m}$.

   Felly, i 2 ff.y., ni allwn dynnu gwahaniaeth rhwng r_P a *d* (hyd yn oed i 3 ff.y.).

3. Nawr gallwn ni ddarganfod màs y blaned, M_P, drwy ddefnyddio $M_P r_P = M_S r_S$:

   Mae $M_P = M_S \dfrac{r_S}{r_P} = 2.1 \times 10^{30}\,\text{kg} \times \dfrac{3.32 \times 10^6\,\text{m}}{7.8 \times 10^9\,\text{m}} = 8.9 \times 10^{26}\,\text{kg}.$

Mae hyn tua hanner màs y blaned Iau. (Bydd y ffigur go iawn yn fwy os nad ydyn ni'n edrych ar y system ar hyd ei hymyl mewn gwirionedd.) Mae'r radiws orbitol, r_P, tua un seithfed o radiws orbitol y blaned Mercher – felly bydd y blaned hon yn ferwedig! Hwn oedd y tro cyntaf (1995) i blaned sy'n perthyn i seren debyg i'r Haul gael ei darganfod.

cwestiwn cyflym

⑩ Yn 2008, edrychodd gwyddonwyr ar seren GJ1046, màs 7.29×10^{29} kg, a chanfod ei bod yn siglo. $1830\ \text{m s}^{-1}$ yw ei buanedd orbitol, a 169 o ddiwrnodau yw ei chyfnod. Cyfrifwch y canlynol:

a) radiws orbitol y seren
b) gwahaniad y seren (S) a'r 'blaned' (P) (gan ddefnyddio'r brasamcan $M_S + M_P = M_S$)
c) radiws orbitol P
ch) màs P. Mae hwn mor fawr (>13 gwaith màs y blaned Iau) nes bod P yn 'gorrach brown', yn hytrach nag yn blaned
d) buanedd orbitol P

cwestiwn cyflym

⑪ Pa dybiaethau wnaethoch chi am yr orbit yng Nghwestiwn cyflym 10?

Cofiwch

Mae 1 diwrnod = 86 400 s

4.3.6 Dyfnder gofod a deddf Hubble

Fel rydyn ni wedi'i weld (Adran 4.3.2 (b)), mae sêr mewn orbit o fewn galaethau. Mae'r galaethau eu hunain wedi'u clystyru, ac maen nhw hefyd mewn orbit o fewn y clystyrau! Ond os edrychwn ni'n ehangach na'r symudiadau 'lleol' hyn, mae'n ymddangos bod mudiant *i ffwrdd oddi wrthyn ni*. Po fwyaf yw pellter, D, gwrthrych oddi wrthyn ni, y mwyaf yw ei ruddiad, ac felly, yn ôl $\frac{\Delta\lambda}{\lambda} = \frac{v}{c}$, y mwyaf yw ei gyflymder, v, oddi wrthyn ni; hynny yw, dyna yw *cyflymder rheiddiol* ei enciliad.

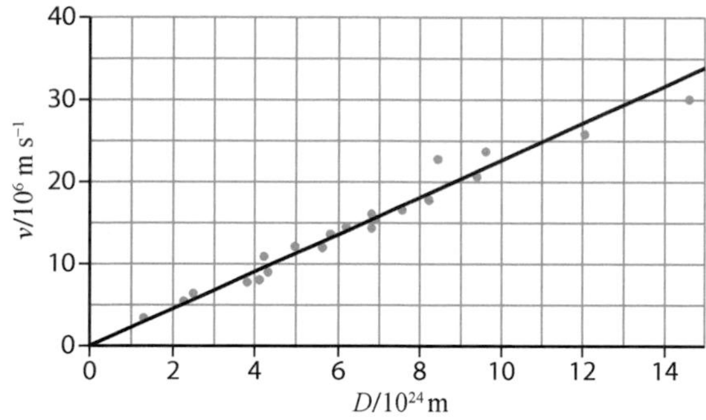

Ffig 4.3.8 Cyflymder enciliad, v, yn erbyn pellter, D

Fel sydd i'w weld yn Ffig 4.3.8, os ydyn ni'n plotio v yn erbyn D, cawn linell syth drwy'r tarddbwynt. Mae hyn yn rhoi deddf Hubble i ni (gweler y **Term allweddol**).

O ble daw'r data ar gyfer y graff? Gallwn ni gyfrifo D ar gyfer gwrthrychau lle rydyn ni'n gwybod eu goleuedd (rydyn ni'n galw'r rhain yn *ganhwyllau safonol*) drwy fesur y pŵer fesul m^2 sy'n ein cyrraedd ni oddi wrthyn nhw (gweler **Cwestiwn cyflym 12** i weld enghraifft). Caiff v ei gyfrifo drwy fesur dadleoliadau Doppler.

Oedran y bydysawd

Er bod gwrthrychau yn symud i ffwrdd *oddi wrthyn ni*, neu'n 'encilio', nid yw hyn yn golygu ein bod ni mewn rhyw safle canolog arbennig. Tybiwch fod popeth wedi dechrau symud i ffwrdd oddi wrth darddiad canolog ar adeg y Glec Fawr. Os felly, bydd popeth yn symud i ffwrdd oddi wrth bopeth arall (gweler yr ail **Cofiwch**).

Gan ddefnyddio'r symbolau gafodd eu cyflwyno uchod, ar amser t ar ôl y Glec Fawr, mae $D = vt$. Ond gallwn ni ysgrifennu deddf Hubble, $v = H_0 D$, ar y ffurf $D = \frac{1}{H_0}v$, felly – a dyma'r peth mawr – gallwn ni ddiddwytho bod oedran y bydysawd,

$$t = \frac{1}{H_0} = \frac{1}{2.20 \times 10^{-18}\ \text{s}^{-1}}$$
$$= 4.55 \times 10^{17}\ \text{s}$$
$$= 14.4 \times 10^{9}\ \text{o flynyddoedd}$$

Term allweddol

Deddf Hubble

Mae gan bob gwrthrych gyflymder rheiddiol, v, wrth encilio, sy'n cael ei roi gan

$$v = H_0 D$$

lle D yw ei bellter oddi wrthyn ni. Cysonyn o'r enw cysonyn Hubble yw H_0.

Mae $H_0 = 2.20 \times 10^{-18}\ \text{s}^{-1}$

» Cofiwch

Yn ôl seryddwyr, gwerth H_0 (yn fras) yw $68\ \text{km s}^{-1}\ \text{Mpc}^{-1}$, lle mae'r parsec (pc) yn uned pellter: mae $1\ \text{pc} = 3.09 \times 10^{16}$ m. Dangoswch fod hyn yn rhoi $H_0 = 2.20 \times 10^{-18}\ \text{s}^{-1}$

cwestiwn cyflym

⑫ Mae uwchnofâu math 1A yn ganhwyllau safonol sydd â goleuedd brig o 1.6×10^{36} W. Cyfrifwch bellter SN1937c i ffwrdd os oedd ei phŵer brig yn $8.2 \times 10^{-12}\ \text{W m}^{-2}$.

» Cofiwch

Yma, rydyn ni'n defnyddio print bras ar gyfer fectorau. Tybiwch ein bod ni'n symud ar gyflymder $\mathbf{v}_0$ i ffwrdd oddi wrth bwynt canolog. Ein dadleoliad yn ystod amser t yw $\mathbf{r}_0 = \mathbf{v}_0 t$. Ar gyfer gwrthrych arall, X, mae $\mathbf{r}_X = \mathbf{v}_X t$.

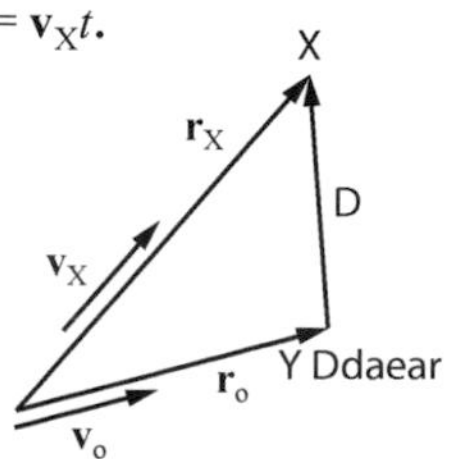

Felly, mae $\mathbf{r}_X - \mathbf{r}_0 = (\mathbf{v}_X - \mathbf{v}_0)t$. Hynny yw, mae dadleoliad X *oddi wrthyn ni* = cyflymder X *mewn perthynas â ni* × t.

Yr enw ar y gwerth hwn, sef cilydd H_0, yw'r *amser Hubble*. Drwy ddweud bod hwn yn hafal i oedran y bydysawd, rydyn ni'n tybio bod y gyfradd ehangu wedi bod yr un peth erioed. Ond mewn gwirionedd, y gred yw fod y gyfradd wedi arafu oherwydd grymoedd disgyrchiant sy'n gweithredu 'tuag i mewn'. Byddai'r gyfradd ehangu, a gwerth 'cysonyn' Hubble, wedi bod yn fwy yn y gorffennol (yn wir, weithiau caiff H_0 ei alw'n werth presennol *paramedr Hubble, H*). Ar hyn o bryd, yr amcangyfrif gorau sydd gennym ar gyfer oedran y bydysawd yw 13.8×10^9 o flynyddoedd. Mae hwn yn cyd-fynd â'r dybiaeth fod H, ar ryw adeg, wedi bod yn fwy na H_0. Ond mae hyn yn seiliedig ar fodelau manwl o esblygiad cynnar y bydysawd.

cwestiwn cyflym

⑬ Cyfrifwch ρ_c o'r hafaliad

$$\rho_c = \frac{3H_0^2}{8\pi G},$$

gan ofalu dangos bod yr unedau yn gweithio'n gywir.

cwestiwn cyflym

⑭ Faint o atomau hydrogen fyddai eu hangen fesul m^3 i roi dwysedd cymedrig o ρ_c?

4.3.7 Dwysedd critigol y bydysawd

Dychmygwch sffêr, radiws r, wedi'i lunio o amgylch ein galaeth, a hwnnw'n sffêr sydd yn ddigon mawr i gynnwys miliynau o alaethau eraill. Drwy drin y sffêr hwn fel sffêr homogenaidd, sydd â dwysedd cymedrig, ρ, dyma fydd ei fàs, M:

$$M = \text{cyfaint} \times \text{dwysedd} = \tfrac{4}{3}\pi r^3 \rho$$

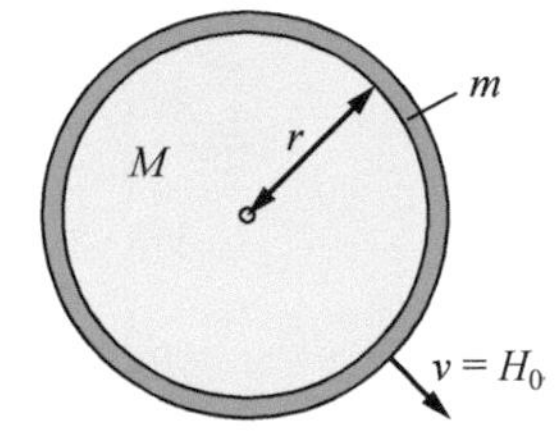

Ffig. 4.3.9 Plisgyn sy'n ehangu

Nesaf, ystyriwch 'blisgyn' tenau (màs m) o fydysawd yn amgylchynu'r sffêr. A fydd gan y plisgyn hwn, sy'n symud i ffwrdd oddi wrthyn ni ar fuanedd o $v = H_0 r$, ddigon o egni cinetig i ddal i symud tuag allan, a hynny yn erbyn tyniad disgyrchiant y sffêr?

Fel gwelson ni yn Adran 4.2.9, ar gyfer corff, màs m, sy'n dianc i anfeidredd heb unrhyw EC sbâr, mae

$$\text{EC cychwynnol y corff} = \text{EP yn anfeidredd} - \text{EP cychwynnol (yn } r)$$

Felly, mae $\tfrac{1}{2}mv^2 = 0 - \left(-\dfrac{GMm}{r}\right)$ hynny yw, mae $v^2 r = 2GM$

Drwy amnewid y mynegiadau ar gyfer v ac M sy'n cael eu rhoi uchod, mae

$$(H_0 r)^2 r = 2G\tfrac{4}{3}\pi r^3 \rho$$

Drwy ganslo r^3 ar y ddwy ochr ac aildrefnu, mae

$$\rho_c = \frac{3H_0^2}{8\pi G}$$

Rydyn ni wedi rhoi'r is-ysgrif 'c' ar ρ, gan mai'r enw ar werth ρ sy'n cael ei roi gan y fformiwla hon yw *dwysedd critigol* y bydysawd.

Mae'r hyn fydd yn digwydd i'r bydysawd yn dibynnu ar sut mae ei ddwysedd cymedrig gwirioneddol, $\rho_{gwirioneddol}$, yn cymharu â ρ_c. Rydyn ni'n credu'r canlynol:

Os yw $\rho_{gwirioneddol} > \rho_c$: bydd yr ehangiad yn arafu i sero, ac yna bydd cyfangiad ar gyfradd gynyddol.

Os yw $\rho_{gwirioneddol} = \rho_c$: bydd yr ehangiad yn arafu i sero, ond ar faint anfeidraidd yn unig.

Os yw $\rho_{gwirioneddol} < \rho_c$: bydd yr ehangiad yn parhau am byth.

Mae'r dystiolaeth yn awgrymu (os ydyn ni'n cofio am fater tywyll) fod y bydysawd yn agos iawn i'w ddwysedd critigol, hynny yw, mae $\rho_{\text{gwirioneddol}} \approx \rho_c$. Ond mae gwyriadau oddi wrth ddeddf Hubble wedi cael eu harsylwi sy'n dangos ein bod, yn ôl pob tebyg, mewn cyfnod o ehangiad sy'n cyflymu. Mae llawer nad ydyn ni'n ei ddeall yn llawn.

Ehangiad y gofod

Rydyn ni wedi cyflwyno'r adran hon a'r adran ddiwethaf drwy ddefnyddio cysyniad Newton fod y gofod fel cefndir digyfnewid y gall gwrthrychau symud a rhyngweithio yn ei erbyn. Mae hynny'n iawn ar gyfer Safon Uwch, ond byddwch yn ymwybodol ein bod ni'n credu erbyn hyn fod y gofod ei hun yn ehangu, felly mae gwrthrychau yn symud ymhellach oddi wrth ei gilydd wrth i'r gofod ehangu. Meddyliwch am achos rhuddiad, er enghraifft... Cafodd golau o wrthrychau pell iawn ei allyrru amser maith yn ôl. Erbyn iddo'n cyrraedd ni, mae'r gofod, a'r tonnau golau gydag ef, wedi ehangu – mae eu tonfeddi wedi cynyddu. Mae hyn ychydig yn wahanol i'r esboniad gafodd ei gyflwyno'n gynharach. Ond mae'n rhaid i ni bwysleisio **nad** yw hyn yn cael ei arholi ar lefel Safon Uwch.

ychwanegol

1. Mae trigolion ar y blaned Mawrth yn bwriadu gosod lloeren gyfathrebu mewn orbit o amgylch Mawrth fel ei bod bob amser uwchben pwynt sefydlog ar arwyneb y blaned.
   (a) Defnyddiwch un o ddeddfau Kepler i esbonio pam mae'n rhaid i'r orbit fod yn grwn yn hytrach nag yn eliptigol.
   (b) Darganfyddwch uchder y lloeren uwchben arwyneb y blaned.
   (c) Nodwch pa ffactorau eraill sy'n cyfyngu ar safle orbit y lloeren.
   Data'r blaned Mawrth: Màs = 6.42×10^{23} kg; radiws = 3.37×10^{6} m; diwrnod = 24.7 awr (yn nhermau oriau'r Ddaear)

2. Mae lloeren, màs m, mewn orbit crwn, radiws r, o amgylch planed, màs M.
   (a) Mynegwch fuanedd orbitol y lloeren yn nhermau M ac r, a drwy hynny, dangoswch fod egni cinetig y lloeren yn cael ei roi gan
   $$E_k = \frac{GMm}{2r}$$
   (b) Oherwydd gwrthdrawiadau â gronynnau, mae'r lloeren yn colli egni'n raddol ac yn troelli tuag i mewn; hynny yw, mae radiws, r, ei horbit yn lleihau. Drwy ddefnyddio (a), nodwch beth sy'n digwydd i egni cinetig y lloeren wrth i r leihau.
   (c) Esboniwch pam nad yw eich ateb i (b) yn torri egwyddor cadwraeth egni. [Ystyriwch gyfanswm egni'r lloeren.]

3. (a) (i) Dangoswch fod buanedd, v, gwrthrych sydd mewn orbit crwn, radiws r, o amgylch corff sfferig cymesur, màs M, yn cael ei roi gan
   $$v = \sqrt{\frac{GM}{r}}$$
   (ii) Drwy hynny, deilliwch hafaliad sy'n cysylltu $\frac{v_1}{v_2}$ ar gyfer dau wrthrych mewn orbit o amgylch yr un corff â chymhareb radiysau eu horbitau, r_1 ac r_2.

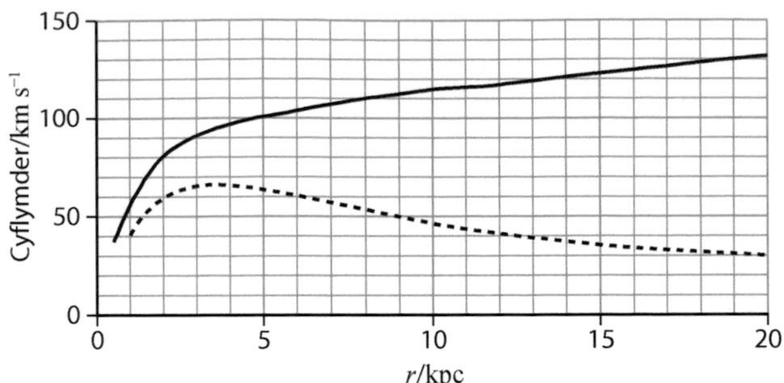

(b) Mae'r llinell solid ar y graff yn dangos sut mae buanedd cylchdroi mater gaiff ei fesur mewn galaeth o'r enw M33 yn amrywio yn ôl ei bellter, r, o ganol yr alaeth. Mae r wedi'i fynegi mewn ciloparsec (kpc); Mae $1\,\text{kpc} = 3.086 \times 10^{19}\,\text{m}$.

Y llinell doredig yw'r gromlin byddech chi'n ei disgwyl pe bai gwrthrychau yn troi o gwmpas mater 'baryonig' rydyn ni'n gwybod amdano (sy'n bodoli, yn bennaf, o fewn tua 4 kpc o ganol yr alaeth).

(i) Gwiriwch a yw'r llinell doredig yn gyson â'r berthynas gwnaethoch chi ei deillio yn (a)(ii). Tybiwch fod $r_1 = 5\,\text{kpc}$ a bod $r_2 = 15\,\text{kpc}$.

(ii) Esboniwch pam na fydden ni'n disgwyl i'r berthynas ddal ar gyfer $r_1 = 2\,\text{kpc}$ ac $r_2 = 6\,\text{kpc}$.

(iii) Gan ddewis pwynt y tu hwnt i $r = 5$ kpc, amcangyfrifwch y màs canolog, M, sy'n sail i'r llinell doredig. Mynegwch M yn nhermau $M_\odot$, sef màs yr Haul; mae $M_\odot = 1.99 \times 10^{30}\,\text{kg}$.

(c) Drwy gymharu'r llinell solid â'r llinell doredig, diddwythwch yr hyn allwch chi ynghylch màs gwirioneddol y defnydd sydd yn yr alaeth, a'i ddosbarthiad. Ni fydd eisiau i chi wneud mwy o gyfrifiadau.

4. Mae cromlin cyflymder rheiddiol lân ar gyfer y seren HD11964 i'w gweld isod, sy'n dangos y 'siglad' oherwydd un o'i phlanedau. Yn ôl yr amcangyfrif, 2.24×10^{30} kg (hynny yw, $1.13\ M_\odot$) yw màs y seren.

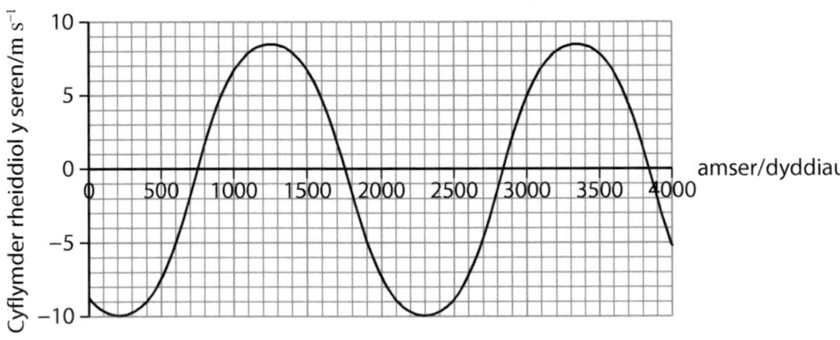

(a) Darganfyddwch y canlynol o'r gromlin:

(i) cyfnod yr orbit, a drwy hynny, gwahaniad y blaned oddi wrth y seren, gan nodi pa frasamcan rydych chi'n ei wneud

(ii) cyflymder orbitol y seren, a drwy hynny, radiws ei horbit (tybiwch ei fod yn grwn). Diddwythwch radiws orbitol y blaned.

(b) Cyfrifwch fàs y blaned.

(c) Cyfrifwch fuanedd orbitol y blaned.

(ch) A barnu wrth fàs a radiws ei horbit, i ba blaned yng Nghysawd yr Haul mae planed HD11964 fwyaf tebyg? Edrychwch ar dabl o ddata Cysawd yr Haul.

4.4 Meysydd magnetig

Enw arall ar feysydd magnetig yw meysydd B, oherwydd y symbol, B, sy'n cael ei ddefnyddio ar gyfer cryfder y maes magnetig.

4.4.1 Y grym ar wifren sy'n cario cerrynt mewn maes magnetig

Edrychwch ar y wifren sydd i'w gweld rhwng polau magnet cryf. Bydd gwifrau sy'n cario cerrynt ar ongl i faes magnetig yn profi grym. Caiff y grym ei roi gan yr hafaliad

$$F = BIl\sin\theta$$

lle B yw dwysedd y fflwcs magnetig (neu'r maes B), I yw'r cerrynt, l yw hyd y wifren yn y maes B, a θ yw'r ongl rhwng y wifren a'r maes magnetig.

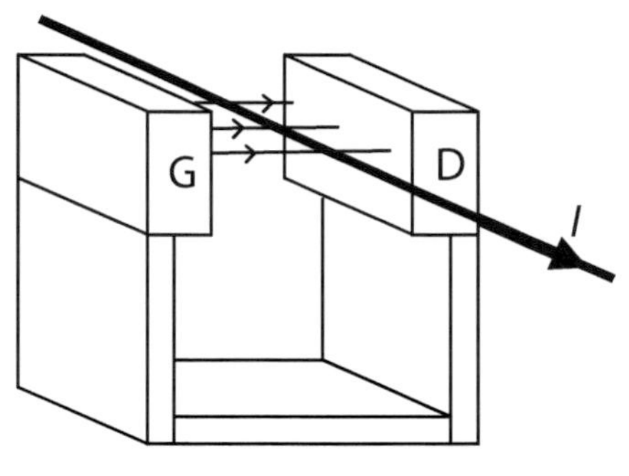

Ffig. 4.4.1 Gwifren sy'n cario cerrynt mewn maes B

Er mwyn cael y grym mwyaf (ar gyfer maes, gwifren a cherrynt penodol), mae angen i $\sin\theta = 1$.

Dylai'r ongl θ fod yn 90°, h.y. dylai'r wifren fod ar ongl sgwâr i'r maes magnetig (y maes B). Yn y diagram tri dimensiwn sydd i'w weld, mae'r gwifrau yn pasio drwy'r maes B yn berpendicwlar i linellau'r maes, felly gallwch chi symleiddio'r hafaliad (yn yr achos hwn) i

$$F = BIl$$

Nawr, gadewch i ni gyfrifo'r grym mwyaf gallwch chi ei roi ar wifren mewn labordy arferol. Bydd $B = 0.2$ T (yn fras) yn y magnet cryfaf sy'n debygol o fod yn y labordy, gyda phellter o tua 5 cm rhwng y polau. Tua 10 A fydd y cerrynt tebygol uchaf o'ch cyflenwad pŵer drutaf. Bydd hyn yn rhoi'r grym mwyaf (drwy ddefnyddio'r drefn uchod) canlynol:

$$F = 0.2 \times 10 \times 0.05 = 0.1\,\text{N}$$

Go brin fod hyn yn drawiadol iawn. Er hynny, dyma'r effaith sy'n achosi i bob modur trydanol weithio, gan amrywio o'r modur yn eich chwaraewr Blu-ray, i'r modur tanio sy'n cychwyn eich car bob bore.

Beth am gyfeiriad y grym? Dyma un o'r pethau mwyaf anodd i'w wneud yn y cwrs Safon Uwch, oherwydd bod rhaid i chi feddwl mewn tri dimensiwn. Mae angen i chi ddefnyddio rheol llaw chwith Fleming.

Edrychwch ar Ffig. 4.4.2. Rhaid i chi osod eich **M**ynegfys (bys cyntaf) ar hyd cyfeiriad y **M**aes (y maes B) a'ch bys **C**anol (ail fys) ar hyd cyfeiriad y **C**errynt. Yna, bydd eich bawd yn pwyntio i gyfeiriad y mudiant.

» Cofiwch

Sylwch fod y grym bob amser ar ongl sgwâr i'r maes ac i'r cerrynt.

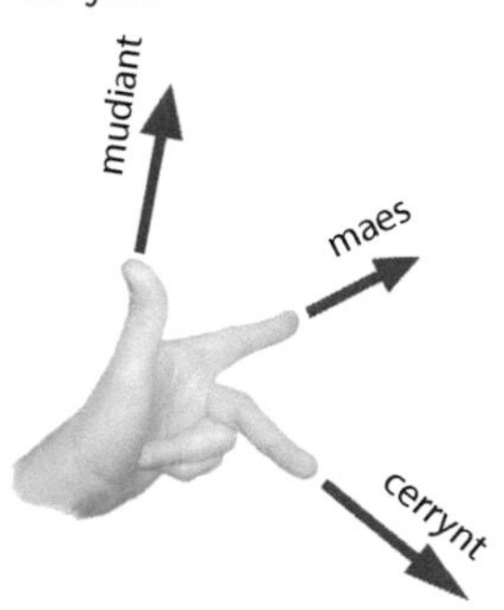

Ffig. 4.4.2 Rheol llaw chwith Fleming

cwestiwn cyflym

① Nodwch gyfeiriad y grymoedd ar y gwifrau canlynol:

i) y maes B tuag i mewn i'r papur; cerrynt I

ii) y cerrynt yn dod tuag allan o'r papur (weithiau defnyddiwn yr arwyddion hyn ar gyfer y cerrynt); y maes B tuag i lawr

» Cofiwch

Cofiwch 'FBI' wrth ddefnyddio rheol llaw chwith Fleming. Mae eich bawd yn cynrychioli'r grym, F, mae eich mynegfys yn cynrychioli'r maes B, ac mae eich bys canol yn cynrychioli'r cerrynt, I.

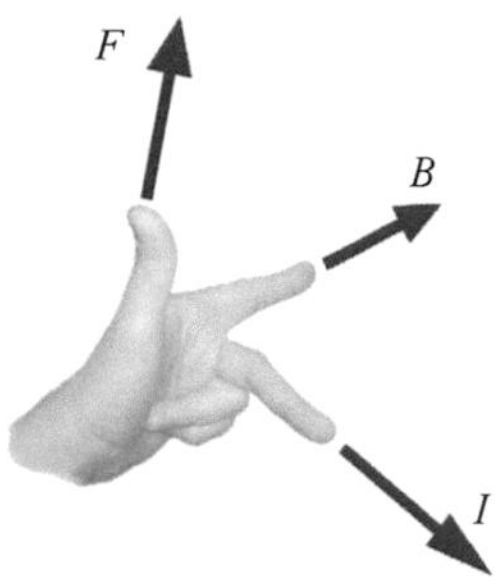

Ffig. 4.4.4 Rheol llaw chwith Fleming (2)

cwestiwn cyflym

② Cyfrifwch y grym sy'n gweithredu ar wifren, hyd 2.50 cm, mewn dwysedd fflwcs magnetig unffurf (maes B) o 0.144 T, wrth i'r wifren gario cerrynt o 760 mA ar ongl o 78.0° i'r maes magnetig.

cwestiwn cyflym

③ Mae'r wifren yng Nghwestiwn cyflym 2 yn cael ei chylchdroi, ac mae'r grym yn lleihau i 1.90 mN. Cyfrifwch yr ongl newydd rhwng y wifren a'r maes B.

Os byddwch chi'n defnyddio'r rheol hon gyda'r drefn gychwynnol ar t. 103, byddwch chi'n sylweddoli nad oes rhaid i chi symud eich llaw chwith ryw lawer, o'r hyn sydd i'w weld yn y diagram ar y dde. Buan y byddwch chi'n darganfod bod eich bawd yn pwyntio i fyny, gan ddangos bod y grym i fyny ar y wifren. Mewn papurau arholiad, fydd y drefn ddim mor syml, ac efallai bydd rhaid i chi droi eich llaw chwith i safle rhyfedd er mwyn darganfod y cyfeiriad cywir. Weithiau, ni fydd y maes magnetig yn cael ei gynrychioli gan linellau maes. Yn lle hynny, byddwch chi'n gweld pennau neu gynffonnau saethau:

⊙ Mae hwn yn cynrychioli maes (neu gerrynt) sy'n dod tuag allan o'r papur

⊗ Mae hwn yn cynrychioli maes (neu gerrynt) sy'n mynd tuag i mewn i'r papur

Ffig. 4.4.3 Arwydd o'r cyfeiriad

Enghreifftiau

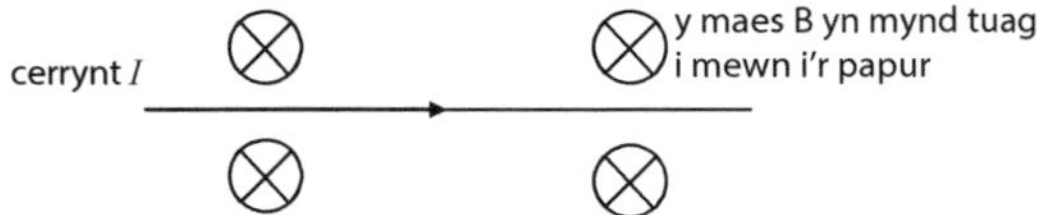

Ffig. 4.4.5 Enghraifft 1 o reol llaw chwith Fleming

Gan ddefnyddio rheol llaw chwith Fleming, dylech chi allu darganfod bod y grym i fyny ar y wifren uchod.

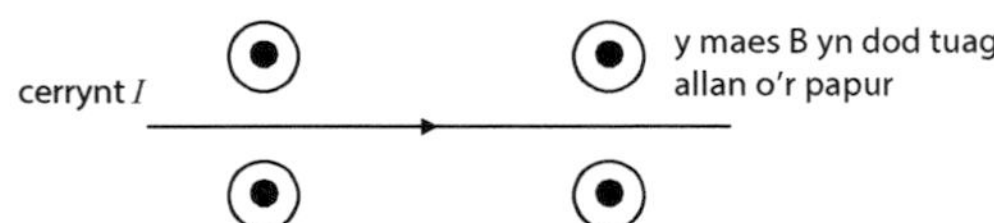

Ffig. 4.4.6 Enghraifft 2 o reol llaw chwith Fleming

Nawr, os ydych chi'n troi eich llaw chwith â'i phen i lawr, ac yn pwyntio eich mynegfys tuag at eich wyneb, dylech chi ddarganfod bod y grym tuag i lawr ar y wifren yn yr ail enghraifft.

4.4.2 Y grym ar wefr sy'n symud mewn maes magnetig

Mae'r ddamcaniaeth hon yn debyg iawn i'r grym ar wifren mewn maes magnetig, a bydd angen i chi ddefnyddio rheol llaw chwith Fleming unwaith eto i ragfynegi cyfeiriad y grym. Dyma'r hafaliad byddwch chi'n ei ddefnyddio:

$$F = Bqv\sin\theta$$

lle B, unwaith eto, yw dwysedd y fflwcs magnetig (neu'r maes B), q yw maint y wefr symudol, v yw cyflymder y wefr symudol, a θ yw'r ongl rhwng y cyflymder a'r maes B. A dweud y gwir, gallwch chi ddeillio'r hafaliad $F = BIl\sin\theta$ drwy ddefnyddio $F = Bqv\sin\theta$ ac $I = nAve$.

Enghraifft

Proton mewn maes magnetig. Cyfrifwch faint a chyfeiriad y grym ar y proton.

mae'r proton yn symud ar fuanedd o $5.7 \times 10^6\ \text{m s}^{-1}$ i'r cyfeiriad sydd i'w weld

0.13 T tuag i mewn i'r papur

Ffig. 4.4.7 Proton mewn maes magnetig

Ateb

Efallai bydd yn anodd gweld hwn yn eich dychymyg ar y dechrau (bydd angen i chi feddwl mewn tri dimensiwn), ond mae'r proton yn symud ar ongl sgwâr i'r maes B. Felly, mae $\theta = 90°$, ac mae

$$F = Bqv\sin 90° = Bqv = 0.13 \times 1.60 \times 10^{-19} \times 5.7 \times 10^6 = 1.2 \times 10^{-13}\,\text{N}$$

Er mwyn darganfod y cyfeiriad, defnyddiwch reol llaw chwith Fleming, gan gymryd cyfeiriad cyflymder y proton fel cyfeiriad y cerrynt. Ar ôl pwyntio eich mynegfys i mewn i'r papur a chylchdroi, dylech chi ddarganfod bod cyfeiriad y grym yr un peth â'r hyn sydd i'w weld yn Ffig. 4.4.8. Sylwch fod y grym ar ongl sgwâr i'r cyflymder (ac i'r maes B).

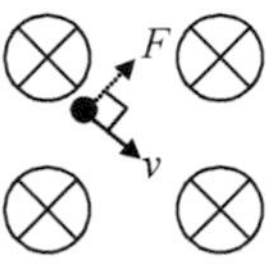

Ffig. 4.4.8 Cyfeiriad grym ar broton

Yn ddiddorol, os ydych chi'n ystyried proton, sydd â'r un buanedd ond â chyfeiriad ychydig yn wahanol (gweler Ffig. 4.4.9), bydd y grym yr un maint, ond bydd ei gyfeiriad ychydig yn wahanol. Gyda grym net ar ongl sgwâr i'r mudiant, dylech chi weld bod y drefn hon yn rhoi mudiant cylchol. Beth yw radiws mudiant y proton?

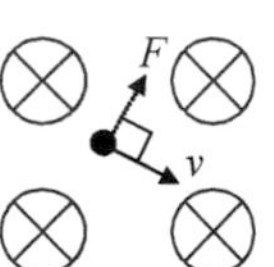

Ffig. 4.4.9 Newid cyfeiriad

Dylech chi gofio, o'r gwaith ar fudiant cylchol yn Adran 3.1, fod

$F = \frac{mv^2}{r}$, a gallwch chi hafalu hyn i'r grym magnetig, $F = Bqv$

felly mae $\frac{mv^2}{r} = Bqv \rightarrow \frac{mv}{r} = Bq \rightarrow r = \frac{mv}{Bq}$

Gan roi'r rhifau yn yr hafaliad, mae

$$r = \frac{1.67 \times 10^{-27} \times 5.7 \times 10^6}{0.13 \times 1.60 \times 10^{-19}} = 0.46\,\text{m (neu 46 cm)}$$

Mae gronynnau wedi'u gwefru yn tueddu i gyflawni mudiant cylchol mewn meysydd magnetig. Mae hyn yn hynod ddefnyddiol, gan mai dyma arweiniodd at ddatblygu'r teledu a darganfod màs yr electron. Caiff ei ddefnyddio hefyd mewn cyflymyddion gronynnau a sbectromedrau màs.

Enghraifft

Mae'r diagram yn dangos electron yn symud mewn llwybr cylchol mewn maes B sy'n dod tuag allan o'r papur. Rhowch saeth ar y llwybr i ddangos cyfeiriad mudiant yr electron.

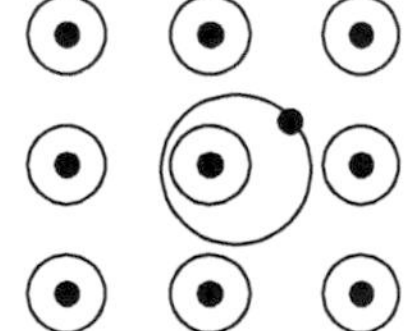

Ffig. 4.4.10 Electron mewn maes B

Ateb

Mae angen i chi ddefnyddio rheol llaw chwith Fleming ar ryw bwynt ar lwybr yr electron, gan gofio bod y grym (sef y bawd) tuag at ganol y cylch (mae'n rym mewngyrchol). Bydd eich bys canol wedyn yn rhoi'r cerrynt i chi. Yn anffodus, mae'r wefr ar electron yn negatif, felly mae'n rhaid i chi wrthdroi cyfeiriad y cerrynt i gael cyfeiriad mudiant yr electron. Yn y pen draw, dylech chi gael ateb sy'n nodi bod yr electron yn symud yn wrthglocwedd ar hyd y llwybr cylchol.

cwestiwn cyflym

④ Deilliwch yr hafaliad $F = BIl\sin\theta$ drwy ystyried grym o $F = Bqv\sin\theta$ ar electronau mewn gwifren sydd ag arwynebedd trawstoriadol A a hyd l mewn maes B unffurf.

cwestiwn cyflym

⑤ Cyfrifwch y grym ar electron sy'n teithio ar gyflymder o $25 \times 10^6\ \text{m s}^{-1}$ ac ar ongl o 35° i faes B unffurf, 3.4×10^{-3} T.

Gwella gradd

Dysgwch sut i ddeillio $r = \frac{mv}{Bq}$ drwy ddefnyddio $\frac{mv^2}{r} = Bqv$.

Mae cwestiynau ar fudiant cylchol o ganlyniad i ronynnau wedi'u gwefru mewn meysydd B yn codi'n aml.

cwestiwn cyflym

⑥ Drwy hafalu'r mynegiad arall ar gyfer y grym mewngyrchol ($m\omega^2 r$) i'r grym ar ronyn wedi'i wefru (Bqv), deilliwch y mynegiad $\omega = \frac{Bq}{m}$ (sef yr hafaliad arweiniodd at ddylunio'r cylchotron).

Gwella gradd

Yn aml bydd yn rhaid i chi ddefnyddio rheol llaw chwith Fleming yn ogystal â

$Bev = Ee$, $E = \frac{V}{d}$, a hyd yn oed cyfrifo n (gan ddefnyddio m^{-3} fel ei uned).

cwestiwn cyflym

⑦ Dangoswch sut byddech chi'n cysylltu foltmedr â'r chwiliwr Hall i fesur y foltedd Hall.

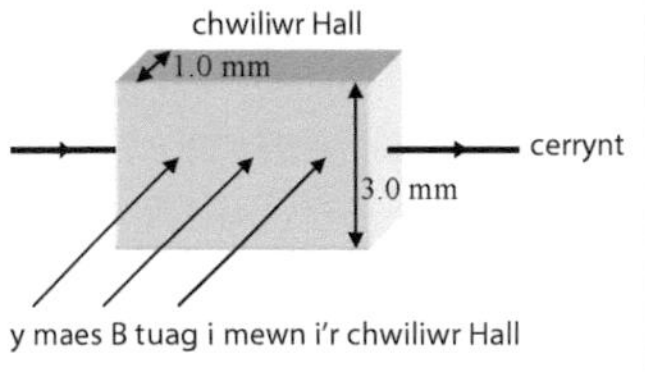

cwestiwn cyflym

⑧ 3.6×10^{-6} V yw'r foltedd Hall yng Nghwestiwn cyflym 7. Cyfrifwch y maes trydanol sy'n perthyn i'r foltedd Hall hwn.

Gwella gradd

Os ydych chi'n anelu at gael gradd B–A*, dylech chi fod yn gyfforddus wrth ddeillio holl hafaliadau effaith Hall – cofiwch yr egwyddorion, a bydd yr hafaliadau'n dod yn naturiol. Os nad ydych chi'n hapus yn deillio'r hafaliadau, ceisiwch eu dysgu nhw – mae'n bosibl ennill marciau ychwanegol drwy ddefnyddio'r dacteg hon.

4.4.3 Y chwiliwr Hall

Dyma ddyfais arbennig o bwysig ar gyfer mesur meysydd B. Ond mae hefyd yn cael ei ddefnyddio'n gyson mewn gwaith ymchwil ac mewn sefydliadau technoleg uwch, i fesur priodweddau electronau mewn sglodion lled-ddargludydd. Dyma sut mae'n gweithio:

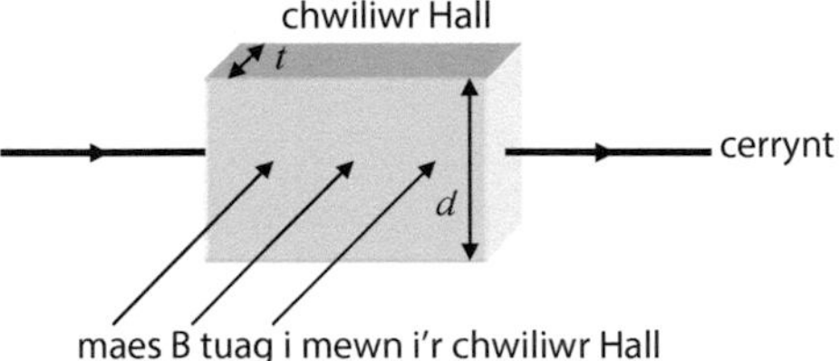

Ffig. 4.4.11 Y chwiliwr Hall

Os ydych chi'n defnyddio rheol llaw chwith Fleming gyda'r cydosodiad hwn, dylech chi ddarganfod bod y grym tuag i fyny ar yr electronau rhydd sy'n darparu'r cerrynt. Mae hyn yn golygu y bydd yr electronau rhydd yn symud tuag at wyneb uchaf y chwiliwr Hall, gan roi gwefr negatif i frig y chwiliwr Hall. Ni all hyn ddal i fynd am byth, oherwydd bydd yr electronau'n cael eu gwrthyrru gan y wefr negatif ar yr wyneb uchaf. Cyn hir, bydd ecwilibriwm yn digwydd, wrth i'r grym magnetig (Bqv neu Bev) gael ei gydbwyso gan y grym gwrthyrru trydanol. Ond beth yw'r grym gwrthyrru trydanol hwn? Dylech chi gofio mai'r maes trydanol wedi'i luosi â'r wefr yw'r grym hwn (Eq neu Ee o Adran 4.2). Nesaf mae angen ychydig o algebra:

Mae'r grym magnetig = grym trydanol

$$Bev = Ee \quad \rightarrow \quad Bv = E$$

ond gallwn ni gysylltu'r maes trydanol â'r gp rhwng y plât isaf a'r plât uchaf drwy ddefnyddio'r hafaliad $E = \frac{V}{d}$ (yr un peth ag ar gyfer cynhwysydd). Drwy hynny, mae

$$Bv = \frac{V}{d} \quad \rightarrow \quad V = Bvd$$

Y gp hwn ar draws y chwiliwr Hall yw'r hyn sy'n cael ei fesur, mewn gwirionedd, wrth ddefnyddio foltmedr syml. Yr enw ar y gp hwn fel arfer yw'r foltedd Hall (V_H). Pan sylweddolwch chi mai cyflymder drifft yr electronau yw v, fe welwch chi mor ddefnyddiol yw'r foltedd Hall hwn. Felly, gallwch chi fesur y cyflymder drifft os ydych chi'n gwybod beth yw dimensiynau'r chwiliwr Hall (d yn yr achos hwn) a'r maes B (gallwch chi fesur V_H â'ch foltmedr).

$$v = \frac{V_H}{Bd}$$

Gallwch chi fynd hyd yn oed ymhellach os oes gennych amedr, ac os ydych chi'n gyfarwydd â'r hafaliad $I = nAve$.

Mae aildrefnu ar gyfer v yn rhoi $v = \frac{I}{nAe}$. Yna, drwy amnewid $v = \frac{V_H}{Bd}$,

cawn fod $\frac{I}{nAe} = \frac{V_H}{Bd} \quad \rightarrow \quad n = \frac{IBd}{V_H Ae}$

Gallwch chi symleiddio'r mynegiad hwn ar gyfer n ymhellach, wrth sylweddoli mai $A = t \times d$ yw arwynebedd trawstoriadol (A) y chwiliwr.

$$\text{Mae } n = \frac{IBd}{V_H t \times de} = \frac{IB}{V_H te}$$

Anhygoel, o feddwl am y peth. A dweud y gwir, gallwch chi fesur y cyflymder drifft, yn ogystal â nifer yr electronau rhydd fesul m^3, drwy ddefnyddio dim mwy nag amedr a foltmedr rhad (er bod angen gwybod beth yw'r maes B, a d a t ar gyfer eich chwiliwr).

(a) Chwiliwr Hall anodd

Enghraifft

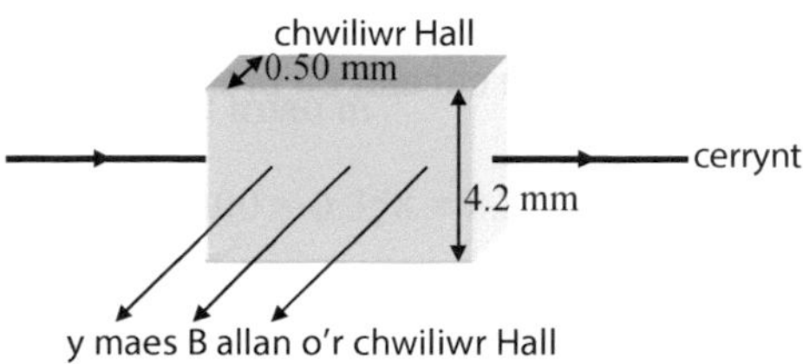

Ffig. 4.4.12 Enghraifft o chwiliwr Hall

(i) Cysylltwch foltmedr yn gywir â'r chwiliwr i ddangos sut byddech chi'n mesur y foltedd Hall.

(ii) Esboniwch pa un o wynebau'r chwiliwr fydd yn mynd yn bositif (mae'r cerrynt yn digwydd oherwydd electronau rhydd).

(iii) 820 nV yw'r foltedd Hall, a 0.14 T yw'r maes B. Cyfrifwch gyflymder drifft yr electronau rhydd.

(iv) 0.47 mA yw'r cerrynt. Cyfrifwch nifer yr electronau rhydd fesul uned cyfaint.

Ateb

(i) Cysylltwch y foltmedr (ar y dde) ag wynebau uchaf ac isaf y chwiliwr Hall uchod.

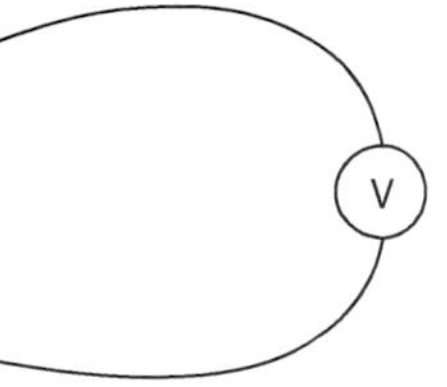

(ii) Mae'r grym tuag i lawr (drwy ddefnyddio rheol llaw chwith Fleming), felly mae'r wyneb isaf yn mynd yn negatif, a'r wyneb uchaf yn mynd yn bositif (oherwydd diffyg electronau).

(iii) O $Bev = Ee \rightarrow Bv = E \rightarrow Bv = \frac{V_H}{d} \rightarrow v = \frac{V_H}{Bd}$

felly mae $v = \frac{V_H}{Bd} = \frac{820 \times 10^{-9}}{0.14 \times 4.2 \times 10^{-3}} = 1.39 \times 10^{-3}\ \text{m s}^{-1}$ (neu $1.39\ \text{mm s}^{-1}$)

(iv) Rydyn ni wedi deillio'r hafaliad ynghynt, ond dyma'i roi i chi unwaith eto:

$$\frac{I}{nAe} = \frac{V_H}{Bd} \rightarrow n = \frac{IBd}{V_H Ae} = \frac{IB}{V_H te}$$

$$= \frac{0.47 \times 10^{-3} \times 0.14}{820 \times 10^{-9} \times 0.50 \times 10^{-3} \times 1.6 \times 10^{-19}}$$

$$n = 1.00 \times 10^{24}\ \text{m}^{-3}$$

» *Cofiwch*

Gallwch chi aildrefnu $n = \frac{IB}{V_H te}$ i gael $V_H = \frac{BI}{nte}$, h.y. mae'r foltedd Hall mewn cyfrannedd â'r maes B. Dyma pam caiff chwilwyr Hall eu defnyddio'n aml i fesur B.

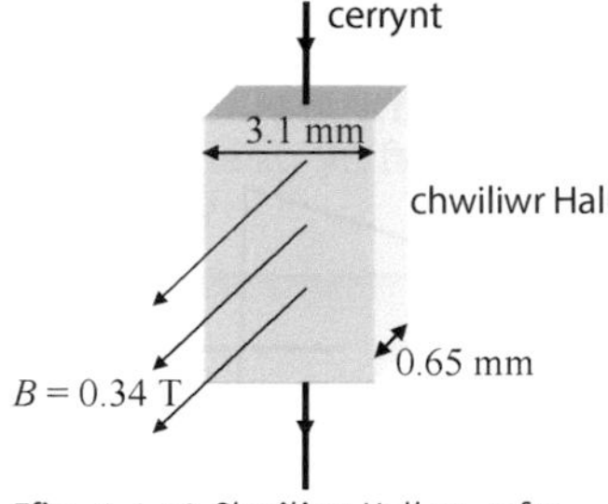

Ffig. 4.4.13 Chwiliwr Hall ar gyfer Cwestiwn cyflym 9

cwestiwn cyflym

9 a) Yn Ffig. 4.4.13, dangoswch sut byddech chi'n cysylltu foltmedr â'r chwiliwr Hall er mwyn mesur y foltedd Hall.

b) Electronau rhydd sy'n cario'r gwefrau. Esboniwch pam mae wyneb ochr dde'r chwiliwr yn mynd yn bositif.

c) 1.35 μV yw'r foltedd Hall. Cyfrifwch:

i) y maes trydanol (E)

ii) cyflymder drifft yr electronau.

ch) 870 μA yw'r cerrynt. Cyfrifwch n, a nodwch ei uned.

cwestiwn cyflym

⑮ Dangoswch mai sero yw'r grym sy'n gweithredu ar y wifren ganol (awgrym: mae'r wifren ganol yn y maes o ganlyniad i'r ddwy wifren arall, felly dim ond y maes o ganlyniad i'r gwifrau uchaf ac isaf mae angen i chi ei ystyried).

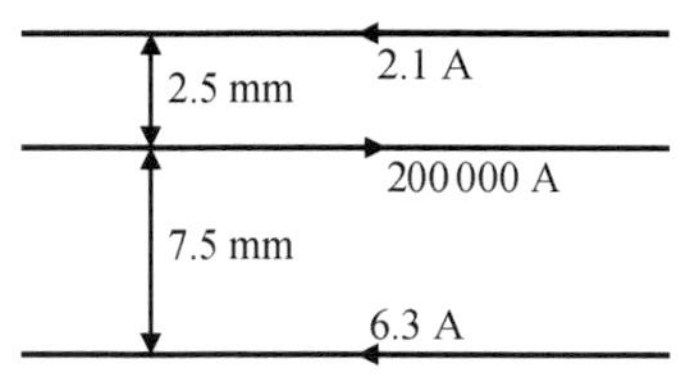

Term allweddol

Electron folt = yr egni sy'n cael ei drosglwyddo pan fydd electron yn symud rhwng dau bwynt sydd â gwahaniaeth potensial o 1 folt rhyngddyn nhw. Felly, ar gyfer electron sy'n cael ei gyflymu mewn gwactod, dyma'r EC gaiff ei ennill wrth i'r electron gael ei gyflymu drwy gp o 1 V.

$(1\ \text{eV} = 1.6 \times 10^{-19}\ \text{J})$

Cofiwch

Mae cyflymiad cyson yr electronau yn golygu gallwch chi ddefnyddio'r hafaliadau cyflymiad cyson gyda mudiant yr electronau.

Gwella gradd

Mae rhai myfyrwyr yn cofio'r hafaliad

$F = Eq$

drwy ei alw'n hafaliad Father Ted! (Efallai bydd rhaid i chi ymchwilio i'r rhaglen gomedi *Father Ted* i ddeall pam.)

ar gyfer y maes o ganlyniad i'r wifren uchaf yn safle'r wifren isaf. Dylech chi gofio siâp y llinellau maes crwn o gwmpas y wifren, a sylweddoli bydd y maes B (o ganlyniad i'r wifren uchaf) yn dod allan o'r papur yn safle'r wifren isaf. Mae hyn ar ongl sgwâr i gyfeiriad y cerrynt yn y wifren, felly mae $\sin\theta = 1$.

Nawr, drwy ddefnyddio $F = BIl\sin\theta$ ar gyfer y wifren isaf, mae:

$$F = BIl\sin\theta = \frac{\mu_0 I_1}{2\pi a} \times I_2 \times l\sin\theta = \frac{\mu_0 I_1 I_2 l}{2\pi a}$$

I ganfod y cyfeiriad, bydd angen rheol llaw chwith Fleming. Mae'r maes yn dod tuag allan o'r papur, felly pwyntiwch eich bys tuag at eich wyneb, a dylech chi ddarganfod bod y grym tuag i fyny ar y wifren isaf. Yn ôl trydedd ddeddf Newton, mae'n rhaid bod y grym ar y wifren uchaf yr un maint, a rhaid ei fod tuag at i lawr (h.y. mae dwy wifren baralel sy'n cario cerrynt i'r un cyfeiriad yn profi grym atynnol).

Gadewch i ni weld a yw hi'n bosibl cael grym mawr rhwng gwifrau mewn labordy. Efallai byddwch chi'n gallu cael gafael ar y cyflenwad pŵer 10 A unwaith eto, a gosod dwy wifren, 5 m o hyd, tua 1 mm ar wahân. Mae hyn yn rhoi grym o

$$F = \frac{\mu_0 I_1 I_2 l}{2\pi a} = \frac{4\pi \times 10^{-7} \times 10 \times 10 \times 5}{2\pi \times 0.001} = 0.1\ \text{N}$$ (eto, nid yw hwn yn rym mawr)

4.4.6 Paladrau ïonau, a chyflymyddion

Mae angen i chi wybod ychydig hefyd am effaith meysydd magnetig a thrydanol ar baladrau o ïonau, ac mae hyn yn arwain yn naturiol at gyflymyddion gronynnau. Nid oes rhaid i chi gofio manylion y cyflymyddion gronynnau, ond mae angen i chi allu defnyddio'r ffiseg rydych chi'n ei gwybod yn barod wrth eu trafod.

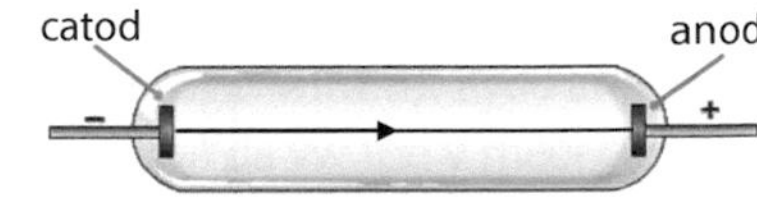

Ffig. 4.4.16 Cyflymydd gronynnau cynnar

Gallwn ddechrau gyda'r cyflymydd gronynnau cyntaf i gael ei ddyfeisio, a hynny yn yr 1850au. Dim ond tiwb gwydr gwag oedd hwn, oedd yn defnyddio catod ac anod i gyflymu electronau.

Mae hwn yn debyg i gynhwysydd, gan fod maes trydanol unffurf i'w gael rhwng y catod a'r anod. Y maes hwn sy'n cyflymu'r electronau, a gallwch chi gyfrifo'r cyflymiad drwy ddefnyddio'r hafaliadau canlynol (sylwch nad yw'r hafaliad cyntaf, sy'n diffinio'r maes trydanol, yn y Llyfryn Data).

$$F = Eq$$

Gallwch chi gyfuno'r hafaliad uchod ag $E = \dfrac{V}{d}$ ac $F = ma$ i roi

$$a = \frac{Vq}{md}$$

Os yw'r pellter rhwng y catod a'r anod yn 10 cm, a'ch bod chi'n defnyddio gwahaniaeth potensial o 100 V, cewch gyflymiad eithaf mawr:

$$a = \frac{Vq}{md} = \frac{100 \times 1.6 \times 10^{-19}}{9.11 \times 10^{-31} \times 0.1} = 1.8 \times 10^{14}\ \text{m s}^{-2}$$

Faint o egni mae'r electron wedi'i ennill, yn union cyn iddo gyrraedd yr anod?

Drwy ddefnyddio $W = q\Delta V_E$

$= 1.6 \times 10^{-19} \times 100 = 1.6 \times 10^{-17}$ J

Dyma lle mae uned newydd o egni'n cael ei diffinio – yr electron folt (eV). Dyma'r egni sy'n cael ei ennill gan electron pan gaiff ei gyflymu drwy gp o 1 V. Hynny yw, yr egni gafodd ei ennill gan yr electron uchod oedd 100 eV, oherwydd iddo gael ei gyflymu drwy 100 V.

Mae'r cyflymydd gronynnau yn Ffig. 4.4.17 ychydig yn fwy cymhleth. Mae ganddo faes trydanol fertigol hefyd, er mwyn allwyro'r electronau. Wrth gwrs, bydd yr electronau'n cael eu hatynnu at y platiau sydd wedi'u gwefru'n bositif.

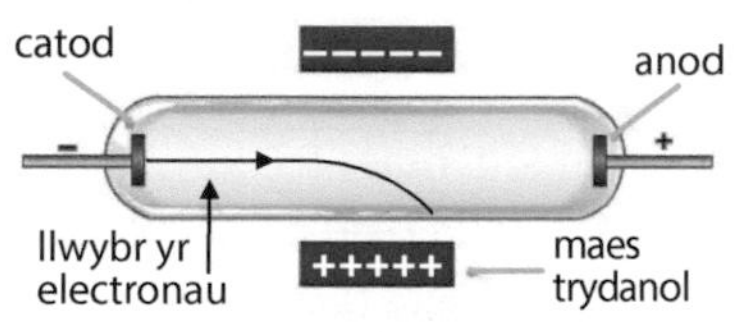

Ffig. 4.4.17 Cyflymydd gronynnau Mk II

Mae hyn yn golygu eu bod nhw'n cael eu cyflymu o'r chwith i'r dde, ond eu bod hefyd yn cael eu hallwyro tuag at i lawr, fel sydd i'w weld. Bydd y platiau uchaf ac isaf yn ymddwyn fel cynhwysydd, a bydd maes unffurf rhyngddyn nhw. Felly, bydd yr electronau yn profi grym cyson i lawr o qE_{fertigol}.

(a) Y cyflymydd llinol

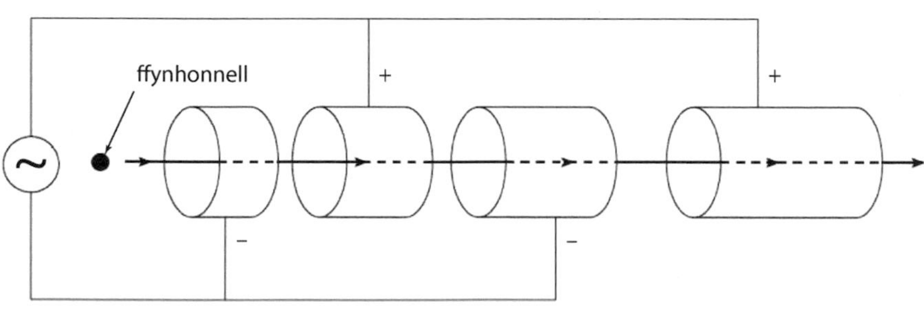

Ffig. 4.4.18 Cyflymydd llinol

Cyfres o diwbiau yw hwn, a phob un wedi'i wefru naill ai'n +if neu'n –if, yn dibynnu ar y gp eiledol sy'n cael ei anfon iddyn nhw. Yn gyntaf, tybiwn fod proton yn cael ei gyflymu i'r dde tuag at y tiwb –if. Pan mae'r proton yn cyrraedd y tu mewn i'r tiwb, nid oes grym yn gweithredu arno, a dyma pryd mae cyfeiriad y gp yn newid. Pan mae'r proton yn y bwlch nesaf rhwng y tiwbiau, mae'r ail diwb bellach yn –if, ac mae'r maes trydanol yn ei gyflymu i'r dde unwaith eto. Y peth pwysig yw gofalu bod y gp wedi'i gydamseru, fel bod y proton y tu mewn i diwb pan fydd y gp yn newid cyfeiriad. Caiff hyn ei wneud drwy gadw'r amledd yn gyson, ond gan gynyddu hyd y tiwbiau a'r bylchau rhyngddyn nhw (gan fod y proton yn teithio'n bellach a phellach yn yr un amser).

cwestiwn cyflym

⑯ Defnyddiwch $F = Eq$, $E = \frac{V}{d}$ ac $F = ma$ i ddeillio $a = \frac{Vq}{md}$

cwestiwn cyflym

⑰ Hafalwch y 100 eV o egni ar gyfer electron i gyfrifo buanedd electron wedi iddo gael ei gyflymu drwy 100 V.

cwestiwn cyflym

⑱ Mae electron yn cael ei gyflymu drwy gp o 5.78 V. Cyfrifwch ei EC terfynol mewn

i) eV ii) J

cwestiwn cyflym

⑲ Mae gan broton EC o 5.7 keV, a chafodd ei gyflymu o ddisymudedd gan ddefnyddio maes trydanol.

i) Pa gp gafodd ei ddefnyddio i gyflymu'r proton?

ii) Cyfrifwch EC y proton mewn J.

Cofiwch

Mae'r maes trydanol bob amser yn cynyddu buanedd y gronynnau wedi'u gwefru, ac mae'r maes magnetig yn cadw eu llwybrau'n gylchol.

cwestiwn cyflym

⑳ 125 kV yw gp eiledol cyflymydd llinol. Drwy faint o diwbiau mae'n rhaid i broton deithio nes bod ganddo 750 keV o egni?

cwestiwn cyflym

㉑ Yng Nghwestiwn cyflym 20, sut byddai eich ateb yn newid ar gyfer
i) electron?
ii) niwclews heliwm (awgrym: mae ganddo wefr o +2e)?

cwestiwn cyflym

㉒ Pam nad yw cyflymyddion gronynnau yn gallu cyflymu niwtronau?

cwestiwn cyflym

㉓ Cyfrifwch amledd cylchotron os yw'n cyflymu electronau mewn maes o 0.115 T.

(b) Y cylchotron

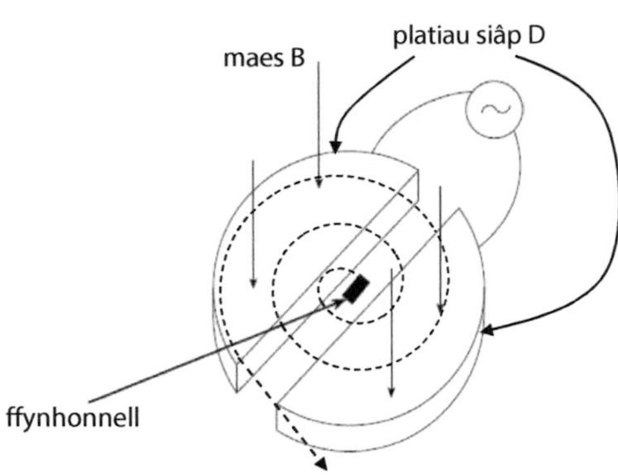

Ffig. 4.4.19 Y cylchotron

Unwaith eto, maes trydanol sy'n darparu'r cyflymiad (y cynnydd mewn buanedd). Pan fydd proton (er enghraifft) yn y bwlch rhwng y ddau siâp D (platiau hanner crwn), caiff ei gyflymu ar draws y bwlch gan faes trydanol. Mae'r maes trydanol sydd i'w weld yn cadw'r proton mewn mudiant cylchol, ond wrth i fuanedd y proton gynyddu, mae radiws y cylch yn cynyddu hefyd. Felly, mae'r proton yn troelli allan, ac yn gadael y cylchotron yn y pen draw.

Dyma lle mae'r ateb i Gwestiwn cyflym 6 yn ddefnyddiol. Gallwch chi gyfrifo amledd y gp o'r theori:

$m\omega^2 r = Bqv$ ond, o fudiant cylchol, mae $v = \omega r$

mae $m\omega^2 r = Bq\omega r$

a drwy rannu ag ωr a chofio bod $\omega = 2\pi f$

$\rightarrow m\omega = Bq$ sy'n arwain at $f = \dfrac{\omega}{2\pi} = \dfrac{Bq}{2\pi m}$

Sylwch fod yr amledd yn gyson oherwydd bod y maes B yn unffurf, a q ac m yn gyson. Dyma sy'n wych am y cylchotron – mae'r amledd yn aros yn gyson hyd yn oed wrth i gyflymder y gronyn sydd wedi'i wefru gynyddu.

Enghraifft

Cyfrifwch amledd y cyflenwad gp ar gyfer cylchotron sy'n cyflymu protonau mewn dwysedd fflwcs magnetig unffurf o 4.22 T ($m_p = 1.67 \times 10^{-27}$ kg).

Ateb

Mae $f = \dfrac{4.22 \times 1.60 \times 10^{-19}}{2\pi \times 1.67 \times 10^{-27}} = 64.3 \times 10^6$ Hz (neu 64.3 MHz)

(c) Y syncrotron

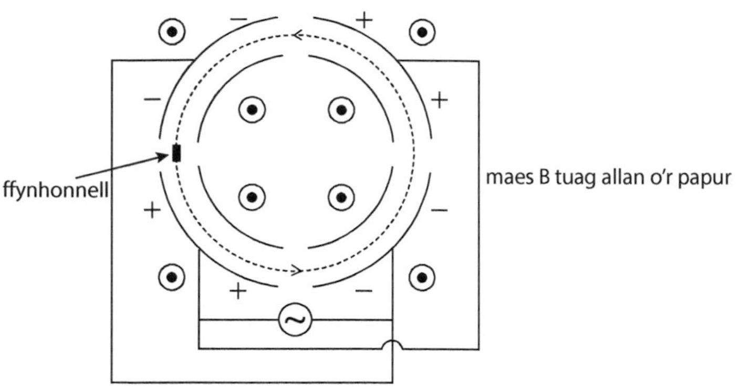

Ffig. 4.4.20 Y syncrotron (wedi'i symleiddio)

Syncrotron wedi'i symleiddio sydd i'w weld yn Ffig. 4.4.20, ond mae'n dangos yr egwyddorion sylfaenol o ran sut mae'n gweithredu. Unwaith eto, y gp eiledol sy'n gwneud i'r buanedd gynyddu, ac unwaith eto, bydd y gronynnau wedi'u gwefru yn teithio mewn cylch o ganlyniad i'r maes B. Erbyn hyn mae'r cyflymiad yn digwydd bedair gwaith fesul 'cylchdro', wrth i'r gronynnau groesi rhwng y tiwbiau sydd â gwefrau gwahanol.

Ond yn wahanol i'r cylchotron, mae'r llwybr yn aros yn gyson (yr un radiws), felly rhaid bod cryfder y maes B yn cynyddu wrth i'r gronynnau symud yn gyflymach. Yn ogystal â hyn, rhaid i amledd y cyflenwad CE gynyddu wrth i fuanedd y gronynnau gynyddu.

Enghraifft

Mae syncrotron yn gweithredu gyda gp o **30 kV**. Beth yw'r cynnydd yn EC niwclews heliwm wedi iddo fynd drwy wyth cylchred o'r syncrotron?

Ateb

Mae gan niwclews heliwm wefr o +2e, felly bob tro mae'n croesi bwlch, mae'n ennill **60 keV** o egni. Mae pob cylchdro yn golygu ei fod yn cael ei gyflymu bedair gwaith, felly dyma fydd y cynnydd yn yr EC:

$$60\text{ keV} \times 4 \times 8 = 1920\text{ keV } (= 1.92\text{ MeV})$$

Enghraifft

Cyfrifwch fuanedd niwclews heliwm sydd ag EC o **1.92 MeV**.

Ateb

Yn gyntaf, rhaid trawsnewid $1.92\text{ MeV} = 1.92 \times 10^6 \times 1.6 \times 10^{-19}\text{ J}$

yna, drwy aildrefnu $\text{EC} = \frac{1}{2}mv^2$ cawn fod $v = \sqrt{\frac{2 \times \text{EC}}{m}}$

Mae màs o **4 u** yn ddigon da ar gyfer y cyfrifiad hwn, ond byddai hynny'n cael ei esbonio i chi mewn cwestiwn arholiad.

$$v = \sqrt{\frac{2 \times 1.92 \times 10^6 \times 1.6 \times 10^{-19}}{4 \times 1.66 \times 10^{-27}}} = 9.62 \times 10^6\text{ m s}^{-1}$$

cwestiwn cyflym

(24) Yn y diagram o'r syncrotron, defnyddiwch reol llaw chwith Fleming i ddarganfod a yw'r gronyn sy'n cael ei gyflymu yn +if neu'n –if.

» *Cofiwch*

Yn aml, mae'n rhaid i chi gyfrifo buaneddau gronynnau sydd ag EC penodol. Mae $v = \sqrt{\frac{2 \times EC}{m}}$ yn hafaliad eithaf defnyddiol i'w gofio.

cwestiwn cyflym

(25) Mae buanedd electron sy'n cael ei gyflymu mewn syncrotron yn cael ei ddyblu. Beth yw'r newid yn y canlynol:

i) amledd foltedd y CE?
ii) y maes B?
iii) EC yr electron?

Enghraifft

4.80 m yw radiws syncrotron. Cyfrifwch ddwysedd (enydaidd) y fflwcs magnetig (B) ac amledd y gp os yw'r gronynnau sy'n cael eu cyflymu yn niwclysau heliwm, sydd â buanedd o 9.62×10^6 m s^{-1}.

Ateb

Drwy ddefnyddio $\frac{mv^2}{r} = Bqv \rightarrow B = \frac{mv}{qr} = \frac{4 \times 1.66 \times 10^{-27} \times 9.62 \times 10^6}{2 \times 1.6 \times 10^{-19} \times 4.80}$

$= 0.0416$ T

ac $m\omega^2 r = Bq\omega r$ $\quad f = \frac{Bq}{2\pi m} = \frac{0.0416 \times 2 \times 1.6 \times 10^{-19}}{2\pi \times 4 \times 1.66 \times 10^{-27}} = 320$ kHz

Fodd bynnag, amledd y mudiant cylchol yw hwn. Bydd amledd cyflenwad y CE ddwywaith cymaint â hyn (oherwydd bod y gronyn yn cael ei gyflymu ddwywaith mewn un cyfnod o'r cyflenwad eiledol, a phedair gwaith mewn un orbit o'r syncrotron).

Mae amledd cyflenwad y CE = 640 kHz

» Cofiwch

Er mwyn cymryd darlleniad màs mewn gramau a'i drawsnewid yn rym, yn gyntaf rhaid i chi rannu â 1000 er mwyn trawsnewid i kg, ac yna lluosi â (9.81N kg^{-1}).

4.4.7 Gwaith ymarferol penodol

(a) Ymchwilio i'r grym ar gerrynt mewn maes magnetig.

Y ffordd hawsaf o wneud yr arbrawf hwn yw drwy ddefnyddio clorian ddigidol sy'n gywir i 0.01 g. Mae'r cyfarpar angenrheidiol i'w weld yn Ffig. 4.4.21. Mae llawer o arbrofion y gallwn ni eu gwneud ar sail yr hafaliad

$$F = BIl\sin\theta$$

Yr un mwyaf amlwg yw cadw B, l a sin θ yn gyson, ac ymchwilio i'r berthynas rhwng y grym a'r cerrynt. Yn y diagram, mae cyfeiriad y cerrynt yn berpendicwlar i'r maes magnetig fel bod

$$F = BIl\sin\theta = Bl\,I$$

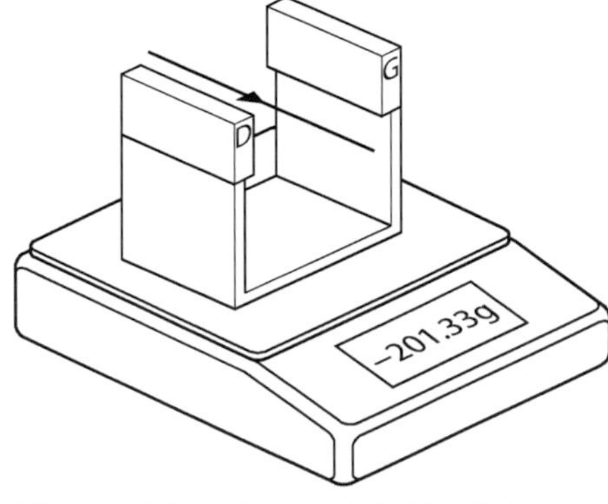

Ffig. 4.4.21 Mesur B drwy ddefnyddio clorian electronig

cwestiwn cyflym

㉖ Esboniwch pam mae'r darlleniad ar y glorian màs yn Ffig. 4.4.21 yn negatif.

Mae'r hafaliad wedi'i roi ar y ffurf $y = mx + c$, neu, yn fwy penodol, $y = mx$. Felly, dylai fod yn amlwg bod y grym mewn cyfrannedd â'r cerrynt, ac mai Bl fydd graddiant graff o F yn erbyn I. Bydd gan adrannau Ffiseg rhai ysgolion gyflenwadau pŵer drud sy'n gallu amrywio'r cerrynt. Byddai'r rhain yn gwneud y gwaith o gynnal yr arbrawf yn llawer haws. Ond dylai 6 batri math D, wedi'u cyfuno â gwrthydd cyfyngu cerrynt o tua 5 Ω, weithio llawn cystal. Byddai eich dull yn debyg i hyn:

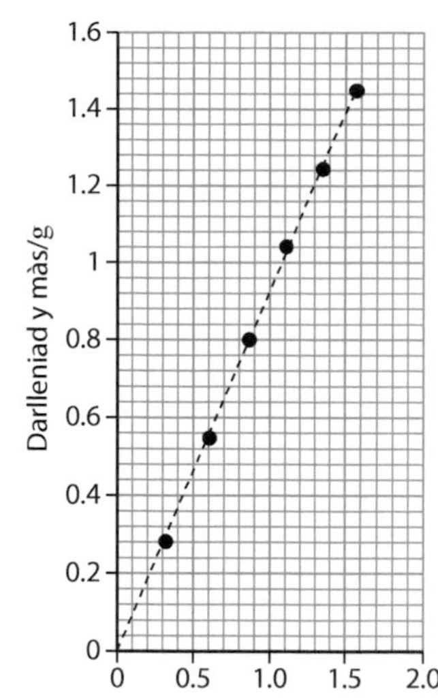

Ffig. 4.4.22 Graff canlyniadau ar gyfer mesur B

- Gosodwch y magnet siâp U ar y glorian màs.
- Pwyswch y botwm sero.
- Gosodwch y wifren fel ei bod yn sefydlog (heb allu symud) ac yn pasio rhwng polau'r magnet, fel sydd i'w weld.
- Defnyddiwch un batri math D, gwrthydd 5 Ω, amedr a switsh er mwyn ffurfio cylched gyfres i basio cerrynt drwy'r wifren.
- Caewch y switsh a mesurwch y cerrynt ar yr amedr yn gyflym, yn ogystal â darlleniad y màs ar y glorian.
- Ailadroddwch hyn, gan ychwanegu un batri math D bob tro, hyd at uchafswm o (tua) 6.
- Ailadroddwch yr arbrawf cyfan unwaith eto i gael darlleniadau ailadrodd.

Mae hwn yn arbrawf arbennig o gywir os yw'n cael ei wneud yn iawn, a dylai eich canlyniadau fod yn debyg i'r rhai yn Ffig. 4.4.22. Sylwch nad yw'r myfyriwr wedi trawsnewid darlleniad y glorian màs yn rym, felly bydd angen gwneud hyn os ydych chi am gael gwerth ar gyfer B (neu l neu Bl) o'r graddiant. Dylech chi luniadu barrau cyfeiliornad sy'n cyfateb i ±0.01 g ar yr echelin-y, a barrau cyfeiliornad sy'n cyfateb i ±0.01 A ar yr echelin-x (yn achos bron pob amedr ysgol, bydd ganddyn nhw'r cyfeiliornad graddfa gyfyngol hwn ar gyfer y ceryntau hyn).

(b) Ymchwilio i ddwysedd y fflwcs magnetig drwy ddefnyddio chwiliwr Hall.

Yn rhyfedd ddigon, gallwch chi wneud yr arbrawf hwn hyd yn oed os yw'ch adran Ffiseg heb chwiliwr Hall. Y dyddiau hyn, mae chwiliwr Hall i'w gael y tu mewn i'r rhan fwyaf o ffonau clyfar, felly gallwch chi ddefnyddio'r canfodydd meysydd magnetig manwl gywir sydd yn eich ffôn clyfar (mae hwn fel arfer wedi'i osod yng nghornel dde uchaf eich ffôn). Os ydych chi'n bwriadu defnyddio eich ffôn clyfar, mae'n debygol bydd angen i chi ddod o hyd i ap addas. Y newyddion da yw fod digon o apiau gwych ar gael yn rhad ac am ddim.

Yr ymchwiliad hawsaf i'w wneud fyddai ymchwilio i'r berthynas

$$B = \frac{\mu_0 I}{2\pi a}$$

ar gyfer y maes magnetig o ganlyniad i wifren hir.

cwestiwn cyflym

㉗ Yn Ffig. 4.4.22, cyfrifwch y canlynol:

a) graddiant y graff
b) dwysedd y fflwcs magnetig, o wybod mai 6.0 cm yw hyd y wifren.

Cofiwch

Gallwch chi ddefnyddio'r cyfosodiad hwn hefyd i ymchwilio i'r berthynas rhwng y grym a hyd y wifren. Ond bydd angen set o wifrau o hydoedd safonol (fel arfer ar fwrdd cylched wedi'i argraffu). Byddai'n llawer rhatach i chi adeiladu eich fersiwn eich hun drwy ddefnyddio bwrdd stribed copr, sydd â phellter safonol o 2.54 mm rhwng y tyllau. Wedyn gallwch chi gael gwifrau â hydoedd safonol o 5.08 mm, 10.16 mm ac ati yn rhad, gydag ychydig o sgiliau sodro.

Cofiwch

Gan gyfeirio at yr arbrawf yn Ffig. 4.4.23, os yw eich ffôn clyfar yn rhoi fector tri dimensiwn o'r maes B, mae'n debyg y bydd angen cydran *z* y maes B arnoch chi.
Os ydych chi'n defnyddio chwiliwr Hall yr ysgol, gofalwch fod y chwiliwr yn fflat ar y ddesg fel bod cydran fertigol y maes B yn cael ei mesur.

cwestiwn cyflym

(28) Mae ymchwiliad arall i'r berthynas

$$B = \frac{\mu_0 I}{2\pi a}$$

yn cadw'r pellter yn gyson ond yn amrywio'r cerrynt. Pa graff byddech chi'n ei blotio, a pha raddiant byddech chi'n ei ddisgwyl?

Cofiwch

Ffordd arall bosibl o ddefnyddio'r chwiliwr Hall fyddai er mwyn ymchwilio i'r maes B y tu mewn i solenoid.

Ymchwiliad 1

Gosodwch y chwiliwr Hall yng nghanol y solenoid, ac amrywiwch y cerrynt mewn camau rheolaidd, e.e. 0 i 3.0 A mewn camau o 0.5 A. Yn ddelfrydol, byddai'r solenoid yn hir ac yn denau, fel bod yr hafaliad $B = \mu_0 nI$ yn berthnasol, ond byddai hyd sydd 5 gwaith y diamedr yn iawn.

Ymchwiliad 2

Fel Ymchwiliad 1, ond symudwch y chwiliwr ar hyd yr echelin, ac ymchwiliwch i amrywiad *B* yn ôl y safle.

Sylwch: bydd angen chwiliwr Hall bach ar gyfer yr ymchwiliadau hyn, gan na fydd eich ffôn clyfar yn debygol o ffitio yn y solenoid!

Dylech osod eich arbrawf fel hyn, gyda'r wifren yn fflat ar fainc y labordy. Bydd angen cerrynt mawr (tua 5 A), sy'n llifo drwy wifren hir (dylai 1 m fod yn ddigon). Bydd eich dull yn debyg i hyn:

1. Gosodwch y chwiliwr Hall/ffôn ar bellter o 1.0 cm i ffwrdd o'r wifren hir (a = 1.0 cm).
2. Trowch y cerrynt ymlaen, cofnodwch ddarlleniad y chwiliwr Hall a darlleniad y cerrynt, ac yna diffoddwch y cerrynt.
3. Cynyddwch y pellter rhwng y chwiliwr Hall/ffôn a'r wifren o 1.0 cm, ac ailadroddwch gam 2.
4. Daliwch i wneud hyn nes cyrraedd pellter o tua 5.0 cm i ffwrdd o'r wifren.
5. Ailadroddwch yr arbrawf cyfan gyda'r ffôn ar ochr arall y wifren.

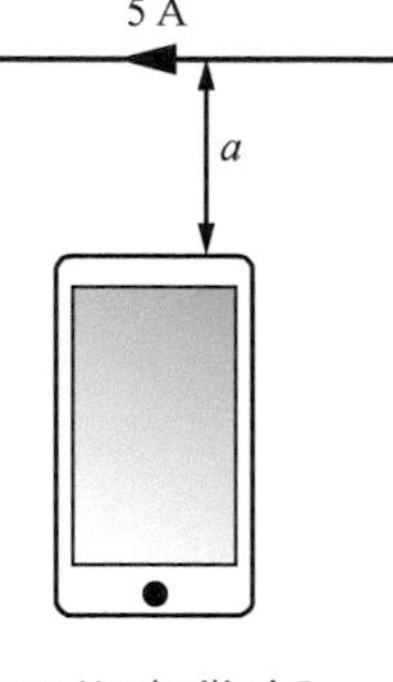

Ffig. 4.4.24 Ymchwilio i *B* drwy ddefnyddio ffôn clyfar

Yn eich dadansoddiad, dylech chi dynnu gwerthoedd y maes B gawsoch chi ar ddwy ochr y wifren i ffwrdd, a rhannu â 2. Bydd hyn yn dileu effaith maes magnetig y Ddaear, ac yn eich gadael â gwerth maes B y cerrynt (mae cyfeiriad y maes B yn newid ar y naill ochr a'r llall i'r wifren). Hefyd, gan na fyddwch chi efallai'n gwybod union safle'r synhwyrydd Hall, mae'n well aildrefnu'r hafaliad i'r ffurf hon:

$$a = \frac{\mu_0 I}{2\pi} \times \frac{1}{B}$$

Y pellter gwirioneddol i'r synhwyrydd Hall fydd $a = x + d$, lle d yw'r pellter o ben uchaf y chwiliwr/ffôn i'r synhwyrydd Hall. Mae hyn wedyn yn rhoi

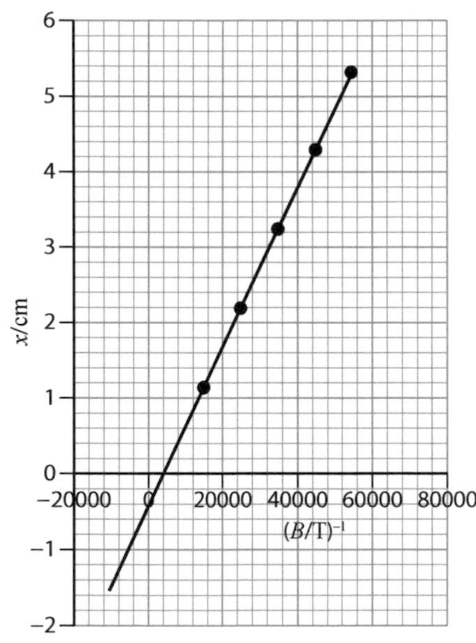

Ffig. 4.4.24 Canlyniadau'r ymchwiliad â'r ffôn clyfar

$$x = \frac{\mu_0 I}{2\pi} \times \frac{1}{B} - d$$

Bydd graff o x yn erbyn B^{-1} yn llinell syth, gyda graddiant o $\frac{\mu_0 I}{2\pi}$ a rhyngdoriad o $-d$.

Drwy hynny, gall yr arbrawf hwn wneud y canlynol: (i) cadarnhau'r berthynas $B = \frac{\mu_0 I}{2\pi a}$ ar gyfer gwifren hir; (ii) cael gwerth rhesymol ar gyfer μ_0, sef athreiddedd gofod rhydd; a (iii) canfod union leoliad y synhwyrydd Hall y tu mewn i'ch ffôn clyfar.

x / cm	B_1 / μT	B_2 / μT	$\frac{B_1 - B_2}{2}$ /μT	$(B/\text{T})^{-1}$
1.0	123.8	−9.5	66.7	15 000
2.0	97.4	16.3	40.6	24 700
3.0	85.8	28.3	28.8	34 800
4.0	79.7	34.7	22.5	44 400
5.0	74.4	38.8	17.8	56 200

Tabl 4.4.1 Y berthynas rhwng B ac a – canlyniadau enghreifftiol

Cofiwch

Mae'r data sydd wedi'u plotio yn Ffig. 4.4.24 yn seiliedig ar y data yn Nhabl 4.4.1. Sylwch sut mae maes magnetig y Ddaear (tua 56 μT) wedi cael ei ddileu drwy dynnu a haneru colofnau 2 a 3.

ychwanegol

1. Nodwch gyfeiriad y grym ar y wifren neu'r cludydd gwefrau yn y diagramau canlynol.

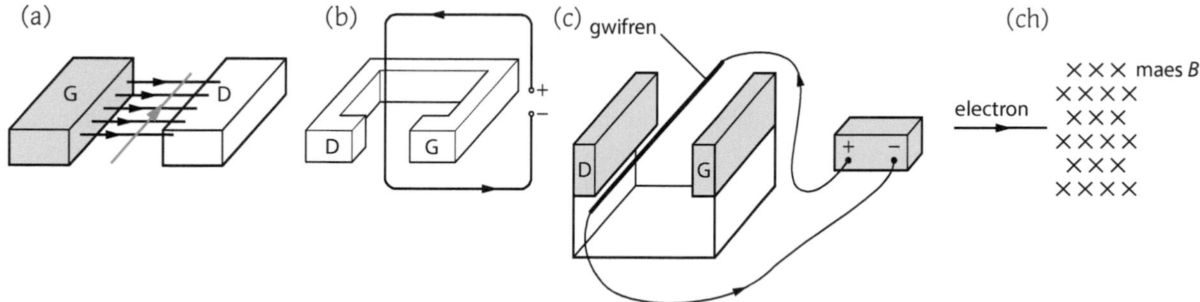

2. Bydd gronyn wedi'i wefru mewn maes magnetig unffurf, mewn gwactod, yn cyflawni mudiant cylchol ar fuanedd cyson.
   (a) Esboniwch pam na chafodd y gair 'cyflymder' ei ddefnyddio yn y frawddeg ddiwethaf yn lle buanedd.
   (b) Drwy hafalu'r grym magnetig ar gludydd gwefr symudol i'r grym mewngyrchol, esboniwch (yn algebraidd) pam mae amledd cyflawni cylchoedd yn annibynnol ar fuanedd y gronyn.
   (c) Mae gan ïon wefr o +e, ac mae'n cyflawni cylchoedd mewn maes magnetig unffurf o 125 mT. Os yw amledd y mudiant cylchol yn 636 kHz, cyfrifwch fàs yr ïon mewn u.

   Os ydych chi'n astudio Cemeg hefyd, enwch yr ïon.
   (ch) Os yw radiws llwybr cylchol yr ïon yn 12.5 m, cyfrifwch y canlynol:
      (i) buanedd yr ïon
      (ii) EC yr ïon mewn eV.
3. Tybiwch fod y cludyddion gwefr yn y chwiliwr Hall yn Ffig. 4.4.11 yn bositif (rydyn ni'n eu galw'n 'dyllau'). 0.240 T yw'r maes B.
   (a) Nodwch pa un o wynebau'r chwiliwr Hall fydd yn dod yn +if, a pha reol ddefnyddioch chi i gael eich ateb.
   (b) 1.29 mV yw mesur y foltedd Hall, a 5.2 mm yw lled y 'sglodyn' Hall. Cyfrifwch gyflymder drifft y tyllau.
   (c) 0.90 mm yw trwch y 'sglodyn', a 0.57 A yw'r cerrynt. Cyfrifwch nifer y cludyddion gwefr i bob m^3.
   (ch) Gan gofio'ch ateb i (b) ac (c), a'r ffaith mai 'tyllau' yw'r cludyddion gwefr, pa fath o ddefnydd mae'r 'sglodyn' wedi'i wneud ohono?

4. (a) Mae niwclews $^4_2$He yn cael ei gyflymu o ddisymudedd mewn cyflymydd llinol. 15 kV yw'r gp rhwng y tiwbiau.
   (i) Cyfrifwch y newid yn egni'r niwclews heliwm rhwng y 3ydd a'r 4ydd tiwb.
   (ii) Cyfrifwch y newid ym muanedd y niwclews heliwm rhwng y 3ydd a'r 4ydd tiwb.
   (iii) Cyfrifwch amledd y gp sy'n cael ei roi os yw'r pellter rhwng y 3ydd a'r 4ydd tiwb yn 2.3 m.

   (b) Mae positronau yn cael eu cyflymu mewn cylchotron.
   (i) Cyfrifwch ddwysedd y fflwcs magnetig os yw amledd y gp yn 120 MHz.
   (ii) 550 V yw'r gp sy'n cael ei roi ar y platiau D. Cyfrifwch egni'r positronau ar ôl 0.3 μs os ydyn nhw'n cael eu cyflymu o ddisymudedd.
   (iii) Radiws mwyaf y cylchotron yw 18.0 cm. Cyfrifwch fuanedd y positronau wrth iddyn nhw ei adael.

   (c) (i) Esboniwch sut mae radiws gronynnau sy'n cael eu cyflymu yn aros yn gyson mewn syncrotron wrth i'w buanedd gynyddu.
   (ii) Mae proton yn mynd i ennill 1.2 TeV drwy gyflymu mewn syncrotron. 1.0 MeV yw gp cyflymu y syncrotron. Sawl orbit o'r syncrotron mae'n rhaid i'r proton ei gwblhau?
   (iii) Gyda chymorth cyfrifiad syml, esboniwch pam nad yw'n bosibl defnyddio mecaneg Newtonaidd yn achos proton 1.2 TeV.

5. Caiff y cyfarpar yn Ffig. 4.4.21 ei ddefnyddio i gynnal ymchwiliad, lle caiff hyd y wifren ei amrywio o 1.0 cm i 5.0 cm, ond â'r maes magnetig a'r grym yn cael eu cadw'n gyson. Caiff y grym ar y wifren ei gadw'n gyson drwy addasu'r cerrynt, fel bod darlleniad o (0.50 ±0.01) g ar y glorian màs. Mae'r arbrawf hwn yn cynhyrchu'r canlyniadau sydd i'w gweld yn y tabl.

Hyd l / cm (± 0.1 cm)	**cerrynt, I / A (±2%)**	**$(I$ / A$)^{-1}$ ±2%**
1.0	4.21	
2.0	2.02	
3.0	1.39	
4.0	1.01	
5.0	0.80	

   (a) Cwblhewch y 3edd golofn, gan ysgrifennu eich atebion i'r nifer cywir o ffigurau ystyrlon.
   (b) Defnyddiwch graff 1/cerrynt yn erbyn hyd gwifren (gyda barrau cyfeiliornad) i ddarganfod graddiannau'r llinellau mwyaf serth a lleiaf serth, sy'n gyson â'r barrau cyfeiliornad.
   (c) Defnyddiwch eich ateb i (b) i gyfrifo'r graddiant cymedrig, a'i ansicrwydd canrannol. Drwy hynny, darganfyddwch ddwysedd y fflwcs magnetig a'i ansicrwydd (cofiwch: 0.50 g yw darlleniad y màs).
   (ch) Mae gwneuthurwr y magnet siâp U yn nodi mai (125 ±5) mT yw dwysedd y fflwcs. Rhowch sylwadau ar ganlyniad yr ymchwiliad hwn.

6. Defnyddiwch graff o'r data yn Nhabl 4.4.1 i gael gwerthoedd ar gyfer μ_0 a d (y pellter o dop y ffôn i'r synhwyrydd Hall), a'u hansicrwyddau, o wybod mai 5.00 A yw'r cerrynt yn y gwifrau. Tybiwch fod ansicrwydd o 10% yn B^{-1}, ac ansicrwydd o ±1 mm yn x.

4.5 Anwythiad electromagnetig

Dyma'r effaith sy'n gyfrifol am gynhyrchu trydan, ac mae'n bosibl mai dyma oedd y darganfyddiad mwyaf gwerthfawr wrth gyfrannu at ein ffordd gysurus ni o fyw yn yr unfed ganrif ar hugain. Yn anffodus, mae'r cysyniad o anwythiad electromagnetig yn anodd ei ddeall, a'r cwestiynau hyn sydd fel arfer yn arwain at y marciau isaf o'r holl gwestiynau ar y papurau arholiad Safon Uwch! Mae gwifrau a choiliau sy'n symud mewn meysydd magnetig (neu goiliau a gwifrau sefydlog mewn meysydd magnetig symudol) yn gallu teimlo braidd yn anweledig a dirgel, ond yn y bôn, mae'r cyfan yn dibynnu fwy neu lai ar ddeall un ddeddf syml, sef deddf Faraday. Byddwch chi'n dod ar draws hon yn ddiweddarach.

Term allweddol

Fflwcs magnetig:

$\Phi = AB \cos \theta$

lle A yw'r arwynebedd, B yw'r maes B, a θ yw'r ongl rhwng y normal i'r arwyneb a'r maes B.

4.5.1 Fflwcs magnetig

Dyma ddiffiniad cyflym fydd yn rhoi syniad i chi o'r rheswm pam rydyn ni'n aml yn rhoi'r enw rhyfedd *dwysedd fflwcs magnetig* ar y maes B. Edrychwch ar y diagram o arwyneb, arwynebedd A, mewn maes B unffurf (Ffig. 4.5.1).

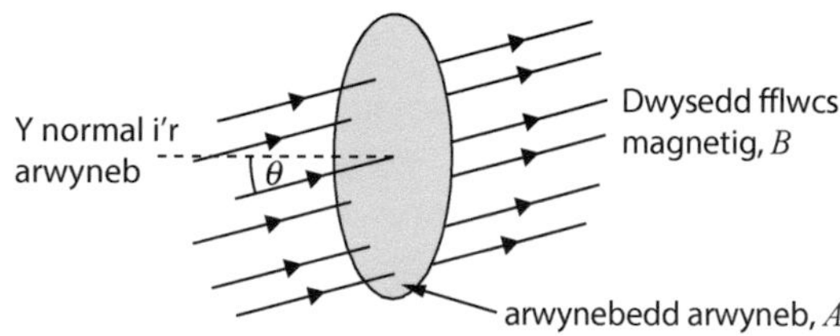

Ffig. 4.5.1 Fflwcs magnetig

Yn y cydosodiad hwn, caiff fflwcs magnetig yr arwyneb ei ddiffinio fel

$$\Phi = AB \cos \theta.$$

Mae angen i chi gofio uned fflwcs magnetig hefyd, sef y weber, Wb. Os na allwch chi gofio hwn mewn arholiad, defnyddiwch ychydig o synnwyr cyffredin, ac ysgrifennwch yr uned ar y ffurf T m^2, er mwyn osgoi colli marc (gweler **Cofiwch**).

Mewn ffordd, mae pethau eisoes wedi dechrau mynd yn anodd, oherwydd mae'n rhaid i chi ddychmygu arwynebedd a maes magnetig anweledig. Ond arwynebedd rhyw fath o ddolen gwifren fydd yr arwynebedd bron bob tro, a fydd ganddo ddim i'w wneud ag arwyneb dychmygol.

Drwy aildrefnu'r hafaliad, a chymryd bod θ = sero (bydd hyn yn wir ar gyfer bron pob cwestiwn Safon Uwch), mae:

$$B = \frac{\Phi}{A}$$

Felly, y fflwcs magnetig wedi'i rannu â'r arwynebedd, hynny yw, *dwysedd y fflwcs magnetig*, yw'r maes B (sy'n esbonio'r enw rhyfedd).

Cofiwch

Yn aml, gallwch chi ganfod uned arall drwy ddefnyddio hafaliad, e.e. uned y fflwcs magnetig (Wb) yw $m^2 \times T$ o $\Phi = AB \cos \theta$, (cofiwch mai cymhareb yw $\cos \theta$, felly does ganddi ddim dimensiynau).

cwestiwn cyflym

① Mae echelin dolen fetel gylchol ar ongl o 27° i'r maes B sy'n pasio drwyddi. 4.6×10^{-2} m^2 yw arwynebedd y ddolen. Os yw'r maes B yn 0.034 T, cyfrifwch fflwcs magnetig y ddolen.

Enghraifft

8.7 μWb yw'r fflwcs magnetig drwy goil, arwynebedd 32 cm^2. Mae'r maes B drwy'r coil yn unffurf, ac mae bob amser ar ongl sgwâr i'r arwynebedd mae'r coil yn ei gynnwys. Cyfrifwch *B*, sef dwysedd y fflwcs magnetig.

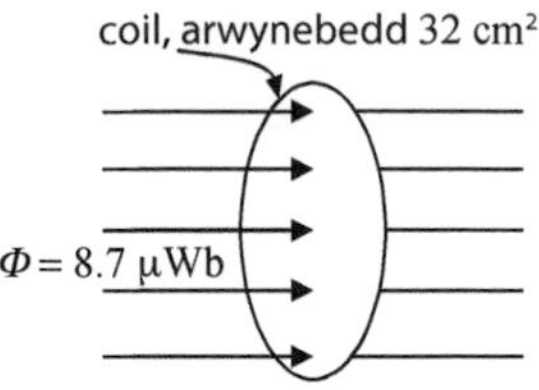

Ffig. 4.5.2 Cyfrifo fflwcs

Ateb

Yn gyntaf, mae $\theta = 0$, a gallwch chi ddefnyddio'r fersiwn o'r hafaliad sydd i'w gweld uchod, wedi'i haildrefnu fel hyn:

$$B = \frac{\Phi}{A} = \frac{8.7 \times 10^{-6}\,\text{Wb}}{32 \times 10^{-4}\,\text{m}^2} = 27\,\text{mT}$$

4.5.2 Cysylltedd fflwcs

Nid yw hyn yn fwy cymhleth na fflwcs magnetig, ond mae'n cyfeirio at nifer o ddolenni yn hytrach nag un ddolen.

Os oes gan goil *N* o ddolenni, a Φ yw'r fflwcs magnetig drwy bob dolen, yna caiff cyfanswm y fflwcs magnetig ar gyfer yr holl ddolenni ei roi gan:

cyfanswm y fflwcs magnetig ar gyfer y coil cyfan = **cysylltedd fflwcs** = $N\Phi$

Y weber (Wb) yw uned cysylltedd fflwcs hefyd, ond gallwn ei ysgrifennu fel weber troad (tro-Wb) yn ogystal. Nid yw'r 'troad' yn hanfodol, ond mae'n ddefnyddiol. Gan amlaf, byddwch chi'n gallu ysgrifennu bod

cysylltedd fflwcs = $N\Phi = BAN$

oherwydd bod $\cos\theta = 1$, a bod yr un fflwcs yn pasio drwy bob un o'r dolenni (neu droadau).

cwestiwn cyflym

② Mae gan solenoid 380 o droadau a radiws o 0.125 m. Mae'r solenoid mewn maes B unffurf, 2.5 mT, sydd ar ongl o 26° ag echelin y solenoid. Cyfrifwch gysylltedd fflwcs y solenoid.

Enghraifft

Mae gan solenoid (coil silindrog o wifren) 3600 o droadau (neu ddolenni). Mae dwysedd fflwcs magnetig unffurf o 3.8 mT yn pasio drwy ganol y solenoid, yn baralel i'w echelin.

Mae gan y solenoid drawstoriad crwn, radiws 5.3 cm. Cyfrifwch y cysylltedd fflwcs ar gyfer y solenoid.

Ffig. 4.5.3 Cysylltedd fflwcs mewn solenoid

Ateb

Unwaith eto, mae $\theta = 0$ a $\cos\theta = 1$ (bydd y 3600 o ddolenni yn llawer mwy fflat na'r diagram syml), felly, y fflwcs ar gyfer pob troad yw:

$$\Phi = AB = \pi r^2 B = \pi \times 0.053^2 \times 0.0038 = 3.35 \times 10^{-5}\,\text{Wb}$$

Yna, rhaid i chi ddefnyddio'r hafaliad ar gyfer y cysylltedd fflwcs:

cysylltedd fflwcs = $N\Phi = 3600 \times 3.35 \times 10^{-5} = 0.12$ Wb (neu tro-Wb)

» *Cofiwch*

Nid oes angen gwneud y cyfrifiad mewn dwy ran. Defnyddiwch *BAN*.

4.5.3 Deddfau Faraday a Lenz

Deddf Faraday yw'r hawsaf i'w deall (a'i defnyddio). Dim ond brawddeg fer yw hi (gweler y **Termau allweddol**), ond mae pob dynamo (generadur, eiliadur neu newidydd) yn seiliedig ar y ddeddf hon.

Mae **deddf Lenz** braidd yn anodd – byddwn ni'n edrych arni ar ôl ychydig enghreifftiau sy'n defnyddio deddf Faraday.

Gyda'i gilydd, gall y deddfau gael eu hysgrifennu fel hyn:

$$\mathcal{E}_{an} = -\frac{\Delta(N\Phi)}{\Delta t} \text{ neu } -\frac{\Delta(BAN)}{\Delta t}$$

lle $\mathcal{E}_{an}$ yw'r g.e.m. anwythol, a mynegiad o ddeddf Lenz (gweler **Cofiwch**) yw'r arwydd minws. Sylwch nad yw'r hafaliadau hyn wedi'u cynnwys yn y Llyfryn Data, gan fod angen i chi gofio deddfau Faraday a Lenz.

Termau allweddol

Deddf Faraday = pan fydd y fflwcs sy'n cysylltu cylched drydanol yn newid, caiff g.e.m. ei anwytho yn y gylched, sydd â maint hafal i gyfradd newid y cysylltedd fflwcs.

Deddf Lenz = mae cyfeiriad g.e.m. anwythol yn golygu bod ei effeithiau yn gwrthwynebu'r newid sy'n ei gynhyrchu.

» Cofiwch

Yn aml, mae'n haws defnyddio deddf Lenz ar wahân drwy archwilio, yn hytrach na chynnwys yr arwydd minws.

(a) Defnyddio deddf Faraday

Dylech chi sylweddoli bod sawl ffordd o anwytho g.e.m. o ddeddf Faraday.

1 **Amrywio'r maes *B***
Mae newidyddion yn defnyddio'r dull hwn, ond nid ydyn nhw'n rhan o'r fanyleb hon. Os ydych chi'n astudio Opsiwn A, byddwch chi'n dod ar draws anwythyddion, sy'n rheoli ceryntau drwy ddefnyddio anwythiad e-m gyda maes magnetig newidiol.

2 **Amrywio'r arwynebedd** (drwy ryw fath o fudiant)
Mae dargludyddion sy'n symud drwy faes magnetig yn cynhyrchu g.e.m.

3 **Amrywio'r ongl rhwng y maes a'r coil**
Mae generaduron trydanol yn gweithio drwy ddefnyddio'r egwyddor hon (gweler isod).

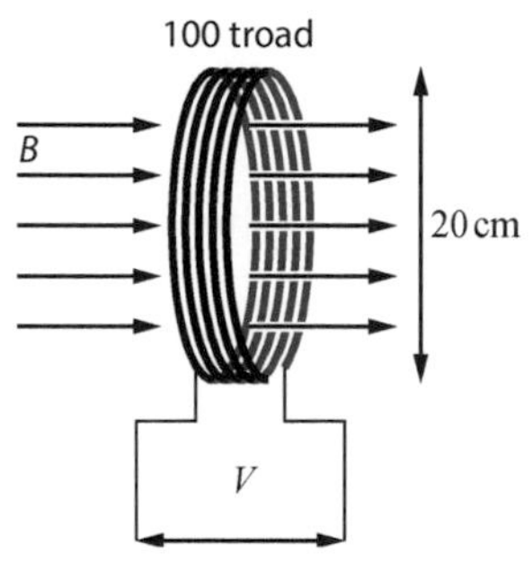

Ffig. 4.5.4 Anwytho g.e.m. mewn coil drwy amrywio'r maes

Enghraifft 1 (maes newidiol)

Mae dwysedd fflwcs maes magnetig unffurf, sydd ar ongl sgwâr i goil crwn, 100 o droadau, diamedr 20 cm, yn cynyddu'n gyson o 0.05 T i 0.25 T mewn 50 ms. Cyfrifwch y g.e.m., $\mathcal{E}$, sy'n cael ei anwytho yn y coil.

Ateb

$$\mathcal{E} = \frac{\Delta(BAN)}{\Delta t} = AN\frac{\Delta(B)}{\Delta t} \text{ oherwydd bod } A \text{ ac } N \text{ yn gyson}$$

$$= \pi \times (0.10\,\text{m})^2 \times 100 \times \frac{(0.25 - 0.05)T}{0.05\,\text{s}}$$

$$= 12.6\,\text{V}$$

cwestiwn cyflym

③ Mae'r cysylltedd fflwcs mewn solenoid yn newid o 7.3 Wb i 4.1 Wb, ac mae g.e.m. o 213 V yn cael ei anwytho. Cyfrifwch yr amser mae'n ei gymryd i'r cysylltedd fflwcs newid.

cwestiwn cyflym

④ 2.7 μWb yw'r fflwcs magnetig drwy goil, ac mae'r coil ar ongl sgwâr i faes B, 5.1 mT. Cyfrifwch arwynebedd y coil.

cwestiwn cyflym

⑤ Mae maes B unffurf ar hyd echelin solenoid yn newid o 0 T i 7.5 mT mewn 44 ms. Mae gan y solenoid 260 o droadau, ac arwynebedd trawstoriadol o 25 cm^2. Cyfrifwch y g.e.m. anwythol.

Enghraifft 2 (arwynebedd newidiol)

Mae dargludydd trwchus yn llithro ar hyd traciau'r rheiliau ar 34 m s^{-1}, fel sydd i'w weld. Cyfrifwch y g.e.m. sy'n cael ei anwytho, a'r cerrynt yn y gwrthydd.

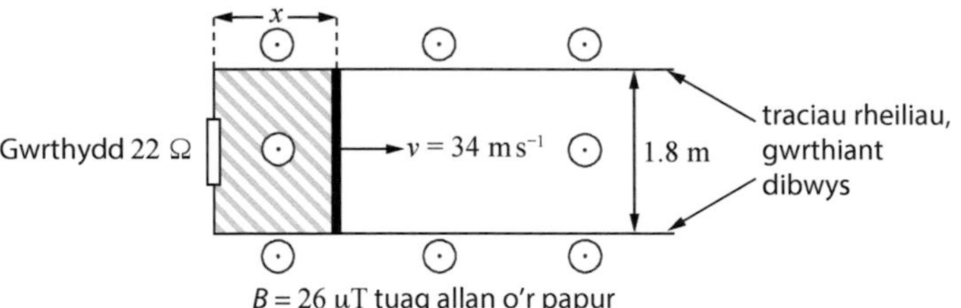

Ffig. 4.5.5 Dargludydd yn llithro ar reiliau

Ateb

Dechreuwch gyda mynegiad mathemategol Faraday: $\mathcal{E}_{an} = \dfrac{\Delta(BAN)}{\Delta t}$

(gan anwybyddu'r arwydd minws am y tro).

Dylech chi nodi bod $N = 1$ (yn bendant, dim ond un ddolen sydd, ac mae wedi'i thywyllu), a bod y maes B yn gyson. Drwy hynny (gan anwybyddu'r arwydd minws), mae

$$\mathcal{E}_{an} = B\frac{\Delta(A)}{\Delta t}$$

ond caiff yr arwynebedd, A, ei roi gan $A = l \times x$, lle l yw hyd y bar dargludol (1.8 m), ac felly mae

$$\mathcal{E}_{an} = B\frac{\Delta(lx)}{\Delta t} = Bl\frac{\Delta(x)}{\Delta t} = Blv \text{ (gweler **Cofiwch**)}$$

oherwydd mai $\dfrac{\Delta x}{\Delta t}$ (neu $\dfrac{x}{t}$) yw'r buanedd, v. Drwy roi'r rhifau i mewn, cawn fod

$$\mathcal{E}_{an} = Blv = 26 \times 10^{-6}\ \text{T} \times 1.8\ \text{m} \times 34\ \text{m s}^{-1} = 1.59\ \text{mV}$$

Yna, mae cyfrifo'r cerrynt yn ymarfer eithaf syml – gweler Cwestiwn cyflym 7.

(b) Dull gwahanol i ddeddf Faraday

Mae dull arall o ateb y cwestiwn diwethaf, a gallai hwn eich helpu i ddeall deddf Faraday hefyd. Gallwch chi feddwl am y dargludydd symudol fel cell sy'n darparu'r g.e.m. ar gyfer y gylched gyfan. Bydd yr electronau rhydd o fewn y dargludydd yn profi grym oherwydd eu bod nhw'n symud mewn maes magnetig. Os byddwch chi'n defnyddio rheol llaw chwith Fleming gyda'r electronau hyn, byddan nhw'n symud tuag at i fyny. Mae'r gwaith gaiff ei wneud ar electron sy'n symud o waelod y dargludydd i'r brig yn cael ei roi gan yr hafaliad hwn:

$$\text{Gwaith} = \text{grym} \times \text{pellter} = Bqv \times l$$

(Sylwch: Mae'r grym i'r un cyfeiriad â'r pellter gaiff ei symud)

Ond drwy feddwl am y dargludydd symudol fel cell sy'n darparu'r g.e.m. (anwythol), gall y gwaith gaiff ei wneud gael ei roi hefyd gan y canlynol:

$$\text{Gwaith} = \text{g.e.m.} \times \text{y wefr gaiff ei symud} = \mathcal{E}_{an}q$$

Rhaid bod y ddau fynegiad hyn ar gyfer y gwaith yn rhoi'r un ateb, felly mae:

$$Bqvl = \mathcal{E}_{an}q \quad \text{a drwy rannu â } q\text{, mae'n gadael} \quad \mathcal{E}_{an} = Blv$$

cwestiwn cyflym

⑥ Caiff magnet ei symud tuag at solenoid, ac yna i ffwrdd oddi wrtho. Mae'r darlleniad ar foltmedr sydd wedi'i gysylltu ar draws y solenoid yn bositif ac yna'n negatif. Esboniwch yr arsylwadau hyn drwy ddefnyddio deddf Faraday a deddf Lenz.

cwestiwn cyflym

⑦ Cyfrifwch y cerrynt sy'n cael ei anwytho yn y coil yn ystod y cyfnod pan mae'r maes magnetig yn Enghraifft 1 yn newid. 100 Ω yw gwrthiant y coil.

Cofiwch

Mae'r mynegiad $\mathcal{E}_{an} = Blv$ yn un defnyddiol i'w gofio ar gyfer dargludydd sy'n torri ar draws maes magnetig ar ongl sgwâr. **Nid** yw'r mynegiad yn y Llyfryn Data.

cwestiwn cyflym

⑧ Defnyddiwch $I = \dfrac{V}{R}$ i gyfrifo'r cerrynt yn y gwrthydd yn Enghraifft 2. Dylech chi dybio bod gwrthiant y bar a'r rheiliau yn ddibwys.

(c) Defnyddio deddf Lenz gyda'r enghreifftiau hyn

Enghraifft 1

Yn Ffig. 4.5.4, beth yw cyfeiriad y cerrynt anwythol yn y coil pan mae'r maes magnetig yn cynyddu?

Ateb

Un ffordd o ddefnyddio deddf Lenz yw drwy edrych ar y cysylltedd fflwcs magnetig y tu mewn i'r gylched.

- Mae'r cysylltedd fflwcs yn cynyddu, felly rhaid bod y cerrynt anwythol yn gwrthwynebu'r cynnydd, felly
- rhaid bod y fflwcs sy'n cael ei achosi gan y cerrynt anwythol yn y cyfeiriad dirgroes (h.y. i'r chwith), felly
- drwy ddefnyddio'r rheol gafael llaw dde, rhaid mai clocwedd yw cyfeiriad y cerrynt, wrth edrych arno o'r dde (Ffig. 4.5.6).

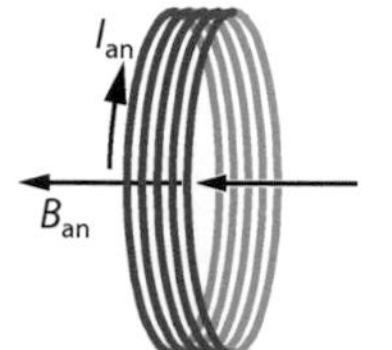
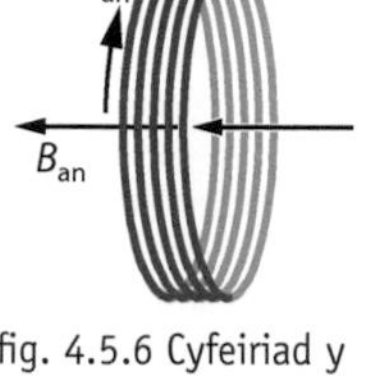

Ffig. 4.5.6 Cyfeiriad y maes anwythol, B_{an}, a'r cerrynt anwythol, I_{an}.

Enghraifft 2

Beth yw cyfeiriad y cerrynt anwythol yn y gwrthydd?

Ateb

Dull 1 (defnyddio rheol llaw chwith Fleming)

Yn ôl deddf Lenz, rhaid bod grym ar y rhoden symudol, sy'n gwrthwynebu'r mudiant, h.y. yn mynd i'r chwith.

Mynegfys (y maes) neu'r bys cyntaf tuag atoch:

Bawd (y mudiant) i'r chwith

∴ Rhaid bod y cerrynt yn y bar (y bys canol) tuag i lawr.

∴ Mae'r cerrynt yn y gwrthydd tuag i fyny.

Ffig. 4.5.7 Beth yw cyfeiriad y cerrynt anwythol?

Dull 2 (dull y cysylltedd fflwcs):

Mae'r cysylltedd fflwcs yn y gylched yn cynyddu, felly (yn ôl deddf Lenz) rhaid bod y fflwcs sy'n cael ei gynhyrchu gan y cerrynt anwythol yn mynd i'r cyfeiriad dirgroes, h.y. tuag i mewn i'r diagram. Drwy hynny, rhaid mai clocwedd yw cyfeiriad y cerrynt anwythol yn y ddolen, h.y. tuag i fyny yn y gwrthydd.

» *Cofiwch*

Cofiwch: dywed deddf Lenz bod y cerrynt anwythol yn gwrthwynebu'r newid sy'n achosi'r cerrynt hwnnw.

cwestiwn cyflym

⑨ Defnyddiwch yr un dulliau rhesymu i ragfynegi cyfeiriad y cerrynt anwythol os yw cryfder y maes magnetig gaiff ei roi yn lleihau (i.e. $\Delta B < 0$).

Gwella gradd

Yn Enghraifft 2, mae'r ddwy ffordd o ddefnyddio deddf Lenz yn rhoi'r un ateb – maen nhw'n gwneud hynny bob tro!

cwestiwn cyflym

⑩ Defnyddiwch drydydd dull i ateb Enghraifft 2:

Ystyriwch yr electronau sy'n symud oherwydd bod y bar yn symud. Defnyddiwch reol llaw chwith Fleming i ragfynegi cyfeiriad y grym ar yr electronau, a drwy hynny, atebwch y cwestiwn.

(ch) Rheol llaw dde Fleming

Dyma ffordd arall eto o ragfynegi cyfeiriad cerrynt anwythol. Dim ond mewn achosion lle mae'r dargludydd yn symud ar draws maes magnetig y mae hon yn ddefnyddiol: allwch chi ddim ei defnyddio pan fydd maes magnetig yn newid y tu mewn i gylched (e.e. Enghraifft 1 uchod).

Sut mae'n gweithio? Yn yr un ffordd â rheol llaw chwith Fleming, ond eich bod chi'n defnyddio'ch llaw dde!

Mae hyn yn golygu:

Mynegfys (bys cyntaf)	Maes
Bys Canol	Cerrynt
Bawd	Mudiant

Edrychwch ar Ffig. 4.5.8, a chymharwch hwn â Ffig 4.4.2!

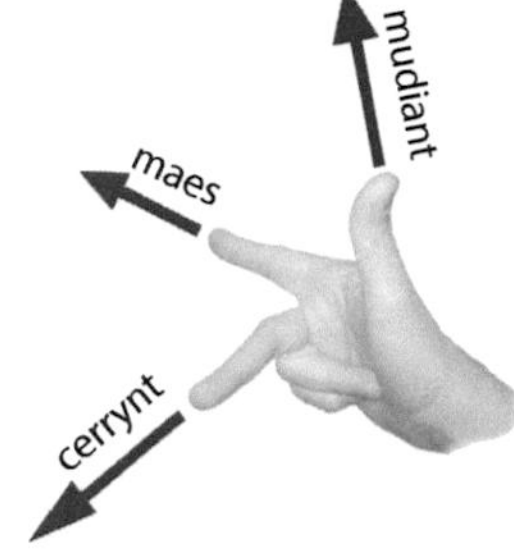

Ffig. 4.5.8. Rheol llaw dde Fleming

4.5.4 Coil sy'n cylchdroi mewn maes magnetig

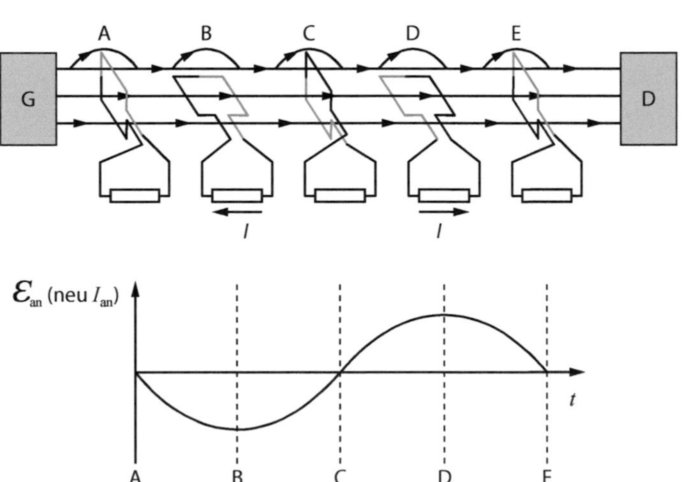

Ffig. 4.5.9 Generadur â choil sy'n cylchdroi

Er nad oes rhaid i chi wneud cyfrifiadau sy'n seiliedig ar ddynamo neu generadur â choil sy'n cylchdroi, mae angen i chi allu esbonio effaith y canlynol ar y g.e.m. anwythol:

1 safle'r coil 2 dwysedd y fflwcs 3 arwynebedd y coil 4 y cyflymder onglaidd

Mae'n bosibl esbonio pob un o'r pedair effaith drwy gyfeirio at Ffig. 4.5.9 a deddf Faraday.

1 Safle'r coil

Mae'n llawer haws esbonio hwn yn nhermau torri'r fflwcs, ond mae'r esboniad arall, yn nhermau fflwcs newidiol, hefyd yn cael ei roi.

Yn safleoedd **A**, **C** ac **E**, sero yw'r g.e.m. anwythol, gan nad yw'r coil yn torri llinellau o fflwcs magnetig (mae ochrau hir y coil yn symud yn baralel i linellau'r maes, ac felly dydyn nhw ddim yn torri). Neu o'i roi fel arall, gallwch chi ddweud bod cysylltedd fflwcs y coil ar ei fwyaf yn y safleoedd hyn (oherwydd bod cos $\theta = 1$). Os yw'r cysylltedd fflwcs ar ei fwyaf, yna sero yw cyfradd newid y cysylltedd fflwcs.

Yn safleoedd **B** a **D**, mae'r g.e.m. anwythol ar ei fwyaf (ac yn ddirgroes) oherwydd bod y coil yn torri llinellau o fflwcs magnetig ar ongl sgwâr (h.y. mae'n torri llinellau'r maes ar y gyfradd fwyaf). Neu o'i roi fel arall, gallwch chi ddweud bod cysylltedd fflwcs y coil yn newid ar ei gyfradd fwyaf yma (mae hyn yn wir hyd yn oed os yw cysylltedd fflwcs y coil yn sero, gan fod cos $\theta = 0$).

2 Dwysedd fflwcs

Mae'r g.e.m. anwythol mewn cyfrannedd â chryfder y maes B. Mae'n hawdd esbonio hyn, oherwydd bydd dyblu cryfder y maes B yn arwain at ddyblu nifer y llinellau fflwcs magnetig sy'n cael eu torri. Neu o'i roi fel arall, bydd dyblu'r maes B yn arwain at ddyblu'r cysylltedd fflwcs magnetig ar gyfer y coil. Felly, bydd y gyfradd newid yn dyblu.

3 Arwynebedd y coil

Mae'r g.e.m. anwythol mewn cyfrannedd ag arwynebedd y coil. Mae hyn yn wir oherwydd bydd dyblu'r arwynebedd yn arwain at ddyblu'r cysylltedd fflwcs magnetig ar gyfer y coil: felly, bydd y gyfradd newid yn dyblu. Neu o'i roi fel arall, po fwyaf yw arwynebedd y coil, y mwyaf o linellau fflwcs magnetig gaiff eu torri.

4 Cyflymder onglaidd

Mae'r g.e.m. anwythol mewn cyfrannedd â'r cyflymder onglaidd. Unwaith eto, mae'r dulliau o dorri fflwcs a newid y cysylltedd fflwcs yn ddilys. Os yw'r cyflymder onglaidd yn cynyddu, mae'n amlwg y bydd cyfradd newid y cysylltedd fflwcs yn cynyddu mewn cyfrannedd â hyn. Mae hefyd yn amlwg y bydd cyfradd torri'r fflwcs yn cynyddu.

Cofiwch

Tybiwch eich bod chi'n plotio graff rhyw newidyn yn erbyn amser. Pan mae'r newidyn yn cyrraedd ei werth mwyaf neu leiaf, rhaid i'r llinell sy'n cael ei phlotio fod yn llorweddol (fel arall, ni allai fod yn werth mwyaf neu leiaf, neu byddai'n parhau i gynyddu neu leihau). Os yw'r llinell yn llorweddol, mae'r graddiant yn sero, ac, felly, sero yw cyfradd newid y newidyn.

cwestiwn cyflym

(11) Esboniwch pam mae'r g.e.m. anwythol yn cael ei wrthdroi yn safle D o gymharu â safle B.

ychwanegol

1. (a) Cyfrifwch y fflwcs magnetig ar gyfer y llong ofod sy'n cael ei dangos ym maes magnetig y Ddaear.

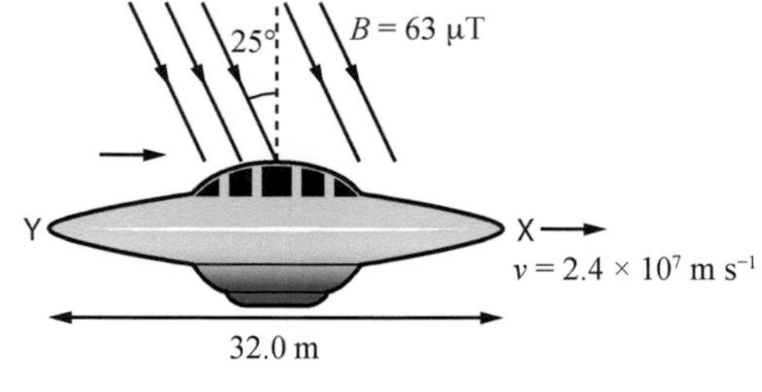

   (b) Mae'r llong ofod yn hedfan yn eithriadol o gyflym. Defnyddiwch ddeddf Faraday i esbonio pam mai sero yw'r g.e.m. o amgylch ymyl y llong bob amser, os yw'r maes magnetig yn unffurf.

   (c) Cyfrifwch y grym sy'n gweithredu ar electronau rhydd ym mhwyntiau **X** ac **Y** (drwy ddefnyddio $F = Bqv$).

   (ch) Defnyddiwch eich atebion i (c) i esbonio pam mai sero yw'r g.e.m. anwythol ar gyfer ymyl y llong ofod.

2. (a) Cyfrifwch y cysylltedd fflwcs ar gyfer y solenoid sydd i'w weld (bydd angen i chi gyfrif nifer y troadau).

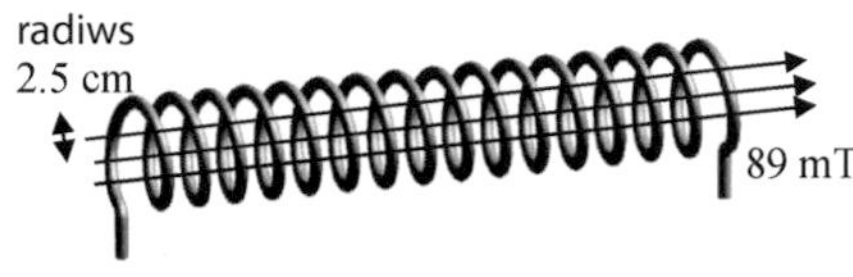

   (b) Caiff ffynhonnell y maes magnetig ei diffodd, ac mae'r maes B yn disgyn i sero mewn 55 μs. Cyfrifwch y g.e.m. anwythol yn y solenoid.

   (c) Nodwch gyfeiriad y cerrynt anwythol yn y solenoid (pe bai cylched gyflawn i'w chael yma).

3. Mae bar metel yn llithro ar hyd pâr o reiliau sy'n dargyfeirio oddi wrth ei gilydd, fel sydd i'w weld.

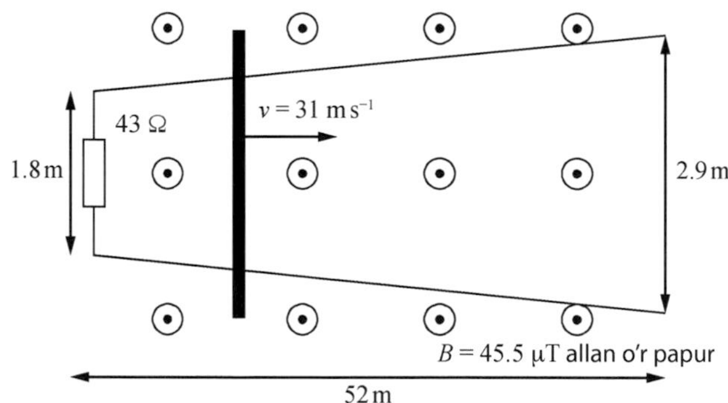

   Gan dybio bod gwrthiant y bar a'r rheiliau yn ddibwys:

   (a) Esboniwch pam mae cerrynt anwythol yn llifo yn y gwrthydd.

   (b) Nodwch gyfeiriad y cerrynt anwythol hwn yn y gwrthydd, a nodwch pa reol gwnaethoch chi ei defnyddio i gael eich ateb.

   (c) Cyfrifwch:

      (i) y newid yn y fflwcs wrth i'r dargludydd sy'n llithro deithio'r 52 m cyfan o'r chwith i'r dde.

      (ii) y cerrynt cymedrig.

   (ch) Esboniwch yn fyr pam mai cerrynt cymedrig yw hwn.

   (d) Brasluniwch y graffiau canlynol ar gyfer y 52 m cyfan o fudiant:

      (i) y cerrynt anwythol yn erbyn amser

      (ii) y pŵer gaiff ei afradloni yn y gwrthydd yn erbyn amser.

4. Mae magnet cryf yn disgyn yn fertigol drwy goil fflat.

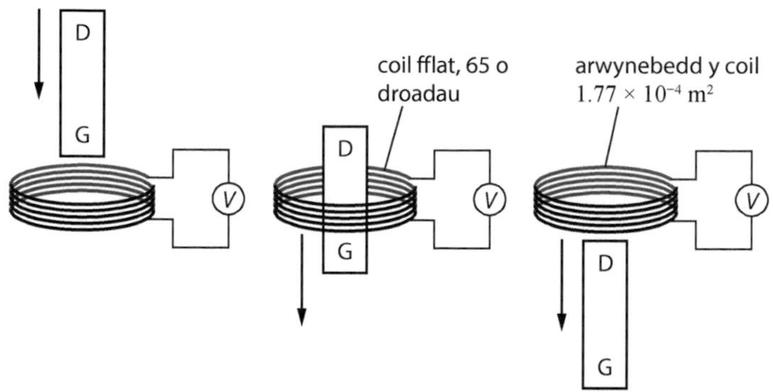

Caiff y g.e.m. sy'n cael ei anwytho yn y coil ei gofnodi drwy ddefnyddio foltmedr.

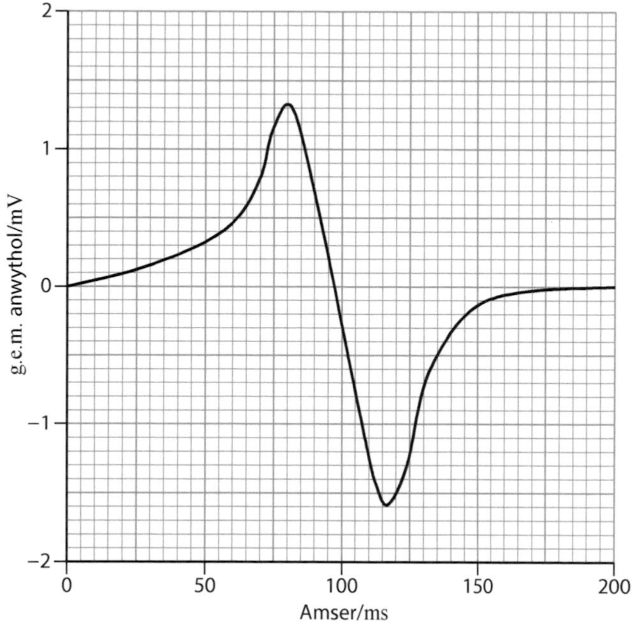

(a) Defnyddiwch ddeddfau Faraday a Lenz i esbonio pam mae'r g.e.m. gaiff ei fesur yn amrywio, fel sydd i'w weld yn y graff.

(b) Nesaf caiff y foltmedr ei gymryd i ffwrdd, a chaiff pennau'r coil fflat eu cysylltu fel bod cerrynt yn gallu llifo. Brasluniwch graff i ddangos amrywiad y grym gaiff ei roi gan y coil ar y magnet yn erbyn amser (nid oes angen unrhyw gyfrifiadau).

(c) Defnyddiwch y wybodaeth sydd yng ngraff y g.e.m. anwythol i amcangyfrif dwysedd fflwcs mwyaf y magnet wrth iddo ddisgyn.

5. Caiff cambren dillad (*clothes hanger*) o wifren fetel ei ddal yn berpendicwlar i faes magnetig unffurf, 2.8 mT. Caiff y ffrâm ei thynnu ar wahân, fel sydd i'w weld, fel bod yr arwynebedd y tu mewn i'r cambren dillad yn cynyddu o 220 cm^2 i 560 cm^2 mewn 0.050 s. 0.13 Ω yw gwrthiant dolen y cambren dillad.

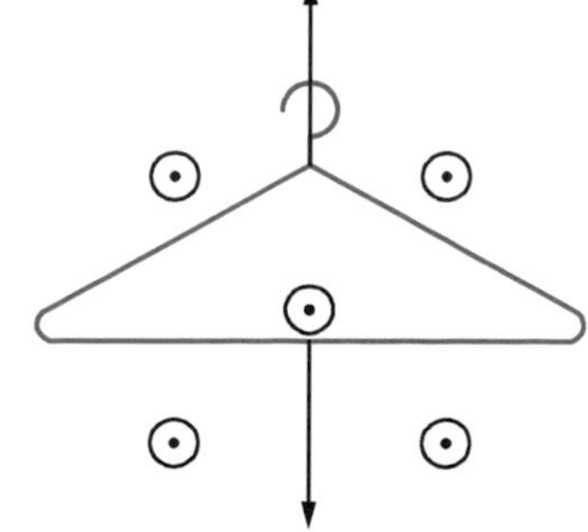

(a) Defnyddiwch ddeddf Lenz i ddarganfod cyfeiriad y cerrynt gaiff ei anwytho yn y cambren dillad.

(b) Cyfrifwch faint cymedrig y cerrynt gaiff ei anwytho.

Uned 4 Meysydd – Crynodeb

4.1 Cynhwysiant

- Adeiledd cynhwysydd plât paralel
- Y cynhwysydd fel storfa egni a gwefr ar wahân
- Diffiniad cynhwysiant, $C = \frac{Q}{V}$
- Y ffactorau sy'n effeithio ar gynhwysiant; $C = \frac{\varepsilon_0 A}{d}$, ac effaith ansoddol deuelectryn
- Maes trydanol mewn cynhwysydd, $E = \frac{V}{d}$
- Yr egni gaiff ei storio, $U = \frac{1}{2}QV = \frac{1}{2}CV^2 = \frac{1}{2}\frac{Q^2}{C}$
- Cynwysyddion mewn cyfres ac mewn paralel $\frac{1}{C} = \frac{1}{C_1} + \frac{1}{C_2} + \ldots;\ C = C_1 + C_2 + \ldots$
- Gwefru a dadwefru cynhwysydd $Q = Q_0\left(1 - e^{-\frac{t}{RC}}\right);\ Q = Q_0 e^{-\frac{t}{RC}}$ lle RC yw'r cysonyn amser

4.2 Meysydd trydanol a disgyrchiant

- Nodweddion meysydd disgyrchiant a meysydd trydanol, sy'n cael eu cyflwyno yn y tabl yn Adran 4.2.11
- Mae'r maes disgyrchiant y tu allan i gorff sfferig cymesur yr un peth â phe bai'r holl fàs wedi crynhoi yn y canol
- Y maes disgyrchiant (neu'r maes trydanol) ar bwynt yw'r grym fesul uned màs (gwefr) ar fàs prawf bach (gwefr brawf fach) gaiff ei osod ar y pwynt hwnnw; fector yw'r grym hwn
- Mae llinellau maes yn rhoi cyfeiriad y maes ar y pwynt hwnnw; y maes oherwydd masau (gwefrau) sfferig cymesur
- Diffiniad potensial disgyrchiant (trydanol); natur sgalar potensial
- Sut i gyfrifo'r maes cydeffaith a'r potensial ar bwynt oherwydd nifer o fasau (gwefrau) pwynt
- Defnyddio'r hafaliad $\Delta U_P = mg\Delta h$

4.3 Orbitau a'r bydysawd ehangach

- Deddfau mudiant planedau Kepler
- Deddf disgyrchiant Newton, $F = G\frac{M_1M_2}{r^2}$, a chymhwyso'r ddeddf i orbitau, gan gynnwys deillio 3edd ddeddf Kepler, $T^2 = \frac{4\pi^2}{GM}r^3$ ar gyfer orbitau crwn
- Defnyddio data ar fudiant orbitol i gyfrifo màs y gwrthrych canolog
- Cromliniau cylchdro galaethau, a'r dystiolaeth dros fodolaeth mater tywyll
- Craidd màs dau wrthrych sfferig cymesur; orbit ar y cyd $T = 2\pi\sqrt{\frac{d^3}{G(M_1 + M_2)}}$
- Darganfod priodweddau system ddwbl o'r data ar orbit un corff
- Dadleoliad Doppler, $\frac{\Delta\lambda}{\lambda} = \frac{v}{c}$, ar gyfer pelydriad o wrthrychau sydd mewn orbit ar y cyd (wrth edrych arnyn nhw ar hyd eu hymyl)
- Perthynas Hubble, $v = H_0D$; $\frac{1}{H_0}$ fel brasamcan o oedran y bydysawd
- Deillio $\rho_c = \frac{3H_0^2}{8\pi G}$ ar gyfer dwysedd critigol bydysawd 'fflat'

Gwaith ymarferol penodol

- Ymchwilio i wefru a dadwefru cynhwysydd i ddarganfod y cysonyn amser
- Ymchwilio i'r egni sydd wedi'i storio mewn cynhwysydd
- Ymchwilio i rym ar gerrynt mewn maes magnetig
- Ymchwilio i ddwysedd fflwcs magnetig gan ddefnyddio chwiliwr Hall

4.4 Meysydd magnetig

- Y grym ar wifren mewn maes B, sef $F = BIl\sin\theta$, a rheol llaw chwith Fleming
- Y grym ar wefr sy'n symud mewn maes B, sef $F = Bqv\sin\theta$, gan arwain at fudiant cylchol
- Cryfder a siâp y maes B o ganlyniad i wifren hir, syth, a solenoid; $B = \frac{\mu_0 I}{2\pi a}$ a $B = \mu_0 nI$; effaith craidd haearn
- Dargludyddion sy'n cario cerrynt yn rhoi grymoedd ar ei gilydd
- Damcaniaeth meysydd magnetig a meysydd trydanol a'i defnydd ym meysydd allwyro paladrau o ronynnau a chyflymyddion gronynnau (cylchotronau a syncrotronau)

4.5 Anwythiad electromagnetig

- Fflwcs magnetig, $\Phi = AB\cos\theta$, a chysylltedd fflwcs, $N\Phi$
- Deddfau Faraday a Lenz, a chymhwyso'r deddfau hynny i gyfrifo maint a chyfeiriad g.e.m. anwythol; $\mathcal{E}_{an} = -\frac{\Delta(N\Phi)}{\Delta t}$
- G.e.m. anwythol mewn dargludyddion sy'n symud ar ongl sgwâr i goiliau sy'n cylchdroi mewn meysydd B unffurf
- Cysylltu g.e.m. anwythol yn ansoddol â safle, arwynebedd a buanedd onglaidd coil sy'n cylchdroi a dwysedd y fflwcs magnetig

Uned 4 Opsiynau[1]

Gwybodaeth a Dealltwriaeth

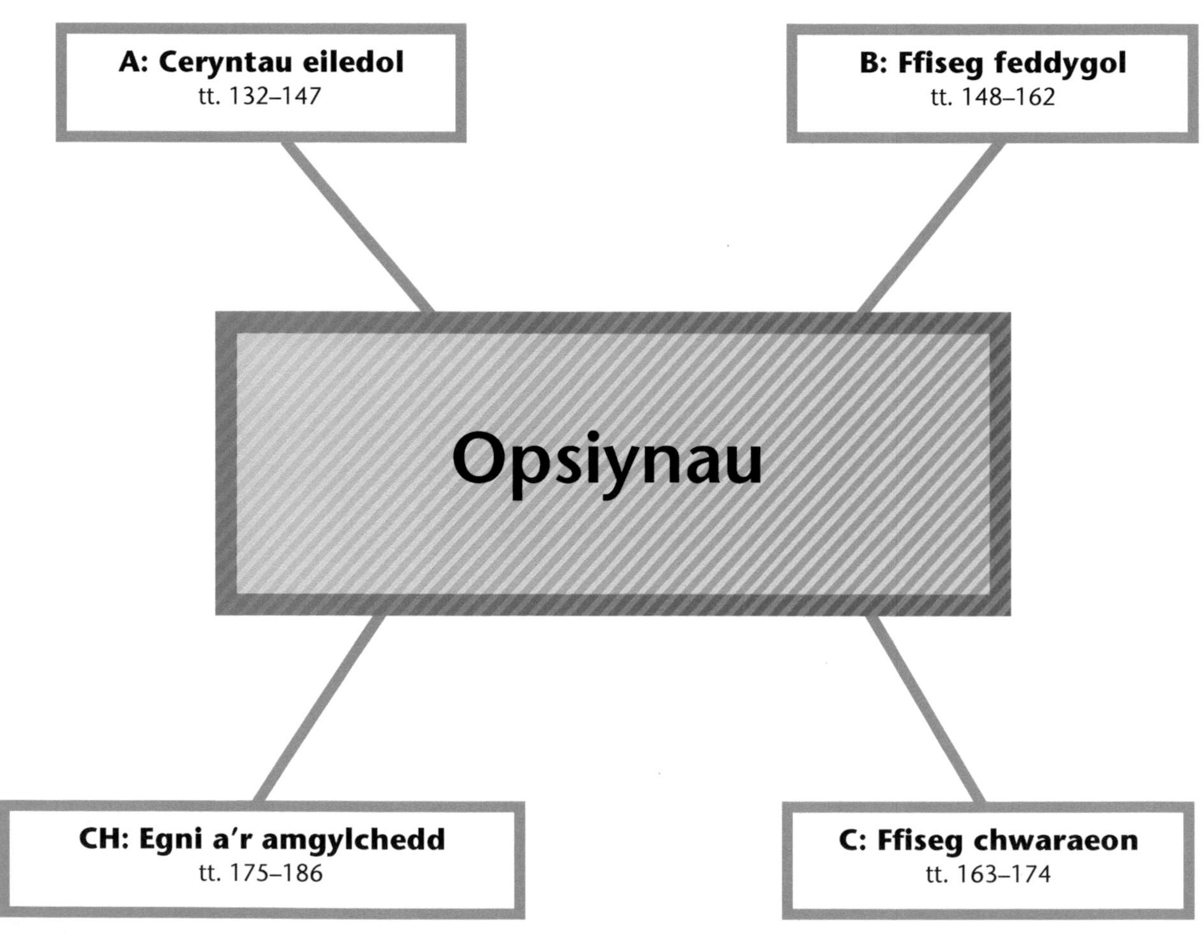

[1] Dylech chi astudio **un** opsiwn yn unig

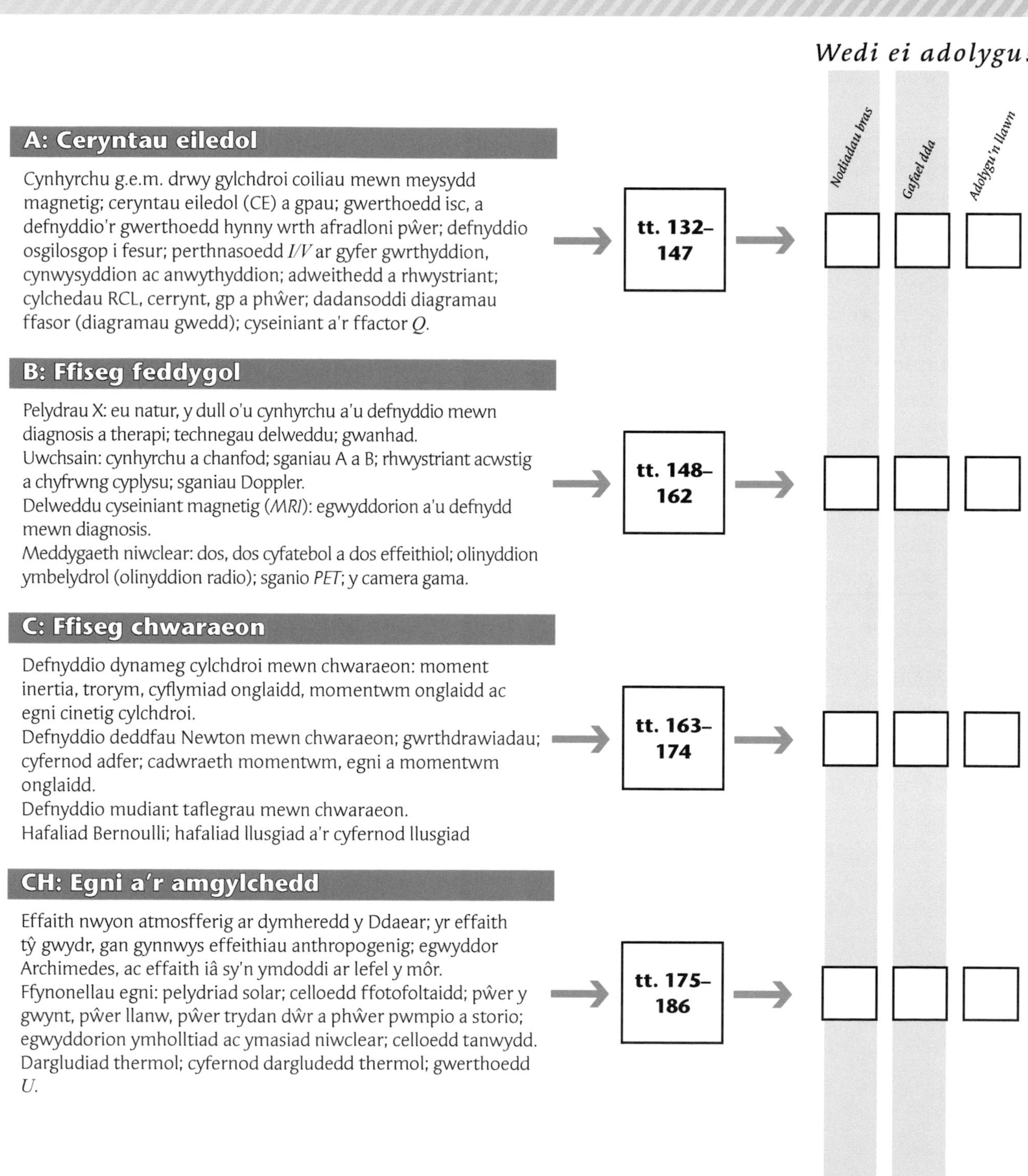

A: Ceryntau eiledol

Cynhyrchu g.e.m. drwy gylchdroi coiliau mewn meysydd magnetig; ceryntau eiledol (CE) a gpau; gwerthoedd isc, a defnyddio'r gwerthoedd hynny wrth afradloni pŵer; defnyddio osgilosgop i fesur; perthnasoedd *I/V* ar gyfer gwrthyddion, cynwysyddion ac anwythyddion; adweithedd a rhwystriant; cylchedau RCL, cerrynt, gp a phŵer; dadansoddi diagramau ffasor (diagramau gwedd); cyseiniant a'r ffactor *Q*.

tt. 132–147

B: Ffiseg feddygol

Pelydrau X: eu natur, y dull o'u cynhyrchu a'u defnyddio mewn diagnosis a therapi; technegau delweddu; gwanhad.
Uwchsain: cynhyrchu a chanfod; sganiau A a B; rhwystriant acwstig a chyfrwng cyplysu; sganiau Doppler.
Delweddu cyseiniant magnetig (*MRI*): egwyddorion a'u defnydd mewn diagnosis.
Meddygaeth niwclear: dos, dos cyfatebol a dos effeithiol; olinyddion ymbelydrol (olinyddion radio); sganio *PET*; y camera gama.

tt. 148–162

C: Ffiseg chwaraeon

Defnyddio dynameg cylchdroi mewn chwaraeon: moment inertia, trorym, cyflymiad onglaidd, momentwm onglaidd ac egni cinetig cylchdroi.
Defnyddio deddfau Newton mewn chwaraeon; gwrthdrawiadau; cyfernod adfer; cadwraeth momentwm, egni a momentwm onglaidd.
Defnyddio mudiant taflegrau mewn chwaraeon.
Hafaliad Bernoulli; hafaliad llusgiad a'r cyfernod llusgiad

tt. 163–174

CH: Egni a'r amgylchedd

Effaith nwyon atmosfferig ar dymheredd y Ddaear; yr effaith tŷ gwydr, gan gynnwys effeithiau anthropogenig; egwyddor Archimedes, ac effaith iâ sy'n ymdoddi ar lefel y môr.
Ffynonellau egni: pelydriad solar; celloedd ffotofoltaidd; pŵer y gwynt, pŵer llanw, pŵer trydan dŵr a phŵer pwmpio a storio; egwyddorion ymholltiad ac ymasiad niwclear; celloedd tanwydd.
Dargludiad thermol; cyfernod dargludedd thermol; gwerthoedd *U*.

tt. 175–186

Opsiwn A: Ceryntau eiledol

A.1 Coil sy'n cylchdroi mewn maes magnetig unffurf

Termau allweddol

Fflwcs magnetig, $\Phi = AB \cos \theta$

lle A yw'r arwynebedd, B yw'r maes B, a θ yw'r ongl rhwng y normal i'r arwyneb a'r maes B.

UNED: weber (Wb)

Deddf Faraday = mae'r g.e.m. gaiff ei anwytho yn hafal i gyfradd newid y cysylltedd fflwcs magnetig.

Cysylltedd fflwcs $= N\Phi$

UNED: troadau weber (tro-Wb)

Dyma yw sylfaen pob generadur a dynamo. Maen nhw'n gyfrifol am gynhyrchu trydan ym mhob gorsaf bŵer, ond maen nhw hefyd yn sicrhau bod y batrïau ym mhob car modur ar y ffordd yn cael eu 'gwefru' yn barhaus wrth i'r cerbyd symud (neu frecio, yn achos Systemau Adfer Egni Cinetig, neu *Kinetic Energy Recovery Systems*, sef *KERS*).

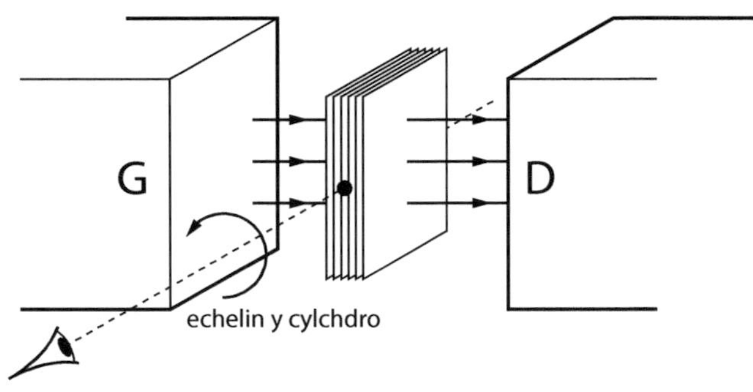

Ffig. A1 Coil mewn maes magnetig unffurf

Fel mae'r disgrifiad a Ffig. A1 yn ei awgrymu, mae generadur delfrydol yn cynnwys coil fflat sy'n cylchdroi mewn maes B unffurf. Mae delwedd dau ddimensiwn syml i'w gweld isod (Ffig. A2).

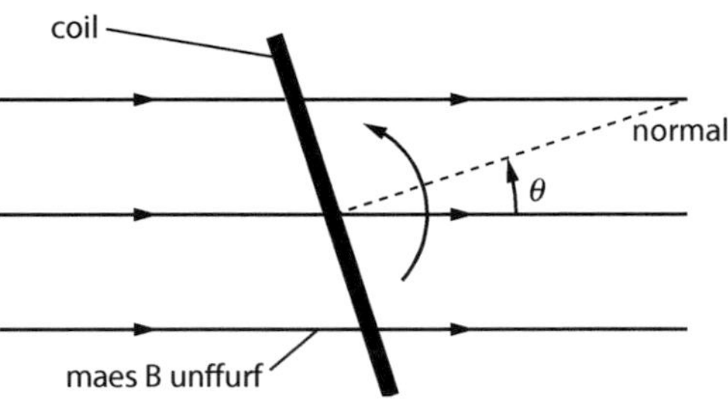

Ffig. A2 Cysylltedd fflwcs mewn coil sy'n cylchdroi

O edrych ar y diffiniad o gysylltedd fflwcs, dylai hi fod yn weddol glir mai $BAN \cos \theta$ yw cysylltedd fflwcs enydaidd y coil, lle A yw arwynebedd trawstoriadol y coil, ac N yw nifer y troadau. Os yw'r coil yn cylchdroi ar gyflymder onglaidd cyson (ω), ac os yw'r ongl, θ, yn dechrau ar 0 pan fydd yr amser, $t = 0$, yna bydd yr ongl yn cael ei rhoi gan

$$\theta = \omega t$$

Drwy hynny, gallwn ni ysgrifennu'r cysylltedd fflwcs yn y ffurf $BAN \cos \omega t$.

Drwy ddefnyddio deddf Faraday, y g.e.m. anwythol yw cyfradd newid y cysylltedd fflwcs. Wedyn gallwn ni ei gyfrifo:

$$\mathcal{E}_{an} = -\frac{d}{dt}(N\Phi) = -\frac{d}{dt}(BAN\cos\omega t) = -(\omega BAN(-\sin\omega t)) = \omega BAN\sin\omega t$$

Peidiwch â phoeni os nad ydych chi'n astudio Mathemateg Safon Uwch, ac os oedd y darn diwethaf fymryn yn anodd; nid oes rhaid i chi allu deillio'r hafaliad, dim ond ei ddefnyddio. Y newyddion da yw fod yr hafaliad ar gyfer y cysylltedd fflwcs, yn ogystal â'r hafaliad ar gyfer y g.e.m. anwythol, yn y Llyfryn Data.

Os ydych chi'n cofio mai 1 yw gwerth mwyaf sin (yn ogystal â cos), yna gallwch chi ysgrifennu:

$$\mathcal{E}_{brig} = \omega BAN$$

Enghraifft

Mae generadur pŵer uchel yn cyflenwi 1240 MW o bŵer trydanol brig ar gp allbwn brig o 30 kV. Mae ganddo ddwysedd fflwcs magnetig unffurf o 0.11 T. Mae ei goil yn cylchdroi ar gyfradd o 3000 cylchdro y funud (cyf), ac mae ganddo arwynebedd trawstoriadol o 26 m^2. Cyfrifwch y canlynol:

(i) nifer y troadau yn y coil sy'n cylchdroi

(ii) y cerrynt allbwn brig.

Ateb

(i) Yn gyntaf, rhaid i ni drawsnewid 3000 cylchdro y funud i Hz:

$$\text{amledd} = \frac{3000\text{ cylchdro}}{60\text{ s}} = 50\text{ Hz}$$

a rhaid i ni gofio'r berthynas rhwng cyflymder onglaidd ac amledd:

$$\omega = 2\pi f$$

sy'n rhoi

$$\mathcal{E}_{brig} = \omega BAN = 2\pi fBAN = 30\,000\text{ V}$$

Drwy aildrefnu ac amnewid, cawn

$$N = \frac{\mathcal{E}_{brig}}{2\pi fBA} = \frac{30\,000}{2\pi \times 50 \times 0.11 \times 26} = 33\text{ troad}$$

(ii) Mae cyfrifo'r cerrynt brig yn haws:

$$P = IV \quad \rightarrow \quad I = \frac{P}{V} = \frac{1240\text{ MV}}{30\text{ kA}} = 41\text{ kA}$$

cwestiwn cyflym

① Darganfyddwch fynegiad ar gyfer y g.e.m. anwythol mewn coil sy'n cylchdroi pan fydd yr amser, $t = \frac{T}{4}$ (chwarter cyfnod).

cwestiwn cyflym

② Cyfrifwch neu nodwch gysylltedd fflwcs coil sy'n cylchdroi pan fydd $t = \frac{T}{4}$.

» Cofiwch

Sylwch sut mae'r cysylltedd fflwcs a'r g.e.m. anwythol 90° ($\pi/2$ rad) yn anghydwedd. Os felly, mae'r fflwcs yn sero pan mae'r g.e.m. ar ei fwyaf, ac i'r gwrthwyneb. Mae hyn yn debyg iawn i'r berthynas rhwng y safle a'r cyflymder mewn mhs.

» Cofiwch

Mae mega wedi'i rannu â cilo yn rhoi $\frac{10^6}{10^3}$ h.y. 10^3 = cilo.

A.2 Cerrynt eiledol a'r isradd sgwâr cymedrig (isc)

Mae'r holl waith dadansoddi cylchedau, hyd yma, wedi bod yn seiliedig ar gylchedau CU, ond mae hefyd yn bwysig cael ychydig o wybodaeth elfennol am gylchedau CE.

Bydd pob gp eiledol yn sinwsoidaidd yn yr adran hon. Dyma graff i ddangos sut olwg sydd ar y gp sy'n mynd i mewn i'ch cartref o'r grid cenedlaethol, ac sy'n amrywio'n sinwsoidaidd.

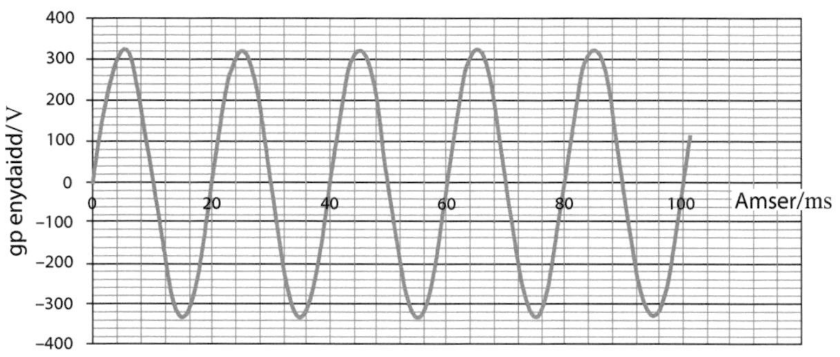

Ffig. A3 Foltedd prif gyflenwad

Dylech chi weld mai 20 ms yw cyfnod y foltedd, a bod hwn yn cyfateb i amledd o 50 Hz (cofiwch fod $f = \frac{1}{T}$). Ond dylech chi sylwi ar un peth anghyfarwydd: mae'r gp brig tua 325 V, ac mae hyn yn wahanol i'r 230 V safonol rydych chi'n ei gysylltu â chyflenwad pŵer eich cartref. Dydy hi ddim yn amlwg i ddechrau pam mae 230 V yn cael ei gysylltu â'r graff uchod, ond mae gan y rheswm rywbeth i'w wneud ag afradloni pŵer.

Ystyriwch y gylched syml ganlynol.

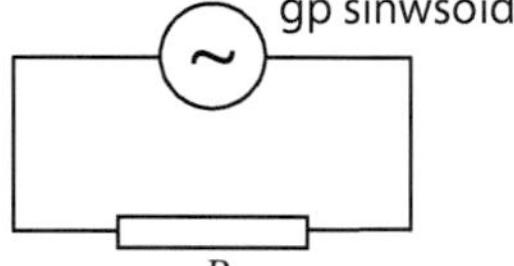

Ffig. A4 Cylched CE gwrtheddol

Bydd y pŵer enydaidd gaiff ei afradloni yn y gwrthydd yn cael ei roi gan

$$P = \frac{V^2}{R}$$

lle V yw'r gp enydaidd. Gan fod y gp yn amrywio'n gyflym, wnawn ni ddim edrych ar y pŵer enydaidd, ond yn hytrach ar y pŵer cymedrig. Mae hyn yn golygu bod angen i ni ddarganfod gwerth cymedrig $\frac{V^2}{R}$, sy'n golygu darganfod gwerth cymedrig V^2. Yn debyg iawn i gysyniad y cyflymder isradd sgwâr cymedrig yn Adran 3.3, rydyn ni'n defnyddio gwerth gp isradd sgwâr cymedrig, sy'n cael ei ysgrifennu fel V_{isc}. Caiff y pŵer cymedrig sy'n cael ei afradloni yn y gwrthydd ei roi gan

$$\langle P \rangle = \frac{V_{isc}^2}{R}$$

» Cofiwch
Gwerth cymedrig $V_0^2 \sin^2 \omega t$ yw gp isradd sgwâr cymedrig, V_{isc}, gp sy'n amrywio'n sinwsoidaidd ($V_0 \sin \omega t$). Gwerth cymedrig $\sin^2 \omega t$ yw 0.5, ac mae hyn yn gwneud synnwyr os meddyliwch chi am y peth. Felly, mae

$$V_{isc}^2 = V_0^2 \times \frac{1}{2}$$

a, drwy hynny, mae

$$V_{isc} = \frac{V_0}{\sqrt{2}}.$$

» Cofiwch
Mae $1/\sqrt{2} = 0.707$, felly mae'r gp isc bob amser yn 70.7% o'r gp brig.

» Cofiwch
Bydd g.e.m. anwythol isradd sgwâr cymedrig ar gyfer coil sy'n cylchdroi yn cael ei roi gan $V_{isc} = \frac{1}{\sqrt{2}} \omega BAN$

O ganlyniad i amrywiad sinwsoidaidd y gp, caiff y gp isc (V_{isc}) ei roi gan

$$V_{isc} = \frac{V_0}{\sqrt{2}} \text{ (gweler Adran M.4.1)}$$

Enghraifft

230 V yw'r gp isc sy'n cael ei gyflenwi i dŷ. Cyfrifwch y gp brig (V_0).

Ateb

$$V_{isc} = \frac{V_0}{\sqrt{2}} \quad \rightarrow \quad V_0 = \sqrt{2}V_{isc} = 1.4142 \times 230 = 325\,\text{V}$$

Mae hyn yn esbonio'r gp brig dieithr o 325 V oedd i'w weld ar y graff cynharach. Mae'r berthynas hefyd yn wir ar gyfer y cerrynt isradd sgwâr cymedrig, I_{isc}. Mae

$$I_{isc} = \frac{I_0}{\sqrt{2}}$$

ac mae'r holl fynegiadau ar gyfer pŵer trydanol yn wir pan gaiff y gwerthoedd isc eu defnyddio:

$$\langle P \rangle = I_{isc}V_{isc} = \frac{{V_{isc}}^2}{R} = {I_{isc}}^2 R$$

Enghraifft

Cyfraddiad teclyn sythu gwallt yw 26 W, ac mae'n gweithredu o gp brig o 340 V. Cyfrifwch y canlynol:

(i) y gp isc

(ii) y cerrynt isc

(iii) y cerrynt brig

(iv) gwrthiant y teclyn sythu gwallt.

Ateb

(i) $V_{isc} = \frac{V_0}{\sqrt{2}} = \frac{340}{1.4142} = 240\,\text{V}$

(ii) Drwy ddefnyddio $\langle P \rangle = I_{isc}V_{isc} \quad \rightarrow \quad I_{isc} = \frac{\langle P \rangle}{V_{isc}} = \frac{26}{240} = 0.11\,\text{A}$

(iii) $I_{isc} = \frac{I_0}{\sqrt{2}} \quad \rightarrow \quad I_0 = \sqrt{2}I_{isc} = 1.4142 \times 0.11 = 0.15\,\text{A}$

(iv) Drwy ddefnyddio $R = \frac{V}{I}$, gallwch chi ddefnyddio naill ai brigwerthoedd neu werthoedd isc y gp a'r cerrynt:

$$R = \frac{V}{I} = \frac{240}{0.11} = 2200\,\Omega$$

cwestiwn cyflym

③ 5.6 A yw'r cerrynt brig sy'n cael ei gyflenwi i dostiwr. Cyfrifwch y cerrynt isradd sgwâr cymedrig.

cwestiwn cyflym

④ 23.0 V yw'r gp isc sy'n cael ei gyflenwi i ddyfais drydanol. Cyfrifwch y gp brig.

cwestiwn cyflym

⑤ 19.6 Ω yw gwrthiant yr elfen wresogi mewn tegell, ac 16.1 A yw'r cerrynt brig sy'n cael ei gyflenwi i'r elfen. Cyfrifwch y canlynol:

i) y pŵer cymedrig sy'n cael ei gyflenwi i'r tegell

ii) y gp isc sy'n cael ei gyflenwi i'r tegell

cwestiwn cyflym

⑥ 8.3 A yw'r cerrynt isc mewn gwresogydd trydan, a 340 V yw'r gp brig ar ei draws. Cyfrifwch ei bŵer allbwn cymedrig.

A.3 Yr osgilosgop

Mae'r dyddiau pan oedd yn rhaid i fyfyrwyr Safon Uwch wybod sut mae osgilosgop yn gweithio wedi hen fynd. Mae hyn yn gwneud synnwyr gan fod meddalwedd ar gael yn rhad ac am ddim, bellach, sy'n gallu newid eich cyfrifiadur personol a'ch cerdyn sain yn osgilosgop. Ond mae'r fanyleb yn nodi'n glir fod angen i chi wybod sut i ddefnyddio osgilosgop.

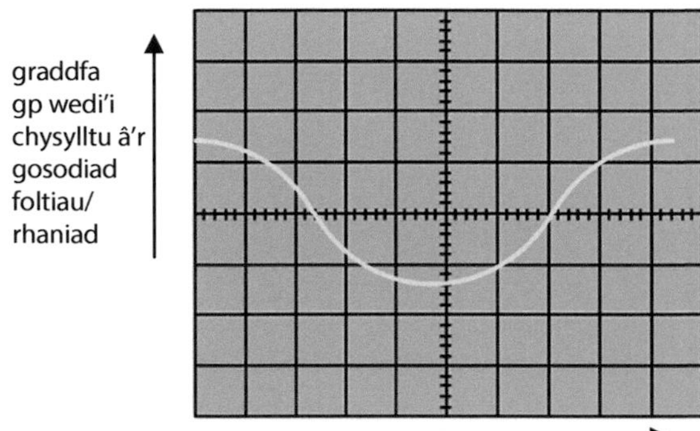

Ffig. A5 Sgrin osgilosgop

Edrychwch ar olin yr osgilosgop, sy'n dangos gp yn amrywio'n sinwsoidaidd. Dylech chi allu gweld mai tua 1.4 sgwâr (yn fertigol) yw 'osgled' yr olin, ac mai tua 9.4 sgwâr (yn llorweddol) yw 'tonfedd' yr olin.

Er mwyn deall arwyddocâd llawn yr olin, mae angen i chi ddefnyddio'r gosodiadau foltiau/rhaniad ac eiliadau/rhaniad.

Drwy edrych ar y gosodiad FOLTIAU/RHANIAD (sydd hefyd yn cael ei alw'n gynnydd-Y) yn Ffig. A6, dylech chi sylwi ei fod wedi'i osod ar 50 mV y rhaniad. Mae hyn yn golygu bod uchder pob sgwâr ar yr osgilosgop yn cynrychioli 50 mV. Drwy hynny, gp brig yr olin ar y sgrin yw

$$1.4 \times 50 = 70\,\text{mV}$$

Drwy edrych ar y gosodiad EILIADAU/RHANIAD (sydd fel arfer yn cael ei alw'n amserlin), mae'r botwm wedi'i osod ar $.5\text{ ms}$. Mae hyn yn golygu bod pob rhaniad 1 cm ar yr osgilosgop yn cynrychioli 0.5 ms. Os felly, cyfnod y donffurf sydd i'w gweld ar yr osgilosgop yw

$$9.4 \times 0.5 = 4.7\,\text{ms}$$

Felly caiff yr amledd, f, ei roi gan: $f = \frac{1}{T} = \frac{1}{0.0047\,\text{s}} = 210\,\text{Hz}$

» *Cofiwch*
Yn sylfaenol, graff foltedd–amser yw'r olin ar yr osgilosgop.

» *Cofiwch*
Ar sgrin osgilosgop, rhaniadau yw'r enw ar y sgwariau 1 cm. Sylwch mai 0.2 cm yw rhaniadau *bach* y sgwariau ar sgrin yr osgilosgop.

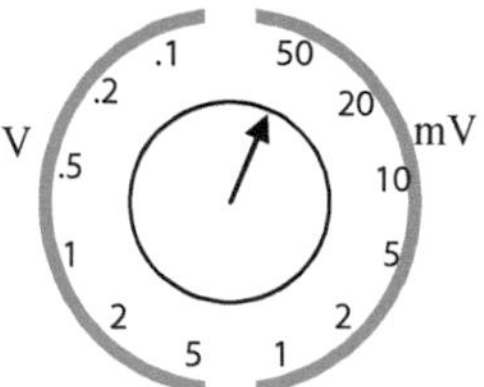

Ffig. A6 Cynnydd-Y yr osgilosgop

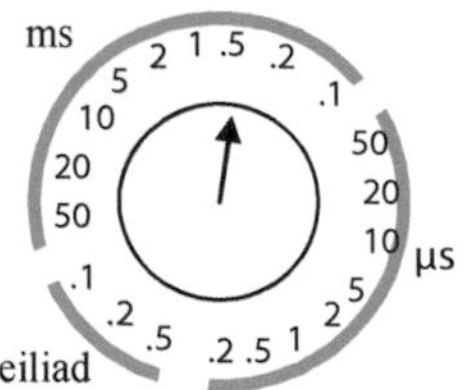

Ffig. A7 Amserlin yr osgilosgop

Enghraifft: dyma gwestiwn cas y gallai'r arholwr ei ofyn:

Lluniadwch yr olin sydd ar sgrin yr osgilosgop ar gyfer yr un donffurf fewnbwn pan gaiff y cynnydd-Y ei addasu i 20 mV/rhan, a'r amserlin ei haddasu i 1 ms/rhan.

Ateb

Er mwyn darganfod uchder yr olin, mae'r gp brig = 70 mV, felly mae'r

$$\text{uchder mwyaf} = \frac{70\,\text{mV}}{20\,\text{mV}} = 3.5 \text{ sgwâr}$$

At hynny, mae'r cyfnod = 4.7 ms, felly mae

$$\text{lled y don} = \frac{4.7\,\text{ms}}{1\,\text{ms}} = 4.7 \text{ sgwâr.}$$

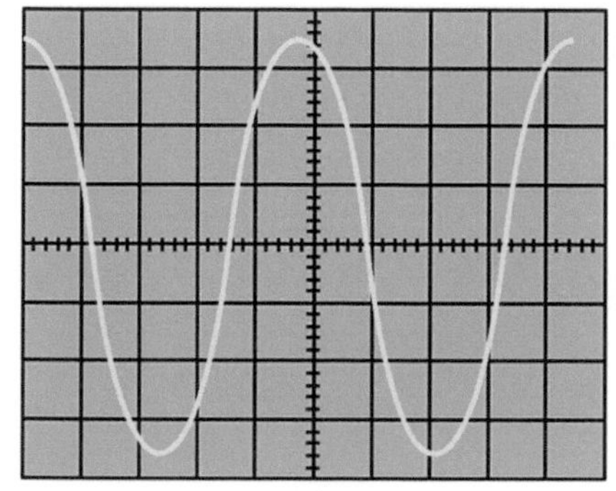

Ffig. A8 Olin CE ar osgilosgop

(a) Defnyddio osgilosgop

Mae hyn yn haws nag y byddech chi'n ei ddychmygu. Yn syml, pan fyddwch chi wedi mewnbynnu eich gp i'r osgilosgop, chwaraeewch â'r gosodiad FOLTIAU/RHANIAD nes bod eich signal yn cyrraedd y lefel uchaf sy'n ffitio ar y sgrin. Yna, chwaraeewch â'r gosodiad EILIADAU/RHANIAD nes bod gennych chi ychydig o donffurfiau cyflawn ar y sgrin.

Mesur foltedd CU

Eto, mae hyn yn haws nag y byddech chi'n ei feddwl. Mae gp cyson yn rhoi llinell lorweddol ar sgrin yr osgilosgop. Yn yr enghraifft isod, mae'r osgilosgop wedi cael ei addasu i sicrhau nad yw'r lefel sero folt yng nghanol y sgrin.

Enghraifft

Cyfrifwch y ddau foltedd CU sy'n cael eu cynrychioli gan y llinellau uchaf ac isaf ar sgrin yr osgilosgop.

5 mV/rhaniad yw gosodiad cynnydd-Y yr osgilosgop.

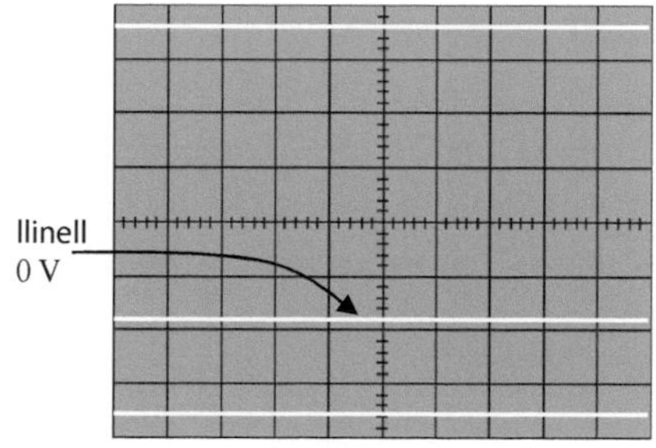

Ffig. A9 Olin CU ar osgilosgop

Ateb

Mae'r llinell uchaf 5.3 sgwâr uwchben y llinell sero folt, felly mae'r

$$\text{gp} = 5.3 \times 5 = 26.5\,\text{mV}$$

Mae'r llinell isaf 1.8 sgwâr o dan y llinell sero folt, felly mae'r

$$\text{gp} = -1.8 \times 5 = -9.0\,\text{mV}$$

cwestiwn cyflym

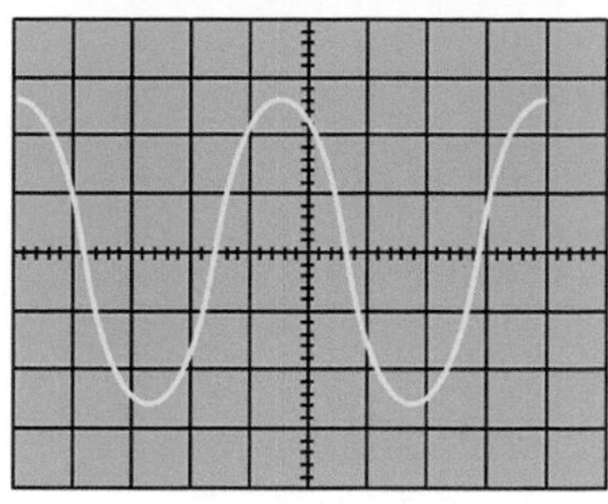

⑦ Mae'r osgilosgop wedi cael ei osod ar 0.1 s/rhan a 0.2 V/rhan. Cyfrifwch y canlynol:

(i) y gp brig
(ii) y gp isc
(iii) y cyfnod
(iv) yr amledd.

cwestiwn cyflym

⑧ Lluniwch ddiagram o'r olin byddech chi'n ei gweld ar osgilosgop os gp y prif gyflenwad (h.y. 230 V isc a 50 Hz) yw'r gp mewnbwn. Mae'r osgilosgop wedi cael ei osod ar 100 V/rhan a 5 ms/rhan.

cwestiwn cyflym

⑨ Cyfrifwch y gpau cyson sy'n cael eu cynrychioli gan y llinellau uchaf ac isaf ar olinau'r osgilosgop. Mae'r osgilosgop wedi cael ei osod ar 50 μV / div.

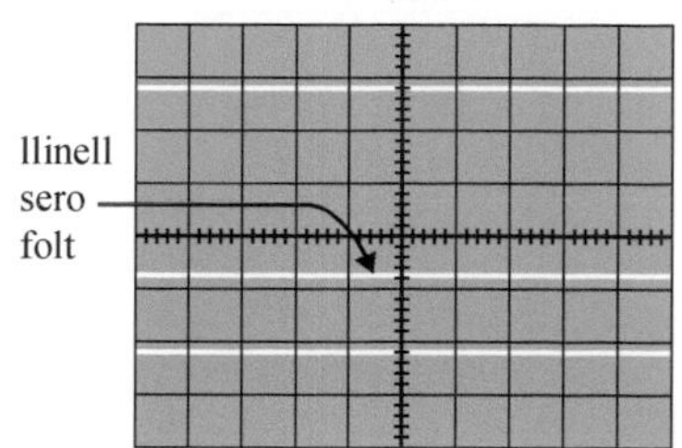

(b) Defnyddio osgilosgop i fesur ceryntau

Nid yw hyn yn uniongyrchol bosibl oherwydd bod osgilosgop yn mesur gp. Ond gallwn ni gyfrifo'r cerrynt os ydyn ni'n gwybod ar gyfer pa ddyfais rydyn ni'n mesur y gp.

Enghraifft

Yn yr enghraifft ddiwethaf o foltedd CU, cafodd y gpau eu mesur ar draws gwrthydd **680 Ω**. Cyfrifwch y cerrynt yn y gwrthydd sy'n cyfateb i'r gpau sydd i'w gweld.

Atebion

$$I = \frac{V}{R} = \frac{0.0265}{680} = 39\ \mu\text{A}$$

ac

$$I = \frac{V}{R} = \frac{0.009}{680} = 13\ \mu\text{A}$$

A.4 Diagramau ffasor a chylchedau CE

Mae angen i chi wybod sut i gymhwyso dadansoddiad o gylchedau CE i gylchedau cyfres sy'n defnyddio cynwysyddion, anwythyddion a gwrthyddion. Caiff hyn ei wneud drwy ddefnyddio diagramau fector neu ffasor (diagramau gwedd).

Ystyriwch y gylched *LCR* (Ffig. A10) – caiff ei galw'n gylched *LCR* oherwydd ei bod yn cynnwys anwythydd (L), cynhwysydd (C) a gwrthydd (R).

Ffig. A10 Cylched *LCR*

Fel yn achos cylched CU, mae'r cerrynt yr un peth drwy bob un o'r tair cydran, ond mae'r gpau yn wahanol. Ond yn ogystal â hyn, mae'r gwahaniaethau gwedd yn cymhlethu pethau eto. Ar gyfer anwythydd, mae'r gp ar ei draws 90° o flaen y cerrynt (gweler **Cofiwch**).

Ar gyfer cynhwysydd, mae'r gp 90° y tu ôl i'r cerrynt (gweler **Cofiwch**). Ond mae gwrthydd yn fwy syml; mae'r cerrynt a'r gp bob amser yn gydwedd ar gyfer gwrthydd. Caiff y ffasor ei luniadu fel hyn:

Yn gyntaf, lluniadwch gp y gwrthydd ar ffurf fector llorweddol. Nid oes angen i chi luniadu fector y cerrynt, ond rydyn ni wedi ei ychwanegu i gwblhau'r diagram. Yna, lluniadwch V_L yn mynd tuag i fyny'n fertigol. Mae hyn yn dangos bod V_L 90° o flaen V_R (mae gwedd gynyddol yn mynd i gyfeiriad gwrthglocwedd). Lluniadwch V_C yn mynd tuag i lawr yn fertigol, gan ddangos bod V_C 90° y tu ôl i V_R.

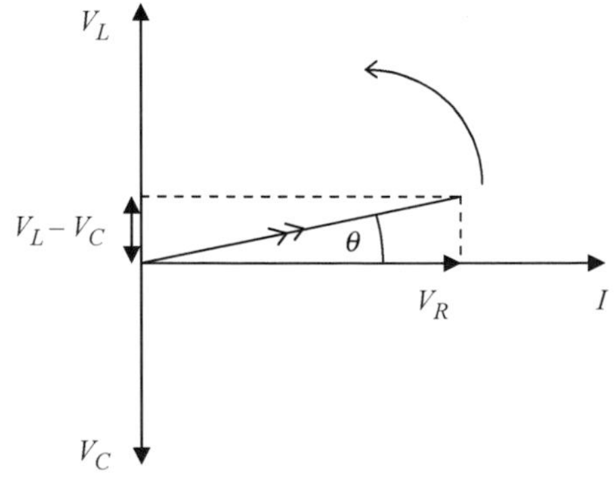

Ffig. A11 Diagram ffasor *LCR*

Term allweddol

Ffasor = fector sy'n cylchdroi. Mae ei hyd yn cynrychioli gwerth isc (neu'r brig) gp, a'i gyfeiriad yn cynrychioli gwedd. Gallwn ni ei ddefnyddio hefyd i gynrychioli gwerthoedd gwrthiant, adweithedd a rhwystriant.

» *Cofiwch*

Ar gyfer Ffiseg Safon Uwch, nid oes rhaid i chi wybod pam mae diagramau ffasor (neu ddiagramau gwedd) yn gweithio – dim ond sut i ddefnyddio'r dadansoddiad.

» *Cofiwch*

(Ar gyfer y mathemategwyr) $I = I_0 \sin\omega t$ yw'r cerrynt mewn cylched LCR,

ond $V_L = L\dfrac{dI}{dt}$ yw'r gp gaiff ei roi i anwythydd. Drwy hynny,

$$\begin{aligned} \text{mae } V_L &= L\frac{d}{dt}(I_0 \sin\omega t) \\ &= \omega L I_0 \cos\omega t \\ &= \omega L \times I_0 \sin\left(\omega t + \frac{\pi}{2}\right) \end{aligned}$$

Felly, ar gyfer anwythydd, mae'r gp $\dfrac{\pi}{2}$ o flaen y cerrynt.

Byddwch chi'n darganfod y cydeffaith yn yr un ffordd â fectorau arferol: yn gyntaf, darganfyddwch $V_L - V_C$, ac yna darganfyddwch gydeffaith $V_L - V_C$ a V_R. Felly, y cydeffaith yw'r ffasor â'r saeth ddwbl sydd i'w weld yn y diagram. Maint y cydeffaith yw V_S, a gallwn ni ddarganfod yr ongl wedd, θ, o

$$V_S = \sqrt{(V_L - V_C)^2 + V_R{}^2)} \quad \text{a} \quad \tan\theta = \frac{V_L - V_C}{V_R}$$

Y cydeffaith (V_S) sydd i'w weld yn y diagram ffasor yw gp y cyflenwad. Yn gyffredinol, mae gwahaniaeth gwedd i'w gael rhwng y gp gaiff ei roi, a'r cerrynt: caiff ei gynrychioli gan θ yn y diagram uchod.

Er mwyn cyfrifo'r cerrynt a'r gpau unigol, mae angen i chi wybod beth yw 'gwrthiant effeithiol' yr anwythydd a'r cynhwysydd. Yr enw ar y 'gwrthiant effeithiol' hwn sydd gan yr anwythydd yw **adweithedd** (gweler y **Termau allweddol**) yr anwythydd, ac rydyn ni'n rhoi'r symbol X_L iddo. Yn yr un modd, mae gan y cynhwysydd adweithedd, ac rydyn ni'n rhoi'r symbol X_C iddo. Yn wahanol i'r gwrthiant, mae'r adweitheddau hyn yn dibynnu ar yr amledd, ac mae ganddyn nhw'r fformiwlâu canlynol, sydd i'w gweld yn y Llyfryn Data (gweler hefyd **Cofiwch**).

$$X_L = \omega L \quad \text{ac} \quad X_C = \frac{1}{\omega C}$$

Drwy ddiffiniad (gweler y **Termau allweddol**), gallwn ni ysgrifennu'r gpau ar draws yr anwythydd a'r cynhwysydd fel hyn:

$$V_L = IX_L = I\omega L \quad \text{a} \quad V_C = IX_C = \frac{I}{\omega C}$$

Wrth gyfuno'r rhain â $V_R = IR$, gallwch chi ddarganfod mynegiad ar gyfer 'gwrthiant effeithiol' y cyfuniad *LCR*.

O'r uchod, mae

$$V_S = \sqrt{(V_L - V_C)^2 + V_R{}^2} = \sqrt{\left(I\omega L - \frac{I}{\omega C}\right)^2 + (IR)^2}$$

$$= I\sqrt{\left(\omega L - \frac{1}{\omega C}\right)^2 + R^2}$$

sy'n arwain at

$$Z = \frac{V_S}{I} = \sqrt{\left(\omega L - \frac{1}{\omega C}\right)^2 + R^2}$$

Yma, rydyn ni am gyflwyno term newydd arall. Yr enw sy'n cael ei roi ar 'wrthiant effeithiol' y cyfuniad *LCR* yw'r **rhwystriant**, Z (gweler y **Term allweddol**). Drwy ddiffiniad, $\frac{V_S}{I}$ yw rhwystriant y cyfuniad *LCR* (mae V_S ac I, fel ei gilydd, yn cynrychioli gwerthoedd isc).

Felly, rhwystriant cylched *LCR* yw: $Z = \sqrt{\left(\omega L - \frac{1}{\omega C}\right)^2 + R^2}$

» Cofiwch

(ar gyfer y mathemategwyr)
Ar gyfer cynhwysydd mewn cylched *LCR*, mae

$$\frac{dQ}{dt} = I = I_0 \sin\omega t$$

Drwy integru hwn, cawn:

$$Q = \int I_0 \sin\omega t \, dt = \frac{1}{\omega} I_0 \cos\omega t$$

Ond mae $Q = CV_C$, felly mae

$$V_C = \frac{1}{\omega C} I_0 \cos\omega t$$

$$= \frac{I_0}{\omega C}\sin(\omega t - \frac{\pi}{2})$$

Felly, ar gyfer cynhwysydd, mae'r gp $\frac{\pi}{2}$ tu ôl i'r cerrynt.

Termau allweddol

Adweithedd anwythydd yw
$X_L = \frac{V_{isc}}{I_{isc}}$, lle V_{isc} ac I_{isc} yw gwerthoedd isc y gp ar draws yr anwythydd a'r cerrynt drwyddo. Mae'n hafal i ωL (neu $2\pi fL$).

UNED: Ω

Adweithedd cynhwysydd yw
$X_C = \frac{V_{isc}}{I_{isc}}$, lle V_{isc} ac I_{isc} yw gwerthoedd isc y gp ar draws y cynhwysydd a'r cerrynt drwyddo. Mae'n hafal i $\frac{1}{\omega C}$ (neu $\frac{1}{2\pi fC}$).

UNED: Ω

Termau allweddol

Yn fwy cyffredinol, **adweithedd** unrhyw gydran (neu gylched) yw $X = \frac{V_{isc}}{I_{isc}}$, lle V_{isc} yw'r gp (isc) ar draws y gydran (neu gylched), ac I_{isc} yw cydran ffasor y cerrynt ar ongl sgwâr i ffasor y gp.

Rhwystriant unrhyw gydran (neu gylched) yw $Z = \frac{V_{isc}}{I_{isc}}$ lle V_{isc} yw'r gp (isc) ar draws y gydran (neu'r gylched), ac I_{isc} yw'r cerrynt yn y gydran.

Enghraifft

Cyfrifwch y canlynol:

(i) adweithedd yr anwythydd

(ii) adweithedd y cynhwysydd

(iii) rhwystriant y gylched

(iv) y cerrynt isc

(v) y gwahaniaeth gwedd rhwng gp y cyflenwad a'r cerrynt

(vi) yr amledd pan fydd adweitheddau'r anwythydd a'r cynhwysydd yn hafal.

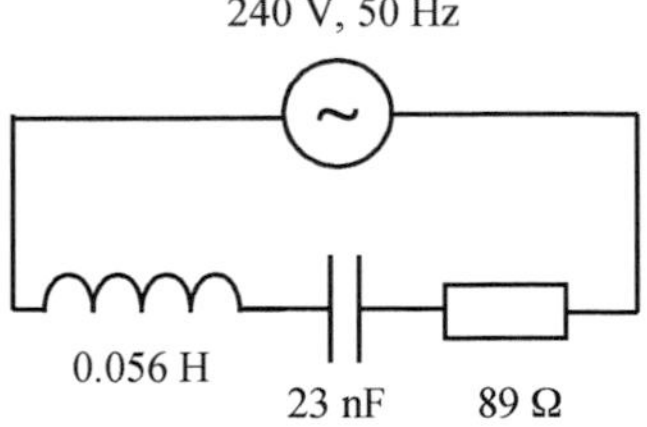

Ffig. A12 Enghraifft o gylched gyfres CE

Ateb

(i) $X_L = \omega L = 2\pi fL = 2\pi \times 50 \times 0.056 = 17.6\,\Omega$

(ii) $X_C = \frac{1}{\omega C} = \frac{1}{2\pi fC} = \frac{1}{2\pi \times 50 \times 23 \times 10^{-9}} = 138\,\text{k}\Omega$

(iii) $Z = \sqrt{\left(\omega L - \frac{1}{\omega C}\right)^2 + R^2} = \sqrt{(17.6 - 138 \times 10^3)^2 + 89^2} = 138\,\text{k}\Omega$

(iv) $I = \frac{V_{isc}}{Z} = \frac{240}{138 \times 10^3} = 1.7\,\text{mA}$

(v) Mae hwn yn anodd, ond mae'r ateb yn agos iawn i $-90°$ (neu $-\frac{\pi}{2}$) oherwydd bod y gylched yn ymddwyn fwy neu lai fel cynhwysydd (gweler y ffigurau uchod, lle mai adweithedd y cynhwysydd sydd gryfaf, h.y. mae $Z \approx X_C$).

Yn fathemategol, mae:

$$\tan\theta = \frac{V_L - V_C}{V_R} = \frac{X_L - X_C}{R} = \frac{17.6 - 138\,000}{89} = -1550$$

$$\therefore \quad \theta = \tan^{-1}(-1550) = 89.96°$$

(vi) Mae'r adweitheddau yn hafal pan mae $\omega L = \frac{1}{\omega C}$, ∴ mae $\omega = \frac{1}{\sqrt{LC}}$

$$f = \frac{1}{2\pi\sqrt{LC}} = \frac{1}{2\pi\sqrt{0.056 \times 23 \times 10^{-9}}}\,\text{Hz} = 4.4\,\text{kHz}$$

Unwaith eto, sylwch, yn yr enghraifft olaf, fod adweithedd y cynhwysydd (138 kΩ) yn llawer mwy nag adweithedd yr anwythydd (17.6 Ω) ar 50 Hz, a hefyd yn llawer mwy na'r gwrthiant sef 89 Ω. Mae hyn yn golygu bod y rhwystriant terfynol bron yn union yr un peth ag adweithedd y cynhwysydd. Ond ar amledd uwch o 4.4 kHz, roedd adweitheddau'r cynhwysydd a'r anwythydd yn hafal.

Mae hyn yn wir oherwydd bod adweithedd y cynhwysydd $\left(\frac{1}{\omega C}\right)$ yn lleihau gydag amledd, ond bod adweithedd yr anwythydd, ωL, yn cynyddu gydag amledd.

≫ *Cofiwch*

Cofiwch y berthynas rhwng ω ac f, h.y.

$\omega = 2\pi f$ ac $f = \frac{\omega}{2\pi}$.

cwestiwn cyflym

⑩ Lluniadwch ddiagram ffasor ar gyfer cylched *LR* (sef y diagram ffasor ar gyfer cylched *LCR*, ond heb ffasor y cynhwysydd).

cwestiwn cyflym

⑪ Lluniadwch ddiagram ffasor ar gyfer cylched *CR*.

≫ *Cofiwch*

$$\frac{V_L - V_C}{V_R} = \frac{IX_L - IX_C}{IR} = \frac{X_L - X_C}{R}$$

Mae Ffig. A13 yn dangos sut mae gwrthiant, adweithedd a rhwystriant y gylched yn amrywio gydag amledd.

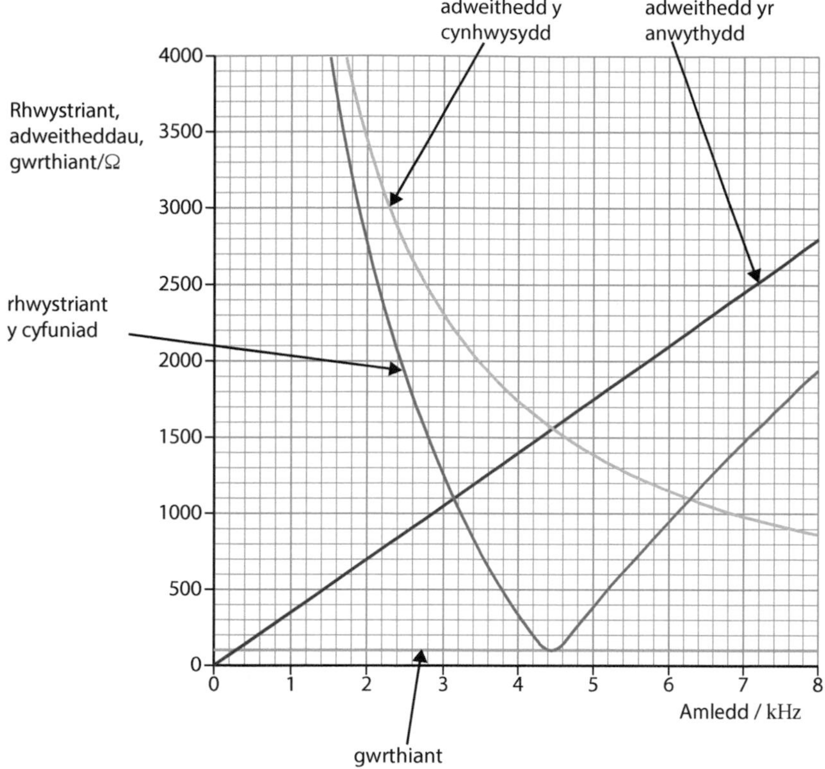

Ffig. A13 Amrywiad R, X a Z gydag f

Sylwch sut mae rhwystriant y gylched ar ei leiaf ar 4.4 kHz. Daw hyn â ni'n dwt at y pwnc nesaf – cyseiniant.

A.5 Cyseiniant mewn cylched *LCR*

O edrych yn ofalus ar y graff diwethaf, mae tri pheth i sylwi arnyn nhw a'u cofio:

1. Mae'r rhwystriant ar ei leiaf yn ystod cyseiniant (4.4 kHz ar gyfer y gylched yn Ffig. A13).
2. Pan mae'r rhwystriant ar ei leiaf, mae'r llinellau ar gyfer adweithedd y cynhwysydd a'r anwythydd yn croesi, h.y. mae'r adweitheddau yn hafal.
3. Gwerth lleiaf y rhwystriant yw'r gwrthiant.

Felly, ar gyfer cyseiniant, yr amod pwysig yw fod adweitheddau'r anwythydd a'r cynhwysydd yn hafal:

$$\text{h.y. bod } X_L = X_C \quad \text{neu} \quad \omega L = \frac{1}{\omega C}.$$

cwestiwn cyflym

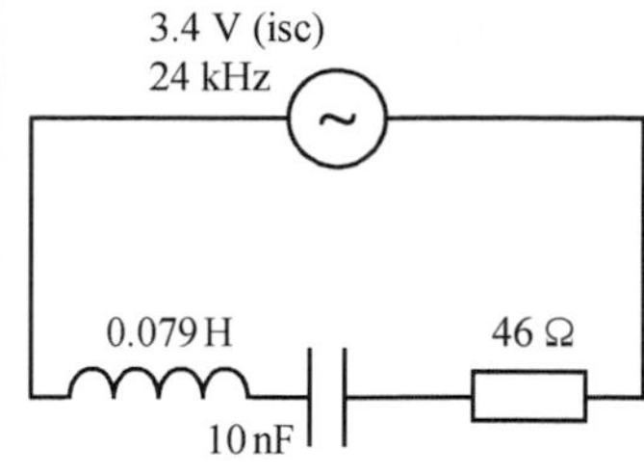

⑫ Cyfrifwch y canlynol:

i) adweithedd yr anwythydd
ii) adweithedd y cynhwysydd
iii) rhwystriant y gylched
iv) y cerrynt isc
v) y gwahaniaeth gwedd rhwng y V_S a'r cerrynt
vi) yr amledd pan fydd adweitheddau'r anwythydd a'r cynhwysydd yn hafal.

Cofiwch

Mewn gwirionedd, mae'n haws deillio

$$Z = \sqrt{\left(\omega L - \frac{1}{\omega C}\right)^2 + R^2}$$

o'r diagram ffasor ar gyfer gwrthiant ac adweithedd.

Gwella gradd

Mae tri phwynt hanfodol cyseiniant yn bwysig. Os ydych chi'n eu deall, byddwch chi'n iawn. Cyseiniant – rhwystriant lleiaf, $X_L = X_C$ a $Z = R$.

Gwella gradd

Dysgwch gylched gyseinio *LCR* ar eich cof. Bydd yn ymddangos yn aml.

Cofiwch

$f_0 = \frac{\omega_0}{2\pi}$ yw'r symbol arferol ar gyfer amledd cyseinio.

Ond mae hyn hefyd yn weddol amlwg o'r hafaliad ar gyfer y rhwystriant.

$$Z = \sqrt{\left(\omega L - \frac{1}{\omega C}\right)^2 + R^2}$$

Mae angen i'r rhwystriant fod mor fach â phosibl er mwyn cael cerrynt mawr. Gan fod y gwrthiant, *R*, yn gyson, yr unig ffordd o sicrhau'r rhwystriant lleiaf hwn yw drwy gael dau derm yn y cromfachau i ganslo'i gilydd. Mae hyn yn rhoi:

$$Z = \sqrt{\left(\omega L - \frac{1}{\omega C}\right)^2 + R^2} = \sqrt{(0)^2 + R^2} = \sqrt{R^2} = R$$

ac mae hyn yn esbonio pam mai'r rhwystriant lleiaf ar y graff, mewn gwirionedd, yw gwrthiant y gwrthydd, *R*. Mae'r mynegiad ar gyfer yr amledd cyseinio wedi'i ddeillio'n barod yn yr enghraifft ddiwethaf o gylched *LCR*, ond dyma'i roi yma eto i wneud yn siŵr eich bod chi'n ei ddysgu:

$$\omega_0 L = \frac{1}{\omega_0 C} \rightarrow \omega_0{}^2 = \frac{1}{LC} \rightarrow \omega_0 = \frac{1}{\sqrt{LC}} \rightarrow f_0 = \frac{1}{2\pi\sqrt{LC}}$$

Enghraifft

Mae'r gylched yn cyseinio.

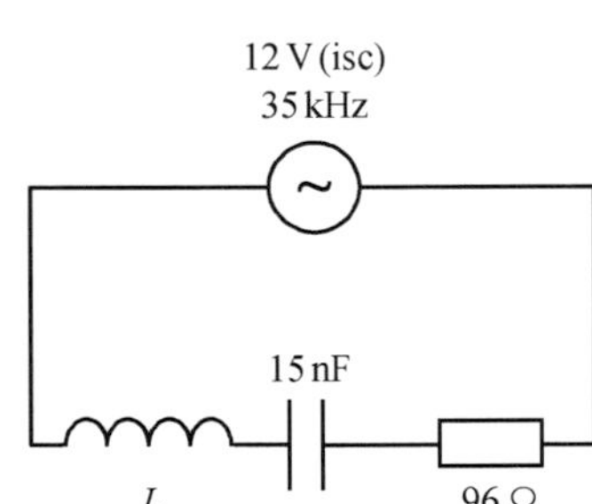

Cyfrifwch y canlynol:

(i) y cerrynt

(ii) anwythiant yr anwythydd

(iii) y gp ar draws y cynhwysydd a'r anwythydd

(iv) y gwahaniaeth gwedd rhwng y gp gaiff ei roi a'r cerrynt

Ateb

(i) Gan fod y gylched yn cyseinio, mae adweitheddau'r anwythydd a'r cynhwysydd yn canslo'i gilydd, ac mae $Z = R$. Drwy hynny, mae

$$I = \frac{V}{Z} = \frac{V}{R} = \frac{12}{96} = 0.125\,\text{A}$$

(ii) Mae hyn yn fwy o her, ac mae angen i chi ddefnyddio'r amod cyseiniant:

$$X_L = X_C \qquad \omega L = \frac{1}{\omega C} \qquad L = \frac{1}{\omega^2 C}$$

$$L = \frac{1}{(2\pi f)^2\, C} = \frac{1}{(2\pi \times 35 \times 10^3)^2 \times 15 \times 10^{-9}} = 1.38\,\text{mH}$$

(iii) Mae $V_L = IX_L = I\omega L = 0.125 \times 2\pi \times (35 \times 10^3) \times 0.00138 = 38\,V$

Nid oes angen i chi gyfrifo'r gp ar draws y cynhwysydd, oherwydd mae'n rhaid ei fod yn hafal i 38 V. Dylech chi wirio hyn drwy ddefnyddio $V_C = IX_C$.

$$V_C = IX_C = \frac{I}{\omega C} = \frac{I}{2\pi fC}$$

$$= \frac{0.125}{2\pi \times 35\,000 \times 15 \times 10^{-9}} = 38\,V$$

(iv) Y ffasor cydeffaith yn ystod cyseiniant yw'r gwrthiant. Mae hyn yn golygu bod y cerrynt a'r gp gaiff ei roi yn gydwedd, ac mai sero yw'r ongl wedd.

Mae un canlyniad rhyfeddol yn yr enghraifft ddiwethaf: 38 V yw'r gp ar draws yr anwythydd a'r cynhwysydd, sy'n fwy na'r gp gosod o 12 V. Er bod hyn yn syndod, rhaid i chi gofio mai 180° yw'r gwahaniaeth gwedd rhwng y gp ar draws yr anwythydd a'r gp ar draws y cynhwysydd – maen nhw'n wrthwedd. Pan mae'r gp ar draws yr anwythydd yn bositif, mae'r gp ar draws y cynhwysydd yn hafal ond yn negatif, gan adael y gp cyfan gaiff ei roi ar draws y gwrthydd.

cwestiwn cyflym

⑬ Caiff anwythydd 43 mH a gwrthydd 18 Ω eu cysylltu mewn cyfres â chynhwysydd, ar draws cyflenwad pŵer o 2.4 V, 12 kHz. Mae'r gylched yn cyseinio. Cyfrifwch y canlynol:

i) y cerrynt
ii) cynhwysiant y cynhwysydd
iii) y gp ar draws y cynhwysydd a'r anwythydd
iv) y gwahaniaeth gwedd rhwng gp y cyflenwad pŵer a'r cerrynt.

cwestiwn cyflym

⑭ Caiff amledd y cyflenwad ei newid yng Nghwestiwn cyflym 13, yn gyntaf i 6 kHz, ac yna i 24 kHz. Cyfrifwch y cerrynt ar y ddau amledd newydd hyn, ac esboniwch yn fras pam maen nhw'n hafal.

A.6 Ffactor Ansawdd (*Q*) cylched gyseinio

Mae ffactor ansawdd (*Q*) cylched *LCR* yn gysylltiedig â pha mor llym (h.y. serth) yw'r gromlin gyseinio. Mae ffactor *Q* uchel yn rhoi cromlin gyseinio sy'n llym, ond mae ffactor *Q* isel yn rhoi cromlin gyseinio sy'n llydan (gweler y diagram isod, gyda $Q = 8$, $Q = 2$ a $Q = 0.5$).

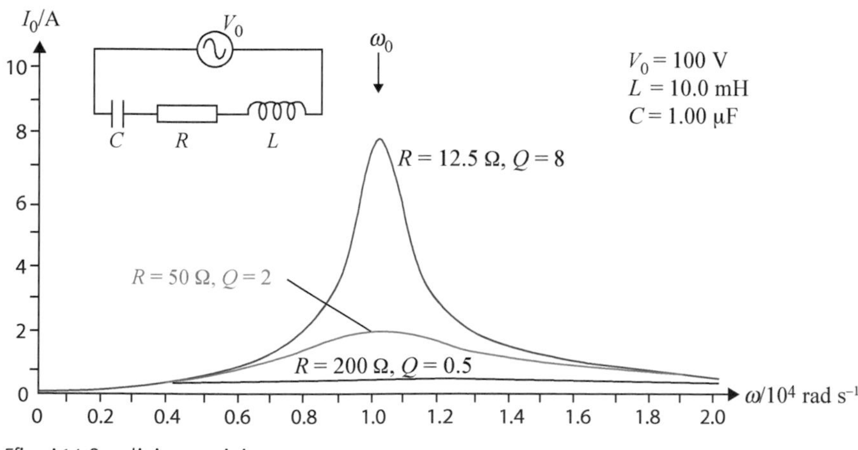

Ffig. A14 Cromliniau cyseinio

Term allweddol

Mae **ffactor ansawdd (*Q*)** cylched *LCR*, $\frac{\omega_0 L}{R} = \frac{1}{\omega_0 CR}$. Mae hwn yn mesur pa mor llym yw'r gromlin gyseinio – y mwyaf yw'r ffactor *Q*, y llymaf yw'r gromlin gyseinio.

cwestiwn cyflym

⑮ Cyfrifwch amleddau cyseinio mwyaf a lleiaf y gylched (defnyddiwch werthoedd mwyaf a lleiaf y cynhwysydd newidiol).

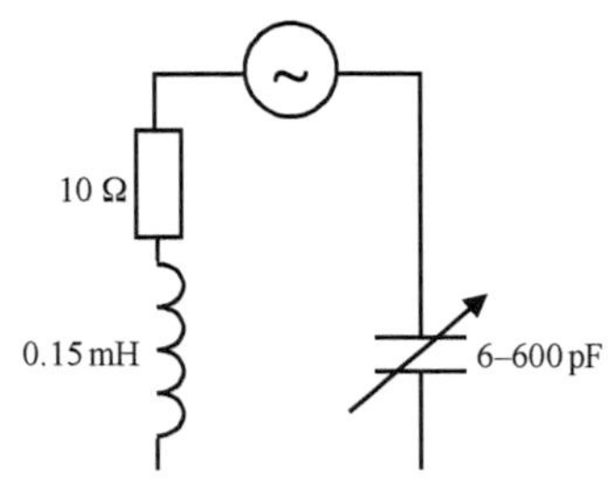

cwestiwn cyflym

⑯ Cyfrifwch ffactorau Q mwyaf a lleiaf y gylched yng Nghwestiwn cyflym 15.

cwestiwn cyflym

⑰ Ysgrifennwch amleddau cyseinio mwyaf a lleiaf y gylched.

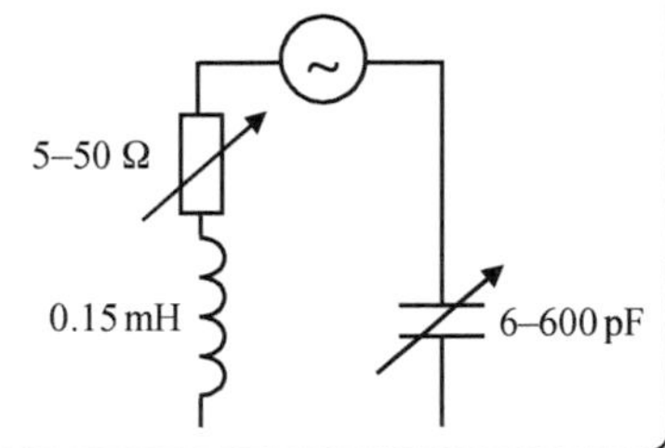

cwestiwn cyflym

⑱ Cyfrifwch ffactorau Q mwyaf a lleiaf y gylched yng Nghwestiwn cyflym 17.

Y **prif** ffactor sy'n pennu ffactor Q y gylched yw gwrthiant y gylched, gan mai'r gwrthiant sy'n afradloni'r egni i ffwrdd oddi wrth y gylched. Mae hyn yn debyg i wthio siglen yn ôl ac ymlaen – os oes llawer o ffrithiant yn tynnu egni oddi wrth y siglen, mae'n anodd cyrraedd osgled uchel a chyseiniant 'llym'. Dyma'r ffordd fwyaf hawdd o ddiffinio'r ffactor Q:

$$Q = \frac{\text{gp isc ar draws yr anwythydd yn ystod cyseiniant}}{\text{gp isc ar draws y gwrthydd yn ystod cyseiniant}}$$

Gan fod adweithedd y cynhwysydd a'r anwythydd yn hafal yn ystod cyseiniant, gallwn ni hefyd ysgrifennu'r ffactor Q fel hyn:

$$Q = \frac{\text{gp isc ar draws y cynhwysydd yn ystod cyseiniant}}{\text{gp isc ar draws y gwrthydd yn ystod cyseiniant}}$$

Mae'r diffiniadau hyn yn arwain at: $Q = \frac{I\omega_0 L}{IR}$, ac felly mae $Q = \frac{\omega_0 L}{R}$.

Dylech chi hefyd allu deillio: $Q = \frac{1}{\omega_0 RC}$ a $Q = \frac{1}{R}\sqrt{\frac{L}{C}}$

Felly, mae gennych chi dri mynegiad ar gyfer y ffactor Q (dim ond y cyntaf sy'n ymddangos yn y Llyfryn Data).

Nawr, ystyriwch y gylched hon:

Mae'r gwerthoedd hyn ar gyfer R, C ac L yn rhoi cyfle cyflym i chi ymarfer trin pwerau 10.

Dylech chi gael y ffigurau canlynol:

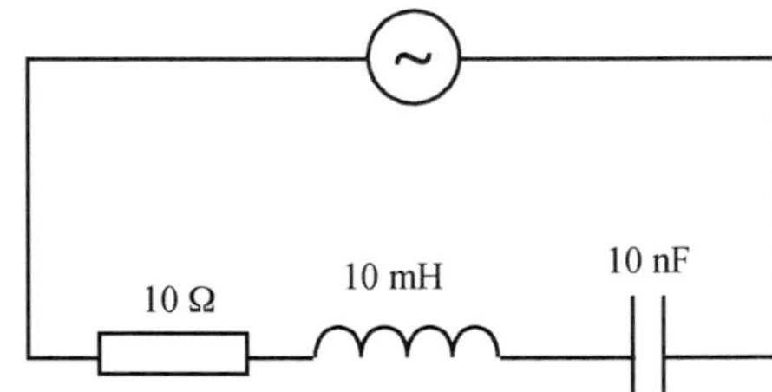

Ffig. A15 Cylched ffactor Q hawdd

$$\omega_0 = \frac{1}{\sqrt{LC}} = \frac{1}{\sqrt{10^{-2} \times 10^{-8}}} = \frac{1}{\sqrt{10^{-10}}} = 10^5\,\text{s}^{-1}$$

a

$$Q = \frac{\omega_0 L}{R} = \frac{10^5 \times 10^{-2}}{10} = 100$$

Dylech chi hefyd allu dangos (yn eich pen!) mai 1.0 A yw'r cerrynt sy'n llifo yn ystod cyseiniant. (Awgrym: ystyriwch adweitheddau'r anwythydd a'r cynhwysydd yn ystod cyseiniant.)

Mae popeth yn ymddangos yn syml iawn nes edrychwch chi ar y gp ar draws y cynhwysydd neu'r anwythydd:

$$V_L = I\omega_0 L = 1 \times 10^5 \times 10^{-2} = 1000\,\text{V}$$

Sut gallwch chi gael 1000 V ar draws yr anwythydd (a'r cynhwysydd) pan mae foltedd y cyflenwad yn 10 V yn unig? Nid oes ateb syml i'r cwestiwn hwn, ond gallwn ni ddeall pethau'n well drwy ystyried math arall o gyseiniant. Unwaith eto, ystyriwch siglen sydd ag ychydig iawn o ffrithiant. Dim ond gwthiad bach, rheolaidd mae'n rhaid i chi ei roi er mwyn sicrhau osgled mawr – efallai byddwch chi'n gwthio'r siglen am bellter o 30 cm yn unig bob tro, ond gallai osgled yr osgiliad fod yn 2 m, yn rhwydd.

Enghraifft

Ar gyfer y gylched yn Ffig. A16:

(i) Cyfrifwch yr amledd cyseinio.

(ii) Cyfrifwch y ffactor Q.

(iii) Nodwch beth fydd yn digwydd i'r gromlin gyseinio os bydd y gwrthiant yn dyblu.

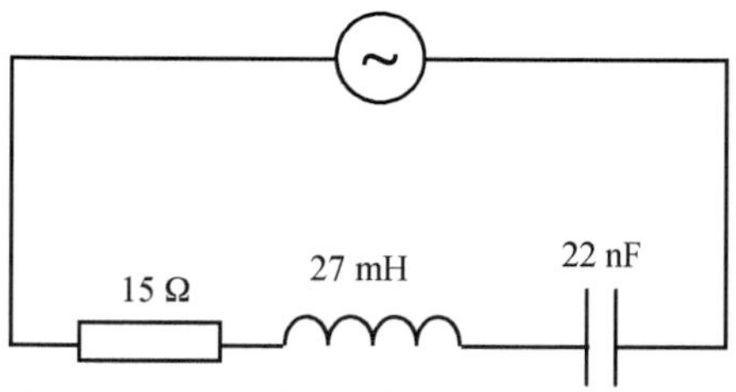

Ffig. A16 Cylched ffactor Q fwy anodd

(iv) Nodwch beth fydd yn digwydd i'r gromlin gyseinio os bydd yr anwythiant yn cael ei ddyblu.

(v) Nodwch beth fydd yn digwydd i'r gromlin gyseinio os bydd y cynhwysiant yn cael ei ddyblu.

Ateb

(i) Mae $f = \dfrac{1}{2\pi\sqrt{LC}} = \dfrac{1}{2\pi\sqrt{0.027 \times 22 \times 10^{-9}}} = 6530\text{ Hz}$

(ii) Mae $Q = \dfrac{\omega_0 L}{R} = \dfrac{2 \times 6530 \times 0.027}{15} = 17.$

(iii) Mae $Q = \dfrac{\omega_0 L}{R}$. Gan fod ω_0 yn annibynnol ar R, mae Q yn haneru, ac mae'r gromlin gyseinio yn dod yn fwy llydan.

(iv) Mae $Q = \dfrac{\omega_0 L}{R} = \dfrac{1}{R}\sqrt{\dfrac{L}{C}}$: felly, caiff Q ei luosi ag $\sqrt{2}$, a chaiff amledd brig y gromlin gyseinio ei rannu ag $\sqrt{2}$.

(v) Mae $Q = \dfrac{\omega_0 L}{R} = \dfrac{1}{R}\sqrt{\dfrac{L}{C}}$: felly, caiff Q a'r amledd cyseinio eu rhannu ag $\sqrt{2}$, ac mae'r gromlin gyseinio yn dod yn fwy llydan.

ychwanegol

1 Mae coil petryal yn cylchdroi mewn maes magnetig unffurf, 0.24 T. Dimensiynau'r coil yw 5.0 cm × 4.0 cm, ac mae graff sy'n dangos cysylltedd fflwcs y coil, sy'n amrywio gydag amser, i'w weld yma.

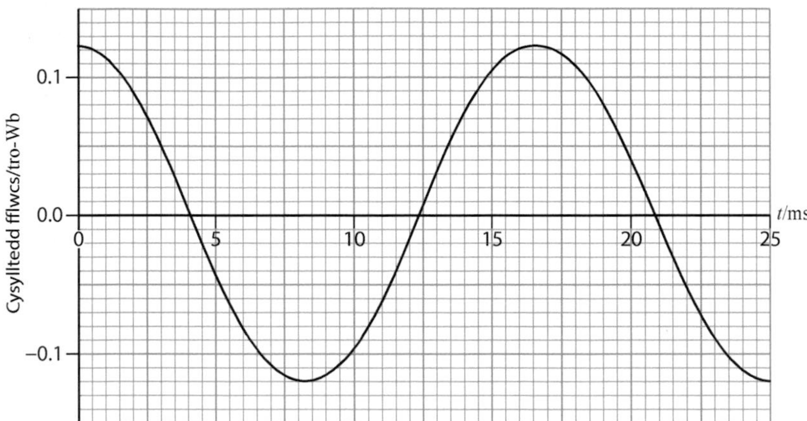

(a) Cyfrifwch nifer y troeon yn y coil petryal sy'n cylchdroi.

(b) Plotiwch graff o'r g.e.m. anwythol yn y coil.

(c) Cyfrifwch y gymhareb $\frac{\text{pŵer brig}}{\text{pŵer isc}}$ pe bai'r coil sy'n cylchdroi yn darparu cerrynt.

2 Caiff gp sinwsoidaidd ei gyflenwi i degell. 330 V yw'r gp brig, ac 11.2 A yw'r cerrynt isc. Cyfrifwch y canlynol:

(a) y gp isc

(b) y cerrynt brig

(c) y pŵer isc

(ch) y pŵer brig

(d) y pŵer enydaidd lleiaf.

3 (a) Mae olin yr osgilosgop sydd i'w weld yn dangos g.e.m. allbwn generadur sydd â choil yn cylchdroi. 5 V/rhan a 20 μs/rhan yw gosodiadau'r osgilosgop. Cyfrifwch y canlynol:

(i) y g.e.m. anwythol brig

(ii) y g.e.m. anwythol isc

(iii) amledd cylchdroi y coil.

(b) 4.8 cm × 2.2 cm yw dimensiynau'r coil, ac mae ganddo 20 o droadau. Defnyddiwch eich ateb i (a)(i) i gyfrifo dwysedd y fflwcs magnetig mae'r coil yn cylchdroi ynddo.

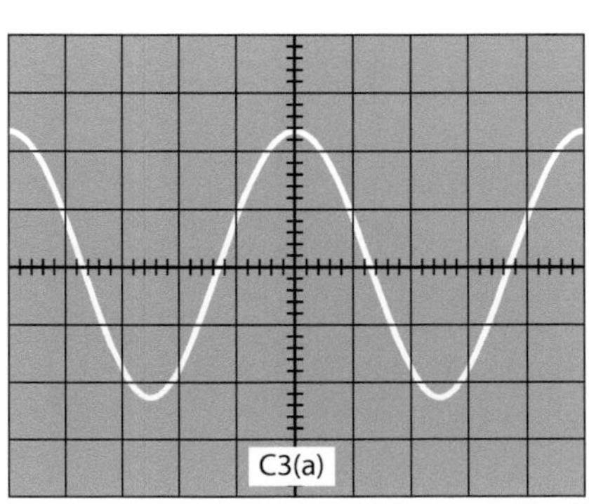

C3(a)

(c) Mae ail fyfyriwr yn archwilio'r un g.e.m. anwythol, ac mae'n darganfod yr olin sydd i'w gweld. Cyfrifwch y canlynol:

(i) gosodiad cynnydd-Y yr osgilosgop

(ii) gosodiad amserlin yr osgilosgop.

(ch) Copïwch y diagram, ac ychwanegwch linell ar y sgrin sy'n cyfateb i gp o 0 V.

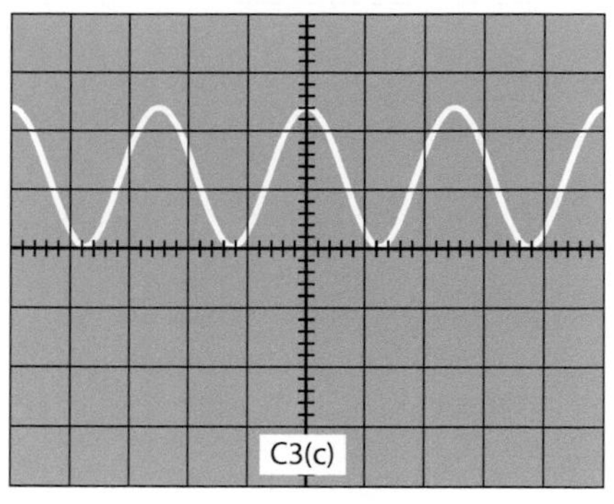

4 (a) Ar gyfer y gylched sydd i'w gweld, cyfrifwch y canlynol:

(i) yr amledd cyseinio (f_0)

(ii) y cerrynt isc yn ystod cyseiniant

(iii) y ffactor ansawdd (Q)

(iv) y gp isc ar draws y cynhwysydd yn ystod cyseiniant

(v) gwiriwch eich ateb i (iv) drwy ddull arall.

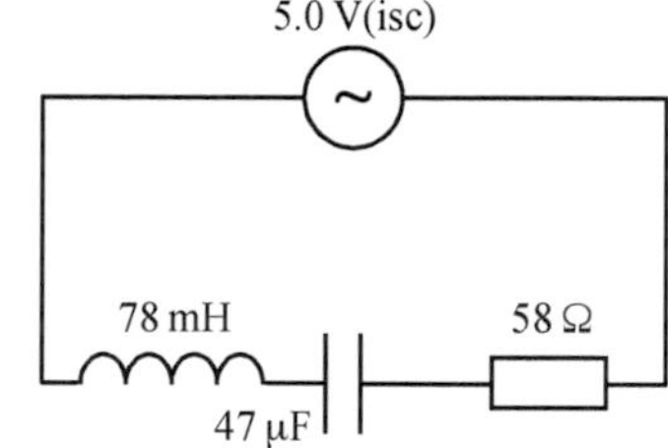

(b) Caiff amledd y cyflenwad ei gynyddu i $1.2\,f_0$. Cyfrifwch y canlynol:

(i) rhwystriant y gylched

(ii) y cerrynt isc yn y gylched

(iii) y gp isc ar draws y gwrthydd

(iv) y gp isc ar draws yr anwythydd

(v) y gp isc ar draws y cynhwysydd

(vi) yr ongl wedd rhwng gp y cyflenwad a'r cerrynt.

(c) Heb wneud unrhyw gyfrifiadau pellach, nodwch sut byddai eich ateb i (b) yn wahanol (neu beidio) pe bai'r amledd yn cael ei leihau i $\frac{f_0}{1.2}$.

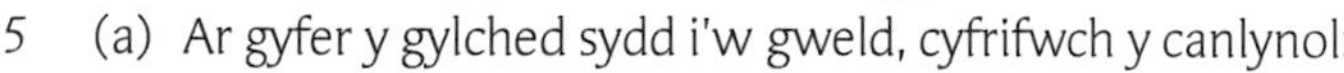

5 (a) Ar gyfer y gylched sydd i'w gweld, cyfrifwch y canlynol:

(i) y cerrynt mwyaf a lleiaf yn ystod cyseiniant

(ii) yr amledd cyseinio mwyaf a lleiaf

(iii) y ffactor Q mwyaf a lleiaf.

15.0 V(isc)
8–40 Ω
0.35 mH
3–30 μF

(b) Mae'r gwrthiant a'r cynhwysiant wedi'u gosod ar eu gwerthoedd lleiaf (8 Ω a 3 μF), ac mae amledd y cyflenwad 15.0 V wedi'i osod ar 6.5 kHz. Cyfrifwch y canlynol:

(i) rhwystriant y gylched

(ii) y cerrynt isc yn y gylched

(iii) y gp isc ar draws y gwrthydd

(iv) y gp isc ar draws yr anwythydd

(v) y gp isc ar draws y cynhwysydd

(vi) yr ongl wedd rhwng gp y cyflenwad a'r cerrynt.

(c) Mae'r cyflenwad pŵer wedi'i ddaearu, a'r mewnbynnau i osgilosgop wedi'u daearu hefyd. Yn fras iawn, esboniwch pam gall y gp ar draws y cynhwysydd neu'r gwrthydd gael ei arddangos ar yr osgilosgop, ond na fydd y gylched yn ymddwyn yn iawn os byddwch chi'n ceisio rhoi'r gp ar draws yr anwythydd.

Opsiwn B: Ffiseg feddygol

Gwella gradd

Cofiwch y dull sylfaenol o gynhyrchu pelydrau X, sef cyflymu electronau at darged metel.

Mae'r opsiwn hwn wedi'i rannu i'r meysydd canlynol:

- Pelydrau X – eu cynhyrchu, eu priodweddau, a sut maen nhw'n cael eu defnyddio
- Uwchsain – ei gynhyrchu, ei briodweddau, a sut mae'n cael ei ddefnyddio
- Delweddu cyseiniant magnetig [*Magnetic Resonance Imaging*, neu *MRI*] – egwyddorion, a sut mae'n cael ei ddefnyddio
- Ymbelydredd niwclear – mathau, dos, technegau.

B.1 Pelydrau X

» Cofiwch

Bydd cynyddu cerrynt y gwresogydd yn cynyddu arddwysedd y pelydrau X – caiff mwy o electronau 'poeth' eu hallyrru, a chaiff mwy o belydrau X eu cynhyrchu.

» Cofiwch

Caiff egni'r ffotonau ei gynyddu drwy gynyddu'r gp cyflymu.

Ar lefel TGAU, fe ddysgoch chi mai pelydriad electromagnetig egni uchel sy'n ïoneiddio yw pelydrau X. Mae eu treiddiad (h.y. eu pŵer treiddio) yn dibynnu ar grynodiad yr electronau. Felly mae defnyddiau dwysedd uchel, fel metelau trwm er enghraifft, yn gallu rhwystro pelydrau X, ond mae defnyddiau dwysedd isel, fel cnawd pobl, yn gymharol dryloyw iddyn nhw. Gan eu bod nhw'n ïoneiddio, maen nhw hefyd yn belydrau mwtagenaidd, h.y. gallan nhw niweidio moleciwlau biolegol, gan gynnwys DNA.

Gwella gradd

Egni optimwm y ffotonau ar gyfer radiograffeg yw $\sim 30\text{ keV}$, sy'n cael ei gynhyrchu gyda foltedd o $50–100\text{ keV}$ ar draws y tiwb.

(a) Cynhyrchu pelydrau X

Dyma ddiagram cynllunio o diwb pelydr X:

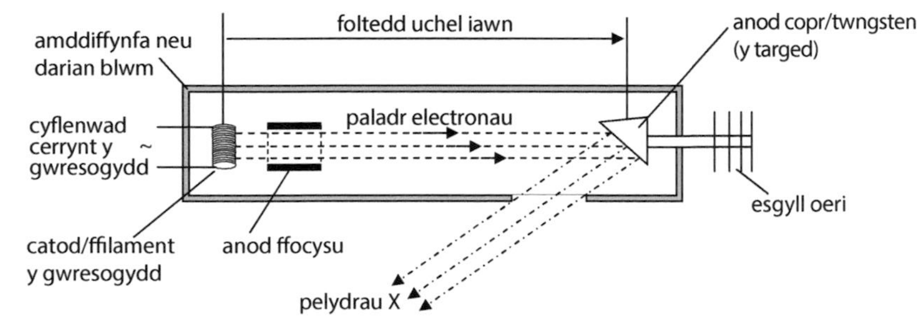

Ffig. B1 Tiwb pelydr X

» Cofiwch

Gallwn ni gyfrifo λ_{lleiaf} o $\lambda_{\text{lleiaf}} = \frac{hc}{eV}$, ond mae gorfod aildrefnu'r hafaliad i gael y gp cyflymu (V) hefyd yn ddull cyffredin.

Mae'r catod wedi'i wresogi yn allyrru electronau drwy allyriad thermol; maen nhw'n cael eu cyflymu a'u ffocysu gan yr anod ffocysu, ac yna'n cael eu cyflymu gan y foltedd uchel, cyn taro anod twngsten, lle maen nhw'n cael eu hamsugno.

Mae arafiad cyflym y pelydrau X yn cynhyrchu sbectrwm di-dor, ac mae manylion y sbectrwm yn dibynnu ar y foltedd.

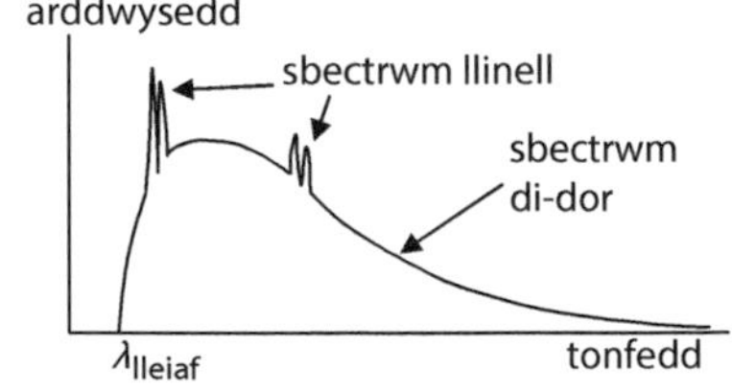

Ffig. B2 Sbectrwm pelydr X

Bydd rhai electronau yn taro electronau mewnol allan o atomau'r targed; bydd electronau o lefel egni uwch yn disgyn i'r lefelau egni gwag, gan gynhyrchu sbectrwm llinell sy'n nodweddiadol o'r elfen honno.

cwestiwn cyflym

① Beth yw egni mwyaf y ffotonau os yw foltedd y tiwb yn 60 kV?

(b) Rheoli paladr a delweddau'r pelydr X

- Arddwysedd – yr uchaf yw cerrynt y gwresogydd, y poethaf yw'r catod, felly caiff mwy o electronau eu rhyddhau fesul eiliad, a chaiff mwy o ffotonau pelydr X eu cynhyrchu.
- Egni'r ffotonau – yr uchaf yw'r foltedd cyflymu, y mwyaf egnïol yw'r electronau, a'r lleiaf yw torbwynt y donfedd, λ_{lleiaf}. Egni mwyaf y ffotonau yw eV (cadwraeth egni). Felly, mae $\frac{hc}{\lambda_{lleiaf}} = eV$.
- Eglurder y ddelwedd – drwy osod grid cyfeiriadol ar y ffenestr lle daw'r pelydrau allan, gallwn gynyddu'r eglurder (ond mae hyn hefyd yn lleihau arddwysedd y paladr).
- Cyferbyniad – mae angen dethol y foltedd cyflymu i gynhyrchu amrediad addas o donfeddi, gan eu bod nhw'n cael eu hamsugno mewn ffyrdd gwahanol gan ddefnyddiau gwahanol. Y mwyaf meddal yw'r pelydrau X [egni is], er enghraifft, gorau byddan nhw'n cael eu hamsugno gan ddefnyddiau dwysedd isel. Gallwn ni ddefnyddio defnyddiau amsugnol iawn i gynyddu'r cyferbyniad mewn delweddau pelydr X o feinweoedd meddal, e.e. bariwm sylffad ar gyfer delweddu'r llwybr ymborth, neu lifynnau sy'n cynnwys ïodin i amlygu'r pibellau gwaed coronaidd.
- Delweddau tri dimensiwn – mae sganiau tomograffeg echelinol gyfrifiadurol [*CT*] yn defnyddio paladrau sy'n cylchdroi, ac sy'n symud ar hyd y corff, i gynhyrchu delweddau o bob cyfeiriad. Mae'n bosibl creu delweddau tri dimensiwn o'r rhain.

(c) Gwanhad (amsugniad) pelydrau X

Pan fydd pelydrau X yn pasio drwy ddefnydd, bydd arddwysedd, I, y paladr yn gostwng gyda'r pellter, x, yn ôl yr hafaliad

$$I = I_0 e^{-\mu x}$$

lle μ yw'r cyfernod gwanhad [neu amsugniad], sef cysonyn sy'n nodweddiadol o'r defnydd.

Enghraifft

$0.30\ \text{m}^{-1}$ yw cyfernod gwanhad defnydd ar gyfer paladr pelydr X. Pa ffracsiwn o'r ffotonau trawol sy'n parhau ar ôl $5.0\ \text{m}$?

Ateb

$$I = I_0 e^{-\mu x} = I_0 e^{-0.30 \times 5.0} = 0.22 I_0$$

Felly, y ffracsiwn sy'n parhau yw 0.22, h.y. 22%.

Enghraifft

Darganfyddwch fynegiad ar gyfer y 'trwch hanner gwerth', $x_{\frac{1}{2}}$, sef trwch y defnydd sy'n haneru arddwysedd y pelydrau X.

Ateb

Gan ddechrau o ddadfeiliad esbonyddol yr arddwysedd gyda'r trwch: $I = I_0 e^{-\mu x}$, pan fydd $x = x_{\frac{1}{2}}$, gwyddom fod yr arddwysedd yn gostwng i $I = \frac{1}{2}I_0$.

cwestiwn cyflym

② Cyfrifwch dorbwynt y donfedd, λ_{lleiaf}, os yw foltedd y tiwb yn 50 keV.

cwestiwn cyflym

③ 0.14 nm yw tonfedd y llinell K_β yn sbectrwm pelydr X copr. Amcangyfrifwch y foltedd lleiaf sydd ei angen yn y tiwb i gynhyrchu'r donfedd hon, ac esboniwch pam nad yw'r foltedd hwn yn ddigon i gynhyrchu sbectrwm llinell ar y donfedd honno.

» *Cofiwch*

Yn y mynegiad $e^{-\mu x}$, rhaid i luoswm μx beidio cael unedau. Nid oes ots beth yw unedau μ ac x, ond rhaid iddyn nhw gytuno â'i gilydd, e.e.

$[x]$ = cm $[\mu]$ = cm^{-1}
neu
$[x]$ = m $[\mu]$ = m^{-1}

cwestiwn cyflym

④ Cyfrifwch y pellter mae'n ei gymryd i belydrau X haneru eu harddwysedd os yw $\mu = 10\ \text{cm}^{-1}$. [Awgrym: cadwch yr unedau yn cm^{-1}]

Gwella gradd

Cofiwch sut i ddeillio'r hafaliad $\mu x_{\frac{1}{2}} = \ln 2$, gan fod y trwch hanner gwerth yn aml yn codi mewn cwestiynau sy'n trafod amsugniad pelydrau X.

CYNGOR MATHEMATEGOL

Cofiwch fod $\ln(e^a) = a$. Edrychwch ar y bennod Mathemateg am ragor o ymarfer gyda logiau a rhifau esbonyddol.

cwestiwn cyflym

⑤ Os yw'r cyfernod amsugno $\mu = 0.3\,\text{cm}^{-1}$, cyfrifwch y trwch sydd ei angen i leihau arddwysedd pelydrau X o 70%.

cwestiwn cyflym

⑥ Effeithlonrwydd grisial fflachennu coch yw 22%, ac mae'n amsugno ffoton pelydr X, egni 250keV. Sawl ffoton gweladwy (coch), egni 2eV, bydd y fflachiwr yn ei allyrru am bob ffoton pelydr X?

Cofiwch

Sylwch fod y llaw a'r ddelwedd yn Ffig. B3 wedi cael eu cylchdroi er mwyn bod yn eglur.

Cofiwch

Mae'r ail blât fflachennu (Ffig. B3) yn cynyddu disgleirdeb y ddelwedd yn ôl ffactor o 2. Mae hyn oherwydd mai dim ond ffracsiwn bach o'r pelydrau X sy'n cael ei amsugno gan y fflachiwr cyntaf a'r plât ffotograffig.

Mae hyn yn rhoi $\frac{1}{2}I_0 = I_0 e^{-\mu x_{½}} \rightarrow \frac{1}{2} = e^{-\mu x_{½}} \rightarrow e^{\mu x_{½}} = 2$. Mae cymryd logiau (naturiol) yn arwain at hafaliad tebyg iawn i'r un sy'n ymwneud â hanner oes a'r cysonyn dadfeiliad $x_{\frac{1}{2}} = \frac{\ln 2}{\mu}$, o gymharu â $T_{\frac{1}{2}} = \frac{\ln 2}{\lambda}$ ar gyfer dadfeiliad niwclear.

(ch) Dwysáu delwedd pelydrau X (a phelydrau γ)

Mae dwysáu delwedd wedi arwain at leihad sylweddol yn y dos mae cleifion yn ei gael ar gyfer sgan pelydr X arferol. Mae pob dull o ddwysáu delwedd yn seiliedig ar y canlynol:

- Tua 30 000 eV (30 keV) yw egni ffoton pelydr X.
- Tua 3 eV yw egni ffoton golau.
- Felly, yn ddamcaniaethol, gall un ffoton pelydr X (egni 30 keV) gynhyrchu 10 000 o ffotonau golau.

Mae dyfeisiau o'r enw **fflachwyr** (*scintillators*) yn cael eu dylunio â defnyddiau ymoleuol (neu fflworoleuol) – maen nhw'n amsugno ffotonau egni uwch, ac yn allyrru eu hegni eto ar ffurf ffotonau gweladwy. Yn ymarferol, gall y defnydd fflachennu mwyaf cyffredin, sef sodiwm ïodid (NaI), allyrru hyd at 40 o ffotonau golau fesul 1000 eV o belydrau X trawol (effeithlonrwydd o ~10%). Felly, gall fflachiwr NaI gynhyrchu tua 1000 o ffotonau golau o un ffoton pelydr X 30 keV.

Er na fydd un ffoton pelydr X yn cael llawer o effaith ar ffilm ffotograffig, bydd 1000 o ffotonau golau yn cael effaith sylweddol. Mae hyn yn golygu y gall sgan pelydr X ffilm ffotograffig gael ei ddatblygu â dos llawer llai o belydrau X nag oedd yn bosibl heb fflachwyr (mae dos y pelydrau X yn lleihau yn ôl ffactor o tua 1000).

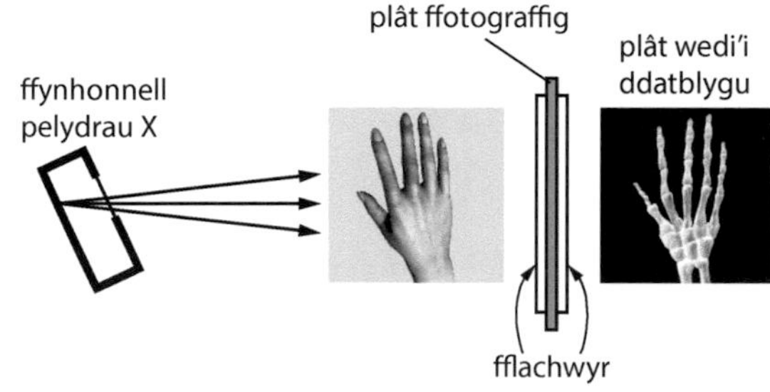

Ffig. B3 Gwella delwedd drwy ddefnyddio fflachwyr

Mae'r ffordd symlaf o ddefnyddio fflachwyr i wella delweddau i'w gweld yn Ffig. B3, a dyma sut mae'n gweithio:

Mae'r plât ffotograffig yn cael ei osod rhwng dau blât fflachennu mawr (yr enw ar hwn yw casét pelydr X). Caiff rhai ffotonau pelydr X eu hamsugno gan y fflachiwr blaen, a rhai gan y fflachiwr ôl. Mae'r ffotonau hyn, sydd wedi'u hamsugno, yn arwain at tua 1000 o ffotonau golau gweladwy. O ganlyniad i'r ffotonau golau hyn, mae'r plât ffotograffig yn cael ei ddinoethi'n llawer cynt nag y byddai heb y fflachwyr. Mae'r claf yn cael ffracsiwn bach iawn o'r dos o gymharu â'r hyn byddai'n ei gael heb y fflachwyr.

(d) Fflworosgopeg

Dyma'r broses o edrych ar ddelweddau pelydr X symudol mewn amser real. Mae'r broses yn bodoli ers 120 o flynyddoedd, ond mae datblygiadau diweddar yn golygu ei bod yn bosibl cynhyrchu lluniau symudol modern heb ddosau marwol/niweidiol o belydrau X. Mae trefniant posibl i'w weld yn Ffig. B4, sy'n gweithio fel hyn:

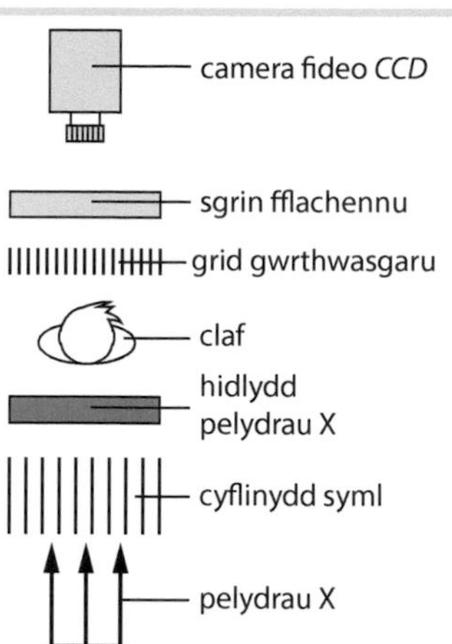

Ffig. B4 Fflworosgopeg pelydrau X

- Mae'r tiwb, y cyflinydd syml a'r hidlydd yn sicrhau bod gennyn ni baladr pelydrau X sydd wedi'i alinio'n daclus, a bod ganddo'r egni cywir (tua 30 keV).
- Mae'r grid gwrthwasgaru yn sicrhau bod pelydrau X gwasgaredig o'r claf, sydd ddim yn teithio i'r cyfeiriad cywir, yn cael eu hamsugno, yn hytrach na chael eu canfod (yn debyg i gyflunydd ar gamera gama, ond yn deneuach, ac yn defnyddio rhwyll sy'n fwy mân).
- Mae'r fflachiwr yn trawsnewid pob ffoton pelydr X sy'n cael ei amsugno i tua mil o ffotonau golau (mae'r fflachiwr hefyd wedi'i osod mewn bocs tywyll er mwyn sicrhau bod y ddelwedd yn eglur).
- Mae'r camera fideo *CCD* yn tynnu delweddau rheolaidd o'r sgrin fflachennu. Caiff y delweddau hyn eu hanfon at fonitor er mwyn i'r tîm meddygol ei weld.

Cofiwch

Mae'r camera fideo *CCD* mewn fflworosgopeg yn enghraifft o gamera digidol, ond mae'r rhan fwyaf o ddelweddau pelydr X yn dal i gael eu cynhyrchu drwy ddefnyddio ffilmiau ffotograffig (a dwysawyr delweddau).

(dd) Sganio *CT* (Tomograffeg Gyfrifiadurol, neu *Computed Tomography*)

Gall pelydrau X gael eu defnyddio hefyd i greu delweddau tri dimensiwn. Caiff hyn ei wneud fel arfer drwy gwblhau sgan heligol o'r claf, gan ddefnyddio paladr siâp bwa o belydrau X, a chanfodydd yn ei wynebu (gweler Ffig. B5). Mae'r canfodydd yn casglu gwybodaeth drwy'r amser, wrth i'r ffynhonnell a'r canfodydd gael eu cylchdroi o amgylch y claf. Mae angen cyfrifiadur i ddadansoddi'r holl wybodaeth hon, ac i gynhyrchu delwedd tri dimensiwn 'ffit orau' o'r claf. Mae delweddau tri dimensiwn ardderchog i'w gweld ar wefan rhannu ffeiliau boblogaidd (chwiliwch ar y we am 'whole body CT scan').

Mae gan sgan *CT* ddwy brif fantais o gymharu â delweddau pelydr X arferol:

1. Caiff delwedd tri dimensiwn ei chynhyrchu.
2. Mae gwell cyferbyniad i'w gael rhwng meinweoedd meddal.

Ond mae rhai anfanteision hefyd:

1. Dos uwch o belydrau X.
2. Cost uwch a mwy o amser – mae sganiau manwl fel arfer yn dilyn sgan rhagarweiniol.

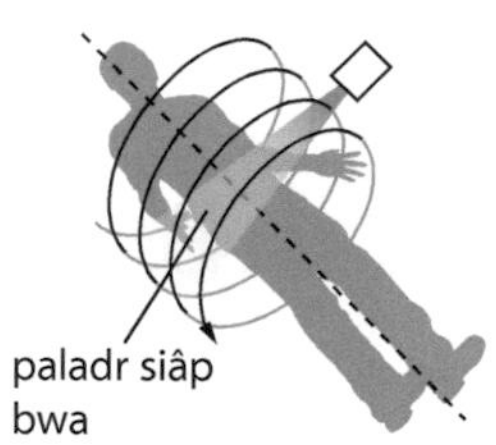

Ffig. B5 Sgan *CT*

Cofiwch

Mae sganio *CT* yn enghraifft arall o ddefnyddio derbynnydd delweddau digidol ar gyfer pelydrau X.

(e) Radiotherapi

Er y gall pelydrau X achosi canser, gallan nhw gael eu defnyddio i ladd celloedd canseraidd hefyd, gan ei bod hi'n haws lladd celloedd canseraidd na chelloedd iach.

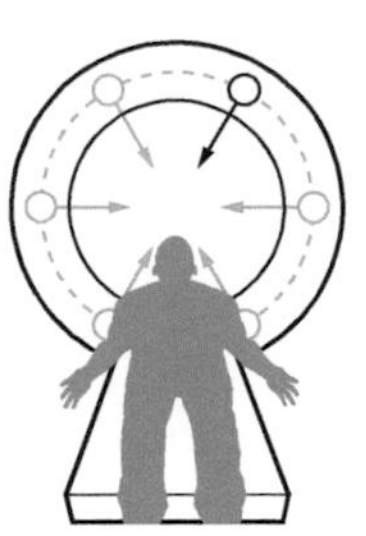
Ffig. B6 Radiotherapi ar waith

Er bod angen cyferbyniad uchel rhwng asgwrn a meinwe feddal ar gyfer delweddu pelydr X, y gwrthwyneb sy'n ofynnol ar gyfer radiotherapi. Mae angen pelydrau X sydd â chyferbyniad ac amsugniad is, er mwyn gallu pelydru pob math o feinwe, ac er mwyn gallu pelydru meinwe ar bob dyfnder. Mae hyn yn golygu bod angen pelydrau X egni uwch (neu hyd yn oed belydrau gama), ac mae'r amrediad egni rhwng 1 MeV a 25 MeV fel arfer yn cael ei ddefnyddio.

Gallwn ni leihau'r dos sy'n cyrraedd meinwe iach drwy gymryd y camau canlynol:

- Caiff y paladr ei gylchdroi o amgylch y tiwmor fel bod y pelydrau X, i bob pwrpas, yn cael eu 'ffocysu' ar y tiwmor (gweler Ffig. B6).
- Caiff yr egni ffotonau cywir ei ddewis fel bod y paladr yn treiddio i'r dyfnder priodol (egni is ar gyfer y croen, egni uwch ar gyfer tiwmorau dwfn).
- Caiff y paladr ei gyflino i'r lled cywir ar gyfer maint y tiwmor.
- Mae rhannau'r claf sydd heb angen cael eu harbelydru yn cael eu masgio.

B.2 Dos yr ymbelydredd

» Cofiwch

Y dos sy'n cael ei amsugno = yr egni gaiff ei amsugno fesul uned màs (mae'r gair amsugno yn gwneud synnwyr).
Y dos cyfatebol = mae'r diffiniad hwn yn gwneud pob math o belydriad yn gyfatebol.
Y dos effeithiol = dyma'r dos effeithiol cyffredinol, sy'n ystyried y math o belydriad a'r math o feinwe.

Gwella gradd

Er mwyn cofio pa uned sy'n cyfateb i ba ddos, sylwch eu bod nhw'n cyfateb yn nhrefn yr wyddor:
Amsugno → Gy
Cyfatebol → Sv
Effeithiol → Sv

Wrth amsugno ymbelydredd sy'n ïoneiddio, gall adweithiau cemegol diangen ddigwydd oherwydd yr ïonau sy'n cael eu cynhyrchu. Ni fydd dosau bach yn arwain at unrhyw effeithiau drwg, ond gall dosau mawr ladd. Mae'n bwysig gwahaniaethu rhwng y lefelau hyn o ddosau gydag unedau ffisegol da.

Mae tri diffiniad pwysig a dwy uned o ddos mae'n rhaid i chi eu dysgu.

- Y dos sy'n cael ei amsugno (D), sy'n cael ei fesur mewn gray (Gy).
- Y dos cyfatebol (H), sy'n cael ei fesur mewn sievert (Sv).
- Y dos effeithiol (E), sydd hefyd yn cael ei fesur mewn sievert (Sv).

Egni'r ymbelydredd sy'n ïoneiddio ac sy'n cael ei amsugno fesul uned màs yw'r **dos sy'n cael ei amsugno**, D. Felly, gallen ni ddefnyddio J kg^{-1}, yn lle'r uned Gy.

Mae'r **dos cyfatebol**, H, yn ystyried perygl cymharol y math o ymbelydredd sy'n ïoneiddio. Caiff ei ddiffinio gan:

$$H = DW_R$$

lle W_R yw ffactor pwysoli'r ymbelydredd. Mae pŵer ïoneiddio alffa yn llawer mwy na phŵer ïoneiddio ymbelydredd beta neu belydriad gama, ac felly mae gan alffa ffactor pwysoli uwch ($W_R = 20$), ac mae gan beta a gama ffactorau pwysoli o 1.

Mae'r **dos effeithiol**, E, yn ystyried perygl cymharol yr ymbelydredd sy'n ïoneiddio, yn ogystal â pha mor hawdd yw hi i ymbelydredd niweidio'r feinwe. Caiff hwn ei ddiffinio gan:

$$E = HW_T$$

h.y. rydych chi'n cymryd y dos cyfatebol, ac yna'n lluosi hwn â ffactor pellach, gan ddibynnu ar ba feinwe sy'n amsugno'r ymbelydredd. Wnewch chi ddim synnu o glywed mai'r enw ar W_T yw ffactor pwysoli'r feinwe (*tissue*), ac mae'n amrywio o 0.01 ar gyfer arwyneb asgwrn, y croen, a'r ymennydd, i 0.12 ar gyfer yr ysgyfaint, y colon a mêr coch yr esgyrn.

Enghraifft

22 mSv yw'r dos cyfatebol ar gyfer croen sy'n cael ei arbelydru gan ronynnau alffa. Cyfrifwch y dos effeithiol a'r dos sy'n cael ei amsugno.

Ateb

O'r uchod: ar gyfer α, mae $W_R = 20$, ac ar gyfer croen, mae $W_T = 0.01$.

∴ Mae'r dos effeithiol, $E = HW_T = 22 \times 0.01 = 0.22$ mSv

a thrwy aildrefnu'r hafaliad ar gyfer y dos cyfatebol cawn y canlynol:

$$\text{Dos cyfatebol, } H = DW_R \quad \rightarrow \quad D = \frac{H}{W_R} = \frac{22}{20} = 1.1\,\text{mGy}$$

Enghraifft fwy anodd

12 MW yw pŵer mewnbwn peiriant pelydr X sy'n cael ei ddefnyddio ar gyfer radiotherapi. Mae'n cynhyrchu paladr o belydrau X, arddwysedd 18 W m^{-2}, dros arwynebedd o 5.0 cm × 5.0 cm. Mae'r paladr hwn yn arbelydru tiwmor ar yr ymennydd, sydd 6.2 cm o dan arwyneb y croen. 14 cm yw trwch hanner gwerth y benglog/yr ymennydd ar gyfer y pelydrau X hyn. Cyfrifwch y canlynol:

(a) Effeithlonrwydd y peiriant pelydr X.

(b) Y cyfernod amsugno ar gyfer y benglog/yr ymennydd.

(c) Yr amser sydd ei angen er mwyn i'r tiwmor gael dos effeithiol o 1.5 Sv, os yw màs y tiwmor yn 73 g, ac os yw'n amsugno 6% o'r pelydrau X sy'n ei daro.

Atebion

(a) Gan ddefnyddio diffiniad arddwysedd

$$P = I \times \text{Arwynebedd} = 18\,\text{W m}^{-2} \times (0.05\,\text{m})^2 = 0.045\,\text{W}$$

Drwy hynny, mae

$$\text{Effeithlonrwydd} = \frac{0.045\ \text{W}}{12 \times 10^6\ \text{W}} \times 100\% = 3.75 \times 10^{-7}\%$$

(b) Gan ddefnyddio'r hafaliad gafodd ei ddeillio'n gynharach – Adran B.1(c) –

$$\text{mae } \mu = \frac{\ln 2}{x_{\frac{1}{2}}} = \frac{\ln 2}{14\,\text{cm}} = 0.0495\ \text{cm}^{-1}$$

(c) Yn gyntaf, defnyddiwch y cyfernod amsugno i ddarganfod yr arddwysedd ar y tiwmor: $I = I_0 e^{-\mu x}$

Yna defnyddiwch y cysylltiadau rhwng pŵer ac arddwysedd, a rhwng pŵer ac egni:

$$\text{Egni} = Pt \quad \text{a} \quad P = IA \quad \rightarrow \quad \text{Egni} = IAt$$

Drwy gyfuno'r ddau hafaliad hyn, cawn fod: $\text{Egni} = AtI_0 e^{-\mu x}$

cwestiwn cyflym

⑦ 1.2 mJ g^{-1} yw'r dos sy'n cael ei amsugno ar gyfer arennau sy'n cael eu harbelydru gan belydrau gama. Cyfrifwch y dosau cyfatebol ac effeithiol.

Mae $W_R = 1$ ac mae $W_T = 0.05$

cwestiwn cyflym

⑧ 0.7 mJ g^{-1} yw'r dos effeithiol ar gyfer gonadau sy'n cael eu harbelydru gan ronynnau alffa. Cyfrifwch y dos sy'n cael ei amsugno a'r dos cyfatebol.

Mae $W_R = 20$ ac mae $W_T = 0.08$

Gwella gradd

Nid oes angen trawsnewid mSv yn Sv.

Gwella gradd

Peidiwch â phoeni gormod os yw gwerthoedd y ffactor pwysoli ar y papur arholiad yn wahanol i'r rhai rydych chi wedi'u gweld o'r blaen; mae arbenigwyr yn dal i anghytuno ar ba werthoedd yw'r gorau.

Cofiwch

Mae rhan (c) yn anodd, ac mae'n bosibl ei bod yn rhy hir i gael ei chynnwys mewn papur arholiad – mae'n cynnwys 7 hafaliad, a llawer o amnewid ac aildrefnu. Mae'n debygol y byddai hyn yn werth tua 8 marc. Ond cofiwch y camau unigol er hynny: byddai fersiwn symlach yn gwestiwn priodol sy'n werth tua 4 marc.

Gwella gradd

Pan mae gennych chi gymaint â hyn o hafaliadau i'w trin i ddarganfod yr ateb cywir, does dim llawer o werth i'r Llyfryn Data.

Mae angen gafael dda ar yr hafaliadau, a gallu eu deall nhw, a hynny heb ddibynnu ar y Llyfryn Data.

Cofiwch

Mae llygaid cyfansawdd pryfed yn gweithio ar yr un egwyddor â'r cyflinydd mewn camera gama. Does ganddyn nhw ddim lensiau. Yn lle hynny, maen nhw'n caniatáu i belydrau golau sy'n baralel i echelin pob llygad mân, a dim ond y rhain, daro'r retina. Yna, mae'r ymennydd yn llunio'r ddelwedd. Mae'r mantis gweddïol hyd yn oed yn llwyddo i greu delweddau tri dimensiwn drwy ddefnyddio'r llygaid hyn.

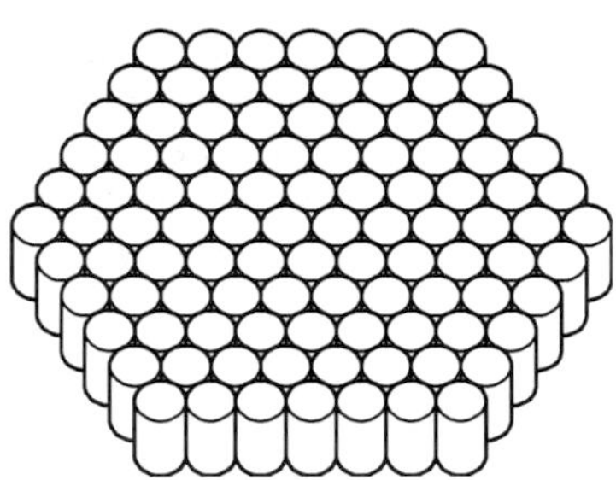

Ffig. B8 Tiwbiau plwm y cyflinydd

Cofiwch

Mewn camerâu gama, mae camerâu *CCD*, sy'n llawer rhatach, yn graddol gymryd lle ffotoluosyddion, ac mae trefniant y camera gama yn dod yn debycach i'r trefniant sy'n cael ei ddefnyddio ar gyfer fflworosgopeg.

Nesaf, mae'n rhaid i ni ddefnyddio'r diffiniadau ar gyfer dos wedi'i amsugno, dos cyfatebol a dos effeithiol:

$$D = \frac{\text{Egni}}{m}, \text{ a } H = DW_R, \text{ a } E = HW_T \rightarrow E = \frac{\text{Egni} \times W_R W_T}{m}$$

Ond dim ond 6% o'r egni trawol yw'r egni sy'n cael ei amsugno:

$$\therefore \text{ Mae } E = \frac{0.06 \times \text{Egni} \times W_R W_T}{m} = \frac{0.06 \times AtI_0 e^{-\mu x} W_R W_T}{m}$$

Drwy aildrefnu ac yna amnewid y gwerthoedd perthnasol, cawn fod:

$$t = \frac{Em}{0.06 \times AtI_0 e^{-\mu x} W_R W_T} = \frac{1.5 \times 73 \times 10^{-3}}{0.06 \times (0.05)^2 \times 18e^{-0.0495 \times 62} \times 1 \times 0.01}$$

$$= 5\,500 \text{ s}$$

Mae'r gwerth hwn yn tybio bod gan y tiwmor y dimensiynau union, 5 cm × 5 cm, a bod ymbelydredd o'r un arddwysedd yn cyrraedd pob rhan ohono. Dyma'r unig gyfrifiad sy'n bosibl o'r wybodaeth sydd ar gael.

B.3 Camera gama

Caiff camerâu gama eu defnyddio'n rheolaidd mewn ysbytai. Mae egwyddorion y camera i'w gweld yn Ffig. B7.

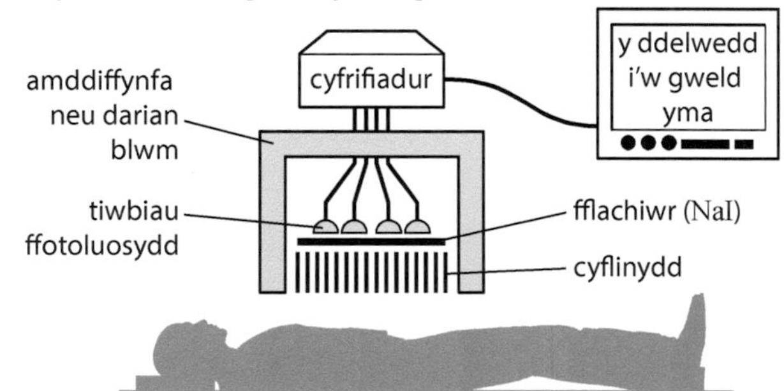

Ffig. B7 Egwyddor gweithrediad camera gama

Nid oes modd ffocysu pelydrau gama, felly caiff cyflinydd plwm ei ddefnyddio i sicrhau mai'r pelydrau γ sy'n teithio i fyny'n fertigol yn unig sy'n taro'r grisial (yn Ffig. B7). Yn syml, trefniant dau ddimensiwn o diwbiau plwm yw'r cyflinydd plwm. Mae'r tiwbiau plwm hyn yn amsugno unrhyw belydrau gama sydd ddim yn teithio'n baralel i'w hechelinau. Oherwydd bod yn rhaid i'r cyflinyddion hyn fod yn gymharol drwchus i amsugno'r pelydrau gama, nid yw cydraniad camera gama yn uchel iawn (byddai gan y cyflinydd hecsagonol sydd i'w weld yn Ffig. B8 ochrau 5 cm o hyd, felly tua 5 mm yw gwahaniad y picseli). Ar ôl y cyflinydd, daw fflachiwr (NaI unwaith eto) sy'n trawsnewid pelydryn gama yn filoedd o ffotonau gweladwy. Mae tiwbiau'r ffotoluosydd yn canfod y fflachennau golau. Mae'r cyfrifiadur a'r cydrannau electronig yn prosesu'r wybodaeth hon ac yn creu cyfartaledd ohoni i gynhyrchu delweddau dau ddimensiwn.

B.4 Olinyddion ymbelydrol sy'n allyrru pelydriad gama

Cyfansoddion cemegol yw olinyddion ymbelydrol (neu olinyddion radio), sy'n cynnwys isotop ymbelydrol yn lle un o'r atomau. Mae olinyddion o'r fath yn cael eu defnyddio'n aml mewn diwydiant, e.e. i ddarganfod lleoliad craciau mewn pibellau nwy tanddaearol. Mae'n bosibl eu defnyddio mewn meddygaeth hefyd, ar gyfer dod o hyd i broblemau meddygol, ac ar gyfer delweddu. Un o'r olinyddion ymbelydrol mwyaf cyffredin yw'r isotop technetiwm sy'n allyrru pelydrau gama, sef Tc-99m. Mae ganddo hanner oes o 30 munud yn unig, felly mae'n rhaid i ysbytai ei gynhyrchu ar y safle.

Ystyr yr 'm' yn y niwclid Tc-99m yw 'metasefydlog', ac mae'n dangos bod y niwclid hwn mewn cyflwr cynhyrfol. Mae'n dadfeilio i Tc-99 drwy allyrru ffoton 0.14 MeV (γ), sy'n gallu cael ei ddefnyddio ar gyfer delweddu. Mae cyfansoddyn sy'n cynnwys Tc-99m (Na^+ TcO_4^- yn aml) yn cael ei roi i'r claf mewn pigiad. Mae'r cyfansoddyn wedi ei ddewis fel bod y tiwmor yn ei amsugno'n hawdd. Felly bydd delweddau o'r claf, wedi'u tynnu drwy ddefnyddio camera gama (gweler uchod), yn datgelu presenoldeb tiwmorau. Caiff Tc-99m ei ddefnyddio'n aml i ddelweddu'r galon a'r ymennydd.

Gwella gradd

Dyma brif briodweddau olinydd ymbelydrol:

- Mae'n ymddwyn yn gemegol yn ôl yr angen, h.y. mae'n mynd i ble bynnag mae ei angen heb fod yn wenwynig/niweidiol.
- Mae'n allyrru'r math cywir o ymbelydredd (pelydriad gama fel arfer).
- Mae ganddo hanner oes o tua awr – digon hir i wneud yr arbrawf, ond digon byr i ddadfeilio mewn amser rhesymol heb i'r claf gael dos mawr.

B.5 Tomograffeg allyrru positronau (sgan *PET: Positron Emission Tomography*)

Mewn sganiau *PET*, mae moleciwl glwcos fel arfer yn cael ei dagio ag atom sy'n allyrru positron, er enghraifft fflworin-18. Mae'r ddau ffoton gama, sy'n cael eu cynhyrchu wrth i'r e+ ac electron ddifodi ei gilydd, yn gallu cael eu canfod y tu allan i'r corff drwy ddefnyddio camera gama.

Mae canserau yn cynnwys celloedd sy'n rhannu'n actif, ac felly mae arnyn nhw angen mwy o egni; oherwydd hyn maen nhw'n tueddu i gronni glwcos. O ganlyniad, mae sganiau *PET* yn ddefnyddiol ar gyfer delweddu canser.

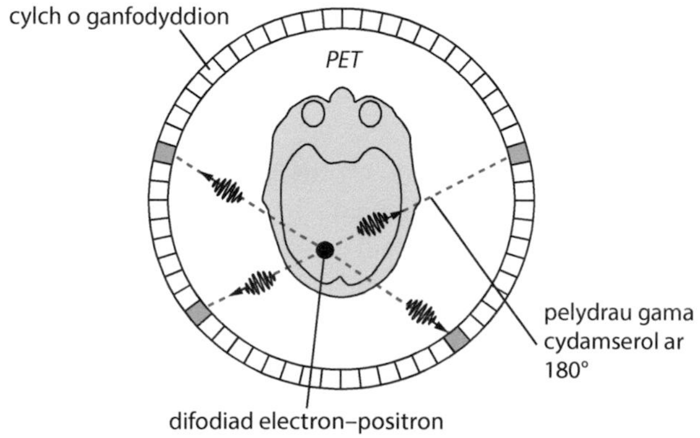

Ffig. B9 Egwyddor y sgan *PET*

cwestiwn cyflym

⑨ Caiff olinydd ymbelydrol sy'n allyrru pelydrau gama, ac sydd â hanner oes o 6 awr, ei roi i glaf. Caiff y claf ei rybuddio i gadw draw oddi wrth ferched beichiog a phlant am dri diwrnod (er mwyn i'r actifedd ddisgyn i lefel ddiogel). Mae claf arall yn cael 4× y dos o'r un allyrrydd gama er mwyn cael delwedd fwy manwl ar y camera gama. Am faint o amser bydd yn rhaid i'r ail glaf gadw draw oddi wrth ferched beichiog a phlant?

Mewn sganiwr *PET* (gweler Ffig. B9), mae camera gama crwn yn amgylchynu'r claf. Pan fydd positron yn difodi electron, rydyn ni'n canfod y ddau belydryn gama sy'n cael eu hallyrru bron ar yr un pryd. Felly, mae ffynhonnell y ddau belydryn gama'n gorwedd ar linell sy'n cysylltu'r pwyntiau lle cafodd y pelydrau gama eu canfod.

Gall y camera gama fesur oediadau amser o tua 10^{-12} s, a drwy hyn, gall ffynhonnell y pelydrau gama gael ei lleoli ar hyd y llinell rhwng y ddau ganfodydd. Os yw'r pwls yn cyrraedd y canfodydd ar y chwith 5 ps cyn iddo gyrraedd y canfodydd ar y dde, er enghraifft, yna mae'r ffynhonnell bellter o

$$5 \times 10^{-12} \times 3 \times 10^{8} = 15 \times 10^{-4}\,\text{m}$$

yn nes at y canfodydd ar y chwith na'r canfodydd ar y dde (gan fod pelydrau gama yn teithio ar gyflymder goleuni). Gan ddefnyddio'r wybodaeth hon, gall delwedd tri dimensiwn o'r prif ardaloedd lle mae difodi positronau'n digwydd gael ei chreu.

cwestiwn cyflym

⑩ Cyfrifwch fanwl gywirdeb yr amseriad sy'n ofynnol er mwyn sicrhau cydraniad gofodol o 0.5 mm mewn sgan *PET*.

Termau allweddol

Sgan A = sgan un dimensiwn, lle mae'r oediad amser yn rhoi pellter a thrwch.

Sgan B = sgan dau ddimensiwn (symudol fel arfer) sy'n rhoi delweddau cydraniad isel o organ/ffoetws.

Rhwystriant acwstig = $Z = c\rho$, lle c yw buanedd sain, a ρ yw'r dwysedd.

Cyfrwng cyplysu = gel sy'n cydweddu rhwystriant acwstig dau ddefnydd ar ffin â'i gilydd. Mae hefyd yn dileu aer o'r ffin.

B.6 Uwchsain

Caiff hwn ei gynhyrchu drwy ddefnyddio grisial piesodrydanol. Mae grisialau o'r fath yn anffurfio wrth ymateb i faes trydanol. Mae electrodau yn rhoi gp eiledol amledd uchel i'r grisial, sy'n dirgrynu ar yr un amledd ac yn cynhyrchu'r don sain. Mae'r broses hefyd yn digwydd o chwith: mae'r grisial yn cynhyrchu gp eiledol wrth ymateb i don sain drawol – felly mae'r trawsyrrydd hefyd yn ganfodydd. Dyma chwiliwr uwchsain nodweddiadol.

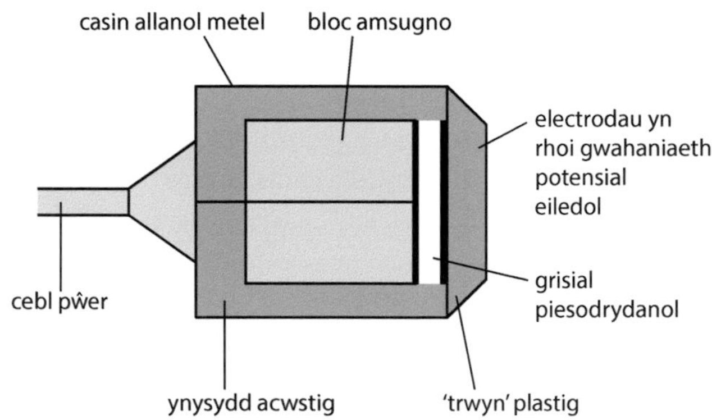

Ffig. B10 Chwiliwr uwchsain

Mae'r bloc amsugno yn amsugno'r tonnau sain fyddai fel arall yn cael eu hanfon i'r chwith (yn Ffig. B10). Byddai'r rhain wedyn yn cael eu hadlewyrchu ac yn ymyrryd â'r signalau sy'n cael eu hadlewyrchu o'r corff.

Caiff pwls o gp eiledol amledd uchel [MHz] ei roi i'r grisial piesodrydanol; caiff pwls o donnau sain ei gynhyrchu, ac mae'n teithio i'r dde, i mewn i'r corff; mae adlewyrchiadau yn cyrraedd [gweler t. 156]; mae'r grisial yn trawsnewid y rhain yn bylsiau trydanol, sy'n cael eu hanfon yn ôl ar hyd y cebl pŵer, a'u dadansoddi. Caiff hyn ei ailadrodd sawl gwaith bob eiliad.

Mathau o sgan	Disgrifiad	Enghraifft
Sgan A	Un dimensiwn; mae'r pylsiau sy'n dychwelyd yn cael eu canfod ar *CRO*; defnyddio oediad amser i gyfrifo pellterau neu ganfod bodolaeth adeileddau.	Byddai tiwmor yn newid amser dychwelyd pwls sy'n cael ei adlewyrchu o adeiledd hysbys.
Sgan B	Dau ddimensiwn; caiff arae o ganfodyddion neu un trawsyrrydd/canfodydd ei ddefnyddio; mae'r pylsiau sy'n dychwelyd yn cael eu harddangos ar sgrin; bydd delweddau o'r adeileddau i'w gweld.	Sganiau o'r ffoetws/sganiau cyn geni i roi delweddau a gwybodaeth am faint a datblygiad ffoetws (mae nifer y ffoetysau mewn defaid yn bwysig hefyd).

(a) Adlewyrchu uwchsain

Caiff uwchsain ei adlewyrchu pryd bynnag bydd yn croesi ffin rhwng dau gyfrwng. **Rhwystriant acwstig**, *Z*, pob un o'r cyfryngau yw'r briodwedd sy'n pennu pa ffracsiwn sy'n cael ei adlewyrchu. Caiff hwn ei ddiffinio gan:

$$Z = c\rho$$

lle c yw buanedd sain (yn y cyfrwng), a ρ yw dwysedd y cyfrwng. Dyma rai ffigurau er gwybodaeth:

$$Z_{\text{aer}} \sim 400\,\text{kg}\,\text{m}^{-2}\,\text{s}^{-1} \quad \text{a} \quad Z_{\text{croen}} \sim 2 \times 10^6\,\text{kg}\,\text{m}^{-2}\,\text{s}^{-1}.$$

Caiff ffracsiwn, *R*, yr egni uwchsain sy'n cael ei adlewyrchu ei roi gan

$$R = \frac{(Z_2 - Z_1)^2}{(Z_2 + Z_1)^2}$$

Os bydd angen yr hafaliad hwn yn yr arholiad, bydd yn cael ei roi ar y papur cwestiynau (nid yw'n ymddangos yn y Llyfryn Data). Drwy ddefnyddio'r gwerthoedd *Z* uchod ar gyfer aer a chroen, dylech chi allu dangos bod *R* rhwng aer a chroen bron yn 100%, h.y. ni fyddai unrhyw uwchsain bron (<0.1%) yn treiddio i'r corff o'r aer, ac ni fyddai unrhyw sain, bron, o'r corff yn dod yn ôl allan i'r aer. Byddai haen denau o aer bob amser yn bodoli rhwng y chwiliwr uwchsain a'r croen. Felly caiff **cyfrwng cyplysu**, sef gel, ei roi ar y croen, a chaiff y chwiliwr ei roi mewn cysylltiad â'r gel. Mae gan y gel werth *Z* sy'n debyg iawn i'r croen, felly ni chaiff unrhyw uwchsain, bron, ei adlewyrchu ar y ffin rhwng y gel a'r croen – mae'r cyfan yn croesi i'r ddau gyfeiriad.

cwestiwn cyflym

⑪ Dangoswch mai $\text{kg}\,\text{m}^{-2}\,\text{s}^{-1}$ yw uned *Z*.

Termau allweddol

Effaith piesodrydanol – mae defnydd yn cynhyrchu maes trydanol (neu gp) pan gaiff ei anffurfio.

Effaith piesodrydanol gwrthdro – mae defnydd yn anffurfio pan fydd maes trydanol (neu gp) yn cael ei roi arno.

» Cofiwch

Mae ffracsiwn yr uwchsain sy'n cael ei adlewyrchu ar ffin, $R = \frac{(Z_2 - Z_1)^2}{(Z_2 + Z_1)^2}$, ar gyfer uwchsain sy'n taro ar hyd y normal i'r rhyngwyneb. Ni fydd trawiadau sydd ddim yn normal yn codi mewn arholiad byth, gan fod yr hafaliadau ymhell y tu hwnt i waith Ffiseg Safon Uwch – a'r rhan fwyaf o Ffiseg safon gradd hefyd!

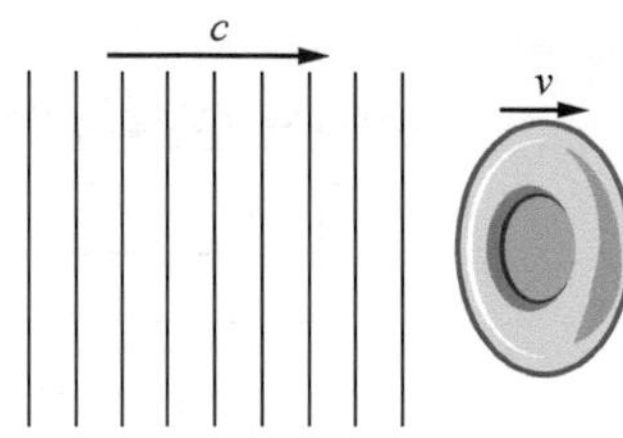

Ffig. B11 Ton sain yn taro cell goch y gwaed

cwestiwn cyflym

⑫ Pa ffracsiwn o sain sy'n cael ei adlewyrchu ar ffin rhwng dŵr croyw a dŵr môr?

$Z_{\text{croyw}} = 1.43 \times 10^6 \text{kg m}^{-2}\text{s}^{-1}$;

$Z_{\text{môr}} = 1.45 \times 10^6 \text{kg m}^{-2}\text{s}^{-1}$.

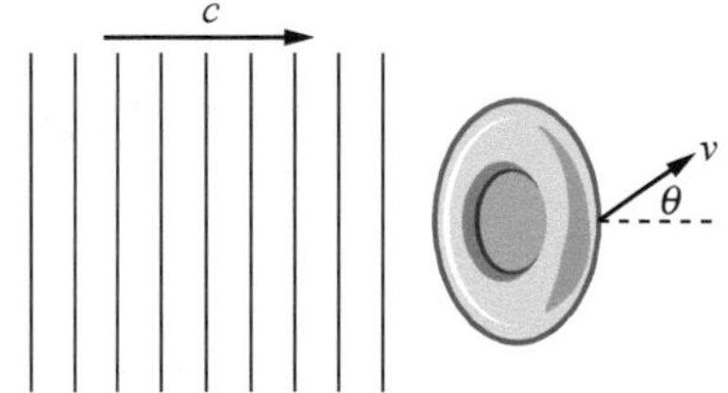

Ffig. B12 Ton sain yn taro ar ongl

cwestiwn cyflym

⑬ Yn ymarferol, efallai na fyddwn ni'n gwybod yr ongl, θ. A yw hyn yn rhoi cyfeiliornad sylweddol os yw θ yn llai na 15°, a bod angen manwl gywirdeb o 10%?

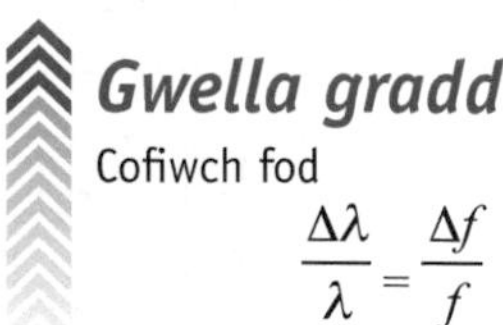

Gwella gradd

Cofiwch fod

$$\frac{\Delta\lambda}{\lambda} = \frac{\Delta f}{f}$$

(b) Chwiliwr Doppler

Dyma ffordd arall o ddefnyddio uwchsain i astudio llif y gwaed. Mae'r dechneg yn defnyddio'r un ffiseg â'r dechneg o ganfod planedau y tu allan i gysawd yr haul drwy edrych ar sbectrwm y seren.

Dychmygwch don uwchsain, tonfedd λ, yn taro cell goch y gwaed sy'n symud â chyflymder v. O Uned 4, mae tonfedd y don sain gaiff ei 'gweld' gan y gell goch yn cael ei dadleoli $\Delta\lambda$, sy'n cael ei roi gan yr hafaliad:

$$\frac{\Delta\lambda}{\lambda} = \frac{v}{c},$$

Yn ogystal â hyn, mae'r gell goch yn adlewyrchu'r don uwchsain yn ôl at y canfodydd ar hyd ei chyfeiriad gwreiddiol. Oherwydd bod y gell goch yn symud i ffwrdd oddi wrth y canfodydd, caiff y don ei heffeithio yr un faint eto gan ddadleoliad Doppler am yr ail dro. Felly, mae gan y signal uwchsain sy'n cyrraedd werth o $\Delta\lambda$, sy'n cael ei roi gan:

$$\frac{\Delta\lambda}{\lambda} = 2\frac{v}{c}$$

Fel arfer, nid yw cyfeiriad symud cell goch y gwaed i'r un cyfeiriad yn union â chyfeiriad lledaenu'r uwchsain (Ffig. B12). Yn yr achos hwn, mae angen cydran cyflymder cell goch y gwaed yng nghyfeiriad yr uwchsain ($v\cos\theta$), felly dyma'r hafaliad:

$$\frac{\Delta\lambda}{\lambda} = \frac{2v\cos\theta}{c}$$

Mae'r newid ffracsiynol yn y donfedd yr un peth yn union â'r newid ffracsiynol yn yr amledd (ond bod un yn cynyddu wrth i'r llall leihau). Yr hafaliad sy'n ymddangos yn y fanyleb ac yn y Llyfryn data yw:

$$\frac{\Delta f}{f} = \frac{2v\cos\theta}{c}$$

Enghraifft

Mae uwchsain o chwiliwr yn mynd i mewn i aorta ffoetws ar ongl o 25° i gyfeiriad llif y gwaed. 1.3 kHz yw'r newid yn amledd yr uwchsain sy'n cael ei adlewyrchu, a 3.5 MHz yw amledd yr uwchsain trawol. Os yw buanedd y tonnau uwchsain yn 1600 m s^{-1}, cyfrifwch fuanedd llif y gwaed yn aorta'r ffoetws.

Ateb

Drwy aildrefnu ar gyfer v, cawn fod:

$$v = \frac{c\Delta f}{2f\cos\theta} = \frac{1600 \times 1300}{2 \times 3.5 \times 10^6 \times \cos 25^\circ} = 0.33 \text{ m s}^{-1}$$

Credwch neu beidio, mae'r cyfrifiad hwn yn cael ei wneud yn awtomatig gan sganwyr uwchsain ar gyfer babanod heb eu geni, a hynny'n rheolaidd.

B.7 Delweddu cyseiniant magnetig (*MRI: Magnetic Resonance Imaging*)

Mae hon yn dechneg gwbl ddiogel. Nid yw'n defnyddio unrhyw ymbelydredd sy'n ïoneiddio, ac mae'n cynhyrchu delweddau manwl iawn, yn enwedig o feinwe feddal.

Yn anffodus, mae'r dechneg yn defnyddio magnetau uwchddargludol, ac felly ni all gael ei defnyddio ar gleifion sydd â rheoliadur y galon (ond mae rheoliaduron anfferrus ar gael ers 2010, ac mae'n iawn defnyddio *MRI* gyda'r rhain).

Mae'r broses yn golygu gorwedd yn llonydd am gyfnod hir (Ffig. B13), a chael tonnau radio wedi'u tanio atoch. Mae hyn yn achosi problemau i blant ifanc, ac mae'n glawstroffobig, ond mae'n bosibl datrys hyn drwy roi'r claf i gysgu.

Sut mae'n gweithio?

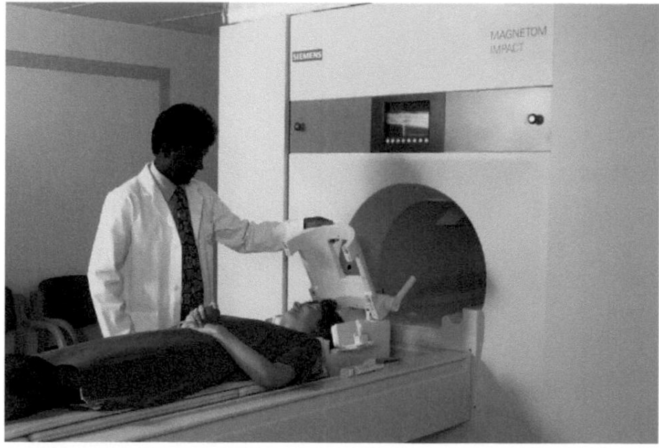

Ffig. B13 Paratoi ar gyfer sgan *MRI* (Science Photo Library)

(a) Niwclysau magnetig

Mae pob niwclews yn troelli, ond mae sganio *MRI* meddygol yn berthnasol i niwclysau hydrogen (protonau) yn bennaf, oherwydd mai dŵr (H_2O) yw 75% o'r corff. Yn absenoldeb maes magnetig, mae cyfeiriad troelli niwclews hydrogen yn llwyr ar hap. Ond mewn maes magnetig, mae'r niwclysau'n alinio â llinellau'r maes magnetig hwnnw (Ffig. B14). A dweud y gwir, maen nhw'n presesu o amgylch y maes magnetig gaiff ei roi, yn yr un ffordd ag mae gyrosgop yn presesu o gwmpas y maes disgyrchiant gaiff ei roi. Mae amledd y niwclysau hydrogen wrth droelli o gwmpas y maes magnetig (B) yn amledd trachywir iawn, sy'n cael ei roi gan yr hafaliad:

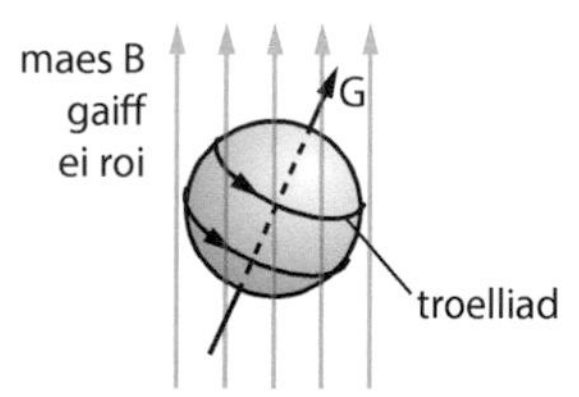

Ffig. B14 Niwclews sy'n troelli 1

$$f = 42.6 \times 10^6\ B$$

Term allweddol

Amledd Larmor = amledd y ffoton sy'n cyseinio gyda'r gwahaniaeth rhwng lefelau egni cyflyrau moment magnetig y niwclews mewn maes magnetig.

Amser sadiad (neu amser ymlacio) = math o amser cyfartalog mae niwclysau'n ei gymryd i droi eu troelliad yn ôl i alinio â'r maes B gaiff ei roi. Mae hwn yn amrywio'n fawr ar gyfer meinweoedd meddal gwahanol.

cwestiwn cyflym

⑭ Mae maes B (mewn T) peiriant *MRI* yn cael ei roi gan

$B = 3.2 + 0.25x$

lle x yw'r pellter, mewn metrau, ar hyd y bwrdd *MRI*. Darganfyddwch werth x lle bydd dwy don radio, amledd 137 MHz, yn gallu sganio.

lle B yw dwysedd y fflwcs magnetig, wedi'i fesur mewn tesla (T). Dyma sut mae'r hafaliad yn ymddangos yn y Llyfryn Data, a bydd angen i chi allu ei ddefnyddio i gyfrifo **amleddau Larmor** (ar gyfer meysydd B). Gan mai dyma amledd naturiol y niwclysau, hwn hefyd yw'r amledd cyseinio ar gyfer osgiliadau gorfod, ac mae'n bosibl gorfodi'r osgiliadau drwy anfon tonnau radio ar yr amledd hwn at y niwclysau hydrogen (drwy anfon cerrynt ar yr amledd hwn i goiliau allyrru).

Pan gaiff hyn ei wneud, bydd nifer mawr o niwclysau hydrogen yn amsugno'r tonnau radio ac yn troi eu haliniad (gweler Ffig. B15). Mae hwn yn gyflwr egni ychydig yn uwch, a bydd y niwclysau yn aros yn y cyflwr hwnnw am gyfnod cyn troi'n ôl ac allyrru tonnau radio.

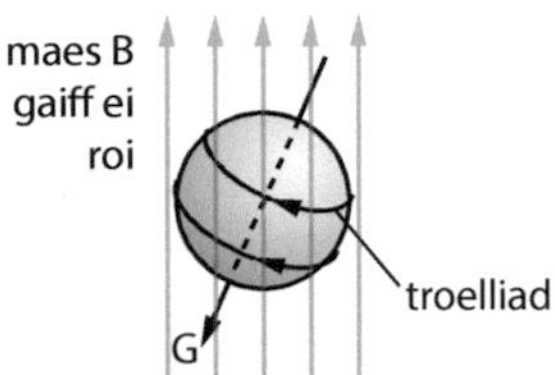

Ffig. B15 Niwclews sy'n troelli 2

Yr enw ar yr amser nodweddiadol cyn i'r niwclysau droi'n ôl (ar ôl diffodd y tonnau radio) yw'r '**amser sadiad**' (neu amser ymlacio). Wrth i'r tonnau radio gael eu hallyrru, maen nhw'n cael eu canfod gan goiliau (yn aml yr un coiliau â'r coiliau allyrru). Mae'r 'amser sadiad' hwn yn dibynnu'n fawr ar grynodiad y niwclysau hydrogen (2.5 s yw amser sadiad dŵr, a 0.18 s yw amser sadiad braster corff). O ganlyniad, gall sganiwr *MRI* gynhyrchu delweddau sydd â chyferbyniad gwych o ran meinwe feddal.

Gall sganiwr *MRI* gynhyrchu delweddau tri dimensiwn drwy gael graddiant yn y maes magnetig (Ffig B16).

1.5 T yw'r maes B hanner ffordd ar hyd y sgan, ac mae'r amledd cyseinio pan fydd $B = 1.5$ T yn

$$f = 42.6\ \text{MHz T}^{-1} \times 1.5\ \text{T} = 63.9\ \text{MHz}$$

Pan fydd tonnau radio sydd ag amledd o 63.9 MHz yn cael eu hallyrru, bydd y dafell sydd i'w gweld yn y diagram yn cael ei sganio. Drwy newid amledd y tonnau radio, mae'n bosibl sganio tafelli gwahanol.

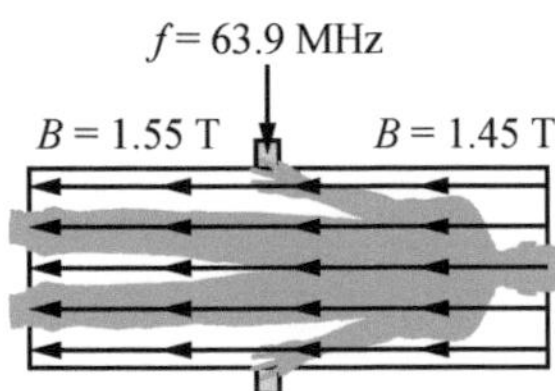

Ffig. B16 Graddiant maes magnetig

B.8 Tabl i gymharu'r prif dechnegau delweddu

Priodwedd	Uwchsain	Pelydr X safonol	Sgan *CT*	*MRI*
Faint o gysylltiad â'r pelydriad	Dim pelydriad sy'n ïoneiddio	Dod i gysylltiad â phelydriad sy'n ïoneiddio	Dod i gysylltiad sylweddol â phelydriad sy'n ïoneiddio (2–10 mSv) sy'n gyfwerth â 5 mlynedd o belydriad cefndir	Dim pelydriad sy'n ïoneiddio
Defnydd	Meinwe feddal fel arfer, yn cynnwys ffoetws; cymalau'r sgerbwd	Esgyrn wedi torri yn bennaf; gyda chyfrwng cyferbynnu, gall gael ei ddefnyddio ar gyfer meinwe feddal hefyd	Anafiadau i esgyrn; delweddu'r ysgyfaint a'r frest; canfod canser; archwiliadau damweiniau brys	Delweddu mathau gwahanol o feinweoedd meddal, e.e. anafiadau, tiwmorau
Effeithiau biolegol	Dim peryglon hysbys o ran delweddu	Effeithiau carsinogenaidd a namau datblygiadol mewn embryonau	Yr un fath â phelydrau X	Dim peryglon hysbys. Adwaith alergaidd i gyfryngau cyferbynnu
Cost	Cost isel	Cost isel	Tua hanner cost *MRI*	Cost uchel
Amodau	Amser byr; cymharol ddi-boen (efallai y bydd angen defnyddio chwiliwr, e.e. chwiliwr rhefrol)	Amser byr iawn	Amser gweddol fyr (5 munud), yn ddelfrydol ni ddylech chi symud, ond llai o broblem nag yn achos *MRI*	Amser hir; anghyfforddus (chewch chi ddim symud); swnllyd; clawstroffobia
Delweddu 3D	Ddim fel arfer – mae pob delwedd yn dafell dau ddimensiwn	Nid yw'n bosibl heb symud y claf	Yn bosibl drwy ddefnyddio sgan heligol	Posibl
Eglurder	Nid yw'n uchel – yn dibynnu ar sgìl yr ymarferwr	Eglurder uchel o ran adeileddau esgyrnog	Eglurder uchel o ran adeileddau esgyrnog; eglurder cymedrol o ran adeileddau meddal (yn well gyda chyfrwng cyferbynnu)	Eglurder uchel (ond rhaid i'r claf fod yn llonydd)
Pryd i beidio â'i defnyddio	Pan fydd aer yn y ffordd, e.e. yr ysgyfaint, coluddion sy'n llawn aer	Beichiogrwydd	Cyfyngiad pwysau o ~200 kg oherwydd diffyg lle, a chryfder y bwrdd symudol	Rhai mewnblaniadau metel; rheoliadur y galon Cyfyngiad pwysau ~150 kg (lle/cryfder y bwrdd)

ychwanegol

1. 1.2 A yw cerrynt y tiwb mewn peiriant pelydr X, a 100 kV yw'r gp cyflymu.
   (a) Cyfrifwch bŵer mewnbwn y peiriant pelydr X.
   (b) 50 W yw cyfanswm allbwn pelydr X y peiriant. Cyfrifwch effeithlonrwydd y peiriant pelydr X.
   (c) Cyfrifwch egni mwyaf ffotonau pelydr X mewn eV ac mewn J.
   (ch) Cyfrifwch y donfedd leiaf (λ_{lleiaf}).
   (d) Amcangyfrifwch nifer y ffotonau pelydr X sy'n cael eu hallyrru fesul eiliad.

2. Mae gan baladr o ffotonau pelydr X, 30 keV, gyfernod gwanhad o $0.9\ cm^{-1}$ mewn meinwe a $9.0\ cm^{-1}$ mewn asgwrn. Wrth greu delwedd pelydr X, mae rhan o'r paladr yn mynd drwy 5 cm o feinwe, ac mae rhan arall o'r paladr yn mynd drwy 3 cm o feinwe a 2 cm o asgwrn.
   (a) Cyfrifwch gymhareb arddwyseddau dwy ran y paladr. (Awgrym: bydd yr arddwysedd cychwynnol, I_0, yn canslo allan, ac os ydych chi am fod yn ddiog, mae dwy ran y paladr yn teithio drwy 3 cm o feinwe.)
   (b) Mae 2.1×10^5 o ffotonau yn cyrraedd y plât ffotograffig fesul eiliad a fesul mm^2, a hynny ar ôl pasio drwy 5 cm o feinwe.
      (i) Cyfrifwch nifer y ffotonau fesul eiliad, fesul mm^2 sy'n cyrraedd y plât ffotograffig ar ôl pasio drwy 3 cm o feinwe a 2 cm o asgwrn.
      (ii) Cyfrifwch arddwysedd y paladr pelydr X sy'n cyfateb i 2.1×10^5 o ffotonau fesul eiliad, fesul mm^2.
3. Pŵer mewnbwn peiriant pelydr X sy'n cael ei ddefnyddio ar gyfer radiotherapi yw 8 MW. Mae'n cynhyrchu paladr o belydrau X, arddwysedd $15\ W\ m^{-2}$, dros arwynebedd o $3.2\ cm \times 2.4\ cm$.
   (a) Cyfrifwch effeithlonrwydd y peiriant radiotherapi ar gyfer y gosodiadau hyn.
   (b) Mae'r paladr yn arbelydru tiwmor ar yr ysgyfaint, sy'n gorwedd 8.5 cm o dan arwyneb y croen. 11.6 cm yw trwch hanner gwerth yr asennau/meinwe'r ysgyfaint ar gyfer y pelydrau X hyn. Cyfrifwch y canlynol:
      (i) y cyfernod amsugno ar gyfer yr asennau/meinwe'r ysgyfaint.
      (ii) arddwysedd y paladr ar ddyfnder y tiwmor.
      (iii) y dos sy'n cael ei amsugno fesul munud ar gyfer y tiwmor, os yw màs y tiwmor yn 220 g, ac os yw'n amsugno 20% o'r ymbelydredd sy'n ei daro.
      (iv) nodwch pam mai'r dos sy'n cael ei amsugno yw'r dos cyfatebol hefyd.
      (v) cyfrifwch yr amser mae'n ei gymryd i ddos effeithiol y tiwmor ar yr ysgyfaint gyrraedd 3.0 Sv. [Mae $W_T = 0.12$ ar gyfer yr ysgyfaint.]
4. (a) Defnyddiwch y data sydd yn y tabl i esbonio pam caiff gel (cyfrwng cyplysu) ei ddefnyddio yn ystod delweddu uwchsain.

	Trwyn plastig y chwiliwr uwchsain	**Aer**	**Gel**	**Croen**
Buanedd sain ($m\ s^{-1}$)	1800	340	1595	1500
Dwysedd ($kg\ m^{-3}$)	940	1.25	960	1050

   (b) $1570\ m\ s^{-1}$ yw buanedd sain mewn gwaed. Cyfrifwch y newid sydd i'w ddisgwyl yn yr amledd ar gyfer uwchsain gaiff ei adlewyrchu oddi ar gelloedd coch y gwaed sy'n teithio ar fuanedd o $0.45\ m\ s^{-1}$, pan fydd amledd cychwynnol yr uwchsain yn 7.5 MHz. Nodwch unrhyw dybiaethau rydych chi'n eu gwneud.
5. (a) Mae gan beiriant *MRI* faes B sy'n amrywio o 8.0 T ar un pen i'r claf i 7.5 T yn y pen arall. Cyfrifwch amrediad yr amleddau Larmor sy'n cael eu defnyddio ar gyfer y maes magnetig amrywiol hwn.
   (b) Rhestrwch fanteision ac anfanteision sgan *MRI* o gymharu â sgan uwchsain.
   (c) Rhestrwch fanteision ac anfanteision sgan *MRI* o'r ymennydd o gymharu â sgan *PET* o'r ymennydd.
6. Nodwch pam byddai sganiau *PET, MRI, CT,* uwchsain neu belydr X safonol yn cael eu defnyddio, neu beidio, yn yr achosion canlynol:
   (a) sgan o ymennydd baban newydd ei eni.
   (b) sgan o ymennydd oedolyn.
   (c) sgan o'r ysgyfaint i chwilio am ganser.
   (ch) sgan o'r ysgyfaint i chwilio am hylif.
   (d) sgan i chwilio am leoliad asgwrn sydd wedi torri yn y droed.

Opsiwn C: Ffiseg chwaraeon

Rydyn ni eisoes wedi cwrdd â'r rhan fwyaf o'r egwyddorion Ffiseg angenrheidiol yn adrannau cynharach y *Canllawiau Astudio ac Adolygu*. Yma, byddwn ni'n cyflwyno Ffiseg mudiant cylchdro a hafaliad Bernoulli. Dylech chi fod yn barod i ddefnyddio pob un o'r egwyddorion hyn ym mha gyd-destun bynnag bydd yr arholwr yn dewis gosod y cwestiynau!

C.1 Momentau a sefydlogrwydd

Mae'r rhan hon o'r opsiwn yn ymwneud â'r deunydd gafodd ei ddatblygu yn Adrannau 1.1.4 ac 1.1.5 o'r *Canllaw Astudio ac Adolygu UG*. Fel byddwn ni'n gweld, mae cysylltiad cryf rhwng y rhan hon a'r cysyniad o graidd màs yn Adran 3.4 y fanyleb. Mewn sawl achos, gallwn ni drin y corff fel pe bai ei bwysau i gyd wedi'u crynhoi mewn un pwynt – sef y **craidd disgyrchiant**.

Term allweddol

Y **craidd disgyrchiant** yw'r un pwynt mewn corff lle gallwn ni ystyried bod holl bwysau'r corff yn gweithredu.

C.1.1 Darganfod y craidd disgyrchiant

(a) Ar gyfer gwrthrychau cymesur

Edrychwch ar Ffig. 1.1.13 yn y *Canllaw Astudio ac Adolygu UG* i weld sut i ddarganfod lleoliad craidd disgyrchiant gwrthrychau cymesur.

» Cofiwch

Os oes *cymesuredd adlewyrchiad* gan gorff, rhaid bod y craidd disgyrchiant yn gorwedd ar blân cymesuredd (llinell cymesuredd ar gyfer ffigur plân). Os oes gan gorff sawl plân cymesuredd, rhaid bod y craidd disgyrchiant ar y pwynt lle mae'r planau yn croestorri.

(b) Defnyddio'r diffiniad

Ar gyfer gwrthrychau heb blanau cymesuredd sy'n croestorri, gallwn ni gyfrifo safle'r craidd disgyrchiant, **C**, drwy gymryd momentau. Os ydyn ni'n dychmygu bod holl bwysau'r system wedi'u crynhoi yn **C**, rhaid bod ei moment o gwmpas unrhyw bwynt yr un peth â swm momentau rhannau gwahanol y gwrthrych.

Enghraifft

Yn Ffig. C1, darganfyddwch safle craidd disgyrchiant, **C**, y system o dri màs, sy'n cael eu dal ar gorneli triongl hafalochrog gan rodenni ysgafn (h.y. rhai sydd â màs dibwys).

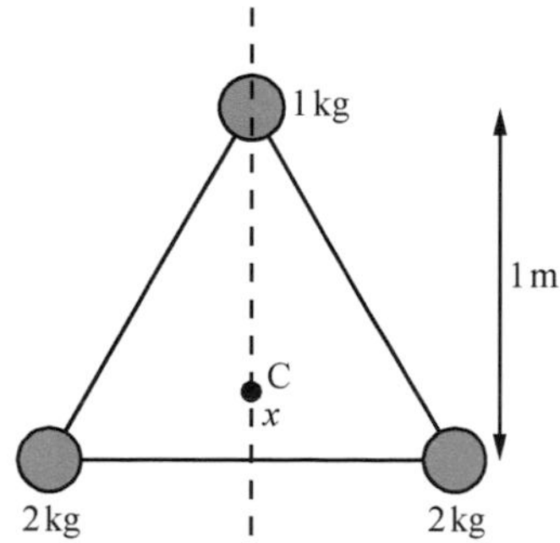

Ffig. C1 System o fasau

Ateb

Mae yma un plân cymesuredd (y llinell doredig), felly rhaid bod C yn gorwedd ar hon. Gadawn i hwn fod bellter x o sail y triongl, fel sydd i'w weld. Tybiwn fod y masau wedi'u trefnu mewn plân llorweddol.

Drwy gymryd momentau o gwmpas y llinell sail, yr unig fàs sydd â moment yw'r màs 1 kg. Caiff ei foment, M, ei roi gan

$$M = 1\,\text{kg} \times 9.81\,\text{N}\,\text{kg}^{-1} \times 1\,\text{m} = 9.81\,\text{N}\,\text{m}$$

cwestiwn cyflym

① Darganfyddwch werth x yn Ffig. C1, drwy gymryd momentau o gwmpas llinell drwy C sy'n baralel i sail y triongl.

Cyfanswm pwysau'r system yw (5 kg) × 9.81 N kg^{-1} = 49.05 N. Pe bai'r holl bwysau hyn wedi'u crynhoi yn **C**, 49.05x N fyddai ei foment o gwmpas y llinell sail.

Rhaid bod y ddau foment hyn yn hafal, h.y. mae 49.05x N = 9.81 N m

$$x = \frac{9.81 \text{ N m}}{49.05 \text{ N}} = 0.2 \text{ m}$$

(c) Defnyddio'r pwynt cydbwyso

Bydd y system yn cydbwyso os byddwn ni'n ei gosod ar ffwlcrwm ar ei chraidd màs, oherwydd bydd y momentau clocwedd a gwrthglocwedd yn hafal.

Enghraifft

Darganfyddwch safle pwynt cydbwyso (h.y. craidd màs) y system o ddau fàs sydd yn Ffig. C2.

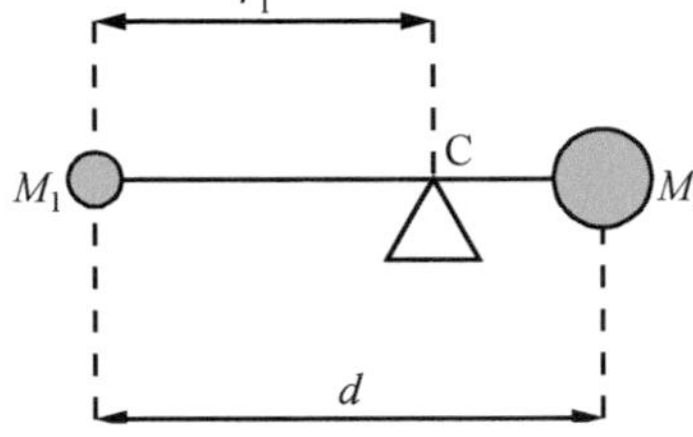

Ffig. C2 Dau fàs

Ateb

Gan gymryd momentau o gwmpas **C**:

Ar gyfer ecwilibriwm, mae:

$M_1 g r_1 = M_2 g(d - r_1)$

Drwy rannu ag g ac aildrefnu, mae $(M_1 + M_2)r_1 = M_2 d$

Felly, drwy rannu ag $M_1 + M_2$, mae $r_1 = \dfrac{M_2}{M_1 + M_2} d$

Sylwch fod yr hafaliad hwn yr un peth â'r hafaliad ar gyfer y **Craidd màs** yn adran Orbitau y fanyleb. Nid damwain yw hyn: os yw'r gwrthrychau mewn maes disgyrchiant unffurf, mae'r craidd màs a'r craidd disgyrchiant yn cyd-fynd.

C.1.2 Sefydlogrwydd

cwestiwn cyflym

② Dangoswch mai 250 N yw'r grym lleiaf sydd ei angen i ddymchwel y bocs yn Ffig. C3.

Yma, rydyn ni'n ystyried a fydd gwrthrych neu unigolyn yn cwympo neu'n dymchwel pan gaiff ei wthio o'r ochr. Dyma'r rheol gyffredinol:

Gwaelod llydan; craidd disgyrchiant isel	Sefydlog
Gwaelod cul; craidd disgyrchiant uchel	Ansefydlog

600 N yw pwysau (mg) y bocs yn Ffig C3. Drwy wneud tybiaeth resymol ynghylch ei gymesuredd, dylech chi allu dangos mai 250 N yw'r grym lleiaf sydd ei angen i wneud i'r blwch ddechrau dymchwel. Yr isaf yw'r craidd disgyrchiant, C, y mwyaf yw'r ongl mae'n rhaid i'r blwch droi drwyddi cyn dymchwel (gweler Cwestiynau cyflym 2 a 3).

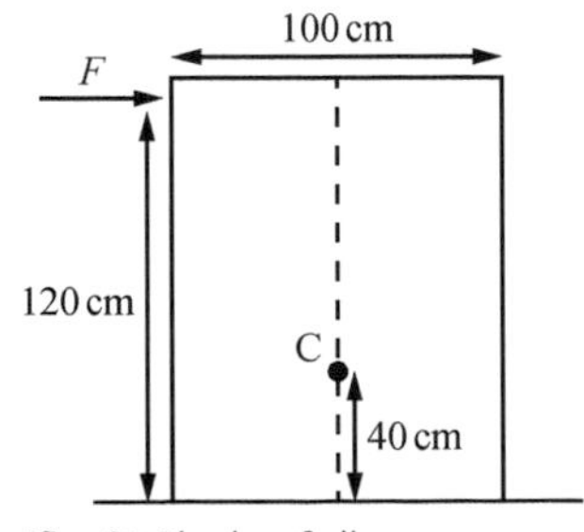

Ffig. C3 Blwch sefydlog

Enghraifft

Cyfrifwch yr ongl mae angen i'r blwch yn Ffig. C3 droi drwyddi cyn iddo ddymchwel.

Ateb

Mae Ffig. C4 yn dangos y blwch pan mae ar fin dymchwel, h.y. pan mae'r craidd disgyrchiant yn fertigol uwchben pwynt y colyn. Mae wedi troi drwy ongl θ. Drwy ddefnyddio priodweddau onglau mewn triongl, mae'n amlwg (gweler Cwestiwn cyflym 3) mai θ yw'r ongl sydd wedi'i marcio yn C hefyd. Mae

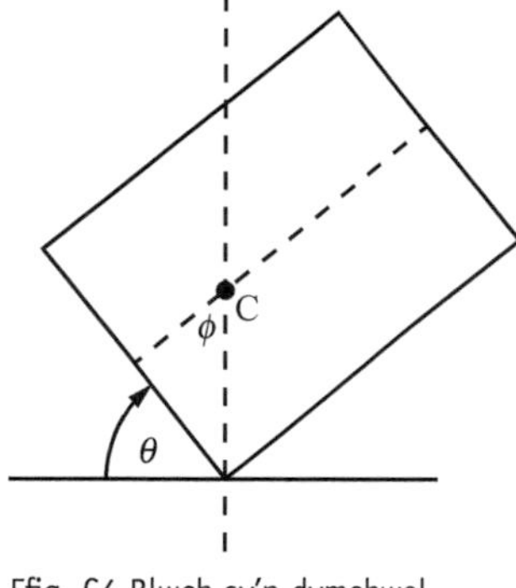

Ffig. C4 Blwch sy'n dymchwel

$$\tan\theta = \frac{\text{cyferbyn}}{\text{cyfagos}} = \frac{50\text{ cm}}{40\text{ cm}} = 1.25. \quad \therefore \quad \text{mae } \theta = \tan^{-1} 1.25 = 51.3°$$

cwestiwn cyflym

③ Dangoswch fod yr onglau ϕ a θ yn Ffig. C4 yr un peth.

C.2 Grymoedd a gwrthdrawiadau

Cafodd y ffeithiau sylfaenol ar gyfer y rhan hon eu datblygu yn Adran 1.3 o'r *Canllaw Astudio ac Adolygu UG* , yn arbennig yn 1.3.4 ac 1.3.6.

C.2.1 Ail ddeddf mudiant Newton (N2)

Mae N2 yn nodi bod y grym cydeffaith cymedrig ar gorff yn cael ei roi (mewn SI) gan $F = \frac{\Delta p}{t}$, lle p yw momentwm y corff.

Drwy hynny, gan ddefnyddio'r symbolau arferol, mae $F = \frac{mv - mu}{t}$

Felly, mae $Ft = mv - mu$

Mae hwn yn cael ei roi ar ffurf hafaliad yn y Llyfryn Data.

Mae'r ffurf hon ar N2 yn ddefnyddiol mewn nifer o gyd-destunau chwaraeon. Er enghraifft, ystyriwch Ffig. C5, sy'n dangos llif dŵr yn cael ei ddargyfeirio gan lyw cwch bach hwylio (i'w weld o ffrâm gyfeirio'r cwch – felly mae'r dŵr yn symud ac mae'r llyw yn ddisymud). Mae'r enghraifft yn dangos sut gallwn ni ddefnyddio $Ft = mv - mu$ i gyfrifo'r grym sy'n cael ei roi gan y dŵr ar y llyw – drwy ddefnyddio N2 ac N3.

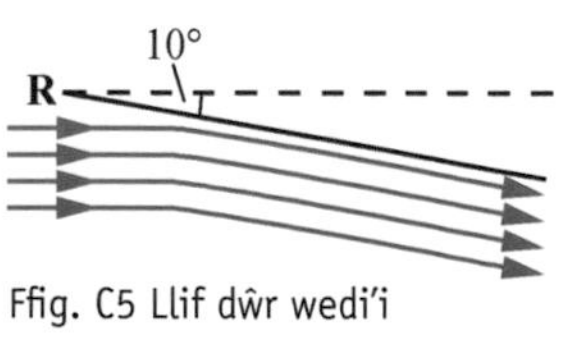

Ffig. C5 Llif dŵr wedi'i ddargyfeirio

Term allweddol

Mae **ail ddeddf mudiant Newton** yn nodi bod cyfradd newid momentwm corff mewn cyfrannedd union â'r grym cydeffaith sy'n gweithredu arno. Mewn unedau SI, caiff y cysonyn cyfrannol ei ddiffinio fel 1, felly mae

$$F = \frac{\Delta p}{t}$$

Enghraifft

Mae'r llyw, **R**, yn Ffig. C5 mewn llif o ddŵr sy'n llifo ar fuanedd o 2.5 m s^{-1}. Mae'n dargyfeirio llif 0.25 m^3 o ddŵr drwy 10° bob eiliad. Cyfrifwch y grym sy'n cael ei roi gan y dŵr ar y llyw.

Ateb

Màs y dŵr gaiff ei ddargyfeirio bob eiliad = cyfaint fesul eiliad × dwysedd

$= 0.25\,\text{m}^3 \times 1000\,\text{kg}\,\text{m}^{-3}$

$= 250\,\text{kg}$

O'r diagram fectorau, Ffig. C6, gallwn ni ddangos mai 0.44 m s^{-1} ar ongl o 5° i'r fertigol yw'r newid yng nghyflymder y dŵr, $v - u$.

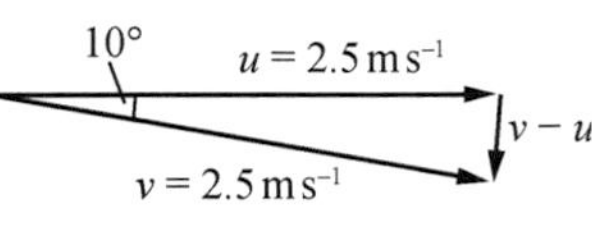

Ffig. C6 Cyfrifo Δv

$$\therefore \text{ Mae'r grym ar y dŵr } = \frac{mv - mu}{t} = \frac{m(v-u)}{t}$$

$$= \frac{250\,\text{kg} \times 0.44\,\text{m}\,\text{s}^{-1}}{1\,\text{s}} = 110\,\text{N}$$

Felly, mae'r llyw yn rhoi grym i'r ochr (a thuag ymlaen ychydig) o 110 N ar y dŵr. Felly, drwy N3, mae'r dŵr yn rhoi grym o 110 N i'r cyfeiriad dirgroes.

cwestiwn cyflym

④ Dangoswch mai 0.44 m s^{-1} ar 5° i'r fertigol yw'r fector $v - u$ yn Ffig. C6.

Awgrym: Triongl isosgeles.

cwestiwn cyflym

⑤ Yn yr enghraifft, pa rym tuag yn ôl (h.y. yn llorweddol i'r dde) mae'r dŵr yn ei roi ar y llyw?

C.2.2 Y cyfernod adfer, e

Roedd Adran 1.3.6 yn y *Canllaw Astudio ac Adolygu UG* yn ymwneud â datrys problemau gwrthdrawiadau drwy ddefnyddio cadwraeth momentwm, a hynny mewn sefyllfaoedd pan fydd egni cinetig yn cael ei gadw (*gwrthdrawiadau elastig*) a phan nad yw'n cael ei gadw (*gwrthdrawiadau anelastig*). Gallwn ni ddefnyddio'r **cyfernod adfer**, *e*, i symleiddio cyfrifiadau. Ar gyfer gwrthdrawiad rhwng dau wrthrych, caiff ei ddiffinio fel hyn:

$$e = \frac{\text{y buanedd cymharol ar ôl gwrthdrawiad}}{\text{y buanedd cymharol cyn gwrthdrawiad}}$$

Termau allweddol

Caiff **cyflymder cymharol** corff B i gorff A ei ddiffinio fel $v_B - v_A$, lle v_B yw cyflymder B a v_A yw cyflymder A.

Buanedd cymharol dau wrthrych yw maint y cyflymder cymharol.

E.e. os yw $v_A = 10\,\text{m}\,\text{s}^{-1}$ ac mae $v_B = 2\,\text{m}\,\text{s}^{-1}$, $-8\,\text{m}\,\text{s}^{-1}$ yw cyflymder B mewn perthynas ag A, ac 8 m s^{-1} yw eu buanedd cymharol.

(a) Gwrthrychau sy'n gwrthdaro

Yn y gwrthdrawiad canlynol

cyn gwrthdaro: u_A → ○ u_B → ○ ar ôl gwrthdaro: v_A → ○ v_B → ○

$$e = \frac{v_B - v_A}{u_A - u_B}$$

Ffig. C7 Diffinio cyfernod adfer

cwestiwn cyflym

⑥ Dangoswch fod amnewid gwerth v_B i hafaliadau [1] a [2] yn rhoi'r un gwerth ar gyfer v_A, a darganfyddwch y gwerth hwn.

Enghraifft

Mae corff, A, màs 2 kg, sy'n teithio 10 m s^{-1}, yn gwrthdaro benben â chorff disymud, B, màs 3 kg. 0.8 yw'r cyfernod adfer. Cyfrifwch gyflymderau'r ddau gorff ar ôl y gwrthdrawiad.

Ateb

Gan ddefnyddio'r symbolau yn Ffig. C7, gydag $u_A = 10\,\text{m s}^{-1}$ ac $u_B = 0$

Drwy gadwraeth momentwm, mae: $m_A u_A = m_A v_A + m_B v_B$

Drwy amnewid, mae $\therefore\ 20 = 2v_A + 3v_B \quad [1]$

Mae'r cyfernod adfer $0.8 = \dfrac{v_B - v_A}{u_A}$

Drwy aildrefnu ac amnewid, mae $\therefore\ 8 = -v_A + v_B \quad [2]$

Gan ddatrys: [1] + 2×[2] $\rightarrow\ 36 = (3 + 2)v_B$

$\therefore\ v_B = 7.2\,\text{m s}^{-1}$

Mae amnewid yn ôl i hafaliadau [1] neu [2] yn rhoi v_A i ni (gweler Cwestiwn cyflym 6). Sylwch ein bod ni wedi darganfod y cyflymderau terfynol heb orfod datrys hafaliadau cwadratig.

(b) Peli sy'n sboncio

Mae gwrthrych sy'n sboncio yn achos arbennig o wrthrychau sy'n gwrthdaro, lle mae màs un ohonyn nhw (y bêl) yn ddibwys o gymharu â màs y llall (y Ddaear). Mewn egwyddor, mae'r sbonc yn trosglwyddo rhywfaint o symudiad i'r Ddaear, ond mae hwn yn ddibwys o fach. Felly, mae'r sefyllfa yn symleiddio i hyn:

$$e = \frac{v}{u}$$

Ffig. C8 Cyfernod adfer – pêl sy'n sboncio

Os caiff y bêl ei gollwng ar fuanedd o sero, o uchder H, bydd yn taro'r llawr â buanedd o $\sqrt{2gH}$ (gweler Cwestiwn cyflym 9). Felly, drwy ddiffiniad, buanedd ei sbonc yw $e\sqrt{2gH}$. Gallwn ni ddefnyddio $v^2 = u^2 + 2ax$ i ddarganfod uchder y sbonc, h, fel hyn:

Ar uchder h, mae'r cyflymder yn sero, $\therefore$ mae $0 = e^2 2gH - 2gh$

Drwy rannu â $2g$ ac aildrefnu, cawn fod $e^2 = \dfrac{h}{H}$, $\therefore$ mae $e = \sqrt{\dfrac{h}{H}}$

Enghraifft

0.790 yw'r cyfernod adfer ar gyfer pêl tennis bwrdd sy'n cael ei gollwng ar blât dur trwm. Cyfrifwch uchder yr adlam pan fydd y bêl yn cael ei gollwng o uchder o 1.50 m mewn gwactod (gweler Cwestiwn cyflym 10).

Ateb

$$\text{Mae } e = \sqrt{\frac{h}{H}},\ \therefore \text{ mae } 0.790 = \sqrt{\frac{h}{1.50\,\text{m}}}$$

Drwy sgwario ac aildrefnu: $\rightarrow h = 0.790^2 \times 1.50\,\text{m} = 0.936\,\text{m}$

Sylwch nad oes rhaid i'r arwyneb gwrthdaro fod yn llorweddol. Edrychwch ar y **Cwestiynau Ychwanegol** am enghraifft o bêl dennis sy'n sboncio oddi ar wal fertigol.

cwestiwn cyflym

⑦ Cyfrifwch ffracsiwn yr egni cinetig cychwynnol a gollir yn ystod y gwrthdrawiad yn yr Enghraifft. A yw'n golygu nad yw cadwraeth egni yn berthnasol yma?

cwestiwn cyflym

⑧ Ailadroddwch yr Enghraifft ar gyfer yr achos pan fydd gan y màs 3 kg gyflymder cychwynnol o $-10\,\text{m s}^{-1}$. Darganfyddwch v_A a v_B.

≫ *Cofiwch*

Yn Ffig. C8, mae gan gyflymderau v ac u gyfeiriadau dirgroes. Felly, fel arfer, byddai un yn cael ei ddangos yn negatif. Mae'r symbolau yn yr hafaliad yn cyfeirio at y buaneddau – mae'r ddau o'r rhain yn bositif.

cwestiwn cyflym

⑨ Nodwch pam rydyn ni'n gallu defnyddio'r hafaliad $v^2 = u^2 + 2ax$ i gyfrifo buanedd y gwrthdrawiad ac uchder y sbonc.

Defnyddiwch yr hafaliad hwn i ddangos mai $\sqrt{2gH}$ yw buanedd y gwrthdrawiad.

Gwella gradd

A bod yn fanwl gywir, nid yw gwerth e yn gyson. Fel arfer, mae'n lleihau'n araf gyda buanedd y gwrthdrawiad. E.e., ar gyfer pêl tennis bwrdd sy'n cael ei gollwng o 1.70 m ar ddur, mae $e = 0.780$. Byddwch yn barod am gwestiwn lle mae gwerth e yn amrywio.

cwestiwn cyflym

⑩ Awgrymwch reswm pam mae'r Enghraifft yn nodi 'mewn gwactod'.

C.3 Mudiant cylchdro

Mae nifer o gampau lle mae angen i athletwr gylchdroi. Roedd Adran 3.1 yn trafod gwrthrychau'n symud mewn cylch. Yng nghyd-destun chwaraeon, gallai hyn gynnwys taflu morthwyl. Er mwyn cyflawni mudiant cylchol y morthwyl, rhaid i'r taflwr ei gyflymu ei hun hefyd. Er mwyn deall hyn, mae angen datblygu cysyniadau eraill ychwanegol.

Cofiwch

Fel yn achos nifer o enghreifftiau o fudiant llinol, byddwn ni'n ystyried bod cyfeiriad mudiant cylchdroi yn + neu'n – yn unig.

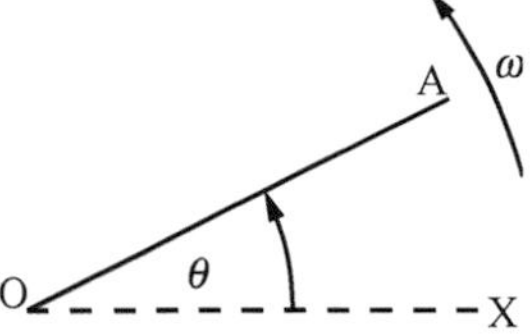

Ffig. C9 Rhoden sy'n cylchdroi

Termau allweddol

Y **cyflymder onglaidd**, ω, yw cyfradd newid y safle onglaidd:

$$\omega = \frac{\Delta\theta}{t} = \frac{\theta_2 - \theta_1}{t}$$

UNED: rad s^{-1}

Y **cyflymiad onglaidd**, α, yw cyfradd newid y cyflymder onglaidd:

$$\alpha = \frac{\Delta\omega}{t} = \frac{\omega_2 - \omega_1}{t}$$

UNED: rad s^{-2}

C.3.1 Mesurau cinemateg

Dyma'r mesurau rydyn ni'n eu defnyddio i *ddisgrifio* cylchdroadau, yn yr un ffordd ag rydyn ni'n defnyddio dadleoliad, cyflymder a chyflymiad i ddisgrifio mudiant llinol. Mae'r tabl hwn yn dangos y berthynas rhwng mesurau llinol a chylchdroi.

Llinol		**Cylchdroi**	
Mesur	**Symbol**	**Mesur**	**Symbol**
Dadleoliad	x	Safle onglaidd	θ
Cyflymder	v	Cyflymder onglaidd	ω
Cyflymiad	a	Cyflymiad onglaidd	α

Tabl C1 Cymharu mesurau llinol a chylchdroi

Gallwch chi'n rhwydd ysgrifennu hafaliadau mudiant cylchdro ar gyfer cyflymder onglaidd cyson, neu ar gyfer cyflymiad cyson, os ydych chi'n cofio'r hafaliadau llinol cyfatebol. Yn ogystal â'r mesurau yn Nhabl C1, mae angen i chi wneud y newidiadau hyn: $u \rightarrow \omega_1$; $v \rightarrow \omega_2$, e.e.

$$\text{daw } x = ut + \tfrac{1}{2}at^2 \text{ yn } \theta = \omega_1 t + \tfrac{1}{2}\alpha t^2$$

Enghraifft

Mae taflwr ffon dafl (*sling-shot*) yn rhyddhau carreg ar fuanedd o 30 m s^{-1} o ffon 50 cm o hyd, ar ôl ei chyflymu o ddisymudedd mewn 2 gylchdro. Cyfrifwch y cyflymiad onglaidd cymedrig.

Ateb

Wrth ryddhau, mae'r cyflymder onglaidd $\omega_2 = \frac{v}{r} = \frac{30\,\text{m s}^{-1}}{0.50\,\text{m}} = 60\,\text{rad s}^{-1}$

Mae'r ongl sydd wedi'i chylchdroi, $\theta = 2 \times 2\pi = 4\pi$ rad

Cofiwch fod $v^2 = u^2 + 2ax$

$\therefore \omega_2{}^2 = \omega_1{}^2 + 2\alpha\theta$

$\therefore 60^2 = 0 + 2\alpha \times 4\pi$

$\therefore \alpha = \frac{60^2}{8\pi} = 143$ rad s^{-2}

cwestiwn cyflym

⑪ Cyfrifwch yr amser mae'n ei gymryd i gyflymu'r garreg dafl yn yr enghraifft nes iddi gael ei rhyddhau.

C.3.2 Dynameg cylchdroi

Dyma'r fersiwn mewn cylchdro sy'n gywerth â deddfau mudiant (llinol) Newton. Er enghraifft, gallwn ni ysgrifennu N2 fel hyn:

$$F = ma \quad \text{neu} \quad F = \frac{\Delta p}{t}$$

Dyma gywerthoedd cylchdroi y rhain:

$$\tau = I\alpha \quad \text{a} \quad \tau = \frac{\Delta L}{t}$$

(a) Moment inertia, *I*

Dyma gywerth cylchdroi màs inertiaidd. Y mwyaf estynedig yw gwrthrych, y mwyaf anodd yw gwneud iddo ddechrau cylchdroi, a'r mwyaf o egni cinetig sydd ganddo pan mae'n symud. Mae'r diffiniad sydd yn y **Termau allweddol** (dylech chi ddysgu hwn) yn edrych yn eithaf cymhleth. Ond dylai enghraifft syml ei wneud yn fwy eglur (byddwn ni'n dychwelyd at yr enghraifft yn aml).

Term allweddol

Mae **moment inertia** corff o amgylch echelin benodol yn cael ei ddiffinio fel $I = \Sigma m_i r_i^2$ ar gyfer pob pwynt yn y corff, lle m_i yw màs ac r_i yw pellter pob pwynt oddi wrth yr echelin.

UNED: kg m^2

Enghraifft

Cyfrifwch foment inertia y ddau sffêr 5 kg o amgylch yr echelin sydd i'w gweld yn Ffig. C10. Anwybyddwch fàs y rhoden sy'n eu cysylltu, a thybiwch fod y sfferau yn fasau pwynt.

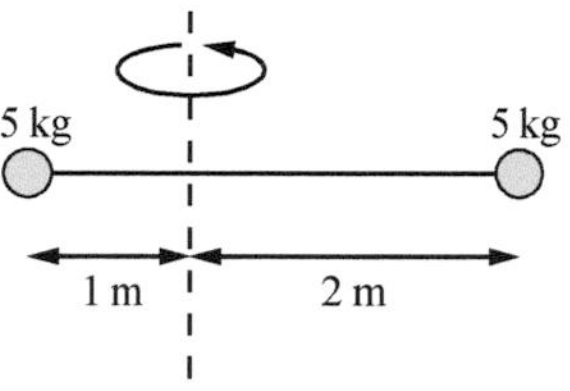

Ffig. C10 Moment inertia

Ateb

$I = \Sigma m_i r_i^2 = 5\,\text{kg} \times (1\,\text{m})^2 + 5\,\text{kg} \times (2\,\text{m})^2 = 25\,\text{kg}\,\text{m}^2$

Mae'r moment inertia yn dibynnu ar safle'r echelin gylchdro. Mae ar ei leiaf os yw'r echelin yn pasio drwy'r craidd màs (gweler Cwestiwn cyflym 12).

Mae rhai fformiwlâu ar gyfer momentau inertia i'w gweld yn Nhabl C2, ond os bydd angen unrhyw fformiwlâu o'r fath arnoch, byddan nhw'n cael eu rhoi yn y cwestiwn arholiad.

Gwrthrych	*I*	
Sffêr unffurf	$\frac{2}{5}mr^2$	Drwy'r canol
Plisgyn sfferig	$\frac{2}{3}mr^2$	Drwy'r canol
Disg unffurf neu silindr	$\frac{1}{2}mr^2$	O amgylch echelin y ddisg neu'r silindr
Band crwn neu blisgyn silindrog	mr^2	O amgylch echelin y band neu'r silindr
Rhoden unffurf	$\frac{1}{12}ml^2$	Yr echelin drwy'r canol ar ongl sgwâr i'r rhoden

Tabl C2 Rhai momentau inertia

Gallwch chi gyfrifo moment inertia gwrthrychau mwy cymhleth, fel athletwr er enghraifft, drwy adio momentau inertia'r rhannau unigol (gweler Cwestiwn cyflym 13).

cwestiwn cyflym

⑫ Yn achos y sfferau yn Ffig. C10, darganfyddwch y moment inertia ar gyfer echelin sy'n baralel i'r un sydd i'w gweld, ac sy'n pasio drwy'r canlynol:
a) y craidd màs
b) canol un o'r sfferau.

cwestiwn cyflym

⑬ Amcangyfrifwch foment inertia (o gwmpas yr echelin sydd i'w gweld) rhan uchaf corff yr athletwr gaiff ei fodelu yn Ffig. C11. Nodwch pa dybiaethau rydych chi'n eu gwneud.

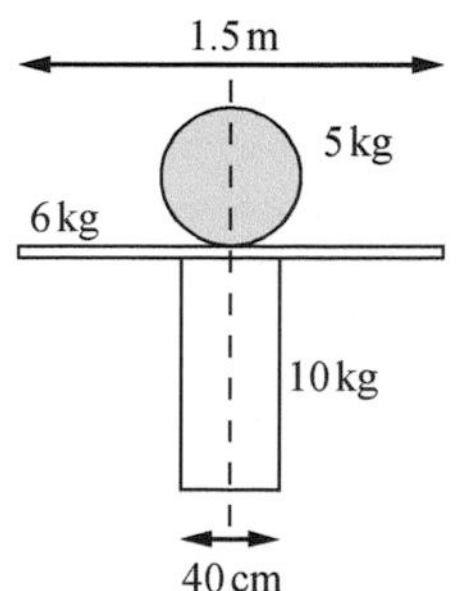

Ffig. C11 Corff cyfansawdd

(b) Momentwm onglaidd, L

Caiff hwn ei ddiffinio yn yr un modd â momentwm llinol – mae'n gywerth â $p = mv$. Yn absenoldeb trorym cydeffaith allanol (gweler isod), mae **momentwm onglaidd** corff yn gyson – dyma *egwyddor cadwraeth momentwm onglaidd.* Gall athletwr sy'n cylchdroi, fel sglefriwr iâ sy'n gwneud pirwét, neu blymiwr oddi ar fwrdd uchel er enghraifft, ddefnyddio hyn i newid y gyfradd cylchdroi. Wrth gyrcydu, mae'r pellter rhwng rhannau o'r corff a'r echelin cylchdroi yn lleihau, ac mae hynny'n ei dro yn lleihau'r moment inertia, ac yn cynyddu'r cyflymder onglaidd.

Term allweddol

Mae **momentwm onglaidd**, L, corff anhyblyg yn cael ei ddiffinio gan

$$L = I\omega$$

UNED: N m s neu kg m^2 rad s^{-1}

Enghraifft

Mae'r sfferau yn Ffig. C10 yn cylchdroi o amgylch eu craidd màs. Mae mecanwaith mewnol yn haneru eu gwahaniad. Beth yw effaith hyn ar y cyflymder onglaidd?

Ateb

Mae'r moment inertia yn gostwng i $\frac{1}{4}$ y gwreiddiol oherwydd bod $I \propto r^2$.

∴ Gan fod momentwm onglaidd yn cael ei gadw, mae ω yn cael ei luosi â 4.

cwestiwn cyflym

⑭ Cyfrifwch fomentwm onglaidd y masau yn Ffig. C10, os ydyn nhw'n cylchdroi unwaith bob eiliad o amgylch y craidd màs.

(c) Trorym, τ

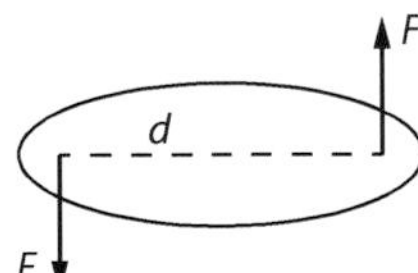

Ffig. C12 Cwpl

Trorym yw cywerthedd cylchdro grym. Er mwyn cynhyrchu cyflymiad onglaidd (heb gyflymiad llinol), mae arnon ni angen dau rym hafal a dirgroes, wedi'u gwrthbwyso (*offset*), fel sydd yn Ffig. C12. Yr enw ar drefniant o'r fath yw *cwpl*.

Caiff **trorym** ei ddiffinio yn y **Termau allweddol**. Ond yn aml, caiff trorym cwpl ei gyfrifo mewn ffordd gyfleus drwy ddefnyddio'r hafaliad $\tau = Fd$. Byddwch chi'n adnabod hwn fel moment cwpl o amgylch unrhyw bwynt.

Term allweddol

Mae'r trorym sy'n gweithredu ar gorff yn cael ei ddiffinio gan $\Sigma\tau = I\alpha$ (neu, yn gywerth, fel cyfradd newid momentwm onglaidd y corff).

UNED: N m neu kg m^2 rad s^{-2}

cwestiwn cyflym

⑮ Dangoswch fod unedau trorym, N m a kg m^2 rad s^{-2}, yn gywerth.

(ch) Egni cinetig

Mae egni cinetig gan wrthrych anhyblyg sy'n cylchdroi. Mae hynny oherwydd bod yr holl ronynnau sydd ynddo yn symud. Caiff egni cinetig gronyn unigol ei roi, fel arfer, gan $\frac{1}{2}mv^2$; rhoddir cyfanswm yr egni cinetig o ganlyniad i'r cylchdroi gan

$$E_{\text{k cylch}} = \tfrac{1}{2}I\omega^2$$

Os oes gan gorff fudiant trawsfudol yn ogystal â mudiant cylchol, e.e. pêl sy'n rholio, y swm canlynol yw cyfanswm yr egni cinetig:

$$E_{\text{k}} = E_{\text{k traws}} + E_{\text{k cylch}} = \tfrac{1}{2}mv^2 + I\omega^2$$

Enghraifft

Mae pêl fowlio, màs 7.0 kg, yn cael ei bowlio ar hyd lôn. Ei buanedd wrth ddechrau rholio yw 6.0 m s^{-1}. Cyfrifwch egni cinetig y bêl ar y pwynt hwnnw.

Ateb

Gan dybio bod y bêl fowlio yn sffêr unffurf, mae $I = \frac{2}{5}mr^2 \therefore$

$$\text{mae } E_k = \frac{1}{2}mv^2 + \frac{1}{2}I\omega^2 = \frac{1}{2}mv^2 + \frac{1}{2} \times \frac{2}{5}mr^2\left(\frac{v}{r}\right)^2 = \frac{7}{10}mv^2$$

$$= 180 \text{ J}$$

Gwella gradd

Nid oes angen i chi wybod beth yw radiws gwrthrych sy'n rholio er mwyn cyfrifo ei egni cinetig cylchdroi. E.e. ar gyfer silindr sy'n rholio, mae $I = \frac{1}{2}mr^2$.

$\therefore$ mae

$$E = \frac{1}{2}mv^2 + \frac{1}{2} \times \frac{1}{2}mr^2\left(\frac{v}{r}\right)^2$$

$$= \frac{3}{4}mv^2$$

cwestiwn cyflym

⑯ 2.8 kg yr un yw masau olwynion beic, ac mae gan y beic gyfanswm màs o 14 kg. 70 kg yw màs y beiciwr. Cyfrifwch pa ffracsiwn o gyfanswm yr egni cinetig sy'n egni cinetig cylchdroi'r olwynion.

C.4 Taflegrau

C.4.1 Gan anwybyddu codiad a llusgiad

Gallwn ni gymryd y ddamcaniaeth taflegrau syml a welson ni yn Adran 1.2.5 y *Canllaw Astudio ac Adolygu UG*, a'i defnyddio ar gyfer chwaraeon lle mae taflegryn sy'n gymharol fach ac yn drwm. Mewn gwirionedd, mae hyn yn ein cyfyngu ni braidd. Dim ond i daflu morthwyl, criced, pêl foli neu rai mathau o *boules* mae'n berthnasol (gweler **Cofiwch**).

Dyma grynodeb byr o'r ddamcaniaeth sylfaenol:

1. Mae cydrannau llorweddol a fertigol mudiant yn annibynnol ar ei gilydd.
2. Mae cydran lorweddol cyflymder yn gyson.
3. Mae cydran fertigol cyflymiad yn mynd tuag i lawr, ac mae'n gyson (g).

Drwy ddiffinio'r cyfeiriad fertigol positif fel un sydd tuag i fyny, os u_x ac u_y yw cydrannau llorweddol a fertigol cychwynnol cyflymder, mae'r cydrannau ar amser t yn ddiweddarach yn cael eu rhoi gan:

$$v_x = u_x \quad \text{a} \quad v_y = u_y - gt$$

Mae llawer o bobl yn tybio mai (0, 0) yw safle cychwynnol y taflegryn – er bod y taflegryn, fel arfer, yn cael ei daflu o lefel uwchben lefel y ddaear. Mae'r safle (x, y) ar amser t yn ddiweddarach yn cael ei roi gan:

$$x = u_x t \quad \text{ac} \quad y = u_y t - \tfrac{1}{2}gt^2$$

Bydd enghraifft yn help i egluro'r egwyddorion hyn.

Cofiwch

Mae'n bosibl bydd yr arholwr yn gofyn i chi ddefnyddio damcaniaeth taflegrau mewn sefyllfaoedd lle mae'r llusgiad neu'r codiad yn arwyddocaol, e.e. gwaywffon, disgen, golff neu saethyddiaeth. Yna, efallai bydd angen defnyddio'r dull hwn, a'i addasu i archwilio'r problemau.

Cofiwch

Os u yw'r cyflymder cychwynnol, ar ongl θ i'r llorwedd, mae $u_x = u \cos\theta$ ac mae $u_y = u \sin\theta$.

Enghraifft

Mae cricedwr yn taflu pêl ar fuanedd 30 m s^{-1} ar 35° o uchder o 1.8 m. Ble bydd y bêl yn taro'r ddaear?

Ateb

Ystyriwch y mudiant fertigol. Cyfrifwch amser y gwrthdrawiad.

Mae $u_y = u \sin\theta = 17.2 \text{ m s}^{-1}$; adeg y gwrthdrawiad, $y = -1.8$ m; $g = -9.81 \text{ m s}^{-2}$

Mae $y = u_y t - \frac{1}{2}gt^2 \quad \therefore 4.905t^2 - 17.2t - 1.8 = 0$

Gwella gradd

Mewn cwestiwn Safon Uwch ar daflegrau, mae'n debygol y bydd yn rhaid i chi ddarparu'r strwythur eich hun, lle byddai cwestiwn UG wedi'i strwythuro ar eich cyfer.

cwestiwn cyflym

⑰ Cyfrifwch gyflymder y bêl griced yn yr enghraifft wrth iddi daro'r ddaear.

Cofiwch

Nid yw'r gair 'codiad' yn cael ei nodi yn benodol yn y fanyleb. Ond gallai'r arholwr ofyn cwestiynau ar Ffiseg codiad sy'n defnyddio deddfau Newton.

Cofiwch

Wrth ystyried codiad, mae'n gonfensiynol (ac yn haws) ystyried bod y gwrthrych yn ddisymud mewn llif symudol o aer; mae'r ffiseg yr un peth. Mae'r ddisgen yn Ffig. C13 yn symud i'r dde mewn aer llonydd, ond rydyn ni'n dychmygu'r sefyllfa fel aer sy'n symud i'r chwith heibio i ddisgen ddisymud!

Term allweddol

Mae'r **cyfernod llusgiad**, C_D, yn gysonyn diddimensiwn, sy'n cysylltu'r llusgiad ar wrthrych â'i fuanedd, ac sy'n dibynnu ar siâp y trawstoriad.

Enghreifftiau:

Sffêr	~0.5
Ciwb	~1.0
Plât gwastad	~1.2
Deigryn	~0.04

Gwella gradd

Peidiwch â chymryd meintiau cymharol effeithiau'r llusgiad a'r codiad yn rhy lythrennol. Maen nhw'n dibynnu ar ddyluniad a buanedd y taflegryn.

Dylech chi sicrhau eich bod chi'n gallu trafod siapiau'r llwybrau hyn.

Drwy ddefnyddio'r fformiwla gwadratig, mae:

$$t = \frac{17.2 \pm \sqrt{17.2^2 + 4 \times 4.905 \times 1.8}}{2 \times 4.905} = 3.61\,\text{s}$$

[Gan anwybyddu'r datrysiad negatif]

Ystyriwch y mudiant llorweddol. Cyfrifwch y pellter mewn amser o 3.61 s

$\therefore$ mae $v_x = u_x = u\cos\theta = 24.6\,\text{m}\,\text{s}^{-1}$

Mae'n taro'r ddaear yn $x = 24.6 \times 3.61 = 89\,\text{m}$ (2 ff.y.)

C.4.2 Codiad a llusgiad

Mae'r ddwy effaith hyn yn addasu llwybr parabolig y taflegryn rhydd mewn ffyrdd dirgroes: mae codiad yn tueddu i ymestyn y llwybr, ac mae llusgiad yn tueddu i'w leihau.

(a) Codiad

Yng nghyd-destun chwaraeon, fel pan fydd awyren yn hedfan, mae codiad yn digwydd o ganlyniad i aer yn cael ei ddargyfeirio wrth i wrthrych symud trwyddo. Dyma'r un mecanwaith â'r grym ar y llyw yn Ffig. C5.

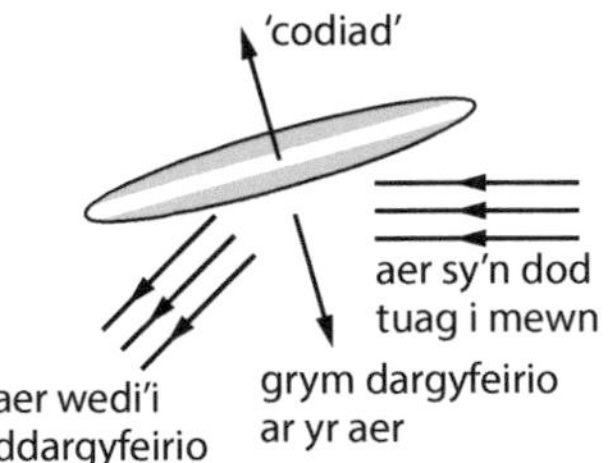

Ffig. C13 Codiad ar ddisgen

Wrth iddi symud i'r dde, mae'r ddisgen yn Ffig. C13 yn dargyfeirio'r aer tuag i lawr. Mae'r newid ym momentwm yr aer tuag i lawr (ac ychydig i'r dde). Felly (N2), mae'r ddisgen yn rhoi grym tuag i lawr ar yr aer ac (N3) mae'r aer yn rhoi grym hafal a dirgroes ar y ddisgen – y grym hwn yw'r codiad.

(b) Llusgiad aerodynamig

Mae symudiad gwrthrych drwy'r aer yn creu ardal o wasgedd uchel o'i flaen, ac ardal o wasgedd isel y tu ôl iddo; felly, mae grym cydeffaith tuag yn ôl o ganlyniad i'r gwahaniaeth gwasgedd hwn. Dyma'r llusgiad aerodynamig. Ar gyfer buaneddau isel iawn, mae'r grym llusgiad, F_D, mewn cyfrannedd â'r cyflymder, ond yng nghyd-destun chwaraeon, mae mewn cyfrannedd â sgwâr y buanedd, sy'n rhoi'r canlynol i ni:

$$F_D = \tfrac{1}{2}\rho v^2 A C_D$$

lle ρ yw dwysedd yr aer, A yw arwynebedd trawstoriadol y gwrthrych, ac C_D yw'r cyfernod llusgiad.

(c) Sut mae codiad a llusgiad yn effeithio ar fudiant taflegrau

Mae llusgiad yn arafu mudiant. Mae codiad yn fwy cymhleth. Mae'r grymoedd (sydd ddim wrth raddfa) ar waywffon, yn agos at frig ei thaflwybr, i'w gweld yn Ffig. C14. Gan fod y waywffon wedi'i dylunio fel bod craidd ei chodiad y tu ôl i'r craidd disgyrchiant, mae'r codiad yn cadw'r waywffon i fyny. Mae hefyd yn ei chylchdroi, fel ei bod yn plannu yn y ddaear wrth lanio. Mae effeithiau

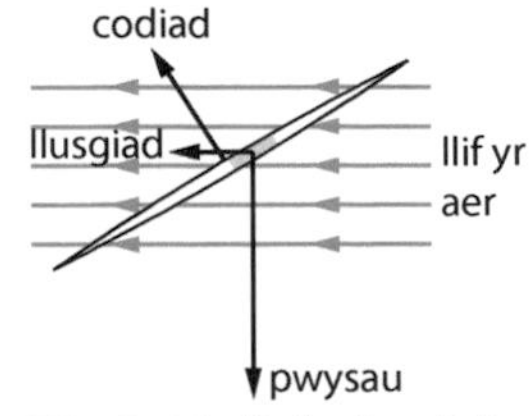

Ffig. C14 Codiad a llusgiad ar waywffon

cyfunol codiad a llusgiad yn dibynnu ar eu meintiau cymharol. Mae Ffig. C15 yn darlunio eu heffeithiau.

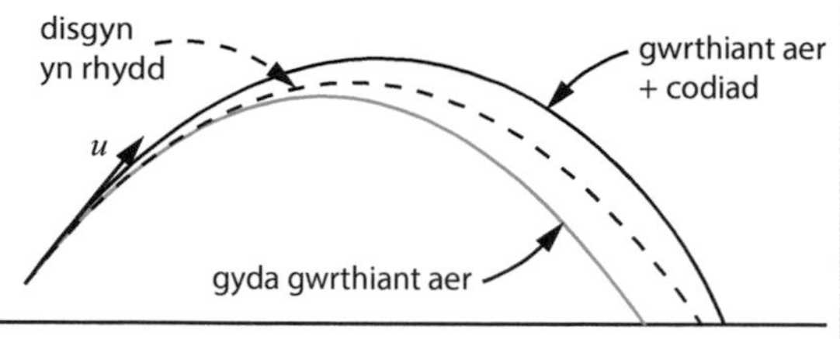

Ffig. C15 Effeithiau llusgiad a chodiad ar fudiant taflegrau

C.5 Effaith Bernoulli

Pan fydd llifydd (neu hylif) yn cyflymu, mae ei wasgedd yn disgyn. Gallwn ni ddeillio'r canlyniad hwn, sy'n teimlo'n groes i reddf, drwy ddefnyddio egwyddor cadwraeth egni, ac mae'r berthynas rhwng gwasgedd a buanedd i'w gweld yn y Llyfryn Data ar y ffurf:

$$p_1 = p_0 - \tfrac{1}{2}\rho v^2 \quad \text{(hafaliad Bernoulli)}$$

lle p_0 yw gwasgedd y llifydd disymud, a p_1 yw ei wasgedd ar fuanedd v (gweler Cofiwch).

Enghraifft o hyn yw dŵr yn cael ei yrru drwy ffroenell (*nozzle*) gul ym mhibell ymladdwr tân (fel sydd yn Ffig. C16). Gall y gostyngiad yn y gwasgedd fod yn ddigon mawr fel bod angen dau berson i ddal y ffroenell yn sefydlog.

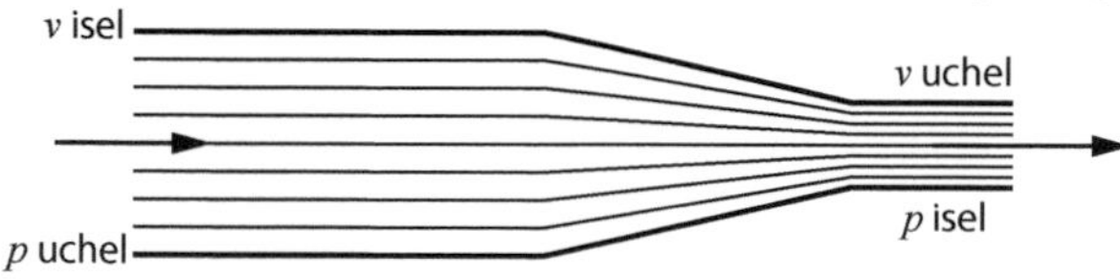

Ffig. C16 Llifydd, neu hylif, yn llifo drwy ffroenell

C.5.1 Bernoulli ac effaith Magnus

Mae rhai yn credu mai oherwydd Bernoulli mae effaith Magnus yn digwydd. Yr effaith hon sy'n achosi tueddiad pêl chwaraeon sy'n troelli i wyro i'r un cyfeiriad ag mae'n troelli – gweler Ffig. C17. Mae Ffig. C18 yn esbonio hyn – mae'r bêl yn symud i'r dde, ond, unwaith eto, mae angen i ni ddychmygu pêl ddisymud mewn llif o aer sy'n symud i'r chwith.

Mae'r aer hwn yn cael ei ddargyfeirio tuag i lawr oherwydd bod yr aer sy'n pasio dros y top, sy'n teithio *gyda'r* troelliad, yn parhau mewn cysylltiad â'r bêl am fwy o amser na'r aer oddi tani. Cymharwch y ddau dorbwynt, A a B.

Ffig. C18 Effaith Magnus – esboniad Bernoulli

Dyma'r ddadl:

- Mae'r bêl sy'n troelli yn dargyfeirio'r aer tuag i lawr ...
- ... felly mae'r aer yn teithio ymhellach dros ran uchaf y bêl nag oddi tani ...
- ... felly mae'r buanedd yn uwch yn y rhan uchaf nag yn y rhan isaf ...
- ... felly mae'r gwasgedd yn uwch yn y rhan isaf nag yn y rhan uchaf.
- Mae'r gwahaniaeth gwasgedd yn achosi grym tuag i fyny ar y bêl.

» Cofiwch

Efallai byddwch chi'n dod ar draws y ffyrdd gwahanol hyn o ysgrifennu hafaliad Bernoulli:

$p + \tfrac{1}{2}\rho v^2 = \text{cysonyn}$

$p_1 + \tfrac{1}{2}\rho {v_1}^2 = p_2 + \tfrac{1}{2}\rho {v_2}^2$

Os bydd lefel fertigol y llifydd neu'r hylif yn newid, bydd term ychwanegol, sef ρgh, yn yr hafaliad.

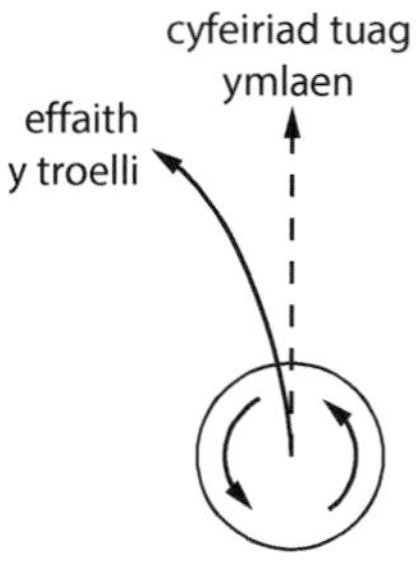

Ffig. C17 Effaith Magnus

» Cofiwch

Prif broblem esboniad Bernoulli yw ei fod yn goramcangyfrif buanedd yr aer ar yr ochr sy'n troelli. Mae mesuriadau'n awgrymu ei fod yn fwy na'r buanedd ar y gwaelod, ond dim ond o fymryn bach.

cwestiwn cyflym

⑱ Esboniwch gyfeiriad yr effaith Magnus drwy ddefnyddio N2 ac N3.

C.5.2 Deddfau Newton ac effaith Magnus

Erbyn hyn, rydyn ni'n credu bod esboniad Bernoulli o effaith Magnus yn cyfrif am ffracsiwn bach yn unig o'r grym gaiff ei arsylwi. Roedd esboniad Newton (mae'n debyg iddo gael y syniad wrth wylio gêm dennis yng Ngholeg y Drindod, Caergrawnt) yr un peth â'r ffordd mae'r llyw'n gweithio yn Adran C.2.1 – mae'n dal i ddibynnu ar ddargyfeirio aer, ac am yr un rhesymau.

ychwanegol

1. Mae plymiwr Olympaidd yn newid ei ffurf o linell syth, 2 m, i siâp safle cwrcwd (*tuck*), 1 m. Byddwn ni'n modelu'r siapiau hyn fel rhoden syth unffurf, ac yna disg unffurf.
   (a) Esboniwch pam mae'r plymiwr yn cylchdroi'n gynt wrth wneud hyn.
   (b) Cyfrifwch yn ôl pa ffactor mae'r cylchdro'n cyflymu.
2. Mae beiciwr, màs 60 kg, yn reidio beic, màs 18 kg. 2.5 kg yr un yw masau'r ddwy olwyn ffordd. Mae'r beiciwr yn teithio heb bedlo i lawr llethr, uchder 15 m, hyd 200 m, o gyflymder cychwynnol o 5.0 m s^{-1}.
   (a) Gan anwybyddu colledion oherwydd ffrithiant, cyfrifwch fuanedd y beiciwr ar waelod y llethr.
   (b) Cymharwch y buanedd hwn â buanedd sled ddiffrithiant sy'n llithro i lawr llethr tebyg.
   (c) Cyfrifwch gyflymiad y beiciwr.
   (ch) 66.0 cm yw radiws yr olwynion ffordd. Cyfrifwch gyflymiad onglaidd yr olwynion.
3. Mae gan ddrôn chwaraeon model 4 rotor llorweddol, radiws 10 cm, fel sydd i'w weld. 8 g yw màs yr ymyl, a 12 g yw cyfanswm màs llafnau'r rotor. Wrth esgyn, mae'n troelli i fyny hyd at 5000 cylchdro y funud (cyf) mewn 5 eiliad. Cyfrifwch y canlynol:
   (a) moment inertia pob rotor
   (b) y trorym cydeffaith cymedrig ar y rotorau yn ystod y cyfnod troelli tuag i fyny
   (c) cyfanswm egni cinetig y 4 rotor.
   [Ar gyfer rhoden gaiff ei chylchdroi o amgylch ei phen, mae $I = \frac{1}{3}ml^2$]

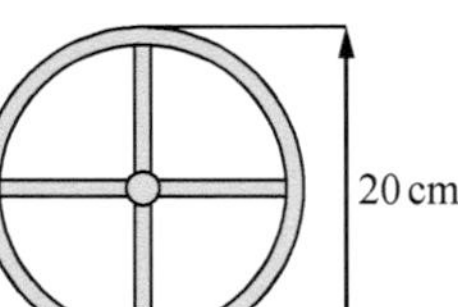

4. 4.1 kg yw màs y drôn yng nghwestiwn 3. Mae'n gallu codi oherwydd bod pob rotor yn gwthio colofn o aer, radiws 10 cm, tuag i lawr. Cyfrifwch y canlynol:
   (a) buanedd yr aer sydd ei angen i gynnal y drôn
   (b) y pŵer angenrheidiol.
   [Mae dwysedd aer = 1.3 kg m^{-3}]
5. Mae parau o'r rotorau yng nghwestiwn 3 wedi'u trefnu i gylchdroi i gyfeiriadau dirgroes. Awgrymwch pam mae hyn yn fantais.
6. Mae pwysau yn cael eu taflu ar 42° i'r llorwedd ar fuanedd o 12 m s^{-1}, a hynny o uchder cychwynnol o 1.9 m.
   (a) Cyfrifwch y pellter mae'r pwysau'n ei gyrraedd.
   (b) Mae'r hyfforddwr yn awgrymu bod y taflwr yn newid i ongl o 36°, lle gall gyrraedd buanedd taflu o 13.0 m s^{-1}. A fydd hyn yn gwella ei ganlyniad? Os felly, yn ôl faint?
   (c) Yn fras, esboniwch y canlyniad yn ansoddol.

Opsiwn CH: Egni a'r amgylchedd

Mae'r pwnc dewisol hwn yn cynnwys dwy brif thema:

- Cyflwyniad i ffiseg cynhesu atmosfferig
- Ffynonellau egni

a themâu llai, sef celloedd tanwydd a dargludiad thermol. Mae is-adran i bob thema.

CH.1 Tymheredd cynyddol y Ddaear

Mae tymheredd atmosffer ac arwyneb y Ddaear (sy'n cynnwys y tir a'r môr) yn cynyddu. Rydyn ni'n derbyn bod y cynnydd hwn yn anthropogenig o ran tarddiad. Mae'r adran hon yn archwilio rhai o'r pethau sy'n dylanwadu ar dymereddau byd-eang.

CH.1.1 Yr angen am ecwilibriwm thermol

Pelydriad solar yw'r prif fewnbwn egni i arwyneb y Ddaear. Arddwysedd y pelydriad hwn yw 1.37 kW m^{-2}, o'i fesur ar frig yr atmosffer. O hyn, gallwn ni gyfrifo cyfanswm mewnbwn yr egni solar. Mae Ffig. CH1 yn dangos sut mae rhan weladwy'r pelydriad hwn yn rhyngweithio â'r Ddaear a'r atmosffer – mae tua 30% yn cael ei adlewyrchu, ac mae'r gweddill yn cael ei amsugno.

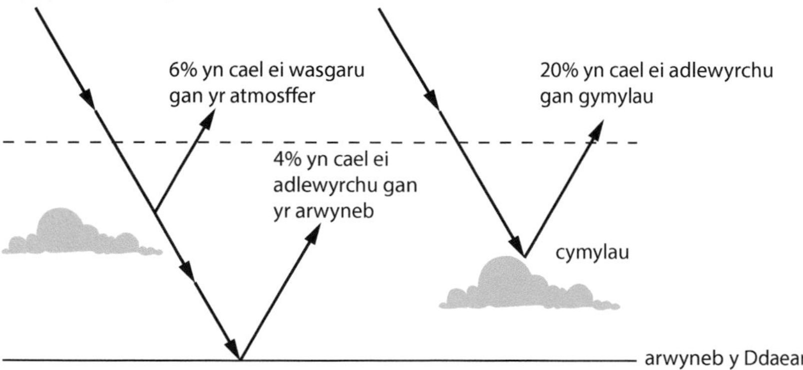

Ffig. CH1 Pelydriad solar yn cael ei adlewyrchu gan y Ddaear a'r atmosffer

Term allweddol

Yr enw ar arddwysedd y pelydriad solar y tu allan i atmosffer y Ddaear yw'r **cysonyn solar**.

» Cofiwch

Nid yw arddwysedd pelydriad yr Haul, mewn gwirionedd, yn gysonyn. ~0.1% yw amrywiad cynhenid pelydriad solar. Mae hefyd yn newid oherwydd bod y pellter rhwng yr Haul a'r Ddaear yn amrywio.

cwestiwn cyflym

① Dangoswch mai tua 2×10^{17} W yw cyfanswm mewnbwn yr egni solar i'r Ddaear fesul eiliad.

[Mae $R_E = 6370$ km]

cwestiwn cyflym

② Rydyn ni'n amcangyfrif bod gwres yn cael ei ddargludo o ganol y Ddaear ar gyfradd o 44 TW. Pa ffracsiwn o fewnbwn yr egni solar mae hyn yn ei gynrychioli?

cwestiwn cyflym

③ Cyfrifwch bŵer y pelydriad isgoch mae'n rhaid i'r Ddaear ei allyrru er mwyn i'w thymheredd aros yn gyson.

Termau allweddol

Yr **effaith tŷ gwydr** yw'r cynnydd yn nhymheredd y Ddaear wrth i'r atmosffer amsugno ac ailallyrru pelydriad isgoch.

Nwyon tŷ gwydr – y nwyon sy'n cyfrannu at yr effaith tŷ gwydr, yn enwedig CO_2 ac CH_4, ac anwedd dŵr.

» Cofiwch

Mae CO_2 atmosfferig wedi cynyddu oherwydd y tanwyddau ffosil sydd wedi cael eu llosgi ers dechrau'r chwyldro diwydiannol yn y ddeunawfed ganrif.

cwestiwn cyflym

④ Defnyddiwch ddeddf Wien i gadarnhau tonfedd frig sbectrwm yr Haul, sydd i'w weld yn Ffig. CH3. (Sylwch fod y raddfa λ yn logarithmig.)

[Mae $W = 2.90 \times 10^{-3}$ K m]

cwestiwn cyflym

⑤ Brasluniwch sbectrwm y pelydriad e-m sy'n cael ei allyrru gan arwyneb y Ddaear. (Cofiwch gyfrifo'r donfedd frig.)

Nid yw Ffig. CH1 yn rhoi'r darlun cyfan i ni, neu byddai tymheredd y Ddaear a'r atmosffer yn cynyddu drwy'r amser. Er mwyn cadw ar dymheredd cyson, rhaid bod y Ddaear yn allyrru egni, fel bod y mewnbwn egni net yn sero. Mae'n allyrru pelydriad isgoch (gweler Adran CH.1.2), sy'n cael ei amsugno'n rhannol gan yr atmosffer, a'i ailbelydru i bob cyfeiriad.

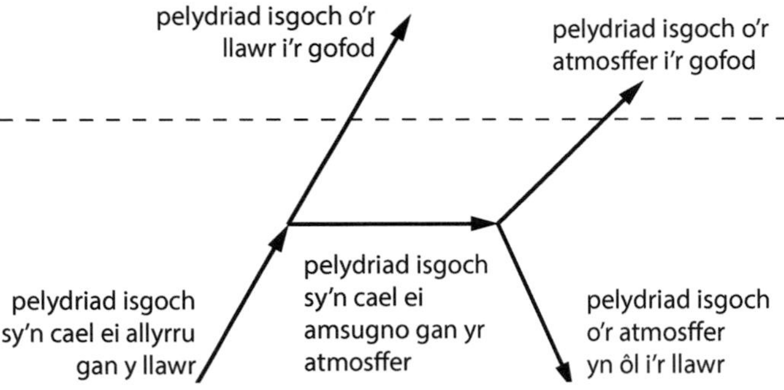

Ffig. CH2 Allyrru ac amsugno pelydriad isgoch

Mae pelydriad isgoch yn cael ei amsugno'n rhannol gan foleciwlau polyatomig, yn enwedig anwedd dŵr, carbon deuocsid (CO_2), a methan (CH_4). Mae canlyniad y broses o ailallyrru'r pelydriad gan yr atmosffer, a'r llawr wedyn yn amsugno'r pelydriad hwn, yn cynyddu tymheredd y Ddaear i lefel uwch nag y byddai fel arall. Yr enw ar hyn yw'r effaith tŷ gwydr, ac mae'n broses naturiol. Mae CO_2 ac CH_4 yn bresennol ar lefelau uwch oherwydd gweithgaredd bodau dynol, gan arwain at amsugno mwy o belydriad isgoch, ac effaith tŷ gwydr fwy. Canlyniad hyn yw arwain at gynhesu byd-eang.

CH.1.2 Sbectra'r pelydriad o'r Haul a'r Ddaear

Mae gan ffotosffer yr Haul (ei ddisg weladwy) dymheredd o 5770 K. Drwy ddefnyddio deddf Wien (gweler Adran 1.6.3 yn y *Canllaw Astudio ac Adolygu UG*), gallwn ni gyfrifo tonfedd frig ei sbectrwm. Mae sbectrwm yr Haul i'w weld yn Ffig. CH3.

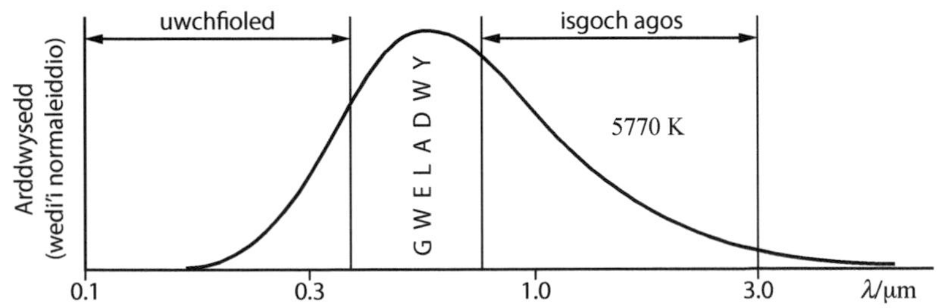

Ffig. CH3 Sbectrwm yr Haul

Mae'r atmosffer yn dryloyw i belydriad uwchfioled agos ($\lambda > 0.3$ μm), golau gweladwy, a phelydriad isgoch agos ($\lambda < 2$ μm). Mae hyn yn cyfrif am y rhan fwyaf o'r pelydriad sy'n dod i mewn ac sy'n cael ei adlewyrchu. O gymharu, mae gan arwyneb y Ddaear dymheredd cymedrig o 288 K, felly mae ei belydriad yn yr amrediad rhwng 3 a 100μm, ac mae'n cael ei amsugno a'i ailbelydru'n eithaf cryf gan foleciwlau H_2O, CO_2, CH_4 ac N_2O.

Enghraifft

Esboniwch yn fras pam mae cynyddu lefelau'r CO_2 yn yr atmosffer yn arwain at gynhesu byd-eang.

Ateb

Mae'r llawr yn allyrru pelydriad isgoch sydd â thonfedd hir, ac sy'n cael ei amsugno'n rhannol gan foleciwlau CO_2 yn yr atmosffer. Yna, mae'r moleciwlau hyn yn ailallyrru'r pelydriad, a rhywfaint ohono tuag i lawr, sy'n cael ei amsugno gan y llawr ac yn codi ei dymheredd.

Y mwyaf o CO_2 sydd yn yr atmosffer, y mwyaf o'r pelydriad hwn gaiff ei amsugno a'i ailallyrru, gan gynyddu'r egni mae'r ddaear yn ei gael drwy hynny, a chodi ei dymheredd ymhellach.

CH.1.3 Tymheredd planed heb yr effaith tŷ gwydr

Os yw planed yn amsugno ffracsiwn μ o'r pelydriad sy'n ei tharo, gallwn ni amcangyfrif ei thymheredd drwy ddefnyddio deddf Stefan (gweler Adran 1.6.4. y *Canllaw Astudio ac Adolygu UG*), a gwerth y cysonyn solar, I. Yr egwyddor yw fod angen i'r mewnbwn pŵer net o'r Haul gael ei gydbwyso gan allbwn pŵer hafal o'r blaned, er mwyn sicrhau ecwilibriwm.

Arwynebedd y blaned sy'n cael ei tharo gan belydriad yr Haul yw πR^2, lle R yw radiws y blaned. Mae'r blaned yn allyrru pelydriad o'i harwyneb cyfan, h.y. o arwynebedd o $4\pi R^2$. Os T yw tymheredd y blaned, mae:

Y pŵer sy'n cael ei amsugno $= \mu\pi R^2 I$ ac mae'r pŵer sy'n cael ei allyrru $= 4\pi R^2\sigma T^4$

∴ Ar gyfer ecwilibriwm, mae $4\pi R^2\sigma T^4 = \mu\pi R^2 I$

Felly, drwy symleiddio ac aildrefnu, mae $T^4 = \dfrac{\mu I}{4\sigma}$

Gwella gradd

Peidiwch â phoeni am ddysgu'r hafaliad rydyn ni newydd ei ddeillio, cyn belled â'ch bod chi'n deall y syniadau.

cwestiwn cyflym

⑥ Esboniwch pam mae'r gwaith cyfrifo yma yn tybio bod y blaned yn cylchdroi'n eithaf cyflym.

Enghraifft

Defnyddiwch yr hafaliad uchod i amcangyfrif tymheredd y Ddaear heb atmosffer.

Ateb

Mae'r Ddaear yn adlewyrchu 30% o'r golau (gweler Ffig. CH1), felly mae $\mu = 0.7$

$$\therefore \text{Mae } T^4 = \frac{\mu I}{4\sigma} = \frac{0.7 \times 1370\ \text{W m}^{-2}}{4 \times 5.67 \times 10^{-8}\ \text{W m}^{-2}\text{K}^{-4}} = 4.2 \times 10^9\ \text{K}^4$$

∴ Mae $T = 255\ \text{K}$

Trafodaeth

288 K yw tymheredd arwyneb cymedrig y Ddaear, felly mae'r effaith tŷ gwydr yn cynhyrchu cynnydd o tua 30K (h.y. 30°) yn y tymheredd. Mae'r nwyon tŷ gwydr sydd yn yr atmosffer yn codi tymheredd yr arwyneb uwchlaw 0°, gan olygu y gall bywyd fodoli ar y ffurf rydyn ni'n ei hadnabod.

Cofiwch

Sylwch fod y gwaith cyfrifo ar gyfer yr enghraifft yn ystyried gwasgariad o'r aer, ond nid yr effaith tŷ gwydr. Mae'n tybio nad oes CO_2, H_2O, CH_4 ac ati yn yr atmosffer. Ond edrychwch ar Gwestiwn cyflym 7.

cwestiwn cyflym

⑦ Os nad oes unrhyw ddŵr yn yr atmosffer, fydd dim cymylau. Darganfyddwch amcangyfrif o dymheredd y Ddaear, gan anwybyddu'r adlewyrchiad o'r cymylau (gweler Ffig. CH1). Dylech chi ddarganfod ei fod yn is na 0°C o hyd.

CH.1.4 Cynhesu byd-eang a lefel y môr yn codi

Ar hyn o bryd, mae lefel y môr yn codi tua 3 mm y flwyddyn o ganlyniad i gynhesu byd-eang. Mae dau reswm am hyn:

1. Ehangiad thermol y môr.
2. Iâ yn ymdoddi ar y tir (ond nid iâ ar y môr).

Mae egwyddor Archimedes yn esbonio pam nad oes unrhyw effaith ar lefel y môr pan fydd iâ sy'n arnofio ar y môr yn ymdoddi.

Term allweddol

Mae **egwyddor Archimedes** yn nodi bod corff, sydd wedi'i drochi'n llwyr neu'n rhannol mewn hylif, yn profi brigwth sy'n hafal i bwysau'r hylif gaiff ei ddadleoli gan y corff.

(a) Egwyddor Archimedes

Mae'r iâ sy'n arnofio yn Ffig. CH4 yn *dadleoli* cyfaint o ddŵr môr – dyma gyfaint y rhan o'r mynydd iâ sydd o dan y dŵr.

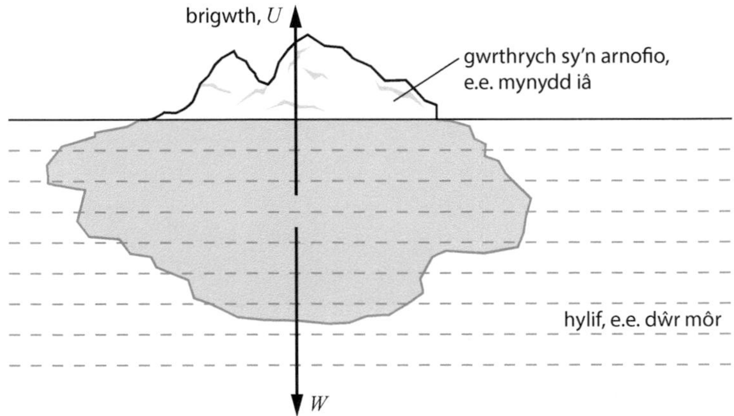

Ffig. CH4 Grymoedd ar iâ sy'n arnofio

cwestiwn cyflym

⑧ 917 kg m^{-3} yw dwysedd iâ; 1030 kg m^{-3} yw dwysedd dŵr môr Gogledd yr Iwerydd. Caiff ei nodi'n aml fod 90% o gyfaint mynyddoedd iâ o dan y dŵr. A yw hyn yn gywir?

Os V yw cyfaint y mynydd, pa gyfaint sydd o dan y dŵr?

Mae pwysau'r mynydd, $W = \rho_i V g$ lle ρ_i = dwysedd iâ

Gan ddefnyddio egwyddor Archimedes, os V' yw'r cyfaint sydd o dan y dŵr, mae'r brigwth, U, yn cael ei roi gan:

$$U = \rho_w V' g \quad \text{lle} \quad \rho_w = \text{dwysedd dŵr môr}$$

Os yw'r mynydd yn arnofio mewn ecwilibriwm, mae $U = W$, felly mae $\rho_w V' g = \rho_i V g$

O ganlyniad, wrth aildrefnu a symleiddio, mae: $V' = \dfrac{\rho_i V}{\rho_w}$

Felly, oherwydd bod $\rho_i < \rho_w$ (gweler Cwestiwn cyflym 8), mae mynydd iâ yn arnofio gyda rhywfaint o'i gyfaint uwchben arwyneb y dŵr.

cwestiwn cyflym

⑨ Mae iâ sy'n arnofio yn wyn; pan fydd yn ymdoddi, y cyfan mae'n ei adael ar ei ôl yw'r môr, sy'n dywyll. Esboniwch pam mae'r tymheredd byd-eang cymedrig yn codi'n uwch eto wrth i gap iâ yr Arctig ymdoddi.

(b) Pam nad yw mynyddoedd iâ sy'n ymdoddi yn codi lefel y môr

Roedd yna ddŵr uwchben lefel y môr yn y mynydd a oedd yn arnofio. I ble mae hwn yn mynd wrth ymdoddi? Mae'r mynydd iâ yn troi'n ddŵr hylifol, sydd â'r un dwysedd â dŵr y môr. Felly, mae'n 'arnofio' gyda 100% o'i gyfaint o dan y dŵr, h.y. mae'r mynydd iâ sy'n ymdoddi yn cyfangu i lenwi'r cyfaint sydd o dan y dŵr yn unig! Ond mae iâ môr sy'n ymdoddi yn cael effaith adborth positif ar dymereddau byd-eang (gweler Cwestiwn cyflym 9).

CH.2 Ffynonellau egni

Mae'r fanyleb yn sôn am ffynonellau adnewyddadwy ac anadnewyddadwy, ond mae'r holl fanylion yn canolbwyntio ar y cyntaf. Felly, dylech chi allu defnyddio'r hyn rydych chi'n ei wybod ers TGAU am ffynonellau anadnewyddadwy (glo, olew, nwy naturiol), yn enwedig o ran eu hallyriadau carbon deuocsid a chynhesu byd-eang. Ond mae'r wybodaeth ychwanegol wedi'i chyfyngu i'r ffynonellau sy'n cael eu henwi yn y fanyleb.

CH.2.1 Pŵer yr Haul

(a) Ymasiad niwclear yn yr Haul

Daw tua 98% o allbwn egni'r Haul o'r **gadwyn proton-proton**. Hon yw'r ffynhonnell gryfaf o ddigon ar gyfer sêr sy'n llai nag 1.3 màs solar. Mae'r egni sy'n cael ei gynhyrchu yn dod o'r egni clymu (gweler Adran 3.6), sy'n cael ei ryddhau mewn set o adweithiau. Gallwn ni grynhoi'r adweithiau hyn isod:

$$4\,^1_1\mathrm{H} + 2\,^0_{-1}\mathrm{e} \rightarrow \,^4_2\mathrm{He} + 2\nu_e \qquad \text{crynodeb o'r gadwyn pp}$$

gyda'r symbolau *niwclear*, h.y. $^1_1\mathrm{H}$ = proton, $^4_2\mathrm{He}$ = niwclews heliwm.

Mae sawl llwybr posibl, ond mae pob un yn dechrau gyda

$$^1_1\mathrm{H} + \,^1_1\mathrm{H} \rightarrow \,^2_1\mathrm{H} + \,^0_1\mathrm{e}+ + \nu_e \qquad \text{pp cam 1}$$

sy'n cael ei ddilyn gan

$$^1_1\mathrm{H} + \,^2_1\mathrm{H} \rightarrow \,^3_2\mathrm{H} + \gamma \qquad \text{pp cam 2}$$

lle mae $^2_1\mathrm{H}$ yn niwclews hydrogen trwm (dewteriwm) (gweler **Cofiwch**).

Mae cam 1 yn adwaith araf iawn, ond mae cam 2 yn llawer cynt. Dylech chi allu esbonio pam (Awgrym: cryf/gwan).

Ar ôl cam 2, mae sawl llwybr posibl at $^4_2\mathrm{He}$. Y prif lwybr, sef ppl, yw

$$^3_2\mathrm{H} + \,^3_2\mathrm{H} \rightarrow \,^4_2\mathrm{H} + \,^1_1\mathrm{H} + \,^1_1\mathrm{H} \qquad \text{ppl cam 3}$$

Pa ran gaiff ei chwarae gan y ddau electron yn yr hafaliad crynhoi? Er mwyn cyrraedd y ddau niwclews He-3, rhaid i ddau adwaith cam 1 ddigwydd, a bydd pob un yn cynhyrchu positron, e^+. Mae pob positron yn cael ei ddifodi gan electron (ac mae llawer o'r rhain yn bresennol) yng nghraidd yr Haul.

(b) Y cysonyn solar

3.846×10^{26} W yw cyfanswm y pŵer, P, sy'n cael ei ryddhau gan yr Haul. O wybod hyn, gallwch chi gyfrifo nifer yr adweithiau ymasiad sy'n digwydd fesul eiliad, yn ogystal â'r màs sy'n cael ei golli fesul eiliad, drwy ddefnyddio $E = mc^2$. Mae'r pelydriad sy'n cario'r egni hwn yn lledaenu'n sfferig gymesur, fel bod arddwysedd y pelydriad solar ar unrhyw bellter, r, yn cael ei roi gan:

$$I = \frac{P}{4\pi r^2}$$

Drwy hynny, mae'r arddwysedd yn gostwng yn ôl y ddeddf sgwâr gwrthdro.

» Cofiwch

Yn anuniongyrchol, pŵer yr Haul yw ffynhonnell y rhan fwyaf o ffynonellau egni adnewyddadwy, gan gynnwys pŵer y gwynt, pŵer tonnau, pŵer trydan dŵr a biomas.

Term allweddol

Cyfres o adweithiau yw'r **gadwyn proton-proton**, sy'n dechrau gydag ymasiad dau broton i ffurfio dewteriwm.

» Cofiwch

Mae'n bosibl ysgrifennu $^2_1\mathrm{H}$ ar y ffurf $^2_1\mathrm{D}$. Yn yr un modd, gall $^3_1\mathrm{H}$ gael ei ysgrifennu ar y ffurf $^3_1\mathrm{T}$ (T = tritiwm)

cwestiwn cyflym

⑩ Cyfrifwch yr egni gaiff ei ryddhau pan fydd dau broton yn mynd drwy adwaith pp cam 1. Mynegwch eich ateb mewn:

a) MeV

b) J

Data masau:

$^1_1\mathrm{H} = 1.007\,276$ u

$e^+ = 5.49 \times 10^{-4}$u

$^2_1\mathrm{H} = 2.013\,562$ u

cwestiwn cyflym

⑪ Defnyddiwch eich ateb i Gwestiwn cyflym 10 i gyfrifo'r egni sy'n cael ei ryddhau (mewn J) gan un mol o brotonau.

(Gofalus: gallech chi gael eich baglu yma!)

» Cofiwch

Mae'r ddeddf sgwâr gwrthdro ar gyfer pelydriad yr un mor berthnasol i ffynonellau pwynt ag yw i ffynonellau sfferig cymesur.

cwestiwn cyflym

⑫ 696,000 km yw radiws yr Haul. Defnyddiwch ddeddf Stefan i gyfrifo tymheredd y ffotosffer. Cymharwch hyn â'r data sydd wedi'u rhoi yn barod.

Enghraifft

Radiws cymedrig orbit y Ddaear yw 149.6 miliwn km.

Cyfrifwch y **cysonyn solar**.

Ateb

Mae'r arddwysedd ar bellter y Ddaear $= \frac{3.846 \times 10^{26}\,\text{W}}{4\pi \times (1.496 \times 10^{11}\,\text{m})^2}$

h.y. mae'r cysonyn solar $= 1367\ \text{W m}^{-2}$

(sy'n cyfateb i'r wybodaeth flaenorol!)

» ***Cofiwch***

$I\cos\theta$ yw cydran y fflwcs pelydriad ar ongl sgwâr i'r panel ffotofoltaidd. Ym Mhrydain, bydd to yn aml ar 35–40° i'r llorwedd. Tua 60° yw uchder mwyaf yr Haul yn yr haf, a 15° yn y gaeaf.

(c) Celloedd ffotofoltaidd

Tua 25% yw effeithlonrwydd trawsnewid panel ffotofoltaidd (PV). Os μ yw'r effeithlonrwydd, yna mae allbwn pŵer, P, panel solar, sydd ag arwynebedd A, mewn golau haul sydd ag arddwysedd I, yn cael ei roi gan

$$P = \mu A I \cos\theta$$

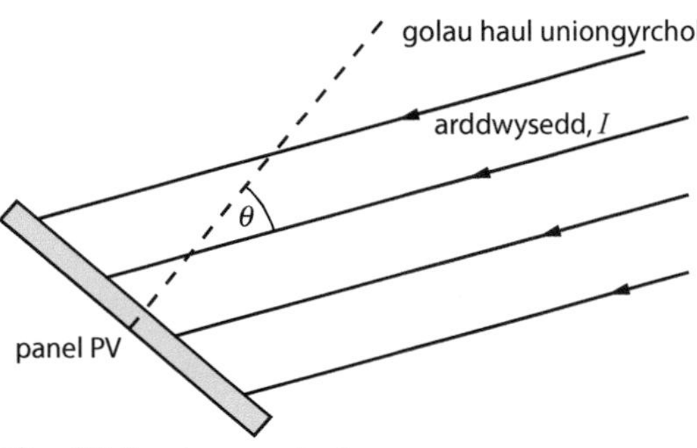

Ffig. CH5 Mewnbwn panel solar

lle θ yw'r ongl rhwng y normal a chyfeiriad y golau haul trawol.

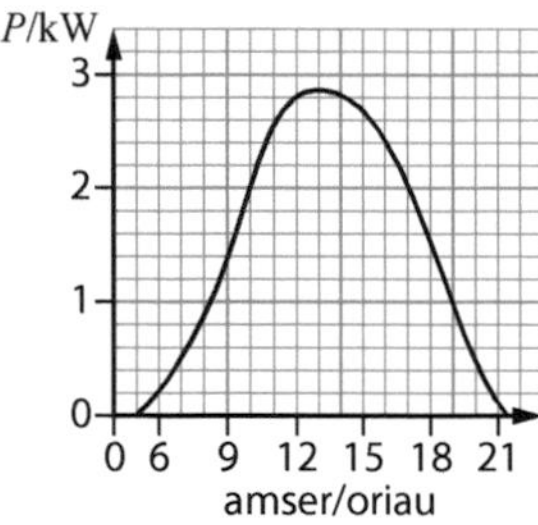

Ffig. CH6 Allbwn panel PV (ffotofoltaidd)

Enghraifft

Ar ddiwrnod o haf yng Nghymru, 650 W m^{-2} yw arddwysedd golau'r haul, a 60° yw ongl godi'r Haul. Cyfrifwch allbwn pŵer arae 20 m^2 o baneli solar ar 35° i'r llorwedd, os yw'r effeithlonrwydd trawsnewid yn 22%.

Ateb

Mae'r ongl rhwng golau'r haul a normal y panel solar = 5°

∴ Mae allbwn y pŵer trydanol $= 0.22 \times 20\ \text{m}^2 \times 650\ \text{W m}^{-2} \cos 5°$

$= 2800$ W (2 ff.y.)

cwestiwn cyflym

⑬ Amcangyfrifwch gyfanswm allbwn dyddiol y panel solar sydd i'w weld yn Ffig. CH6.

CH.2.2 Pŵer y gwynt

Ystyriwch y silindr o aer sy'n symud tuag at y tyrbin gwynt yn Ffig. CH7. Mae'r egni cinetig yn yr aer sy'n cyrraedd y tyrbin yn amser Δt yn cael ei roi gan:

$$E_K = \tfrac{1}{2}mv^2 = \tfrac{1}{2}(\rho A v \Delta t)v^2 = \tfrac{1}{2}\rho A v^3 \Delta t$$

lle A yw arwynebedd trawstoriadol y silindr.

Felly, mae'r pŵer sydd ar gael, $P = \frac{E_K}{\Delta t} = \tfrac{1}{2}\rho A v^3$

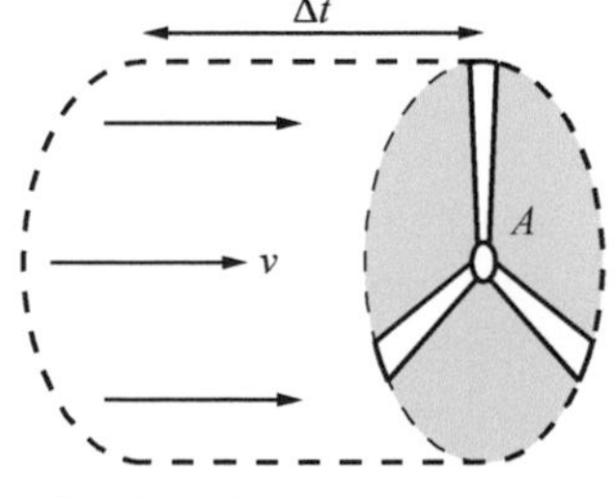

Ffig. CH7 Pŵer gwynt

Mae allbwn pŵer mwyaf y tyrbin yn llai na hyn am y rhesymau canlynol:

- Mae angen buanedd tanio is er mwyn i'r gwynt wneud i'r tyrbin ddechrau gweithredu.
- Mae llafnau'r tyrbin yn troi er mwyn cyfyngu ar y pŵer uwchlaw'r buanedd cyfradd ar gyfer y gwynt.
- Mae'r tyrbinau'n stopio troi pan mae'r gwynt yn chwythu'n gyflymach eto (gweler Ffig. CH8).

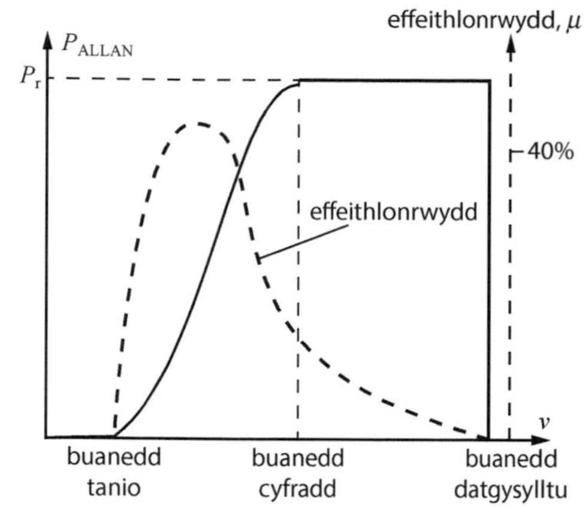

Ffig. CH8 Nodweddion arferol tyrbin gwynt

- Mae buanedd y gwynt yn amrywio'n gyflym – nid yw'r tyrbin yn gallu ymateb ar unwaith.
- Nid yw'r aer yn colli ei holl egni cinetig wrth iddo basio drwy'r tyrbin.
- Mae'r tyrbinau ar fferm wynt yn amharu ar ei gilydd.

Tyrbinau llif llanw

Mae'r cynlluniau hyn yn gweithredu ar yr un egwyddor â ffermydd gwynt. Mae'r tyrbinau tanddwr yn cael eu gosod mewn ardaloedd lle mae llif y llanw yn gyflym iawn. Mae egni dŵr symudol yn uwch nag aer oherwydd y dwysedd uwch. Mantais arall yw ei bod hi'n bosibl rhagweld y llanw – wrth i'r llanw newid bedair gwaith y dydd.

CH.2.3 Trydan o egni potensial dŵr

Mae gorsafoedd pŵer trydan dŵr, gan gynnwys cynlluniau pwmpio a storio, a morgloddiau llanw (neu 'baredau llanw'), yn gweithredu drwy ddal yr egni potensial mae dŵr yn ei golli wrth iddo lifo tuag i lawr llethr (Ffig. CH9).

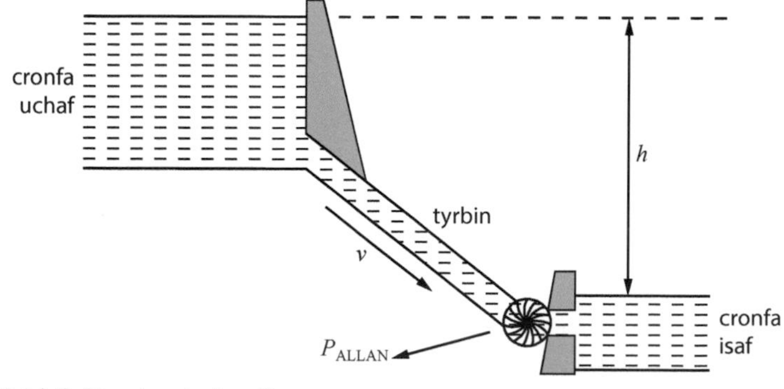

Ffig. CH9 Adeiledd system trydan dŵr

Heb dyrbin, yr unig newid yn y system yw'r hen newid cyfarwydd o egni potensial disgyrchiant i egni cinetig. Felly, gallwn ni ddefnyddio $\frac{1}{2}mv^2 = mgh$, sy'n rhoi $v = \sqrt{2gh}$, i gyfrifo cyfradd llifo'r cyfaint (Cwestiwn cyflym 14), a thrwy hynny, yr egni sy'n cael ei drosglwyddo.

cwestiwn cyflym

⑭ Mae dŵr yn llifo i lawr pibell, diamedr 50 cm, o gronfa uwch i gronfa is. 10 m yw'r gwahaniaeth uchder rhwng y ddwy gronfa.

a) Dangoswch mai tua 14 m s^{-1} yw buanedd y dŵr.

b) Cyfrifwch gyfradd llifo'r cyfaint.

cwestiwn cyflym

⑮ Dangoswch eich bod chi'n cael yr un ateb ar gyfer y gyfradd trosglwyddo egni yn Enghraifft 1 drwy ddefnyddio $\frac{1}{2}mv^2$.

cwestiwn cyflym

⑯ Os yw effeithlonrwydd y generadur sydd wedi'i gysylltu â'r tyrbin yn 95%, cyfrifwch effeithlonrwydd yr orsaf bŵer yn Enghraifft 2.

Enghraifft 1

Cyfrifwch y gyfradd trosglwyddo egni yng Nghwestiwn cyflym 14.

Ateb

Yr ateb i Gwestiwn cyflym 14(b) yw $2.75\,\text{m}^3\,\text{s}^{-1}$.

Felly, mae cyfradd trosglwyddo'r màs = $2.75\ \text{m}^3\,\text{s}^{-1} \times 1000\,\text{kg}\,\text{m}^{-3} = 2750\,\text{kg}\,\text{s}^{-1}$

∴ Drwy ddefnyddio EP sy'n cael ei golli = mgh, mae'r gyfradd trosglwyddo egni = $2750 \times 9.81 \times 10\,\text{W}$

$= 270\,\text{kW}$

Mewn gorsaf bŵer ymarferol, mae tyrbin wedi'i gynnwys yn rhan o'r bibell, fel sydd i'w weld yn Ffig. CH9. Mae hyn yn cyfyngu ar gyfradd y llif, felly nid yw'r dŵr yn ennill cymaint o egni cinetig oherwydd bod yn rhaid iddo wneud gwaith ar y tyrbin. Drwy hynny, mae'r:

EP gaiff ei golli = EC gaiff ei ennill + y gwaith sy'n cael ei wneud ar y tyrbin

Enghraifft 2

Pan mae tyrbin yn cael ei gynnwys yn y trefniant sydd yng Nghwestiwn cyflym 14, mae buanedd y dŵr yn gostwng i $10\ \text{m s}^{-1}$. Gan dybio nad oes colled egni, cyfrifwch allbwn pŵer y tyrbin.

Ateb

Mae cyfradd llifo'r màs = $\pi r^2 v\rho = 1960\,\text{kg}\,\text{s}^{-1}$

∴ Mae cyfradd colli'r EP = $mgh = 1960 \times 9.81 \times 10 = 192\,\text{kW}$

ac mae cyfradd ennill yr EC = $\frac{1}{2}mv^2 = \frac{1}{2} \times 1960 \times 10^2\,\text{W} = 98\,\text{kW}$

∴ Mae allbwn pŵer y tyrbin = $192\,\text{kW} - 98\,\text{kW} = 94\,\text{kW}$

CH.2.4 Ymholltiad ac ymasiad niwclear

(a) Cyfoethogi tanwydd niwclear

Mae wraniwm naturiol yn cynnwys 99.3% o U-238, sydd ddim yn ymholltog, a 0.7% o U-235. Er mwyn i'r rhan fwyaf o adweithyddion sifil weithio, mae angen cynyddu'r cynnwys U-235 i lefel sydd rywle rhwng 3% a 5%. Caiff y **cyfoethogi** ei wneud drwy adweithio wraniwm naturiol gyda fflworin i gynhyrchu nwy wraniwm hecsafflworid (UF_6), a bwydo hwn i mewn i gyfres raeadr o allgyrchion nwy. Mae gwahaniad rhannol yn digwydd oherwydd y gwahaniaeth rhwng masau moleciwlaidd y ddau isotop – mae mwy o'r UF_6 sy'n cynnwys yr atom U-238 yn cael ei droelli i'r tu allan, gan adael i'r nwy sydd wedi'i gyfoethogi ag U-235 gael ei dynnu i ffwrdd o'r canol. Mae hwn yn cael ei drawsnewid yn ôl yn wraniwm metelig neu'n wraniwm ocsid, i'w ddefnyddio yn yr adweithydd.

(b) Bridio tanwydd niwclear

Mae'r U-238, nad yw'n ymholltog ac sydd yn y rhodenni tanwydd, yn cael ei drawsnewid yn Pu-239 ymholltog drwy broses dal niwtronau, sy'n cael ei dilyn gan ddau ddadfeiliad β^-:

$$^{238}_{92}\text{U} + ^{1}_{0}\text{n} \rightarrow ^{239}_{92}\text{U} \xrightarrow[\text{23.5 munud}]{\beta^-} ^{239}_{93}\text{Np} \xrightarrow[\text{2.3 diwrnod}]{\beta^-} ^{239}_{94}\text{Pu}$$

» Cofiwch

Nid yw manylion adeiledd adweithyddion ymholltiad ac ymasiad yn rhan o'r cwrs. Bydd gwybodaeth lefel TGAU yn ddigon. Byddwn ni'n tynnu sylw at rai pwyntiau technegol yma.

» Cofiwch

Mae ffracsiwn sylweddol o'r pŵer sy'n cael ei gynhyrchu mewn adweithydd yn dod o ymholltiad Pu-239 – mae'r ffracsiwn yn cynyddu yn ystod oes yr elfen danwydd.

Yn y cam ailbrosesu, mae Pu-239 yn cael ei echdynnu, a gall hwn gael ei gynnwys wedyn mewn elfennau tanwydd newydd. Mae adweithyddion dŵr dan wasgedd yn gweithredu gyda hyd at 30% o blwtoniwm yn y tanwydd ocsid cymysg (*mixed oxide fuel – MOX*).

(c) Cynnyrch triphlyg ymasiad niwclear

Er mwyn cael adwaith ymasiad parhaus, rhaid bodloni tri amod ar yr un pryd:

1. Tymheredd, T, sydd yn ddigon uchel fel bod y niwclysau sy'n gwrthdaro yn gallu dod yn ddigon agos at ei gilydd yn erbyn y gwrthyriad Coulomb i adael i ymasiad ddigwydd.
2. Dwysedd gronynnau uchel, n, fel bod nifer y gwrthdrawiadau rhwng niwclysau yn ddigon mawr.
3. Amser cyfyngu hir, τ_E (gweler Cwestiwn cyflym 18).

Mae'n anodd iawn cael y tri amod hyn gyda'i gilydd. Mae angen tymereddau o tua 100 MK, ond rhaid cadw'r plasma draw oddi wrth waliau'r cynhwysydd er mwyn peidio â cholli'r egni. **Cynnyrch triphlyg ymasiad** yw lluoswm y tri mesur hyn, $nT\tau_E$. O edrych ar astudiaethau damcaniaethol, mae peirianwyr yn gwybod pa werth mae'n rhaid i'r cynnyrch triphlyg fynd heibio iddo er mwyn i unrhyw adwaith ddigwydd. Er enghraifft, mae'r adwaith rhwng dewteriwm a thritiwm yn cael ei ystyried yn adwaith ymarferol tebygol ar gyfer adweithydd ymasiad:

$$^{2}_{1}\text{H} + ^{3}_{1}\text{H} \rightarrow ^{4}_{2}\text{He} + ^{1}_{0}\text{n}$$

Tua 3.5×10^{28} K m^{-3} s yw'r cynnyrch triphlyg angenrheidiol.

cwestiwn cyflym

⑰ Mae'r amser cyfyngu, τ_E, yn cael ei ddiffinio gan

$$\tau_E = \frac{W}{P_{colli}}$$

lle W yw dwysedd yr egni, a P_{colli} yw'r egni sy'n cael ei golli fesul uned cyfaint. Dangoswch fod gan τ_E unedau amser.

cwestiwn cyflym

⑰ Gall adweithydd ymasiad prototeip gyrraedd gwerthoedd cyn uched â 3×10^{20} m^{-3} s ar gyfer $n\tau_E$. Cyfrifwch y tymheredd angenrheidiol.

CH.3 Celloedd tanwydd

Mae cell danwydd yn gweithio mewn modd tebyg i fatri, sy'n cael ei ail-lenwi drwy'r amser â'i gemegion tanwydd. O ran cerbydau, mae'r mwyafrif yn defnyddio hydrogen ac ocsigen (o'r aer). O ran cynllunio:

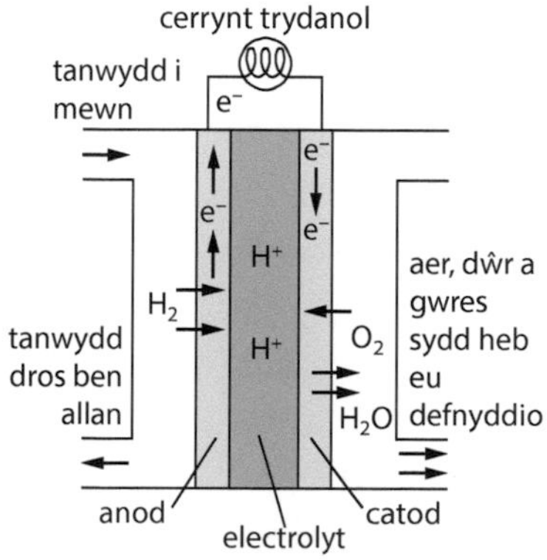

1. Mae hydrogen yn cael ei dynnu i mewn wrth yr anod, a'i ïoneiddio (h.y. mae electronau'n cael eu tynnu) gan gatalydd platinwm. Mae'r protonau'n tryledu ar draws gwahanfur ynysu.
2. Mae'r electronau'n teithio o amgylch cylched allanol, lle maen nhw'n gwneud gwaith, ac yna'n mynd yn ôl i mewn i'r gell danwydd wrth y catod. Yma, maen nhw'n cyfuno ag ocsigen a'r protonau tryledol i gynhyrchu dŵr. Mae angen catalydd ar yr adwaith hwn hefyd.

Ffig. CH10 Cell danwydd

Manteision y gell danwydd

- Effeithlonrwydd uchel – yn ddamcaniaethol, hyd at 80%; mae 40% yn cael ei gyrraedd yn rheolaidd.
- Dim ond anwedd dŵr sy'n cael ei gynhyrchu – dim CO_2.
- Mae'n gyrru ceir trydan, gan symleiddio'r system gerio sydd ei hangen felly.

Sylwch fod yr ail fantais yn gweithio dim ond os yw'r hydrogen yn cael ei gynhyrchu heb achosi allyriadau tŷ gwydr, e.e. drwy electrolysis, gan ddefnyddio trydan o gelloedd ffotofoltaidd.

Term allweddol

Dargludiad thermol yw'r broses o drosglwyddo egni wrth i ronynnau wrthdaro â'i gilydd ar hap o ganlyniad i raddiant tymheredd.

Sylwch ar yr arwydd minws yn yr hafaliad dargludiad. Mae gwres yn llifo *i lawr* graddiant tymheredd, h.y. o dymheredd uchel i dymheredd isel.

CH.4 Dargludiad thermol

CH.4.1 Hafaliad dargludiad

Mae cyfradd trosglwyddo egni drwy ddargludiad gwres, $\frac{\Delta Q}{\Delta t}$, drwy sampl o ddefnydd, yn dibynnu ar y gwahaniaeth yn y tymheredd, $\Delta\theta = \theta_2 - \theta_1$, y trwch, x, yr arwynebedd trawstoriadol, A, a natur y defnydd.

$\frac{\Delta Q}{\Delta t} = -AK\frac{\Delta\theta}{\Delta x}$ yw'r berthynas, lle mae K yn gysonyn o'r enw cyfernod dargludedd thermol y defnydd.

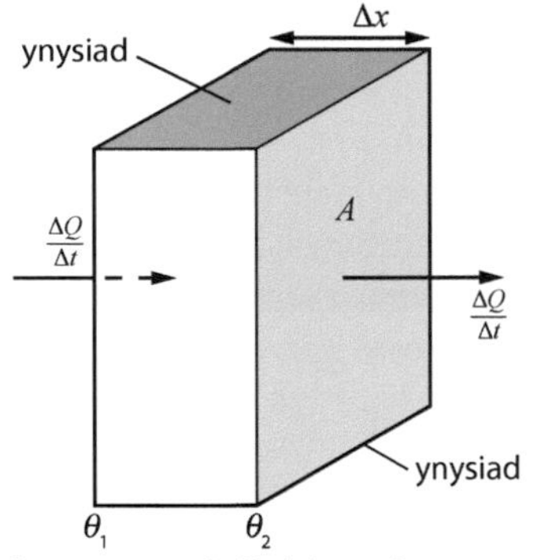

Ffig. CH11 Dargludiad thermol

Mae'n werth nodi maint bras K ar gyfer y mathau gwahanol o ddefnyddiau sy'n cael eu defnyddio ym maes peirianneg:

Defnydd	Maint y cyfernod dargludedd thermol/W m^{-1} K^{-1}
Nwyon (aer/argon)	10^{-2}
Concrit/bric/ceramig	1
Metelau	10^{2}

Tabl CH1 Cyfernodau dargludedd thermol

Mae'r unig broblemau cymhleth all godi wrth ddefnyddio'r hafaliad hwn yn digwydd pan ddaw dau ddefnydd i gysylltiad â'i gilydd.

Cofiwch

Yr egwyddor ar gyfer datrys yr enghraifft yw cofio bod y gyfradd trosglwyddo gwres yr un peth yn adrannau copr ac alwminiwm y bar, a hynny oherwydd yr ynysiad.

Enghraifft

Cyfrifwch y gyfradd trosglwyddo gwres ar hyd bar metel wedi'i ynysu, gydag arwynebedd trawstoriadol 4 cm^2, sy'n cynnwys darnau 5 cm o gopr ac alwminiwm 'mewn cyfres', os yw un pen yn cael ei gynnal ar 40 °C a'r llall ar 10 °C (gweler Ffig. CH12).

$[K_{Cu} = 385\,W\,m^{-1}\,K^{-1}\,;\,K_{Al} = 200\,W\,m^{-1}\,K^{-1}]$

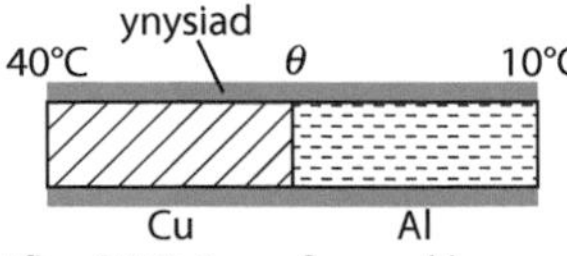

Ffig. CH12 Bar cyfansawdd

Ateb

Os yw tymheredd y cyswllt yn θ, mae

Cyfradd dargludo gwres yn y Cu = Cyfradd dargludo gwres yn yr Al, felly mae

$$4\,\text{cm}^2 \times 385\,\text{W}\,\text{m}^{-1}\,°\text{C}^{-1} \times \frac{40\,°\text{C} - \theta}{5\,\text{cm}} = 4\,\text{cm}^2 \times 200\,\text{W}\,\text{m}^{-1}\,°\text{C}^{-1} \times \frac{\theta - 10\,°\text{C}}{5\,\text{cm}}$$

∴ (gan anwybyddu'r unedau) mae $385(40 - \theta) = 200(\theta - 10)$

sy'n arwain at $\theta = 29.7\,°\text{C}$

Drwy amnewid i mewn i $\frac{\Delta Q}{\Delta t} = -AK\frac{\Delta\theta}{\Delta x}$ ar gyfer rhan gopr y bar, mae:

$$\frac{\Delta Q}{\Delta t} = -4 \times 10^{-4}\,\text{m}^2 \times 385\,\text{W}\,\text{m}^{-1}\,°\text{C}^{-1}\frac{(29.7 - 40)°\text{C}}{0.05\,\text{m}} = 31.7\,\text{W}$$

» *Cofiwch*

Gan mai gwahaniaeth tymheredd yw $\Delta\theta$, gall unedau K fod naill ai yn $\text{W}\,\text{m}^{-1}\,\text{K}^{-1}$ neu $\text{W}\,\text{m}^{-1}\,°\text{C}^{-1}$.

cwestiwn cyflym

⑲ Dangoswch ein bod ni'n cael yr un ateb ar gyfer cyfradd llifo'r gwres drwy ddefnyddio rhan alwminiwm y bar.

CH.4.2 Gwerthoedd *U*

Mae gwerth *U* yn gyfradd ar gyfer y gwres gaiff ei golli drwy uned arwynebedd o adeiledd adeiladwaith (hynny yw, yn hytrach nag un defnydd) fesul uned o wahaniaeth tymheredd, o dan amodau safonol (gweler **Cofiwch**).

$$\frac{\Delta Q}{\Delta t} = -UA\Delta\theta$$

Nid yw'n bosibl cysylltu'r gwerth *U* yn hawdd iawn â'r cyfernod dargludedd thermol, hyd yn oed ar gyfer adeiledd syml fel drws pren solet. Mae hyn oherwydd bod rhan o'r ynysiad thermol yno o ganlyniad i haen ddisymud o aer, sydd mewn cyswllt â'r arwynebau mewnol ac allanol. Mae wal yn aml yn cynnwys adeileddau eraill, fel arfer ffenestri a drysau, sy'n gweithredu fel cydrannau mewn paralel: cyfanswm y gwres sy'n cael ei golli yw swm y gwres sy'n cael ei golli drwy bob adeiledd unigol.

» *Cofiwch*

Mae gwerthoedd *U* fel arfer yn cael eu dyfynnu ar gyfer gwahaniaeth tymheredd o 24 °C a lleithder o 50%.

Enghraifft

Cyfrifwch y gyfradd colli gwres drwy'r wal geudod wedi'i hynysu, y ffenestr a'r drws, sydd i'w gweld yn Ffig. CH13. Arwynebedd y ffenestr gwydr dwbl a'r drws yw $2.0\,\text{m}^2$ yr un; 20 °C yw'r tymheredd mewnol a 12 °C yw'r tymheredd allanol.

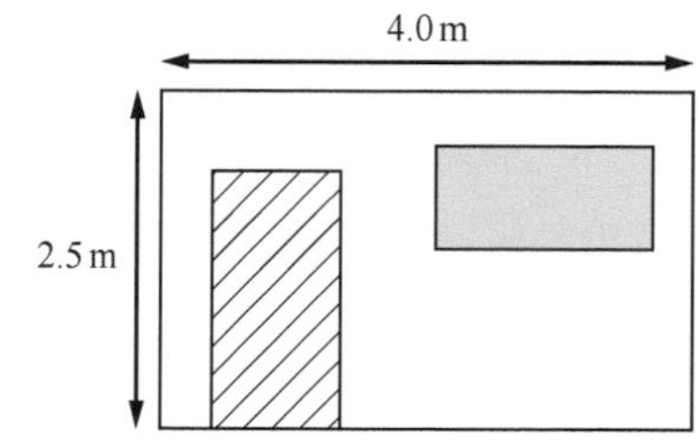

Ffig. CH13 Wal allanol

$$U_{\text{wal}} = 0.24\,\text{W}\,\text{m}^{-2}\,\text{K}^{-1};\ U_{\text{ffenestr}} = 1.2\,\text{W}\,\text{m}^{-2}\,\text{K}^{-1};\ U_{\text{drws}} = 3.0\,\text{W}\,\text{m}^{-2}\,\text{K}^{-1}$$

Ateb

Mae arwynebedd y wal $= 4.0\,\text{m} \times 2.5\,\text{m} - 2.0\,\text{m}^2 - 2.0\,\text{m}^2 = 6.0\,\text{m}^2$

$$\therefore \text{Mae } \frac{\Delta Q}{\Delta t} = (0.24 \times 6.0 + 1.2 \times 2.0 + 3.0 \times 2.0) \times (20 - 12)\,\text{W} = 79\,\text{W}$$

cwestiwn cyflym

⑳ Beth fyddai'r arbediad canrannol ar y biliau gwresogi pe bai drws newydd, wedi'i ynysu, gyda gwerth *U* o $1.4\,\text{W}\,\text{m}^{-2}\,\text{K}^{-1}$, yn cael ei osod?

ychwanegol

1. Defnyddiwch y data isod i amcangyfrif tymheredd arwyneb y blaned Mawrth. Tybiwch fod effaith tŷ gwydr atmosffer tenau'r blaned Mawrth yn ddibwys.
   - Allbwn pŵer yr Haul = 3.846×10^{26} W.
   - Pellter orbitol cymedrig y blaned Mawrth = 227.9 miliwn km.
   - Mae'r blaned Mawrth yn adlewyrchu 29% o belydriad yr Haul.
2. Defnyddiwch eich ateb i gwestiwn 1 i amcangyfrif tonfedd frig y pelydriad sy'n cael ei allyrru gan y blaned Mawrth.
3. 35.4 m yw hyd llafnau tyrbin gwynt. Mae'r tyrbin mewn gwynt sydd â buanedd cyson o $8.0\ \text{m s}^{-1}$. Cyfrifwch y canlynol:
   (a) dwysedd egni cinetig y gwynt (h.y. yr egni cinetig fesul uned cyfaint).
   (b) cyfaint yr aer sy'n taro'r tyrbin gwynt fesul uned amser.
   (c) allbwn pŵer y tyrbin, o wybod mai 40% yw ei effeithlonrwydd.
   (ch) hyd angenrheidiol y llafnau er mwyn i dyrbin llif llanw gynhyrchu'r un allbwn pŵer mewn dŵr sy'n llifo ar yr un buanedd. (Tybiwch yr un effeithlonrwydd.)
   [Dwysedd aer = $1.23\ \text{kg m}^{-3}$; dwysedd dŵr môr = $1025\ \text{kg m}^{-3}$]
4. Daear gorsiog sydd wedi rhewi yw'r twndra yn Siberia. Wrth iddi ddadmer, mae'n dadelfennu ac yn rhyddhau methan. Sut mae effaith hyn ar yr atmosffer yn debyg i'r effaith pan fydd cap iâ'r Arctig yn ymdoddi?
5. Mewn cynllun trydan dŵr, mae dŵr yn draenio 120 m yn fertigol i lawr pibell, diamedr 1 m, o gronfa uchaf i gronfa isaf.
   (a) Cyfrifwch fuanedd llif y dŵr, a drwy hynny, y gyfradd colli egni o'r llyn uchaf, os nad oes tyrbin yn y bibell.
   (b) Esboniwch yn fras pam mae allbwn pŵer uchaf tyrbin, sydd wedi'i osod yn y bibell, yn llawer llai na'r allbwn pŵer rydych chi wedi'i gyfrifo yn rhan (a).
   (c) Mae tyrbin wedi'i osod yn y bibell, ac mae'n cyfyngu buanedd y llif i $20\ \text{m s}^{-1}$. Cyfrifwch y canlynol:
      (i) allbwn y pŵer trydanol os oes gan y cyfuniad tyrbin/generadur effeithlonrwydd o 90%.
      (ii) effeithlonrwydd egni cyffredinol y cynllun wrth iddo gael ei weithredu.
6. Mae panel ffotofoltaidd (PV), arwynebedd $10\ \text{m}^2$, yn cael ei osod yn llorweddol ar y cyhydedd. Ar ddiwrnod ym mis Mawrth, mae'r Haul yn codi yn y Dwyrain, yn symud drwy'i anterth, ac yn machlud yn y Gorllewin. $600\ \text{W m}^{-2}$ yw arddwysedd golau'r haul.
   (a) Brasluniwch graff o allbwn pŵer y panel yn ystod y dydd, os yw'r effeithlonrwydd trawsnewid yn 25%.
   (b) Defnyddiwch eich graff i amcangyfrif cyfanswm yr egni sy'n cael ei gynhyrchu gan y panel PV yn ystod y dydd.
   (c) Awgrymwch pam mae eich graff yn debygol o oramcangyfrif y pŵer sydd ar gael yn gynnar yn y bore ac yn hwyr y prynhawn.
7. Mae sffêr dur, gwag, radiws 50 cm, sydd â waliau 1 cm o drwch, yn cynnwys dŵr ar 50 °C. Mae'n cael ei roi yn y môr, sydd ar dymheredd o 10 °C.
   (a) Cyfrifwch y gyfradd colli gwres gychwynnol, a chyfradd gychwynnol y gostyngiad yn y tymheredd. [Cewch anwybyddu cynhwysedd gwres y dur.]
   (b) Nodwch beth fydd y ddwy gyfradd pan fydd tymheredd y dŵr yn y sffêr wedi gostwng i 30 °C. Esboniwch eich ateb.
   (c) Heb wneud unrhyw gyfrifiadau pellach, brasluniwch graff o'r amrywiad yn nhymheredd y dŵr gydag amser, ac esboniwch ei siâp.
   [$c_{\text{dŵr}} = 4200\ \text{J kg}^{-1}\text{K}^{-1}$; $K_{\text{dur}} = 50\ \text{W m}^{-1}\text{K}^{-1}$]

Uned 4 Crynodeb o'r Opsiynau

A: Ceryntau eiledol

- Defnyddio deddf Faraday yn feintiol gyda choil sy'n cylchdroi mewn maes magnetig; mae $N\Phi = BAN \cos \omega t$ os yw'r ongl rhwng y maes a normal y coil yn cael ei roi gan $\theta = \omega t$; drwy hynny, mae $V = -BAN \sin \omega t$
- Amledd, cyfnod, brigwerthoedd a gwerthoedd isc gwahaniaethau potensial a cheryntau eiledol; ar gyfer CE sinwsoidaidd, mae $I_{\text{isc}} = \frac{I_0}{\sqrt{2}}$ ac mae $V_{\text{isc}} = \frac{V_0}{\sqrt{2}}$
- Defnyddio gwerthoedd isc wrth gyfrifo afradlonedd pŵer
- Defnyddio osgilosgop i fesur amleddau a gwerthoedd ceryntau a folteddau CE ac CU
- Y berthynas wedd rhwng y gp a'r cerrynt ar gyfer gwrthyddion, cynwysyddion ac anwythyddion; nid yw cynwysyddion nac anwythyddion yn afradloni unrhyw bŵer
- Y termau gwrthiant, adweithedd a rhwystriant wedi'u cymhwyso i gydrannau a chyfuniadau o gydrannau
- $X_{\text{L}} = \omega L$; $X_{\text{C}} = \frac{1}{\omega C}$;

  $Z_{RCL} = \sqrt{R^2 + \left(\omega L - \frac{1}{\omega C}\right)^2}$
- Defnyddio ffasorau i ddadansoddi cylchedau *RCL* mewn cyfres, gan gynnwys cyfrifo'r ongl wedd rhwng y cerrynt a gwahaniaeth potensial y cyflenwad
- Y gylched gyseinio *RCL* mewn cyfres; deillio'r amledd cysain, $f_0 = \frac{1}{2\pi\sqrt{LC}}$
- Y ffactor Q, wedi'i ddiffinio gan $Q = \frac{V_L}{V_R} = \frac{V_C}{V_R}$ yn ystod cyseiniant; mae Q yn pennu eglurder cylched gyseinio

B: Ffiseg feddygol

- Natur a phriodweddau pelydrau X, a chynhyrchu pelydrau X
- Defnyddio pelydrau X wrth wneud diagnosis ac wrth drin cleifion
- Gwanhau pelydrau X, $I = I_0 e^{-\mu x}$
- Delweddau pelydrau X a fflworosgopeg; technegau radiograffeg, gan gynnwys delweddu digidol; sganiau *CT*
- Cynhyrchu a chanfod uwchsain drwy ddefnyddio trawsddygiaduron piesodrydanol; rhwystriant acwstig, yr angen am gyfrwng cyplysu
- Uwchsain ar gyfer diagnosis: sganiau-A a sganiau-B; enghreifftiau a ffyrdd o'u cymhwyso
- Sganiau Doppler ar gyfer astudio llif y gwaed
- Egwyddorion cyseiniant magnetig: niwclysau'n presesu, cyseiniant, amser sadiad (neu amser ymlacio), amledd Larmor, $f = 4.26 \times 10^6\ B$
- Defnyddio *MRI* wrth wneud diagnosis
- Cymharu delweddau uwchsain, delweddau pelydrau X a delweddau cyseiniant magnetig ar gyfer archwilio adeileddau mewnol
- Effeithiau α, β a γ ar fater byw
- Mesurau ac unedau dos, yn cynnwys y dos sy'n cael ei amsugno, D, y dos cyfatebol, H, a'r dos effeithiol, E, y ffactor pwysoli ymbelydredd, W_{R}, y ffactor pwysoli meinwe, W_{T}, y gray (Gy) a'r sievert (Sv); perthnasoedd $H = DW_R$ ac $E = HW_T$
- Olinyddion radioniwclid ar gyfer delweddu'r corff; Tc-99m
- Camera gama: cyflinydd, rhifydd fflachennu, ffotoluosydd/*CCD*
- Sganio *PET*, canfod tiwmorau

C: Ffiseg chwaraeon

- Defnyddio egwyddor momentau yng nghyd-destun sefydlogrwydd a dymchwel, y system gyhyrol/sgerbydol a chyd-destunau chwaraeon
- Defnyddio ail ddeddf mudiant Newton a'r cyfernod adfer
- Moment inertia; momentwm onglaidd ac egni cinetig cylchdroi
- Cinemateg cylchdroi; cyflymder a chyflymiad onglaidd
- Dynameg cylchdroi: trorym, cadwraeth momentwm onglaidd
- Cadwraeth egni mewn cyd-destunau chwaraeon
- Mudiant taflegrau mewn cyd-destunau chwaraeon
- Hafaliad Bernoulli
- Grym llusgiad a chyfernod llusgiad

CH: Egni a'r amgylchedd

- Ffactorau sy'n effeithio ar dymheredd y Ddaear ac yn gwneud iddo gynyddu
  - Ecwilibriwm thermol
  - Egni solar yn rhyngweithio â'r Ddaear a'r atmosffer
  - Deddfau Wien a Stefan Boltzmann
  - Iâ sy'n arnofio ac iâ ar y tir
- Ffynonellau egni adnewyddadwy ac anadnewyddadwy
  - Tarddiad ac arddwysedd pŵer yr Haul, celloedd ffotofoltaidd
  - Pŵer y gwynt; tyrbinau gwynt
  - Morgloddiau llanw, trydan dŵr, a phwmpio a storio
  - Ymholltiad ac ymasiad niwclear; cyfoethogi; cynnyrch triphlyg ymasiad
- Celloedd tanwydd: egwyddorion a buddion
- Dargludiad thermol; cyfernod dargludedd thermol; gwerthoedd U

5 Arholiad ymarferol

Mae Uned 5 cymhwyster Ffiseg U2 CBAC yn cynnwys arholiad ymarferol, sy'n werth 10% o gyfanswm y marciau. Mae dwy ran i'r arholiad sydd wedi'u pwysoli'n gyfartal:

- Tasg Arbrofol
- Tasg Dadansoddi Ymarferol

Mae'r ddwy dasg hyn yn asesu'r sgiliau arbrofi a thrin data rydych chi wedi'u hennill drwy gydol y cwrs. Hoffem dynnu eich sylw at y ffynonellau gwybodaeth canlynol:

- Adran 3 y *Canllaw Astudio ac Adolygu UG*
- Adran Mathemateg a Data y canllaw hwn
- Y cwestiynau dadansoddi data yn yr ymarferion sydd ar ddiwedd yr adrannau yn y Llyfrau disgybl UG ac U2.

5.1 Nodweddion cyffredin y tasgau

Bydd angen i chi ddadansoddi, gwerthuso a llunio casgliadau o ddata yn y ddwy dasg yn yr arholiad ymarferol. Y prif wahaniaeth rhwng y ddwy dasg yw y byddwch chi'n darganfod eich data eich hun mewn un dasg (y Dasg Arbrofol), ond bydd y data yn cael eu rhoi i chi yn y dasg arall (y Dasg Dadansoddi Ymarferol).

5.1.1 Plotio graffiau

Bydd disgwyl i chi benderfynu sut i blotio'r data er mwyn rhoi prawf ar berthynas sy'n cael ei rhoi neu ei hawgrymu. Ym mhob achos, bron, bydd hyn yn golygu ceisio cael plot llinell syth o'r data. Hynny yw, rydyn ni'n dangos y data fel *graff llinol*. Mae'r technegau ar gyfer hyn yn cael eu cynnwys yn Adran 3.4 y *Canllaw Astudio ac Adolygu UG*, ac yn Adran M3 y llyfr hwn. Mae'n debygol y bydd angen defnyddio plot log naill ai yn y Dasg Arbrofol neu yn y Dasg Dadansoddi Ymarferol (ond nid yn y ddwy).

5.1.2 Dadansoddi ansicrwydd

Bydd angen i chi wneud y canlynol:

- Ailadrodd darlleniadau a defnyddio cydraniad offeryn i amcangyfrif yr ansicrwydd yn y data.
- Plotio barrau cyfeiliornad drwy ddefnyddio'r ansicrwydd yn y data (ond nid yn y graffiau log).

cwestiwn cyflym

① Nodwch graffiau addas i'w plotio er mwyn dangos y data yn llinol ar gyfer y perthnasoedd canlynol, lle x ac y yw'r newidynnau:

a) $y = ax^2 + b$

b) $y^2 = kx^n$

c) $y = Ae^{-kx}$

cwestiwn cyflym

② Rydyn ni'n darganfod mai 10.5 cm yw hyd bloc metel, 4.6 cm yw ei led a 2.2 cm yw ei drwch. Os ±0.1 cm yw'r ansicrwydd ym mhob gwerth, cyfrifwch gyfaint y bloc, a'i ansicrwydd absoliwt.

cwestiwn cyflym

③ Ar gyfer y berthynas yng Nghwestiwn cyflym 1(a), nodwch sut byddech chi'n defnyddio eich graff i ddarganfod gwerthoedd y cysonion, a a b.

cwestiwn cyflym

④ Llinell syth, graddiant 2.5, rhyngdoriad 1.8 ar yr echelin ln y yw graff o ln y yn erbyn ln x. Darganfyddwch y berthynas rhwng x ac y.

(Gweler Adran M.3)

- Defnyddio graffiau gyda barrau cyfeiliornad i ddarganfod yr ansicrwydd yn y graddiant a'r rhyngdoriad.
- Cyfuno'r ansicrwyddau yn y gwerthoedd i amcangyfrif yr ansicrwyddau mewn gwerth sy'n cael ei gyfrifo.

Mae'r technegau ar gyfer y sgiliau hyn wedi'u cynnwys yn y *Canllaw Astudio ac Adolygu UG*, Adrannau 3.5 a 3.6.

5.1.3 Dod i gasgliad, a gwerthuso

Fel arfer bydd y tasgau yn gofyn i chi ddefnyddio eich graff i ystyried a yw'n gyson â'r berthynas benodol. Mae hyn yn golygu barnu a yw'r pwyntiau'n gorwedd ar linell syth dda, ac, o bosibl, a yw'r llinell yn pasio drwy'r tarddbwynt. Os ydych chi wedi plotio barrau cyfeiliornad, mae'n golygu bod angen i chi benderfynu a yw'n bosibl lluniadu llinell syth drwy'r barrau cyfeiliornad, ac a yw'r graffiau mwyaf/lleiaf ar y naill ochr a'r llall i'r tarddbwynt.

Yn ogystal â hynny, byddwch chi'n darganfod gwerthoedd cysonion yn y berthynas drwy gymryd mesuriadau o'r graff.

Enghraifft

Llinell syth, graddiant 1.50 ± 0.05 m s^{-2}, rhyngdoriad 18.2 ± 0.8 m^2 s^{-2}, yw graff o v^2 yn erbyn x. (Gweler Cofiwch)

Cyfrifwch y cyflymiad, a, a'r cyflymder cychwynnol, u.

Ateb

Y berthynas yw $v^2 = u^2 + 2ax$

Felly $2a$ yw'r graddiant, ac u^2 yw'r rhyngdoriad.

$\therefore$ Mae'r cyflymiad $= \dfrac{1.50 \pm 0.04}{2} = 0.75 \pm 0.02$ m s^{-2}

Mae'r ansicrwydd ffracsiynol yn $u^2 = \dfrac{0.8}{18.2} = 0.044$

$\therefore$ Mae'r ansicrwydd ffracsiynol yn $u = \frac{1}{2} \times 0.044 = 0.022$

$\therefore$ Mae $u = \sqrt{18.2}\,(1 \pm 0.022)$ m s^{-1} $= 4.27 \pm 0.09$ m s^{-1}

» *Cofiwch*

Mae nifer o ffisegwyr yn ystyried graffiau yn rhifiadol yn unig, felly nid oes gan y graddiannau a'r rhyngdoriadau unedau. Bydden nhw'n aralleirio'r Enghraifft: Mae gan graff o $(v/\text{m s}^{-1})^2$ yn erbyn (x/m) raddiant o 1.50 ± 0.05 a rhyngdoriad o 18.2 ± 0.8.

cwestiwn cyflym

⑤ Llinell syth, graddiant –0.15, rhyngdoriad 10 ar yr echelin ln y, yw graff o ln y yn erbyn x. Darganfyddwch y berthynas rhwng x ac y.

5.1.4 Asesiad risg

Efallai bydd gofyn i chi wneud asesiad risg ar un rhan neu'r llall o'r arholiad ymarferol. Mae dau fath o asesiad risg i'w hystyried.

(a) Cynnal diogelwch yr arbrofwr

Mae hyn fel arfer yn cael ei wneud o dan dri phennawd:

- Nodi **perygl**, e.e. perygl o losgi, perygl o lithro, perygl torri.
- Nodi **risg**, sef yr agwedd benodol ar y gweithgaredd sy'n amlygu'r perygl, e.e. colli dŵr poeth arnoch eich hun wrth dywallt dŵr i diwb profi.
- Awgrymu **mesur rheoli** i leihau'r risg.

» *Cofiwch*

Nid yw asesiad risg **fyth** yn fater o ailadrodd rheolau arferol y labordy yn unig, fel cadw eich bag o dan y fainc er enghraifft. Rhaid iddo fod yn asesiad penodol o'r dull gweithredu dan sylw.

Enghraifft 1

Ysgrifennwch asesiad risg ar gyfer mesur cyfaint sleid microsgop gwydr gan ddefnyddio caliperau fernier.

Ateb

Y perygl – torri eich hun ar wydr wedi torri

Y risg – torri'r croen wrth godi'r sleid os yw wedi torri, e.e. drwy ei gollwng neu drwy or-dynhau genau'r caliperau.

Y mesurau rheoli – cymryd gofal wrth ddal y sleid; osgoi cyffwrdd â gwydr wedi torri â'ch llaw wrth glirio'r sleid sydd wedi torri.

Enghraifft 2

Ysgrifennwch asesiad risg ar gyfer cysylltu tiwb allwyro paladr electronau â chyflenwad TAU (Tyniant Arbennig o Uchel).

Ateb

Y perygl – perygl o sioc – mae hwn yn berygl difrifol.

Y risg – lidiau moel y cyflenwad yn cyffwrdd â'ch llaw – risg ganolog.

Y mesurau rheoli – cysylltwch y lidiau dim ond pan mae'r cyflenwad TAU wedi'i ddiffodd; defnyddiwch derfynellau allbwn y cyflenwad, sydd â gwrthiant mewnol uchel (MΩ) i leihau'r cerrynt mwyaf.

(b) Amddiffyn y cyfarpar

Gyda nifer o ddulliau gweithredu Ffiseg U2, mae'r peryglon i'r person sy'n eu cyflawni yn ddibwys. O ganlyniad, mae'r risgiau i'w hasesu yn ymwneud yn fwy â gwarchod neu amddiffyn y cyfarpar ei hun, e.e. y posibilrwydd bydd sbring yn torri drwy ei orlwytho neu ei orestyn. Dylech chi gynllunio i fod yn ymwybodol o'r posibilrwydd hwn, a'i osgoi. Dylech chi nodi o leiaf un risg arwyddocaol, a dweud sut byddwch chi'n ei hosgoi. Os na allwch chi nodi unrhyw risgiau, dylech ddweud hynny.

Enghraifft 1

Ysgrifennwch asesiad risg ar gyfer yr ymchwiliad i'r berthynas rhwng cyfnod osgiliadu'r riwl fetr sydd wedi'i llwytho a'r hyd ymestynnol.

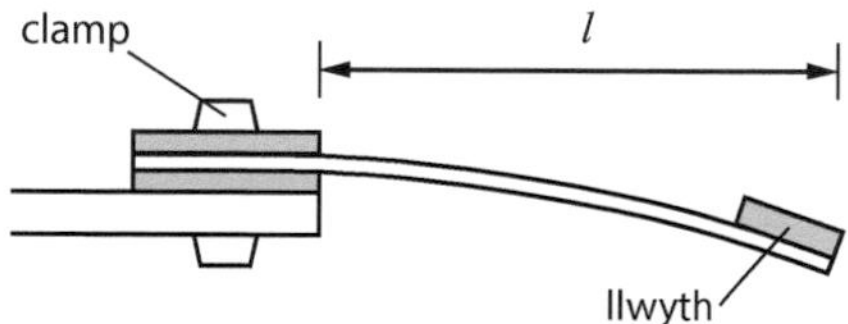

Ffig. 5.1 Cantilifer wedi'i lwytho

Ateb

Risg bosibl yw bod y riwl fetr yn torri. Mae hyn yn fwy tebygol o ddigwydd yn achos pellterau ymestynnol mwy, osgiliadau sydd ag osgled mwy, a llwythi mawr. Gallwch chi osgoi hyn drwy gynyddu'r pellter ymestynnol yn ofalus, a monitro'r allwyriad; a hefyd drwy gyfyngu osgled yr osgiliad i ychydig cm.

cwestiwn cyflym

⑥ 'Ar gyfer llai nag 1 funud o gyswllt, mae angen ceryntau sy'n fwy na 4 mA i achosi ffibriliad fentriglaidd.' Yng ngoleuni'r gosodiad hwn, gwnewch sylw ar y cerrynt uchaf mae'n bosibl ei gael o gyflenwad TAU o 5 kV, sydd â gwrthiant mewnol o 1 MΩ.

cwestiwn cyflym

⑦ Hyd yn oed yn y dull yn yr enghraifft, mae'n bosibl nodi peryglon i'r arbrofwr yn yr arbrawf, er eu bod nhw'n rhai dibwys. Beth gallwch chi ei weld?

5.2 Y Dasg Arbrofol

Bydd gennych chi 1.5 awr i gynllunio a gweithredu dull ymarferol i archwilio perthynas algebraidd benodol rhwng newidynnau, ac yna i ddadansoddi ymhellach yn ôl y galw. Bydd y dull yn golygu defnyddio cyfarpar safonol y labordy yn unig. Os byddwch chi wedi gwneud y gwaith ymarferol penodol ar gyfer y cwrs U2, ddylai hi ddim bod yn anodd i chi ddeall natur y dasg.

» Cofiwch
Dylech gynllunio i gymryd amrediad digonol o ganlyniadau i brofi'r berthynas. Yn achos graffiau algebraidd (h.y. nid rhai log), dylech chi geisio sicrhau bod y gwerth mwyaf sydd wedi'i blotio ar gyfer pob newidyn o leiaf ddwywaith (neu'n well fyth deirgwaith) y gwerth lleiaf. Dylech chi gynllunio i blotio o leiaf 5 pwynt data, a'r rheini wedi'u gwahanu'n dda.

5.2.1 Cynllunio

Yn y rhan fwyaf o achosion, ni fydd y cyfarpar wedi'i gydosod. Bydd angen i chi wneud y canlynol:

- Penderfynu sut i'w gydosod fel gallwch chi gymryd canlyniadau.
- Cydosod y cyfarpar a lluniadu diagram ohono – efallai bydd yr arolygwr yn archwilio'r cyfarpar wedi i chi ei gydosod, cyn caniatáu i chi barhau.
- Cymryd digon o ddarlleniadau (prawf) rhagarweiniol, er mwyn gallu sefydlu amrediadau, cyfyngau a gweld pa mor bosibl yw hi i ailadrodd y canlyniadau (er mwyn penderfynu sawl gwaith bydd angen ailadrodd yr arbrawf).
- Ysgrifennu cynllun byr sy'n amlinellu'r penderfyniadau rydych chi wedi'u gwneud, gan gynnwys natur y graff byddwch chi'n ei luniadu i gael llinell syth.

5.2.2 Rhoi'ch dull gweithredu ar waith a dadansoddi'r canlyniadau

» Cofiwch
Os yw'r graff yn graff log–log neu'n graff hanner log, fydd dim disgwyl i chi luniadu barrau cyfeiliornad. Fel arall, dylech chi ddefnyddio gwasgariad eich canlyniadau i amcangyfrif yr ansicrwyddau yn y canlyniadau, a lluniadu barrau cyfeiliornad priodol.

Byddwch chi'n dilyn y dull yn unol â'ch cynllun. Os byddwch chi'n penderfynu ei newid, dylech chi ddweud beth yw'r newid a pham penderfynoch chi wneud y newid hwnnw.

Mae'r gwaith dadansoddi yn golygu lluniadu eich graff ac asesu a yw'n gyson â'r berthynas roeddech chi'n ei disgwyl. Mae hyn fel arfer yn golygu ystyried a yw pwyntiau'r data yn gyson â llinell syth; a yw arwydd y graddiant (+ neu –) fel roeddech chi'n disgwyl iddo fod; a yw'r data yn gyson â pherthynas gyfraneddol.

5.2.3 Cwestiynau dilynol

Fel arfer byddwch chi'n gorfod ateb nifer o gwestiynau cysylltiedig, e.e. darganfod y graddiant, a'i ansicrwydd, a defnyddio hwn i gyfrifo gwerth mesur ffisegol. Efallai bydd gofyn i chi wneud sylw hefyd ar gywirdeb y canlyniad hwn, yn ogystal â'r dull arbrofol.

5.3 Y Dasg Dadansoddi Ymarferol

Tasg 1 awr yw hon. Byddwch chi'n dadansoddi set o ddata sy'n ymwneud â dull arbrofol. Bydd disgwyl bod perthynas rhwng dau newidyn, a bydd angen ei harchwilio. Mae natur y gwaith dadansoddi yr un peth â gwaith y Dasg Arbrofol, ond bydd yr arholwr fel arfer yn gosod y ddwy dasg gyda'i gilydd er mwyn osgoi gorgyffwrdd rhwng sgiliau. Er enghraifft, mae'n debyg bydd angen dewis graff yn y ddwy dasg er mwyn cael plot llinell syth, ond mae'n annhebygol y bydd angen defnyddio plotiau log ar gyfer y ddwy dasg. Yn yr un modd, fydd dim angen dadansoddi'r ansicrwydd ddwy waith.

Os bydd angen barrau cyfeiliornad, gallan nhw fod naill ai ar un newidyn neu ar y ddau, ac efallai bydd angen eu darganfod mewn ffyrdd gwahanol, e.e. efallai byddwch chi'n cael gwybod mai 2% yw amcangyfrif yr ansicrwydd yn y gwerthoedd y, ac yn cael darlleniadau ailadrodd ar gyfer y gwerthoedd x, er mwyn eu defnyddio i amcangyfrif y barrau cyfeiliornad llorweddol.

Cofiwch

Edrychwch yn Adran M.1.2 ac yn y *Canllaw Astudio ac Adolygu UG* i weld sut i drin barrau cyfeiliornad.

cwestiwn cyflym

⑧ 0.5% yw mesur yr ansicrwydd canrannol yn x. Beth yw hyd y bar cyfeiliornad os yw mesur x yn 73.6 cm?

cwestiwn cyflym

⑨ 1.53 ± 0.02 s yw mesur gwerth T. Beth yw cyfanswm hyd y bar cyfeiliornad yn T^2?

ychwanegol

1. Mae myfyriwr yn cael set o ddarlleniadau cyfnod, T, ar gyfer cyfres o fasau, m, ar sbring sy'n osgiliadu. Mae'n plotio graff o (T/s) yn erbyn $\sqrt{(m/\text{kg})}$, yn cael llinell syth drwy'r tarddbwynt, ac yn darganfod mai 1.18 ± 0.04 yw'r graddiant. O wybod y berthynas, $T = 2\pi\sqrt{\frac{m}{k}}$, darganfyddwch werth ar gyfer k, a'i ansicrwydd absoliwt.
2. Mae myfyrwraig yn defnyddio riwl fetr (cydraniad 1 mm) a chlorian labordy (0.01 g) i ddarganfod dwysedd gwydr sleidiau microsgop daearegol. Dyma ei chanlyniadau:

   Hyd 10 o sleidiau microsgop, wedi'u gosod ben wrth ben = 46.2 cm

   Lled 10 o sleidiau microsgop, wedi'u gosod ochr yn ochr = 26.8 cm

   Trwch 30 o sleidiau microsgop mewn pentwr = 3.05 cm

   Màs 30 o sleidiau microsgop = 95.57 g

   (a) Heb wneud unrhyw gyfrifiadau, nodwch, gyda rhesymau, pa fesuriad sy'n gwneud y cyfraniad mwyaf a pha un sy'n gwneud y cyfraniad lleiaf i'r ansicrwydd yn y dwysedd gaiff ei gyfrifo.

   (b) Cyfrifwch yr ansicrwydd canrannol ym mhob un o'r mesuriadau.

   (c) Defnyddiwch y mesuriadau i ddarganfod dwysedd y gwydr, a'i ansicrwydd absoliwt.

3. Mewn arbrawf i fesur gwrthiant mewnol batri, mae myfyriwr yn cysylltu tri gwrthydd 10 Ω, sydd â goddefiant penodedig o 1%, (a) mewn cyfres a (b) mewn paralel.

   Cyfrifwch y gwrthiant mwyaf a lleiaf ar gyfer pob cyfuniad, a thrwy hynny, nodwch wrthiant y cyfuniad, a'i ansicrwydd absoliwt.

4. Aeth y myfyriwr yn C3 ati i gysylltu'r gwrthyddion, yn unigol ac wedi'u cyfuno, ar draws batri o ddwy gell math D, gan fesur y gp terfynol bob tro. Dyma oedd y canlyniadau:

Gwrthiant allanol, R / Ω	3.33	5.00	6.67	10.0	15.0	20.0	30.0
gp terfynol, V / V	2.78	2.90	2.96	3.02	3.07	3.09	3.11

   (a) Dangoswch, gyda brasluniau, sut cafodd y myfyriwr wrthiannau o 6.67 Ω a 15 Ω.

   (b) Darganfyddwch y gwrthiant mewnol a'r g.e.m. drwy edrych ar blot o'r gp terfynol yn erbyn y cerrynt ($V = E - Ir$).

   (c) Dangoswch ei bod hi'n bosibl cyfrifo'r gp terfynol o'r gwrthiant allanol drwy ddefnyddio'r hafaliad $\frac{1}{V} = \frac{1}{E} + \frac{r}{ER}$.

   (ch) Drwy blotio graff addas, defnyddiwch ganlyniad rhan (c) i ddarganfod y gwrthiant mewnol a'r g.e.m.

   (d) Roedd athro'r myfyriwr yn amau ei fod yn twyllo. Beth yw'r dystiolaeth?

5. Mae dau fyfyriwr yn defnyddio stopwatsh centieiliad ddigidol i fesur cyfnod, T, yr un pendil syml.

   Mae Myfyriwr **A** yn mesur yr amser ar gyfer 5 osgiliad, ac yn gwneud hynny bedair gwaith. Dyma ei ddarlleniadau: 4.35 s, 4.31 s, 4.38 s a 4.28 s.

   Mae Myfyriwr **B** yn mesur yr amser ar gyfer 20 osgiliad, ac yn gwneud hynny unwaith. 17.28 s oedd ei darlleniad hi.

   (a) Rhowch ganlyniad Myfyriwr A ar gyfer T, a'i ansicrwydd absoliwt.

   (b) Gan dybio bod yr ansicrwydd ar gyfer amserau Myfyriwr B yr un peth â'r rhai ar gyfer Myfyriwr A, rhowch ganlyniad Myfyriwr B ar gyfer T, a'i ansicrwydd absoliwt.

   (c) Gwerthuswch y ddau ddull ar gyfer darganfod T.

6. Mae grŵp o fyfyrwyr yn archwilio sut mae gostyngiad, y, riwl fetr sydd wedi'i llwytho yn dibynnu ar wahaniad, l, y cynalyddion. Mae'r cyfarpar i'w weld yn Ffig. 5.2. Mae'r llwyth yn y canol, ac mae'r cynalyddion wedi'u gosod yn gymesur. Caiff y gostyngiad, y, ei fesur drwy ddefnyddio microsgop teithiol sydd â'i ffocws ar y canolbwynt, **P**.

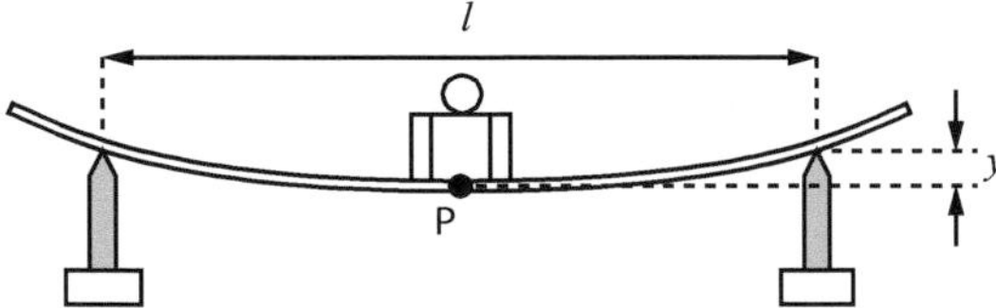

Ffig. 5.2 Trawst wedi'i lwytho

Canlyniadau:

l / cm	40.0	45.0	50.0	56.0	60.0	66.0	70.0	76.0	80.0
y / mm	0.85	1.14	1.61	2.38	2.75	3.74	4.42	5.73	6.63

Mae'r myfyrwyr yn disgwyl mai $y = Al^n$ fydd y berthynas rhwng l ac y, lle mae A ac n yn gysonion anhysbys. Plotiwch graff priodol i wirio hyn, ac i ddarganfod gwerthoedd A ac n.

7. Mae'r myfyrwyr yn C6 yn darllen bod allwyriad y trawst yn cael ei roi gan:

$y = \frac{mgl^3}{4Eab^3}$, lle mae m = màs y llwyth, E = modwlws Young defnydd y riwl,

a = lled y riwl fetr, b = trwch y riwl fetr.

(a) Cymharwch y berthynas hon â chanlyniad C6.

(b) Mae'r myfyrwyr yn gwneud y mesuriadau canlynol:

$m = 200 \pm 0.01\,\text{g}$

$a = 2.80 \pm 0.01\,\text{cm}$

$b = 4.50 \pm 0.01\,\text{mm}$

Maen nhw'n amcangyfrif mai ± 0.05 mm yw'r ansicrwydd yn y gwerthoedd y, ac yn tybio mai ± 1 mm yw'r ansicrwydd yn y mesuriadau l.

(i) Awgrymwch graff priodol i'w blotio er mwyn darganfod E, a'i ansicrwydd absoliwt. Esboniwch sut byddwch chi'n darganfod E.

(ii) Plotiwch y canlyniadau, gyda barrau cyfeiliornad priodol, a thynnwch y llinellau sydd â'r graddiant mwyaf a lleiaf.

(iii) Darganfyddwch y graddiant, a'i ansicrwydd absoliwt.

(iv) Darganfyddwch werth E, a'i ansicrwydd absoliwt.

(v) Nodwch brif ffynhonnell yr ansicrwydd ar hap yn yr arbrawf.

M Mathemateg a data

Mae gofyn i chi drin perthnasoedd mathemategol mwy cymhleth ar gyfer y cymhwyster U2 na'r cymhwyster UG, yn ogystal â defnyddio setiau data sy'n perthyn i'w gilydd drwy berthnasoedd o'r fath. Mae'r adran hon yn ymhelaethu ar Adran 3 y *Canllaw Astudio ac Adolygu* ar gyfer UG.

M.1 Graffiau a barrau cyfeiliornad gyda ffwythiannau aflinol

Bydd disgwyl i chi blotio graffiau llinol ar gyfer perthnasoedd aflinol. Gallai'r rhain fod yn fwy cymhleth na'r rhai ar lefel UG, a bydd disgwyl i chi gynnwys barrau cyfeiliornad hefyd. Mae'r adran hon, i bob pwrpas, yn ailadrodd y llyfr UG yn fras, gan ddefnyddio enghraifft fwy cymhleth.

» Cofiwch

Cofiwch fod 'y yn erbyn x' yn golygu bod y ar yr echelin fertigol ac x ar yr echelin lorweddol.

M.1.1 Lluniadu graffiau llinol

Cofiwch mai'r tric yw trawsnewid yr hafaliad i'r ffurf $y = mx + c$, lle x ac y yw'r newidynnau. Yna, bydd gan graff o y yn erbyn x raddiant o m a rhyngdoriad o c ar yr echelin y.

Fel enghraifft, ystyriwch Ffig. M1. Mae *pendil cyfansawdd* yn fàs dosbarthedig sy'n hongian yn rhydd. Yn yr achos hwn, bar unffurf yw'r màs. Gan ddefnyddio'r symbol ar y diagram, caiff cyfnod, T, yr osgiliad ei roi gan:

$$T = 2\pi\sqrt{\frac{k^2 + l^2}{gl}}$$

lle mae k yn gysonyn, ac g yw cyflymiad disgyrchiant. Byddwn ni'n defnyddio hyn fel enghraifft o berthnasoedd mwy cymhleth (ond algebraidd o hyd) y bydd angen i ni eu trin. Aiff pethau ddim yn fwy cymhleth na hyn!

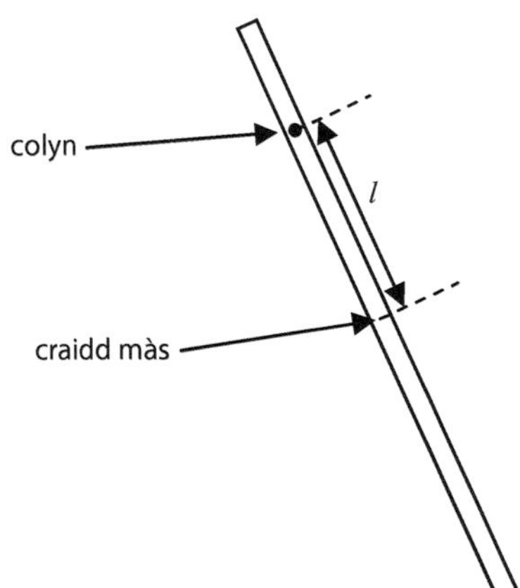

Ffig. M1 Pendil cyfansawdd

Enghraifft

Caiff cyfnod y pendil cyfansawdd yn Ffig. M1 ei fesur ar gyfer amrediad o werthoedd l, er mwyn gwirio'r berthynas uchod. Pa blot fydd yn rhoi llinell syth?

Ateb

Mae sgwario yn rhoi $T^2 = 4\pi^2\left(\frac{k^2 + l^2}{gl}\right)$

Mae aildrefnu yn rhoi $T^2 l = \frac{4\pi^2 k^2}{g} + \frac{4\pi^2}{g} l^2$

Wrth gymharu hwn â'r hafaliad llinol $y = mx + c$, cawn awgrym y dylai graff o $T^2 l$ yn erbyn l^2 fod yn llinol.

cwestiwn cyflym

① Awgrymwch uned ar gyfer k yn hafaliad y pendil cyfansawdd. Esboniwch eich ateb.

cwestiwn cyflym

② Ar gyfer graff y pendil cyfansawdd, nodwch:

a) y graddiant
b) y rhyngdoriad ar yr echelin $T^2 l$.

M.1.2 Barrau cyfeiliornad

Rydyn ni'n defnyddio'r rheolau ar gyfer cyfuno ansicrwyddau (gweler **Cofiwch**) i gyfrifo hydoedd y barrau cyfeiliornad.

Enghraifft

Wrth ymchwilio i bendil cyfansawdd, fel sydd yn Ffig. M1, cafodd myfyriwr y canlyniadau canlynol:

$$l = 30.0 \pm 0.2\,\text{cm} \qquad T = 2.81 \pm 0.05\,\text{s}$$

Darganfyddwch y barrau cyfeiliornad llorweddol a fertigol ar gyfer y pwynt hwn wrth blotio graff o $T^2 l$ yn erbyn l^2.

Ateb

Ansicrwyddau ffracsiynol: $p(l) = \dfrac{0.2}{30.0} = 0.0067; p(T) = \dfrac{0.05}{2.81} = 0.018$

Gan ddefnyddio'r rheolau ar gyfer cyfuno ansicrwyddau:

$$\text{mae } p(l^2) = 2p(l) = 0.013;$$

ac mae

$$p(T^2 l) = 2p(T) + p(l) = 0.036 + 0.067 = 0.043$$

Mae $T^2 l = (2.81\,\text{s})^2 \times 30.0\,\text{cm} = 237\,\text{s}^2\,\text{cm}$ ac mae $l^2 = 900\,\text{cm}^2$, felly caiff yr ansicrwyddau absoliwt yn $T^2 l$ ac l^2 eu rhoi gan:

$$\Delta(l^2) = l^2 \times 3p(l^2) = 900\,\text{cm}^2 \times 0.013 = 12\,\text{cm}^2$$

a

$$\Delta(T^2 l) = T^2 l \times p(T^2 l) = 237\,\text{s}^2\,\text{cm} \times 0.043 = 10\,\text{s}^2\,\text{cm}$$

Mae'r barrau cyfeiliornad i'w gweld yn Ffig. M2.

» *Cofiwch*

Dyma'r rheolau ar gyfer cyfuno ansicrwyddau:

1. $\Delta(x + y) = \Delta x + \Delta y$
2. $p(xy) = p(x) + p(y)$
3. $p(x^n) = np(x)$

lle $\Delta(x)$ yw'r ansicrwydd yn x, a $p(x)$ yw'r ansicrwydd ffracsiynol neu ganrannol:

$$p(x) = \frac{\Delta(x)}{x}\ (\times 100\%)$$

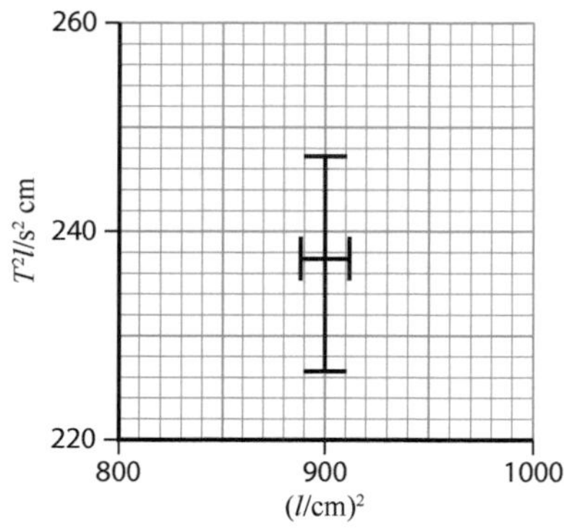

Ffig. M2 Pwynt wedi'i blotio, a'r barrau cyfeiliornad

cwestiwn cyflym

③ Gydag $l = 20$ cm, 3.30 s oedd cyfnod, T, pendil cyfansawdd y myfyriwr yn yr enghraifft. Darganfyddwch werthoedd $T^2 l$ yn erbyn l^2, ynghyd â'u hansicrwyddau absoliwt.

M.2 Ffwythiannau esbonyddol a logarithm

Y ffwythiant esbonyddol yw un o'r ffwythiannau mathemategol mwyaf defnyddiol mewn Ffiseg. Mae gan y rhif, *e*, sydd hefyd yn cael ei alw'n rhif Euler, werth o 2.718... i 4 ff.y., ond, yn debyg i π, mae'n rhif anghymarebol.

Ei brif ddiben mewn Ffiseg U2 yw trafod dadfeiliadau sydd â hanner oes cyson, fel yr un yn Ffig. M3. Rydyn ni'n cyfeirio at y rhain fel *dadfeiliadau esbonyddol*. Mae enghreifftiau yn cynnwys y canlynol:

- dadwefru cynhwysydd
- dadfeiliad ymbelydrol
- mudiant gwanychol
- amsugno pelydrau γ.

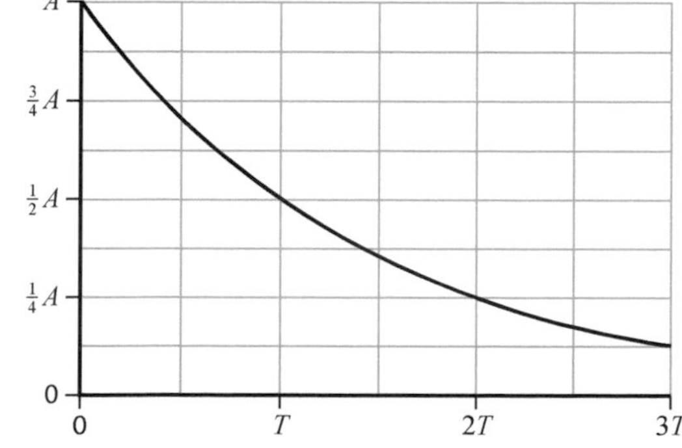

Ffig. M3 Dadfeiliad esbonyddol

Ynghyd â'r ffwythiannau trig (Adran M.4), y ffwythiannau hyn yw'r rhai mwyaf defnyddiol mewn Ffiseg U2.

M.2.1 Y ffwythiant twf esbonyddol, e^x

Pan fydd a > 1, bydd y graffiau ar gyfer $y = a^x$ i gyd yn edrych yn debyg iawn – edrychwch ar Ffig. M4. Mae pob un yn pasio drwy'r pwynt (0, 1), ac mae pob un yn mynd yn fwyfwy serth. A dweud y gwir, ar gyfer pob un ohonyn nhw, mae'r graddiant mewn cyfrannedd â'u gwerth (h.y. pan fydd gwerth x yn golygu bod $a^x = 20$, mae'r graddiant ddwywaith gymaint â phan fydd $a^x = 10$).

Mae un rhif arbennig, e, yn bodoli, lle mae graddiant $y = e^x$ yn *hafal* i'r gwerth (e^x). Gwerth y rhif e (gweler **Cofiwch**) yw 2.718 (i 4 ff.y.), a'r enw arno yw rhif Euler, ar ôl y mathemategydd o'r Swistir. Mae'r graff o $y = e^x$ yn Ffig. M5 ar gyfer gwerthoedd rhwng −2 a +3 (er mai ar werthoedd positif x byddwn ni'n edrych).

›› Cofiwch

Mae'r rhif e yn rhif anghymarebol (h.y. fel π, nid yw'n gallu cael ei fynegi ar ffurf cymhareb dau gyfanrif), ac mae ganddo werth o 2.718 (i 4 ff.y.).

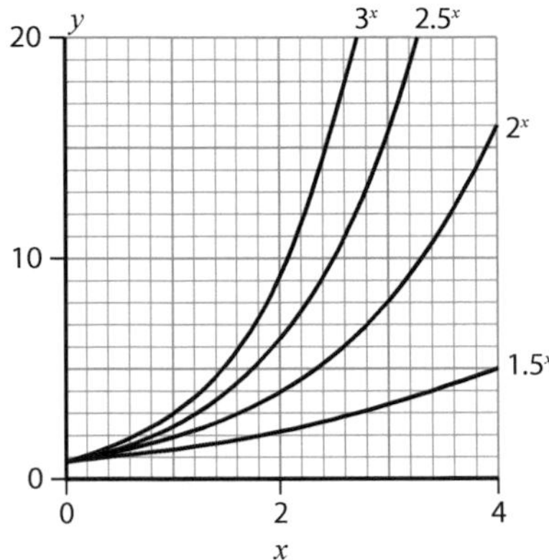

Ffig. M4 Graffiau $y = a^x$

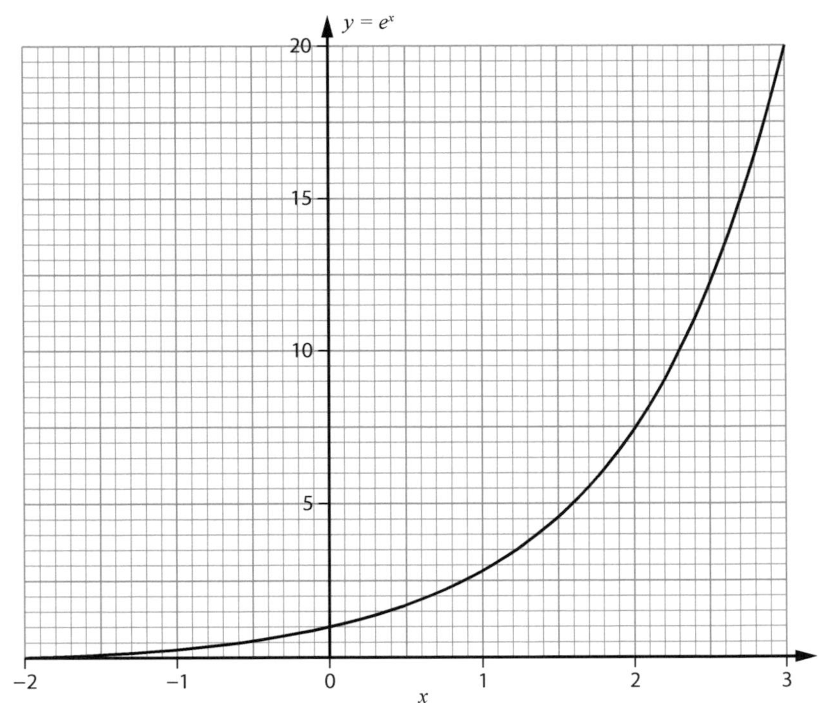

Ffig. M5 Ffwythiant twf esbonyddol, $y = e^x$

Gan ei fod yn tyfu ar gyfradd sy'n hafal i'w faint, yr enw ar $y = e^x$ yw'r ffwythiant esbonyddol, neu'r ffwythiant twf. Felly, er enghraifft, pan fydd $e^x = 10$, mae'r graddiant hefyd yn hafal i 10. Un o ganlyniadau hyn yw fod y ffwythiant yn cynyddu yn ôl cyfrannau hafal mewn cyfyngau hafal o x. Felly, gallwn ni ddefnyddio e^x i fodelu systemau sy'n tyfu ar gyfradd mewn cyfrannedd â'u maint.

CYNGOR CYFRIFIANNELL

Gallwch chi ddarganfod gwerth e^x drwy ddefnyddio'r botwm e^x. Ar rai cyfrifianellau, mae hwn yr un peth â'r botwm ln, ond rhaid i chi wasgu'r botwm SHIFT i'w gael. Gwiriwch hyn drwy ddarganfod e^5 (148.4).

cwestiwn cyflym

④ Defnyddiwch eich cyfrifiannell i ddarganfod $e^{-1.5}$, $e^{-0.5}$, $e^{0.5}$, $e^{1.5}$ ac $e^{2.5}$.

Enghraifft

Dangoswch fod y ffwythiant esbonyddol yn tyfu yn ôl yr un ffactor bob tro mae x yn cynyddu o 1, a darganfyddwch y ffactor hwnnw.

Ateb

Gan ddefnyddio rheolau indecsau, mae, $\frac{e^{x+1}}{e^x} = e^{(x+1)-x} = e^1 = e$

Felly, beth bynnag yw gwerth x, mae e^{x+1} yn mynd i fod e gwaith yn fwy nag e^x, h.y. tua 2.718 gwaith yn fwy.

Yn gyffredinol, dim ond am gyfnod cyfyngedig y gall systemau ffisegol dyfu yn ôl y ffwythiant twf esbonyddol, cyn i'r system ddechrau ei chyfyngu ei hun (e.e. cytrefi o facteria sy'n mynd yn brin o fwyd, bom niwclear sy'n mynd yn brin o danwydd).

M.2.2 Ffwythiant dadfeiliad esbonyddol, e^{-x}

Mae nifer o fesurau ffisegol yn mynd yn *llai* ar gyfradd sydd mewn cyfrannedd â'u maint. Gallwn ni fodelu'r rhain mewn ffordd ddefnyddiol drwy ddefnyddio'r *ffwythiant dadfeiliad esbonyddol*, $y = e^{-x}$, sydd wedi'i blotio yn Ffig. M6 ar gyfer x rhwng 0 a 2.5.

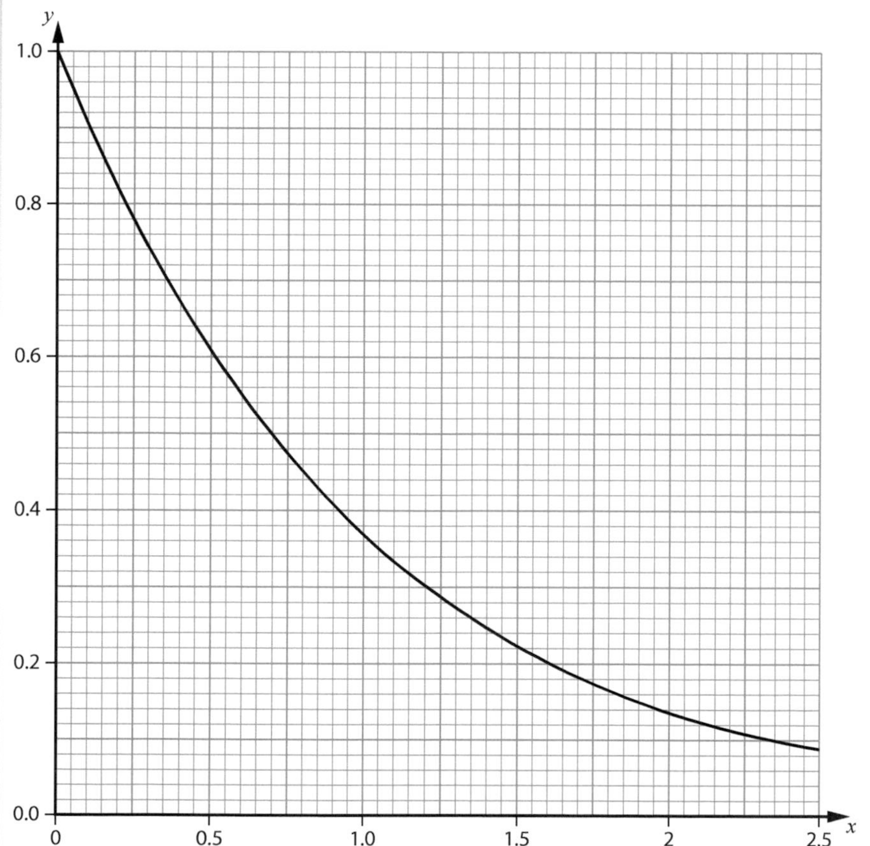

Ffig. M6 Y ffwythiant dadfeiliad esbonyddol, $y = Ae^{-x}$

Mae enghreifftiau o systemau o'r fath yn cynnwys dadfeiliad ymbelydrol, dadwefru cynhwysydd, amsugno pelydrau γ, a mudiant gwanychol. Byddwn ni'n delio â'r rhain i gyd yn Adran M3.

Rheolau indecsau

Ar gyfer unrhyw werthoedd a, heblaw am yr eithriadau sy'n cael eu rhoi, mae:

1. $a^{m+n} = a^m \times a^n$
2. $\frac{1}{a^m} = a^{-m}$ $(a \neq 0)$
3. $a^{m-n} = \frac{a^m}{a^n}$ $(a \neq 0)$
4. $a^0 = 1$ $(a \neq 0)$
5. $\sqrt[n]{a} = a^{\frac{1}{n}}$ ($a \neq 0$ ar gyfer gwerthoedd eilrif n)

» *Cofiwch*

Adlewyrchiad o'r graff $y = e^{-x}$ yn yr echelin y yw'r graff $y = e^x$. Sylwch ar raddfeydd fertigol gwahanol y ddau graff yn Ffig. M5 a Ffig. M6.

cwestiwn cyflym

⑤ Dangoswch fod y ffwythiant dadfeiliad esbonyddol, e^{-x}, yn lleihau yn ôl ffactor sydd ddim yn dibynnu ar x, os yw x yn cynyddu yn ôl Δx. Darganfyddwch y ffactor hwn ar gyfer $\Delta x = 0.5$.

M.2.3 Y ffwythiant logarithm, ln x

Tybiwch ein bod ni'n gwybod bod $e^x = 100$. Beth yw gwerth x? Gallen ni ei ddarganfod drwy ddefnyddio Ffig. M5, a rhoi cynnig arni ambell waith nes cael yr ateb (gweler **Cofiwch**), sy'n rhoi $x = 4.605$ (i 4 ff.y.). Ond mae ffordd haws o'i chael.

(a) Diffinio'r ffwythiant logarithm naturiol, ln x

Mae'r ffwythiant *logarithm naturiol*, ln, yn cael ei ddiffinio fel **ffwythiant gwrthdro** i'r ffwythiant esbonyddol. Mewn geiriau eraill, mae

$$\ln(e^x) = x$$

Mae'r botwm ln ar gyfrifiannell (sydd yn aml yr un peth â'r botwm e^x) yn cyfrifo'r ffwythiant hwn, a gallwn ni ei ddefnyddio i ateb y cwestiwn sy'n cael ei ofyn uchod:

Os yw $e^x = 100$, yna mae $\ln(e^x) = \ln 100$

Ond, drwy ddiffiniad, mae $\ln(e^x) = x$.

$\therefore$ Mae $x = \ln 100 = 4.6052$ (i 5 ff.y.) (sy'n cytuno â'n dull gwreiddiol ni!)

Yn aml, rydyn ni'n cyfeirio at y broses o ddarganfod logarithm fel 'cymryd logiau'.

Enghraifft

Datryswch yr hafaliad $10e^{-2x} = 3$

Ateb

Drwy rannu'r hafaliad â 10, mae $e^{-2x} = 0.3$

Drwy gymryd logiau, mae $\ln(e^{-2x}) = \ln 0.3 = -1.204$ (i 4 ff.y.)

$\therefore$ Mae $-2x = -1.204$, felly mae $x = 0.602$ (i 3 ff.y.)

(b) Logiau i fonion eraill

Weithiau, byddwn ni'n cyfeirio at logiau naturiol fel 'logiau i'r bôn e', gan mai ln x yw'r ffwythiant gwrthdro i e^x. Mae'n bosibl diffinio ffwythiannau log i unrhyw fôn positif, ond yr unig un sy'n cael ei ddefnyddio'n gyson yw 10.

Mae'r logarithm i'r bôn 10, sy'n cael ei ysgrifennu fel $\log_{10}x$, yn cael ei ddiffinio fel y ffwythiant gwrthdro i 10^x, h.y. mae $\log_{10}10^x = x$.

(c) Priodweddau logiau

Er mwyn datrys hafaliadau drwy ddefnyddio logiau, bydd angen i chi fod yn gyfarwydd â'r priodweddau canlynol. Drwy ddefnyddio diffiniad y ffwythiant log, gallwch chi eu deillio.[2]

1. $\ln e^x = x$ (y diffiniad)
2. $\ln ab = \ln a + \ln b$
3. $\ln\frac{1}{a} = -\ln a$ (gweler **Cofiwch**)
4. $\ln\frac{a}{b} = \ln a - \ln b$
5. $\ln a^n = n \ln a$
6. $e^{\ln x} = x$

[2]Gweler *Maths for A level Physics* (2016) gan Kelly a Wood, Adran 4.4.3

» *Cofiwch*

Mae'r gair 'logarithm' fel arfer yn cael ei fyrhau i 'log', felly ln x yw log naturiol x, neu, yn syml, 'log x'. Yr enw ar y broses o ddarganfod ln x yw 'cymryd logiau'.

» *Cofiwch*

Cymerwn fod $e^x = 100$. O Ffig. M4, rydyn ni'n gwybod bod $e^{2.3} \sim 10$. Felly mae $e^{2.3} \times e^{2.3} \sim 100$. Drwy ddefnyddio'r gyfrifiannell, mae $e^{4.6} = 99.5$, felly rhown gynnig ar $e^{4.61}$. Mae hyn yn rhoi 100.5, felly rhown gynnig ar $e^{4.605}$, sy'n rhoi 99.98. Mae hynny'n ddigon agos am y tro.

cwestiwn cyflym

⑥ Datryswch yr hafaliad canlynol ar gyfer t: $800e^{-25t} = 10$.

cwestiwn cyflym

⑦ Rydyn ni'n gwybod mai 1 yw unrhyw rif (ac eithrio 0) i'r pŵer 0. Felly, yn benodol, mae $e^0 = 1$.

Diddwythwch werth ln1.

» *Cofiwch*

Dyma chwech o briodweddau logiau. Nid ydyn nhw mor wahanol â hynny i'w gilydd. Er enghraifft, dylech chi allu deillio 3 a 4 o 1 a 2. [Awgrym: Defnyddiwch yr ateb i Gwestiwn cyflym 7.]

cwestiwn cyflym

⑧ Ysgrifennwch briodweddau cywerth ar gyfer y ffwythiant $\log_{10}$.

M.2.4 Modelu systemau drwy ddefnyddio'r ffwythiant esbonyddol

Dadfeiliadau amser yw'r rhan fwyaf o'r systemau byddwn ni'n eu modelu, felly defnyddiwn amser, t, fel y newidyn annibynnol. Mae'r graffiau yn Ffig. M7 yn graffiau o ffwythiant $x = Ae^{-kt}$ ar gyfer tri gwerth k gwahanol. Pan fydd $t = 0$, 1 fydd gwerth e^{-kt}, felly bydd pob graff yn pasio drwy (0, A).

Y mwyaf yw gwerth k, y cyflymaf mae'r graffiau'n dadfeilio. Rydyn ni'n defnyddio hyn i fodelu dadfeiliadau gwahanol drwy arsylwi ar y priodweddau canlynol yn eu trefn:

- Mae graddiant $x = e^{-t}$ yn hafal i minws gwerth e^{-t} (gwiriwch mai $-\frac{1}{2}A$ yw graddiant y graff $k = 1$ yn Ffig. M7 lle mae'n croesi'r llinell $x = \frac{1}{2}A$). [Gweler y **Cofiwch** cyntaf.]
- Mae graddiant $x = Ae^{-t}$ yn hafal i $-Ae^{-t}$, felly eto, mae'r graddiant yn hafal i minws gwerth y ffwythiant.
- Mae graddiant $x = Ae^{-kt}$ yn hafal i $-Ake^{-kt}$ (defnyddiwch Ffig. M7 i wirio bod y graddiannau ar gyfer $k = 2$ ddwywaith y graddiannau ar gyfer $k = 1$, sydd ddwywaith y graddiannau ar gyfer $k = 0.5$).

Os ydych chi'n gyfarwydd â chalcwlws, byddwch chi'n gallu amnewid y pwyntiau bwled uchod am y canlynol, sy'n fwy cryno:

Os yw $x = Ae^{-kt}$

Yna mae $\frac{dx}{dt} = -Ake^{-kt} = -kx$

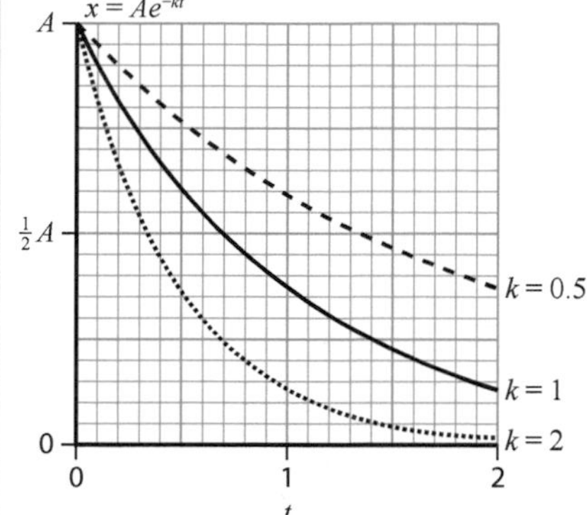

Ffig. M7 Graffiau $x = Ae^{-kt}$

Cofiwch

Gallwch chi wneud y 'gwirio' ym mhwyntiau bwled 1 a 3 drwy luniadu fersiwn fwy o'r graffiau yn Ffig. M7, a lluniadu tangiadau.

Felly, os ydyn ni'n dod ar draws system ffisegol sydd â'i chyfradd newid mewn cyfrannedd â'i gwerth enydaidd, gallwn ni ysgrifennu ei hafaliad dadfeilio ar unwaith. Dyma'r enghreifftiau byddwch chi'n dod ar eu traws yn y cwrs Ffiseg U2.

(a) Dadfeiliad ymbelydrol

Mae cyfradd dadfeilio, h.y. actifedd, A, sampl ymbelydrol, sy'n cynnwys un niwclid, mewn cyfrannedd â nifer yr atomau, N, sydd yn y sampl. H.y. mae $A = \lambda N$, lle mae λ yn gysonyn sy'n cael ei alw'n gysonyn dadfeilio.

Ond dim ond cyfradd lleihad N yw'r actifedd, h.y. mae $A = -\frac{dN}{dt}$.

Felly, mae $\frac{dN}{dt} = -\lambda N$ a drwy hynny, mae $N = N_0 e^{-\lambda t}$

lle N_0 yw nifer yr atomau ymbelydrol ar amser $t = 0$.

Ond mae A mewn cyfrannedd ag N, felly mae hefyd yn wir bod $A = A_0 e^{-\lambda t}$.

(b) Mudiant gwanychol

Ar gyfer cyrff sy'n symud yn araf drwy gyfrwng, mae'r grym gwrtheddol arnyn nhw mewn cyfrannedd â'r cyflymder, h.y. mae $F = -\alpha v$. Drwy hynny, ar gyfer corff, màs m, mae'r cyflymder yn lleihau yn ôl $A = A_0 e^{-kt}$ lle mae $k = \frac{\alpha}{2m}$.

Cofiwch

Mae gan y cysonyn dadfeilio, λ, yr unedau amser^{-1}. Hynny yw, os yw t mewn eiliadau, s^{-1} yw unedau λ. Rhaid bod hyn yn wir, oherwydd dydy hi ddim yn bosibl ar unrhyw adeg i werth $e^{-\lambda t}$ ddibynnu ar yr unedau rydyn ni'n eu defnyddio, h.y. ni ddylai λt feddu ar unedau.

cwestiwn cyflym

⑨ Mae gan osgiliad gwanychol gysonyn dadfeilio o $0.1\ s^{-1}$.

Faint o amser bydd hi'n ei gymryd i'r osgled ostwng o 8 cm i 1 cm?

Mae angen hafaliadau differol trefn dau i ddadansoddi mudiant harmonig gwanychol. Mae hyn yn arwain at yr hafaliad canlynol:[3]

$$x = A_0 e^{-kt} \cos(\omega t + \varepsilon)$$

Mewn geiriau eraill, mae osgled yr osgiliad yn dadfeilio yn ôl $A = A_0 e^{-kt}$.

(c) Amsugno pelydrau X a phelydrau γ

Os bydd paladr o belydrau X neu γ yn pasio drwy ddefnydd, mae'r tebygolrwydd y bydd ffoton yn cael ei amsugno wrth basio drwy drwch penodol, Δx, o'r defnydd yn gyson. Felly, mae'r nifer sy'n cael eu hamsugno mewn unrhyw adran, Δx, mewn cyfrannedd â nifer y ffotonau sy'n bresennol.

Mae'r arddwysedd, I, mewn cyfrannedd â nifer y ffotonau fesul eiliad, felly mae $I = I_0 e^{-\mu x}$ lle μ yw'r cyfernod amsugno.

cwestiwn cyflym

⑩ Os cm yw'r uned pellter, nodwch uned y cyfernod amsugno, μ.

Term allweddol

Yr **amser dadfeilio** yw'r amser mae'n ei gymryd i unrhyw faint ddadfeilio i e^{-1} o'i werth gwreiddiol. Os λ yw'r cysonyn dadfeilio, yna λ^{-1} yw'r amser dadfeilio.

M.2.5 Yr amser mae'n ei gymryd i ddadfeilio

Os yw mesur, x, yn dadfeilio yn ôl $x = x_0 e^{-\lambda t}$, yna mae'n agosáu at sero wrth i'r amser gynyddu, heb gyrraedd sero byth. Ond gallwn ni ddarganfod yr amser mae'n ei gymryd i ddadfeilio i ffracsiwn penodol o'r gwerth gwreiddiol. Mae hyn fel arfer yn cael ei wneud mewn un o ddwy ffordd.

(a) Yr amser dadfeilio

Mae'r mesur $\frac{1}{\lambda}$ yn cael ei ddiffinio fel yr amser dadfeilio. Os yw $t = \frac{1}{\lambda}$, yna mae $e^{-\lambda t} = e^{-1}$. Felly, yn yr amser hwn, mae'r osgled yn gostwng i e^{-1} o'i werth gwreiddiol, neu 0.37 (37%) yn fras. Gallwn ni ddefnyddio'r ffaith hon fel ffordd gyflym o ddarganfod gwerth bras ar gyfer λ mewn graff dadfeiliad arbrofol.

cwestiwn cyflym

⑪ Sawl amser dadfeilio sydd ei angen i leihau osgled dadfeiliad i lai nag un rhan o filiwn o'i faint gwreiddiol?

cwestiwn cyflym

⑫ Defnyddiwch yr Enghraifft i amcangyfrif y pellter sydd ei angen i leihau arddwysedd paladr o belydrau γ o fwy na 99%, os yw'r cyfernod amsugno yn $0.5\,\text{cm}^{-1}$.

Enghraifft

Mae peirianwyr yn aml yn defnyddio pum gwaith yr amser dadfeilio fel yr amser ar gyfer dadfeiliad llwyr, fwy neu lai. Dangoswch fod yr osgled yn lleihau mwy na 99% yn yr amser hwn.

Ateb

Os yw $t = \frac{5}{\lambda}$, mae $e^{-\lambda t} = e^{-5} = 0.0067$ (i 2 ff.y.)

Mae 0.0067 yn llai na 0.01, sef 1%. Felly, mae'r osgled wedi dadfeilio mwy na 99%.

Term allweddol

Yr **hanner oes** yw'r amser mae'n ei gymryd i faint ddadfeilio i hanner ei werth gwreiddiol. Os λ yw'r cysonyn dadfeilio, yna $\frac{\ln 2}{\lambda}$ yw'r hanner oes. Mae'r symbol $T_{\frac{1}{2}}$ yn aml yn cael ei ddefnyddio ar gyfer hanner oes.

(b) Yr hanner oes

Gallwn ni ddefnyddio'r mesur hwn gydag unrhyw ddadfeiliad esbonyddol, ond dim ond mewn dadfeiliadau ymbelydrol mae'n cael ei ddefnyddio fel arfer.

Gallwn ni ddeillio mynegiad ar gyfer yr hanner oes drwy roi'r gwerth $x = \frac{x_0}{2}$ yn yr hafaliad $x = x_0 e^{-\lambda t}$.

Felly mae $\frac{x_0}{2} = x_0 e^{-\lambda t}$, sy'n symleiddio i $\frac{1}{2} = e^{-\lambda t}$. Gallwn ni ailysgrifennu hwn fel $e^{\lambda t} = 2$.

[3]Gweler *Maths for A level Physics* (2016) gan Kelly a Wood.

Os ydyn ni'n 'cymryd logiau' o'r hafaliad hwn, cawn fod $\ln(e^{\lambda t}) = \ln 2$.

Ond mae $\ln(e^{\lambda t}) = \lambda t$, $\quad \therefore \lambda t = \ln 2$, $\quad$ h.y. mae $t = \dfrac{\ln 2}{\lambda} \approx \dfrac{0.69}{\lambda}$

Sylwch mai gwerth yr hanner oes yw tua 70% o'r amser dadfeilio.

M.3 Dadansoddi data drwy ddefnyddio graffiau log

Bydd disgwyl i chi ddefnyddio graffiau log wrth ddadansoddi data yn eich arholiadau theori, ac yn eich gwaith ymarferol hefyd.

M.3.1 Perthnasoedd deddf pŵer

Perthnasoedd deddf pŵer yw'r enw ar berthnasoedd yn y ffurf $y = Ax^n$, lle mae A ac n yn gysonion. Os yw A ac n yn anhysbys, gallwn ni ddefnyddio logiau i wneud y canlynol:

- gwirio bod y berthynas yn y ffurf hon mewn gwirionedd, a
- darganfod gwerthoedd A ac n.

Os yw $y = Ax^n$, yna bydd cymryd logiau o'r ddwy ochr yn rhoi $\ln y = \ln(Ax^n)$

Drwy ddefnyddio priodweddau logiau o Adran M.2.3(c), gallwn ailysgrifennu hyn fel:

$$\ln y = \ln A + \ln x^n$$

ac ymhellach fel $\quad \ln y = \ln A + n\ln x$

Drwy aildrefnu i'w wneud yn fwy hwylus, cawn fod $\ln y = \boxed{n}\ln x + \boxed{\ln A}$

Drwy gymharu hwn â'r hafaliad llinol: $y = \boxed{m}\,x + \boxed{c}$

Felly, mae graff o $\ln y$ yn erbyn $\ln x$ yn llinell syth, graddiant n, rhyngdoriad A ar yr echelin $\ln y$. Er mwyn darganfod gwerth A, rydyn ni'n defnyddio'r berthynas wrthdro rhwng y ffwythiannau logarithm ac esbonyddol, felly mae $A = e^{\ln A} = e^{\text{rhyngdoriad}}$.

Enghraifft

Mae myfyriwr sy'n astudio perthynas deddf pŵer rhwng dau newidyn, v ac s, yn plotio graff o $\ln v$ yn erbyn $\ln s$, gan ddarganfod mai 2.5 yw'r graddiant ac mai –1.36 yw'r rhyngdoriad ar yr echelin $\ln v$. Darganfyddwch beth yw'r berthynas.

Ateb

Os yw $v = As^n$, yna n yw graddiant y graff. Felly, mae $n = 2.5$.

$\ln A$ yw'r rhyngdoriad ar yr echelin $\ln v$. $\therefore$ Mae $\ln A = -1.36$

$\therefore A = e^{-1.36} = 0.26$ (i 2 ff.y.)

$\therefore v = 0.26\, s^{2.5}$

Term allweddol

Rydyn ni'n galw graff $\ln y$ yn erbyn $\ln x$ yn blot **log–log**.

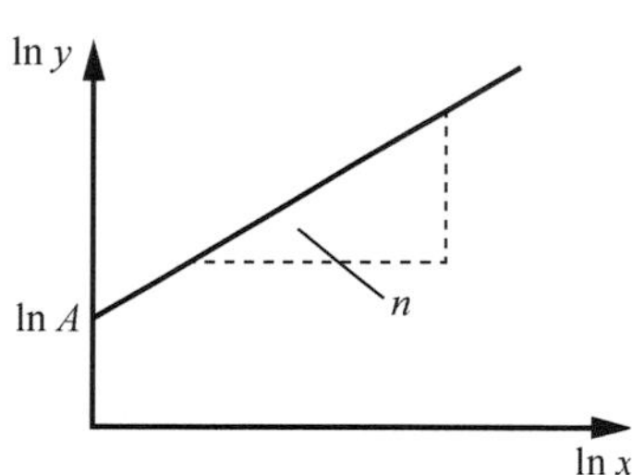

Ffig. M8 Plot log–log

cwestiwn cyflym

⑬ Mae graff $\ln y$ yn erbyn $\ln x$ yn llinell syth, graddiant 2, rhyngdoriad 2.5 ar yr echelin $\ln y$. Beth yw'r berthynas rhwng x ac y?

cwestiwn cyflym

⑭ Mae goleuedd, L, sêr, màs M, fel bod $2M_\odot < M < 20M_\odot$, (lle $M_\odot$ yw màs yr Haul) yn cael ei roi yn fras gan $\dfrac{L}{L_\odot} = 1.5\left(\dfrac{M}{M_\odot}\right)^{3.5}$. Sut gallai'r berthynas hon gael ei gwirio?

Term allweddol

Rydyn ni'n cyfeirio at graff ln x yn erbyn t fel plot **log–llinol** neu blot **hanner log**.

M.3.2 Perthnasoedd esbonyddol

Gallwn ni wirio perthnasoedd yn y ffurf $x = Ae^{-kt}$, lle mae A a k yn gysonion, drwy gymryd logiau, a darganfod gwerthoedd A a k.

Os yw $x = Ae^{-kt}$, yna bydd cymryd logiau o'r ddwy ochr yn rhoi $\ln x = \ln(Ae^{-kt})$

∴ Drwy ddefnyddio priodweddau logiau, mae: $\ln x = \ln A + \ln e^{-kt}$

∴ mae $\ln x = (-k)\,t + (\ln A)$

Drwy gymharu â'r hafaliad llinol, mae: $y = (m)\,x + (c)$

Felly mae graff ln x yn erbyn t yn llinell syth, graddiant k, rhyngdoriad ln A ar yr echelin ln x.

cwestiwn cyflym

⑮ Mae actifedd, A, ffynhonnell ymbelydrol yn amrywio gydag amser yn ôl $A = A_0e^{-\lambda t}$, lle λ yw'r cysonyn dadfeilio.

Er mwyn cael hyd i λ, pa graff dylech chi ei blotio, a sut bydd λ yn cael ei ddarganfod?

M.3.3 Barrau cyfeiliornad a phlotiau log

Ni fydd disgwyl i chi ddefnyddio barrau cyfeiliornad wrth i chi luniadu plotiau log–log neu hanner log.

M.4 Ffwythiannau trigonometregol

Yn ogystal â defnyddio ffwythiannau trig i ddatrys trionglau, e.e. wrth gyfrifo fectorau cydeffaith, mae angen eu defnyddio gyda dirgryniadau yn y rhan hon o'r cwrs (ac yn yr opsiwn trydan CE).

UNEDAU

Wrth ddadansoddi dirgryniadau, mae onglau bob amser yn cael eu mynegi mewn radianau. Dylech chi wneud yn siŵr bod eich cyfrifiannell yn y modd priodol.

Gwiriwch: $\cos\pi = -1$.

M.4.1 Graffiau trig sylfaenol

Mae gofyn i chi adnabod y graffiau trig canlynol, a'u defnyddio nhw wrth fodelu perthnasoedd ffisegol.

(a) sin x a sin^2x

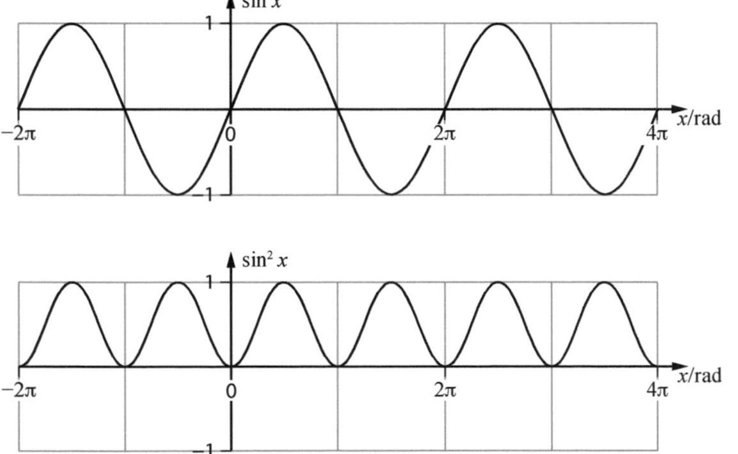

Ffig. M9 Y berthynas rhwng sin x a sin^2 x

Pethau i sylwi arnyn nhw wrth edrych ar y ffwythiant $\sin^2 x$:

1 Mae bob amser yn bositif.

2 Mae'n sinwsoid – sylwch ar y siâp ar waelod y cromliniau lle mae $x = -\frac{1}{2}\pi, \frac{1}{2}\pi, \frac{3}{2}\pi$ ...

3 $\frac{1}{2}$ yw'r gwerth cymedrig.

4 Mae $\sin^2(-x) = \sin^2 x$

(b) $\cos x$ a $\cos^2 x$

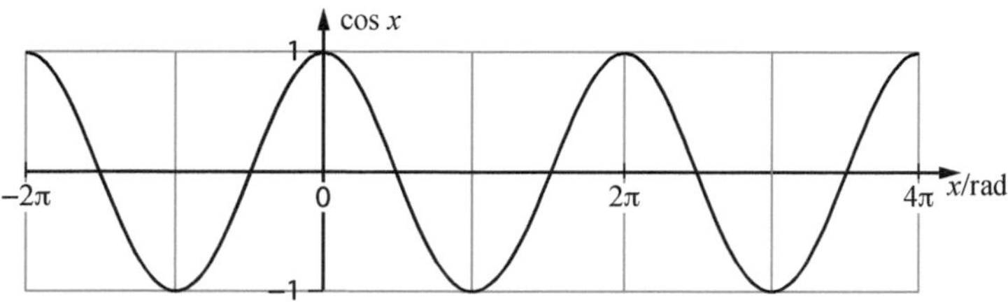

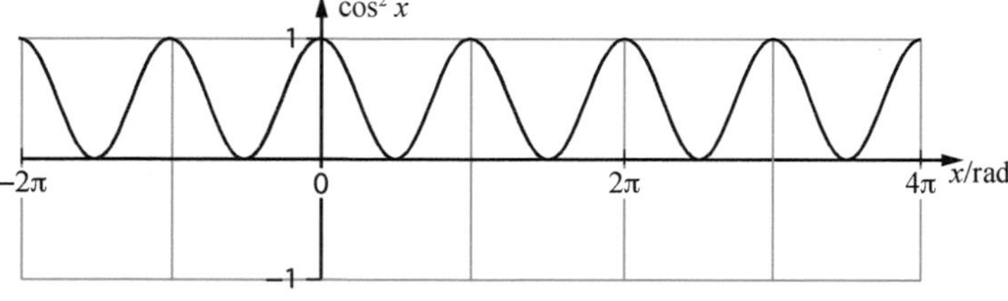

Ffig. M.10 Y berthynas rhwng $\cos x$ a $\cos^2 x$

M.4.2 Trin $A\cos(\omega t + \varepsilon)$

Caiff osgiliadau harmonig syml eu disgrifio drwy ddefnyddio $x = A\cos(\omega t + \varepsilon)$, lle x yw'r dadleoliad, A yw'r osgled, ac ω yw'r amledd onglaidd.

Gallwn ni ei ysgrifennu hefyd yn y ffurf $x = A\cos(2\pi ft + \varepsilon)$, lle f yw'r amledd.

Gydag $x = A\cos(\omega t + \varepsilon)$

y cyflymder $v = -A\omega\sin(\omega t + \varepsilon)$

a'r cyflymiad $v = -A\omega^2\cos(\omega t + \varepsilon)$,

effaith y cysonyn gwedd, ε, yw cymryd y graffiau cosin a sin a'u symud nhw amser $\frac{\varepsilon}{\omega}$ i'r **chwith** (os yw ε yn bositif). Mae ffurf y graff x yn erbyn t i'w gweld yn Ffig. M11.

Cofiwch

Mae ffwythiannau $\sin^2$ a $\cos^2$ yn ddefnyddiol wrth blotio amrywiad egni potensial a chinetig gydag amser ar gyfer gwrthrych sy'n profi mudiant harmonig syml.

Gwella gradd

Gallwch chi ddefnyddio unfathiannau trig (*trigonometrical identities*) i ddangos bod

$\sin^2 x = \frac{1}{2} - \frac{1}{2}\cos 2x$

ac felly bod $\langle \sin^{-1} x \rangle = \frac{1}{2}$

a hefyd bod $\langle \cos^{-1} x \rangle = \frac{1}{2}$.

cwestiwn cyflym

⑯ Defnyddiwch eich cyfrifiannell i ddarganfod $\cos 0.5$ rad, $\cos^2 0.5$ rad, $\sin 0.5$ rad, $\sin^2 0.5$ rad. Yna, heb wneud cyfrifiadau pellach, nodwch werthoedd $\cos(-0.5 \text{ rad})$, $\cos^2(-0.5 \text{ rad})$, $\sin(-0.5 \text{ rad})$, $\sin^2(-0.5 \text{ rad})$. [Awgrym: ystyriwch gymesuredd y graffiau.]

Cofiwch

Mae'r fanyleb yn defnyddio ffurf $A\cos(\omega t + \varepsilon)$ y ffwythiant osgiliadu. Mae defnyddio $A\sin(\omega t + \varepsilon)$ yr un mor dderbyniol.

Hafaliadau defnyddiol

Yr hafaliad diffinio ar gyfer mudiant harmonig syml:

$a = -\omega^2 x$

Y berthynas rhwng cyflymder a dadleoliad:

$v = \pm\omega\sqrt{A^2 - x^2}$.

cwestiwn cyflym

⑰ Brasluniwch graffiau o'r ffwythiannau hyn:

a) $10\cos(8\pi t + 0.1\pi)$

b) $4\cos(20t - 1)$.

cwestiwn cyflym

⑱ Darganfyddwch ddau werth lleiaf $t > 0$ pan fydd gan y ffwythiant $x = 5\cos(10t + 1)$ werth o -5.

cwestiwn cyflym

⑲ Defnyddiwch $v = -A\omega\sin(\omega t + \varepsilon)$ i ddarganfod cyflymder y gronyn ar y ddau amser $t = \frac{2\pi \pm (0.927 - 1)}{10}$ a drwy hynny, dangoswch fod yr ateb yn yr enghraifft yn gywir.

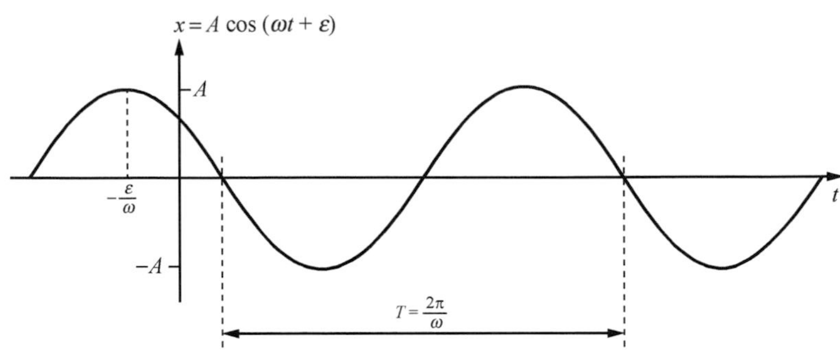

Ffig. M11 Ffurf y ffwythiant $x = A\cos(\omega t + \varepsilon)$

Mater syml yw darganfod yr amserau pan fydd y dadleoliad ar ei fwyaf (positif neu negatif). Mae'n fwy cymhleth ar gyfer dadleoliadau eraill.

Enghraifft

Mae gronyn yn osgiliadu gydag $x = 5\cos(10t + 1)$, gydag x mewn cm a t mewn s. Cyfrifwch yr amser cyntaf ar ôl $t = 0$ pan mae $x = 3$ cm a'r cyflymder yn bositif.

Ateb

Os yw $5\cos(10t + 1)$, yna mae $\cos(10t + 1) = 0.6$, $\therefore$ mae $10t + 1 = \cos^{-1}0.6$ ...

Mae'r gyfrifiannell yn rhoi $\cos^{-1} 0.6 = 0.927$. O'r graff cosin, mae -0.927 hefyd yn ffordd o ddatrys, yn ogystal â $2\pi \pm 0.927$, ac ati. Mae archwilio'r atebion positif isaf yn rhoi $t = \frac{2\pi \pm 0.927 - 1}{10}$, sy'n arwain at 0.463 s fel yr ateb lleiaf (gweler Cwestiwn cyflym 19).

ychwanegol

1. Mae trydedd ddeddf Kepler yn nodi bod sgwâr cyfnod, T, orbit planed mewn cyfrannedd â chiwb a, yr hanner echelin hwyaf. Enwch ddau blot, sydd ddim yn blotiau log, fyddai'n cynhyrchu graffiau llinell syth.
2. Mae defnyddio deddfau Newton gyda mudiant lloerenni mewn orbit crwn yn rhoi'r berthynas ganlynol rhwng y cyfnod, T, a'r radiws, r:

   $$T = 2\pi\sqrt{\frac{r^3}{GM}}.$$

   8.68×10^{25} kg yw màs Wranws. Darganfyddwch raddiant a rhyngdoriad y graffiau canlynol ar gyfer lloerenni Wranws:

   (a) $\ln(T / s)$ yn erbyn $\ln(r / \text{m})$

   (b) $(T / s)^2$ yn erbyn $(r / \text{m})^3$

   (c) $(T / \text{diwrnod})$ yn erbyn $(r / 10^6\ \text{km})^{\frac{3}{2}}$
3. Mae gronyn yn osgiliadu â dadleoliad o x (mewn cm), sy'n gysylltiedig ag amser t (mewn s) yn ôl yr hafaliad $x = 5.0\cos(6\pi t + 1.0)$.

   (a) Nodwch yr osgled, yr amledd, y cyfnod a'r amledd onglaidd.

   (b) Nodwch y safle pan fydd $t = 0$.

   (c) Cyfrifwch (i) y safle, (ii) y cyflymder a (iii) y cyflymiad pan fydd $t = 1.4$ s.

   (ch) Cyfrifwch fuanedd y gronyn pan fydd $x = 4.0$ cm.
4. Mae gan yr olinydd ymbelydrol, ïodin-123, hanner oes o 13.22 awr. Cyfrifwch y canlynol:

   (a) gwerth y cysonyn dadfeilio, λ

   (b) actifedd sampl 1.00 nmol o ïodin-123 (h.y. 1.0×10^{-9} mol)
   [$N_A = 6.02 \times 10^{23}\ \text{mol}^{-1}$]

   (c) yr actifedd ymhen wythnos, ynghyd â nifer yr atomau o ïodin-123 fydd ar ôl o'r sampl 1 nmol.
5. Mae gronyn, màs 0.20 kg, yn osgiliadu ag osgled o 10 cm a chyfnod o 0.25 s. Mae ei ddadleoliad ar ei fwyaf pan mae $t = 0$.

   (a) Ysgrifennwch safle'r gronyn fel ffwythiant amser.

   (b) Ysgrifennwch gyflymder y gronyn fel ffwythiant amser.

   (c) Cyfrifwch egni cinetig mwyaf y gronyn.

   (ch) Gan gymryd mai sero yw egni potensial lleiaf y gronyn, brasluniwch graffiau o amrywiad egni cinetig ac egni potensial y gronyn rhwng 0.0 a 0.5 s.
6. 3 diwrnod yw hanner oes niwclid ymbelydrol **A**, a 6 diwrnod yw hanner oes niwclid ymbelydrol **B**. Mae actifedd cychwynnol **A** 4 gwaith actifedd cychwynnol **B**. Ar ôl faint o ddiwrnodau bydd actifedd y ddau yn hafal? Pa ffracsiwn o bob niwclid fydd ar ôl?

Arfer a thechneg arholiad

Ateb cwestiynau arholiad

Mae rhai myfyrwyr sydd byth yn oedi i ystyried sut caiff cwestiwn arholiad ei lunio, na pha fath o sgiliau bydd angen iddyn nhw eu dangos er mwyn cael marciau da. Camgymeriad yw hynny. Gallwch ddisgwyl ennill mwy o farciau os ydych chi'n gallu darllen meddwl y person sydd wedi gosod y cwestiwn wrth i chi weld y papur, a deall pa fath o ateb mae'r arholwr yn ei ddisgwyl (neu, o leiaf, yn gobeithio'i gael).

Wrth osod cwestiynau, mae arholwyr yn cadw at reolau penodol, fel bod papur arholiad un flwyddyn yn rhoi prawf ar yr un math o alluoedd â phapurau blynyddoedd eraill – heb ddefnyddio'r un cwestiynau! Y prif bethau sy'n cyfyngu ar gwestiynau yw'r 'Amcanion Asesu' (AA).

Amcanion Asesu

AA1: Mae 30% o'r marciau yn cael eu rhoi am ddangos eich bod chi'n cofio ac yn deall agweddau ar ffiseg. Er enghraifft, gallwch chi ddatgan deddf neu ddiffiniad, rydych chi'n gwybod pa hafaliad i'w ddefnyddio i ddatrys problem, neu gallwch chi ddisgrifio sut byddech chi'n cynnal arbrawf.

AA2: Mae 45% o'r marciau yn cael eu rhoi am ddefnyddio gwybodaeth AA1 i ddatrys problemau. Mae hyn yn golygu rhoi atebion i gyfrifiadau, tynnu syniadau ynghyd i esbonio pethau, cyfuno a thrin fformiwlâu, a defnyddio canlyniadau arbrofol a graffiau.

AA3: Mae 25% o'r marciau yn cael eu rhoi am bethau fel dod i gasgliad ar sail canlyniadau arbrofol neu ddata eraill, dylunio arbrofion, neu fireinio technegau arbrofol.

Sgiliau

Rhyfedd, ond gwir!

Yn ogystal â chydbwyso'r Amcanion Asesu, mae'r arholwr yn edrych ar gydbwysedd sgiliau. Gan mai Ffiseg yw'r pwnc, daw canran uchel o'r marciau (o leiaf 40%) wrth ddefnyddio **mathemateg**.

Gall y ganran hon deimlo braidd yn isel, ond sgìl lefel isel yw rhoi rhifau mewn fformiwla ac felly nid yw'n cyfrif fel sgìl mathemategol – dim ond dull o gyfathrebu yw hyn yn y bôn! Mae'r un peth yn wir am blotio pwyntiau graffigol.

Ar y llaw arall, mae llunio tangiadau a darganfod eu graddiannau yn bendant yn fathemateg. Mae hyn hefyd yn wir am aildrefnu hafaliadau a rhoi atebion i gwestiynau rhifiadol. Y naill ffordd neu'r llall, mae hawl gan arholwyr i ofyn am fwy na 40% o sgiliau mathemategol, o fewn rheswm.

Mae'n rhaid i gwestiynau sy'n cynnwys cynllunio, dadansoddi a dod i gasgliad ar sail **arbrofion**, e.e. o'r gwaith ymarferol penodol, gyfrif am o leiaf 15% o'r marciau.

Fel enghraifft, edrychwch ar y rhan hon o gwestiwn:

Mae'r gwahaniaeth potensial lleiaf, V, sy'n cael ei roi i ddeuod allyrru golau (*LED*), er mwyn ei weld yn allyrru golau, yn gysylltiedig â thonfedd, λ, y golau yn ôl yr hafaliad bras:

$$eV = \frac{hc}{\lambda}.$$

Caiff V ei fesur ar gyfer tri *LED*, ac mae graff o V yn erbyn $1/\lambda$ yn cael ei blotio, gan ddefnyddio gwerthoedd λ sydd wedi'u rhoi gan wneuthurwyr y deuodau.

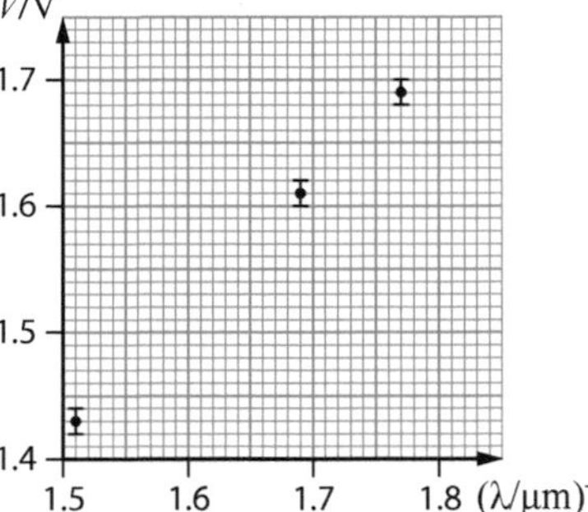

(i) Cyfrifwch raddiannau mwyaf a lleiaf y graff. [2]

(ii) Drwy hynny, cyfrifwch werth ar gyfer cysonyn Planck, ynghyd â'i ansicrwydd **canrannol**. [1]

(iii) Trafodwch a yw'r graff yn cadarnhau'r hafaliad neu beidio. [3]

Nid oes unrhyw farciau AA1 yn y cwestiwn hwn, oherwydd er bod pob rhan yn gofyn am wybodaeth cyn gallwch chi ateb, nid ydych yn dechrau ennill marciau nes i chi ddefnyddio'r wybodaeth, e.e. mae angen i chi ddefnyddio'ch synnwyr i lunio'r llinellau mwyaf/lleiaf cyn gallwch chi ddarganfod eu graddiannau. O fewn y rhan hon o gwestiwn, sy'n werth 8 marc, mae: 3 marc AA2, 5 marc AA3, 5 marc mathemateg, ac mae'r holl farciau (8 i gyd) yn cyfrif fel marciau ymarferol gan eu bod yng nghyd-destun gweithgaredd ymarferol. Mae'r marciau mathemategol ar gyfer rhannau (i) a (ii). Mae'r marciau AA3 ar gyfer rhannau (ii) [2 o'r 3 marc] a (iii).

Awgrymiadau ar gyfer yr arholiad

Byddwn ni'n edrych ar awgrymiadau a fydd yn eich helpu i ddangos yr hyn rydych chi'n ei wneud wrth ateb cwestiynau arholiad. Y pwynt cyntaf, a'r pwysicaf, yw darllen y cwestiwn yn ofalus. Mae arholwyr yn trafod geiriad cwestiynau fel bod yr ystyr yn glir ac yn gywir. Er hynny, mae'n hawdd camddehongli cwestiwn, felly peidiwch â brysio. Yn aml, mae defnyddio pen i amlygu gwybodaeth allweddol yn helpu, e.e. weithiau, caiff gwybodaeth rifiadol ei rhoi ar ddechrau cwestiwn, ond ni fydd ei hangen tan yn hwyrach ymlaen. Felly mae ei hamlygu yn helpu i dynnu sylw ati.

Edrychwch ar nifer y marciau

Mae nifer penodol o farciau i bob rhan o'r cwestiwn. Mewn atebion ysgrifenedig, mae'r cyfanswm hwn yn rhoi syniad o ba mor fanwl bydd angen i'ch ateb chi fod. Mewn cyfrifiadau, bydd rhai marciau am y gwaith cyfrifo, a bydd rhai am yr ateb [gweler isod].

Deall y geiriau gorchymyn

Dyma'r geiriau sy'n dangos y math o ateb mae'r arholwr yn ei ddisgwyl er mwyn rhoi marciau i chi.

Nodwch

Ateb byr heb unrhyw esboniad.

Esboniwch

Rhowch reswm neu resymau. Edrychwch ar nifer y marciau: mae 2 farc fel arfer yn golygu bod rhaid i chi wneud dau bwynt amlwg.

Nodwch ac esboniwch

Efallai bydd marc am y gosodiad, ond efallai bydd y marc cyntaf yn cael ei roi am esbonio gosodiad cywir, e.e. '*Nodwch pa wrthydd, A neu B, sydd â'r gwerth mwyaf, ac esboniwch eich rhesymu.*' Mae'n annhebygol y bydd yr arholwr yn rhoi marc i chi am ddewis 50/50!

Cyfrifwch

Bydd ateb cywir yn ennill marciau llawn, oni bai fod y cwestiwn yn gofyn '*dangoswch eich gwaith cyfrifo*'. **Rhybudd**: ni fydd marc am ateb anghywir heb waith cyfrifo.

Dylech chi nodi unedau eich ateb **bob amser** – byddwch chi'n colli marciau am adael unedau allan neu roi unedau anghywir.

Darganfyddwch

Mae hon yn ffordd arall o ddweud 'cyfrifwch', ac mae arholwyr yn ei defnyddio'n aml pan mae'r dull cyfrifo yn fwy aneglur, e.e. (ar graff $v - t$ crwm) darganfyddwch y cyflymiad ar 2.0 s.

Dangoswch fod [mewn cwestiwn cyfrifo]

E.e. 'Dangoswch fod y gwrthedd tua $2 \times 10^{-7}\ \Omega\ \text{m}$.' Nid oes marc yma am yr ateb cywir; rhaid dangos y gwaith cyfrifo mewn digon o fanylder i berswadio'r arholwr eich bod chi'n gwybod beth rydych yn ei wneud! **Awgrym**: Yn yr achos hwn, cyfrifwch ateb manwl gywir, e.e. $1.85 \times 10^{-7}\ \Omega\ \text{m}$, a dywedwch ei fod tua'r un fath â'r gwerth sy'n cael ei nodi.

Disgrifiwch

Rhaid i chi roi cyfres o osodiadau. Efallai byddan nhw'n cael eu marcio'n annibynnol, ond rhaid bod yn ofalus o'r drefn, e.e. wrth ddisgrifio sut i gynnal arbrawf.

Cymharwch

Rhaid rhoi cymhariaeth glir, nid dau osodiad ar wahân yn unig. Nid yw chwaith yn ddiogel nodi un peth yn unig, a gadael i'r arholwr ddod i gasgliad am y llall; e.e. '*Cymharwch ffwythiannau gwaith metelau A a B.*'

Ateb 1: Mae ffwythiant gwaith isel gan fetel A – ni fyddai hyn yn ddigon.

Ateb 2: Mae ffwythiant gwaith metel A yn **is nag un metel B** – byddai'r ateb hwn yn ennill marc (os yw'n gywir!) oni bai fod y cwestiwn yn nodi'n glir fod angen cymhariaeth rifiadol.

Awgrymwch

Yn aml, daw'r gorchymyn hwn ar ddiwedd cwestiwn. Mae disgwyl i chi gynnig syniad synhwyrol sy'n seiliedig ar yr hyn rydych chi'n ei wybod am ffiseg a'r wybodaeth yn y cwestiwn. Yn aml, bydd mwy nag un ateb cywir.

Cyfiawnhewch

Esboniwch pam mae canlyniad neu ddadl yn gywir. Yn aml bydd angen cyfrifo.

Enwch

Disgwylir un gair neu ymadrodd; e.e. 'Enwch y briodwedd golau sy'n cael ei harddangos' (*mewn cwestiwn sy'n dangos tonnau'n gwasgaru ar ôl pasio drwy fwlch*). Ateb: *Diffreithiant*. Sylwch y gallai sillafu cywir fod yn ofynnol, yn enwedig ar gyfer y math hwn o gwestiwn.

Amcangyfrifwch

Nid 'dyfalwch' yw ystyr hyn. Fel arfer, bydd rhaid gwneud un cyfrifiad neu ragor, gyda thybiaethau i symleiddio pethau. Efallai bydd y cwestiwn yn gofyn i chi nodi unrhyw dybiaethau rydych chi'n eu gwneud. E.e. *Amcangyfrifwch nifer y sfferau, diamedr 1 mm, a fydd yn llenwi silindr mesur hyd at y marc 100 cm*^{3}.

Deilliwch

Mae hyn yn golygu cynhyrchu hafaliad penodol gan ddechrau gyda set o dybiaethau a/neu hafaliadau mwy sylfaenol. Un enghraifft fyddai defnyddio deddfau Newton i ddeillio trydedd ddeddf Kepler yn achos orbitau crwn: $T^2 \propto a^3$. Enghraifft arall i arfer â hi yw gwybod sut i ddeillio'r berthynas rhwng yr hanner oes, T, a'r cysonyn dadfeilio, λ, ar gyfer niwclid ymbelydrol: $\lambda = \frac{\ln 2}{T}$.

Darllenwch y fanyleb, a gwnewch yn siŵr eich bod chi'n gwybod pa ddeilliannau sy'n ofynnol.

Awgrymiadau ar gyfer diagramau

Weithiau, mae cwestiynau ar arbrofion yn gofyn am ddiagramau. Dylai'r diagram ddangos sut mae'r offer wedi'u trefnu, a dylai fod wedi'i labelu. Ni fydd diagramau ar wahân o gynhwysydd, gwrthydd, a foltmedr yn ennill marciau. Sylwch, fodd bynnag, nad oes rhaid labelu symbolau cylched safonol, e.e. cell neu foltmedr. Hyd yn oed os nad yw'r cwestiwn yn gofyn am ddiagram, gall gwybodaeth sydd wedi'i chynnwys mewn diagram da ennill rhai marciau.

Awgrymiadau ar gyfer graffiau

Graffiau o ddata: Os yw'r echelinau a'r graddfeydd heb eu llunio, gwnewch yn siŵr bod y raddfa yn defnyddio'r rhan fwyaf o'r grid, neu'r grid cyfan, nad yw'r raddfa'n 'lletchwith', a bod y pwyntiau sy'n cael eu plotio yn defnyddio o leiaf hanner uchder a lled y grid. Labelwch yr echelinau ag enw neu symbol y newidyn, a'i unedau – e.e. amser/s, neu F/N – a chofiwch gynnwys y graddfeydd. Plotiwch y pwyntiau mor gywir â phosibl; os oes angen gosod pwyntiau rhwng llinellau'r grid, mae'r goddefiant arferol yn ± ½ sgwâr. Oni bai fod y cwestiwn yn nodi'n wahanol, lluniadwch y graff – peidiwch â phlotio'r pwyntiau yn unig.

Graffiau braslun: Mae graff braslun yn rhoi syniad da o'r berthynas rhwng y ddau newidyn. Rhaid labelu'r echelinau, ond yn aml, ni fydd ganddo raddfeydd nac unedau. **Nid** graff blêr yw graff braslun. Os ydych chi'n bwriadu i'r graff fod yn llinell syth, dylech ei luniadu gyda phren mesur. Weithiau, rhaid labelu gwerthoedd arwyddocaol, e.e. cofiwch gynnwys osgled, A, a chyfnod, T, yr osgiliad ar graff dadleoliad–amser.

Awgrymiadau ar gyfer cyfrifiadau

Os **cyfrifwch**, **pennwch** neu **darganfyddwch** yw'r gair gorchymyn, byddwch chi'n ennill marciau llawn am yr ateb cywir heb unrhyw waith cyfrifo wedi'i ddangos. Fodd bynnag, ni fydd marc am ateb anghywir heb unrhyw waith cyfrifo. Fel arfer, bydd marciau ar gael am gamau cywir yn y gwaith cyfrifo, hyd yn oed os yw'r ateb terfynol yn anghywir. Bydd yr arholwr yn edrych am y pwyntiau canlynol:

- Dewis hafaliad neu hafaliadau, a'u hysgrifennu.
- Trawsnewid unedau, e.e. oriau yn eiliadau, mA yn A.
- Rhoi gwerthoedd yn yr hafaliad(au), a thrin yr hafaliad(au).
- Nodi'r ateb – **cofiwch yr uned**.

Os yw'r ymadrodd gorchymyn yn cynnwys **dangoswch fod**, yr un rheolau sylfaenol sydd ar gyfer gosod yr ateb. **Rhaid** i chi roi camau clir sy'n argyhoeddi: rhaid perswadio'r arholwr eich bod chi'n gwybod beth rydych chi'n ei wneud. Ni fyddwch chi'n ennill marciau am nodi'r ateb yn unig.

Awgrymiadau ar gyfer disgrifio arbrofion

Wrth ddisgrifio un o'r arbrofion yn y gwaith ymarferol penodol, neu ar gyfer gwaith ymarferol yr ydych yn ei gynllunio fel rhan o'r arholiad:

- Lluniadwch ddiagram syml o'r cyfarpar sy'n cael ei ddefnyddio, **wedi'i osod yn gywir ar gyfer yr arbrawf**.
- Rhowch restr glir o gamau.
- Nodwch pa fesuriadau sy'n cael eu gwneud, a pha offeryn a gaiff ei ddefnyddio.
- Nodwch sut bydd y mesuriad terfynol yn cael ei wneud o'ch mesuriadau.

Awgrymiadau ar gyfer cwestiynau sy'n cynnwys unedau

Adran 1.1 – Unedau a Dimensiynau – yn y *Canllaw Astudio ac Adolygu UG* sy'n trafod hyn yn bennaf. Mae un math o gwestiwn yn gofyn i chi awgrymu uned ar gyfer mesur, ac efallai na fydd y mesur hwn yn y fanyleb. Bydd cwestiynau fel hyn bob amser yn rhoi hafaliad sy'n cynnwys y mesur. Dyma'r dull i'w ddilyn:

- Trin yr hafaliad i wneud y mesur anhysbys yn destun.
- Mewnbynnu'r unedau hysbys ar gyfer y mesurau eraill.
- Symleiddio.

Enghraifft

Mae'r cyfernod llusgiad, C_D, yn cael ei ddiffinio gan yr hafaliad $F_D = \frac{1}{2}\rho v^2 A C_D$, lle F_D yw'r grym llusgo ar wrthrych, arwynebedd trawstoriadol A, sy'n symud ar fuanedd, v, drwy hylif, dwysedd ρ. Dangoswch nad oes gan C_D unedau.

Ateb

Gwnewch C_D yn destun yr hafaliad: $C_D = \frac{2F_D}{\rho v^2 A}$

Ailysgrifennwch hwn yn nhermau'r unedau (nid oes gan y rhif 2 unedau):

$$\therefore [C_D] = \frac{[F_D]}{[\rho][v^2][A]} = \frac{\text{kg m s}^{-2}}{\text{kg m}^{-3}\,(\text{m s}^{-1})^2\,\text{m}^2} = \frac{\text{kg m s}^{-2}}{\text{kg m s}^{-2}}$$

Mae'r unedau màs, hyd ac amser i gyd yn canslo, felly nid oes gan C_D unedau. QED.

Sylwch: Defnyddiwch y symbol [...] fel ffordd fyr o ddweud 'uned', e.e. $[v]$ = 'uned v'.

Cwestiynau AYE (Ansawdd yr Ymateb Estynedig)

Bydd pob papur arholiad yn cynnwys cwestiwn, neu ran o gwestiwn, fydd yn profi eich gallu i gyflwyno adroddiad cydlynol. Yr enw ar y rhain yw cwestiynau **Ansawdd yr Ymateb Estynedig**, sydd yn werth 6 marc. Gallen nhw fod yn gwestiynau AA1 ar ddarn o waith llyfr, e.e.

Esboniwch sut mae arsylwadau ar fuaneddau gwrthrychau mewn galaethau wedi cael eu defnyddio fel tystiolaeth o fodolaeth mater tywyll. [6 AYE]

neu'n ddisgrifiad o un o'r darnau o waith ymarferol penodol, e.e.

Disgrifiwch yn fanwl sut byddech yn gwneud mesuriadau ar nwy er mwyn darganfod gwerth ar gyfer sero absoliwt (0 K). [6 AYE]

Beth bynnag yw testun y cwestiwn, bydd yr arholwr yn chwilio am set benodol o syniadau sydd wedi'u cysylltu yn 'ymresymu cyson sy'n gydlynus, perthnasol, wedi'i gyfiawnhau a'i strwythuro'n rhesymegol'. Mae hyn yn golygu y cewch eich cosbi am gynnwys deunydd anghywir neu ddibwys, neu ddadleuon sydd wedi'u llunio'n wael. Edrychwch ar C ac A 1 yn yr adran Cwestiynau ac Atebion am enghraifft o ateb da i gwestiwn AYE, ac un sydd heb fod cystal.

Cwestiynau ymarfer

Cwestiynau diffinio

1. Mae corff yn mynd drwy *fudiant harmonig syml* gyda *chyfnod* o 2.5 ms, ac *osgled* o 16 cm. Nodwch beth yw ystyr pob un o'r ymadroddion sydd mewn print *italig*.

   [Dirgryniadau – 3.2]

2. Mae corff yn mynd drwy fudiant harmonig syml, sy'n cael ei ddisgrifio gan yr hafaliad:

   $$x = A \sin \frac{2\pi}{T} t$$

   Yn yr hafaliad hwn, x yw'r dadleoliad, mae $A = 10$ cm, mae $T = 0.5$ s, a t yw'r amser.

   Brasluniwch graff x yn erbyn t rhwng 0 a 2 eiliad.

   [Dirgryniadau – 3.2]

3. Gall system fynd drwy *osgiliadau rhydd neu osgiliadau gorfod*. Esboniwch y gwahaniaeth rhwng y ddau fath hyn o osgiliad.

   [Dirgryniadau – 3.2]

4. Mewn arbrawf i ymchwilio i gyseiniant, mae grym gyrru cyfnodol sydd ag osgled cyson ac amledd amrywiol, f, yn cael ei roi ar system osgiliadol sydd wedi'i gwanychu'n ysgafn, gydag amledd naturiol f_0. Mae'r graff yn dangos amrywiad yr osgled, A, gydag f.

   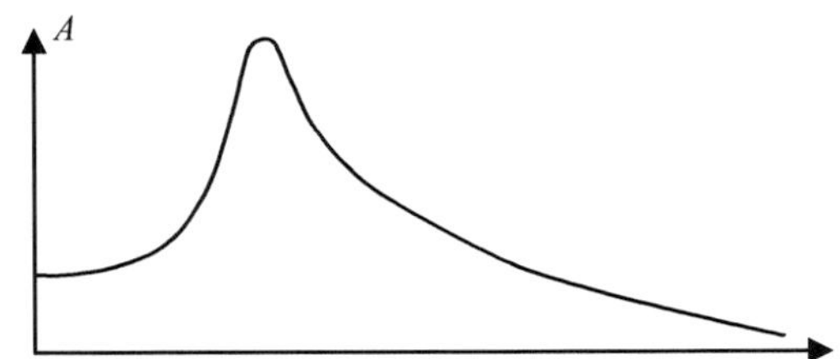

   (a) Labelwch y nodweddion diddorol ar y graff.

   (b) Ychwanegwch ail gromlin i ddangos yr ymddygiad byddech chi'n ei ddisgwyl gyda gwanychiad trymach sy'n llai na gwanychiad critigol.

   [Dirgryniadau – 3.2]

5. Nodwch egwyddor cadwraeth momentwm.

   [Dynameg – 1.3]

6. Esboniwch beth yw ystyr cysonyn Avogadro, N_A.

   [Damcaniaeth ginetig – 3.3]

7. Mae deddf gyntaf thermodynameg yn ymdrin â throsglwyddo egni rhwng system a'i hamgylchedd. Gallwn ni ysgrifennu'r ddeddf fel hyn:

   $$\Delta U = Q - W$$

   Esboniwch beth yw ystyr pob un o'r tri therm yn yr hafaliad.

   [Ffiseg thermol – 3.4]

8. Tua $4200 \text{ J kg}^{-1} \text{ K}^{-1}$ yw cynhwysedd gwres sbesiffig dŵr.

   Diffiniwch y term cynhwysedd gwres sbesiffig, ac esboniwch y gosodiad uchod.

   [Ffiseg thermol – 3.4]

9. Nodwch drydedd ddeddf mudiant planedau Kepler. Dangoswch sut mae'n bosibl deillio'r ddeddf, yn achos orbitau crwn, o ddeddf disgyrchiant Newton.

   [Orbitau a'r bydysawd ehangach – 4.3]

10. Mae'r diagram yn dangos llinellau maes magnetig yn cysylltu cylched ar ongl sgwâr.

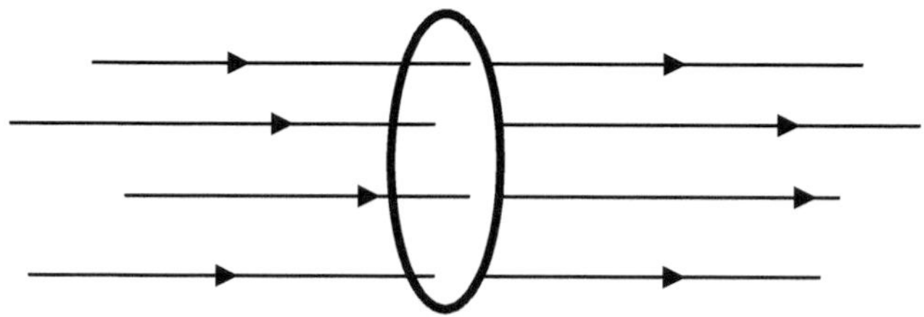

   Defnyddiwch y diagram i ddiffinio'r fflwcs magnetig sy'n cysylltu'r gylched, gan ddiffinio unrhyw symbolau rydych chi'n eu defnyddio.

   [Anwythiad – 4.5]

11. Mae'r hafaliad canlynol yn ymwneud â dadfeiliad defnyddiau ymbelydrol:

$$A = \lambda N$$

   Diffiniwch y symbolau sy'n cael eu defnyddio yn yr hafaliad, a nodwch eu hunedau SI.

   [Dadfeiliad niwclear – 3.5]

Cwestiynau i roi prawf ar ddealltwriaeth

12. Mae momentwm corff yn cael ei roi gan $p = mv$.

   Mae momentwm ffoton yn cael ei roi gan $p = \frac{h}{\lambda}$.

   Dangoswch fod y ddau hafaliad hyn yn rhoi'r un unedau ar gyfer p.

   [Dynameg – 1.3]

13. Mae planed yn cael ei chanfod ar bellter o 8×10^{10} m i ffwrdd o seren. Mae mewn orbit o amgylch y seren ar fuanedd cyson o $5 \times 10^4 \text{ m s}^{-1}$.

   (a) Esboniwch yn glir sut gallwch chi ddweud bod yr orbit yn grwn.

   (b) Darganfyddwch y wybodaeth ganlynol am y blaned a'r orbit:

   (i) ei buanedd onglaidd,

   (ii) ei chyfnod orbitol,

   (iii) amledd yr orbit,

   (iv) y cyflymiad mewngyrchol.

   (c) Cyfrifwch fàs y seren.

   [Orbitau a'r bydysawd ehangach – 4.3]

14. Mae'r graff yn dangos y grym cydeffaith, F, ar gorff, màs $2\ \mathrm{kg}$, pan gaiff ei ddadleoli x o'i safle ecwilibriwm.

Mae'n cael ei ddal yn $x = 10.0\ \mathrm{cm}$, a'i ryddhau ar amser $t = 0$.

Darganfyddwch ei safle a'i gyflymder ar amser $t = 1.5\ \mathrm{s}$.

[Dirgryniadau – 3.2]

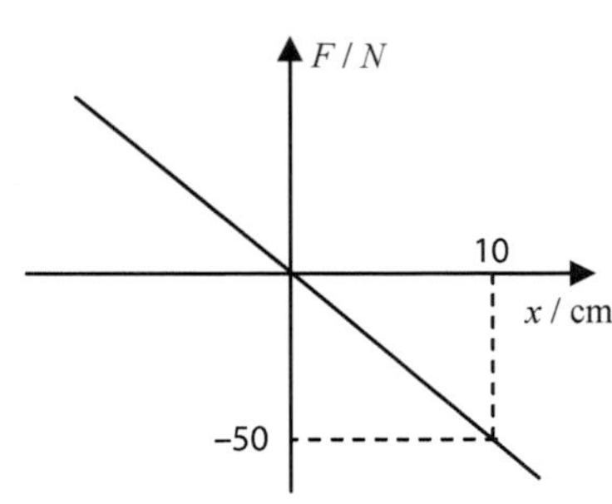

15. Mae'n bosibl mynegi deddf disgyrchiant Newton yn yr hafaliad canlynol:

$$F = G\frac{M_1 M_2}{r^2}$$

(a) Nodwch y symbolau sy'n cael eu defnyddio yn yr hafaliad.

(b) Mae'r Lleuad yn troi o gwmpas y Ddaear ar bellter cymedrig o $384\ 000\ \mathrm{km}$. Cyfnod yr orbit yw 27.3 diwrnod. Defnyddiwch y wybodaeth hon i ddarganfod gwerth ar gyfer màs y Ddaear. [Gallwch chi dybio bod $M_{\mathrm{Daear}} \gg M_{\mathrm{Lleuad}}$.]

(c) Cryfder y maes disgyrchiant ar arwyneb y Ddaear yw $9.81\ \mathrm{N\ kg^{-1}}$. Radiws y Ddaear yw $6370\ \mathrm{km}$. Defnyddiwch y wybodaeth hon i gyfrifo ail werth ar gyfer màs y Ddaear.

(ch) Mae deddf disgyrchiant Newton yn cyfeirio at fasau pwynt. Esboniwch sut roeddech chi'n gallu cymhwyso'r ddeddf wrth ateb rhannau (b) ac (c).

[Meysydd grym electrostateg a meysydd disgyrchiant – 4.2]

16. Cafodd y rhan fwyaf o graterau sydd ar y Lleuad eu creu wrth i gyrff oedd mewn orbit o'i chwmpas wrthdaro â hi. Mae'r cwestiwn hwn yn ymwneud â'r egni sy'n cael ei ryddhau yn ystod gwrthdrawiad o'r fath.

Mae asteroid bach, diamedr $50\ \mathrm{cm}$, dwysedd cymedrig $2500\ \mathrm{kg\ m^{-3}}$, yn agosáu at y system Daear–Lleuad. Ei fuanedd ar bellter mawr i ffwrdd o'r system Daear–Lleuad yw $1\ \mathrm{km\ s^{-1}}$. Mae'n gwrthdaro â'r Lleuad gan greu crater.

(a) Cyfrifwch egni cinetig cychwynnol yr asteroid.

(b) Defnyddiwch y data isod i gyfrifo'r potensial disgyrchiant ar arwyneb y Lleuad oherwydd y canlynol:

(i) maes disgyrchiant y Lleuad;

(ii) maes disgyrchiant y Ddaear.

Data: Màs y Lleuad = $7.35 \times 10^{22}\ \mathrm{kg}$; radiws y Lleuad = $1740\ \mathrm{km}$

Màs y Ddaear = $5.97 \times 10^{24}\ \mathrm{kg}$; radiws cymedrig orbit y Lleuad = $384\ 000\ \mathrm{km}$

(c) Cyfrifwch egni cinetig yr asteroid wrth iddo wrthdaro â'r Lleuad.

[Meysydd grym electrostatig a meysydd disgyrchiant – 4.2]

17. Mae gan gloc electronig gynhwysydd wrth gefn, $0.2\ \mathrm{F}$, rhag ofn i'w gyflenwad pŵer gael ei dorri. Mae'r cynhwysydd wedi'i wefru i $3.3\ \mathrm{V}$ i gychwyn. Er mwyn gweithio, mae angen rhoi foltedd o $1.3\ \mathrm{V}$ o leiaf i'r cloc.

Pan gaiff y cyflenwad ei dorri, mae'r cynhwysydd yn dechrau dadwefru â cherrynt o $1.0\ \mu\mathrm{A}$. Amcangyfrifwch nifer yr oriau nes bydd y cloc yn peidio â gweithio.

[Awgrym: Tybiwch fod y cloc yn gweithredu fel llwyth gwrthiant cyson.]

[Cynhwysiant – 4.1]

18. (a) Gallwn ni gyfrifo egni mewnol, U, cynhwysydd o'r hafaliad $U = \frac{1}{2}CV^2$. Gan ddechrau â'r diffiniad o gynhwysiant, dangoswch fod unedau'r hafaliad hwn yn cydbwyso.

(b) Mae cynhwysydd 5.0 F yn cael ei wefru i 3.0 V ac yna'i ynysu oddi wrth y cyflenwad pŵer.

(i) Cyfrifwch egni mewnol y cynhwysydd.

(ii) Mae ail gynhwysydd 5.0 F, sydd heb ei wefru i gychwyn, yn cael ei gysylltu mewn paralel â'r cynhwysydd cyntaf. Cyfrifwch gyfanswm egni mewnol y ddau gynhwysydd.

(iii) Rhowch sylwadau am eich atebion i (i) a (ii).

[Cynhwysiant – 4.1]

Cwestiynau dadansoddi data

Nodwch: Mae'r cwestiwn hwn yn hirach na'r un y gallwch chi ddisgwyl ei weld yn Uned 5, oherwydd nifer y cyfrifiadau ansicrwydd yn rhan (c).

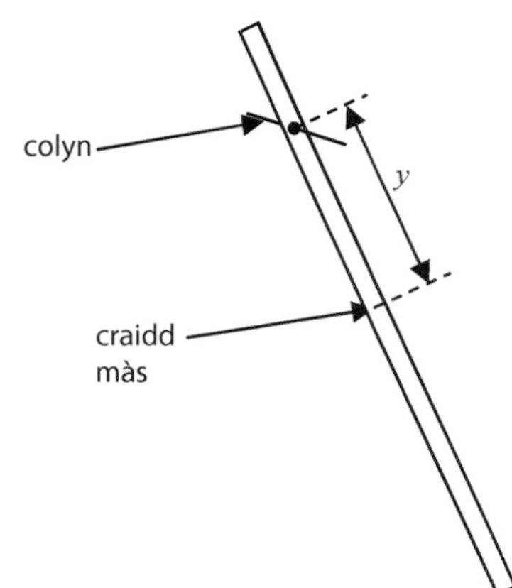

19. Aeth grŵp o fyfyrwyr Ffiseg ati i astudio osgiliadau trawst pren, 1.5 m o hyd. Er mwyn gwneud hyn, cafodd cyfres o dyllau bach eu drilio ar bellterau gwahanol, y, oddi wrth y craidd màs. Aeth y myfyrwyr ati i hongian y trawst oddi ar hoelen ym mhob un o'r tyllau yn eu tro, cyn rhyddhau'r trawst ar ongl fach i'r ochr, a mesur cyfnod, T, yr osgiliad gan ddefnyddio stopwatsh.

Maen nhw'n darllen bod T ac y wedi'u cysylltu drwy'r hafaliad

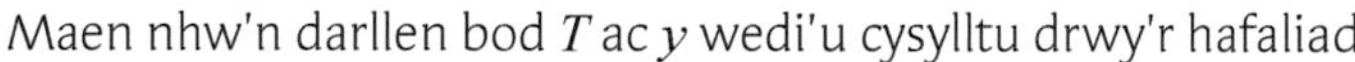

$$T = 2\pi\sqrt{\frac{k^2 + y^2}{gy}}$$

lle g yw cyflymiad disgyrchiant, ac mae k yn gysonyn, sef radiws chwyrliant y trawst.

Aethon nhw ati i ailadrodd eu mesuriadau sawl gwaith, gan gael y data hyn.

Roedden nhw'n amcangyfrif mai ±0.05 s oedd yr ansicrwydd yn T, ac mai ±3 mm oedd yr ansicrwydd yn y, oherwydd yr anhawster wrth amcangyfrif safleoedd y craidd màs a'r colyn.

y/m	T/s
0.700	1.98
0.600	1.89
0.500	1.90
0.400	1.87
0.300	1.93
0.200	2.15

(a) O'r data, disgrifiwch y berthynas rhwng T ac y, a chysylltwch hyn â'r hafaliad uchod.

(b) Dangoswch y dylai graff o yT^2 yn erbyn y^2 fod yn llinell syth, a nodwch berthnasedd y graddiant a'r rhyngdoriad i'r mesurau yn yr hafaliad uchod.

(c) Llenwch y tabl canlynol ar gyfer pob un o werthoedd y a T uchod.

y^2/m^2	$y\,T^2$/m s^2
0.490 ± 0.004	±
0.360 ± 0.004	±
0.250 ± 0.003	±
0.160 ± 0.002	±
0.090 ± 0.002	±
0.040 ± 0.001	±

(ch) Ar y grid, plotiwch werthoedd yT^2 yn erbyn y^2. Plotiwch y barrau cyfeiliornad yn yT^2 [gallwch chi adael y barrau cyfeiliornad yn y^2 allan], a lluniwch y llinellau mwyaf a lleiaf serth sy'n gyson â'r data.

(d) Defnyddiwch eich graff i ddarganfod gwerthoedd ar gyfer k a g, a'u hansicrwyddau absoliwt.

[Dadansoddi data – Uned 5]

20. Ar gyfer dosbarth penodol o thermistor, mae'r gwrthiant, R, yn amrywio gyda'r tymheredd kelvin, T, yn ôl y berthynas ganlynol:

$$R = Ae^{\frac{\varepsilon}{2kT}},$$

lle k yw cysonyn Boltzmann, sef 1.38×10^{-23} J K^{-1}, ac ε yw bwlch y band, sef y gwahaniaeth egni lleiaf rhwng electronau sydd wedi'u clymu wrth atomau, a'r rhai sy'n rhydd i symud yn y thermistor.

(a) Cynlluniwch ddull arbrofol i ymchwilio i'r berthynas rhwng R a T rhwng 273 K (0°C) a 373 K.

(b) Dyma'r canlyniadau.

T/K	R/Ω
273	380
298	100
323	38.5
348	14.7
373	6.2

Plotiwch graff addas i roi prawf ar y berthynas.

(c) Rhowch sylwadau i awgrymu a yw'r canlyniadau'n cefnogi'r berthynas gafodd ei hawgrymu neu beidio.

(ch) Defnyddiwch eich graff i ddarganfod ε.

[Dadansoddi data – Uned 5]

Cwestiynau ac atebion

Mae'r rhan hon o'r canllaw yn edrych ar atebion myfyrwyr go iawn i gwestiynau. Mae detholiad o gwestiynau sy'n ymwneud ag amrywiaeth eang o destunau. Ym mhob achos, byddwn ni'n cynnig dau ateb; un gan fyfyrwraig (Seren) a gafodd radd uchel, ac un gan fyfyriwr a gafodd radd is (Tom). Rydyn ni'n awgrymu eich bod yn cymharu atebion y ddau ymgeisydd yn ofalus; gwnewch yn siŵr eich bod chi'n deall pam mae un ateb yn well na'r llall. Fel hyn, byddwch chi'n gwella'r ffordd rydych yn mynd ati i ateb cwestiynau. Caiff sgriptiau arholiad eu graddio yn ôl perfformiad yr ymgeisydd ar draws y papur cyfan, ac nid ar gwestiynau unigol; mae arholwyr yn gweld sawl enghraifft o atebion da mewn sgriptiau sydd, fel arall, yn cael sgôr isel. Y wers i'w dysgu yw bod techneg arholiad dda yn gallu rhoi hwb i raddau ymgeiswyr ar bob lefel.

Mae cromlin gylchdroi ar gyfer galaeth droellog i'w gweld yma.

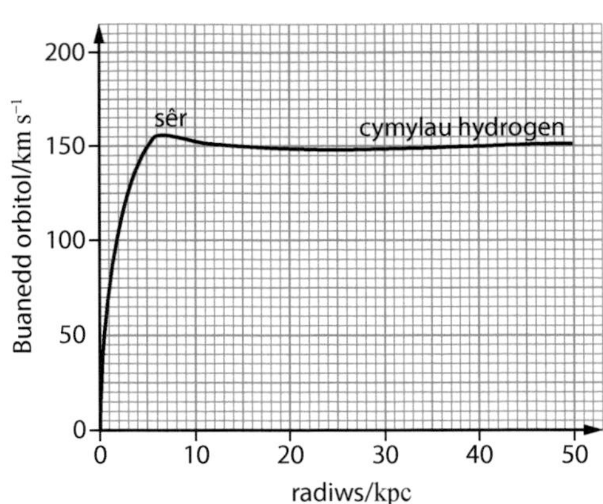

Esboniwch sut mae graffiau o'r fath yn cael eu lluniadu, a sut mae eu siapiau yn dylanwadu ar ein damcaniaethau o ran cynnwys y bydysawd. [6 AYE]

Ateb Tom

Mae seryddwyr yn edrych ar sêr a chymylau hydrogen ac yn mesur eu rhuddiad a'u dadleoliad tua'r glas. Mae'r rhain yn dweud wrthyn ni beth yw eu buanedd. Maen nhw'n sylwi ar rywbeth rhyfedd: mae'r gwrthrychau yn yr alaeth yn symud mor gyflym nes dylen nhw fod yn dianc – ni ddylai'r alaeth ddal at ei gilydd. Ond mae'n gwneud hynny oherwydd mater tywyll. Mae tua phum gwaith cymaint o fater tywyll ag sydd o fater normal. Mae'r gromlin gylchdroi sydd wedi cael ei chyfrifo yn edrych fel hyn:

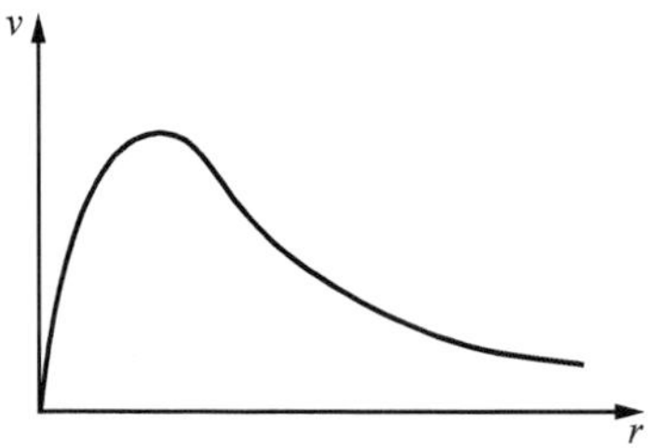

Sylwadau'r arholwr

Mae Tom wedi ymdrin â'r ddwy agwedd ar y cwestiwn, ac mae wedi cyflwyno rhai pytiau o wybodaeth, ond dydyn nhw ddim wedi'u cysylltu'n dda â'i gilydd mewn adroddiad cydlynus. Nid yw'r arholwr yn mynd i anwybyddu'r graff (er gwaethaf y rheol AYE y dylai'r ateb gael ei ysgrifennu), ond nid yw'r graff wedi'i osod mewn unrhyw gyd-destun, felly nid yw'n ddefnyddiol iawn. Mae llawer o fanylion ar goll, er enghraifft sut mae dadleoliadau Doppler yn cael eu defnyddio.

Casgliad

Mae'r diffyg strwythur yn golygu bod hwn yn ateb band isel. Mae'n debyg byddai'r arholwr yn rhoi 2 farc iddo allan o 6.

Ateb Seren

Rydyn ni'n mesur buaneddau orbitol mewn galaethau drwy ddefnyddio effaith Doppler ar donfeddi'r llinellau yn sbectra sêr a chymylau hydrogen. Mae'r tonfeddi hyn yn cael eu mesur a'u cymharu â'r gwerth yn y labordy, ac mae'r cyflymder rheiddiol yn cael ei gyfrifo drwy ddefnyddio'r hafaliad $\frac{\Delta\lambda}{\lambda} = \frac{v}{c}$.

Ar gyfer y cymylau hydrogen, mae'r buaneddau cylchdroi yn llawer uwch nag y bydden ni'n ei ddisgwyl o'r màs sy'n cael ei amcangyfrif ar gyfer y mater normal yn yr alaeth. Mae'r cymylau hyn y tu allan i'r alaeth weladwy lle nad oes unrhyw fater bron, felly bydden ni'n disgwyl i'r buanedd orbitol leihau gyda'r radiws, yn ôl $v = \sqrt{\frac{GM}{r}}$.

Fodd bynnag, mae'r cyflymder bron yn gyson. Mae'r ddau beth hyn yn golygu: (a) bod llawer mwy o fàs yn bodoli yn yr alaeth nag y gallwn ni ei weld a (b) ei fod yn ymestyn allan i'r cymylau nwy hyn. Rydyn ni'n credu bod y màs coll yn cael ei ddarparu gan fater tywyll – mae'r alaeth weledol yn rhan ohono ac wedi'i 'gwreiddio' ynddo.

Sylwadau'r arholwr

Mae hwn yn ateb band uchaf. Mae Seren wedi ymdrin â dwy ran y cwestiwn. Mae rhai elfennau ar goll: er enghraifft, mae'n defnyddio hafaliadau heb eu diffinio (ond gallai hi fod wedi gwneud heb yr ail hafaliad); dydy hi ddim chwaith yn dweud y byddai'r cymylau sy'n cylchdroi yn dianc rhag disgyrchiant yr alaeth yn absenoldeb mater tywyll. Byddai sylw am natur mater tywyll hefyd wedi bod yn briodol. Ond mae'r manylion sydd yn y frawddeg flaenorol yn cydbwyso hyn.

Casgliad

Byddai arholwr hael yn rhoi 6 marc allan o 6. Byddai arholwr llai hael yn rhoi 5 marc.

C ac A 2

Mae nwy yn mynd drwy'r gylchred ABCDA, sydd i'w gweld yn y graff p–V isod.

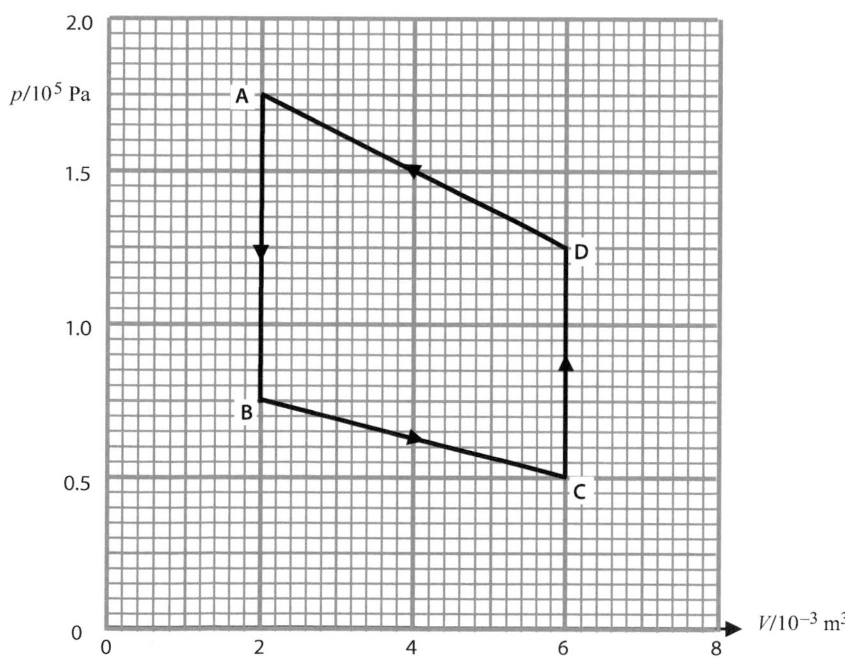

(a) Esboniwch yn fras iawn pam nad oes unrhyw waith yn cael ei wneud yn ystod AB nac CD. [1]

(b) Cyfrifwch y gwaith sy'n cael ei wneud gan y nwy yn ystod proses DA. [3]

(c) Mae deddf gyntaf thermodynameg fel arfer yn cael ei hysgrifennu fel $\Delta U = Q - W$. Nodwch ystyr pob term. [ΔU, Q ac W] [3]

(ch) Cyfrifwch y gwres sy'n llifo allan o'r nwy yn ystod y gylchred ABCDA. [3]

Ateb Tom

(a)

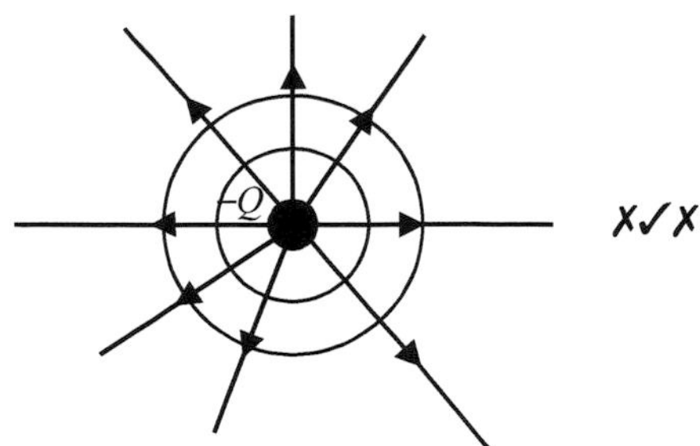

✗✓✗

(b) (i) $F = \frac{1}{4\pi\varepsilon_0}\frac{2\times10^6 \times 2\times10^6}{(8\times10^{-2})} = 5\times10^{-11}\times\frac{1}{4\pi\varepsilon_0}$ ✗

(ii) $V = \frac{1}{4\pi\varepsilon_0}\frac{Q}{r} = 2.25\times10^5$

$\therefore$ Egni cinetig mwyaf $= 2.25\times10^5$ J ✓ dgy

(c)

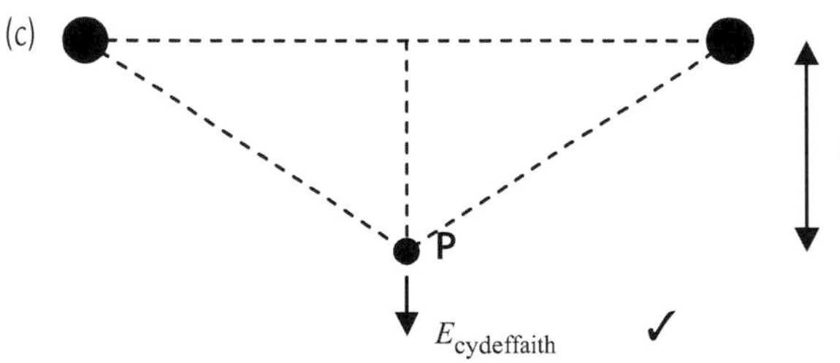

✓

$E_{\text{yn P}} = \frac{1}{4\pi\varepsilon_0}\frac{Q}{r^2} = 7.19\times10^8$ ✓✗ $x = 5.75\times10^8$

$\therefore$ cydeffaith yn P $= 2\times5.75\times10^8$

$= 1.19\times10^9$ C ✗

Sylwadau'r arholwr

(a) Mae Tom wedi llunio llinellau maes, ond maen nhw'n mynd i'r cyfeiriad anghywir. Mae wedi llunio dau unbotensial. Nid yw wedi nodi'r llinellau maes a'r unbotensialau.

(b) (i) Mae Tom wedi defnyddio fformiwla anghywir – dylai'r 8×10^{-2} fod wedi cael ei sgwario – felly nid yw wedi cael marc.

(ii) Mae Tom wedi cyfrifo potensial, ac mae'n meddwl mai dyma'r egni potensial. Mae'n ennill marc am sylweddoli mai'r gostyngiad yn yr egni potensial yw'r cynnydd yn yr egni cinetig, er bod y ffigur yn anghywir.

(c) Mae Tom yn sylweddoli bod y maes cydeffaith yn P yn fertigol tuag i lawr – 1 marc. Mae'n cael yr ail farc am ddefnyddio'r fformiwla ar gyfer y maes trydanol yn P oherwydd un o'r gwefrau 2.0 μF – mae ei ateb yn anghywir, a'i ddefnydd o'r pellter x wedyn hefyd.

Mae Tom yn sgorio 4 marc allan o 12.

Ateb Seren

(a)

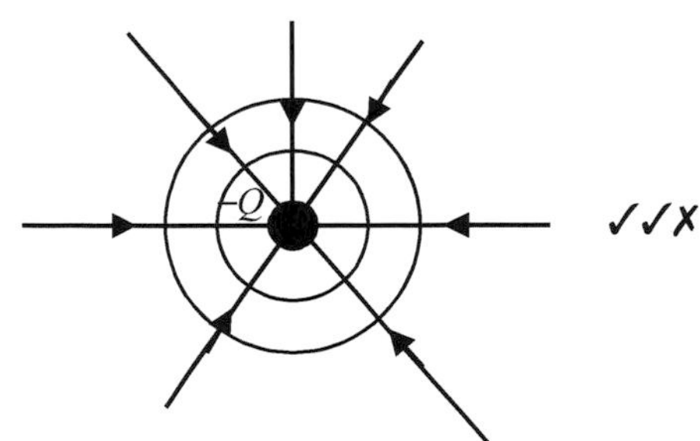

✓✓✗

(b) (i) $F = \frac{Q_1Q_2}{4\pi\varepsilon_0 r^2} = \frac{2\times10^{-6}\times2\times10^{-6}\times9\times10^9}{(8\times10^{-2})^2}$ ✓

$= 5.6$ N C^{-1} ✓ [nid yw'r uned yn cael ei chosbi yma]

(ii) $V = \frac{Q_1Q_2}{4\pi\varepsilon_0 r} = \frac{2\times10^{-6}\times2\times10^{-6}\times9\times10^9}{8\times10^{-2}}$ ✓

$= 0.45$ J. ✓

EP sy'n cael ei golli = EC sy'n cael ei ennill ✓

(c)

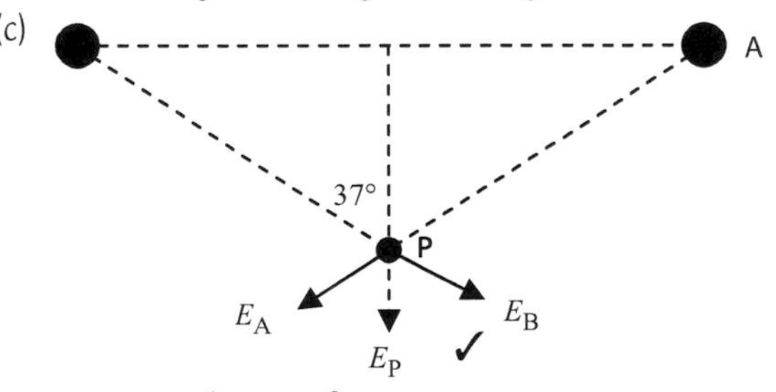

✓

$E_A = \frac{2\times10^{-6}\times9\times10^9}{(5\times10^{-2})^2} = 7\ 200\ 000$ ✓✓

$E_B = 7\ 200\ 000$

$E_P = E_A\cos37° + E_B\cos37° = 11\ 520\ 000$ N C^{-1}

Sylwadau'r arholwr

(a) Mae marc yn cael ei golli am nad yw Seren wedi nodi'r unbotensialau a'r llinellau maes.

(b) (i) Mae Seren wedi defnyddio'r fformiwla gywir. Mae hi wedi defnyddio'r brasamcan da iawn sy'n dweud bod $(4\pi\varepsilon_0)^{-1} = 9\times10^9$ F^{-1}m. .

(ii) Mae Seren wedi gwneud camgymeriad wrth ysgrifennu 'V=' yn hytrach nag 'Egni potensial =' ar ddechrau ei hateb. Mae'n mynd ymlaen i drin yr ateb fel EP, felly mae'n cael ei dderbyn.

(c) Mae Seren yn sylweddoli bod y maes cydeffaith yn P yn fertigol tuag i lawr – 1 marc. Mae'n cyfrifo'n gywir y cyfraniad i'r E_P gan A a B [ei labeli hi], ond, yn anffodus, mae hi wedi camgyfrifo'r ongl yn P [gweler y diagram] – 53° yw'r mesuriad cywir.

Mae Seren yn sgorio 10 marc allan o 12.

Gallwn ni fynegi lluoswm gwasgedd a chyfaint nwy delfrydol fel

$$pV = nRT.$$

Gallwn ni ysgrifennu'r lluoswm hefyd yn nhermau buanedd sgwâr cymedrig y moleciwlau, sef

$$pV = \tfrac{1}{3}N m\overline{c^2}$$

(a) Mewn camau clir, deilliwch fformiwla sy'n dangos sut mae egni mewnol y nwy delfrydol yn dibynnu ar dymheredd y nwy. [4]

(b) Mae canister, cyfaint 0.025 m^3, yn cynnwys nwy heliwm ar wasgedd o 305 kPa a thymheredd o 18°C. Cyfrifwch y canlynol:

(i) egni mewnol y nwy [2]

(ii) nifer y moleciwlau heliwm sydd yn y cynhwysydd. [2]

Ateb Tom

(a) Drwy gyfuno $pV = nRT$ a $pV = \frac{1}{3}Nm\overline{c^2}$ rydyn ni'n cael $nRT = \frac{1}{3}m\overline{c^2}$ ✓

Egni'r nwy yw egni cinetig y moleciwlau ✓ $= \frac{1}{2}m\overline{c^2}$ ✗

Felly, yr egni mewnol yw $\frac{3}{2}nRT$ ✗

(b) (i) O ran (ii), 0.0510 yw nifer y molau

Felly mae

$U = \frac{3}{2}nRT = \frac{3}{2} \times 0.0510 \times 8.31 \times 18 = 11.4$ J ✗✓ **dgy**

(ii) $n = \frac{pV}{RT} = \frac{305 \times 0.025}{8.31 \times 18} = 0.0510$ ✗

∴ Nifer y moleciwlau =

$0.0510 \times 6.02 \times 10^{23} = 3.07 \times 10^{22}$ ✓ **dgy**

Sylwadau'r arholwr

(a) Mae Tom yn dechrau'n dda drwy gyfuno'r ddau hafaliad sydd wedi'u rhoi, ac adnabod mai egni mewnol y nwy yw'r egni cinetig moleciwlaidd. Yn anffodus, mae'n rhoi hwn fel egni cymedrig moleciwl unigol. Yna, am ryw reswm, mae'n ysgrifennu'r hafaliad sydd yn y Llyfryn Data.

(b) Mae Tom yn ateb hwn mewn ffordd anarferol drwy ateb rhan (ii) yn gyntaf, ac yna'i ddefnyddio i ateb rhan (i). Mae ganddo berffaith hawl i wneud hyn, ac mae'r arholwr wedi defnyddio'r rheolau dgy yn unol â hynny; er hynny, mae'n golygu bod y dyraniad marciau ar gyfer rhan (i) braidd yn hael.

(ii) Mae Tom yn defnyddio'r hafaliad cywir i gyfrifo nifer y molau, ond, yn anffodus mae'n disgyn i ddwy fagl o ran yr unedau: dylai fod wedi trosi i Pa a K. Fodd bynnag, mae'n mynd ymlaen i ddefnyddio n i gyfrifo nifer y moleciwlau, gan ennill yr ail farc.

(i) Mae'r gwerth dgy ar gyfer n yn cael ei dderbyn, ond, unwaith eto, mae'n colli marc oherwydd iddo gael ei faglu gan yr unedau.

Mae Tom yn sgorio 4 marc allan o 8.

Ateb Seren

(a) Nid oes grymoedd rhwng moleciwlau nwyon delfrydol, felly eu hegni cinetig yn unig yw'r egni mewnol. ✓

∴ Egni mewnol, $U = \frac{1}{2}Nm\overline{c^2}$ ✓

O hafaliad 2, mae $Nm\overline{c^2} = 3pV$, felly mae

$U = \frac{1}{2} \times 3pV = \frac{3}{2}pV$ ✓

Felly, o hafaliad 1, mae $U = \frac{3}{2}nRT$ ✓

(b) (i) $U = \frac{3}{2}pV = \frac{3}{2} \times 305 \times 10^3 \text{ Pa} \times 0.025 \text{ m}^3$ ✓

$= 11\,4000$ J (3 ff.y.) ✓

(ii) $n = \frac{pV}{RT} = \frac{305 \times 10^3 \text{ Pa} \times 0.025 \text{ m}^3}{8.31 \text{ J K}^{-1} \times 291 \text{ K}}$

$= 3.15$ mol ✓

Sylwadau'r arholwr

(a) Ateb da gan Seren. Mae hi'n nodi'r pwynt pwysig am y diffyg grymoedd rhyngfoleciwlaidd, ac yn nodi'n gywir mai'r egni mewnol yw $U = \frac{1}{2}Nm\overline{c^2}$. Yn dilyn hyn, mae'n defnyddio'r hafaliad sy'n cael ei roi, mewn modd rhesymegol a chlir, i ddeillio'r fformiwla sydd yn y Llyfryn Data. Sylwch fod y marc yn cael ei roi am weithio tuag at yr hafaliad, ac nid am yr hafaliad ei hun.

(b) (i) Mae Seren wedi gweld mai'r ffordd hawsaf o fynd i'r afael â hyn yw defnyddio $U = \frac{3}{2}pV$. Nid yw hwn yn y Llyfryn Data, ond fe gododd o'i gwaith yn rhan (a). Mae'n osgoi magl yr unedau mewn ffordd fedrus.

(ii) Unwaith eto, mae Seren yn trawsnewid y ddwy uned, ac yn cyfrifo nifer molau'r nwy yn gywir. Yn anffodus, nid yw'n mynd ymlaen (mae'n anghofio?) i gyfrifo nifer y moleciwlau.

Mae Seren yn sgorio 7 marc allan o 8.

(a) Cyfrifwch yr egni clymu fesul niwcleon ar gyfer $^{14}_{6}C$. [4]

[$1u \equiv 931$ MeV, $m_{niwtron} = 1.008665$ u, $m_{proton} = 1.007276$ u, màs niwclews $^{14}_{6}C = 13.999950$ u]

Gallwn ni ystyried yr adwaith canlynol yn dystiolaeth o fodolaeth niwtrinoeon (neu o fodolaeth gwrthniwtrino yn yr achos hwn).

$$^{14}_{6}C \rightarrow {}^{14}_{7}N + {}^{0}_{-1}\beta + \overline{\nu}_e$$

Mae màs niwclews $^{14}_{6}C = 13.999950$u; mae màs niwclews $^{14}_{7}N = 13.999234$u

Mae màs gronyn $\beta^- = 0.000549$u; mae màs y gwrthniwtrino $\overline{\nu}_e$ yn ddibwys.

(b) Cyfrifwch yr egni sy'n cael ei ryddhau yn yr adwaith hwn. [3]

Daeth y dystiolaeth dros fodolaeth y gwrthniwtrino o'r amrywiad eang (ac annisgwyl) rhwng egnïon y gronynnau β sy'n cael eu hallyrru. Ond am y tro, dylech chi anwybyddu bodolaeth y gwrthniwtrino.

(c) Esboniwch yn fras, drwy ddefnyddio cadwraeth momentwm, pa ronyn (N neu β^-) sy'n cael y rhan fwyaf o egni'r adwaith. [3]

Cyn yr adwaith ($^{14}_{6}C$ disymud)

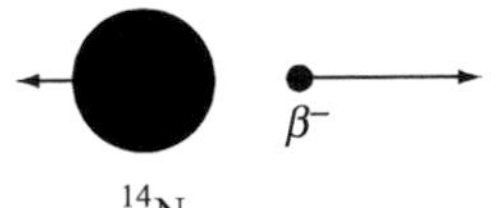

Ar ôl yr adwaith

Ateb Tom

(a) $m_{cyfanswm} = 6 \times 1.007276 + 8 \times 1.008665$ ✓ $= 14.112976$ u

$m_{coll} = 14.112976 - 13.999950 = 0.113026$ u ✓

$E = mc^2 = 0.113026 \times (3 \times 10^8)^2 = 1.017234 \times 10^{16}$ eV ✗

(b) $13.999950 - (13.999234 + 0.000549) = 1.67 \times 10^{-4}$u ✓

$E = mc^2 = 1.67 \times 10^{-4} \times (3 \times 10^8)^2 = 1.503 \times 10^{13}$ eV

(c) Y niwclews nitrogen sy'n cael y rhan fwyaf o egni o'r adwaith gan ei fod yn llawer trymach na'r β/yr electron sy'n cael ei allyrru ✓ ac mae'r $^{14}_{7}N$ yn dal i feddu ar eithaf tipyn o gyflymder. ∴ Y $^{14}_{7}N$ sydd â'r rhan fwyaf o egni o'r gwrthdrawiad.

Sylwadau'r arholwr

(a) Mae Tom wedi cyfrifo màs yr 14 niwcleon yn gywir, a diffyg màs y niwclews mewn u – gan ennill y ddau farc cyntaf. Mae Tom eisiau defnyddio $E = mc^2$, felly dylai fod wedi trawsnewid yr u i kg. Nid yw chwaith yn rhannu â nifer y niwcleonau.

(b) Mae cam cyntaf Tom yn gywir, ond mae'n gwneud yr un camgymeriad ag a wnaeth yn rhan (a).

(c) Mae Tom yn gywir wrth nodi'r ffaith arwyddocaol ynghylch masau cymharol y $^{14}_{7}N$ a'r gronyn β, ond nid yw'n dod i'r casgliad cywir.

Mae Tom yn sgorio 4 marc allan o 10.

Ateb Seren

(a) $6 \times 1.007276 + 8 \times 1.008665$ ✓ $= 14.112976$ u

$14.112976 - 13.999950 = 0.113026$ u ✓

$\frac{0.113026 \times 931}{14}$ ✓ $= 7.52$ MeV ✓

(b) $13.999950 - (13.999234 + 0.000549) = 1.67 \times 10^{-4}$u ✓

Egni sy'n cael ei ryddhau $= 931 \times 1.67 \times 10^{-4}$ ✓

$= 0.155$ MeV ✓

(c) Mae momenta'r niwclews a'r gronyn β, h.y. mv ar gyfer y ddau ronyn, yr un peth, ac felly mae v ar gyfer y gronyn β ysgafnach ✓ yn llawer uwch ✓. Yr egni cinetig yw $\frac{1}{2}mv^2$, sef $\frac{1}{2}mv \times v$. Felly y gronyn β sydd â'r cyflymder uchaf, ac sydd â'r EC mwyaf hefyd ✓.

Sylwadau'r arholwr

(a) Mae Seren wedi gwneud yr holl gamau ac wedi cael y marciau. Dydy ei chyfathrebu ddim yn berffaith, gan nad yw hi'n nodi ystyr pob llinell yn yr ateb. Mae ei hateb yn gywir [cafodd yr unedau MeV, MeV/niwcleon eu derbyn].

(b) Cywir unwaith eto, gyda gwell cyfathrebu.

(c) Mae Seren wedi dod i'r casgliad cywir, gyda gwaith rhesymu da. Byddai hi wedi bod yn haws nodi mai'r berthynas rhwng EC a momentwm yw EC $= \frac{p^2}{2m}$, felly os yw'r momenta yr un peth, mae'r gronyn ysgafnaf yn cael y rhan helaeth o'r egni.

Mae Seren yn sgorio 10 marc allan o 10.

Mae cesiwm-137 yn sgil gynnyrch ymbelydrol o orsafoedd pŵer ymholltiad niwclear. Mae ganddo hanner oes o 30 o flynyddoedd, ac mae'n allyrru ymbelydredd β^-.

(a) Cwblhewch hafaliad yr adwaith canlynol: [2]

$$^{137}_{55}\text{Cs} \longrightarrow {}^{\cdots\cdots}_{\cdots\cdots}\text{Ba} + {}^{\cdots\cdots}_{\cdots\cdots}\beta^-$$

(b) Dangoswch mai tua $7 \times 10^{-10}\ \text{s}^{-1}$ yw cysonyn dadfeilio cesiwm-137. [2]

(c) Dangoswch mai tua 3×10^{15} Bq yw actifedd cychwynnol 1.0 kg o cesiwm-137. [2]

(ch) Esboniwch pam byddai 1.0 kg o cesiwm-137, er bod ganddo actifedd o 3×10^{15} Bq, yn gwbl ddiogel mewn bocs metel, trwch 1 cm, wedi'i selio. [1]

(d) Pan fydd actifedd 1.0 kg o cesiwm wedi gostwng i 1000 Bq (o gymharu â phridd), gallwn ni gael gwared arno drwy ei gymysgu â phridd a'i wasgaru ar y ddaear. Cyfrifwch faint o amser mae'n ei gymryd i'r sampl cesiwm leihau ei actifedd o 3×10^{15} Bq i 1000 Bq. [3]

Ateb Tom

(a) $^{137}_{55}\text{C} \longrightarrow {}^{137}_{56}\text{Ba} + {}^{0}_{0}\beta^-$ ✗✗

(b) $\lambda = \frac{\ln 2}{T_{\frac{1}{2}}}$ ✓ $= \frac{0.693}{30 \times 365 \times 24 \times 60 \times 60} = 2.198 \times 10^{-8}\ \text{s}$ ✗

(c) $A = \lambda N$ ✓ $= 3 \times 10^{15}$ Bq

(ch) Byddai'r gronynnau beta yn cael eu hamsugno gan y metel. ✓

(d) $A = A_0 e^{-\lambda t}$

$\ln A = \ln A_0 - \lambda t$ ✓

$\lambda t = \ln A_0 - \ln A$

$t = \frac{\ln\left(\frac{A_0}{A}\right)}{\lambda} = \frac{\ln\left(\frac{3 \times 10^{15}}{1000}\right)}{2.198 \times 10^{-8}}$ ✓ $= 567\,657\,927$ s

= 18 o flynyddoedd

Sylwadau'r arholwr

(a) Mae Tom yn colli'r ddau farc. Roedd y cyntaf am ddefnyddio cadwraeth A a Z, ac roedd yr ail am gael yr holl rifau'n gywir.

(b) Roedd yr ateb yn anghywir oherwydd camgymeriad bach wrth ddefnyddio'r gyfrifiannell. Roedd y marc, mewn gwirionedd, am y mynegiad cywir, ac fe roddodd Tom hwn – ond yn anffodus, roedd ei ateb yn gwrth-ddweud y mynegiad hwn (anghofiodd Tom rannu â 30).

(c) Roedd y marc cyntaf am ddewis yr hafaliad cywir – enillodd Tom y marc hwn. Mewn cwestiwn 'dangoswch fod', rhaid dangos pob cam yn yr ateb.

(ch) Cywir.

(d) Camgymeriad arall wrth ddefnyddio'r gyfrifiannell. Cafodd un marc ei roi am gymryd logiau'n gywir; roedd yr ail am nodi A ac A_0 yn gywir.

Mae Tom yn sgorio 5 marc allan o 10.

Ateb Seren

(a) $^{137}_{55}\text{C} \longrightarrow {}^{137}_{56}\text{Ba} + {}^{0}_{-1}\beta^-$ ✓✓

(b) $\lambda = \frac{\ln 2}{T_{\frac{1}{2}}}$ ✓ $= \frac{0.693}{30 \times 365 \times 24 \times 60 \times 60}$ ✓ $= 7.33 \times 10^{-10}\ \text{s}^{-1}$

(c) $A = \lambda N$ ✓ $N = \frac{1000}{137} \times 6.02 \times 10^{23} = 4.394 \times 10^{24}$.

Felly mae $A = 7 \times 10^{-10} \times 4.394 \times 10^{24}$

$= 3.0758 \times 10^{15}$ Bq ✓

(ch) Dim ond ymbelydredd β mae'n ei allyrru.

(d) $A = A_0 e^{-\lambda t}$ ✓ $1000 = 3 \times 10^{15} e^{-\lambda t}$

$1000 = 3 \times 10^{15} \times e^{-7 \times 10^{-10} t}$

felly mae $\ln 1000 = \ln 3 \times 10^{15} - 7 \times 10^{-10}\ t$ ✓

Felly mae $t = \frac{\ln 3 \times 10^{15} - \ln 1000}{7 \times 10^{-10}} = 4.104 \times 10^{10}$ s ✓

Sylwadau'r arholwr

(a) Mae cyfansymiau A a Z ar y ddwy ochr yn hafal, ac mae'r holl ffigurau'n gywir.

(b) Gwaith cyfrifo cywir.

(c) Mae gwaith cyfrifo Seren yn gywir. Mae hi wedi defnyddio'r gwerth bras ar gyfer λ, sy'n dderbyniol. Yn y math hwn o gwestiwn 'dangoswch fod', mae'n well rhoi'r ffigur mae'r cwestiwn yn gofyn amdano i un ff.y., o leiaf, yn fwy na'r hyn sy'n ofynnol.

(ch) Dylai Seren fod wedi cysylltu'r cwestiwn â phwerau treiddio gronynnau β.

(d) Unwaith eto, mae Seren wedi defnyddio'r gwerthoedd bras sy'n cael eu rhoi ar gyfer λ ac A_0.

Mae Seren yn sgorio 9 marc allan o 10.

Mae electronau'n symud drwy ddargludydd metelig, fel sydd i'w weld, ac yn profi grym oherwydd y maes magnetig gosod (mae B yn berpendicwlar i'r wyneb blaen, fel sydd i'w weld).

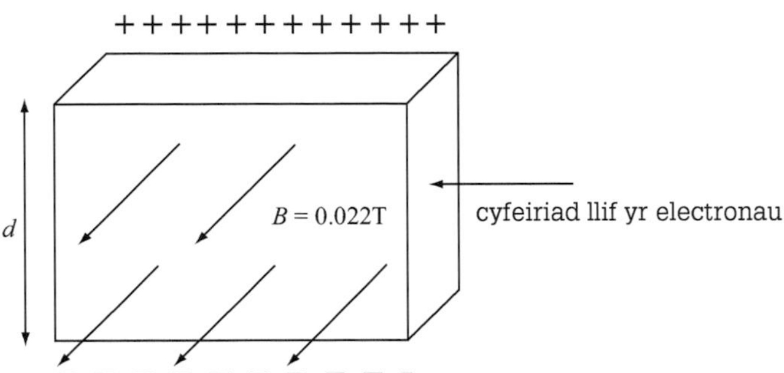

(a) Esboniwch pam mae gwefrau'n cronni ar wynebau uchaf ac isaf y dargludydd, fel sydd i'w weld. [2]

(b) Dangoswch ar y diagram sut byddech chi'n cysylltu foltmedr er mwyn mesur y foltedd Hall (V_H). [1]

(c) Drwy hafalu'r grymoedd trydanol a magnetig sy'n gweithredu ar electron yn y dargludydd, dangoswch fod $V_H = Bvd$. [3]

(ch) (i) Mae'r maes magnetig ($B = 0.022$ T) yn cael ei gynhyrchu gan solenoid, hyd 2.00 m, sydd ag 15000 o droeon. Cyfrifwch y cerrynt yn y solenoid. [2]

(ii) Ble mae'n rhaid i'r dargludydd gael ei osod, a sut dylai gael ei gyfeirio mewn perthynas â'r solenoid, er mwyn cael y foltedd Hall mwyaf? [2]

Ateb Tom

(a) Mae'r grym sy'n cael ei gynhyrchu gan yr electronau sy'n symud drwy'r dargludydd, a'r maes B sy'n cael ei gynhyrchu, yn gwthio'r electronau tuag i lawr at yr wyneb isaf. ✓

(b)

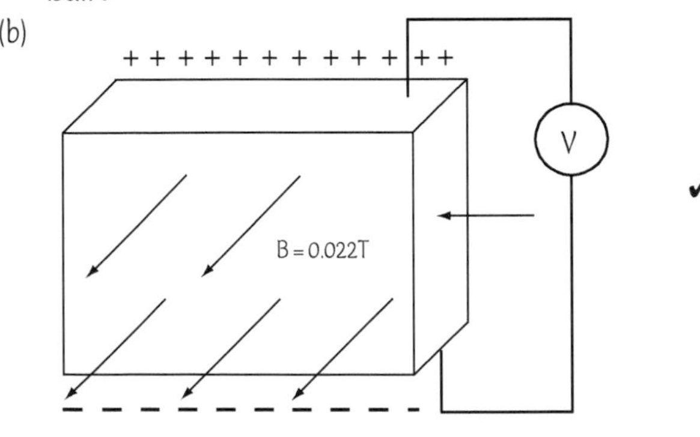

✓

(c) $F = Bqv$ $F = Ee$ $Bqv = Ee$ ✓

(ch) (i) $B = \mu_0 n \ell$

$\rightarrow I = \frac{B}{\mu_0 n}$ ✓ $= 1.167$ A ✗

(ii) Dylai fod yn baralel i'r solenoid ✗ ac wedi'i osod y tu mewn i'r coil. ✓

Sylwadau'r arholwr

(a) Mae Tom wedi nodi bod yr electronau'n profi grym tuag i lawr, ac felly mae wedi ennill un marc. Mae angen iddo roi mwy o fanylion, e.e. defnyddio rheol llaw chwith Fleming yn gywir, er mwyn ennill yr ail farc.

(b) Cywir – mae'r foltmedr wedi'i gysylltu rhwng yr arwynebau uchaf ac isaf.

(c) Dechrau da – mae Tom yn hafalu'r grymoedd trydanol a magnetig, ond nid yw'n mynd ymhellach na hynny.

(ch) (i) Mae'r defnydd anghywir o ℓ yn lle I yn cael ei anwybyddu, gan mai I sy'n cael ei ddefnyddio yn yr hafaliad ar ôl ei drin.

Camgymeriad Tom yw ei fod heb sylweddoli mai nifer y troeon fesul metr yw n. Mae angen iddo rannu n â 2, felly dylai'r gwerth ar gyfer I fod yn ddwbl ei ateb.

(ii) Dylai plân y dargludydd fod yn berpendicwlar i'r maes, ac felly i echelin y solenoid.

Mae Tom yn sgorio 5 marc allan o 10.

Ateb Seren

(a) Mae'r electronau'n teimlo grym tuag i lawr ✓ o ganlyniad i reol llaw chwith Flemming ✓. Mae hyn yn peri i'r rhan uchaf fynd yn bositif a'r rhan isaf yn negatif.

(b)

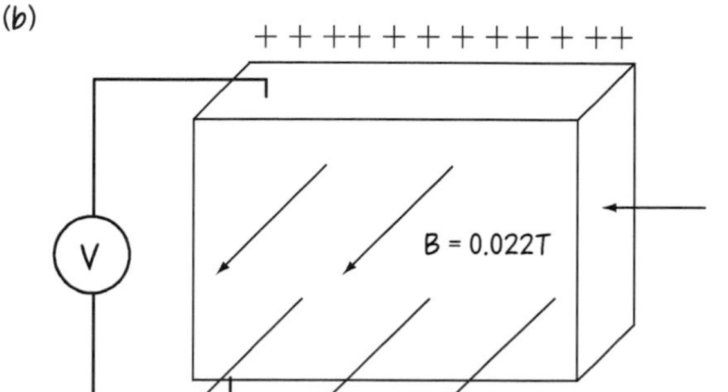

✓

(c) $Ee = Bev$ ✓

$E = \frac{V}{d}$, felly mae $\frac{V_H}{d}e = Bev$ ✓, $\therefore V_H = \frac{Bevd}{e}$ ✓ $= Bvd$

(ch) (i) $B = \mu_0 nI$.

$I = \frac{B}{\mu_0 n} = \frac{0.022}{\mu_0 \times 7500} = 2.33$ A ✓✓

(ii) Dylai'r dargludydd gael ei osod yn berpendicwlar i'r maes B i gael y foltedd Hall mwyaf – perpendicwlar felly ✓ (mantais yr amheuaeth) y tu mewn i'r solenoid ✓.

Sylwadau'r arholwr

(a) Mae camsillafu'r gair Fleming yn cael ei anwybyddu.

(b) Mae Seren wedi gosod y foltmedr yn gywir.

(c) Deilliad clir, da.

(ch) (i) Mae Seren wedi cofio rhannu nifer y troeon â'r hyd i ddarganfod *n*.

(ii) O drwch blewyn. Nid yw'n glir iawn fod angen i arwynebau gwastad, mawr y dargludydd gael eu gosod yn berpendicwlar i echelin y solenoid – roedd yn rhaid i'r arholwr gasglu hyn. Ond mae hi wedi cael mantais yr amheuaeth y tro hwn.

Mae Seren yn sgorio 10 marc allan o 10.

Mae hudlath fetelig dewin yn gallu sboncio allan i ffurfio siâp cylch (sydd i'w weld isod).

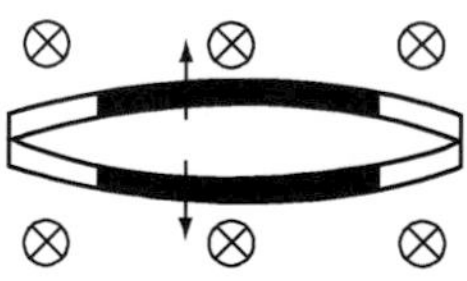

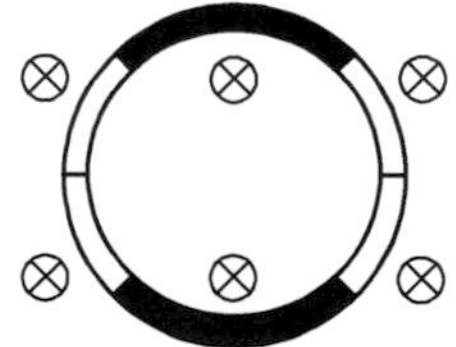

(a) Mae'r cylch mewn maes magnetig. Esboniwch pam mae g.e.m. yn cael ei anwytho yn y cylch wrth iddo ehangu. [3]

(b) Esboniwch pam mae'r cerrynt yn llifo'n wrthglocwedd yn y diagram. [2]

(c) Mae'r cylch, sydd â radiws 31.0 cm, mewn rhanbarth o ddwysedd fflwcs magnetig unffurf (B) 58 mT, ac mae'n ehangu o siâp yr hudlath i siâp cylch mewn amser o 63 ms. Cyfrifwch y cerrynt cymedrig sy'n llifo yn y cylch wrth iddo ehangu, os gwrthiant y cylch yw 0.44 Ω. [5]

Ateb Tom

(a) Mae ochrau'r cylch yn symud drwy ✗ linellau maes magnetig ✓ wrth i'r cylch ehangu. Mae hyn yn anwytho cerrynt.

(b) Mae'r cerrynt yn llifo'n wrthglocwedd oherwydd bod y maes B wedi'i gyfeirio ar ongl sgwâr i'r cylch, ac yn llifo tuag at frig y cylch. ✗

(c) Arwynebedd $= \pi r^2 = \pi \times 0.31^2$ ✓

$\Phi = BA$ ✓ $= 58 \times 10^{-3} \times \pi \times 0.31^2 = 1.75 \times 10^{-2}$

Newid fflwcs fesul eiliad $= \dfrac{1.75 \times 10^{-2}}{63 \times 10^{-3}} = 0.2779$ ✓

$I = VR$ ✗ $= 0.2779 \times 0.44 = 0.122$ A

Sylwadau'r arholwr

(a) Nid yw Tom wedi dweud bod ochrau'r cylch yn torri llinellau'r maes. Nid yw symud ar hyd llinellau maes yn cynhyrchu cerrynt. I gael y trydydd marc, mae angen nodi deddf anwythiad neu hafaliad perthnasol yn gywir.

(b) Does dim sylwedd yn ateb Tom. Gallai fod wedi ystyried brig y cylch, a defnyddio'r rheol llaw dde i ddangos bod y cerrynt sy'n cael ei anwytho i'r chwith, sef yn wrthglocwedd.

(c) Mae Tom wedi cyfrifo arwynebedd y cylch estynedig yn gywir, a'r fflwcs sy'n ei gysylltu. Yn rhyfedd iawn, mae wedi gwneud camgymeriad gyda'r hafaliad adnabyddus $V = IR$, ac felly nid yw wedi llwyddo i gyfrifo'r cerrynt yn gywir.

Mae Tom yn sgorio 4 marc allan o 10.

Ateb Seren

(a) Y g.e.m. yw cyfradd newid y cysylltedd fflwcs ✓. Wrth i arwynebedd yr hudlath gynyddu ✓, mae'r fflwcs sy'n cysylltu'r cylch yn cynyddu ✓, gan anwytho g.e.m.

(b) Rhaid i'r cerrynt wrthwynebu'r newid, e.e. rhaid bod y grym tuag i lawr ar frig y cylch, felly rhaid bod y cerrynt i'r chwith yn ôl y rheol llaw chwith. ✓✗

(c) $V_{anwytho} = B\dfrac{dA}{dt}$ ✓ $= 58 \times 10^{-3} \times \dfrac{\pi \times 0.31^2}{63 \times 10^{-3}}$ ✓✓ $= 0.278$ V

$I = \dfrac{V}{R} = \dfrac{0.278\text{ V}}{0.44\,\Omega}$ ✓ $= 0.632$ A ✓

Sylwadau'r arholwr

(a) Mae Seren wedi defnyddio dull gwahanol i Tom. Mae'r ddau ddull yn ddilys. Mae Seren wedi nodi'r pwynt cyffredinol sy'n cysylltu g.e.m. â'r newid yn y cysylltedd fflwcs, ac wedi nodi sut mae'r rhain yn berthnasol i'r cylch.

(b) Pe bai Seren wedi dweud bod y cerrynt i'r dde yng ngwaelod y cylch, byddai hi wedi cael yr ail farc.

(c) Mae ateb Seren yn defnyddio nodiant calcwlws yn gywir. Nid oes angen hyn. Byddai dull Tom wedi cael y 5 marc i gyd pe bai ef wedi defnyddio'r hafaliad cywir ar gyfer ei gam olaf.

Mae Seren yn sgorio 9 marc allan o 10.

(a) Cyfrifwch gynhwysiant y cynhwysydd sydd i'w weld. [2]

(b) Mae'r cynhwysydd wedi'i wefru fel bod gp o 1.2 kV ar draws y platiau. Cyfrifwch y canlynol:

(i) y wefr sy'n cael ei storio, [1]

(ii) yr egni sy'n cael ei storio yn y cynhwysydd. [1]

(c) Mae'r cynhwysydd yn cael ei ddadwefru drwy wrthydd 670 kΩ. Cyfrifwch yr amser mae'r cynhwysydd yn ei gymryd i golli hanner ei wefr. [3]

(ch) Esboniwch yn fras a yw'r amser mae'r cynhwysydd yn ei gymryd i golli hanner ei egni yn hirach neu'n fyrrach na'ch ateb i (c). [2]

(d) Mae electron wedi'i leoli rhwng platiau'r cynhwysydd sydd wedi'i wefru. Dangoswch fod y cyflymiad mae'r electron yn ei brofi tua 6×10^{17} m s^{-2}. [3]

(dd) Mae'r electron yn cychwyn o ddisymudedd hanner ffordd rhwng y platiau.

(i) Cyfrifwch fuanedd yr electron wrth iddo daro plât uchaf y cynhwysydd. [2]

(ii) Dangoswch fod buanedd yr electron (wrth iddo daro plât uchaf y cynhwysydd) yn cyfateb i egni cinetig o 0.6 keV, ac yna, yn fras, esboniwch ddull arall ar gyfer darganfod yr ateb hwn lle mae EC = 0.6 keV. [3]

(iii) Cyfrifwch yr amser mae'r electron yn ei gymryd i deithio i'r plât uchaf. [3]

Ateb Tom

(a) $C = \dfrac{\varepsilon_0 A}{d}$

$C = \dfrac{8.85\times10^{-12}\times0.163}{0.33\times10^{-3}}$ ✓ *(o drwch blewyn)* $= 4.37\times10^{-9}$

(b) (i) $Q = CV = 4.37\times10^{-9}\times1.2\times10^{3}$
$= 5.244\times10^{-6}$ C ✓ dgy

(ii) $E = \frac{1}{2}QV$
$E = 5.244\times10^{-6}\times1.2\times10^{3} = 6.293\times10^{-3}$ J ✗

(c) $Q = Q_0 e^{-t/RC}$. $RC = 670\times10^{3}\times4.37\times10^{-9} = 2.93\times10^{-3}$ s ✓

$\ln Q = \ln Q_0 - \dfrac{t}{RC}$ $\qquad \dfrac{\ln Q}{\ln Q_0} = -\dfrac{t}{RC}$ ✗

$t = \dfrac{\ln 2.62\times10^{-6}\times2.93\times10^{-3}}{\ln 5.24\times10^{-6}} = 3.10\times10^{-3}$ s

(ch) Byrrach: oherwydd bod egni yn cael ei ryddhau i'r tu allan, mae'r gormodedd yn dianc? ✗

(d) $F = \dfrac{1}{4\pi\varepsilon_0}\dfrac{1.2\times10^{3}\times1.6\times10^{-19}}{(0.35\times10^{-3})^2} = 14.1$ N ✗

$a = \dfrac{14.1}{9.11\times10^{-31}} =$

(dd) (i) $v^2 = u^2 + 2ax$ ✓
$v^2 = 2\times6\times10^{17}\times0.00035$ m $= 4.2\times10^{14}$ ✗
$v = 2.05\times10^{7}$ m s^{-1}

(ii) ke $= \frac{1}{2}mv^2 = \frac{1}{2}\times9.11\times10^{-31}\times(2.05\times10^{7})^2$ ✓

(iii) $v = u + at$; $t = \dfrac{v}{a} = \dfrac{2.05\times10^{-7}}{6\times10^{17}}$ ✓✓dgy
$t = 3.42\times10^{-11}$ s ✓

Sylwadau'r arholwr

(a) Dechreuodd Tom yn dda, ac enillodd y marc am ddefnyddio hafaliad y cynhwysydd. Yn anffodus, gwnaeth gamgymeriad: defnyddiodd werthoedd anghywir ar gyfer *d*, a thalodd am hynny. Roedd yn mentro braidd wrth hepgor yr uned!

(b) (i) Da – sylwch fod Tom wedi defnyddio ei werth (anghywir) ar gyfer *C*, ond ei fod wedi ennill marc yn ôl yr egwyddor 'dwyn gwall ymlaen'.

(ii) Gwall arall – y tro hwn, roedd Tom wedi hepgor y ffactor $\frac{1}{2}$ yn ei gyfrifiad.

(c) Cyfrifodd Tom werth y cysonyn amser, *RC*, yn gywir, ac enillodd farc. Aeth ati i drin yr hafaliad yn anghywir ar ôl cymryd logiau'n gywir. Efallai byddai'n well pe bai wedi symleiddio'r hafaliad cyntaf i ddechrau – drwy ddefnyddio Q a $\frac{1}{2}Q$, a diddymu'r Qau. Byddai hynny wedi cynhyrchu hafaliad symlach i weithio gydag ef.

(ch) Mae 'byrrach' yn ateb cywir, ond mae angen i hwn ddeillio o waith rhesymu cywir.

(d) Mae'n ymddangos bod Tom yn ceisio defnyddio'r hafaliad ar gyfer y grym rhwng dwy wefr bwynt, sydd ddim yn addas yma. Ni all ennill marciau.

(dd) (i) Hafaliad cywir – y tro hwn, roedd hyn yn ddigon i ennill y marc cyntaf.

Roedd ei werth ar gyfer *x* yn anghywir. Y gwerth cywir oedd $\frac{1}{2}\times0.35$ mm $= 0.175$ mm.

(ii) Gallai Tom fod wedi ennill ail farc drwy drawsnewid ei werth ar gyfer egni i eV. Byddai wedi bod yn anghywir, ond byddai dgy wedi ei achub!

(iii) Ateb terfynol da. Mae'n werth dyfalbarhau at ddiwedd y cwestiwn – nid y rhan olaf yw'r rhan fwyaf anodd bob tro, ac mae Tom wedi ennill 3 marc.

Mae Tom yn sgorio 8 marc allan o 20.

Ateb Seren

(a) $C = \frac{\varepsilon_0 A}{d} = 4.1216 \times 10^{-9}$ F ✓✓

(b) (i) $Q = CV = 4.1216 \times 10^{-9} \times 1.2 \times 1000 = 4.946 \times 10{-}6$ C ✓(mantais yr amheuaeth)

(ii) $E = 0.5QV$

$= 0.5 \times 4.946 \times 10^{-6} \times 1.2 \times 1000 = 2.968 \times 10^{-7}$ J ✗

(c) $Q = Q_0 e^{-t/RC}$ $R = 670$

$\frac{Q_0}{2} = Q_0 e^{-t/RC}$ ✓ $\frac{-t}{RC} = \ln\frac{1}{2}$

$t = -\ln\frac{1}{2} \times 670 \times 1000 \times 4.1216 \times 10^{-9} = 1.91 \times 10^{-3}$ s ✓✓

(ch) Mae'r gyfradd colli gwefr yn esbonyddol. Yr egni yw lluoswm y wefr a'r foltedd ✓: pan fydd y wefr yn haneru, bydd y foltedd hefyd yn haneru, felly bydd yr egni yn lleihau mwy na hanner. Felly, mae'r amser ar gyfer haneru'r egni yn fyrrach. ✓

(d) Rhwng platiau'r cynhwysydd, mae $E = \frac{V}{d} = \frac{1.2 \times 10^3}{0.35 \times 10^{-3}}$

$= 3.42 \times 10^6$ N C^{-1}.

$F = EQ$ ✓ $= 3.42 \times 10^6 \times 1.6 \times 10^{-19} = 5.49 \times 10^{-13}$ N

$a = \frac{F}{m}$ ✓ $= \frac{5.49 \times 10^{-13}}{9.11 \times 10^{-31}}$ ✓ $= 6.02 \times 10^{17}$ m s^{-2}.

(dd) (i) $v^2 = u^2 + 2as$ ✓

$v^2 = 0 + 2 \times 6 \times 10^{17} \times \frac{0.35 \times 10^{-3}}{2} = 2.1 \times 10^{14}$ ms^{-1}

$v = \sqrt{2.1 \times 10^{14}} = 1.449 \times 10^7$ ✓

(ii) $\frac{1}{2} m v^2 = \frac{1}{2} \times 9.11 \times 10^{-31} \times (2.1 \times 10^{14})$ ✓ $= 9.56 \times 10^{-17}$ J $= 0.6$ keV?

eV yw swm yr egni i gyflymu electron drwy 1 V.

$\frac{1.2 \text{ kV}}{2} \rightarrow 0.6$ keV ✓

(iii) $v = u + at$ ✓

$1.449 \times 10^7 = 0 + 6 \times 10^{17}\, t$ ✓

$t = \frac{1.449 \times 10^7}{6 \times 10^{17}} = 2.41 \times 10^{-11}$ s ✓

Sylwadau'r arholwr

(a) Mae Seren yn byw'n fentrus, braidd – mae'r marc cyntaf yn aml yn cael ei roi am amnewid yn gywir yn yr hafaliad – oherwydd ei bod hi wedi cael yr ateb cywir, cafodd y marc hwn 'drwy awgrym'.

(b) (i) Cymerodd yr arholwr mai llithriad oedd ysgrifennu 10–6 yn lle 10^{-6}, ac anwybyddodd hyn.

(ii) Mae Seren wedi gwneud camgymeriad yn y pŵer 10. Dylai fod yn 10^{-3}.

(c) Ateb delfrydol, bron: roedd ysgrifennu $R = 670$ yn lle $670 \times 10^3\ \Omega$ ar y llinell gyntaf yn destun pryder, ond mae Seren wedi defnyddio'r gwerth cywir yn nes ymlaen.

(ch) Rhesymu da – byddai'n well byth pe bai wedi dweud bod yr amser ar gyfer haneru'r egni yn hanner yr amser ar gyfer haneru'r wefr, ond nid oedd angen hyn i ennill marciau llawn.

(d) Dim ond ychydig o'r ymgeiswyr oedd wedi ateb y cwestiwn hwn yn gywir. Mae ateb Seren wedi'i fynegi'n dda: mewn cwestiwn 'dangoswch fod', rhaid dangos yr holl gamau a'u disgrifio'n llawn. Mae hefyd yn help os ydych chi'n rhoi ateb mwy manwl gywir na'r un sy'n ofynnol.

(dd) (i) Yma, mae Seren wedi gwneud tri gwall yn y mynegiad – ond nid oedd yr un ohonyn nhw'n ddigon difrifol i golli marc:

- ysgrifennu uned v^2 fel m s^{-1}
- ysgrifennu m s^{-1} fel ms^{-1} [h.y. milieiliadau^{-1}]
- gadael uned v allan o'r ateb terfynol.

(ii) Mae Seren wedi colli marc wrth drawsnewid J i eV: mae wedi ysgrifennu '9.56×10^{-17} J = 0.6 keV'. Nid yw hyn yn ddigon clir ar gyfer ateb 'dangoswch fod'. Roedd angen gweld rhywbeth tebyg i'r canlynol:

$$9.56 \times 10^{-17}\text{ J} = \frac{9.56 \times 10^{-17}\text{ J}}{1.6 \times 10^{-19}\text{ C}} = 597\text{ eV}$$

$$= 0.6\text{ keV}$$

(iii) Da.

Mae Seren yn sgorio 18 marc allan o 20.

Atebion i'r cwestiynau cyflym

3.1 Mudiant cylchol

① $\pi, \frac{\pi}{2}, \frac{\pi}{4}, \frac{\pi}{6}$,
② 5.5π
③ (a) 50 Hz
(b) $100\pi = 314\ \text{s}^{-1}$
(c) $75.4\ \text{m s}^{-1}$
④ $2.7\ \text{m s}^{-2}$
⑤ 97.2 kN – y rheiliau
⑥ (a) 1.13 N
(b) 0.30 m
(c) $1.30\ \text{m s}^{-1}$

3.2 Dirgryniadau

① $36\ [\text{s}^{-2}]$
② $[\omega^2] = \frac{[a]}{[x]} = \frac{\text{m s}^{-2}}{\text{m}} = \text{s}^{-2}$
$\therefore [\omega] = \text{s}^{-1}$ QED
Buanedd onglaidd
③ $2.4\ \text{N m}^{-1}$
④ 0.994 m
⑤ −0.032 m
⑥ 0
⑦ $\frac{2}{3}\text{s}, \frac{4}{3}\text{s}$
⑧ (a) $0.262\ \text{m s}^{-1}$
(b) $-0.131\ \text{m s}^{-1}$
⑨ $E_P = 68\ \mu\text{J}$
$E_k = 129\ \mu\text{J}$
⑩ (a) $\frac{1}{2}$ (b) $\frac{1}{4}$
⑪ 2.0 Hz
⑫ $T^2 = \frac{4\pi^2 l}{g}$, $\therefore l = \frac{g}{4\pi^2}T^2$
$\therefore s + \frac{d}{2} = \frac{g}{4\pi^2}T^2$
$\therefore s = \frac{g}{4\pi^2}T^2 - \frac{d}{2}$ QED
⑬ Cynyddu'r màs/dewis sbring sydd â k is/defnyddio 2 neu 3 sbring mewn cyfres.

3.3 Damcaniaeth ginetig

① 5.31×10^{-26} kg
② 0.0664 kg
③ 670 kPa
④ 600 K
⑤ $n = 0.024$ mol
$N = 1.45 \times 10^{22}$
⑥ 326 kPa
⑦ $316\ \text{m s}^{-1}$
⑧ (a) 0.195 kg
(b) $7.81\ \text{kg m}^{-3}$
(c) $480\ \text{m s}^{-1}$
(ch) 296 K
(d) 6.13×10^{-21} J
⑨ $468\ \text{m s}^{-1}$

3.4 Ffiseg thermol

① (a) Gwres mewn cynhwysydd anhyblyg wedi'i selio.
(b) 75 J
② Sero (mae pV=400 J ar bob pwynt)
③ (a) 10.5 J
(b) 430 J
④ (a) $\Delta T = 60$ K
(b) $\Delta U = 37.5$ J
(c) $W = 25$ J
(h.y. 25 J o waith gan y nwy)
(ch) $Q = 52.5$ J (h.y. 52.5 J o wres i mewn i'r nwy)
⑤ (a) $T_B = 120$ K
(b) $\Delta U = -360$ J
(c) $W = 360$ J
⑥ ~350 J
⑦ Cyfrifo W drwy ddefnyddio'r arwynebedd o dan y graff, yna defnyddio $\Delta U = Q - W$ gyda $\Delta U = 0$.
⑧ Dros AB, rhaid i'r gwres sy'n cael ei gymryd i mewn ddarparu gwaith yn ogystal ag egni mewnol. Dim gwaith ar gyfer BC.
⑨ 76.6 °C
⑩ Er mwyn rhoi amser i gyrraedd ecwilibriwm.
⑪ $a = \frac{pA}{nR}$
⑫ Mae angen gwneud allosodiad mawr; mae'r holl bwyntiau data'n bell oddi wrth −273 °C.
⑬ 2.88 Ω
⑭ ~ 4 munud
⑮ Mantais: Llai o ansicrwydd canrannol yn ΔT
Anfantais: Colli mwy o wres
⑯ Graddiant = $\frac{VI}{cm}$

3.5 Dadfeiliad niwclear

① (a) ${}^{241}_{95}\text{Am} \rightarrow {}^{237}_{93}\text{Np} + {}^{4}_{2}\text{He}$
(b) ${}^{7}_{4}\text{B} \rightarrow {}^{7}_{3}\text{Li} + {}^{0}_{1}\beta$
(c) ${}^{99}_{43}\text{Tc}^* \rightarrow {}^{99}_{43}\text{Tc} + {}^{0}_{0}\gamma$
② Dim tystiolaeth dros α – mae'r cyfrifon gyda'r papur a hebddo o fewn yr ansicrwydd
Gostyngiad mawr (30%) yn y cyfrif gyda 2 mm Al – sy'n awgrymu rhywfaint o ymbelydredd β
γ yn bennaf yw'r ymbelydredd sy'n mynd drwy'r Al – rhywfaint yn mynd drwy 15 cm Pb
③ Mae effaith ïoneiddio γ yn wan, felly ni fydd yn cael ei amsugno gan gelloedd y corff.
Mae effaith ïoneiddio'r ymbelydredd β yn fwy, mae'n cael ei amsugno yng nghelloedd y corff, a gall achosi mwtaniadau yn y DNA.
④ 2.1 mJ (gan dybio bod hanner oes ≫ 24 awr)
⑤ Cefndir ~0.5 cyfrif yr eiliad, felly ymbelydredd γ yn bennaf yw'r 11 cyfrif yr eiliad
⑥ Ddim yn sylweddol – mae disgwyl i'r cefndir fod tua ~600 cyfrif mewn 20 mun.
⑦ 0.21 dadfeiliad yr eiliad
⑧ (i) $\lambda = 4.91 \times 10^{-18}\ \text{s}^{-1}$
(ii) $N_0 = 6.37 \times 10^{25}$
(iii) $A_0 = 313$ MBq
(iv) $A = 39.2$ MBq
(v) $A = 144$ MBq
(vi) $t = 7.77 \times 10^9$ o flynyddoedd

⑨ Cynnal yr arbrawf sawl gwaith (3 gwaith er enghraifft) ac adio nifer cyfatebol y disiau ar ôl pob tafliad.

⑩

Tafliad	Nifer y disiau			
	Cynnig 1	Cynnig 2	Cynnig 3	Cyfanswm
0	400	400	400	1200
1				

⑪ Ansicrwydd ffracsiynol

$= \frac{\sqrt{N}}{N} = \frac{1}{\sqrt{N}}$

⑫

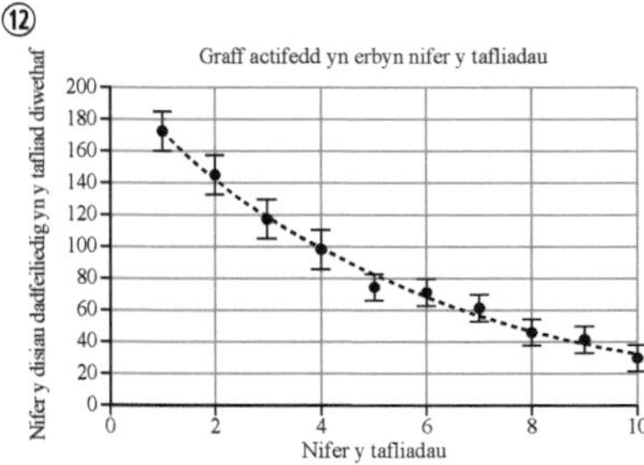

⑬ Tipyn yn well na'r disgwyl – set 'lwcus'.

⑭ Graddiant = (–) 0.19 (yn fras); ychydig yn fwy na 0.167

⑮ R / cye = 2.2; $\frac{1}{\sqrt{R / \text{cye}}} = 0.68$

⑯ Graddiant = $\frac{1}{\sqrt{k}}$,

felly mae $k = \frac{1}{\text{graddiant}^2}$

Rhyngdoriad ar yr echelin

$\frac{1}{\sqrt{R}} = \frac{\varepsilon}{\sqrt{k}}$,

felly mae $\varepsilon = \frac{\text{rhyngdoriad}}{\text{graddiant}}$

3.6 Egni niwclear

① 505 MeV

② (a) 1.99×10^{-26} kg

(b) 242 u

③ (a) 59.9 MJ

(b) 7.35 MeV = 1.18×10^{-12} J

④ 21.4 MeV = 3.43 pJ

⑤ 7.68 MeV / niwcleon

⑥ 8.79 MeV / niwcleon

⑦ (a) $\Delta E_p = mg\Delta h = 5250$ J

$\therefore \Delta m = \frac{5250 \text{ J}}{(3 \times 10^8 \text{ m s}^{-1})^2} = 5.8 \times 10^{-14}$ kg

(b) Oherwydd bod yr egni i godi'r graig yn dod o'r tu mewn i'r system Daear–craig

⑧ Oherwydd bod gan yr epil niwclews egni clymu sy'n fwy na swm egnïon clymu y rhiant niwclysau.

⑨ 173 MeV

⑩ EC/niwc U-235 ~7.6 MeV

EC/niwc yr epil ~8.4 MeV

∴ Egni sy'n cael ei ryddhau ~ (8.4 – 7.6) × 235 = 188 MeV

4.1 Cynhwysiant

① (i) 2.5×10^{-9} F = 2.5 nF

(ii) 85 V

② 4.7×10^{-11} C = 47 pC

③ 1.8 μm

④ (i) $Q = 4.47$ mC

(ii) $U = 21.3$ mJ

(iii) $I_0 = 40$ A

⑤ 0.55 mm

⑥ $C = 3.09$ μF; $A = 190$ m^2; ddim yn realistig.

⑦ $C = 1.0$ nF

⑧ $C = 57$ pF

⑨ (a) 7.5 mA

(b) 15 nA

⑩ 18 μC × 37% = 6.7 μC

→ $RC = 0.7$ s (o'r graff)

→ $R = 40$ kΩ (i 1 ff.y.)

⑪ (i) Gwefru – switsh i fyny

Dadwefru – switsh i lawr

(ii) 0.15 s

(iii) 2.04 mC

(iv) 0.10 s

(v) 25%

⑫ Oherwydd bod y lluoswm *RC* (h.y. y cysonyn amser) yn fach.

⑬ (a) 42 μs

(b) 6.0 V

(c) 8.4 V

(d) 49 μs

⑭ $I = I_0 e^{-\frac{t}{RC}}$

⑮ (a) 7.03 V

(b) 10.8 s

(c) 7.2 mF

⑯ $I = I_0 e^{-\frac{t}{RC}}$; pan gaiff y switsh ei agor.

⑰ (a) $I_0 = \frac{\text{g.e.m. y gell}}{R}$

(b) V_0 = g.e.m. y gell

⑱ Creu cylched fer â darn o wifren (gan gynnwys gwrthydd, os yw'n bosibl)

⑲ 5.6 s

4.2 Meysydd grym electrostatig a meysydd disgyrchiant

① (a) 240 nN ↑

(b) 20 m s^{-2} ↑

② F m^{-1} = C V^{-1} m^{-1}

= C (J C^{-1})$^{-1}$ m^{-1}

= C (N m C^{-1})$^{-1}$ m^{-1}

= C^2 m^{-2} N^{-1} QED

③ $\times \frac{1}{4}$

④ 445 V m^{-1}

⑤ (a) Mae B ar botensial sydd 6 kV yn uwch

(b) – 5.4 μJ

⑥ 1.1×10^5 m s^{-1}

⑦ Graddiant = – 1.0 kV m^{-1} sy'n cyd-fynd ag 1.0 kN C^{-1}.

⑧ 2.5 kV m^{-1} i ffwrdd o ganolbwynt AB

⑨ 1.5 kV m^{-1} i gyfeiriad y fector A→B

⑩ 206 V

⑪ 0 (sero)

⑫ (a) 2.3×10^{-22} N

(b) 5.5×10^{-65} N

⑬ 5.97×10^{24} kg

⑭ 5500 kg m^{-3}

⑮ (a) – 0.63 mN kg^{-1}

(b) – 500 MJ kg^{-1}

⑯ Egni mewnol (y corff a'r atmosffer)
⑰ 2.37 km s^{-1}
⑱ 12.0
⑲ $V_{3.14} = -1.34$ MJ kg^{-1}
$V_{3.64} = -1.37$ MJ kg^{-1}

4.3 Orbitau a'r bydysawd ehangach

① 27 o flynyddoedd
② 6.02×10^{24} kg
③ 2.01×10^{30} kg
④ Oherwydd, wrth i r gynyddu, mae'r màs (M) o fewn r yn cynyddu'n gynt nag r i gychwyn.
Felly, mae $v = \sqrt{\frac{GM}{r}}$ yn cynyddu. Ar gyfer gwerthoedd r mwy, mae M yn parhau i gynyddu (ni all leihau), ond yn arafach nag r, sy'n cyfyngu, gan olygu bod v yn lleihau.
⑤ Mae gwerth rv^2 fwy neu lai yn gyson, e.e.
$0.5 \times 72^2 = 2592$; $1.0 \times 51^2 = 2601$
⑥ 12.3. Mae ~12 gwaith cymaint o ddefnydd yn bodoli ag y gallwn ni ei ganfod drwy ddulliau confensiynol, gan awgrymu bod dros 10 gwaith cymaint o fater tywyll ag o fater baryonig (normal).
⑦ $\frac{d_{SS}}{d_{SE}} = \sqrt[3]{2} \sim 1.26$
⑧ −33.7 km s^{-1}
⑨ $v_S = 471$ m s^{-1};
$r_S = 21\,400$ km
⑩ (a) 4.25×10^9 m
(b) 6.40×10^{10} m
(c) 5.98×10^{10} m
(ch) 5.2×10^{28} kg
(d) 25.7 km s^{-1}
⑪ Y cyfeiriad gwylio ym mhlân yr orbit (h.y. mae'n cael ei weld ar hyd ei ymyl) ac orbit crwn.
⑫ 1.2×10^{23} m (~ 13 miliwn blwyddyn golau)
⑬ $[G] = \text{N m}^2\,\text{s}^{-2} \equiv \text{kg}^{-1}\,\text{m}^3\,\text{s}^{-2}$

$$\rho_c = \frac{3 \times (2.20 \times 10^{-18}\ \text{s}^{-1})^2}{8\pi \times 6.67 \times 10^{-11}\ \text{kg}^{-1}\,\text{m}^3\,\text{s}^{-2}} = 8.66 \times 10^{-27}\ \text{kg m}^{-3}$$

⑭ ~ 5 atom hydrogen fesul m^3.

4.4 Meysydd magnetig

① (i) →
(ii) ←
② 2.68 mN
③ 44.0°
④ $I = nAve$
$F = Bqv \sin\theta \times nAl$
$= B(nAvq)l \sin\theta$
$= BIl \sin\theta$
⑤ 7.8×10^{-15} N
⑥ $Bqv = mr\omega^2$ and $v = r\omega$
$\therefore Bqr\omega = mr\omega^2$
$\therefore Bq = m\omega$, i.e. $\omega = \frac{Bq}{m}$ QED
⑦

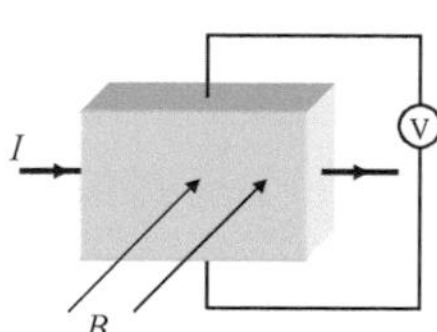

⑧ 1.2 mV m^{-1}
⑨ (a)

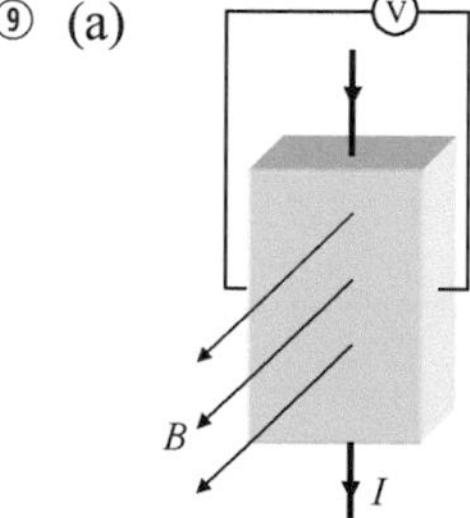

(b) Yn ôl rheol llaw chwith Fleming, mae'r grym i'r chwith ar yr electronau, felly mae diffyg electronau ar yr wyneb ochr dde.
(c) (i) 0.435 mV m^{-1}
(ii) 1.28 mm s^{-1}
(ch) 2.1×10^{24} m^{-3}
⑩

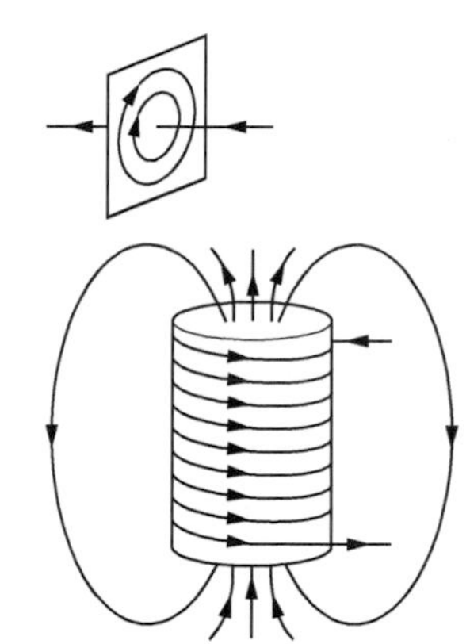

⑪ 5800 troad m^{-1}
⑫ Agosach na 4.3 cm
⑬ Y maes o ganlyniad i'r wifren isaf yn safle'r wifren uchaf = allan o'r diagram (rheol gafael)
∴ Yn ôl rheol llaw chwith Fleming, mae'r grym tuag i fyny ar y wifren uchaf, h.y. gwrthyrru
⑭ 1.1 mN m^{-1}
⑮ Mae'r meysydd ar y wifren ganol, oherwydd y ddwy wifren arall, yn ddirgroes.
Mae B $\propto \frac{I}{r}$ ond mae $\frac{2.1}{2.5} = \frac{6.3}{7.5}$, felly maen nhw'n canslo, h.y. mae'r grym cydeffaith = 0
∴ Mae'r grym yn sero.
⑯ Amnewid ar gyfer F ac E yn
$F = Eq \rightarrow ma = \frac{V}{d}q$
$\therefore a = \frac{Vq}{md}$ QED
⑰ $\frac{1}{2}m_e v^2 = eV$,

$$\rightarrow v = \sqrt{\frac{2 \times 1.6 \times 10^{-19} \times 100}{9.11 \times 10^{-31}}} = 5.9 \times 10^6\ \text{m s}^{-1}$$

⑱ (i) 5.78 eV,
(ii) 9.25×10^{-19} J
⑲ (i) 5.7 kV
(ii) 9.1×10^{-16} J
⑳ Mae'n dod allan o'r 6ed tiwb gyda 750 kV, gan dybio bod y cyflymiad cyntaf yn y gofod sy'n arwain i fyny at y tiwb cyntaf.
㉑ (i) Dim newid
(ii) 3 tiwb

㉒ Am eu bod nhw'n niwtral!
㉓ 3.21 GHz
㉔ Negatif (rhaid bod y cerrynt yn glocwedd o amgylch y gylched er mwyn i reol llaw chwith Fleming ragfynegi grym tuag i mewn).
㉕ (i) Mae'n dyblu
(ii) Mae'n dyblu
(iii)) Mae'n cynyddu 4 gwaith
㉖ Mae'r grym tuag i lawr ar y wifren (rheol llaw chwith Fleming), felly mae'r grym tuag i fyny ar y magnet.
㉗ (a) 0.93 (g A^{-1})
(b) 0.15 T
㉘ *B* yn erbyn *I*. Dylai'r graddiant fod yn $\frac{\mu_0}{2\pi a}$, ond bydd fymryn allan ohoni gan nad ydyn ni'n gwybod gwerth *a* yn union.

4.5 Anwythiad electromagnetig

① 1.4 mWb
② 92 tro-mWb
③ 15 ms
④ 5.3 cm^2
⑤ 0.11 V
⑥ Mae'r cysylltedd fflwcs yn newid, gan arwain at g.e.m. anwythol. Mae cyfeiriad y newid yn cildroi, gan wrthdroi'r g.e.m.
⑦ 0.126 A
⑧ 72 μA
⑨ Mae $N\Phi$ yn lleihau, felly rhaid i'r cerrynt anwythol wrthwynebu'r lleihad, ac felly rhaid bod y fflwcs gaiff ei achosi ganddo yn mynd i'r un cyfeiriad, h.y. i'r dde. Felly, rhaid mai gwrthglocwedd yw cyfeiriad y cerrynt, wrth edrych arno o'r dde.
⑩ Mae'r electronau'n llifo i'r dde, felly mae'r grym tuag at i fyny arnyn nhw, gan roi cerrynt confensiynol clocwedd.
⑪ Mae'r cysylltedd fflwcs yn newid i'r cyfeiriad dirgroes.

Opsiwn A Ceryntau eiledol

① $\mathcal{E}_{an} = \omega BAN$
② 0 (sero)
③ 4.0 V
④ 32.5 V
⑤ (i) 2540 W
(ii) 223 V
⑥ 2.0 kW
⑦ (i) 0.52 V
(ii) 0.37 V
(iii) 0.45 s
(iv) 2.2 Hz
⑧

Sylwch fod safle llorweddol yr olin yn fympwyol
⑨ Olin uchaf: 175 μV
Olin isaf: – 125 μV
⑩

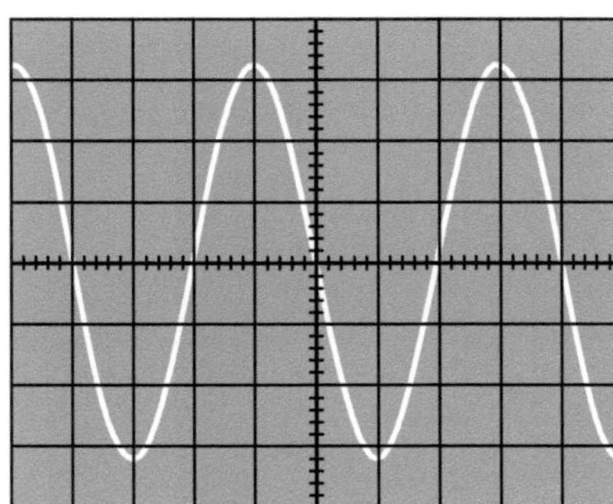

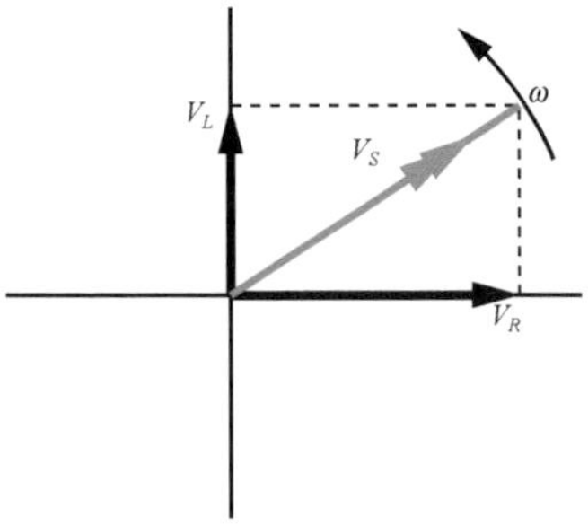

⑪

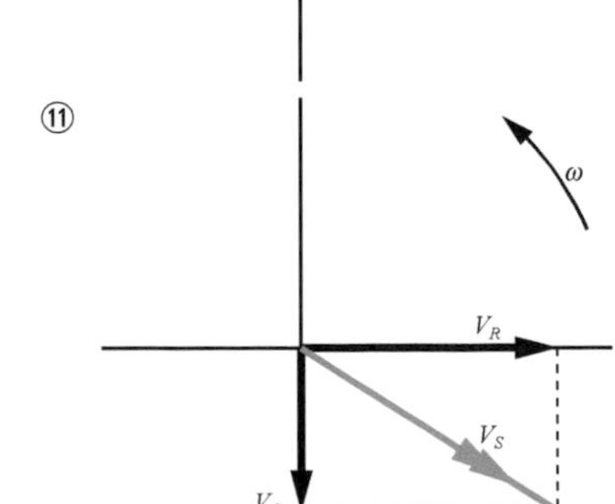

⑫ (i) 11.9 kΩ
(ii) 663 Ω
(iii) 11.2 kΩ
(iv) 0.304 mA
(v) 89.8°
(vi) 5.66 kHz
⑬ (i) 0.133 A
(ii) 4.09 nF
(iii) $V_L = V_C = 431$ V
(iv) 0 (sero)
⑭ 0.49 mA.
Mae adweitheddau *L* ac *C* yn hafal ar yr amledd cyseinio f_0. Ar $2f_0$, mae X_C wedi'i haneru ac X_L wedi'i ddyblu. Ar $0.5f_0$, mae X_C wedi'i ddyblu ac X_L wedi'i haneru, felly mae'r adweithedd (ac felly rhwystriant y gylched) yr un peth ar y ddau amledd.
⑮ f_0(mwyaf) = 5.3 MHz;
f_0(lleiaf) = 530 kHz
⑯ $Q_{mwyaf} = 500$; $Q_{lleiaf} = 50$
⑰ f_0(mwyaf) = 5.3 MHz;
f_0(lleiaf) = 530 kHz
(yr un peth â CC 15 gan fod *L* ac *C* yr un peth)
⑱ $Q_{mwyaf} = 1000$; $Q_{lleiaf} = 10$

Opsiwn B Ffiseg feddygol

① 60 keV
② 25 pm
③ Mae'r hafaliad yn rhoi 8900 V. Mae angen iddo fod yn uwch, oherwydd er y gallai 8900 eV godi electron i'r lefel egni angenrheidiol, bydd y lefel egni hon yn llawn. Felly, mae angen egni ychwanegol i ïoneiddio'r atom.
④ 0.069 cm
⑤ 1.2 cm
⑥ 27 500
⑦ *H* = 1.2 mSv; *E* = 0.06 mSv
⑧ *H* = 8.75 mSv; *E* = 0.44 mSv
⑨ 3.5 diwrnod, h.y. 12 awr yn ychwanegol
⑩ 1.67 ps
⑪ $[Z] = [c][\rho] = \text{m s}^{-1}\text{ kg m}^{-3}$
$= \text{kg m}^{-2}\text{ s}^{-1}$

⑫ 5×10^{-5}

⑬ Na. Mae cos 15° = 0.996 (cyfeiliornad o 3.4% yn unig)

⑭ 14.8 cm

Opsiwn C Ffiseg chwaraeon

① 0.2 m

② Cymryd momentau o gwmpas y gornel dde isaf:

$F_{\text{lleiaf}} \times 120\text{ cm} = 600\text{ N} \times 50\text{ cm}$

$\therefore$ mae $F_{\text{lleiaf}} = \dfrac{600\text{ N} \times 50\text{ cm}}{120\text{ cm}}$

$= 250\text{ N}$

③

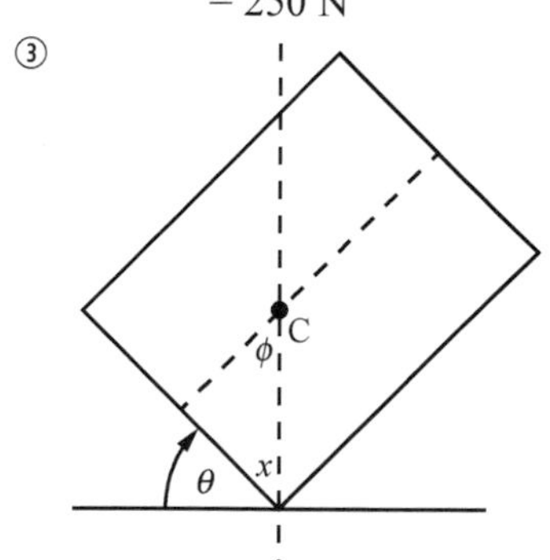

Mae $x = 90° - \theta$ [mae x a θ yn adio i roi ongl sgwâr]

ac mae $x = 90° - \phi$ [onglau mewn triongl ongl sgwâr]

$\therefore\ \theta = \phi$ QED

④

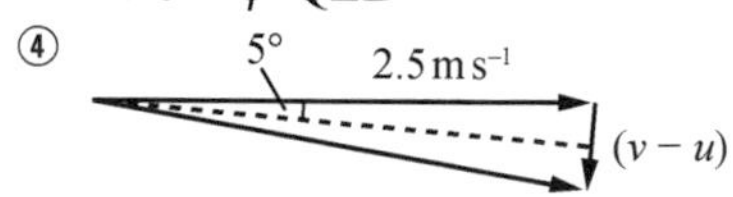

Ystyriwch y triongl uchaf. Mae'n driongl ongl sgwâr

$\therefore\ \frac{1}{2}|v - u| = 2.5 \sin 5°$

$\therefore\ |v - u| = 5.0 \sin 5°$

$= 0.44\text{ m s}^{-1}$

Mae fector $v - u$ ar ongl sgwâr i'r llinell doredig.

$\therefore$ mae $v - u$ ar 5° i'r fertigol.

⑤ 9.5 N

⑥ Amnewid yn [1] →

$20 = 2v_A + 3 \times 7.2$

$\therefore\ v_A = \dfrac{20 - 3 \times 7.2}{2}$

$= -0.8\text{ m s}^{-1}$

Amnewid yn

[2] → $8 = -v_A + 7.2$

$\therefore\ v_A = -8 + 7.2 = -0.8\text{ m s}^{-1}$

⑦ Y ffracsiwn sy'n cael ei golli = 21.6%

Na – caiff ei drosglwyddo i egni mewnol.

⑧ $v_A = -11.6\text{ m s}^{-1}$;

$v_B = 4.4\text{ m s}^{-1}$

⑨ Oherwydd bod y cyflymiad yn gyson (gan dybio gwrthiant aer dibwys).

$v^2 = u^2 + 2gH$

Ond mae $u = 0$, felly mae

$v^2 = 2gH$, ac felly mae $v = \sqrt{2gH}$

QED

⑩ Fel bod y gwrthiant aer yn sero.

⑪ 0.42 s

⑫ (a) 22.5 kg m^2

(b) 45 kg m^2

⑬ 1.4 kg m^2 gan dybio bod y sffêr a'r silindr yn unffurf

⑭ 140 kg m^2 s^{-1}

⑮ N m = kg m s^{-2} m

= kg m^2 s^{-2}

Nid oes dimensiynau gan rad

$\therefore$ N m = kg rad^2 m^2 s^{-2}

⑯ 0.0625 [6.25%]

⑰ 30.6 m s^{-1} ar 36.5° i'r llorwedd [Wnaethoch chi gofio'r cyfeiriad?]

⑱ Mae'r aer ar ran uchaf y bêl (yn y diagram) yn aros mewn cysylltiad â'r bêl am amser hirach nag y mae ar y gwaelod. Felly, caiff ei allwyro tuag i lawr, felly mae'r bêl yn rhoi grym tuag i lawr ar yr aer (N2), a'r aer yn rhoi grym hafal a dirgroes ar y bêl (N3).

Opsiwn CH Egni a'r amgylchedd

① Mae arwynebedd y Ddaear sy'n derbyn y pelydriad = $\pi R_E{}^2$

$\therefore$ Mewnbwn pŵer

$= 1.37 \times 10^3\text{ W m}^{-2} \times \pi \times (6370 \times 10^3\text{ m})^2$

$= 1.75 \times 10^{17}$ W

② Ffracsiwn ~ 0.025% ~ $\frac{1}{4000}$

③ 1.2×10^{17} W

④ $\lambda_{\text{mwyaf}} = WT^{-1}$

$= \dfrac{2.90 \times 10^{-3}\text{ m }K}{5770\text{ K}}$

$= 5.0 \times 10^{-7}\text{ m} \sim 0.5\ \mu\text{m}$

⑤

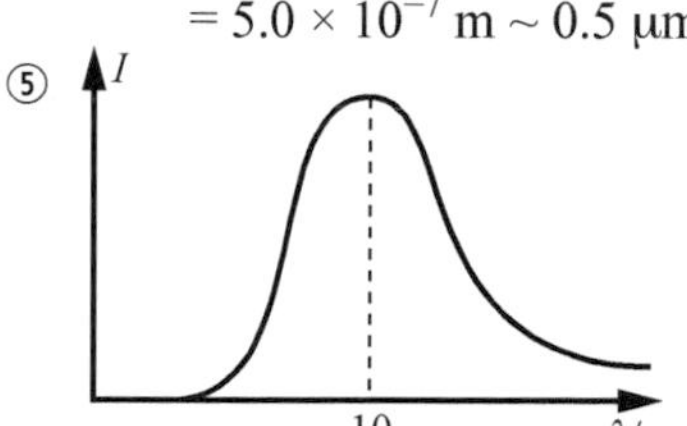

⑥ Mae'n tybio bod y tymheredd fwy neu lai yn gyson, h.y. yr un tymheredd yn ystod y dydd a'r nos.

⑦ Gan dybio bod 10% yn cael ei adlewyrchu (o Ffig. CH1) → $T \sim 270$ K

⑧ 89% o dan y dŵr, felly mwy neu lai!

⑨ Caiff llai o belydriad ei adlewyrchu oddi ar y môr, felly caiff mwy ei amsugno.

⑩ (a) 0.411 MeV (b) 6.57×10^{-14} J

⑪ 2.0×10^{10} J [Sylwch: dim ond 0.5 mol o adweithiau]

⑫ Deddf Stefan → 5780 K (3 ff.y.), felly mae'n agos iawn.

⑬ 25 kW [126 o sgwariau × 0.2 kW awr sgwâr^{-1}]

⑭ (a) $v = \sqrt{2gh} = \sqrt{2 \times 9.81 \times 10}$

$= 14.0\text{ m s}^{-1}$ (3 ff.y.)

(b) 2.75 m^3 s^{-1}

⑮ $\frac{1}{2}mv^2 = \frac{1}{2} \times 2.75 \times 1000 \times 14^2$

$= 269\,500\text{ W} \sim 270\text{ kW}$

⑯ 46.5%

⑰ $[\tau_E] = \dfrac{[W]}{[P_{\text{colli}}]} = \dfrac{\text{J m}^{-3}}{\text{W m}^{-3}}$

$= \dfrac{\text{J}}{\text{J s}^{-1}} = \text{s}$

⑱ 1.2×10^8 K [120 MK]

⑲ $\dfrac{\Delta Q}{\Delta t} = 4 \times 10^{-4}\text{ m}^2$

$\times\ 200\text{ W m}^{-1}\,°\text{C}$

$\times\ \dfrac{(29.7 - 10)\,°\text{C}}{0.05\text{ m}}$

$= 31.5$ W (gan dalgrynnu!)

⑳ 33%

5 Yr arholiad ymarferol

① (a) y yn erbyn x^2
(b) $\ln y$ yn erbyn $\ln x$
(c) $\ln y$ yn erbyn x

② $106 \pm 8\ \text{cm}^3$

③ a = graddiant
b = rhyngdoriad ar yr echelin y

④ $y = 6.0x^{2.5}$

⑤ $y = 22000e^{-0.15x}$

⑥ $I_{\text{mwyaf}} = 5$ mA
∴ Ar y terfyn o drwch blewyn.

⑦ Gallai'r llwyth ddisgyn ar eich troed.
Gallai'r trawst osgiliadol eich taro.

⑧ Ansicrwydd o ±0.368 cm
∴ Cyfanswm yr hyd = 0.73 cm [neu 0.7 cm, i 1 ff.y.]

⑨ $\pm 0.06\ \text{s}^2$, ∴ hyd = $0.12\ \text{s}^2$

M Mathemateg a data

① $[k]$ = m. Mae gennyn ni'r mynegiad $k^2 + l^2$, felly rhaid bod gan $[k]$ yr un unedau ag l.

② (a) $\dfrac{4\pi^2}{g}$ (b) $\dfrac{4\pi^2 k^2}{g}$

③ $T^2 l = 218 \pm 9\ \text{s}^2\ \text{cm}$
$l^2 = 400 \pm 8\ \text{cm}^2$

④ 0.223, 0.607, 1.65, 4.48, 12.2

⑤ $\dfrac{e^{-(x+\Delta x)}}{e^{-x}} = \dfrac{e^{-x}e^{-\Delta x}}{e^{-x}} = e^{-\Delta x}$ sy'n annibynnol ar x.
0.607 (1.65^{-1})

⑥ $t = 0.175$ s

⑦ $1 = e^0$, ∴ $\ln 1 = \ln(e^0) = 0$

⑧ $\log_{10} 10^x = x$
$\log_{10}ab = \log_{10}a + \log_{10}b$
$\log_{10}\dfrac{1}{a} = -\log_{10}a$
$\log_{10}\dfrac{a}{b} = \log_{10}a - \log_{10}b$
$\log_{10}a^n = n\log_{10}a$
$10^{\log_{10}x} = x$

⑨ 21 s (i 2 ff.y.)

⑩ cm^{-1}

⑪ 13.8 o amserau dadfeilio

⑫ 10 cm

⑬ $y = 12.2x^2$

⑭ Dylai graff o $\ln\left(\dfrac{L}{L_\odot}\right)$ yn erbyn $\ln\left(\dfrac{M}{M_\odot}\right)$ fod yn llinell syth, graddiant 3.5 a rhyngdoriad ln 1.5 (=0.41) ar yr echelin $\ln\left(\dfrac{L}{L_\odot}\right)$.

⑮ Graff $\ln A$ yn erbyn t.
λ = – graddiant

⑯ 0.878, 0.770, 0.479, 0.230
0.878, 0.770, –0.479, 0.230

⑰ (a)

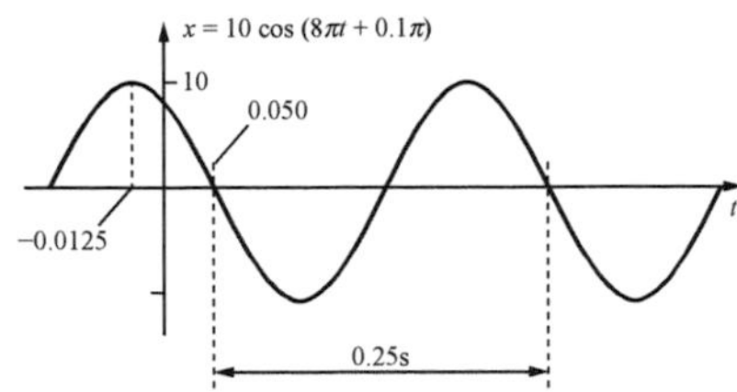

(b)

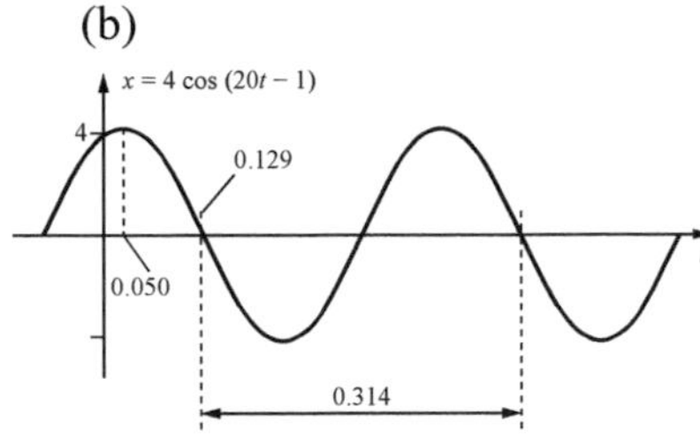

⑱ $t = 0.214$ s neu 0.842 s

⑲ Ar gyfer yr arwydd –, mae:
$v = -50\sin(10 \times 0.436 + 1)$
$= 39.9\ \text{cm s}^{-1}$
Ar gyfer yr arwydd +, mae:
$v = -50\sin(10 \times 0.621 + 1)$
$= -39.9\ \text{cm s}^{-1}$
Felly mae'r arwydd minws yn arwain at y cyflymder positif.

Atebion i'r cwestiynau ychwanegol

3.1 Mudiant cylchol

1. (a) 3π (9.42) rad s^{-1}
   (b) 76.3 cm s^{-1}
   (c) 23.6 rad s^{-1}
   (ch) 7.91 m s^{-1}
2. (a) 50π (157) rad s^{-1}
   (b) 535 N
   (c) Mae'r grym disgyrchiant ar yr hosan yn llai nag 1 N, sy'n llai na 0.2% o'r grym mewngyrchol.
   (ch) Nid oes digon o rym ar ddŵr sydd wrth ymyl twll i'w gadw yn y drwm.
3. (a) EC sy'n cael ei ennill = EP sy'n cael ei golli
   $\therefore \frac{1}{2}mv^2 = mgl$
   $\therefore v^2 = 2gl, \therefore v = \sqrt{2gl}$
   (b) $2mg$
   (c) $3mg$

3.2 Dirgryniadau

1. (a) $a \propto x$ gyda graddiant negatif
   (b) $k = 0.8$ N kg^{-1}
   (c) $T = \pi$ (3.14) s
   (ch) 0.32 s
2. (a) 50 Hz
   (b)

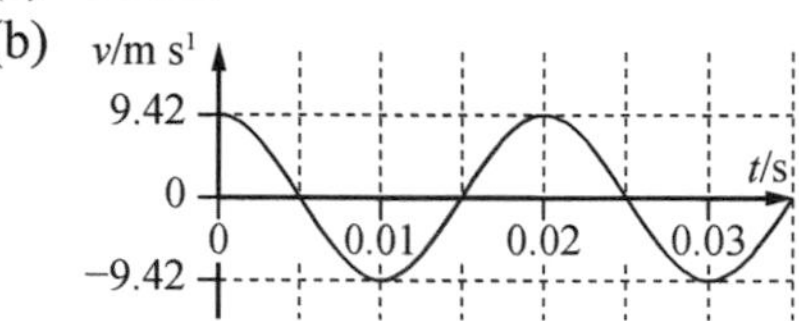

   (c) 5.54 m s^{-1}; 0.0170 s
   (ch) $v = \pm$ 7.02 m s^{-1}
3. (a) Ar y pwynt uchaf, mae'r pellter o dan y pwynt cyswllt = 0.450 cos 15° m
   Ar y pwynt isaf, mae'r pellter o dan y pwynt cyswllt = 0.450 m
   $\therefore$ Mae'r uchder sy'n cael ei golli
   = 0.450 – 0.450 cos 15°
   = (1 – cos 15°) × 0.450 m
   (b) $E_{k\ mwyaf} = 0.0090$ J
   (c) $A = r(\theta/\text{rad}) = 0.450 \times \frac{15\pi}{180} = 0.118$ m
   (ch) $v_{mwyaf} = 0.550$ m s^{-1}
   (d) $E_{k\ mwyaf} = \frac{1}{2}mv_{mwyaf}{}^2 = \frac{1}{2} \times 0.060 \times 0.550^2$
   = 0.0091 J
4.

s / m	$(T/s)^2$
0.150 ± 0.001	0.635 ± 0.011
0.750 ± 0.001	3.051 ± 0.023

   (a) Graddiant mwyaf = 4.097 s^2 m^{-1}
   Graddiant lleiaf = 3.957 s^2 m^{-1}
   $\therefore$ mae'r graddiant = 4.03 ± 0.07 s^2 m^{-1}
   (b) $g = 9.80 \pm 0.17$ m s^{-2}

3.3 Damcaniaeth ginetig

1. Mae $n = \frac{pV}{RT}$. Felly, os yw p, V a T yr un peth ar gyfer dau sampl o nwy, mae nifer y molau, ac felly nifer y moleciwlau, yr un peth.
2. (a) Ar gyfer y moleciwl, mae $\Delta p = -2mu$ [lle p yw'r momentwm]
   $\therefore$ Mae newid momentwm y moleciwlau nwy fesul eiliad = $-2fmu$
   $\therefore$ (Drwy N2) mae'r grym sy'n cael ei roi ar y moleciwlau gan y wal = $-2fmu$
   $\therefore$ (Drwy N3) mae'r grym sy'n cael ei roi ar y wal gan y moleciwlau = $2fmu$ QED.
   (b) 1. Mae'r newid momentwm (ar gyfer pob moleciwl) fesul gwrthdrawiad yn cynyddu.
   2. Mae amledd y gwrthdrawiadau yn cynyddu.
3. (a) 289 K
   (b) 6.0×10^{-21} J
   (c) 1340 m s^{-1}
4. (a) 1330 m s^{-1}
   (b) Mae gwrthdrawiadau â moleciwlau eraill yn trosglwyddo momentwm.
   (c) (i) 1.20×10^{24}
   (ii) 1300 m s^{-1}
   (iii) 1840 m s^{-1} (h.y. $\sqrt{2} \times$)

3.4 Ffiseg thermol

1. (a) (i) Cywasgu'n gyflym drwy ddefnyddio'r piston
   (ii) Gwresogi, e.e. drwy ddefnyddio llosgydd Bunsen, gan ddal y piston yn ddisymud.
   (b) (i) $\Delta U > 0$, ($Q = 0$), $W < 0$
   (ii) $\Delta U > 0$, $Q > 0$, ($W = 0$)

2. (a) $n = 0.100$ mol
   (b) $T = 348$ K
   (c) $\Delta U = 60$ J
   (ch) Mae'r gwaith sy'n cael ei wneud ar y nwy ~60 J
   (d) Mae $Q \sim 0$, felly rhaid bod y piston wedi cael ei wthio i mewn yn gyflym
3. (a) $T_A = 300$ K; $T_B = T_C = 1200$ K
   (b)

	AB	BC	CA	ABCA
ΔU / J	450	0	− 450	0
W / J	300	− 555	0	− 255
Q / J	750	− 555	− 450	− 255

4. (a)

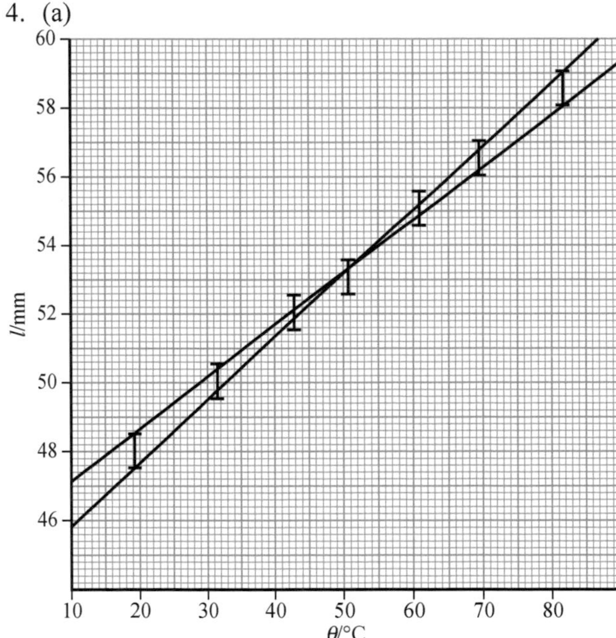

   (b) Gydag l mewn mm a θ mewn °C:
   Y graff mwyaf serth: $l = 0.1844\theta + 43.956$
   Y graff lleiaf serth: $l = 0.1525\theta + 45.575$
   (c) Y graff ffit orau:
   $t = (0.168 \pm 0.016)\theta + (44.8 \pm 0.8)$
   (ch) Gyda'r graff mwyaf serth: −238 °C
   Gyda'r graff lleiaf serth: −299 °C
   ∴ Yr amcangyfrif gorau: (−270 ± 30) °C

> Sylwch: fel yn achos cwestiynau eraill ar graffiau, gallai eich atebion chi fod ychydig yn wahanol i atebion yr awdur oherwydd bod rhaid tynnu'r llinellau â'r llygad, ac oherwydd amrywiaeth barn wrth gyfrifo graddiannau.

3.5 Dadfeiliad niwclear

1. (a) D neu DD – rhaid iddo allu treiddio drwy'r pecyn; ni ddylai fod angen ei adnewyddu'n aml
   (b) D – dylai'r arddwysedd ddibynnu ar y trwch; ni ddylai fod angen ei adnewyddu'n aml
   (c) B – hanner oes byr er mwyn cyfyngu ar y cysylltiad â'r ymbelydredd; rhaid iddo dreiddio i bellter byr (yn unig) mewn meinwe
   (ch) C – hanner oes byr er mwyn cyfyngu ar y perygl hirdymor; rhaid iddo dreiddio i bellterau sylweddol mewn aer/pridd
   (d) CH – hanner oes hir er mwyn osgoi'r angen i adnewyddu; mae'r gronynnau mwg yn effeithio ar yr arddwysedd; amrediad byr, felly nid yw'n effeithio ar y bobl yn yr ystafell
   (dd) (A neu) B – rhaid iddo gael ei amsugno gan leinin y coludd i ladd celloedd; hanner oes byr i gael gwared ar y dystiolaeth.
2. Mae'r grym mewn cyfrannedd â'r cyflymder a'r wefr. ∴ Dim effaith ar gama.

   Mae radiws y crymedd $= \dfrac{mv}{Bq} = \dfrac{1}{Bq}\sqrt{2E_k m}$

   Mae gan ronynnau α fàs ~ 8000× màs electronau, a dim ond dwbl y wefr. Felly, ar gyfer EC penodol, mae radiws crymedd llwybrau gronynnau α yn llawer mwy, ac oherwydd hynny mae'r crymedd yn llawer llai.
3. (a) $t_{\frac{1}{2}} = 5.27$ o flynyddoedd
   (b) $m = 1.28 \times 10^{-7}$ kg; $N_0 = 1.28 \times 10^{18}$
   (c) $A = 1.86$ GBq
   (ch) $A = 143$ MBq
   (d) 15.8 o flynyddoedd
   (dd) $t = 10.5$ o flynyddoedd (3.3×10^8 s)
4. Oedran = 12 480 o flynyddoedd, ∴ 10 500 CCC
5. (a) Wedi 7α + 4β, mae $Z \rightarrow Z - 7 \times 2 + 4 \times 1$
   ∴ $92 \rightarrow 92 - 14 + 4 = 82$
   ac mae $A \rightarrow A - 7 \times 4$
   ∴ $235 \rightarrow 235 - 28 = 207$
   (b) 8α + 6β
   (c) Os oes N o atomau U-235 i gychwyn, ar ôl 1 hanner oes, mae $\frac{1}{2}N$ o atomau U-235 i'w cael, a $\frac{1}{2}N$ o atomau Pb-207. ∴ Cymhareb = 1.00
   (ch) 1400 miliwn o flynyddoedd
   (d) 860 miliwn o flynyddoedd
   (dd) 0.14

6. (a) Ar bellterau mwy, mae'r gyfradd cyfrif yn gostwng; felly mae'r amser cyfrif yn cael ei gynyddu i gadw cyfanswm nifer y cyfrifau yn uchel, a hynny er mwyn cadw'r ansicrwydd canrannol yn fach.

(b)

***d* / cm**	10	15	20	25	30	50	70
***R* / cpm**	759	280	153	104	64	24	10
$1/\sqrt{R}$ / cpm	0.036	0.060	0.081	0.098	0.125	0.204	0.316

(c) Mae'r graff yn llinell syth – gan gadarnhau'r berthynas sgwâr gwrthdro.
Graddiant = 0.0046.
$\therefore$ mae $k = \dfrac{1}{\text{graddiant}^2} = 47\,200\ \text{cm}^2\ \text{cpm}$ (cyfrif y funud)
Ac mae'r rhyngdoriad = –0.0121
$\therefore\ \varepsilon = -\dfrac{\text{rhyngdoriad}}{\text{graddiant}} = \dfrac{0.0121}{0.0046} = 2.6\ \text{cm}$

3.6 Egni niwclear

1. (a) (i) 1.4×10^{27} u
(ii) 2.5×10^{22} u
(iii) 0.000 549 u
(iv) 3.6×10^{30} u
(v) 6.75×10^{9} u
(b) (i) 9.3×10^{-26} kg
(ii) 6600 kg
(iii) 5.8×10^{-9} kg
(iv) 1.99×10^{30} kg; yr Haul
2. (a) 4.001 508 u
(b) 6.65×10^{-27} kg
3. (a) 17.6 MeV
(b) 0.155 MeV
(c) 4.27 MeV
(ch) –0.09 MeV = –90 keV
4. 3.39×10^{14} J; mae angen 400 g o ${}^{2}_{1}\text{H}$
5. (a) 6.92 MeV niwc^{-1}
(b) 8.76 MeV niwc^{-1}
(c) 7.52 MeV niwc^{-1}
(ch) 7.06 MeV niwc^{-1}
6. (a) Mae gan yr epil niwclews egni clymu mwy fesul niwcleon (ac felly hefyd gyfanswm yr egni clymu) na'r rhiant niwclews ar gyfer niwclysau trwm. (Mae'r un peth yn wir ar gyfer dadfeiliad Be-8.)
(b) Ychydig yn llai oherwydd bod egni potensial ${}^{8}_{4}\text{Be}$ fymryn yn fwy nag egni potensial y ddau niwclews ${}^{4}_{2}\text{He}$.
(c) Mae 17.7 keV o egni'n cael ei ryddhau, ond mae'r egni clymu fesul niwcleon ar gyfer ${}^{3}_{1}\text{H}$ yn fwy nag ar gyfer ${}^{3}_{2}\text{He}$.
7. Δegni clymu fesul niwcleon ~ 7.6 – 7.0
= 0.6 MeV niwc^{-1}
Mae 12 niwcleon yma
$\therefore$ Mae'r egni sy'n cael ei ryddhau ~ 12 × 0.6 ~7 MeV
8. (a) Δegni clymu fesul niwcleon ~ 0.8 MeV → mae'r egni sy'n cael ei ryddhau
= 0.8 MeV niwc^{-1} × 240 niwc = 190 MeV
(b) Màs angenrheidiol ~ 5 kg
9. (a) Dadfeiliad β^-
(b) 189 MeV
(c) Mae'r egni yn y dadfeiliadau β = 19.6 MeV
→ Canran mewn β ~ 9.4%
10. 188 MeV

4.1 Cynhwysiant

1. (a) (i) 2.8 nF
(ii) 125 nC
(iii) 2.7 μJ
(iv) 1.87 μC (gp mwyaf = 660 V)
(b) $C \propto \frac{1}{d}$; $V_{\text{mwyaf}} \propto d$
$\therefore\ Q_{\text{mwyaf}} = CV_{\text{mwyaf}}$ = cysonyn
2. (a) 17.5 pF
(b) 1.12 mF
(c) 1.68 mF
3. (a) 16.2 μC
(b) 120 kΩ
(c) 0.324 s
(ch) 6.4 μC
(d) 0.61 s
4. (a) 4.50 V
(b) 8 ms
(c) Graddiant y graff Q v t = 1.0 mA yn y tarddbwynt → R = 4.5 kΩ
(ch) 1.8 μF
5. (a) Cysonyn amser = RC. Yr unig R yw gwrthiant mewnol y cyflenwad, sy'n isel iawn.
(b) $RC = 330\ \Omega \times 1.9 \times 10^{-9}\ \text{F} = 0.495\ \mu\text{s}$
(c) (i) 1.6 V
(ii) 20 nV
(iii) 0 ($< 10^{-99}$ V)
(ch) (i) Mae C yn dadwefru'n llwyr f gwaith bob eiliad $\therefore I = Q_0 f$
(ii) 18 mA
(d) Os bydd yr amser dadwefru yn disgyn tuag at 1 μs, bydd y dadwefru yn anghyflawn $\therefore I < Q_0 f$.

(dd) Mae'r graff canlynol yn tybio bod y switsh wedi'i gysylltu â'r cysylltleoedd uchaf ac isaf am 0.5 µs, gydag amser teithio o sero rhyngddyn nhw.

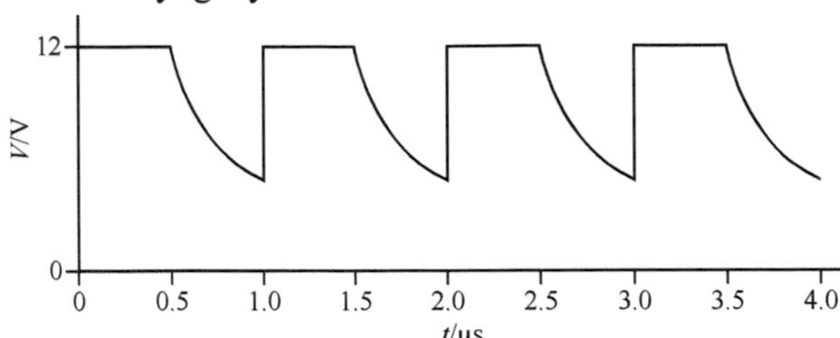

6. (a) 470 ms
   (b) $C = 2 \times$ graddiant $= 56 \pm 4$ mF
   Mae hyn yn gorgyffwrdd (o ychydig) â'r marc 47±9 mF
   ∴ Yn gyson o ychydig
   (c) (Gan ddefnyddio 470 ms) 10 × hwn yw 4700 ms (4.7 s)
   Mae'r ffracsiwn sydd ar ôl $= 2 \times 10^{-9}$
   Mae hyn yn rhy fach i'w ganfod ∴ ni fydd yn effeithio ar y canlyniad.

4.2 Meysydd grym electrostatig a meysydd disgyrchiant

1. (a) (i) 5400 V m^{-1} →
   (ii) 5.14 mm s^{-2}
   (iii) 0 (sero)
   (b) (i) $x_0 = 0.23$ m; graddiant y graff V–x yw sero
   (ii) Mae $E = -\dfrac{dV}{dx}$.

   Ar gyfer $x < x_0$, mae $\dfrac{dV}{dx} < 0$;

   ar gyfer $x > x_0$, mae $\dfrac{dV}{dx} > 0$

   (iii) Agos at fod yn unffurf gan mai llinell syth yw'r graff V–x
   (iv) Cyfanswm y wefr = (–8 + 8 – 8) nC
   = – 8 nC.
   Ar werthoedd x mawr, mae'r pellter i'r holl wefrau yn agos at x.
   (c) Mae'r cyflymiad yn lleihau i sero (yn $x = x_0$) ac yna'n dod yn negatif. Mae'r cyflymder yn cynyddu, gan ddod bron yn gyson rhwng $x = 0.2$ m a 0.3 m, ac yna'n lleihau yn raddol i sero wrth i $x \to \infty$.

2. (a) (i) $V = -\dfrac{GM}{r}$
   (ii) $V = -\dfrac{GM}{r_s}$
   (b) Ar gyfer $r < r_s$, mae $g = -\dfrac{Gm}{r^2}$, lle m yw'r màs o fewn y radiws hwn.
   $m = M \times \dfrac{r^3}{a^3}$, $\therefore g = -\dfrac{GMr}{a^3} = \dfrac{r}{a}g_a$

3. (a) $v = \sqrt{\dfrac{2GM}{r}}$
   $= \sqrt{\dfrac{2 \times 6.67 \times 10^{-11} \times 1.99 \times 10^{30}}{6.96 \times 10^{8}}}$
   $= 618$ km s^{-1}
   (b) Mae'r uchder uwchben yr arwyneb
   $= 2.32 \times 10^8$ m [Mae hyn tua ⅓ o'r radiws]
   (c) 2950 m (~ 3 km)

4.3 Orbitau a'r bydysawd ehangach

1. (a) Kepler 2. Mewn orbit eliptigol, bydd y lloeren yn symud yn gynt pan fydd yn agos at y blaned Mawrth, felly ni fydd bob amser uwchben yr un pwynt ar arwyneb y blaned.
   (b) $h = 2.05 \times 10^7$ m $- 3.37 \times 10^6$ m
   $= 1.71 \times 10^7$ m
   (c) Rhaid i'r lloeren gylchdroi uwchben cyhydedd y blaned Mawrth; ar gyfer unrhyw blân orbitol arall, ni fydd uwchben pwynt penodol ar yr arwyneb.

2. (a) $\dfrac{mv^2}{r} = \dfrac{GMm}{r^2}$ felly mae $v^2 = \dfrac{GM}{r}$

   Felly mae $E_k = \frac{1}{2}mv^2 = \frac{1}{2}m\dfrac{GM}{r}$

   Hynny yw, mae $E_k = \dfrac{GMm}{2r}$

   (b) Wrth i r leihau, mae E_k yn cynyddu
   (c) Wrth i r leihau, mae cyfanswm egni (y lloeren) yn mynd yn fwy negatif, ac felly'n lleihau! Mae hyn yn unol ag egni'n cael ei drosglwyddo, mewn gwrthdrawiadau, i ronynnau sydd y tu allan i'r lloeren.

3. (a) (i) Mae disgyrchiant yn darparu'r grym mewngyrchol.
∴ Ar gyfer corff, màs m, sy'n cylchdroi, mae $\frac{mv^2}{r} = \frac{GMm}{r^2}$.
Drwy symleiddio → $v^2 = \frac{GM}{r}$
$\therefore v = \sqrt{\frac{GM}{r}}$ QED
(ii) $\frac{v_1}{v_2} = \sqrt{\frac{r_2}{r_1}}$
(b) (i) $\frac{v_1}{v_2} = 1.75[\pm 0.08]$; $\sqrt{\frac{r_2}{r_1}} = 1.73$
(ii) Mae'r berthynas yn seiliedig ar gorff (sfferig cymesur), màs cyson, gyda chorff arall mewn orbit o'i gwmpas. Mae 2 kpc y tu mewn i 'chwydd canolog' yr alaeth, felly nid yw 'plisg' o sêr a mater baryonig arall, sydd ymhellach na 2 kpc o ganol yr alaeth, yn cyfrannu at y maes ar 2 kpc: mae màs baryonig perthnasol yr alaeth yn llawer llai ar 2 kpc nag ar 6 kpc.
(iii) $8.8\ [\pm 1.0] \times 10^{39}$ kg = $4.4\ [\pm 0.5] \times 10^{9}\ M_\odot$
(c) Mae v yn fwy ar bob gwerth r ar y llinell solet nag ar y llinell doredig, felly mae mwy o fàs ymhobman yn yr alaeth na'r màs baryonig sy'n hysbys i ni. Mae v yn cynyddu yn hytrach na lleihau gydag r, felly mae llawer mwy o fàs i'w gael yn y rhanbarthau allanol nag rydyn ni'n gwybod amdano.

4. (a) (i) $T = 2100$ o ddiwrnodau; $d = 4.99 \times 10^{11}$ m
(ii) $v_S = 9.15\ [\pm 0.05]$ m s^{-1};
$r_S = 2.64 \times 10^{8}$ m;
$r \approx d = 4.99 \times 10^{11}$ m
(b) 1.19×10^{27} kg
(c) 17.3 km s^{-1}
(ch) y blaned Iau

4.4 Meysydd magnetig

1. (a) Tuag i lawr
(b) Tuag i mewn i'r diagram
(c) Tuag i lawr
(ch) Tuag i lawr

2. (a) Nid yw'r cyfeiriad yn gyson
(b) $Bqv = mr\omega^2$. Ond mae $v = r\omega$, ∴ $Bqr\omega = mr\omega^2$
∴ Drwy symleiddio, mae: $\omega = \frac{Bq}{m}$, h.y. $f = \frac{Bq}{2\pi m}$,
sy'n annibynnol ar y buanedd.
(c) Màs = 3.01 u, ∴ naill ai ${}^{3}_{1}H^{+}$ neu ${}^{3}_{2}He^{+}$
(ch) (i) 5.0×10^{7} m s^{-1}
(ii) 39 MeV

3. (a) Y gwaelod sy'n +if; rheol llaw chwith Fleming
(b) 1.03 m s^{-1}
(c) 7.4×10^{23} m^{-3}
(ch) lled-ddargludydd [math p]

4. (a) (i) $\Delta E_k = 15$ keV
(ii) $\Delta v = 2.3 \times 10^{5}$ m s^{-1}
(iii) 345 kHz
(b) (i) 4.29 mT
(ii) 39.6 keV
(iii) 1.35×10^{8} m s^{-1}
(c) (i) Mae'r maes magnetig yn cael ei gynyddu
(ii) (Gan dybio bod 4 cyflymiad fesul lap) 300 000 o gylchdroeon
(iii) Naill ai: Mae màs proton ~ 1 GeV
∴ Mae'r egni cinetig ~1200 × yr egni màs
Neu: mae $v = \sqrt{\frac{2E_k}{m}}$
$= \sqrt{\frac{2 \times 1.2 \times 10^{12} \times 1.6 \times 10^{-19}\ \text{J}}{1.67 \times 10^{-27}\ \text{kg}}}$
$= 1.5 \times 10^{10}$ m s^{-1}
Mae hyn yn fwy na chyflymder goleuni.

5. (a)

$(I\ /\ \text{A})^{-1}$
0.238 ± 0.005
0.495 ± 0.010
0.719 ± 0.014
0.990 ± 0.020
1.250 ± 0.025

(b) Dyma roedd graff yr awdur yn ei roi (gydag l mewn m):
$m_{mwyaf} = 26.8$; $m_{lleiaf} = 23.1$
(c) ∴ Mae $m = 25.0 \pm 1.9$ [neu 25 ± 2]
Ansicrwydd = 7.6% [2 ff.y. am y tro!]
Mae $\frac{1}{I} = \frac{B}{F} \times l$, felly mae $m = \frac{B}{F}$, sy'n arwain at
$B = 0.123 \pm 0.012$ T
(ch) Mae I^{-1} yn dibynnu'n llinol ar l, fel gwnaethon ni ei ragfynegi. Mae amrediad cyfan y dwysedd fflwcs sy'n cael ei hawlio (125 ± 5 mT) o fewn yr amrediad gafodd ei ddarganfod drwy arbrawf.

6. Gyda B mewn T ac x mewn m, dyma roddodd graff yr awdur:
   Graddiant: $m_{\text{mwyaf}} = 1.21 \times 10^{-6}$; $m_{\text{lleiaf}} = 0.83 \times 10^{-6}$
   $\therefore$ Mae $m = (1.02 \pm 0.19) \times 10^{-6}$
   Rhyngdoriad: $c_{\text{mwyaf}} = -0.0008$; $c_{\text{lleiaf}} = -0.0110$
   $\therefore$ Mae $c = 0.006 \pm 0.005$
   Mae'r graddiant, $m = \dfrac{\mu_0 I}{2\pi}$, sy'n arwain at
   $\mu_0 = (4.0 \pm 0.7)\pi \times 10^{-7}$ H m^{-1}
   Mae'r rhyngdoriad = – d, felly mae $d = 6 \pm 5$ mm o dop y ffôn!

4.5 Anwythiad electromagnetig

1. (a) 46 mWb
   (b) Mae'r cysylltedd fflwcs yn gyson
   (c) 2.2×10^{-16} N, tuag at yr arsylwr
   (ch) Mae'r grymoedd ar yr electronau i'r un cyfeiriad ar yr ochrau dirgroes, $\therefore$ maen nhw'n ddirgroes i'w gilydd o amgylch yr ymyl.
2. (a) 2.8 tro-mWb
   (b) 51 V
   (c) Clocwedd, wrth edrych arno o'r chwith
3. (a) Oherwydd bod yr arwynebedd yn newid, mae newid fflwcs yn cysylltu'r gylched (=BA). Felly mae g.e.m. yn cael ei anwytho, sy'n gwneud i gerrynt lifo.
   (b) Tuag i fyny; deddf Lenz
   (c) (i) 5.56 mWb
   (ii) 77 μA
   (ch) Nid yw'r gyfradd newid fflwcs yn gyson; mae'n cynyddu
   (d) (i)

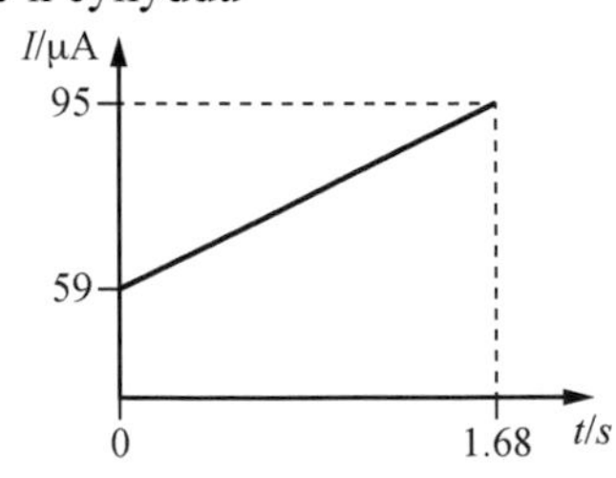

   (ii)

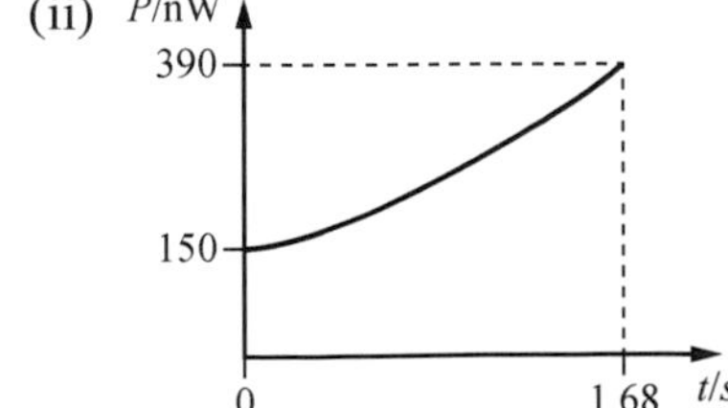

4. (a) Mae'r magnet yn cyflymu tuag i lawr. Mae'r cysylltedd fflwcs yn cynyddu (yn aflinol)
   → G.e.m. yn cynyddu: yn union cyn i'r magnet fynd i mewn i'r coil
   → (yn y coil) pan fydd y magnet yng nghanol y coil, a'r fflwcs yn gyson → g.e.m. sero
   → o dan hyn, mae'r cysylltedd fflwcs yn lleihau, gan gynhyrchu g.e.m. dirgroes. Mae'r magnet yn teithio'n gynt, felly mae'r brig yn uwch
   (b)

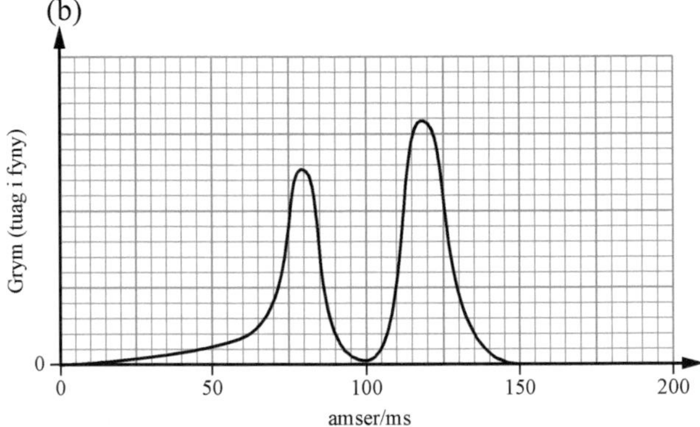

   (c) Mae $\mathcal{E}_{\text{an}} = \dfrac{\Delta(BNA)}{\Delta t}$
   $\therefore$ Mae $B = \dfrac{\mathcal{E}_{\text{an}}\Delta t}{NA} = \dfrac{\text{arwynebedd o dan y graff}}{NA}$
   Drwy gyfrif sgwariau → 3.3 mT
5. (a) Clocwedd
   (b) 15 mA

Opsiwn A Ceryntau eiledol

1. (a) 250 o droadau
   (b)

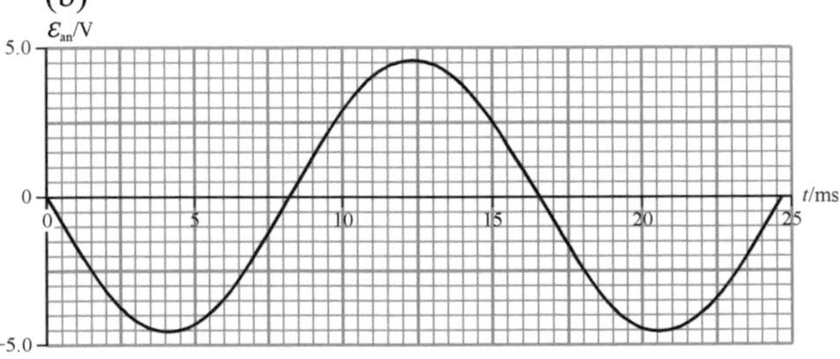

   (c) 2!
2. (a) 233 V
   (b) 15.8 A
   (c) 2610 W
   (ch) 5230 W
   (d) 0 (sero)

3. (a) (i) 11.5 V, (ii) 8.13 V, (iii) 10 kHz
   (b) 8.67 mT
   (c) (i) 10 V / rhan
       (ii) 40 μs / rhan
   (ch)

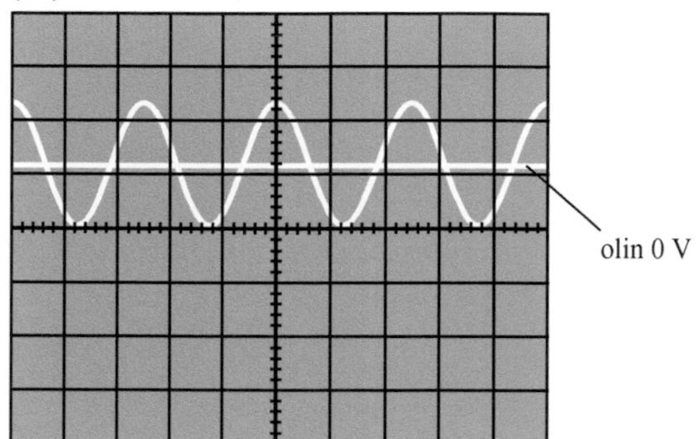

4. (a) (i) 83.1 Hz, (ii) 86.2 mA, (iii) 0.70, (iv) 3.51 V, (v) 3.51 V
   (b) (i) 60 Ω, (ii) 83.5 mA, (iii) 4.84 V,
       (iv) 4.08 V,
       (v) 2.84 V,
       (vi) Mae'r foltedd yn arwain o 14.4°
   (c) (i) – (iii) fel rhan (b), (iv) a (v) wedi'u cyfnewid
       (vi) Mae'r cerrynt yn arwain o 14.4°
5. (a) (i) $I_{\text{mwyaf}} = 1.88$ A (isc);
       $I_{\text{lleiaf}} = 0.375$ A (isc)
       (ii) $f_{0\ \text{mwyaf}} = 4.91$ kHz; $f_{0\ \text{lleiaf}} = 1.55$ kHz
       (iii) $Q_{\text{mwyaf}} = 1.35$; $Q_{\text{lleiaf}} = 0.085$
   (b) Mae $X_C = 8.16\ \Omega$ ac mae $X_L = 14.29\ \Omega$, sy'n arwain at y canlynol:
       (i) $Z = 10.1\ \Omega$
       (ii) $I_{\text{isc}} = 1.49$ A
       (iii) $V_R = 11.9$ V
       (iv) $V_L = 21.3$ V
       (v) $V_C = 12.1$ V
       (vi) Mae'r foltedd yn arwain o 37.5°
   (c) Bydd y ddau bwynt daear yn creu cylched fer naill ai i'r gwrthydd neu i'r cynhwysydd.

Opsiwn B Ffiseg feddygol

1. (a) 120 kW
   (b) 0.042%
   (c) 100 keV; 1.6×10^{-14} J
   (ch) 12.4 pm
   (d) $>3.1 \times 10^{15}$ o ffotonau s^{-1}
2. (a) $\dfrac{I(\text{meinwe + asgwrn})}{I(\text{meinwe})} = 9.2 \times 10^{-8}$
   (b) (i) 0.019
       (ii) 1.0 mW m^{-2}
3. (a) Effeithlonrwydd = 1.4×10^{-9} (1.4×10^{-7} %)
   (b) (i) 0.060 cm^{-1}
       (ii) 9.0 W m^{-2}
       (iii) 0.38 Gy mun^{-1}
       (iv) Ffactor pwysoli'r ymbelydredd = 1
       ∴ Mae'r dos cyfatebol = 0.38 Sv mun^{-1}
       (v) Gan dybio mai 0.12 yw ffactor pwysoli'r feinwe
       Mae'r amser = 66 munud
4. (a) Tabl sy'n dangos rhwystriannau acwstig:

Priodwedd	**Trwyn**	**Aer**	**Gel**	**Croen**
Z / kg m^{-2} s^{-1}	1.692×10^6	425	1.531×10^6	1.575×10^6

   O'r rhain, mae'r ffactorau adlewyrchu ar gyfer trwyn/aer ac aer/croen yn 0.999, fel ei gilydd, sy'n golygu mai dim ond 10^{-6} o'r sain gwreiddiol fydd yn treiddio i'r corff heb y gel. Gyda gel yn lle aer, 0.0025 yw adlewyrchiad trwyn/aer, a 0.0002 yw adlewyrchiadau aer/croen, sy'n golygu bod 99.7% yn treiddio i'r corff a bod 99.7% o'r egni adlewyrchol o'r tu mewn i'r corff yn treiddio'n ôl allan i'r chwiliwr uwchsain.
   (b) Mae $\Delta f = 4300$ Hz, gan dybio bod cyfeiriad llif y gwaed yr un peth â chyfeiriad yr uwchsain (neu'n ddirgroes iddo).
5. (a) $f_{8.0\ \text{T}} = 340.8$ MHz; $f_{7.5\ \text{T}} = 319.5$ MHz
   (b) Manteision: delweddu 3D; manylder uchel; gallu gwahaniaethu rhwng mathau o feinwe feddal
   Anfanteision: Cost uchel; adwaith alergaidd i'r cyfrwng cyferbynnu; amser hir i sganio; anesmwythder/clawstroffobia
   (c) Manteision: Dim pelydriad sy'n ïoneiddio/dim effeithiau carsinogenaidd; manylder uchel
   Anfanteision: Nid yw'n benodol ar gyfer canser (mae *PET* yn dangos canserau)
6. (a) *PET*/*CT*/Pelydr X – na: pelydriad sy'n ïoneiddio
   Uwchsain – ie: y benglog ddim yn calcheiddio
   MRI – ie, ond mae angen anaesthetig cyffredinol.
   (b) *MRI* – ie (y gorau): cyferbyniad da (ond araf a chlawstroffobig)
   PET – ie: cyferbyniad da, ond pelydriad sy'n ïoneiddio
   CT – yn bosibl: cyferbyniad gweddol, ond dos uchel o belydriad sy'n ïoneiddio
   Pelydr X – na: cyferbyniad gwael o ran meinwe feddal, dos uchel o belydriad sy'n ïoneiddio
   Uwchsain – na: rhaid torri darn o'r benglog i ffwrdd yn gyntaf

(c) *PET* – ie: cyferbyniad da ond pelydriad sy'n ïoneiddio, araf, drud
MRI – ie: cyferbyniad da, dim pelydriad sy'n ïoneiddio, ond araf a drud
CT – y gorau: cyferbyniad da, cyflym ond dos cymedrol o belydriad
Uwchsain – na: llawer o adlewyrchiad ar y ffin rhwng y feinwe a'r aer
Pelydr X – ie: ond pelydriad sy'n ïoneiddio a chyferbyniad gwael o ran meinwe feddal

(ch) *PET* – ie: cyferbyniad da, ond pelydriad sy'n ïoneiddio, araf, drud
MRI – ie: cyferbyniad da, dim pelydriad sy'n ïoneiddio, ond araf a drud
CT – ie: cyferbyniad da, cyflym ond dos cymedrol o belydriad
Uwchsain – y gorau: ni fydd ffiniau meinwe/aer i'w cael yn yr ardaloedd lle mae hylif, felly byddan nhw i'w gweld yn amlwg
Pelydr X – ie: ond pelydriad sy'n ïoneiddio a chyferbyniad gwael o ran meinwe feddal

(d) Pelydr X – ie: y cyflymaf a'r rhataf
PET – gweddol: cyferbyniad da, ond pelydriad sy'n ïoneiddio, araf a drud
MRI – yn bosibl: araf a drud
CT – ie: cyferbyniad da, cyflym ond dos cymedrol o belydriad sy'n ïoneiddio
Uwchsain – yn bosibl: ond cydraniad gwael ac yn cymryd mwy o amser

Opsiwn C Ffiseg chwaraeon

1. (a) Mae'r momentwm onglaidd ($I\omega$) yn gyson. Mae moment inertia y siâp safle cwrcwd yn llai, felly mae'r buanedd onglaidd yn fwy.
   (b) Mae'n cyflymu yn ôl ffactor o 2.7
2. (a) 17.37 m s^{-1}
   DS: nid yw'n bosibl cyfiawnhau 4 ffigur mewn gwirionedd.
   (b) 97%
   (c) 0.69 m s^{-2}
   (ch) 1.05 rad s^{-2}
3. (a) 1.2×10^{-4} kg m^2 (1200 g cm^2)
   (b) 0.0126 N m
   (c) 1.67 J
4. (a) 7.75 m s^{-1}
   (b) 38 W
5. Fel bod cyfanswm y momentwm onglaidd yn sero – er mwyn osgoi rhoi trorym dirgroes ar y drôn.
6. (a) 16.5 m (i 3 ff.y.)
   (b) Bydd, yn ôl 2.2 m (i 18.7 m)
   (c) Er bod y pwysau'n treulio llai o amser yn yr aer, mae cydran lorweddol y cyflymder yn fwy, a dyma sy'n cael yr effaith fwyaf.

Opsiwn CH Egni a'r amgylchedd

1. 207 K = – 66 °C
2. 1.4×10^{-5} m = 14 μm
3. (a) 39.4 J m^{-3}
   (b) 31 500 m^3 s^{-1}
   (c) 496 kW
   (ch) 1.23 m
   DS. mae ρr^2 = cysonyn
4. Mae methan yn nwy tŷ gwydr, felly mae'n creu adborth positif o ran cynhesu byd-eang. Yn yr un modd, mae iâ sy'n ymdoddi yn yr Arctig yn cynyddu ffracsiwn y pelydriad solar sy'n cael ei amsugno.
5. (a) Buanedd y llif = 48.52 m s^{-1}
   Pŵer gaiff ei drosglwyddo = 44.86 MW
   (b) Er mwyn echdynnu pŵer, mae'n rhaid i'r dŵr wneud gwaith ar dyrbin, gan leihau'r gyfradd llifo, a drwy hynny y pŵer sy'n cael ei drosglwyddo.
   (c) (i) 13.82 MW
   (ii) 75%
6. (a)

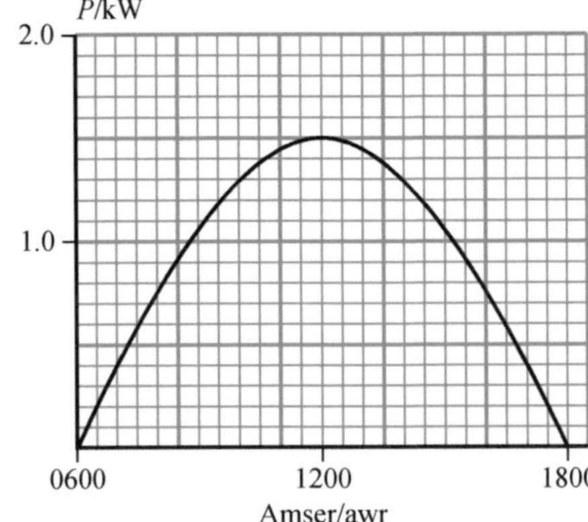

   (b) (Amcangyfrif yr awdur) 11.4 kW awr
   (c) Mae llai o bŵer yng ngolau'r haul yn agos at adeg y wawr a'r machlud oherwydd y pellter teithio hirach drwy'r atmosffer.
7. (a) Cyfradd colli gwres = 628 kW
   Cyfradd y gostyngiad yn y tymheredd = 0.29 °C s^{-1}
   (b) 314 W a 0.14 °C s^{-1}. Maen nhw wedi haneru oherwydd bod y gyfradd colli gwres mewn cyfrannedd â'r gwahaniaeth tymheredd rhwng y dŵr yn y sffêr a'r dŵr amgylchynol.

(c) Mae'r cwestiwn yn gofyn am graff braslun. Dyma graff manwl:

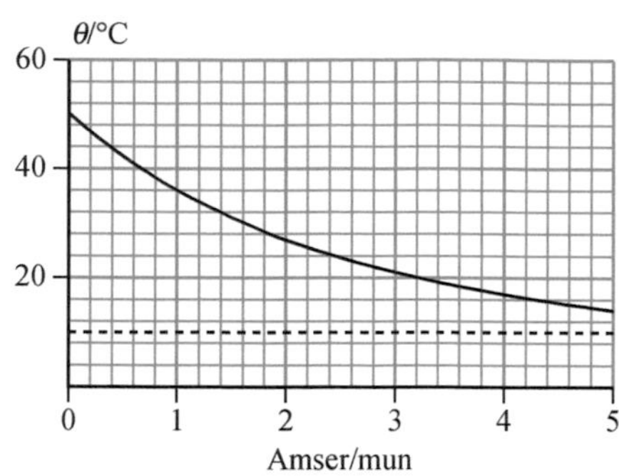

Mae'n ddadfeiliad esbonyddol i lawr hyd at 10°C oherwydd bod y gyfradd colli gwres, ac felly hefyd gyfradd gostwng y tymheredd, mewn cyfrannedd â'r tymheredd uwchlaw 10°C. [Mae hanner oes $\Delta\theta \sim 1.6$ munud]

5 Yr arholiad ymarferol

1. 28 ± 2 N m^{-1}
2. (a) Y màs sy'n gwneud y cyfraniad lleiaf gan fod $p_m = \frac{0.01}{95.57}$, sydd â'r gwerth lleiaf; y trwch sy'n gwneud y cyfraniad mwyaf gan fod $p_t = \frac{0.1}{3.05}$, sydd yn fwy nag unrhyw un o'r lleill.

   (b) $p_l = 0.22\%$; $p_w = 0.37\%$; $p_t = 3.2(8)\%$; $p_m = 0.01\%$

   (c) $\rho = 2.5 \pm 0.1$ g cm^{-3}
3. Cyfres: $R_{mwyaf} = 30.3\ \Omega$, $R_{lleiaf} = 29.7\ \Omega$, $\therefore R = 30.0 \pm 0.3\ \Omega$

   Paralel: $R_{mwyaf} = 3.367\ \Omega$, $R_{lleiaf} = 3.300\ \Omega$, $\therefore R = 3.33 \pm 0.03\ \Omega$

   [Ydych chi'n gallu gweld y ffordd syml o wneud hyn?]
4. (a)

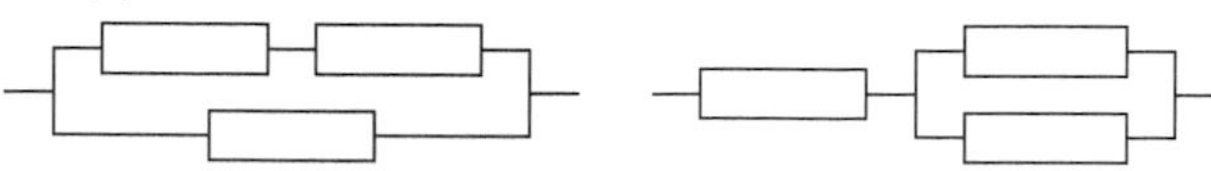

   (b) Mae gan graff o (V/V) yn erbyn (I/A) raddiant o –0.45 a rhyngdoriad o 3.16 ar yr echelin V ∴ 0.45 Ω yw'r gwrthiant mewnol, a 3.16 V yw'r g.e.m.

   (c) Mae dileu I o $V = E - Ir$ ac $I = \frac{E}{R+r}$ yn arwain at $\frac{1}{V} = \frac{1}{E} + \frac{r}{ER}$

   (ch) Llinell syth, graddiant 0.143 a rhyngdoriad 0.317 ar yr echelin $\frac{1}{V}$, yw graff o $\frac{1}{V}$ yn erbyn $\frac{1}{R}$.

   ∴ Mae $E = \frac{1}{0.317} = 3.15$ V ac mae

   $0.317r = 0.143$ ∴ mae $r = 0.45\ \Omega$

   (d) Roedd y gwasgariad yn y canlyniadau yn llawer llai na'r 1% oedd i'w ddisgwyl – roedd y canlyniadau'n rhy dda!
5. (a) 0.866 ± 0.010 s

   (b) 0.864 ± 0.010 s

   (c) Mae dull myfyriwr B yn gynt ac (os na fydd yn gwneud unrhyw gamgymeriadau, e.e. wrth gyfrifo) mae llawn cystal. Mae'r cyfeiliornadau o ran dechrau a stopio yn llai. Mae dull myfyriwr A yn caniatáu iddo amcangyfrif yr ansicrwydd o wasgariad y canlyniadau – nid yw dull B yn caniatáu hyn.
6. Mae gan graff yr awdur o ln (y/m) yn erbyn ln (l/m) raddiant o 3.00 a rhyngdoriad o –4.36 ar yr echelin ln y. Felly, mae $n = 3.00$ ac mae $\ln(A/\text{m}^{-2}) = -4.34$, felly mae $A = 0.0130$ m^{-2}
7. (a) Gan gymryd logiau:

   mae $\ln y = \ln\left(\frac{mg}{4Eab^3}\right) + 3\ln l$

   Felly mae'r graddiant yn gywir ac

   $\ln\left(\frac{mg}{4Eab^3}\right)$ yw'r rhyngdoriad.

   (b) (i) Plotio graff o y yn erbyn l^3 – dylai hwn fod yn llinell syth (drwy'r tarddbwynt). [Sylwch: Mae graffiau eraill yn bosibl, e.e. $\sqrt{y}$ *yn erbyn* $l^{\frac{3}{2}}$.]

   Graddiant $= \frac{mg}{4Eab^3}$, felly mae angen mesur y graddiant a'i gymhwyso:

   ∴ Mae $E = \frac{mg}{4ab^3 \times \text{graddiant}}$

   (ii) [Gweler graff yr awdur ar y dudalen nesaf.]

   (iii) Graddiant $= 0.0131 \pm 0.0003$ (m^{-2})

   (iv) $(1.47 \pm 0.05) \times 10^{10}$ Pa

(v) Yr ansicrwydd canrannol yn y graddiant (2.3%) sy'n gwneud y cyfraniad mwyaf i'r ansicrwydd cyffredinol (3.4%), felly mesuriad y gostyngiad yw prif ffynhonnell yr ansicrwydd.

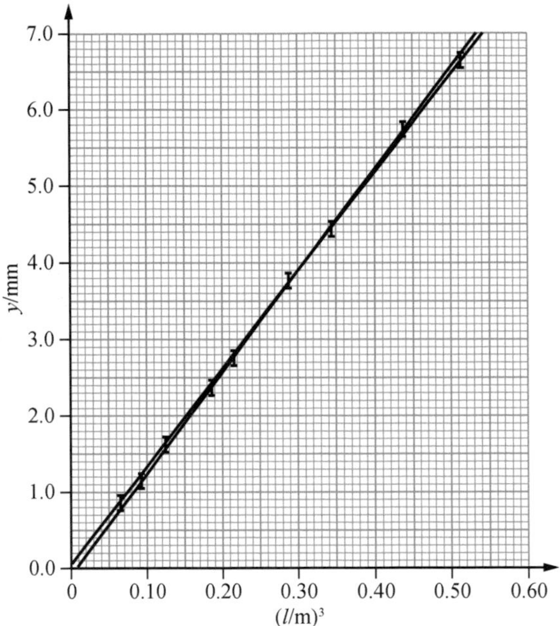

M Mathemateg a data

1. T^2 yn erbyn a^3, T yn erbyn $a^{\frac{3}{2}}$, $T^{\frac{2}{3}}$ yn erbyn a....
2. (a) Graddiant = $\frac{3}{2}$; rhyngdoriad = –16.3
   (b) Graddiant = 6.82×10^{-15}; rhyngdoriad = 0
   (c) Graddiant = 30.2; rhyngdoriad = 0
   Mae hwn yn anodd, felly mae'r gwaith cyfrifo yn cael ei roi.
   Mae $T = \frac{2\pi}{\sqrt{GM}} r^{\frac{3}{2}}$
   Drwy fewnbynnu gwerthoedd π, G ac M cawn fod:
   $(T/\text{s}) = 8.2577 \times 10^{-8}(r/\text{m})^{\frac{3}{2}}$
   Drwy drosi i ddiwrnodau, cawn fod: 1 diwrnod = 86 400 s
   $(T/\text{diwrnod}) = \frac{8.2577 \times 10^{-8}}{86\,400}(r/\text{m})^{\frac{3}{2}}$
   $= 9.5575 \times 10^{-13}(r/\text{m})^{\frac{3}{2}}$
   Mae trosi i r mewn 10^6 km (h.y. 10^9 m) yn rhoi
   $(T/\text{diwrnod}) = 9.5575 \times 10^{-13}(10^9\, r/10^6\,\text{km})^{\frac{3}{2}}$
   $= 9.5575 \times 10^{-13} \times (10^9)^{1.5}(r/10^6\,\text{km})^{\frac{3}{2}}$
   $= 30.2(r/10^6\,\text{km})^{\frac{3}{2}}$
   Felly 30.2 yw'r graddiant
3. (a) $A = 5.0$ cm; $f = 3.0$ Hz; $T = 0.33$ s ; $\omega = 6\pi$ rad s^{-1}= 18.8 rad s^{-1}
   (b) 2.70 cm [cofiwch y modd radianau]
   (c) $x = -3.17$ cm; $v = 72.9$ cm s^{-1}; $a = 11.3$ m s^{-2}
   (ch) $v = \pm\ 56.5$ cm s^{-1}
4. (a) $\lambda = 0.0524$ awr^{-1} = 1.456×10^{-5} s^{-1}
   (b) 8.77 GBq
   (c) $A = 1.32$ MBq; $N = 9.0 \times 10^{10}$
5. (a) $(x/\text{cm}) = 10\cos(8\pi(t/s))$ [$x = 10\cos 8\pi t$]
   (b) $(v/\text{cm s}^{-1}) = -80\pi\sin(8\pi(t/s))$ [$v = -80\pi\sin 8\pi t$]
   (c) $E_{\text{k mwyaf}} = 0.63$ J
   (ch)

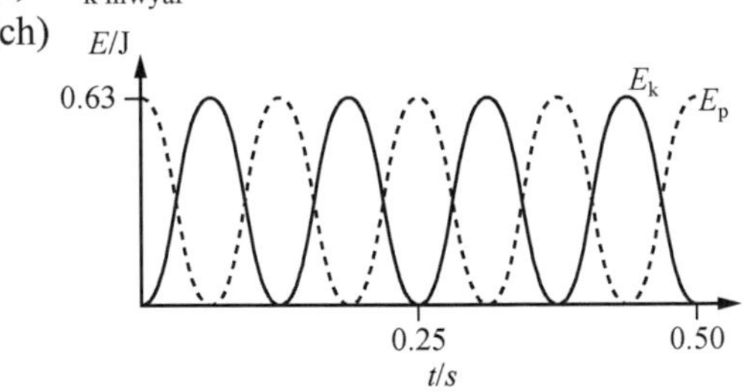

6. 12 diwrnod: **A** – 1 rhan o 16; **B** – chwarter

Atebion i'r cwestiynau ymarfer

① Mae corff yn mynd drwy fudiant harmonig syml os yw ei gyflymiad bob amser wedi'i gyfeirio at bwynt sefydlog ac mewn cyfrannedd â'i bellter oddi wrth y pwynt hwnnw. Y cyfnod yw'r amser ar gyfer 1 gylchred o'r mudiant. Osgled y mudiant yw pellter mwyaf y corff o'r pwynt canolog.

Sylwadau

Byddai'n well diffinio'r cyfnod fel y cyfwng byrraf rhwng yr amserau pan mae'r corff yn yr un safle ac yn symud gyda'r un cyflymder [h.y. yr un buanedd i'r un cyfeiriad].

②

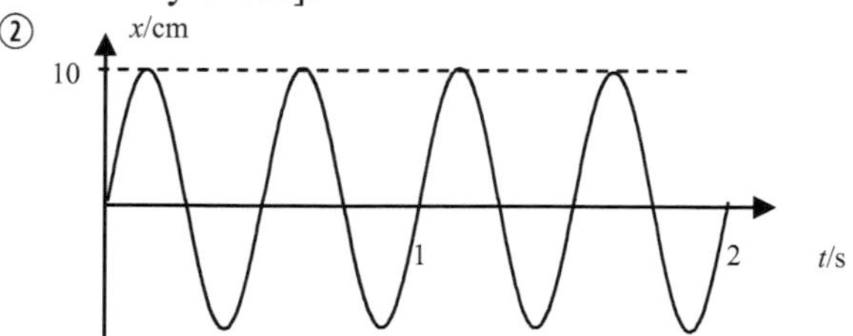

Sylwadau

Ni fydd graff braslun wedi cael ei blotio'n fanwl gywir o reidrwydd, ond yn aml bydd angen gwybodaeth rifiadol. Rhaid labelu'r echelinau, a rhoi unedau iddynt – ond peidiwch â rhoi graddfeydd manwl gywir. Yn yr achos hwn, 10 cm yw'r osgled, felly rhaid labelu hyn ar yr echelin x. Y cyfnod yw 0.5 s, felly rhaid cynnwys y wybodaeth honno ar yr echelin t. Nid oes rhaid llunio'r gromlin sin yn fanwl gywir, ond mae angen iddi fod yn hawdd ei hadnabod – mae'n help os ydych chi'n nodi'r mannau lle mae'n croesi'r echelin [0, 0.25, 0.5 ... s].

③ Mae system sy'n gallu osgiliadu yn mynd drwy osgiliadau rhydd os caiff ei dadleoli ac yna'i rhyddhau. Yr enw ar amledd yr osgiliadau rhydd yw amledd naturiol y system. Mae osgiliadau gorfod yn digwydd os oes grym gyrru cyfnodol yn cael ei roi ar y system – yn yr achos hwn, mae'r system yn osgiliadu gydag amledd y grym gyrru.

④

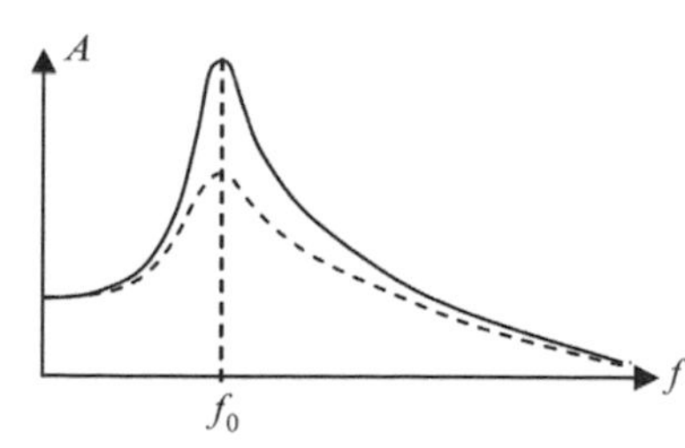

Sylwadau

Yr unig nodwedd ddiddorol yw amledd y brig, sef yr amledd cyseinio. Mewn gwirionedd, mae gwerth hwn fymryn yn llai na'r amledd naturiol, ond gallwn ni anwybyddu'r gwahaniaeth hwn gan ei fod mor fach. Dylai'r ail gromlin feddu ar yr un osgled ar amleddau isel iawn; dylai'r brig fod yn yr un lle [neu ar amledd fymryn bach yn is]; dylai fod o dan y gromlin gyntaf ar bob amledd; a dylai fod ganddi yr un siâp.

⑤ Mae swm fectorau momenta'r cyrff mewn system yn aros yn gyson, os nad oes unrhyw rym allanol cydeffaith yn gweithredu ar y system.

Ateb arall

Ar gyfer unrhyw ryngweithiad rhwng cyrff, mae cyfanswm momentwm y cyrff yn aros yn gyson, os nad oes unrhyw rym allanol cydeffaith yn gweithredu ar y system.

Sylwadau

Fel arfer, bydd yr arholwr yn anwybyddu'r defnydd o 'swm fectorau' yn lle 'swm' ar ei ben ei hun: mae momentwm yn fesur fector, felly dim ond fel fector y gallwn ni ei symio.

Yn yr un modd, rydyn ni'n tybio bod 'cyfanswm momentwm' yn awgrymu swm [fectorau] y momenta. Ni fyddai ysgrifennu 'os nad oes unrhyw rymoedd allanol' yn lle 'unrhyw rym allanol cydeffaith' yn ateb cystal, ond caiff ei dderbyn fel arfer.

⑥ Dyma nifer y gronynnau fesul mol o'r sylwedd, sef nifer yr atomau mewn 12 g yn union o garbon-12 – tua 6.0×10^{23}.

Sylwadau

Mae'n syniad da mynd ymlaen i esbonio ystyr mol, er nad yw'r cwestiwn yn gofyn am hynny'n benodol.

⑦ ΔU – dyma'r newid yn egni mewnol y system.

Q – dyma'r gwres sy'n llifo i mewn i'r system [o'r amgylchedd]

W – dyma'r gwaith sy'n cael ei wneud gan y system [ar yr amgylchedd]

Sylwadau

'Drwy ddiffiniad, mae 'newid' yn bositif os oes cynnydd. Yn gyffredinol, 'gwerth terfynol – gwerth cychwynnol' yw'r newid mewn mesur, h.y. mae $\Delta U = U_2 - U_1$. Mae ymgeiswyr yn aml yn gwneud y camgymeriad o ysgrifennu 'llif y gwres i mewn i'r system neu allan ohoni'. Mae hyn yn anghywir. Drwy ysgrifennu'r hafaliad yn y ffordd hon, mae'n rhaid i Q, yn algebraidd, olygu'r llif i mewn i'r system, e.e. pe bai 10 kJ o wres yn llifo allan o'r system, yna byddai Q yn –10 kJ ac nid +10 kJ. Yn yr un modd, os yw nwy yn cael ei gywasgu, mae'n gwneud swm negatif o waith ar yr amgylchedd.

⑧ Mae'r cynnydd yn y tymheredd, ΔT, pan fydd sylwedd, màs m, yn cael ei wresogi gan Q yn cael ei roi gan $Q = mc\Delta T$. Y mesur c yw'r cynhwysedd gwres sbesiffig. Mae'r gosodiad yn dweud ei bod yn cymryd 4200 J o wres fesul kg o ddŵr i godi ei dymheredd 1 K.

Sylwadau

Mae hafaliad yn ffordd dda o ddiffinio mesur – os caiff pob term yn yr hafaliad ei ddiffinio.

⑨ Mae trydedd ddeddf Kepler yn datgan bod sgwâr cyfnod yr orbit mewn cyfrannedd â chiwb radiws yr orbit.

Ystyriwch blaned, màs m, mewn orbit o amgylch seren, màs M, lle mae $M \gg m$, ar bellter o r. Mae'r grym disgyrchiant, F, ar y blaned yn cael ei roi gan:

$$F = \frac{GMm}{r^2}.$$

F sy'n darparu'r grym mewngyrchol,

$$mr\omega^2 = mr\left(\frac{2\pi}{T}\right)^2, \text{ h.y. mae } \frac{GMm}{r^2} = mr\left(\frac{2\pi}{T}\right)^2$$

Drwy rannu ag m ac aildrefnu, cawn fod:

$$T^2 = r^3 \times \frac{4\pi^2}{GM},$$

h.y. mae $T^2 \propto r^3$, fel sy'n ofynnol.

Sylwadau

Yn fanwl gywir, mae trydedd ddeddf Kepler yn cyfeirio at yr hanner echelin hwyaf, yn hytrach na'r radiws, ond byddai'r ateb uchod yn cael ei dderbyn.

⑩

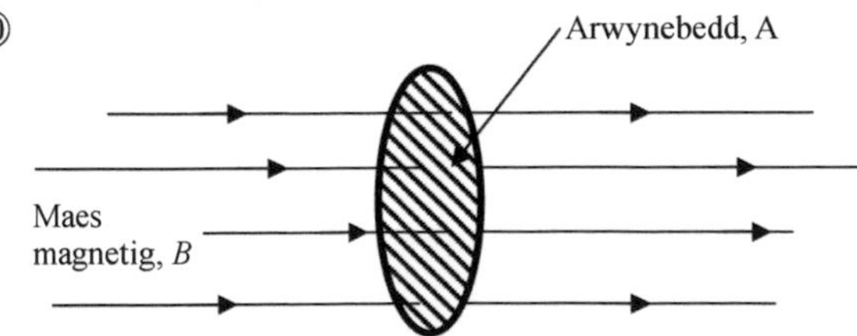

Mae'r fflwcs magnetig, Φ, sy'n cysylltu'r gylched, yn cael ei ddiffinio gan $\Phi = BA$.

⑪ A yw **actifedd** defnydd ymbelydrol, sef nifer y dadfeiliadau ymbelydrol fesul uned amser. Ei uned yw'r becquerel – Bq.

N yw nifer y niwclysau sydd heb ddadfeilio yn y defnydd ymbelydrol. Rhif yw hwn, ac nid oes ganddo uned.

Y symbol λ yw **cysonyn dadfeilio'r** defnydd. Ei uned yw s^{-1}.

Sylwadau

Byddai'r uned s^{-1} yn dderbyniol yn lle Bq fel yr uned actifedd.

Cwestiynau i roi prawf ar ddealltwriaeth

⑫ Mae $p = mv$, felly uned p yw kg × m s^{-1}, h.y. kg m s^{-1}.

Mae $p = \frac{h}{\lambda}$: Uned h yw J s = kg $m^2 s^{-2}$ × s
= kg $m^2 s^{-1}$

Uned λ yw m.

Felly mae uned $p = \frac{\text{kg m}^2\text{ s}^{-1}}{\text{m}} = \text{kg m s}^{-1}$, sydd yr un peth.

Sylwadau

Gyda chwestiynau 'dangoswch fod', dylech chi egluro ystyr eich gwaith cyfrifo bob amser, a llenwi'r holl gamau. Mae'r ateb hwn wedi defnyddio'r ffaith fod joule yn gywerth â kg $m^2 s^{-2}$. Os nad ydych chi'n hyderus am hyn, cyfrifwch ef drwy ddefnyddio:

$$W = Fd \text{ ac } F = ma.$$

⑬ (a) Mae'r buanedd yr un peth, felly mae egni cinetig y blaned yn gyson. Gan fod egni'n cael ei gadw, mae hyn yn golygu bod egni potensial disgyrchiant y blaned yn gyson, ac felly mae'n rhaid ei bod bob amser ar yr un pellter oddi wrth y seren.

(b) (i) Buanedd onglaidd = $\frac{\text{buanedd ar hyd yr orbit}}{\text{radiws}}$

$$= \frac{5 \times 10^4 \text{ m s}^{-1}}{8 \times 10^{10}\text{ m}} = 6.3 \times 10^{-7} \text{ rad s}^{-1}$$

(ii) Cyfnod orbitol, $T = \frac{2\pi}{\omega} = \frac{2\pi}{6.3 \times 10^{-7}}$

$= 1 \times 10^7$ s.

(iii) Amledd orbitol $= \frac{1}{T} = 1 \times 10^{-7}$ Hz

(iv) Cyflymiad mewngyrchol

$$= \frac{v^2}{r} = \frac{(5 \times 10^4)^2}{8 \times 10^{10}} = 0.031 \text{ m s}^{-2}$$

(c) Cyflymiad mewngyrchol
= cryfder y maes disgyrchiant

Felly mae $0.031 \text{ m s}^{-2} = \frac{GM}{r^2}$

Felly mae $M = \frac{0.031 \times (8 \times 10^{10})^2}{6.67 \times 10^{-11}}$

$= 3.0 \times 10^{30}$ kg

⑭ Hafaliad y graff yw
$F = -kx$, lle mae $k = 5 \text{ N cm}^{-1} = 500 \text{ N m}^{-1}$.

Felly mae'r cyflymiad $a = \frac{F}{m} = -250\,x$. Cymharwch hyn ag $a = -\omega^2 x$, sef yr hafaliad ar gyfer mudiant harmonig syml. Felly, mae'r mudiant dilynol yn fudiant harmonig syml gydag osgled o 10.0 cm ac $\omega = \sqrt{250} = 15.8 \text{ s}^{-1}$.

Dyma'r hafaliad ar gyfer mhs sydd â chyflymder cychwynnol o sero:
$x = A\cos(\omega t)$, felly, yn yr achos hwn, mae
$x = 10.0\cos(15.8t)$, lle mae x mewn cm a t mewn eiliadau.
Pan mae $t = 1.5$ s, mae $x = 10.0 \times \cos 23.7 = 1.38$ cm.
Mae'r cyflymder, v, yn cael ei roi gan $v = -A\omega\sin(\omega t)$
$= -158\sin 23.7 = -156 \text{ cm s}^{-1} = -1.56 \text{ m s}^{-1}$.

Sylwadau

Ar gyfer pob cyfrifiad sy'n cynnwys osgiliadau, mae'n bwysig bod y gyfrifiannell yn y modd 'rad' (radianau), ac nid 'deg' (graddau).

⑮ (a) Mae M_1 ac M_2 yn cyfeirio at fasau dau wrthrych pwynt [h.y. rhai sy'n fach iawn o gymharu â'r pellter rhyngddynt nhw]. F yw'r grym atyniad rhwng y gwrthrychau, r yw eu gwahaniad, ac G yw'r cysonyn disgyrchiant cyffredinol.

(b) Mae'r grym mewngyrchol ar y Lleuad

$= M_{\text{Lleuad}}\, r\left(\frac{2\pi}{T}\right)^2$

Felly mae $\frac{GM_{\text{Daear}}M_{\text{Lleuad}}}{r^2} = M_{\text{Lleuad}}\, r\left(\frac{2\pi}{T}\right)^2$

Drwy ddileu M_{Lleuad} ac aildrefnu, mae:

$M_{\text{Daear}} = \frac{4\pi^2 r^3}{GT^2}$

$= \frac{4\pi^2 \times (384\,000 \times 10^3)^3}{6.67 \times 10^{-11} \times (27.3 \times 24 \times 3600)^2}$

$= 6.02 \times 10^{24}$ kg

(c) O ddeddf disgyrchiant Newton, mae

$g = \frac{GM_{\text{Daear}}}{r^2}$,

lle mae r = radiws y Ddaear.

Felly mae $M_{\text{Daear}} = \frac{9.81 \times (6370 \times 10^3)^2}{6.67 \times 10^{-11}}$

$= 5.97 \times 10^{24}$ kg.

(ch) Ar gyfer gwrthrych sfferig cymesur, mae'r maes disgyrchiant y tu allan i'r gwrthrych yr un peth â phe bai holl fàs y gwrthrych wedi'i grynhoi mewn pwynt yn y canol. Felly, yn (b) ac (c), gallwn ni drin y Ddaear fel màs pwynt. Mae'r Lleuad yn eithaf bach o gymharu â'i phellter o'r Ddaear, felly gallwn ni ei hystyried yn fàs pwynt at bwrpas y cyfrifiad yn (b).

Sylwadau

Mae'n annhebygol y bydd yr arholwr yn gofyn i chi adnabod y gwrthrychau fel masau pwynt yn rhan (a). Dylech chi astudio'r ateb i ran (ch) yn ofalus.

⑯ (a) Màs yr asteroid = dwysedd × cyfaint
$= 2500 \times \frac{4}{3}\pi \times 25^3$
$= 1.64 \times 10^8$ kg

EC yr asteroid $= \frac{1}{2} \times 1.64 \times 10^8 \times 1000^2$
$= 8.2 \times 10^{13}$ J

(b) (i) Potensial oherwydd y Lleuad

$= -\frac{GM}{r} = -\frac{6.67 \times 10^{-11} \times 7.35 \times 10^{22}}{1.74 \times 10^6}$

$= -2.82 \times 10^6 \text{ J kg}^{-1}$

(ii) Potensial oherwydd y Ddaear

$= -\frac{GM}{r} = -\frac{6.67 \times 10^{-11} \times 5.97 \times 10^{24}}{3.84 \times 10^8}$

$= -1.04 \times 10^6 \text{ J kg}^{-1}$

(c) Cyfanswm yr egni = egni cinetig cychwynnol
$= 8.2 \times 10^{13}$ J

Cyfanswm yr egni potensial wrth wrthdaro
$= -(2.82 + 1.04) \times 10^6 \times 1.64 \times 10^8$ J
$= -6.33 \times 10^{14}$ J

Cyfanswm yr EP wrth wrthdaro + EC wrth wrthdaro
$= 8.2 \times 10^{13}$ J

$\therefore$ EC wrth wrthdaro $= 8.2 \times 10^{13} + 6.33 \times 10^{14}$ J
$= 7.15 \times 10^{14}$ J

[Sylwch fod hyn, yn fras, yn gywerth â 150 000 tunnell fetrig o *TNT*.]

⑰ Yn gyntaf, cyfrifwch wrthiant y cloc:

$$R = \frac{V}{I} = \frac{3.3}{1.0 \times 10^{-6}} = 3.3 \times 10^6\ \Omega.$$

Hafaliad dadfeiliad y cynhwysydd: $Q = Q_0 e^{-t/RC}$,
Drwy rannu ag C a chofio bod $V = Q/C$, mae:
$V = V_0 e^{-t/RC}$ gyda $V = 1.3$ V a $V_0 = 3.3$ V
Drwy gymryd logiau, mae: $\ln V = \ln V_0 - \frac{t}{RC}$, felly mae
$\ln 1.3 = \ln 3.3 - \frac{t}{3.3 \times 10^6 \times 0.2}$

h.y. mae $t = 3.3 \times 10^6 \times 0.2 \times (1.194 - 0.262)$
$= 615\,000$ s = 170 awr (i 2 ff.y.)

Sylwadau

Dull arall fyddai cyfrifo'r wefr, Q, pan oedd y foltedd yn 3.3 V ac yn 1.3 V, ac yna defnyddio $Q = Q_0 e^{-t/RC}$ yn uniongyrchol.

⑱ (a) Caiff cynhwysiant ei ddiffinio gan $C = \frac{Q}{V}$.

Felly, mae $\frac{1}{2}CV^2 = \frac{1}{2}\frac{Q}{V}V^2 = \frac{1}{2}QV$.

Caiff V ei ddiffinio gan $V = \frac{W}{Q}$, felly mae'r folt yn gywerth â J C^{-1}; yr uned C sydd gan Q. Felly mae uned $\frac{1}{2}QV$ = C J C^{-1} = J, sef uned egni mewnol. *QED*.

(b) (i) $U = \frac{1}{2}CV^2 = \frac{1}{2} \times 5 \times 3^2 = = 22.5$ J.

(ii) Pan gaiff yr ail gynhwysydd ei osod ar draws y cyntaf, bydd gwefr yn cael ei throsglwyddo nes bod y gpau yn hafal. Gan fod y ddau gynhwysiant yn hafal, bydd gan bob cynhwysydd hanner y wefr gyfan, ac felly 1.5 V fydd y gp ar draws bob un. Mae cyfanswm yr egni mewnol $= \frac{1}{2} \times 5 \times 1.5^2 + \frac{1}{2} \times 5 \times 1.5^2 = 5.625 + 5.625 = 11.25$ J

(iii) Mae hanner yr egni cychwynnol wedi cael ei golli o'r cynwysyddion. Gallai gael ei golli ar ffurf: gwresogi yn y gwifrau cysylltu, pelydriad e-m wedi'i allyrru o wreichionyn wrth wneud y cysylltiad, tonnau radio yn cael eu hallyrru gan yr ymchwydd sydyn yn y cerrynt.

Cwestiynau dadansoddi data

⑲ (a) Ar gyfer y rhwng 0.6 m a 0.3 m, mae T fwy neu lai yn gyson [ar 1.90 s]. Ar gyfer gwerthoedd eithafol y, mae'r cyfnod yn fwy, ond mae'r gwahaniaeth yn fach iawn [er ei fod yn fwy na'r ansicrwydd].

Mae'r hafaliad yn cyd-fynd â hyn: oherwydd yr y ar waelod y ffracsiwn, dylai gwerthoedd y bach roi gwerthoedd T mawr; oherwydd yr y^2 ar ran uchaf y ffracsiwn, dylai gwerthoedd y mawr roi gwerthoedd T mawr.

(b) Sgwario'r hafaliad: $T^2 = 4\pi^2 \frac{k^2 + y^2}{gy}$

Lluosi ag y: $yT^2 = 4\pi^2 \frac{k^2 + y^2}{g}$

Felly mae $yT^2 = \frac{4\pi^2}{g}y^2 + \frac{4\pi^2 k^2}{g}$

Drwy gymharu hyn â'r berthynas llinell syth $y = mx + c$, mae hyn yn dangos y dylai graff o yT^2 yn erbyn y^2 fod yn llinell syth, gyda graddiant $\frac{4\pi^2}{g}$ a rhyngdoriad $\frac{4\pi^2 k^2}{g}$ ar yr echelin yT^2.

(c)

$(y/\text{m})^2$	$(y\,T^2/\text{m s}^2)$
0.490 ± 0.004	2.74 ± 0.15
0.360 ± 0.004	2.14 ± 0.12
0.250 ± 0.003	1.81 ± 0.11
0.160 ± 0.002	1.40 ± 0.09
0.090 ± 0.002	1.12 ± 0.07
0.040 ± 0.001	0.92 ± 0.06

(ch)

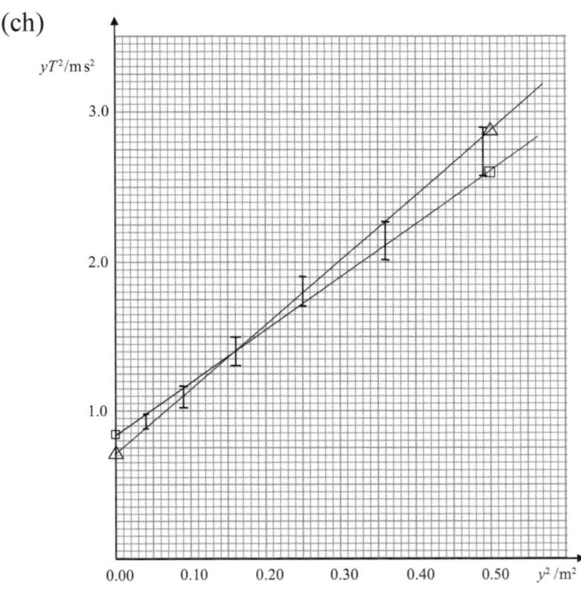

(d) Graddiant y llinell fwyaf serth [gweler y Δau ar y graff] $= \frac{2.87 - 0.70 \text{ m s}^2}{0.500 \text{ m}^2} = 4.34 \text{ m}^{-1} \text{ s}^2$

Graddiant y llinell leiaf serth

$= \frac{2.60 - 0.83 \text{ m s}^2}{0.500 \text{ m}^2}$

$= 3.54 \text{ m}^{-1} \text{ s}^2$

Felly, mae graddiant y llinell ffit orau

$= 3.94 \pm 0.40 \text{ m}^{-1} \text{ s}^2$ [h.y. ansicrwydd o 10%]

Graddiant $= \frac{4\pi^2}{g}$, felly mae $g = \frac{4\pi^2}{\text{graddiant}}$

$= 10 \pm 1 \text{ m s}^{-2}$.

Rhyngdoriad $= \frac{0.83 + 0.70}{2} \pm \frac{0.83 - 0.70}{2} \text{ m}^{-1} \text{ s}^2$

$= 0.77 \pm 0.07 \text{ m}^{-1} \text{ s}^2$, h.y. ansicrwydd o 9%.

Rhyngdoriad = graddiant × k^2

Felly mae $k^2 = 0.194 \pm 19\% \text{ m}^2$

Felly mae $k = 0.44 \pm 10\%$, h.y. $0.44 \pm 0.04 \text{ m}^2$.

Sylwadau

(a) Mae hwn yn batrwm anodd i'w ddadansoddi oherwydd y gwasgariad yn y canlyniadau. Mae cynnydd bach i'w weld yn T ar ddau ben y data. Dydy hi ddim yn debygol y byddai unrhyw arholwr yn bod mor gas â hyn!

(b) Mae hon yn driniaeth safonol.

(c) Nid yw hwn yn hawdd. Dyma'r dull, gan ddefnyddio'r pâr cyntaf o bwyntiau data yn enghraifft:

$yT^2 = 0.700 \times 1.98^2 = 2.74 \text{ m s}^2$

ansicrwydd % yn $y = \frac{0.003}{0.700} \times 100 = 0.43\%$

ansicrwydd % yn $T = \frac{0.05}{1.98} \times 100 = 2.53\%$

Felly, yr ansicrwydd % yn $T^2 = 5.06\%$

Felly, yr ansicrwydd % yn $yT^2 = 0.43 + 5.06 = 5.49\%$

Felly, yr ansicrwydd yn $yT^2 = 5.49\% \times 2.74 = 0.15 \text{ m s}^2$

Sylwch ei bod yn gwneud synnwyr cadw sawl ff.y. wrth gyfrifo'r ansicrwydd cyn lleihau i 1 neu 2 ff.y. ar y diwedd.

(ch) Mae'r graddfeydd wedi'u dewis fel bod y barrau cyfeiliornad yn llenwi o leiaf hanner y gofod fertigol sydd ar gael – yr echelin lorweddol yw'r un amlwg. Mae'r echelinau wedi'u labelu, a'r unedau wedi'u nodi.

(d) Yn yr arholiad, mae'r arholwr yn debygol o rannu (d) yn sawl rhan:

✓Cyfrifo'r graddiant cymedrig a'r ansicrwydd.

✓Cyfrifo'r rhyngdoriad cymedrig a'r ansicrwydd.

✓Cyfrifo g a k.

Ni chewch eich cosbi am hepgor unedau ar y graddiant a'r rhyngdoriad – ond rydych chi'n debygol o golli marciau os byddwch chi'n hepgor unedau g a k. Yn yr achos hwn, rhaid i uned k fod yr un peth ag uned y oherwydd bod k^2 yn cael ei adio at y^2.

Mae gwerth g yn amlwg yn gyson â'r gwerth safonol, sef 9.81 m s^{-2}. Dylai gwerth k ar gyfer y paladr hwn fod yn 0.43 m^2.

⑳ (a)

1. Rhowch y thermistor mewn bicer gwydr sy'n cynnwys iâ sy'n ymdoddi a thermomedr, cyn ei gysylltu â mesurydd gwrthiant. Rhowch amser i'r tymheredd sefydlogi. Cofnodwch y tymheredd a'r gwrthiant.
2. Tynnwch yr iâ allan, a rhowch ddŵr sydd ar dymheredd ystafell, fwy neu lai, yn ei le. Rhowch y thermistor yn ei ôl, ac ailadroddwch gam 1.
3. Gwresogwch y dŵr gan ddefnyddio llosgydd Bunsen nes bod ei dymheredd wedi codi tua 25°C. Symudwch y Bunsen, gadewch amser i'r dŵr gyrraedd ecwilibriwm, a mesurwch y gwrthiant drwy ddefnyddio'r mesurydd gwrthiant.
4. Ailadroddwch gam 3 mewn camau o tua 25°C, hyd at 100°C.

Dull dadansoddi: os yw $R = Ae^{\varepsilon/2kT}$, yna, drwy gymryd logiau, mae: $\ln R = \ln A + \frac{\varepsilon}{2kT}$, felly dylai graff ln R yn erbyn $\frac{1}{T}$ fod yn llinell syth, graddiant $\frac{\varepsilon}{2k}$. Gallwn ni ddarganfod gwerth ε o'r graddiant.

Canlyniadau:

T/K	R/Ω	ln (R/Ω)	$(10^{-3}T/\text{K})^{-1}$
273	380	5.94	3.66
298	100	4.61	3.36
323	38.5	3.65	3.10
348	14.7	2.69	2.87
373	6.2	1.82	2.68

(b) Graff

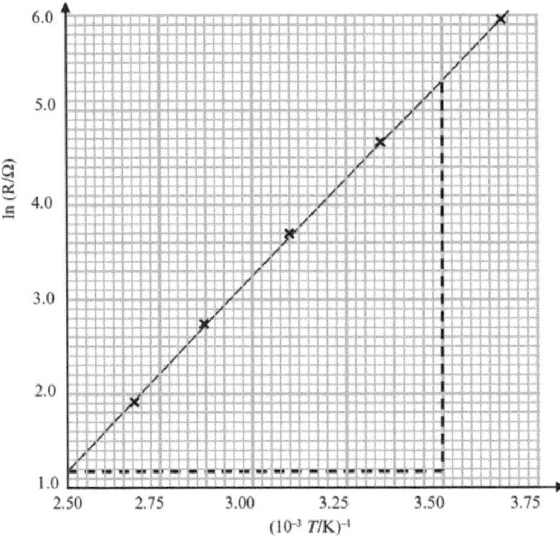

(c) Mae'r graff yn llinell syth, o fewn ychydig bach o ansicrwydd arbrofol. Mae hyn yn cefnogi'r berthynas gafodd ei hawgrymu.

(ch) Graddiant y graff $= \dfrac{5.24 - 1.12}{(3.50 - 2.50) \times 10^{-3}\ \text{K}^{-1}}$

$= \dfrac{4.12}{1.00 \times 10^{-3}\ \text{K}^{-1}}$

$= 4.12 \times 10^{3}$ K

Felly mae $\dfrac{\varepsilon}{2k} = 4.12 \times 10^{3}$ K

ac mae $\varepsilon = 2 \times 1.38 \times 10^{-23}\ \text{J K}^{-1} \times 4.12 \times 10^{3}\ \text{K}$
$= 1.14 \times 10^{-19}$ J

Sylwadau

(a) Ni fydd angen diagram yn yr achos hwn – mae'r holl fanylion wedi'u nodi'n eglur yn y cynllun ysgrifenedig. Nid yw'n glir o'r cwestiwn a oes angen dadansoddi'r berthynas drwy gymryd logiau a chymharu ag $y = mx + c$, ond bydd angen gwneud hyn cyn plotio'r graff.

(b) Byddwch yn ofalus pan fyddwch chi'n cynnwys unedau wrth ddefnyddio logiau. Does dim uned gan log maint. Y ffordd fwyaf diogel yw rhoi'r unedau gyda'r newidyn bob amser – yn yr achos hwn, ln (R/Ω). Yn yr un modd gydag $1/T$: ysgrifennwch hyn fel $1/(T/\text{K})$ neu $(T/\text{K})^{-1}$. Dull arall fyddai hepgor uned ln R, ac ysgrifennu $\dfrac{1}{T}(\text{K}^{-1})$.

Rhaid ystyried y graff yn ofalus – dylai'r pwyntiau lenwi cymaint o'r grid â phosibl. Gyda graffiau logiau yn enwedig, nid oes rhaid cynnwys 0 ar unrhyw echelin oni bai fod angen darganfod y rhyngdoriad.

(c) Dim sylw.

(ch) Rhaid i'r pwyntiau sy'n cael eu defnyddio i gyfrifo'r graddiant gael eu nodi'n glir, naill ai drwy lunio'r triongl, fel sydd i'w weld yma, neu drwy labelu'r pwyntiau – gweler cwestiwn 19. Nid oes angen cynnwys uned y graddiant, ond rhaid rhoi uned y mesur sy'n cael ei ddeillio, sef ε yn yr achos hwn.

Mynegai